U0230758

国家出版基金项目
NATIONAL PUBLICATION FOUNDATION

"十三五"国家重点出版物
出版规划项目

中国农药研究与应用全书
Books of Pesticide Research and Application in China

# 农药科学合理使用

## Scientific and Reasonable Application of Pesticide

欧晓明　司乃国　陈 杰　主编

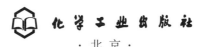

化学工业出版社
·北京·

本书主要介绍了农药科学合理使用技术及其相关方面的知识，包括化学防治在有害生物综合治理（IPM）中的作用、农药应用及防治的毒理学基础、农药的作用方式及其应用、农药生物活性测定、农药有效性田间评价、作物系统与施药方式、靶标特性与施药方式、农药混用的毒理学原理、农药的合理使用方法、有害生物抗药性、农药使用对生态系统的影响等内容，尤其是科学、高效、合理使用农药贯穿了全书的每一个章节。

本书适合从事农药研究、生产、应用及营销等方面的科研管理和应用人员学习，也可作为植物保护、农药学、生物学等相关专业师生的参考用书。

**图书在版编目（CIP）数据**

中国农药研究与应用全书. 农药科学合理使用/欧晓明，司乃国，陈杰主编 . —北京：化学工业出版社，2019.9

ISBN 978-7-122-34475-5

Ⅰ.①中… Ⅱ.①欧… ②司… ③陈… Ⅲ.①农药-使用方法-研究-中国 Ⅳ.①S48

中国版本图书馆 CIP 数据核字（2019）第 086626 号

责任编辑：刘 军 冉海滢 张 艳　　　文字编辑：向 东　　　责任印制：薛 维
责任校对：王素芹　　　装帧设计：王晓宇

出版发行：化学工业出版社（北京市东城区青年湖南街 13 号　邮政编码 100011）
印　　装：中煤（北京）印务有限公司
787mm×1092mm　1/16　印张 24¾　字数 528 千字　2019 年 10 月北京第 1 版第 1 次印刷

购书咨询：010-64518888　　　售后服务：010-64518899
网　　址：http://www.cip.com.cn

凡购买本书，如有缺损质量问题，本社销售中心负责调换。

定　　价：138.00 元

# 《中国农药研究与应用全书》

## 编辑委员会

# 本书编写人员名单

主　　编：　欧晓明　　司乃国　　陈　杰

编写人员：（按姓名汉语拼音排序）

<table>
<tr><td>陈　杰</td><td>邓小军</td><td>何　莲</td><td>金晨钟</td><td>孔玄庆</td></tr>
<tr><td>李建明</td><td>刘　秀</td><td>龙楚云</td><td>欧　将</td><td>欧晓明</td></tr>
<tr><td>司乃国</td><td>孙　庚</td><td>唐德秀</td><td>王　斌</td><td>吴明峰</td></tr>
<tr><td>许勇华</td><td>张俊龙</td><td>张美文</td><td>赵　杰</td><td></td></tr>
</table>

# 序

　　农药作为不可或缺的农业生产资料和重要的化工产品组成部分，对于我国农业和大化工实现可持续的健康发展具有举足轻重的意义，在我国农业向现代化迈进的进程中，农药的作用不可替代。

　　我国的农药工业 60 多年来飞速地发展，我国现已成为世界农药使用与制造大国，农药创新能力大幅提高。近年来，特别是近十五年来，通过实施国家自然科学基金、公益性行业科研专项、"973"计划和国家科技支撑计划等数百个项目，我国新农药研究与创制取得了丰硕的成果，农药工业获得了长足的发展。"十二五"期间，针对我国农业生产过程中重大病虫草害防治需要，先后创制出四氯虫酰胺、氯氟醚菊酯、噻唑锌、毒氟磷等 15 个具有自主知识产权的农药（小分子）品种，并已实现工业化生产。5 年累计销售收入 9.1 亿元，累计推广使用面积 7800 万亩。目前，我国农药科技创新平台已初具规模，农药创制体系形成并稳步发展，我国已经成为世界上第五个具有新农药创制能力的国家。

　　为加快我国农药行业创新，发展更高效、更环保和更安全的农药，保障粮食安全，进一步促进农药行业和学科之间的交叉融合与协调发展，提升行业原始创新能力，树立绿色农药在保障粮食丰产和作物健康发展中的权威性，加强正能量科普宣传，彰显农药对国民经济发展的贡献和作用，推动农药可持续发展，通过系统总结中国农药工业 60 多年来新农药研究、创制与应用的新技术、新成果、新方向和新思路，更好解读国务院通过的《农药管理条例（修订草案）》；围绕在全国全面推进实施农药使用量零增长行动方案，加快绿色农药创制，推进绿色防控、科学用药和统防统治，开发出贯彻国家意志和政策导向的农药科学应用技术，不断增加绿色安全农药的生产比例，推动行业的良性发展，真正让公众对农药施用放心，受化学工业出版社的委托，我们组织目前国内农药、植保领域的一线专家学者，编写了本套《中国农药研究与应用全书》（以下简称《全书》）。

　　《全书》分为八个分册，在强调历史性、阶段性、引领性、创新性，特别是在反映农药研究影响、水平与贡献的前提下，全面系统地介绍了近年来我国农药研究与应用领域，包括新农药创制、农药产业、农药加工、农药残留与分析、农药生态环境风险评估、农药科学使用、农药使用装备与施用、农药管理以及国际贸易等领域所取得的成果与方法，充分反映了当前国际、国内新农药创制与农药使用技术的最新进展。《全书》通过成功案例分析和经验总结，结合国际研究前沿分析对比，详细分析国家"十三五"农药领域的研究趋势和对策，针对解决重大病虫害问题和行业绿色发展需要，对中国农药替代技术和品种深入思考，提出合理化建议。

《全书》以独特的论述体系、编排方式和新颖丰富的内容，进一步开阔教师、学生和产业领域研究人员的视野，提高研究人员理性思考的水平和创新能力，助其高效率地设计与开发出具有自主知识产权的高活性、低残留、对环境友好的新农药品种，创新性地开展绿色、清洁、可持续发展的农药生产工艺，有利于高效率地发挥现有品种的特长，尽量避免和延缓抗性和交互抗性的产生，提高现有农药的应用效率，这将为我国新农药的创制与科学使用农药提供重要的参考价值。

《全书》在顺利入选"十三五"国家重点出版物出版规划项目的同时，获得了国家出版基金项目的重点资助。 另外，《全书》还得到了中国工程院绿色农药发展战略咨询项目（2018-XY-32）及国家重点研发计划项目（2018YFD0200100）的支持，这些是对本书系的最大肯定与鼓励。

《全书》的编写得到了农业农村部农药检定所、全国农业技术推广服务中心、中国农药工业协会、中国农业科学院植物保护研究所、贵州大学、华东理工大学、华东师范大学、中国农业大学、上海师范大学、湖南化工研究院等单位的鼎力支持，这里表示衷心的感谢。

宋宝安，钱旭红

2019 年 2 月

# 前言

　　农药是动态发展的，人们不断地利用当时的先进科学技术开发性能更好的新品种，淘汰老品种，以适应农业可持续发展的需要。 中商产业研究院发布的《2018—2023 年中国农药行业市场需求及前景分析报告》数据统计显示，2017 年中国化学农药原药累计产量为 294.1 万吨，农药出口 163.2 万吨，我国已成为农药生产和出口大国。 中国农药行业主营业务收入达到 474.8 亿美元，同比增长 11.8%；利润总额达到 40.9 亿美元，同比增长 25.0%。 但是，长期以来人们对于化学农药的评价争论很多，批评和否定化学农药的呼声日益高涨，近年来甚至出现了反对使用化学农药的呼声，然而世界各国政府和联合国粮食及农业组织的资料表明，化学农药仍将是保证农作物高产稳产的不可取代的重要农业生产资料，采取化学防治手段控制农业有害生物，这是当前世界人口迅速增长的形势下对农产品生产和质量的迫切需求。 尤其是在中国日益减少的可耕种土地上，如何生产出满足 14 亿人口需要的粮食是一个巨大的挑战。 耕地面积减少需要提高单产来弥补，这就要求尽可能降低粮食生产过程各环节的损失。 而病虫草等有害生物造成的减产约占 30%，蔬菜、水果等经济作物损失更大。 在减少病虫草造成的损失方面，农药起到了不可或缺的作用。

　　化学农药的使用引发了各方人士关注的一些问题，长期以来人们往往只把这些问题简单归咎于化学农药本身。 然而，化学农药及其防治方法的效果、产生的影响是由多方面因素决定的，这些因素包括化学农药的合成生产、质量控制、剂型加工和使用技术等，都可能对农药的实际效果产生影响。 农药的毒理学和作用方式也会受到环境条件、作物和有害生物的生长发育特征所带来的影响。 这些因素分别涉及多个科学和技术领域，这些科学领域之间长期缺乏沟通和交流，而技术之间缺乏必要的相互融合和渗透，因此，有关农药使用效果的评价及其使用过程中所发生的问题，人们往往容易从化学农药本身寻找原因，而不是从学科交叉点上寻找问题的根源。 关于农药对环境所造成的污染问题，从 20 世纪 60 年代美国学者 R. Carson 所著的《寂静的春天》开始就把批评的矛头直接针对 DDT 本身，而从未想到是否应该从 DDT 之所以会大量进入环境的原因以及如何提高 DDT 有效利用率等方面考虑问题。 新老农药的交替和更新换代以及混用混配是正常的现象，但是我们应该科学地、正确地认识化学农药和植物化学保护所产生的效果，尤其是产生这些效果的原因和科学技术依据，并从中找到预防和阻止产生负面效果的方法。 这就需要多学科的互相渗透和结合，并在此基础上形成农药使用技术的整体决策系统和制定农药合理使用准则。 农药使用技术的研究及其合理使用准则的制定正是为了在分析、认识和掌握这些因素的基础上，设计并制定调控这些因素的技术，经过系统科学的研究和调控，制定科学使用农药的整体技术决策体系，使农药发挥其应有的效果，并避免不应有的农药毒性风险和环境污染风险。正是基于这一理念，本书从化学防治在有害生物综合治理（IPM）中的地位、农药作用机理、农药生物活性测定基本原理、田间药效有效性、有害生物靶标特性与施药方式、农药使用方法、农药混用、有害生物抗药性、农药对农田生态环境的影响等方面进行分析和阐述，使过去长期以来彼此不相关联的分散的学科知识统一归纳到科学合理使用的这一框架内，从而提高人们科学合理使用农药的知识水平。

本书共分十一章，涉及：化学防治在 IPM 中的作用、有害生物类别及其化学防治的生物学特性、化学防治的历史、化学防治与其他防治法的协调；农药应用及防治的毒理学基础；农药的作用方式及其应用；农药生物活性测定；农药有效性田间评价；作物系统与施药方式；靶标特性与施药方式；农药混用的毒理学原理；农药的合理使用方法；有害生物抗药性；农药使用对生态系统的影响等。本书从对使用者和环境安全的角度出发，以保证农药高效利用、农产品安全为前提，阐述了如何做到科学使用农药，以期对农药使用者有一定的帮助。

本书既是国内外植物保护和农药应用技术领域的专家和学者研究成果的汇集，也是作者及其课题组十余年的主要研究成果总结，尤其是一些章节内容，国内外相关的资料和书籍很少述及。本书由国内 19 位长期从事农药应用基础研究和推广应用技术研究的专家学者撰写，中国科学院亚热带农业生态研究所张美文研究员、湖南人文科技学院金晨钟教授和刘秀教授等分别撰写了有关杀鼠剂、作物及施药方式等方面章节的内容，欧晓明、司乃国和陈杰三个研究团队部分成员欧晓明、何莲、李建明、龙楚云、唐德秀、吴明峰、孔玄庆、欧将、邓小军、司乃国、孙庚、王斌、张俊龙、赵杰、陈杰、许勇华参与了编写，最后由欧晓明、司乃国和陈杰进行统稿和整理。本书在编写过程中得到了化学工业出版社的理解和大力支持，中国工程院宋宝安院士通审了全部书稿，并提出了很多建设性意见；中国农业大学高希武教授对本书提纲编排、内容组稿和最终定稿等倾注了大量精力，在此一并表示真诚的感谢。

由于水平所限，加之时间仓促，书中疏漏与不妥之处在所难免，敬迎读者批评指正。

欧晓明

2019 年 4 月

# 目录

# 第 3 章　农药的作用方式及其应用

# 第 4 章　农药生物活性测定 ———————————————— 110

# 第8章　农药混用的毒理学原理

# 第 9 章　农药的合理使用方法 —————————————— 297

# 第10章　有害生物抗药性  309

# 第11章　农药使用对生态系统的影响  346

# 第1章
# 绪论

我国是一个在农业生产过程中生物灾害频发的国家，许多重要病虫草害的控制仍然依赖于农药的使用，特别是一些暴发性的害虫。据估计，全球因有害生物造成的潜在食物损失在45％左右，其中在生产中由病虫草害造成的损失占30％，另外15％的损失是在生产后到餐桌的过程中产生的。在发展中国家，由有害生物引起的粮食等作物的损失至少占总产量的1/3以上。所以，应用农药防治病虫草害是农业生产的客观需求和必然结果，农药在农业生产中的地位不容忽视。国家统计局统计数据显示，2016年我国化学农药总产量为375万吨左右。其中，除草剂177万吨，杀虫剂51万吨，杀菌剂18万吨；约60％用于我国病虫草鼠害的控制。然而，长期不合理使用农药导致许多重要农业病虫害产生了抗药性。据估计，目前世界上已有近600种昆虫产生了抗药性。近年来，作物抗药性病原菌的数量也呈增加趋势。目前，我国主要农作物上至少有40种以上的病虫害产生了抗药性。抗药性的产生不可避免地导致农药的使用量加大，这除了进一步加剧抗药性发展外，还引发环境污染、生物多样性降低等一系列问题，最终导致农药品种使用寿命迅速缩短，甚至被淘汰。如有些地区因不合理使用阿维菌素、吡虫啉等杀虫药剂而使害虫抗药性迅速增强，导致这些药剂被淘汰。尽管化学防治面临的"3R"（residue，resistance，resurgence）问题日益突出和严重，但农药的应用仍为病虫害防治、保证农业生产做出了重要贡献。在可预见的将来，化学防治仍然是解决农业生物灾害的关键技术之一。尤其是近期，现代农业追求高产优质，农村劳动力大量向城镇转移，使许多有害生物综合治理措施无法实施，实际上化学防治已成为当前农业有害生物防治的主要途径之一。因此，在目前和将来一个很长的时期内，化学农药及化学防治在病虫草鼠害控制中仍将占有重要地位。

## 1.1 化学防治在 IPM 中的作用

1975年，我国制定了"预防为主，综合防治"的植保方针。但时至今日，人们对这八个字仍有不同的理解。有相当一部分人在实际中仍然过分依赖化学药剂防治有害生物。因此，了解有害生物综合治理策略的发展及正确认识化学防治在有害生物综合治理策略中的地位和作用显得尤为重要。

有害生物综合治理（integrated pest management，IPM）是一个旧概念，但也是一个新提法。在 20 世纪早期，经济昆虫学家就提出过害虫综合防治法，其着眼点是把各种害虫防治法取长补短，综合成为一个整体，并认为各种防治方法都有其优缺点，应该协调起来，共同起作用来防治害虫，这样才是最有效的。这个观点始终是正确的，也没有人反对过。但是，20 世纪 40 年代，DDT 及其他有机杀虫药剂的出现改变了整个害虫防治的做法。由于这些杀虫药剂在消灭害虫方面极度有效，人们放弃了以前的想法，而较多或甚至于完全依赖化学防治。此后 20 多年，各种杀虫药剂得到了极大的发展，害虫防治也取得了一定的成绩。然而，不幸的是害虫的发生反而变得越来越严重，越用杀虫药剂，就越要用更多杀虫药剂，许多原来为害不严重的害虫后来变得严重了，许多原来可以防治的害虫产生了抗性，变得不容易防治了。就在这一时期，人们发现应用杀虫药剂还带来了不良的副作用，它污染了环境，破坏了生态平衡，造成了一些无害的甚至有益的鸟兽鱼虫的死亡，并且对人类的健康也造成了威胁。于是人们重新考虑了害虫防治的策略，而害虫综合治理就在这一时期被重新提出，但这又不完全是旧的概念，而有新的提法。它不只是强调各种防治方法的配合，而是着重于利用自然防治为主；不着重于害虫的全部消灭，只要求对害虫数量调节到不为害水平；它更着重于生态平衡、社会安全及经济效益，不单考虑防治的效果。

1966 年，联合国粮农组织首先提出了这一提法，当时还叫有害生物综合防治（integrated pest control，IPC），1972 年，美国将其改为有害生物综合治理（IPM）。这两个名词虽然不同，含义是一样的，但是大多数学者主张用后一名词，因为它究竟不完全同于 20 世纪 20 年代提出的害虫综合防治。1966 年提出时，对 IPC 所下的定义是："有害生物综合防治乃是一套有害生物治理系统，这个系统考虑到有害生物种群动态及其有关环境，利用所有适当的方法与技术，尽可能互相配合以维持有害生物种群达到经济为害水平以下。"1972 年有人为 IPM 下了这样一个简单的定义："明智地选择及利用各种方法来保证有利生态、经济及社会方面的防治效果。"在这一定义下，其实际措施主要包括三个方面：测定一个有害生物的生态系统是否需要改变其数量，以便降低到可忍受的水平，也即低于经济阈值之下；应用生物学的知识及目前的技术来研究达到这一需要的改变，也即应用生态学；设计有害生物防治的方法，既适应现代的技术，又符合环境的要求，即社会的可接受性。还有许多人也下了这样或那样的定义，大致类似。可以把有害生物综合治理的概念与要求归结为以下三点：①从生态学观点出发，全面考虑生态平衡、社会安全、经济利益及防治效果，提出最合理及有益的治理措施；②不着重于有害生物的消灭，而着重于有害生物种群数量调节，达到不造成经济为害的地步，因此不要求彻底消灭有害生物，而只要求经济为害不超过防治费用；③各种防治方法的协调。为了使各种方法协调，尽量采用非化学防治方法，因为杀虫药剂杀死天敌，与自然防治及生物防治是不协调的。只是在必要时，即为害达到了经济阈值且没有其他方法可用时，才用化学防治。

由此可见，化学防治在有害生物综合治理中的地位是不高的。首先，强调自然防治，能够自然防治使之不达到为害水平，就根本不用人工防治。实际上，20 世纪 40 年代在大量施用杀虫药剂之前，有很多种害虫是处于这种情况。这一方法在有害生物综合治理中居第一位。假如害虫不能由自然控制因子来抑制，那就要采取人工防治方法。这时最好用抗虫品种、农业技术或生物防治，因为这类方法是辅助自然防治的，它们与自然防治不发生矛盾，可以协调起来。例如，释放昆虫天敌就是加强自然控制因子。这类方法是一般可用的，在有害生物综合治理中居第二位。假如没有这类方法，或这类方法还不可靠、不稳定，那就得采取第三类方法，即化学防治或物理防治，传统的化学和物理防治方法在有害生物综合治理中应尽可能不用，因为这类方法与自然防治是不协调的。但是，必须认识到化学防治在有害生物综合治理中的地位与作用不能混为一谈。尽管它的地位不高，但是它有强大的作用。因为，至少在目前，除了自然防治之外，第二类的方法很多还不是十分有效和可靠的。农业技术在防治害虫上经常是有限的，抗虫品种还不是很普遍，对于多数害虫还没有十分有效的抗虫品种。生物防治法有了一些，但绝大多数还处于试验阶段，并且实际效果有时还不稳定，或由于种种条件而不尽可靠。因此，对于绝大多数害虫而言，虽然强调只有在迫不得已时才要用化学防治，但实际上是不得不用。

虽然贯彻有害生物综合治理方针已经数十年了，但在各种害虫防治策略相关书籍所列举的例子中，不论是果树还是玉米、棉花等作物的害虫，主要还是依赖化学防治。以玉米害虫为例，主要害虫有 5 种，偶然性害虫有 4 种，次要害虫有 23 种。在这些害虫中，目前用非化学防治方法的只有 11 例（轮作 1、早播 5、毁茎 3、抗性品种 2），而采用化学防治法的有 37 例（种子处理 3、土壤灭虫 13、叶面施药 20、毒饵 1），其中许多害虫都是用两种方法，即既用非化学防治法，又用化学防治法，而几乎每一种害虫都用了化学防治法。与此同时，采用某一种农药，若其对害虫毒性高而对其天敌毒性低，就可以控制其剂量，使其杀死 80% 的害虫，而只杀死 50% 的天敌，这样留下的 20% 的害虫就可以被留下的 50% 的天敌所抑制。这个方法是十分易行的，一般也能减少用药剂量，从而减少污染。此外，局部用药也是一种方法，即在害虫发生的地区用药，在害虫发生不严重的地区不用药，以保护其天敌。这符合我国在 2020 年实现农药零增长的要求。总之，有许多种利用生态选择性的方法来使化学防治与自然防治或生物防治互相协调。正因为有这些努力，化学防治在近来的有害生物综合治理中越来越重要了。当然最主要的理由还在于目前尚无其他有效及可靠的防治方法。由此可见，在有害生物综合治理中，化学防治至今还是起着主要的作用。

早在 1969 年，当有害生物综合治理提出不久时，美国科学院即组织了一批专家对此问题做了详尽的调查，最后做出集体的判断："非化学的方法可能在将来更广泛地被应用，但是采用的速度及最终的有效性受到经济的限制以及对许多问题不能应用的限制。用生物学的方法，常常在达到控制之前需要一个不可避免的延迟，对于多数情况来说，在可预见的将来，不能指望非化学的防治方法来代替化学药剂的应用。"1976 年美国三位著名昆虫学家 L. D. Newson、R. Smith 和 W. H. Whitcomb 对化学防治在有害生物综合治理中的作用做了这样的陈述："传统的化学杀虫药剂依然是有害生物种群管理方面现有的最强有力及最可靠的方法之一。与其他方法相比，它们在控制有害生物种群达到不为害水平上，是更有效、更可靠、更经济及更适宜在多数情况下应用的。"事实上，对于世界上最重要的农业及卫生害虫，传统的化学杀虫药剂乃是防治它们有效的方法，没有其他方法能够这样容易操作，也没有其他方法能够这样迅速有效地对猖獗的害虫种群立即控制生效。

最近十多年来，昆虫学家逐渐将研究方向由化学杀虫药剂转移到其他防治方法的研究上，这个转变发展得极快，并且在用其他防治方法方面积累了大量的资料。其中，有些已显示出有很大的希望。但是，与实际效果相比较时，其他防治方法没有能够提供一个解决办法来适应多数情况下现代农业的需要。这些其他防治方法的效果并不理想，从目前到可预见的将来，化学杀虫药剂将继续是害虫治理中有价值的方法，并将是多数动物保护及植物保护计划中的主要组成部分。由于前一时期对化学杀虫药剂过分地依赖，产生了许多副作用。尽管由于使用化学农药产生了不少严重问题，但是现在越来越清楚的是，这些有用的化合物将保留在用于害虫管理的武器库中。问题不是它们是否应该继续应用，而是应该如何应用，将其副作用及其他问题减至最少限度。总之，今后只要使用杀虫药剂，应使用选择性农药，使用高效低生态风险农药，化学防治将在有害生物综合治理中不可或缺。

# 1.2　有害生物类别及其化学防治的生物学特性

全球约有 600 种害虫、1800 种杂草和大量的真菌、细菌、线虫、病毒、类病毒等，其能够对农业生产造成严重危害。因此，正确区分重要有害生物类别及其生物学特性有助于农药的科学合理使用。

## 1.2.1　农业害虫

在农业生产上，害虫主要为植食性昆虫，其一生并不总是取食为害，一般昆虫只是在幼虫阶段取食为害农作物，而卵和蛹不取食不为害。某些昆虫的成虫有取食补充营养的习性，但并不都构成危害，如鳞翅目成虫蛾、蝶等，其口器是虹吸式口器，吸取花蜜，不但对植物无害，还可起到传粉的作用。但是，有些种类特别是鞘翅目昆虫成虫，如叶甲、金龟甲、二十八星瓢虫等，其口器为咀嚼式口器，直接取食植物叶片，造成损害。根据昆虫的为害虫态和为害特点、规律，制定相应的化学防治策略，是成功防治害虫的关键。

### 1.2.1.1　昆虫的虫期、虫龄及幼虫习性与杀虫剂的防效

昆虫不同的发育阶段对杀虫剂的敏感性不同。一般来说，幼虫期对杀虫剂最敏感，其次是成虫期，而卵和蛹期对杀虫剂的抗性很强，目前具有杀卵作用的杀虫剂并不多。

幼虫的不同龄期杀虫剂的药效也有很大差异。虫龄越低，体壁越柔软，抵抗杀虫剂的能力越差，触杀性的杀虫剂对低龄幼虫的杀虫效果好于高龄幼虫。例如，抗性棉铃虫的抗药性这一性状，在3龄幼虫前不表达，即3龄前的幼虫都是敏感虫态，使用杀虫剂防治可以取得很好的防效。

不同昆虫的幼虫，生活习性变化多端，这些习性对杀虫剂的使用效果具有很大的影响。有些昆虫的幼虫具有钻蛀习性，如水稻二化螟（*Chilo supressallis*）、三化螟（*Tryporyza incertulas*）幼虫孵化后就钻蛀到水稻茎秆内，桃小食心虫（*Carposina sasakii*）幼虫孵化后即钻入果实中。防治具有钻蛀习性的昆虫，用药时间应掌握在幼虫钻蛀之前，即在卵孵化盛期。有些昆虫具有潜叶为害的习性，如柑橘潜叶蛾（*Phyllocnistis citrella*）、美洲斑潜蝇（*Liriomyza sativae*）、苹果金纹细蛾（*Lithocolletis ringoniella*）等，幼虫潜入叶片表皮下取食叶肉部分，而残留上下表皮，在叶面表面出现半透明的孔道或虫斑。在这种情况下，叶面喷洒的杀虫剂一般都不容易发挥作用。又如，玉米螟幼虫在植株的顶部叶片所卷成的喇叭口内活动，喷洒的药剂接触不到虫体，撒施颗粒剂才能取得好的防效。介壳虫若虫能分泌蜡质物质覆盖在虫体表面，这些蜡质物质使得杀虫剂不能够在虫体表面很好地展布，也阻碍了杀虫剂进入虫体。所以，了解昆虫的活动、为害习性，在适宜的时间选用适宜的农药及剂型和施药方法，对提高杀虫剂的使用效果具有重要意义。

### 1.2.1.2　常见的害虫类群

常见的农业害虫在分类上有鳞翅目、同翅目、鞘翅目、双翅目和缨翅目等。此外，还有半翅目、直翅目、蜚蠊目、膜翅目叶蜂科等。

（1）鳞翅目害虫　鳞翅目的成虫就是蛾类、蝶类，幼虫是毛毛虫。成虫翅膀和躯体上覆盖有鳞片，所以称为鳞翅目。农业上为害严重的有小菜蛾、菜青虫、螟虫、棉铃虫、黏虫、甜菜夜蛾、果树食心虫、卷叶蛾、美国白蛾和豆天蛾等，种类多、数量大、危害重，有时候能造成毁灭性的危害。这类害虫属于常发性害虫，连年需要化学防治，有的抗药性非常严重，给防治带来很大困难。鳞翅目害虫主要以幼虫为害，以咀嚼式口器啃食叶片、嫩梢、蛀果甚至蛀树干。一些触杀性、胃毒性杀虫剂可以有效地防治为害叶面的幼虫；对于隐蔽的蛀食性害虫，可以使用熏蒸剂熏杀。防治鳞翅目幼虫的最佳时期是3龄前，防治钻蛀型种类的最佳时期是卵孵化盛期。少数鳞翅目害虫在成虫期也能造成危害，如蛀果夜蛾的成虫，于苹果果实成熟期，在夜间钻蛀果实吸食果汁，使果品质量下降，甚至失去食用价值。对于蛀果夜蛾成虫的防治，可以用一些具有芳香气味的毒饵进行诱杀。

（2）同翅目害虫　该目害虫包括蚜虫、粉虱、木虱、介壳虫、叶蝉和飞虱等，口器为刺吸式口器。同翅目昆虫刺吸植物的汁液为害。同翅目属于不完全变态昆虫，幼虫和成虫外形相似、为害相同。同翅目害虫个体小、繁殖快、发生量大。蚜虫、粉虱、介壳虫及木虱在危害的同时还排泄蜜露到叶片和果实上，使霉菌滋生，诱发煤污病。多种蚜虫、飞虱、粉虱等还能传播病毒病，造成更大的损失，如近几年在保护地发生严重的番茄黄化曲叶病毒病就是由烟粉虱传播的。这类害虫能分泌一些黏液或其他分泌物于体表上，如绵蚜分泌棉絮状物覆盖在身体表面，介壳虫分泌厚厚的蜡壳将自己"囚"在其中，木虱则分泌一些黏稠透明状的液体，沫蝉分泌唾沫状的分泌物将自己淹没。这些分泌物给害虫提供了很好的保护。对于具有保护性分泌物的同翅目害虫来说，触杀性杀虫剂难以接触到害虫表皮，药效不好。由于这类害虫不能咀嚼吞食，所以喷洒于植物表面的胃毒剂没有作用，内吸性的杀虫剂是防治同翅目昆虫最为有效的药剂。同时，具有熏蒸作用的杀虫剂可以在密闭的场所用于这类害虫的防治。

（3）鞘翅目害虫　属于完全变态昆虫，主要是幼虫期造成危害，有些种类成虫期也能造成一定危害。成虫和幼虫的口器都是咀嚼式口器。成虫有大多数人所熟悉的金龟甲、天牛、瓢虫、叩头甲、叶甲、跳甲等；幼虫有蛴螬（金龟甲幼虫）、金针虫（叩头甲幼虫），二者都是地下害虫，啃食花生、地瓜、马铃薯等作物的地下果实、块根、块茎等。也有成虫、幼虫均为害严重的，如跳甲是十字花科等蔬菜的重要害虫，成虫食叶，而幼虫为害菜根，蛀食根皮，咬断须根，使叶片萎蔫枯死。对于地下为害的害虫可选择在土壤中稳定的杀虫剂进行防治，使用方法可以是撒粒法、撒毒土法、浇灌法等；对于叶面上的鞘翅目害虫，则可选择具有触杀、胃毒作用的杀虫剂进行喷雾处理。

（4）双翅目害虫　该目主要包括人们非常熟悉的蝇类、蚊类。双翅目昆虫幼虫都没有足。农业上常见的双翅目害虫有葱蝇、韭蛆、潜叶蝇、稻瘿蚊等。值得一提的是韭蛆，每年因化学防治不当，造成毒韭菜上市，许多消费者食用后中毒。

（5）缨翅目害虫　缨翅目昆虫统称为蓟马，个体微小，口器是锉吸式（即变异的刺吸式）口器，锉吸植物汁液，可为害叶片、花、果实等。近些年，一个外来物种西花蓟马（*Frankliniella occidentalis*）主要寄生在各种植物的花内，寄主范围广泛，同时极易对杀虫剂产生抗药性，给农业和城市绿化造成了很大的困扰，值得注意。

## 1.2.2　农业害螨

螨在分类上属于节肢动物门蛛形纲蜱螨目。螨类个体微小（小于1mm），其体形通常是圆形或卵圆形，没有翅，具有4对足。农业害螨的口器也是刺吸式口器，为害方式与刺吸式口器的昆虫类似，吸食植物的汁液，使被害部位失绿、枯死或畸形，有些还有吐丝拉网的习性。但与刺吸式口器昆虫不同的是螨类不分泌蜜露。螨在个体发育过程中，经过卵、幼螨、若螨和成螨4个阶段。有些种类的杀螨剂对卵有较好的杀灭效果，这点与杀虫剂不同。

农业上重要的害螨主要有叶螨、锈螨和跗线螨等。叶螨是农业上最常见的害螨，例如山楂叶螨、朱砂叶螨、二斑叶螨等，发生量大、为害重，发生重的年份可造成严重经济损失。锈螨又称瘿螨，属于瘿螨总科，其中一些能在植物上形成螨瘿，称为瘿螨；有些类在叶片的叶肉组织中形成海绵状构造，称为疱螨；有些种类栖息在芽上为害，称为芽螨；也有既不在植物上形成螨瘿，也不形成其他变形物体的，称为锈螨，例如柑橘锈壁虱、荔枝瘿螨等。跗线螨体形微小，肉眼难以观察，生产上常根据危害状判断，例如侧多食跗线螨、乱跗线螨等，其中侧多食跗线螨又称茶黄螨，雌螨体长只有0.2mm

左右，为害辣椒、茄子、黄瓜，主要以成螨、若螨聚集在幼嫩部位及生长点周围，刺吸为害，使叶片变厚、皱缩，叶色浓绿，叶片油渍，严重的生长点枯死、植株扭曲变形或枯死。螨类发生时，往往卵、幼螨、若螨、成螨各虫态同时存在，化学防治时应选择对各虫态都有效的杀螨剂。有些杀螨剂只有杀卵作用，有的只对成螨有效，在生产上可将这些杀螨剂合理混用，以有效地防治各虫态。杀螨剂混用时，要注意有些杀螨剂间有交互抗性，不能混合使用。

### 1.2.3　农业有害软体动物

农业有害软体动物包括植食性的蜗牛、蛞蝓等，是中国南方常见的农田、园林绿化有害生物。近年来，随着农田特别是蔬菜种植技术的发展和温室大棚的广泛应用，在北方亦日趋发生严重。农业生产上植食性的蜗牛主要有灰巴蜗牛、同型巴蜗牛、条华蜗牛；蛞蝓俗称鼻涕虫，为害严重的主要有野蛞蝓、黄蛞蝓等。生产上对陆生有害软体动物的防治以化学防治为主，剂型主要是毒饵剂，触杀性剂型无效。市场上杀软体动物剂（杀螺剂）主要有四聚乙醛、甲硫威、甲萘威等。

### 1.2.4　植物病害

植物病害种类繁多，平均每种植物可以发生 100 多种病害。有的病原物只有一种寄主植物，而有的却可以侵染几十甚至上百种植物。根据病原物引起的症状不同，可以将植物病害分为根腐病、枯萎病、叶斑病、疫病、白粉病、锈病、腐烂病和轮纹病等。这些病害，病原物可能是真菌、细菌、病毒或线虫，或者是由多种病原复合侵染所致。不同的病原物，相对应的杀菌剂的种类不同。准确了解植物病害病原菌类型及其发病规律，对于合理选择和使用杀菌剂具有重要意义。

#### 1.2.4.1　真菌性病害

真菌性病害是由真菌引起的病害。真菌是一类没有根、茎、叶分化，没有叶绿素，能产生各种类型孢子的异养低等生物。它们大小不一，大多数需要在显微镜下才能看到。真菌的生长发育分为营养生长和繁殖两个阶段。营养生长阶段的真菌为菌丝体；繁殖阶段的真菌在菌丝体上形成繁殖器官，再由繁殖器官产生无性或有性孢子。孢子相当于植物的"种子"，孢子在适宜的环境条件下，遇到合适的寄主就会"生根发芽"，使寄主发病。不同的真菌可能产生不同的无性孢子（最常见的是分生孢子）。孢子多产生在植物的生长季节，有的可产生多次，主要起到繁殖和传播的作用。有性孢子（如子囊孢子）一般在生长季节末期形成，一年往往只发生 1 次，常用来度过不良的环境条件。病原真菌的传播主要借助于风、雨水和灌溉水、昆虫以及人类的农事活动。真菌孢子通过植物的气孔、皮孔和水孔等自然孔口和伤口侵入，有些则可以通过植物的表皮直接侵入寄主体内。

植物病原真菌分为两大类：一类是低等真菌，称为鞭毛菌或卵菌，主要有疫霉、霜霉和腐霉，是农业生产上的重要种类。由疫霉菌引起的马铃薯晚疫病在 19 世纪中叶导致爱尔兰大饥荒的发生。除了马铃薯晚疫病，疫霉菌还能引起番茄晚疫病、辣椒疫病等。各种作物的霜霉病是由霜霉菌引起的。腐霉菌通过土壤、浇灌传播，可引起茄子、黄瓜等多种作物的绵腐病以及幼苗猝倒病。鞭毛菌产生游动孢子，游动孢子带有鞭毛，可以在水中游动，其侵染过程中必须有水，随风雨传播。鞭毛菌引起的病害发病速度快，如防治不及时，病害很快蔓延至全株、全田，作物在短时间内枯萎，造成毁园毁棚。防治这类病害的杀菌剂有甲霜灵、噁霜灵、霜霉威或烯酰吗啉等，选择性很强，几乎只对鞭毛菌病害有效，对其他高等真菌病害效果很差。另一类是高等真菌，包括子囊菌、担子菌、半知菌、接合菌等，农业生产上常见的叶部病害、根部病害、果实病害和枝干病害大多是由高等真菌引起的，如小麦锈病、禾谷类黑穗病的病原，与人们餐桌上的食用真菌蘑菇等同属一个家族——担子菌。担子菌以担孢子传播，属于气传病害，菌源量大，传播速度快。白粉病、苹果斑点落叶病、褐斑病、梨黑星病、烟草赤星病、花生叶斑病等叶斑类病害，苹果腐烂病、轮纹粗皮病等枝干病害，花生和棉花等作物的根部枯萎病等，这些多属于半知菌引起的病害，产生分生孢子，有性阶段是子囊菌，产生子囊孢子。在作物生长期，这类病害主要是以分生孢子侵染传播，有的分生孢子可以传播数百公里，如白粉病菌。

自然条件下降雨是真菌类病害传播蔓延的关键。不同病原菌孢子萌发、侵入所需的降雨量、降雨持续时间或露湿时间不同，侵入后潜伏期也不相同。有些病害属单循环病害，即一年中只有越冬的病菌才能侵染，多数只有一次侵染；而有的病害是多循环病害，一年中可能发生多次侵染导致作物多次发病。下面以梨锈病（*Gymnosporangium haraeanum*）为例，说明发病规律与化学防治的关系。梨锈病属于单循环病害，病原菌具有转主寄生的特点：以冬孢子角在桧柏上越冬；翌年春天清明后遇 6h 以上降雨或叶面露水时间保持 6h 以上，冬孢子角即萌发产生担孢子；担孢子随风雨传播到梨树上，萌发完成侵染，病原菌潜入叶片表皮下；经过 7～11d 的潜伏期开始显症，梨叶片正面产生橘黄色病斑，病斑逐渐扩大，至后期叶片背面产生"羊胡子"状锈孢子器，释放锈孢子；锈孢子侵染第二寄主——桧柏，在桧柏上产生冬孢子角越冬。梨锈病化学防治的关键时期是清明后的第一次降雨，若降雨超过 6h 或叶面水珠保留 6h 以上，雨后 5d 内及时喷洒内吸治疗剂，可将已侵染的病原菌杀死。但雨前需喷洒保护性杀菌剂，可保护叶片不受病原菌的侵染。保护剂可选择代森锰锌等二硫代氨基甲酸盐类，内吸治疗剂可选择戊唑醇、氟硅唑等三唑类高效杀菌剂。由于是单循环病害，全年只在 4、5 月份侵染，如果防治得当，可保证全年梨园不再发生锈病。如果错过这个时期用药，药效很差甚至防治失败。可见，真菌病害化学防治的关键在于用药时期。生产中，要根据不同病原菌的发病规律，选择合适的时期（即防治适期）喷洒杀菌剂。

### 1.2.4.2 细菌性病害

细菌性病害是由细菌引起的病害。细菌比真菌还要小，是一类单细胞的低等生物。引起植物病害的细菌都是杆状的，绝大多数具有鞭毛。与植物病原真菌相比，植物病原细菌的种类较少。细菌主要借助雨水、灌溉水、土壤、昆虫、病株和病残体进行传播，多从伤口和自然孔口（气孔、水孔、皮孔等）侵入植物体内。细菌性病害的病状主要有局部坏死造成的叶斑、腐烂（主要是软腐）、全株性的萎蔫以及肿瘤畸形等。由细菌引起的叶斑病，其病斑大多呈多角形，初呈水渍状，后变为褐色至黑色，病斑周围常有半透明的黄色晕圈。除此之外，在潮湿情况下，发病部位通常有脓状物流出（菌脓），呈乳白色或黄褐色，干燥后菌脓变成质地较硬的菌痂。在鉴定时，切取一小块病组织制成水压片，在显微镜下检查，如果有大量菌脓从病组织中涌出，则可初步诊断为细菌性病害。农业上用于防治细菌性病害的杀菌剂很少，常见的仅有铜制剂、农用硫酸链霉素及一些兼有杀细菌作用的杀真菌剂。抗生素类杀细菌剂不提倡在农业上使用，以免引起人类对抗生素产生抗性。

### 1.2.4.3　病毒病害

病毒是一类极其微小的寄生物，必须借助电子显微镜才能看到它们的形态。病毒的传染方式主要有摩擦传染、嫁接传染、种子传染和介体传染。传播病毒的介体主要有蚜虫、粉虱、飞虱、叶蝉等刺吸式口器昆虫，以及蓟马等锉吸式口器昆虫。这些昆虫在取食时，能将病株内的病毒传输到体内，当体内携带了病毒的个体再到健康植株上取食时，就将体内的病毒传给了健康植株。如灰飞虱传播玉米粗缩病（maize rough dwarf virus，MRDV），烟粉虱传播番茄黄化曲叶病（tomato yellow leaf curl virus，TYLCV）。常见的病毒病有烟草花叶病（tobacco mosaic virus，TMV）、番茄黄化曲叶病、玉米粗缩病等。目前有效防治植物病毒病的化学药剂有贵州大学创制出来的毒氟磷，其可有效防治烟草花叶病毒病。

### 1.2.4.4　线虫病害

线虫是一类低等的无脊椎动物，头部的口腔内有吻针，用来刺穿植物和吸食。线虫的生活史包括卵、幼虫和成虫 3 个阶段。植物寄生线虫多数以幼虫随植物残体在土壤中越冬，少数以卵在母体内越冬。植物寄生线虫在取食的同时，分泌酶和毒素，造成各种病变，如根结线虫。植物受线虫危害后所表现的症状与一般的病害症状相似，因此常称线虫病。习惯上都把寄生线虫作为病原物来研究。生产上有效的杀线虫剂是一些灭生性的土壤熏蒸剂，主要有溴甲烷、氯化苦、硫酰氟等，主要是在土壤休闲期使用；在作物生长期使用的杀线虫剂多是高毒杀虫剂，例如杀线威。

此外，农作物病害也可根据病原菌传播方式分为种传病害、土传病害、气传病害、雨水传播病害和介体传播病害等，这种分类方式便于选择合适的化学农药和方法进行防治。种传病害，其初侵染源来自种子，只要将种子所携带的病原菌处理干净，可保证作物一生不发病。土传病害，其初侵染源来自土壤，如枯萎病、线虫病、多种作物的苗期立枯病等，对于这类病害，在作物叶部或茎秆上喷药都不起作用，只有在播种前或发病初期进行土壤处理才能奏效。但有些病害如菜豆炭疽病、茄子褐纹病等，种子可以带菌，土壤中病残组织也可以带菌，防治这类病害就应根据实际情况，既要进行种子处理，也要进行土壤消毒处理。介体传播病害是指由昆虫、螨类等动物传播的病害，其中很多病毒病是由昆虫传播的，例如烟粉虱传播番茄黄化曲叶病，烟粉虱一旦获毒，体内将始终携带有这种病毒，并在取食时将体内的病毒传播给健康植株。要避免这些病毒病的发生，必须要先治虫。气传与雨水传播病害是指借气流和雨水传播的病害，如白粉病、锈病、霜霉病、炭疽病等，化学防治以保护性杀菌剂的保护作用为主，病菌侵染后也可喷施内吸治疗剂防治。

### 1.2.5 杂草

全球生长在农田中被认定为杂草的植物约 8000 余种，中国有近 500 种。农田杂草繁殖与再生能力强，生活周期一般比作物短，成熟的种子随熟随落，传播途径多，抗逆性强，光合效率高，种子可休眠且寿命长等。农田杂草的主要危害是：与作物争光、争水、争肥、争空间；产生抑制物质，阻碍作物生长；妨碍田间农事操作，妨碍田间通风透光，影响田间小气候；有些则是病虫中间寄主，促进病虫害发生；寄生性杂草直接从作物体内吸收养分，从而降低作物的产量和品质，如菟丝子（*Cuscuta chinensis* Lam.）；有的杂草的种子或花粉含有毒素，能使人畜中毒。

#### 1.2.5.1 杂草种类划分及其生物学特性

杂草根据其形态学分为禾本科杂草、莎草、阔叶杂草及木本植物。

（1）禾本科杂草　其叶片狭长、与主茎间角度小、向上生长、叶脉平行，生长点位于植株基部并被叶片包被，叶基部具叶鞘包裹茎。种子萌发后从土壤里长出时只有一片叶子，所以也称单子叶杂草。在禾本科杂草中，有些种类是恶性杂草，如马唐、毛马唐、牛筋草、野高粱等，生长速度快，危害重。

（2）莎草　属单子叶植物纲莎草科草本植物，但是化学防治时除草剂的选择与禾本科杂草不同，一般与阔叶杂草相同，分布于潮湿地区，其特征为茎实心，横断面常为三角形，又称三棱草。

（3）阔叶杂草　其叶子宽阔，叶脉呈网状，叶片宽，有叶柄，花器一般具有鲜艳的花瓣，种子萌芽后长出土面时具有两片子叶，所以又称为双子叶杂草，如苣荬菜、马齿苋、反枝苋、铁苋菜、灰绿黎、刺儿菜等，是农田常见的阔叶杂草。

（4）木本植物　其能形成木质茎且能生长两年以上，包括灌木、藤木和乔木，可选择具有内吸输导作用特别是一些具有双向输导作用的除草剂进行防除。

#### 1.2.5.2 影响除草剂药效的生物因素

（1）杂草生长阶段　一般地，草本植物幼苗阶段叶片表面容易被除草剂穿透，叶片表面的叶毛也比较稀少，吸收除草剂的量大，容易被杀死。但有些杂草如刺儿菜在开花和结实时植株大量储存糖和养分，除草剂可以随糖和养分的运输被输送到植株的各个部位，杀死植株。当一棵杂草植株完全成熟后，不再结实，杂草种子已经散播，或者根系已经扎得很深，并且已经为植株储存了足够的营养，此时用除草剂来防除不会取得理想的防治效果。

（2）杂草形态结构　除草剂的常用方法之一是茎叶处理法，即将除草剂喷洒在杂草的茎叶上。杂草叶片的结构能够影响除草剂的有效穿透，除草剂难以穿透蜡质层厚的叶片，防除这类杂草时在幼苗期施药可以提高药效。有些植物的叶片具有短的或长的叶毛，阻止了除草剂与叶片的有效接触，这些杂草需要在幼苗时防治。某些情况下除草剂中需要添加喷雾助剂，使除草剂与杂草叶片能够充分接触。

（3）处于逆境中的杂草　当杂草遇到干旱、水涝等不良生境，受到胁迫时，杂草的生理活动较弱，吸收和输送物质的能力很差。此时使用除草剂尤其是内吸输导型除草剂，杂草吸收输导除草剂的量很小，除草效果很差。

# 1.3　化学防治的历史

人类与农业害虫之间的斗争，实际上是一场旷日持久的战争。自有原始农业以来，这场战争已持续了数千年，直到科学技术高度发达的今天还仍然进行着。认真研究农业害虫防治的历史，分析人类与害虫战争中的成败得失，有利于吸取经验教训，搞好农业害虫治理工作。关于农业害虫化学防治历史的研究，国内外学者做了大量的工作。在研究的基础上，有些学者对农业害虫防治历史的阶段进行了划分，美国著名昆虫学家M. L. Flint 教授将其划分为五个阶段，而我国著名昆虫毒理学家张宗炳教授则将其划分为三个阶段。这分别代表了国外和国内诸多学者的观点。参考前人的研究成果，根据不同时期害虫防治的特征和对害虫的认识水平以及对农业生产的影响，可将农业害虫防治的历史拟定为四个阶段。

## 1.3.1　早期害虫防治阶段（公元前 2500 年至 17 世纪中叶）

据记载，最早开展农业害虫防治的是古代苏美尔人，公元前 2500 年，他们就用硫化物防治昆虫和螨类。我国也是害虫防治较早的国家，公元前 1200 年，中国人就用植物杀虫剂进行种子处理；用香蒿来熏蚊子；用石灰和草木灰防治仓库害虫；再后来用砷化物和汞化物来防治各种虱类。同一时期的希腊人和罗马人也用了相类似的方法。亚里士多德曾记述希腊人应用熏蒸驱虫。公元前 200 年的罗马人加图记述了罗马人用油、草木灰、硫黄和沥青制成软膏来杀虫等。后来，我国害虫防治技术有了更大的发展，尤其是在化学防治方面一直处于领先地位。例如，古代化学家葛洪就曾建议水稻移栽时在根部施砒霜来杀虫。此外，还提出用硫黄和铜绿灭虱。在生物防治方面，我国人民最早注意到昆虫间的食物链及自然控制的现象，如"螳螂捕蝉，黄雀在后""蟋蛉有子，蜾蠃负之"等。我国是世界上第一个用害虫天敌来治虫的国家。据《南方草木状》记载，公元 340 年左右，广州等地的人民曾用黄猄蚁来防治柑橘害虫并取得明显成效。与此同时，西欧、中东等地愈来愈依靠宗教信仰和法律裁判来对付害虫，这严重阻碍了防治技术的发展。这个时期的特点是人类对昆虫没有形成系统的知识，防治害虫的方法原始落后，效果极其有限，所以害虫一旦暴发成灾，往往给人类造成深重的灾难。

## 1.3.2　中期害虫防治阶段（17 世纪中叶至 20 世纪初叶）

西方的文艺复兴运动使科学摆脱了宗教的束缚，有关昆虫生物学的知识日益积累增多，对害虫天敌重要性的认识逐渐增强，昆虫分类学家林奈建议用捕食性猎蝽来防治害虫。1750～1880年是欧洲的农业革命时代，农业生产第一次成为商业企业，大大促进了近代昆虫学的发展。T. W. Harris于1841年出版了第一本昆虫学教科书——*A treatise on some of the insects injurious to vegetation*，总结了这一时期害虫防治的方法，代表了当时的治虫水平，例如：在蛀洞内塞进樟脑防治果林蛀干类害虫；用皂液加烟草水混合喷洒防治蚜虫；用绿矾水浸种防治地老虎；用毒饵防治蝼蛄；选用抗虫品种、烧毁残茬防治黑森瘿蚊等。除此之外，对于葡萄根瘤蚜首次采用了法规防治即植物检疫手段，并且用抗蚜品种作砧木进行嫁接获得成功，开创了人类大面积卓有成效地控制害虫的先例。19世纪的另一件大事是，1889年美国引进澳洲瓢虫防治柑橘吹绵介获得成功，挽救了加州的柑橘种植业。这两个事例均可堪称害虫防治不同领域的两个里程碑。进入20世纪后，随着科学技术的发展，人们对害虫在高层次上进行了研究，认为对于多数害虫不可能用一种方法来控制其为害，从而提出了综合防治的思想，旨在把各种方法配合起来，取长补短，提高防治效果。这一阶段的研究成果集中反映在D. Sanderson于1915年出版的《农林果园害虫》（*Insect Pest of Farm，Garden and Orchard*）一书中，该书把农业技术作为害虫防治的基础措施给予重视，例如轮作、调节播种期避虫、消灭越冬虫源都可以有效地减轻危害，特别是提倡种植诱集作物，即在棉田四周种玉米来诱集棉铃虫的方法至今仍被沿用着。此外他还根据化合物的杀虫作用把化学药剂分成胃毒剂、触杀剂、忌避剂、熏蒸剂四个类型。20世纪20年代前后，喷药机械也有了很大发展，给杀虫剂的应用提供了方便，例如1921年，美国首次应用飞机撒药防治樟天蛾。这个时期的特点是昆虫学已形成一门系统的、独立的学科，人们对于害虫有了深入、系统的认识和研究。在实践中总结了害虫防治的五种经典方法，即农业防治、化学防治、生物防治、物理防治、植物检疫，并且能够初步地进行综合运用。对于某些主要害虫，已能够大面积防治。在人与昆虫的战争中，人类第一次取得了主动权。

### 1.3.3 有机化学农药防治阶段（20世纪40年代至60年代初）

20世纪40年代，害虫防治发生了一次革命性的变化，就是滴滴涕（DDT）的出现。与无机杀虫剂相比，它的杀虫效率十分显著，微量就能杀死害虫，此外DDT的残效期又十分长久，在室内使用一次可维持药效数月。第二次世界大战期间，用DDT杀死了大量的卫生害虫，战后DDT被广泛用于农林害虫的防治，给农业带来了巨大的效益。随后，又陆续合成了六六六、氯丹、艾氏剂等有机氯杀虫剂。第二次世界大战期间，德国为战争研制出来的一些毒剂后来发展成为有机磷类杀虫剂，包括普特、对硫磷、八甲磷等。40年代后期又合成了另一类氨基甲酸酯类杀虫剂如甲萘威等。这些新型的有机合成杀虫剂的防治效果改变了人们治虫的策略和观念，人们开始认为其他治虫方法都是无关紧要的，只要用这些杀虫剂，农业害虫问题就能解决甚至可消灭世界上所有的害虫，并认为若干年后昆虫分类学家连害虫标本都难以采到。这一情况驱使研究人员把主要精力集中于合成新的更有效的杀虫剂上，其他害虫防治的方法已很少有人去研究，连害虫生物学等方面的基础研究也被忽略。但好景不长，代之而起的是巨大的副作用和对环境的不良影响。首先是抗药性的产生。据有关资料表明，至 1999 年年底，约有 700 多种昆虫对有机杀虫剂产生了不同程度的抗性（其中包括 10 多种益虫）。这种抗药性的产生使农业生产蒙受巨大损失，迫使农民加大施药浓度和增加施药次数，提高了生产成本。其次是农药残留及对环境的污染。因为所用的杀虫剂都是广谱性杀生剂，且大部分有机氯杀虫剂的化学性能较稳定，在环境中滞留时间较长，其残留物杀死了自然界中的鱼类、鸟类、节肢动物等，并且通过食物链的富集作用，在人们的食品中残留，严重影响人们的身心健康。1962 年美国作家 R. Carson 在她的著作《寂静的春天》（*Silent Spring*）中写道：“喷洒杀虫剂就好比下了一场毒雨，杀死了各种生物。蜜蜂、蝴蝶不见了，鸟类不叫了，春天是寂静的。”这深刻说明了化学农药残毒的环境公害问题。第三是破坏生态平衡。杀虫剂大量杀伤天敌造成了害虫的再猖獗，以及次要害虫上升为主要害虫，致使害虫在再度繁殖时失去天敌控制，其种群数量成倍增长。例如用内吸磷防治棉蚜时，杀死了大量的瓢虫、草蛉、食蚜蝇等，因蚜虫世代周期短、生殖潜能大，种群数量又急剧上升，而此时天敌恢复较慢，不能起到抑制作用，结果蚜虫比防治前更为严重。次要害虫上升为主要害虫也是由于天敌失控而造成的。例如，果树上的叶螨早期只是一般发生的害虫，由于用 DDT、对硫磷防治果树食心虫，大量杀伤了叶螨的天敌，促使叶螨大发生。今天，叶螨已成为多种作物的重要害虫之一。这个时期的特点是，DDT 等有机杀虫剂的出现给害虫防治带来了一次革命，它大大提高了害虫的防治效率。即使今天，有机杀虫剂仍然是害虫防治的一种主要方法，同时它也带来了一些严重的问题，如农药残留（residue）、害虫抗药性（resistance）及害虫再猖獗（resurgence）问题。这使人们认识到单凭一种方法不能完全控制害虫的为害。在这一期间，各国政府及科学家对环境污染问题予以了极大的关注和重视，相继限制了一些高毒和在环境中残留长的农药的使用，同时科学家也积极探索与环境相容性农药的研制及使用技术，这就是所谓的“后天然农药”（after natural pesticides）的研究与应用，随后不久出现了一些生物合理性农药（biorational pesticides）。

### 1.3.4　有害生物综合治理阶段（20 世纪 60 年代中叶至今）

人们对于事物的认识总是由低级向高级发展，并不断深化和完善。从化学防治的经验教训中，人们得到了可贵的启示，任何一种防治措施都不是万能的，绝不能片面孤立地看问题。害虫的完全控制绝不是利用某一种方法就可达到的，必须综合利用各种措施，取长补短，扬优避劣，使它们相互协调一致，才能达到控制害虫的目的。在这样的历史和理论背景下，一个新的害虫防治策略——有害生物综合治理（IPM）便应运而生了。

最早提出有害生物综合治理概念的是澳大利亚昆虫学家 P. W. Geier 和 L. R. Clark 等（1961），他们把阐明生物防治与化学防治协调的概念称为有害物种的保护性管理，简称有害生物治理。随后 P. W. Geier（1966）又把有害生物治理描述为改变有害生物的生命系统，把有害生物数量减少到经济允许水平，利用生物学知识和当代技术来达到限制有害生物的目的，拟定有害生物的防治步骤，使之与当代技术、经济和环境质量相一致。随后一些国际组织和学者相继对有害生物综合治理进行了阐述及解释，例如FAO（1966）、R. L. Rabb（1970）、美国昆虫学家 R. Smith（1973）和国际水稻研究所（International Rice Institute，IRI）（1975）等，其中 R. Smith 的阐述较为详尽，并认为有害生物综合治理乃是一个多学科的、偏重于生态学的对害虫种群的管理方法，其利用各种防治方法配合成为一个协调的害虫管理系统，在它的实施中，有害生物综合治理乃是多战术的战略，但是，在这些战术中要充分地利用自然防治因素，只有在必要时才用人工防治的方法。

我国 1975 年就确定了"预防为主，综合防治"的植保方针，这实际上已与有害生物综合治理的概念相接近。1979 年我国著名昆虫生态学家马世骏用有害生物综合治理的观点解释了植保方针，大大促进了植保工作者对把植保方针理解为有害生物综合治理的认同，1986 年在成都召开的全国植保会议上有害生物综合治理实质上就是我国的植保方针这一理论被大多数人认可。1995 年王运兵等参考新理论、新技术在综合治理中的应用，将有害生物综合治理的概念阐述为：有害生物综合治理是一种有害生物的科学管理系统，它从农田生态系的整体观念出发，最大限度地利用自然控制的作用。在此基础上协调运用各种方法和技术把有害生物控制在经济阈值水平之下，并维持农田生态平衡和系统的最佳运行。

有害生物综合治理具有以下几个特点：系统分析和系统控制，允许害虫在经济受害水平之下继续存在，以生态系统来治理害虫，充分利用自然控制作用，各种防治技术间的相互协调和综合以及提倡多学科攻关。综合起来看，IPM 在害虫防治中是比较完备和理想的，其理论和原则是现代农业生产不可缺少的一部分，这是人们都能够接受的，尤其是希望少用或不用剧毒的化学农药使所有食品及加工品没有残毒，生态平衡不被打破，环境不被污染，这都是人们所希望的。根据 IPM 的理论，还可以找出使化学农药的副作用减少到最低限度的途径，充分利用其优点。有害生物综合治理在生产实践上取得了极大的成功，例如美国在玉米、柑橘、牧草等害虫防治方面，日本在水稻害虫等防治方面，澳大利亚在棉花害虫防治方面，欧洲在果树害虫防治方面，我国在东亚飞蝗、小麦害虫等防治方面，不但控制了害虫的为害，还减少了污染，保护了天敌和农田生态平衡，取得了显著的综合效益。这充分显示了有害生物综合治理控制害虫的威力。

与此同时，在这一时期，有些学者还提出了一些其他害虫防治理论，其中影响较大的是全部种群治理（total population management，TPM）、大面积种群治理（area-wide population management，APM）、有害生物合理治理（rational pest management，RPM）等。这些治虫理论的共同点在于强调改变和消除化学防治的副作用，但他们都过分地强调某一方面，只能适合某些特殊的治理对象，因此也只能作为有害生物综合治理的补充，不能代表有害生物防治的主流和方向。在此不再详述。

有害生物综合治理是农业害虫防治历史上的最新篇章，它突出体现了环境保护和生态学的观点，使人们在获得经济效益的同时，也能够获得显著的生态效益和社会效益。它代表了害虫可持续治理的发展方向，成为可持续农业（sustainable agriculture）发展的一个有机组成部分。它在理论上已经成熟，实践上也取得了成功。现在已经进入 21 世纪，随着新理论、新技术的渗入和发展，特别是生物工程技术、信息技术在有害生物综合治理中的应用，必然给害虫的防治带来一次革命。虽然不知道人和害虫的战争还要持续多久，但是我们坚信：人们可以按照科学程序，有目的地定量化改造害虫和控制害虫。换言之，从普遍意义上讲，人们全方位地彻底战胜害虫的时代即将到来。

# 1.4　化学防治与其他防治法的协调

针对有害生物的化学防治，既是一门化学和生物学的交叉学科，也是理论和实践结合紧密的学科。相关学科的发展对化学防治与其他防治方法的协调起到了极大的促进和推动作用。

自从 20 世纪 40 年代中 DDT 用于害虫防治以来，化学防治随着新类型农药以及相关学科的发展得到了迅速的发展。从最初的剂量-反应关系研究到现在的基因组学、蛋白质组学的研究，化学防治的各分支学科同样得到了迅速发展。对于环境相容性农药的发现、害虫抗药性治理、农药合理使用等起到了重要的促进和指导作用。例如，昆虫体内专一性分子靶标的利用是创制环境相容性杀虫药剂的基础。昆虫的生长、发育、变态显然不同于其他生物，比较容易找到选择性杀虫药剂靶标。几丁质是昆虫、真菌、甲壳类等生物所特有的。昆虫连续的几丁质外骨骼决定了其需要定期蜕皮，以便生长发育。昆虫的另外一个重要特征是变态，该过程需要保幼激素、蜕皮激素等激素的调控，是昆虫体内专一性的调控系统。该系统对寻找理想的选择性靶标、开发选择性药剂具有重要的指导作用。昆虫外骨骼几丁质合成降解过程中的关键环节也是重要的选择性药剂如除虫脲、虱螨脲等开发的基础。新烟碱类药剂的创制为刺吸式口器害虫的防治带来了极大的好处。因此，化学防治是 IPM 的重要组成部分，是许多害虫控制的最重要手段。化学防治发展的趋势是采用新的技术手段并与 IPM 有机结合，使化学防治措施具有环境相容性。

病虫害的防治手段是多样化的，任何手段只要能有效地防治和控制病虫害的发生和为害都是可取的。各种手段和方法之间的关系应该是互补的而不是排他的。对有害生物的综合防治强调非化学防治，但不排斥化学防治。而协调非化学防治和化学防治的关系，就要明确化学防治在整个有害生物综合治理中的切入点。一个最基本的问题是：有害生物的密度达到多大程度时是化学农药防治的最佳时期，或者说人们能够忍受的因有害生物危害引起的作物损失是多少，或者说防治代价如何才能抵得上因有害生物危害引起的作物损失。一般认为经济阈值能回答这类问题。经济阈值（economic threshold，ET）是研究使用化学农药防治有害生物的一个重要参数。在害虫防治研究中，不考虑害虫的种群密度处在种群增长的哪个阶段，而是考虑 3 个与作物损失有关的害虫密度值：一是作物产值开始下降的害虫密度。害虫低于这个密度时不会引起作物的损失，一旦达到这个密度，作物的产值开始下降，也就是引起经济损失的最低虫口密度。二是人们能够容忍的害虫密度。害虫达到这个密度时引起的因作物产值下降导致的经济损失在人们能够容忍的范围之内，也就是作物达到经济损害水平（economic injury level，EIL）时的害虫密度，这个密度应该大于作物产值开始下降时的害虫密度。三是因害虫危害引起的作物产值损失等于防治代价时的害虫密度，即经济阈值。经济阈值取决于作物的产值、劳动力价格、农药价格、防治效果和人们对经济损失的忍受程度。例如，同一品种的水稻，由同一个劳动力喷洒农药，农药对害虫的防治效果为90％左右。如果农药的价格贵，那么达到经济阈值时的虫口密度就大些；反之则小些。如果水稻品质好、价格高，那么达到经济阈值时的虫口密度就小些；反之则大些。

经济阈值的定义是作物的产值损失等于防治代价时的虫口密度，那么经济阈值的数学模型便是：

$$ET = \frac{C}{L/P} = \frac{C}{YHD} = \frac{CF}{EYHDS}$$

式中，ET 为经济阈值；$C$ 为防治代价；$L$ 为作物产值损失；$P$ 为害虫种群密度；$Y$ 为无害虫时的作物产值；$H$ 为产品单价；$D$ 为单位害虫量引起的产量损失率；$E$ 为杀虫效果；$S$ 为害虫种群的自然存活率；$F$ 为社会调节因子，变幅为2或1。

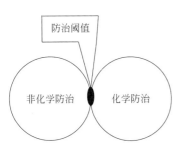

图 1-1　化学防治与非化学防治的关系

化学防治与非化学防治的关系可用图 1-1 来示意，它们的交叉点即为防治阈值。只要运用非化学防治的手段就可以将有害生物的发生危害控制在人们所能忍受的极值以内，就可不必使用化学农药，整个防治手段就集中在非化学防治的圆圈范围内。

当运用非化学防治手段后，有害生物的发生危害超越了人们所能忍受的极值，就得使用化学农药，防治手段就转移到化学农药防治的圆圈范围内。当经过农药防治后，有害生物的发生危害被控制到人们所能忍受的极值以内，防治手段就又可以转移到非化学防治的圆圈范围内。当有害生物的发生危害一直处在防治阈值以上，防治手段就可能一直在农药防治的圆圈范围内。就像水桶的储水量是由组成水桶的最短木板决定的一样，在众多危害植物一生的有害生物中，只要有1～3种有害生物的危害超越了人们能够忍受的程度，就能促使人们使用化学农药。

化学防治是有害生物防治中不可缺少的手段，是制约有害生物可持续治理的重要因子。化学防治是一把"双刃剑"，需要花大力气通过重点研究使化学防治满足国家农业生产的需求，保证粮食、蔬菜、水果的安全。根据国际发展趋势和我国现状，今后亟待加强以下几方面的研究：有害生物体内专一性农药分子靶标和新靶标研究；有害生物抗药性、再猖獗以及药剂的选择性机理研究；围绕新药创制进行的天然活性化合物的分离鉴定、生物大分子的结构与功能研究；化学防治新方法与新技术，例如通过植物表达农药活性成分、农药纳米剂型、有效成分控制释放技术等，以及化学防治对天敌等非靶标生物的影响机制和评价体系研究等。通过上述研究以期实现化学防治向着人们期望的与环境协调的目标发展。

# 参 考 文 献

[1] 陈杰林. 害虫综合防治. 北京：农业出版社，1995.

[2] 陈宗懋. 茶树害虫防治的新途径化学生态防治. 茶叶科学，2005，31（2）：71-74.

[3] 陈明亮，顾中言. 农药与有害生物综合防治的关系及农药使用技术的定义和研究方向. 江苏农业科学，2008，24（5）：99-101.

[4] 董向丽，王思芳，孙家隆. 农药科学使用技术. 北京：化学工业出版社，2013.

[5] 高希武. 我国害虫化学防治现状与发展策略. 植物保护，2010，36（4）：19-22.

[6] 高希武. 害虫的化学防治与作物抗虫性. 中国农业大学学报，1998，31（1）：75-82.

[7] 韩熹莱. 农药概论. 北京：中国农业大学出版社，1995.

[8] 欧晓明. 从 IPM 角度论化学农药的地位和发展前景//袁隆平，王凤飞. 湖南省 21 世纪初新的农业科技革命暨建设农业创新体系论文集. 长沙：湖南科学技术出版社，1999：187-191.

[9] 欧晓明. 植物源农药实用技术. 北京：中央广播电视大学出版社，2015.

[10] 屠豫钦，李秉礼. 农用应用工艺学导论. 北京：化学工业出版社，2006.

[11] 王运兵，王连泉，梁常运，等. 农业害虫综合治理. 郑州：河南科学技术出版社，1995.

[12] 张宗炳. 化学防治在害虫综合治理中的地位与作用. 森林病虫通讯，1983（1）：25-27.

[13] 张宗炳. 正确认识与发挥化学防治在害虫综合治理中的作用. 世界农业，1982（6）：37-40.

[14] 张兴. 害虫化学防治概念的新进展. 西北农学院学报，1985（4）：65-77.

[15] 张亦冰. 利用高等植物中所含的生态化学物质防治害虫. 世界农药，1996，18（1）：13-19.

[16] 赵善欢. 害虫化学防治理论及应用的新发展. 中国农业科学，1983（3）：71-78.

[17] 赵善欢. 2000 年杀虫剂及害虫化学防治的展望. 农药，1985（4）：1-7.

[18] 赵善欢. 杀虫剂及农业害虫化学防治的展望. 西北农业大学学报，1993，21（3）：73-81.

[19] 朱瑞林，欧晓明. 二十一世纪农药展望//袁隆平，王凤飞. 湖南省 21 世纪初新的农业科技革命暨建设农业创新体系论文集. 长沙：湖南科学技术出版社，1999：184-186.

[20] Flint M L，Van Den Bosch R. Introduction to integrated pest management. New York：Plenum Press，1981.

[21] Frishie R E. Perspective on cotton production and integrated pest management. In：Integrated pest management system and cotton production. New York：Wiley，1989：234-256.

[22] GDCST. Proceedings of international Conference of IPM——Theory and practice，developing sustainable agriculture. Guangzhou，China，June 12～15，1998：1-47.

[23] Wearing C H. Evaluating the IPM implementation process. *Ann. Rev. Entomol*，1988，33：17-38.

[24] Whitten W J. Pest management in 2000：What we might learn from the twentieth century//Kadir S A，Barlow H S. Pest management and environment in 2000. London：Inter Wallingford，1993：9-44.

# 第2章
# 农药应用及防治的毒理学基础

农药对农业和卫生有害生物的防治或调控是一个渐进的过程。因此，探讨农药的毒性作用机制、阐明其作用部位和作用过程是农药学、毒理学和植物化学保护学的重要理论基础，对探索有害生物中毒症状指标及其防治技术措施的制定具有重要的实际意义。对农药选择性作用及作用机制的研究，不仅回答了农药分子怎样影响有害生物的问题，而且它所提供的信息有助于先导化合物的结构和活性之间关系的研究，有助于发现新的作用靶标，进而丰富基于作用靶标的新农药分子生物合成设计研究，提高农药的原始创新能力，同时，明确农药的代谢途径和转化过程也可为新农药品种的安全合理使用提供科学指导。

## 2.1 农药的选择性

农药的选择性一般指的是农药在生物间的选择毒性或毒力。农药的选择毒性是指农药对靶标生物和非靶标生物间的毒性差异，这是农药毒理学和新农药创制研究的主要内容之一，而如何利用或造成农药选择性则是安全、合理使用农药的重要内容。农药的选择毒力是指农药对不同昆虫虫种之间的选择性，与其相对的术语是广谱性。农药的选择作用大体分为两类，即生态选择和生理选择。生态选择作用是指在有毒环境中，一种生物中毒死亡，另一种生物则可能以某种方式逃避与毒剂接触而存活的现象，是一种外在的、非本质的选择作用，又称为外在选择；而生理选择则是指两种生物同时接触毒剂，其中一种由于某些生理生化机制而具有较高的忍受能力而存活的现象，是一种内在的、本质的选择作用，又称为内在选择。基于此，本节主要介绍杀虫剂在脊椎动物和昆虫之间以及害虫和天敌昆虫之间的选择作用、杀菌剂在病原菌（主要是病原真菌）和植物

（作物）之间以及病原菌和有益微生物之间的选择作用、除草剂在作物和杂草之间的选择作用。

### 2.1.1　杀虫剂的选择作用

#### 2.1.1.1　杀虫剂在脊椎动物和昆虫之间的选择作用

（1）脊椎动物选择性比值及其意义　脊椎动物选择性比值（vertebrate selectivity ratio，VSR）是指杀虫剂对脊椎动物的毒性（致死中量）与对昆虫的毒力（致死中量）之比，是判断杀虫剂在脊椎动物和昆虫之间选择性的重要参考指标。VSR 值越大，说明一种杀虫剂对昆虫的毒性比对脊椎动物的毒性大得越多，相对而言，这种杀虫剂对脊椎动物越安全。但 VSR 值的使用存在一定的局限性，而且有时和实际情况不相符。首先，VSR 值是对急性毒性而言的，但对脊椎动物来说，有时慢性毒性更重要。例如，有报道狄氏剂延长处理时间后对小鼠可致癌，有些有机磷酸酯类杀虫剂对人和母鸡容易引发迟发性神经毒性，显然 VSR 值并未考虑到这些慢性毒性问题。其次，VSR 值是一个相对值，但有时绝对值更重要。例如，A、B、C 三种杀虫剂对脊椎动物的 $LD_{50}$ 分别为 $2.0mg \cdot kg^{-1}$、$200mg \cdot kg^{-1}$、$20000mg \cdot kg^{-1}$，对昆虫的毒力分别为 $0.02mg \cdot kg^{-1}$、$2.0mg \cdot kg^{-1}$、$200mg \cdot kg^{-1}$，因此三种化合物的 VSR 值均为 100。但化合物 A 对脊椎动物有极高的毒性而难以应用，而化合物 C 则对昆虫的毒性太低，没有实际意义，只有化合物 B 才是选择性杀虫剂。第三，VSR 值是室内毒力测定结果，仅代表在一个既定时间内和限制性试验条件下有限种群的反应。这与杀虫剂在实际中遇到的情况有很大差异。例如，残杀威对家蝇点滴 $LD_{50}$ 为 $25.5mg \cdot kg^{-1}$，对大鼠经口 $LD_{50}$ 为 $86mg \cdot kg^{-1}$，VSR 值为 3.4，几乎没有选择性，但因残杀威大鼠经皮 $LD_{50}$ >2400，因此对人畜很安全。最后，VSR 值是用家蝇代表昆虫、以小白鼠代表脊椎动物而取得的，改用其他昆虫或脊椎动物时 VSR 值会有很大的出入，所以只作一般的参考。

（2）杀虫剂在脊椎动物和昆虫之间的选择机理　杀虫剂在脊椎动物和昆虫之间的选择作用主要是生理选择。一种杀虫剂当被施用于脊椎动物或昆虫后，首先要穿过体壁或其他阻隔层才能进入循环液（血液），在该过程中，一部分杀虫剂可能会在某些组织中可逆地结合或储藏，一部分则在某些组织中被代谢，代谢产物又可能重新进入循环液，其中一部分代谢产物可能和原始化合物一起被排出体外，一部分原始化合物或某些活化的代谢产物与某些作用部位相互作用产生致毒反应并造成生物体死亡。

产生杀虫剂生理选择性的因素可以归纳为以下几方面：

① 穿透作用的差异　穿透作用的差异包括对外阻隔层和内阻隔层两种穿透的差异。外阻隔层穿透包括对表皮、肠和气管的穿透，其中表皮是接触杀虫剂机会最多的外层。因此，对表皮穿透的差异是造成选择作用的一个因素。昆虫表皮不同于哺乳动物的皮肤，它除了有几丁质生物合成过程外，还有鞣化与骨化过程。昆虫表皮是疏水性的、非极性的，现代杀虫剂绝大多数是非极性或弱极性的，极易穿透，特别是昆虫体壁特有的几丁质，对很多杀虫剂都有很高的亲和性。此外，昆虫单位体重的表面积（体躯总面积/

体重）比哺乳动物大得多，与人相比，这个值大约是人的 100 倍。一般来说，杀虫剂的穿透速率快，毒性就大。内阻隔层最主要的是血脑屏障（blood-brain barrier）及细胞膜。血脑屏障是中枢神经系统与血液界面存在的一种物质通透屏障，任何一种杀虫剂要对中枢神经系统起作用都必须穿越这一障碍。显然，脊椎动物和昆虫血脑屏障构成及对外源物的穿透作用存在差异，从而造成毒性差异。同样，杀虫剂要进入任何靶标细胞都必须通过细胞质膜。细胞质膜是一种脂质双层膜结构，能允许分子或离子选择性通过，脊椎动物与昆虫细胞质膜的差异也是造成毒性差异的因素之一。

② 非靶标部位结合的差异　杀虫剂进入体内后可以结合某些非靶标部位，主要是血淋巴中的各种蛋白质。这种结合无疑将会影响杀虫剂毒性的发挥。杀虫剂和蛋白质的结合可以是永久性结合，也可以是暂时性结合。永久性结合是不可逆的结合，其减少了杀虫剂到达靶标的实际剂量。例如，昆虫体内羧酸酯酶增多时，降低了敌百虫对靶标部位胆碱酯酶的抑制，因为大量的敌百虫被结合在非靶标部位羧酸酯酶上。暂时性结合属于可逆性的结合，也可以暂时减少杀虫剂的剂量，使到达作用靶标的量达不到致死作用剂量，因而毒性可以大大降低。显然，脊椎动物和昆虫的这种非靶标蛋白的种类和数量都有较大差异。在多数情况下脊椎动物体内酯酶活性很高，结合杀虫剂的能力很强，从而造成选择作用。此外，脂肪也是一个非靶标的结合部位，多种脂溶性杀虫剂可以储存在脂肪体内，因而减少了毒性。

③ 代谢的差异　许多研究结果表明，造成选择作用的最主要因素是代谢的差异，包括代谢方式和代谢速率，主要是后者。这种代谢的差异包括活化代谢和解毒代谢，抑或是活化代谢和解毒代谢兼而有之。脊椎动物和昆虫体内主要解毒酶系及活性是造成解毒代谢差异的基础，解毒代谢酶系主要涉及多功能氧化酶、谷胱甘肽-S-转移酶和 A-酯酶（昆虫中不存在 A-酯酶）3 种。例如，马拉硫磷在昆虫和哺乳动物之间的选择性（马拉硫磷对哺乳动物的毒性很低）是由于羧酸酯酶在马拉硫磷的解毒代谢中起了主要作用。哺乳动物体内羧酸酯酶活性很高，而昆虫体内羧酸酯酶的活性很低，因此，进入哺乳动物体内的马拉硫磷被迅速代谢。

还有一些杀虫剂本身毒性很低，甚至本身无毒性，可以在动物体内活化为更毒的杀虫剂，同时它们也可以被解毒及排出，这就是所谓的"前体杀虫剂"，其毒性取决于这两种代谢的平衡。若活化作用大于解毒作用，毒性就增加；反之就降低。活化作用与解毒作用的关系，就是所谓的机会因子（opportunity factor），因此，有很多杀虫剂的选择性毒性是由不同动物对同一前体杀虫剂的机会因子不同所致。完全由活化增毒代谢引发农药选择性的例子中，最突出的商品化例子就是高毒的灭多威、克百威衍生开发出的几种低毒的前体杀虫剂，如丁硫克百威、硫双灭多威等。

④ 靶标作用部位敏感性的差异　靶标作用部位在两种生物中都存在，但敏感性不同，因而形成了选择性毒性。最显著的例子就是乙酰胆碱酯酶（acetylcholine esterase，AChE），不同动物虽都有乙酰胆碱酯酶，但对有机磷杀虫剂的敏感性可以相差很大。R. M. Hollingworth（1976）以抑制剂对牛红细胞中 AChE 的 $I_{50}$ 与对家蝇头中 AChE 的 $I_{50}$ 之比（选择性抑制比值，selective inhibitory ratio，SIR）作为标准测定了 114 种氨

甲酸酯类杀虫剂及类似物，结果发现家蝇头中 AChE 比牛红细胞中 AChE 敏感性大 10～100 倍，个别化合物达 1000 倍。对于不同来源的 AChE 来说，有机磷和氨基甲酸酯杀虫剂除对其抑制的差异造成选择性毒性外，不同来源的 AChE 被抑制后，其恢复重新活化亦是造成选择性毒性的因素。一般来说，恢复过程在脊椎动物中要比在昆虫中快。例如，杀寄生虫剂皮虫磷对羊体内 AChE 的抑制在 0.39h 内即可恢复，而羊的寄生虫（Heemanchus concortus）体内的 AChE 被抑制后，则完全不能恢复。

关于其他作用靶标敏感性的研究资料较少，但一般认为脊椎动物和昆虫之间的差异可能会更大。虽然昆虫与脊椎动物的 GABA 受体基本类似，但遗传上的差异决定了其药理性质的差别，例如，家蝇 GABA 受体相对哺乳动物受体对 GABA 的敏感性至少低至 1/30，但对许多杀虫剂表现出极强的敏感性，对阿维菌素的敏感性相对哺乳动物增加了 615～714 倍；目前研究较多的新烟碱类杀虫剂作用于烟碱型乙酰胆碱受体（nAChR），其在昆虫和哺乳动物之间的选择毒性主要是由其对昆虫和哺乳动物 nAChR 的敏感性不同所致。

⑤ 专一性靶标　有些杀虫剂只对昆虫有特异性的作用靶标，而脊椎动物没有这种靶标，因而具有理想的选择毒性。典型的例子有保幼激素类似物、蜕皮激素类似物、昆虫生长调节剂等，其中最为人们熟悉的苯甲酰脲类（如灭幼脲、除虫脲、定虫隆、氟铃脲、氟虫隆等）及噻嗪酮类等杀虫剂，其专一性地抑制昆虫几丁质的合成，而脊椎动物的皮肤不含几丁质，因而造成专一性的选择作用。此外，近年来迅速发展起来的抑食肼、虫酰肼、甲氧酰肼等脱皮激素类似物都以很高的选择性和环境安全性越来越受到人们的关注。

值得一提的是，大多数杀虫剂的高度选择性往往是多种选择因素综合作用的结果，单个因素不太可能造成显著的选择性，这与害虫抗药性中单一抗性基因难以造成高抗性的道理相似。例如，辛硫磷的选择毒性是由于：①辛硫磷可氧化成辛氧磷，毒性加大，但该氧化作用在家蝇体内比在小鼠体内发生更强烈；②辛硫磷可以迅速降解成二乙基磷酸，这在小鼠中比在家蝇体内快得多；③小鼠中的 AChE 本身对辛硫磷不敏感，与家蝇相比相差 270 倍；④辛硫磷分子中的腈水解成苯酚，这仅在小鼠中发生。这 4 个因素加在一起造成了辛硫磷的高度选择性。

### 2.1.1.2　杀虫剂在害虫和天敌昆虫之间的选择作用

多年来，杀虫剂对有益昆虫或天敌昆虫的安全性问题一直是科学家们研究的重点，同时也具有相当大的难度。杀虫剂在害虫和天敌之间的选择包括生理选择和生态选择。

（1）生理选择　生理选择的基础是害虫和天敌之间生理生化方面的差异。首先是种的水平上的差异，主要包括害虫和天敌之间对杀虫剂代谢方面的差异，特别是靶标敏感性方面的差异是最重要的。例如，抗蚜威是一种对各种蚜虫高度敏感的氨基甲酸酯杀虫剂，但对绝大多数害虫天敌都很安全。其次是作用方式造成的杀虫剂在害虫和天敌之间的选择作用。例如，昆虫几丁质形成抑制剂灭幼脲、除虫脲等主要是胃毒作用，触杀作用微弱，因此许多捕食性天敌及寄生性天敌难以直接摄入杀虫剂，因而很安全。噻嗪酮却有强烈的触杀作用，它对半翅目的叶蝉、飞虱、粉虱高效，对害虫天敌及传粉昆虫安全，这显然是由于靶标敏感性不同。此外，苏云金芽孢杆菌（Bt）、苦皮藤素等对鳞翅目害虫有良好的防效，而对天敌十分安全，其原因在于Bt、苦皮藤素主要是胃毒作用，几乎没有触杀作用，捕食性天敌及寄生性天敌一般不会受药。

（2）生态选择　目前使用的大多数杀虫剂还不具备生理选择性。为了保护和利用天敌，生态选择就更为重要。造成生态选择的措施主要有以下几个方面：①控制施药剂量，改变单纯追求害虫百分之百死亡的传统观念。施药剂量控制得当，能有效地杀死害虫而保护天敌。例如用甲萘威（carbaryl）防治红蜘蛛，使用浓度在0.03%以下则对其捕食性天敌植绥螨没有什么影响。②施药时间的控制。施药时间的控制是最有效、最经济的获得选择性的方式，其原理是害虫和天敌的发生时期不一定完全同步。例如，诸葛梓等（1982）报道，稻纵卷叶螟在早稻穗期世代（迟发年为第二代，早发年为第三代）一般发生量较大，以前多在2龄幼虫盛期进行施药防治。但这时又正是卵寄生蜂赤眼蜂大量羽化并进入再寄生的时期，也是幼虫优势种天敌绒茧蜂进行寄生的关键时期。稻纵卷叶螟幼虫进入3龄后，体内寄生蜂耐药性强，进入4龄又有赤带扁股小蜂体外寄生。因此，稻纵卷叶螟的施药适期由原来的2龄幼虫期改为3龄幼虫盛期，这样既有良好的防治效果，又保护了大多数幼虫寄生天敌。③剂型及施药方法的控制。剂型及施药方法不同，对天敌的杀伤力也不一样。对广谱性杀虫剂，采用适当的施药方法可达到一定程度的选择性，减少对天敌的伤害。一般来说，喷雾、喷粉对天敌影响很大，若采用撒施颗粒剂、根区施用内吸杀虫剂、拌种、涂茎、包扎茎秆、树木注射等施药方法都可有效地保护天敌。杜军辉等（2013）采用盆栽试验发现溴氰虫酰胺、氯虫苯甲酰胺、氟虫双酰胺等双酰胺类药剂对稻纵卷叶螟的防治效果低于对照药剂，且对蚯蚓没有明显的致死作用。④施药面的控制。将杀虫剂在有限的区域内施用，而不是全面喷洒，这样可为天敌提供避难场所，使因施用杀虫剂而衰落的天敌种群很快得以恢复。我国水稻产区对稻螟采取"捉枯心团"的挑治方法就是一个典型例子。

## 2.1.2　杀菌剂的选择作用

杀菌剂的选择作用主要是杀菌剂在病原菌和植物（作物）之间的选择作用以及杀菌剂在不同菌之间（包括病原菌和有益微生物之间）的选择作用。

### 2.1.2.1　杀菌剂在病原菌和植物之间的选择作用

杀菌剂在病原菌和植物之间的选择主要是生理选择。与杀虫剂的生理选择不同，杀菌剂选择作用的基础主要是病原菌和植物之间作用靶标的有无及靶标敏感性差异，而有关病原菌和植物之间代谢差异的报道较少。

杀菌剂对菌体内作用靶标有高度的专一性，作用靶标不同或有微小的改变，药剂的毒性反应就有明显的改变。最典型的例子是苯并咪唑类杀菌剂与萎锈灵。苯并咪唑类杀菌剂在菌体内的作用靶标是细胞分裂时纺锤丝上的微管蛋白，其与不同生物的微管蛋白的亲和力存在明显不同，这是其选择作用的原因。多菌灵干扰真菌和其他生物微管蛋白组装成微管的毒力之比是 1300∶4。根据现有资料，植物与真菌的微管蛋白在结构上有明显差异。因此，多菌灵等苯并咪唑类杀菌剂不会产生药害。萎锈灵是与菌体内呼吸链上辅酶 Q 处的一些蛋白质（QPs）结合。这个结合位点的蛋白质只要在个别氨基酸的顺序上稍有改变，就会使药剂完全失效。真菌和高等植物 QPs 结构上的差异，使得萎锈灵对植物很安全。例如，敌锈钠是通过抑制叶酸合成酶活性而抑制叶酸的合成。虽然锈菌内和豇豆细胞内都有叶酸合成酶，但二者仍有区别：敌锈钠和锈菌体内叶酸合成酶高度亲和，而与豇豆细胞内叶酸合成酶的亲和力很低甚至不亲和。因此，敌锈钠可以安全地用于防治豇豆上的锈病。

菌体与植物中杀菌剂所作用的酶类在含量上或活性上的差异也造成杀菌剂的生理选择。如嘧啶类杀菌剂（甲菌定、乙菌定）是通过抑制腺苷脱氨酶的活性而抑制菌体内核酸的合成，而植物体内缺少腺苷脱氨酶。6-氮杂尿嘧啶是影响菌体细胞内尿嘧啶合成过程中乳清酸-5-磷酸脱羧酶的活性，而植物细胞内该酶数量较菌体内高 100 倍以上，因此植物受到的影响极其轻微，不会出现药害。

具有特异性靶标的杀菌剂，因植物本身不存在杀菌剂作用的靶标，因此具有高度的选择作用。例如，多氧霉素主要干扰病原菌细胞壁几丁质合成，植物因其细胞壁不含几丁质而表现得很安全；抑制病原菌致病力的杀菌剂对植物生长发育完全没有影响，典型例子是三环唑，抑制稻瘟病菌附着孢上黑色素形成阻止其侵入水稻组织，而对水稻生长没有影响。

近年来出现的一些提高植物抗病性的杀菌剂，如用于防治稻瘟病的噻瘟唑、活化酯，防治霜霉病的乙磷铝，都不会对植物产生不良影响，而可使植物抵抗病原菌的侵入。这类杀菌剂显然在病原菌和植物之间有选择作用。

此外，杀菌剂剂量本身也可造成选择作用。例如：0.02％硫酸铜对稻瘟病有一定防治作用，在此浓度下对水稻安全，但若改用 0.04％硫酸铜则会出现药害；三唑酮拌种或包衣防治小麦白粉病，若有效成分超过种子重量的 0.03％则会出现明显药害。病原菌往往是一个孢子，乃至一个细胞为个体，杀菌剂对其影响是整体性的，而植物由无数个细胞所构成，杀菌剂即使有影响也是局部的，这本身也是形成选择作用的基础。

### 2.1.2.2　杀菌剂在不同菌之间的选择作用

杀菌剂在不同菌之间的选择作用机理可概括为以下三方面：①病菌体内药剂接受点或药剂作用系统的不同所产生的选择毒力。接受点成分或结构影响毒性的典型例子是萎锈灵。这种杀菌剂对担子菌有专化性毒性，是作用于线粒体呼吸链上复合体Ⅱ的电子传递，其毒性的先决条件是有与其结合的 QPs 蛋白质。子囊菌或霜霉菌因其复合体Ⅱ缺乏 QPs 结构的蛋白质而对该药不敏感。药剂的作用系统可能不像药剂接受点那样专化，但在很多情况下对毒性的影响也是明显的。例如：一些多烯抗生素如制霉菌素与菌体细胞上的麦角甾醇形成一种复合物结构是其毒性的基础，而卵菌或许多细菌在生长过程中不需要外源甾醇，因此，对该杀菌剂不敏感；多氧霉素是影响菌体细胞壁上几丁质合成酶的活性，因此对细胞壁不含几丁质的细菌以及只含极微量几丁质的酵母菌是无毒的。

②药剂吸收量的不同或药剂在细胞内累积量的不同所产生的选择毒力。例如，抗多氧霉素 D 的梨黑斑病菌在无细胞结构的状态下几丁质合成酶的活性并没有受影响。后来证明，抗性是由于药物不能渗透进入细胞。构巢曲霉（*Aspergillus nidulans*）抗药性是因体内有一个很活跃的耗能排药系统，使药剂不能在体内积累到较高的浓度，这证明药剂在菌体内累积性的差异是造成选择性的机制之一。③药剂作用系统或作用位点在不同菌体中对生命力影响程度的不同所产生的选择毒力。杀菌剂可能对不同菌都同样地作用于某一相同的代谢系统或有相同的作用位点。但是这些系统或位点在不同的菌体中对其生命力或代谢过程的影响有所不同。影响大的则药剂就会表现出强的毒性，影响小的则不会表现出明显毒性，从而产生了选择性。例如，用于防治水稻白叶枯病菌的敌枯唑，是在辅酶Ⅰ合成过程中干扰烟酰胺的利用，而十字花科蔬菜软腐病菌除了利用烟酰胺外还可以利用烟酸，通过其他途径来合成辅酶Ⅰ，因此不会中毒。烟草野火病菌根本不利用烟酰胺，也不利用烟酸，而是通过其他途径去合成辅酶Ⅰ，因此也不会中毒。这些说明敌枯唑对不同菌的不同毒性是依赖于这些菌的代谢途径与利用烟酰胺的程度。

杀菌剂在病原菌和有益微生物之间的选择性原理应是相似的，但这方面的研究报道相对较少。为了明确农药与益害生物毒性选择性之间的关系，引入毒性选择性比值（toxicity selectivity ratio，TSR）的概念是很有用的。益害生物毒性选择性比值是指某种化学药物对有益生物的抑制中浓度（有效中浓度）与有害生物的抑制中浓度（有效中浓度）之比。当 TSR<1 时，表示该药物有负向选择性；当 TSR=1 时，表示该药物没有选择性；当 1<TSR≤10 时，表示该药物有正向选择性；当 10<TSR≤100 时，表示该药物有中度正向选择性；当 100<TSR≤1000 时，表示该药物有高度正向选择性；当 TSR>1000 时，表示该药物具有强烈正向调控性。例如，绿色木霉 LTR-2 对棉花黄萎病菌 CV-1 表现出很好的防治效果。牛赡光等（2006）研究了 11 种化学农药对棉花黄萎病菌和生防菌的选择毒性，结果发现苯并咪唑类杀菌剂对绿色木霉 LTR-2 的毒性最高，多菌灵、苯菌灵和甲基硫菌灵的 $EC_{50}$ 值依次为 $0.7\mu g \cdot g^{-1}$、$1.7\mu g \cdot g^{-1}$ 和 $0.7\mu g \cdot g^{-1}$，多菌灵、苯菌灵和甲基硫菌灵对棉花黄萎病菌 CV-1 的最低抑制浓度分别为 $0.7\mu g \cdot g^{-1}$、$2.3\mu g \cdot g^{-1}$、$2.6\mu g \cdot g^{-1}$；对 LTR-2 的最低抑制浓度分别为 $1.2\mu g \cdot g^{-1}$、$3.4\mu g \cdot g^{-1}$、$6.4\mu g \cdot g^{-1}$。多菌灵对几种生防真菌的 TSR 值，介于 1～10 的有绿色木霉 LTR-2、木霉 Tc、康宁木霉 Tk7a、粉红粘帚霉 GLR，分别为 4.6、4.7、1.2 和 7.3，为正向调控作用；介于 10～100 的有木霉 Sxb，为 27.5，为中度选择性；大于 1000 的有木霉菌株 T9，为 9145.0，为强烈正向调控作用。苯菌灵的 TSR 值，介于 1～10 的有 Sxb、Tc、Tk7a、GLR，依次为 2.8、5.6、4.5 和 4.7；介于 10～100 的有 LTR-2 和 T9，分别为 13.7 和 66.5。这些说明多菌灵和苯菌灵在黄萎病菌 CV-1 和木霉 LTR-2 之间有正向选择作用，甲基硫菌灵、菌核净和五氯硝基苯 3 种杀菌剂无正向选择性，不能在黄萎病菌 CV-1 和木霉 LTR-2 之间直接作为正向调控药剂使用。总之，在明确生防菌与杀菌剂两者对病原菌作用效果的基础上，通过比较杀菌剂对益害生物选择性比值指导防治，并结合杀菌剂实际应用剂量，就可以充分发挥生防菌与化学农药的协同作用。

### 2.1.3 除草剂的选择作用

除草剂的选择作用主要是除草剂在作物和杂草之间的选择作用。

杂草是指生长在不应该生长的地方的植物,与农作物无本质的差异。除草剂的选择性是指除草剂在一定剂量下杀灭某些植物,而对另一些植物无明显的影响,即除草剂喷洒到农田里,能杀死农田里的杂草,而不杀死和伤害农作物的特性。除草剂的选择性是相对的,除草剂对所有的农作物都是有毒的,无论哪种农作物,若除草剂的使用剂量过大,将导致农作物生理生化变化,甚至死亡。植物选择性和除草剂用量有关,一定数量的除草剂,能使有的农作物不受其害,有的则中毒死亡。除草剂本身具有一定的选择性,有的除草剂选择性不强,但可利用除草剂的某些特点,或利用农作物和杂草之间的差别,如形态、生理、生化、生长时期、遗传特性等不同的特点,达到除草剂的选择性。还可利用施药时间和农作物栽培的时间差,达到除草剂的选择性。在除草剂使用时,除草剂反应快,易被杀死的农作物叫敏感植物;除草剂反应慢、忍耐力强,不易被除草剂杀死的农作物叫抗性植物。除草剂的选择性常用选择性指数(selective index,SI)来表示。

在评价除草剂对作物和杂草间的选择性时,常用如下方法计算:

$$选择性指数 = \frac{对作物10\%植株的有效剂量(ED_{10})}{对杂草90\%植株的有效剂量(ED_{90})}$$

除草剂的选择性指数越高,对作物安全性越好。除草剂的选择性主要包括植株形态不同造成的接受除草剂药量的差异、吸收和传导除草剂的差异、对除草剂的代谢速率和途径的差异、靶标蛋白对除草剂敏感性的差异以及耐受除草剂毒害能力的差异,即通常讲的形态、生理和生化选择。安全合理地施用除草剂的核心问题是如何有效地杀死杂草而使农作物不受害或少受害。为此,必须充分利用除草剂固有的选择性(生理选择)或人为地造成某种选择(生态选择)。

#### 2.1.3.1 生理选择

(1)形态差异 形态选择仅是一个因素,而且不是主要的选择因素,是指利用杂草和作物外部形态的差异所获得的选择性。例如,禾谷类作物叶片竖直、狭小,叶片角质层、蜡质层较厚,受药面积小,药液难以附着和沉积,且顶芽被重重叶鞘包裹,并不直接接受药剂,不易受害;阔叶杂草叶片平伏,面积大,叶片角质层、蜡质层较薄,受药面积大,药液易于沉积,且顶芽裸露,容易直接受药,易受害。

(2)吸收和输导的差异 它是指不同植物根、茎、叶对除草剂的吸收或输导性差异所实现的选择性。例如,黄瓜易从根部吸收豆科威,故很敏感,而某些品种的南瓜则从根部吸收豆科威的能力极弱,表现出较高的耐药性;2,4-滴在双子叶植物体内的输导速度高于单子叶植物,例如,菜豆与甘蔗作物叶面局部施药后,菜豆作物生长点中的2,4-滴浓度较甘蔗高约10倍。

(3)生化反应的差异 它是指利用除草剂在植物体内所经历的生物化学反应差异而

产生的选择作用，称为除草剂的生化选择。目前应用的选择性除草剂绝大多数都依赖于这种生化选择性。尽管除草剂在植物体内经历的生化反应形形色色，但概括起来不外乎两类，即活化增毒反应和钝化解毒反应。前者是指有些除草剂本身对植物无毒或毒性很低，但在植物体内经酶催化可以转变成有毒物质，这种活化增毒的能力和速率的差异造成了作物和杂草对除草剂的选择作用，即活化能力强的将被杀死，而活化能力弱的则得以生存。例如，大豆、芹菜、苜蓿等作物因体内 $\beta$-氧化酶活性低，2甲4氯丁酸或2,4-滴丁酸转化成2甲4氯或2,4-滴的量有限，不会受害或受害很轻；而一些杂草如荨麻、藜、蓟等 $\beta$-氧化酶活性高，易被杀死。钝化解毒反应是指绝大多数除草剂本身即对植物有毒害作用，进入植物体内的除草剂可通过水解、脱烷基和共轭等方式逐步降解而失去活性。例如，敌稗之所以能在稻田中选择性地杀死混于稻苗中的稗草而使水稻正常生长，其中一个重要原因就是稻株体内催化敌稗分解成无毒物的酰胺酶活性比稗草体内高得多。但是若将乐果等有机磷杀虫剂或氨基甲酸酯类杀虫剂与敌稗混用，或在施敌稗前后1～3d内施用这类杀虫剂，则水稻会产生严重药害，其原因是这类杀虫剂抑制了水稻体内酰胺酶的活性，失去对敌稗的解毒能力。

（4）耐除草剂的转基因作物　即采用生物技术将分离的抗某种除草剂的基因转移到某种农作物中，使该农作物持续地表达对该除草剂的耐受能力，从而获得高度选择性。当前应用最广泛的两大体系是耐草甘膦系和耐草铵膦系。以耐草甘膦大豆为例，在种植耐草甘膦大豆地喷洒灭生性除草剂草甘膦，理论上可杀死全部已出苗的杂草，而大豆的生长发育不受影响。

### 2.1.3.2　生态选择

目前使用的除草剂大多数不具备实际意义的生理选择作用。因此，必须人为地造成选择，即生态选择，才能安全使用。

（1）位差选择　即利用作物和杂草在土壤中或空间位置的差异而获得的选择性，包括土壤位差选择和空间位差选择。土壤位差选择是利用作物和杂草的种子或根系在土壤中分布的位置差异，施用除草剂后，使杂草种子或根系接触药剂，而作物种子或根系避开药剂，从而达到杀死杂草、保护作物的目的。为达此目的，常采用两种施药方法：①播后苗前土壤处理法。在作物播种后出苗前施药，利用除草剂仅吸附在表土层（1～2cm）而不向深层淋溶的特点，杀死或抑制表土层中能够萌发的杂草种子，作物种子因有覆土层保护，可以正常萌发生长。生产中用甲草胺、乙草胺防除玉米地、大豆地杂草，采用播后苗前土壤处理，可杀死毒土层中大多数禾本科杂草及部分阔叶杂草，而大豆、玉米播种深度较深，不会受害。②深根作物生育期土壤处理法。利用作物和杂草根系在土层中分布的差异，杀死表层浅根性杂草，由于作物根系分布在毒土层以下，故深根作物不会受害。例如，在果园施用敌草隆等防除果园杂草就是利用这一选择原理。空间位差选择是利用果园、橡胶园等作物和杂草较大的高度差异进行定向喷雾，使一些不具生理选择的除草剂药液不能接触到作物或只与作物非要害部位（如果树茎干基部）接触，从而达到除草目的。

（2）时差选择　它是指利用作物和杂草生长的时间差异而获得的选择性。例如，用百草枯或草甘膦于作物播种前或插秧前做茎叶处理，可杀死已经萌发出苗的杂草，由于这些除草剂在土壤中迅速钝化，因而可以安全地播种或移栽。

（3）除草剂安全剂的选择　它是指利用安全剂来减轻一些除草剂的药害，其主要是促进作物对除草剂的解毒代谢。例如，扫弗特是除草剂丙草胺与安全剂解草啶（CGA123407）的混剂，是水稻田的重要除草剂。

除草剂的安全使用不是完全依赖单一的选择作用，大多数情况下是多种选择因素，包括剂型、剂量、施药方法、环境条件等综合作用的结果。掌握除草剂的选择原理，有助于安全有效地使用除草剂。

# 2.2　害虫化学防治的毒理学基础

一种活性成分要杀死害虫必须有一个过程。首先此活性成分必须以一定的方式侵入虫体，经过一系列解毒、活化、累积、排泄等过程后到达作用部位并与作用点发生反应，最后与昆虫的分子靶标结合、干扰或破坏其正常生理活动而造成其死亡。杀虫剂一般都是通过口器、体壁、气门以及昆虫体表的其他附属器官等进入虫体而起到杀虫作用。因此，了解杀虫活性成分进入昆虫体内的途径及毒理学机制，对科学使用农药，提高防治效果与经济效益，减少农药对环境的污染都有重要的理论意义和实用价值。

## 2.2.1　杀虫剂进入昆虫体内的途径

一种杀虫剂能否发挥其杀虫作用，取决于两个方面：一方面是它对害虫的内在毒力，也就是说该杀虫剂有没有对昆虫正常生理活动起抑制或破坏作用；另一方面是它能否侵入虫体内并有足够的量达到起作用的组织或部位，发挥其杀虫作用。杀虫剂进入虫体主要有以下三条途径。

### 2.2.1.1　从昆虫体壁进入体内

杀虫剂从昆虫体壁侵入的难易程度主要与杀虫剂理化性质和昆虫体壁性质有关。昆虫表皮的结构如图 2-1 所示。杀虫药剂在昆虫体壁上的附着和侵入与昆虫体壁的结构、功能有密切关系，而体壁的保护作用又取决于表皮层。表皮层是昆虫体壁中构造最复杂的一层，也是影响药剂穿透性的关键，其从里向外可分为内表皮、外表皮和上表皮；内、外表皮层是亲水性（疏脂性）的，能使水溶性物质通过，而外表皮因骨化变硬而对水溶性物质的通透性差；昆虫表皮层中的上表皮是影响药剂侵入最重要的一层，通常由壳质层、蜡质层及护蜡层所组成。蜡质层和护蜡层是疏水性（亲脂性）的，而壳质层既有疏水性也有亲水性。因此，只有既能穿透疏水层又能穿

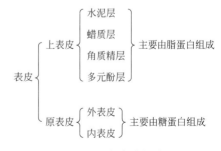

图 2-1　昆虫表皮的结构

透亲水层的药物分子才能进入虫体，引起昆虫中毒死亡，具有这种功能的药剂称为触杀剂。虽然昆虫体壁被硬化表皮所包围，但因表皮构造并不完全一样，一些未经骨化的薄膜组织（节间膜、触角、足基部、昆虫的翅等）以及感觉器集中部位（昆虫足的跗节、触角等），药剂很容易侵入。就昆虫躯体而言，药剂从体壁侵入的部位越靠近脑或体神经节时，越易使昆虫中毒，这是因为大部分杀虫剂的作用部位都在神经系统。

### 2.2.1.2 从昆虫口器和消化系统进入体内

害虫取食时，将药剂吞进消化道或吮吸带药剂的汁液进入消化道，然后药剂穿透消化道壁进入体腔，被虫体吸收而中毒死亡，具有这种功能的药剂称为胃毒剂。而发挥胃毒作用的药剂必须具备两个条件：首先是能被害虫吞食，其次是能被害虫吸收。杀虫剂从昆虫口器进入体内的途径如图 2-2 所示。

图 2-2　杀虫剂从昆虫口器进入体内的途径

昆虫有敏锐的感觉器，大部分集中在触角、下唇颚及口器的内壁上，能被化学药剂激发产生反应。无机杀虫剂大多数是不挥发的物质，激发昆虫嗅觉的能力差，所以不表现拒食作用或拒食作用较弱。有机合成杀虫剂的作用效果差别较大，如苍耳果实提取物对鳞翅目幼虫有明显的拒食作用，而灭幼脲对黏虫毫无拒食作用。另外，药剂在食物中的含量大小也直接影响拒食作用的强弱，饵料中药剂浓度或剂量过高，因拒食作用而影响防治效果。

内吸性杀虫剂被植物吸收后，在植物体内运转，当刺吸式口器昆虫取食植物汁液时，药剂进入口腔、消化道，穿透肠壁达到血液而作用于神经系统，与咀嚼式口器害虫相比只是取食方式不同，也可能视为一种胃毒作用。

### 2.2.1.3 从昆虫气门或气管进入体内

绝大多数昆虫的呼吸系统是由气门和气管系统组成的。昆虫的气管系统是由外胚层细胞内陷而成，与表皮具有同样的构造；气门是体壁内陷时气管的开口。气体药剂可在昆虫呼吸时随空气进入气管系统，到微气管而产生毒杀或调控作用。有的药剂由昆虫微气管进入血液，到神经系统而引起中毒死亡。杀虫剂从昆虫气门侵入体内的途径如图2-3 所示。

图 2-3　杀虫剂从昆虫气门侵入体内的途径

杀虫药剂能否进入昆虫器官受多种因素影响，一般根据以下情况判定：水溶液不能进入气管；粉剂基本不能进入气管；水剂中加入湿润剂而降低了水的表面张力，这时可以进入气管；油剂可进入气管；气体可以自由进入气管；气体药剂进入气管后，当气温升高时，呼吸频率加快，毒气侵入虫体内的速度也快；空气中二氧化碳含量越高，昆虫呼吸频率越快，毒气侵入也越快。这说明在用熏蒸剂防治仓库、温室等害虫时，除要密闭外，在室内加入干冰（固体 $CO_2$）或用烟熏，可以提高熏蒸作用的防治效果。

### 2.2.2　杀虫剂在虫体内的分布

一种杀虫剂施用于昆虫后，就可能受到各种阻碍。首先在穿透表皮时有一部分可被保留在表皮内，在血淋巴转运过程中可与血淋巴蛋白结合或被血细胞包围；其次可能被运送和分布到体内其他组织和器官，例如被储存在昆虫脂肪体内，被排泄器官吸收排泄等，见图 2-4。为了发挥杀虫药剂的最佳效果，这种杀虫药剂首先必须容易穿透昆虫表皮，基本上大部分进入血淋巴内，然后再由血淋巴运送、分布到作用靶标或部位，例如神经组织等。实际上，杀虫药剂在昆虫体内的分布情况及分布量是十分复杂的，涉及多种因素的影响，例如杀虫药剂的理化性质、昆虫本身的生理生化特点等，其分布量主要由穿透速率、生物转化速率和排泄速率 3 个因素决定。

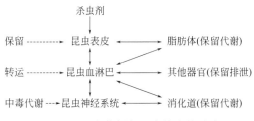

图 2-4　杀虫药剂在昆虫体内的分布

### 2.2.3　杀虫剂的毒理学机制

杀虫剂要发挥杀虫作用，必须与害虫体内的分子靶标结合，也即通常所说的毒理机制。近 50 多年来，人们研究开发出来的商品化有机合成杀虫剂大多数是作用于昆虫神经系统的毒剂，但它们的类型不同，对神经系统的作用也不同，并按神经系统结构与特性形成不同的神经靶标。不少研究结果证明，对害虫表现出优异防效的杀虫剂是快速干扰破坏昆虫运动神经元和取食神经元的整合作用。这进一步说明了昆虫神经系统依然是未来新型杀虫剂创制的重要靶标。然而，昆虫神经系统作为杀虫剂的作用靶标，其持续开发受到 3 个重要因子的限制：①过去 50 年间研究开发和广泛推广应用的杀虫剂中大多数是作用于少数几个靶标部位（见表 2-1），但易开发利用的靶标数量是有限的，目前只有 3 个靶标部位（乙酰胆碱酯酶、电压敏感钠通道和 GABA 受体）能说明几大类杀虫剂在害虫防治实践中的历史意义和现实意义。②昆虫和非靶标脊椎动物之间神经元靶标部位的药理学性质具有高度保守性，因此，寻求具有内在选择性的神经活性杀虫剂特别受人青睐。③生化筛选旨在确定新化合物对昆虫的神经毒性，而昆虫神经系统的大小却限制了神经组织亚细胞制备液在生化筛选中的应用。

表 2-1　已知杀虫剂对昆虫的作用靶标部位

| 序号 | 主要靶标部位 | 化合物类型 |
|---|---|---|
| 1 | 乙酰胆碱酶抑制剂 | 有机磷酸酯类，甲基氨基甲酸酯类 |
| 2 | GABA 门控氯离子通道拮抗剂 | 环戊二烯类，多氯环烷烃类，苯基吡唑类 |
| 3 | 钠通道调控剂 | DDT 及其类似物，拟除虫菊酯，N-烷基酰胺类，二氢吡唑类 |
| 4 | 电压敏感性钠通道阻遏剂 | 茚虫威 |
| 5 | 氯离子通道活化剂 | 齐墩螨素，甲氨基阿维菌素苯甲酸盐（emamectin benzoate），弥拜菌素（milbemycin） |
| 6 | 乙酰胆碱受体拮抗剂/激活剂 | 沙蚕毒素，硝基亚甲基杂环类，烟碱类 |
| 7 | 乙酰胆碱受体调控剂 | spinosyns |
| 8 | 章鱼胺受体激活剂 | 甲脒类 |
| 9 | 保幼激素类物 | 烯虫酯，hydroprene，双氧威，蚊蝇醚 |
| 10 | 作用机制未知或非专一性化合物（熏蒸剂） | 溴甲烷，磷化铝，二溴乙烯 |
| 11 | 作用机制未知或非专一性化合物（选择性取食阻遏剂） | 吡嗪酮，cryolite |
| 12 | 作用机制未知或非专一性化合物 | 四螨嗪，尼索朗 |
| 13 | 昆虫中肠膜微生物干扰剂（包括转基因 Bt 作物） | *B.t.tenebrionis*，*B.t.israelensis*，*B.t.sphaericus*，*B.t.tolworthi*，*B.t.kurstaki*，*B.t.aizawai* 等 |
| 14 | 氧化磷酸化抑制剂/ATP 形成干扰剂 | 有机锡杀螨剂，杀螨隆 |
| 15 | 氧化磷酸化解偶联剂 | 溴虫腈 |
| 16 | $Mg^{2+}$-ATP 酶抑制剂 | 克螨特 |
| 17 | 几丁质合成抑制剂 | 苯甲酰脲类 |
| 18 | 脱皮酮激活剂 | 虫酰肼及其类似物 |
| 19 | 几丁质抑制剂 | 噻嗪酮 |
| 20 | 未知双翅目专一性作用机制 | 灭蝇胺 |
| 21 | 位点 II 电子传递抑制剂 | 伏蚁腙 |
| 22 | 位点 I 电子传递抑制剂 | 鱼藤酮，METI 杀螨剂 |
| 23 | 鱼尼丁受体抑制剂 | 氟虫酰胺，氯虫苯甲酰胺 |

　　乙酰胆碱酯酶（AChE，EC 3.1.1.7）属于丝氨酸水解酶，其主要生理功能是快速水解蓄积在神经突触间隙的神经递质乙酰胆碱（acetycholine，ACh），终止 ACh 对突触后膜的兴奋作用，确保神经信号的正常传递。近几年来，AChE 的研究已经涉及农

药、植物保护、医学、化学等方面。乙酰胆碱酯酶是占农药市场较大比重的有机磷类和氨基甲酸酯类杀虫剂的主要作用靶标。这类杀虫剂的作用机理是与 AChE 活性位点的丝氨酸残基形成共价键，使乙酰胆碱酯酶失活，导致 ACh 在胆碱能神经末梢堆积产生拟胆碱作用，抑制正常的神经转导，从而使整个生理生化过程失调，并受到破坏，最终造成昆虫的死亡。此外，AChE 抑制剂还可以用于治疗阿尔茨海默病、重症肌无力和青光眼等疾病。人畜等的 AChE 活性位点处都存在丝氨酸残基位点，所以该类杀虫剂的施用对哺乳动物也存在一定的毒性。有机磷和氨基甲酸酯类杀虫剂虽然在害虫防治过程中取得了一定的成效，但是也对哺乳动物特别是胎儿造成了一定程度的伤害。生物抑制剂可以避免害虫抗药性和预防病虫害的发生，提高杀虫剂的环保性能，因此研制高效安全、针对害虫靶点作用的乙酰胆碱酯酶抑制剂有助于提高灭虫效率，并将对哺乳动物等非靶标生物的伤害降到最低。这里简要介绍乙酰胆碱酯酶的分子结构和主要功能，以及常见的有机磷类和氨基甲酸酯类 AChE 抑制剂、生物碱类 AChE 抑制剂以及新型 AChE 抑制剂等的研究进展，以期为乙酰胆碱酯酶抑制剂的科学合理使用提供参考。

（1）乙酰胆碱酯酶的结构和功能

① 乙酰胆碱酯酶的结构　AChE 是一种多分子型糖蛋白，不同种属的一级结构差异较大，不同生物组织和器官中的 AChE，根据分子形状可分为球形（对称形）和尾形（不对称形）两种不同的分子形式。AChE 首次被报道是 1991 年，Sussman 等绘制出电鳐（*Torpedo california*）乙酰胆碱酯酶催化基团的晶体结构 X 射线衍射图谱，从而确定了 AChE 的三维空间结构。根据三维结构图发现电鳐 AChE 中有一条通向酶活性中心的深而窄的峡谷，长约 2nm，包含各种活性位点，见图 2-5。AChE 的活性中心主要有酯动部位、疏水性区域和阴离子部位等。

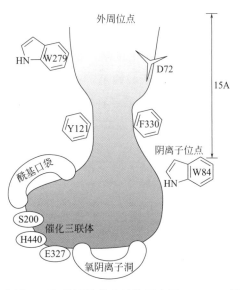

**图 2-5　电鳐 AChE 的活性位点结构示意图**（Dvir H 等，2010）

a. 酯动部位（esteratic site） 由 Ser200（S200）、His440（H440）和 Glu327（E327）组成催化三联体，位于活性峡谷底部附近，是 AChE 的活性中心和抑制剂的键合位点。

b. 外周阴离子位点（peripheral anionic site，PAS） 主要由一些带负电的氨基酸组成，位于活性峡谷的边缘处，是 ACh 首先与 AChE 结合的部位。

c. 酰基口袋（acyl pocket） 由 2 个苯丙氨酸残基 Phe288 和 Phe290 组成，它们的侧链延伸向活性中心，昆虫 AChE 的酰基口袋较脊椎动物大，可以水解底物的酰基部分。活性口袋深度约为酶分子的一半，袋内大部分被芳香族氨基酸残基占据，这些残基与周围的序列都是高度保守的。

d. 氧阴离子洞（oxyanion hole） 由 Gly118、Gly119、Ala201 的主链碳原子和羰基氧之间的相互作用，以及酯键氧和 His440 咪唑基之间的相互作用组成。

② 乙酰胆碱酯酶的功能 在正常生理条件下，定位于突触后膜的 AChE 发挥其"经典"功能，主要是催化水解 ACh，使 ACh 对突触后膜的兴奋作用终止。AChE 的经典功能中，AChE 分三步水解 ACh：第一步是形成酶底物复合体（E·ACh），即 AChE 的外周阴离子部位通过静电引力与 ACh 带正电的季铵阳离子头部结合，同时 AChE 酯动部位的丝氨酸羟基以共价键形式与 ACh 的羰基碳结合；第二步是乙酰化反应，即 AChE-ACh 复合体裂解成乙酰化的 AChE 和胆碱；第三步是水解反应，即乙酰化的 AChE 迅速水解分离出乙酸，之后酶的活性恢复。乙酰胆碱酯酶抑制剂与 ACh 类似，与 AChE 结合，使 AChE 活性受到抑制，从而导致 ACh 在胆碱能神经末梢堆积，产生拟胆碱作用。

$$E + ACh \underset{K_{-1}}{\overset{K_{+1}}{\rightleftharpoons}} E \cdot ACh \overset{K_2}{\underset{Ch}{\searrow}} EA \overset{K_3}{\longrightarrow} A + E$$

现在普遍认为 AChE 主要有 3 种催化机制：第一种机制是芳香环引导机制，活性口袋内侧排列着 14 个疏水的芳香族氨基酸残基，这些氨基酸位于保守的环状区域，这个疏水区可能便于 ACh 进入活性中心；第二种机制是酶外周结合区引起的抑制作用，一些体积较大或者性质不同的配体无法进入峡谷，但是如果在外周结合区与 AChE 结合，可以通过阻塞峡谷入口处的一部分来起到抑制作用；第三种机制是后门开放机制，在 Trp84 附近可能存在一个瞬间开放的通路，是底物或产物进出峡谷的另一条通道。除了在神经细胞中，AChE 还有一些其他功能，比如生成神经突触、细胞增殖、细胞凋亡以及黏附等。目前有关 AChE 其他功能的研究报道越来越多，但是大部分功能的具体机制尚不清楚。

（2）乙酰胆碱酯酶抑制剂的种类 乙酰胆碱酯酶抑制剂的主要来源有化学合成和天然产物，而天然产物则是这种抑制剂的重要来源，其中植物来源主要有生物碱类和萜类，此外还有部分来源于真菌和动物。

① 有机磷类和氨基甲酸酯类 有机磷类杀虫剂和氨基甲酸酯类杀虫剂是开发应用较早的化学杀虫剂。这类杀虫剂杀虫范围广，对害虫的毒杀效果好，因而得到了广泛的应用。特别是有机磷类杀虫剂，一直是我国用于害虫防治的最主要的化学杀虫剂。

有机磷类和氨基甲酸酯类杀虫剂主要作用于昆虫及高等动物体内的乙酰胆碱酯酶（AChE），它们与机体内的 AChE 结合，使其催化活性受抑制。由于乙酰胆碱（ACh）是神经突触的信号传递介质（高等动物神经肌肉接头的递质也是 ACh），有机磷和氨基甲酸酯类杀虫剂通过与其活性位点丝氨酸残基形成共价键而使之成为不易水解的磷酰化或氨基甲酰化胆碱酯酶，失去水解 ACh 的能力，从而导致 ACh 在突触内蓄积，不断与突触后膜上的受体结合，激活突触后膜的乙酰胆碱受体，造成突触后膜上钠离子通道长时间开放，钠离子长时间涌入膜内而长时间兴奋，引起神经系统功能紊乱，诱发毒蕈碱型和烟碱型作用及中枢神经系统中毒症状，表现出运动失调、过度兴奋、痉挛而死。另一方面，由于 AChE 的活性表达与轴突的延伸有关，AChE 的催化作用能增强神经轴突的生长，因而在 AChE 活性被有机磷杀虫剂抑制后，即使未致死亡，机体神经细胞的生长发育也受到阻碍。研究发现，毒死蜱（chlorpyrifos）可以抑制 PC12 细胞的有丝分裂和轴突的长出，抑制神经细胞 DNA 的合成，在远低于使 AChE 活性抑制所需的浓度即可引起与脑发育有关的分子磷酸化的 $Ca^{2+}$ cAMP 介导的反应元件结合蛋白（CREB）的活性增加。可见，有机磷杀虫剂不仅具有胆碱能毒性作用，还具有非胆碱能毒性作用。

然而，有机磷类和氨基甲酸酯类杀虫剂除了抑制 AChE 的功能外，还可抑制乙酰胆碱受体（acetylcholine receptor，AChR）的功能。AChR 在突触膜上与神经递质 ACh 特异性结合，产生一系列生物学效应。通常根据作用方式和药理学的不同将 AChR 分为两类：毒蕈碱型乙酰胆碱受体（muscarinic acetylcholine receptor，mAChR）和烟碱型乙酰胆碱受体（nicotinic acetylcholine receptor，nAChR）。此外，在昆虫的脑部和神经肌肉接头处还有一种可被毒蕈酮激活的毒蕈酮样受体（muscaronic receptor）。研究发现，有机磷杀虫剂乐果可以增强肌细胞膜上 nAChR 的表达。它可通过结合到非竞争性位点改变该受体的构型或是直接阻断 nAChR 通道而抑制其功能；此外，还发现乐果可以快速诱导即早期基因 c-fos 的表达，而 c-fos 又可能作为一种转导因子在接触有机磷杀虫剂后增强 nAChR 的表达。

有机磷杀虫剂可以影响神经突触的 ACh 释放。毒死蜱的试验结果表明，有机磷杀虫剂可以作用于突触膜上的自主型 nAChR，抑制这些自主受体的功能，从而影响 ACh 的释放。Liu 等（2002）用毒死蜱所做的试验发现，有机磷杀虫剂不仅可以抑制脑突触体 mAChR 的功能，而且也抑制 nAChR 的功能，并且表现出年龄的差异。此外，有机磷杀虫剂还对大脑突触体的钙离子通道功能有抑制作用。例如，甲胺磷可以使脑突触体钙摄取减少，用钙通道阻断剂所做的试验提示：甲胺磷很可能阻断突触膜上的 L 型钙通道，在培养的成神经细胞瘤细胞（SH-SY5Y）上所做的试验也得到类似的甲胺磷减少细胞钙摄取的结果，提示甲胺磷影响了膜上的电压敏感型钙离子通道。此外，一些有机磷杀虫剂，如甲胺磷、蝇毒磷、敌敌畏等还可作用于高等动物的神经病靶标酯酶

（neuropathy target esterase），引发人畜产生程度不等的迟发性神经毒性，其确切的发生机理尚不明了。

有机磷和氨基甲酸酯类杀虫药剂均是乙酰胆碱酯酶 AChE 的不正常底物，为酯动部位抑制剂，有时也称为酸转移抑制剂。这些复合体的作用方式与 ACh 相同，先形成一个复合物 EAX，然后使 AChE 磷酰化或氨基甲酰化，即被抑制。磷酰化酶的逆转步骤太慢，需要几个月的时间以致可以忽略，而氨基甲酰化酶可以慢慢地被水解重新产生自由酶，去氨基甲酰化也需要几个小时左右，但是去乙酰化只要几分之一毫秒。整个反应顺序如下：

$$E + AX \xrightleftharpoons{K_a} E \cdot AX \xrightarrow[X]{K_2} EA \xrightarrow{K_3} A + E$$

式中，E 表示自由酶；AX 表示带有基团 X 的有机磷酸酯或氨基甲酸酯；E·AX 表示可逆复合物；EA 表示共价的磷酸化或氨基甲酰化酶；X 表示解离基团；A 表示胆碱；$K_a$ 表示抑制剂对于 AChE 活性位点的亲和力常数；$K_2$ 表示磷酰化或氨基甲酰化速率常数；$K_3$ 表示去氨基甲酰化的速率常数。$K_a$、$K_2$ 两个参数涉及双分子速率常数 $K_i$（$K_i = K_2/K_a$），参见 A. R. Main（1964）的算法：

$$\frac{1}{[I]} = \frac{K_2}{K_a} \times \frac{\Delta t}{2.303 \Delta \lg v} - \frac{1}{K_a} = K_i \frac{\Delta t}{2.303 \Delta \lg v} - \frac{1}{K_a}$$

式中，[I] 是抑制剂的浓度；$K_i$ 是一级速率常数。$K_i$ 值越小，则酶对抑制剂越不敏感。测定这个常数是比较敏感和抗性变异体中 AChE 最好的技术。施明安等（2002）用残杀威、灭多威、敌敌畏、对氧磷等抑制剂分别与抗残杀威品系和敏感品系的 AChE 反应，以乙酰硫代胆碱（ATCh）为底物，数据显示抗残杀威品系中的 AChE 的 $K_i$ 值明显低于敏感品系，说明抗残杀威品系中的 AChE 对抑制剂更不敏感。AChE 对其底物的亲和性高，可防止酶免受杀虫剂的作用（底物保护作用），是底物与抑制剂竞争与催化中心结合的结果。

$I_{50}$ 表示的是 AChE 50％的活性被抑制时所需的抑制剂浓度，也可以用来反映乙酰胆碱酯酶对各种抑制剂的敏感性。$I_{50}$ 越小，代表抑制剂抑制酶的活性越强。班树荣等（2005）根据 $I_{50}$ 值的大小研究化合物基团结构与抑制酶活性之间的关系，现在也用 $I_{50}$ 来预测化合物结构与活性之间的关系。

$K_3$ 是去氨基甲酰化速率常数。当应用氨基甲酰化的抑制剂时，$K_3$ 要比 $K_2$ 小得多，然而它仍然是很重要的。通过大量稀释被抑制的酶溶液的方法，$K_3$ 可由方程 $[E]/[E_0] = -K_3 t$ 算出，$[E_0]$ 和 $[E]$ 分别为被抑制的酶在时间为 0 和时间为 $t$ 时的浓度。

关于 $[E_0]$ 的算法，到目前为止没有一种很好的方法可用来估算昆虫体内 AChE，即最初的酶量。D. Fournier 等（2002）采用了一种利用不可逆抑制剂的方法：首先，选择了有机磷复合物作为滴定剂；其次，就不同品系产生的不同数量的酶进行特定性测试。采用的是抑制剂存在时酶的通用模型。酶和抑制剂减少的量遵循二级动力学。

$$\frac{[E]}{[E_0]} = \frac{[PX]}{[PX_0]} \times e^{-K_{i,t}([PX_0]-[E_0])}$$

式中，$t$ 表示反应的时间；$[PX_0]$、$[E_0]$ 分别表示抑制剂和酶的最初浓度；$[PX]$、

［E］分别表示不同时刻抑制剂和酶的浓度。在此方程中，［E$_0$］、［PX］和 $K_i$ 是未知的。由于一分子的抑制剂和一分子的酶反应，所以：

$$［PX］=［PX_0］-［E_0］+E$$

当［E$_0$］远小于［PX$_0$］时，可以简化为

$$\frac{［E］}{［E_0］}=e^{-K_{i,t}［PX_0］}$$

各种有机磷和氨基甲酸酯类杀虫剂对 AChE 的抑制能力有很大的不同，这取决于有机磷及氨基甲酸酯类化合物的化学特性，如磷原子的亲电子性等；还取决于酶的特性，AChE 具有多种不同的结合部位，各种有机磷和氨基甲酸酯与酶的结合能力不同，也就影响其催化作用；与 AChE 的异构部位的变化也有关，某些化合物的作用可整个改变酶的反应性。所以，各种有机磷酸酯及氨基甲酸酯类杀虫剂的抑制能力不同，在很大程度上取决于它们与哪些部位起作用。对乙酰胆碱酯酶抑制剂复合体晶体结构的观察可更好地解释有机磷和氨基甲酸酯的作用机理。

值得一提的是，虽然 AChE 是有机磷类杀虫剂毒性作用的直接靶标，但于低剂量有机磷杀虫剂中暴露也可在不抑制 AChE 活性或不引起中毒症状的情况下造成神经毒性。这意味着有机磷类杀虫剂还可作用于其他分子，通过非胆碱作用机制对机体产生毒性，因为仅基于胆碱酯酶的作用机制已不能解释其低剂量暴露对机体所产生的多种不良毒性效应。例如，有机磷杀虫剂还可能对线粒体呼吸链中与呼吸以及能量代谢有关的酶产生影响，并且与乙酰胆碱酯酶结合的因素综合起来阻断神经递质的正常传递。将金鱼（*Carassius auratus*）短时间暴露于 0.02～0.5mg·L$^{-1}$ 三唑磷的水体中后，发现其体内各组织中 AChE 活性均有所降低，而脑部尤为明显，且脑组织中生长激素（growth hormone，GH）、促黄体激素（luteinizing hormone，LH）等激素的编码基因表达也发生了改变；将鲤鱼（*Cyprinus carpio*）置于含 1.98mg·L$^{-1}$ 马拉硫磷和 0.0026mg·L$^{-1}$ 三唑磷的水体中进行联合暴露，发现其体内 AChE 的活性同样受到了抑制；将光滑双脐螺暴露于 2.5mg·L$^{-1}$ 和 5.0mg·L$^{-1}$ 的谷硫磷中各 14d 后，其体内 AChE 的活性受到明显抑制，抑制率达 35%。此外，羧酸酯酶（carboxylesterase，CarE）作为有机磷类杀虫剂的交替靶标，可降低药剂对 AChE 的抑制作用，在机体对有机磷类杀虫剂的解毒过程具有重要作用，常被用作为杀虫剂暴露对生物毒性的检测目标。此外，低剂量有机磷类杀虫剂在对非靶标水生动物神经-内分泌系统功能形成干扰的同时，还能扰乱其正常行为。例如，Scholz 等（2000）的研究表明二嗪磷会扰乱大马哈鱼的反捕和归巢行为，即二嗪磷对大马哈鱼的游泳行为或由视觉引导的捕食行为均没有影响，但低剂量（1.0$\mu$g·L$^{-1}$）暴露会显著影响大马哈鱼由嗅觉介导的警戒行为，当其剂量达到 10$\mu$g·L$^{-1}$ 时则会对大马哈鱼的归巢行为形成影响，说明该有机磷杀虫剂在短时间、亚致死剂量暴露后可能引起严重的行为障碍，这些障碍将对鱼类的存活率和生殖等产生负面影响。张晓娜等（2013）研究证实久效磷暴露可引起金鱼甲状腺滤泡细胞增生及肥大等变化，通过检测其血浆中甲状腺激素（thyroid hormones，THs）的含量发现不同浓度久效磷暴露均可引起雄性金鱼血浆中总三碘甲腺原氨酸（total 3,3,5-triiodo-L-thyronine，TT₃）含量及其与总甲状腺素（total L-thyroxine，TT₄）比值的显著降低，而对雌性金鱼则表现为血浆中游离三碘甲腺原氨酸（free T₃，FT₃）含量显著降低。进一步的研究表明，久效磷对脱碘酶基因表达具有组织特异性，而其对肝脏中 3 种脱碘酶基因（D1、D2 和 D3）表达的影响促进了雄鱼 THs 的代谢，最终导致其血浆中 TT₃ 水平降低，而血浆中 TT₃ 的负反馈调节作用进而促使垂体促甲状腺激素 $\beta$ 亚单位 mRNA 水平上调。由此可见，久效磷具有潜在的甲状腺干扰效应，可通过影响下丘脑-垂体-甲状腺（hypothalamic-pituitary-thyroid axis，HPT）轴相关基因的表达，在下丘脑-垂体对甲状腺机能的调节、THs 在血液中的转运及其在外周组织中的脱碘转化等水平发挥干扰效应，从而造成鱼体内 THs 水平失衡。

氨基甲酸酯类杀虫剂的作用机制与有机磷类相似，其中毒症状也表现为运动失调、过度兴奋、痉挛。同样直接作用于分解神经递质的"酶"，杀虫速度较快。与有机磷类杀虫剂比较而言，其毒力一般较小（也有例外），防治害虫时所需剂量往往比有机磷杀虫剂大。另外，氨基甲酸酯类杀虫剂具有选择性，大多数可以毒杀刺吸性害虫。氨基甲酸酯类与有机磷类杀虫剂混用时，一般不表现增效作用，甚至会降低药效，这是因为氨基甲酸酯会抢先与乙酰胆碱酯酶形成复合物，使有机磷杀虫剂失去攻击的靶子而不能发挥作用。另外，氨基甲酰氮杂茂环类、磺酸盐、氧杂重氮酮类均是乙酰胆碱酯酶抑制剂，但这些化合物作为杀虫剂的开发前景和商业价值都不大。

② 生物碱类

a. 石杉碱甲（huperzine，Hup A）　石杉碱甲是一种倍半萜生物碱，源于蕨类植物蛇足石杉（*Huperzia serrata*），是于 1980 年首次从石杉科植物中被分离出来的高效、高选择性、可逆的 AChE 抑制剂，也是我国开发的最成功和最有前途治疗阿尔茨海默病的药物。石杉碱甲与 AChE 活性部位水解较慢，使 AChE 活性受到抑制，产生拟胆碱作用，对乙酰胆碱酯酶具有竞争性抑制和非竞争性抑制的混合抑制作用。M. L. Raves 等在 1997 年报道了 TcAChE-Hup A 复合物的晶体结构，见图 2-6，发现石杉碱甲中酰胺的 H 原子通过结晶水与 Glu199 的侧链羧基、Tyr130 的侧链酚羟基和 Gly117 的酰氨基之间形成桥氢键；羰基氧与活性中心底部 Tyr130 的侧链酚羟基形成氢键；His440 与石杉碱甲的环外甲基乙烯基形成特殊的氢键；$NH_3^+$ 与 Trp84 和 Phe330

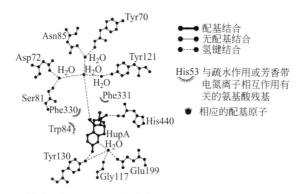

图 2-6　石杉碱甲与 AChE 活性位点的相互作用（Raves M L 等，1997）

的侧链芳香环基形成阳离子 π 相互作用。

b. 毒扁豆碱（physostigmine）　毒扁豆碱是 1864 年从毒扁豆（*Physostigma vene-nosum*）种子中首次分离获得的一种抗胆碱酯酶生物碱类，其特点是非选择性且可逆。毒扁豆碱的主要作用是抑制 G1 和 G4 AChE 的形成，易于吸收和透过血脑屏障，因为毒性大、半衰期较短，所以难以实际应用，更不能成为临床应用药。毒扁豆碱通过其氨甲酰部分以及氨基部分与 AChE 的酯解部分结合达到抑制 AChE 活性的作用。

c. 加兰他敏（galanthamine）　加兰他敏是一种生物碱，来源于石蒜科雪花莲属（*Galanthus* sp.），是具有选择性和竞争性的乙酰胆碱酯酶抑制剂，它能够通过控制胆碱酯酶的量来调节类胆碱酯的系统。加兰他敏能刺激烟碱受体，提高胆碱功能和记忆，其疗效与他克林相似，稍弱于毒扁豆碱，有效时间长。加兰他敏除应用于精神疾病和神经疾病方面，还可应用于眼病治疗甚至免疫方面。加兰他敏与 AChE 的结合方式和石杉碱甲类似，结合在 AChE 结构向内凹陷的又深又窄的口袋处。B. J. Corey 等（2003）报道，加兰他敏主要作用于人 AChE 和 Tc-AChE 的催化位点，加兰他敏的—OH 与 AChE 的 Glu199 之间形成氢键；环己烯与 AChE 的 Trp84 形成 p—p 键；对加兰他敏的 N-末端烷基化的修饰有利于其接近 AChE 催化位点的底部。

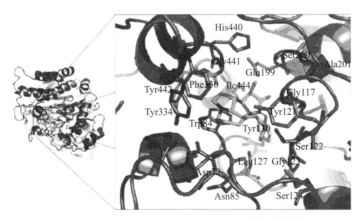

毒扁豆碱　　　　　　　　　　　　　加兰他敏

d. 斯替宁碱乙（stenine B）和斯替宁碱（stenine）　斯替宁碱乙和斯替宁碱是一种从百部（*Stemona japonica*）根部提取出的一类生物碱，两者是非对应异构体，且都具有较强的抗 AChE 活性，$IC_{50}$ 值分别为 $2.1\mu mol \cdot L^{-1}$ 和 $19.8\mu mol \cdot L^{-1}$。有人通过斯替宁碱乙的分子对接研究发现它与 AChE 内部的 Trp84 有相互作用，同时斯替宁碱乙的内酯环上的氧和 Tyr130 的羟基形成一条氢键，见图 2-7。该化合物与 AChE 的结合与石杉碱甲类似，属于 AChE 可逆的竞争性抑制剂。

图 2-7　斯替宁碱乙与 AChE 的分子模拟复合体

e. 夹竹桃科总生物碱　张紫佳等（2010）从夹竹桃科狗牙花属海南狗牙花（*Ervatamia hainanensis*）的茎中分离出 8 种生物碱，试验发现狗牙花碱和老刺木精对 AChE 的抑制活性较强；K. Ingkaninan 等（2006）从狗牙花（*Ervatamia divaricata*）的根茎提取物中分离出 4 种双吲哚生物碱，试验发现 19,20-二氢山马茶明碱和 19,20-二氢海南狗牙花碱对 AChE 的抑制活性较强，分别是加兰他敏的 2 倍和 8 倍；D. M. Pireira 等（2010）从夹竹桃科长春花属长春花（*Catharanttu roseus*）的根部提取物中分离出蛇根碱，其对 AChE 具有很强的体外抑制活性，其活性是毒扁豆碱的 10 多倍。

f. 苄基异喹啉类生物碱　王峥涛等（2009）从蒺藜科骆驼蓬属骆驼蒿（*Peganum nigellastrum*）种子的甲醇提取物中分离出 8 种生物碱，其都对 AChE 具有较强的抑制活性，骆驼蓬碱、二氢骆驼蓬碱、骆驼蓬醇和哈尔满的活性与加兰他敏相当；E. M. Cardoso-Lopes 等（2010）从芸香科（Rutaceae）类药芸香属植物中分离出的喹啉酮型生物碱对 AChE 有较强的抑制活性。然而，上述几种对 AChE 有较强抑制作用的生物碱的结构、与 AChE 结合的方式和作用机制还有待于进一步研究。

g. 甾体类和三萜类生物碱　甾体类生物碱是生物碱中结构最复杂的一类。Rahman 等（2002）从黄杨科柳叶野扇花（*Sarcococca saligna*）中分离出 18 种甾体类生物碱，其中 6 种对 AChE 有较强的抑制性，与毒扁豆碱相当。而 Rahman 等（2004）在从柳叶野扇花中分离到的 7 种甾体类生物碱中，仅有化合物 2,3-dehydrosarsalignone、16-dehydrosarcorine 和 salignarine-C 对 AChE 的活性有显著的抑制能力，与加兰他敏的抑制活性的能力相当，但其他分离出的化合物抑制能力较弱，这 7 种化合物对丁酰胆碱酯酶 BChE 有较强的抑制能力。

h. 双白术内酯　Xie 等（2016）从烘干的白术根茎乙酸乙酯提取物中用多步色析法分离出双白术内酯，并且通过核磁 H 谱和 C 谱确认了其结构。双白术内酯对 AChE 的 $IC_{50}$ 是 $6.55\mu g \cdot mL^{-1}$，而作为对照的石杉碱甲是 $0.02\mu g \cdot mL^{-1}$。分子对接软件是通过常用的分子对接方法来寻找双白术内酯与 AChE 蛋白之间的分子作用位点，而在一个以剂量为变量的试验中，双白术内酯对小鼠胚胎纤维细胞的 AChE 的表达具有下调作用。该结果证实了双白术内酯对 AChE 抑制作用的分子机制不仅需要与 AChE 结合，而且需要通过抑制 GSK3$\beta$ 的活性来抑制 AChE 的表达。此外，M. Fadaeinasab 等（2015）从 80 余种中国药用植物中提取出甲醇、二氯甲烷以及一些含水的粗提物，并且运用 Ellman 比色法测定了其体外抑制 AChE 活性的能力。小檗类植物黄连和黄柏的 3 种提取物包含了大量异喹啉，对 AChE 有较强的抑制能力。试验发现，黄连甲醇水提取物抑制 AChE 活性的能力是加兰他敏的 100 倍。黄连素、黄连碱和巴马亭这几种生物碱共同作用可增加 AChE 的抑制效果。由此可以看出，传统的中国药用植物可通过它们生产的几种不同次生代谢产物共同作用来增加 AChE 的抑制效果。而杨忠铎等（2011）从采集到的 22 种甘肃文县和舟曲的植物中的总生物碱中筛选出具有乙酰胆碱酯酶抑制功能的提取物，其中，弯柱唐松草（*Thalictrum uncinulatum*）、刺柄南星（*Arisaema aspeiatum*）等 8 种植物提取物对乙酰胆碱酯酶的抑制性较强。

③ 绿僵菌　绿僵菌（*Metarhizium anisopliae*）是具有广泛杀虫谱的一类生防真

菌。绿僵菌主要通过两种途径侵染昆虫：一种是通过体壁侵染，另一种则是在昆虫取食的过程中通过消化道侵染。张彦丰等（2015）研究发现东亚飞蝗经绿僵菌IPPM202侵染感病后，其体内乙酰胆碱酯酶活性呈现出显著的变化，即先上升后下降（不明显）再上升，只是后期无法上升到开始的水平。根据结果判断，绿僵菌侵染东亚飞蝗后，刺激肠内生理生化反应，乙酰胆碱酯酶水平提高，阻断虫体神经传导。随着绿僵菌在虫体内分泌物增多，乙酰胆碱酯酶的活性下降，从而一定程度上抑制了AChE的活性，达到灭虫作用。

④ 4-吡啶基噻唑-2-胺衍生物　除了从植物中提取，或者自然界的菌类作抑制剂以外，还有一些人工合成的化合物具有抑制乙酰胆碱酯酶活性的作用。2016年，曹婷婷等设计和合成了10种4-吡啶基噻唑-2-胺的一些衍生物，发现其中7种化合物具有一定的体外AChE的抑制作用，其抑制能力取决于其官能团，当待测化合物所连的二级胺为四氢吡咯和哌啶时，乙酰胆碱酯酶活性抑制能力较强。

（3）新型乙酰胆碱酯酶抑制剂　自从高效的化学合成农药问世以来，其在防治农、林、卫等有害生物中大量而长期使用，不仅造成农药残留、农药抗性及再猖獗问题，还引起了环境污染、生态系统被破坏、食品安全等一系列问题。鉴于此，寻找和开发高效、低毒、低残留、快速降解的新型农药已成为当前最重要的研究课题之一。对有益生物毒性小、低残留，且易降解、具有广谱杀虫活性的新型农药是今后的发展趋势。近年来美国环境保护协会提出，一些有机磷和氨基甲酸酯类杀虫剂会进入胎儿和儿童的大脑，影响发育中的神经系统，因此研制出针对害虫特有的保守AChE活性位点靶标的新的杀虫剂迫在眉睫。

Y. P. Pang等（2009）报道了含甲烷硫代磺酸的小分子在$6.0\mu mol \cdot L^{-1}$时可以抑制麦二叉蚜AChE的活性，并且没有检测到对人AChE的抑制作用，通过研究发现该分子作用于AChE活性位点处的半胱氨酸残基处，能够不可逆地抑制95％的非洲疟蚊的AChE活性、80％的埃及伊蚊（Aedes aegypti）和尖音库蚊（Culex pipiens）的AChE活性，对人AChE有较好的选择性。Y. P. Pang等（2007）报道了麦二叉蚜（Schizaphis graminum）和英国麦长管蚜（Sitobion avenae）AChE活性位点处的半胱氨酸残基是哺乳动物AChE所没有的，因此该氨基酸残基可以作为新的安全的特异性杀虫剂靶点。A. P. Gregory等（2010）报道了含甲烷硫代磺酸的小分子对蟑螂（Blattella germanica）、米象（Sitophilus oryzae）、瓢虫（Coccinella undecimpunctata）、臭虫（Cimex lectularius）和黄蜂（Vespa orientalis）的AChE有抑制作用，对哺乳动物、鸟类和鱼类的毒性较低。

K. Dorothea等（2016）报道了苯氧乙酰胺类化合物对蚊虫乙酰胆碱酯酶活性的抑制能力是对人类哺乳动物乙酰胆碱酯酶抑制能力的100倍，结构选择性抑制可归因于酶的3D结构，选择性的不同是由两个影响整个酶活性结构的环的差异决定的。北京农学院卜春亚课题组克隆了朱砂叶螨AChE基因，构建了螨AChE结构，发现了一些潜在的螨特有的杀螨剂作用靶点，并进行了选择性杀螨化合物的筛选，获得了几个有较好活性的杀螨化合物。昆虫和哺乳动物的AChE的催化特性和抑制动力学可能存在很多的区别，甚至一种昆虫的两个 AChE 也可能存在明显的差别，这些差别为研制出更多的选择性杀虫剂提供了可能性。

### 2.2.4 钠离子通道为靶标的杀虫剂

电压敏感钠离子通道（voltage sensitive sodium channel）既是医药研究中的作用靶标，也是农药中杀虫剂的重要作用靶标之一。钠离子通道主要是由一个大型糖基化 $\alpha$-亚单位（$\alpha$-subunit，$240 \sim 260kD$）和多个 $\beta$-亚单位（$\beta$-subunit，$33 \sim 36kD$）组成的，其中 $\alpha$-亚单位有 4 个同源重复的结构域（Ⅰ区～Ⅳ区），每一亚区均有 6 个相似的跨膜螺旋片段（S1～S6）（图 2-8）。这 4 个同源区沿离子通道的中心孔区折叠，每个同源区的 S5 和 S6 跨膜片段连接称为 P 环（或 P 片段），P 环沿中心孔区出口排列。S5 和 S6 两片段参与亲水孔道的形成，即 4 个同源结构域总共 8 个 S5、S6 片段共同围成亲水孔道。每个结构域中 S4 片段含有带正电荷的氨基酸残基，可能为电压的感受器，对钠通道的电压依赖性产生很大的影响。A. L. Goldin 等（2000）指出 SCN1A、SCN2A、SCN3A 及 SCN8A 为形成钠通道 $\alpha$-亚单位的相应蛋白产物，并且 $\alpha$-亚单位有不同的类型，分别命名为 Nav 1.1～Nav 1.9。在钠离子通道的不同区域存在着不同的毒素受体位点。M. P. Osborne 等（1992）认为神经毒素在钠离子通道上存在 6 个受体位点（图 2-9），但 E. Zlotkin 认为（1999）存在 9 个受体位点，其中有 3 个位点是目前已发现的钠离子通道抑制杀虫剂的靶标位点，如滴滴涕和拟除虫菊酯类杀虫剂作用于受体位点 7，吡唑类和二苯基甲醇哌啶类杀虫剂作用于受体位点 9，藜芦碱类和 N-烷基酰胺类杀虫剂作用于受体位点 2。

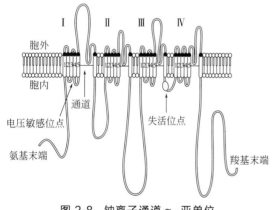

图 2-8 钠离子通道 $\alpha$-亚单位

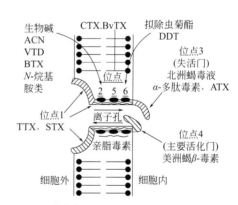

图 2-9 神经轴突钠离子通道的作用位点示意

（实线区为疏水结构域；波形实线为亲水结构域）

ACN—乌头碱；VTD—藜芦碱；BTX—箭毒蛙毒素；CTX—木藜芦碱；TTX—河豚毒素；STX—蛤蚌毒素；BvTX—双鞭甲藻毒素；ATX—海葵毒素

#### 2.2.4.1 滴滴涕及其类似物

1874 年德国化学家蔡德勒（O. Zeidler）首先合成了滴滴涕（DDT），1939 年瑞士化学家米勒（P. H. Muller）发现 DDT 具有杀虫活性。DDT 主要是防治双翅目昆虫和咀嚼式口器害虫。由于有机氯杀虫剂 DDT 及其类似物的毒理学和环境污染问题，现在美国、欧洲国家及其他许多国家已完全禁止使用，我国也在 1991 年将其淘汰。但是，目前许多发展中国家仍大量使用 DDT 及其类似物，主要因为其生产成本低且药效很好。目前该类杀虫剂新型化合物的研究开发基本处于停顿状态。虽然如此，有关 DDT 的毒理学机制研究从未停止过。

该药剂中毒的鱼尸花蝇出现的症状为昆虫兴奋性提高，身体及运动平衡被破坏，当运动量达到最大后，昆虫体躯强烈痉挛、战栗，最后麻痹，缓慢地死亡。解剖虫尸发现，昆虫组织非常干燥，几乎完全丧失了血淋巴。DDT 中毒后，一些昆虫还具有足自断现象，且断裂下的足仍长时间收缩。几丁虫还能咬掉中毒的跗足，而保护自己免于死亡。

关于 DDT 及其类似物的作用机制，在以前有多种学说，如钠离子通道学说、DDT 受体学说、$Ca^{2+}$-ATP 酶为作用靶标学说等。目前比较一致的看法是，DDT 主要是作用于昆虫神经膜上的钠离子通道。

$Na^+$ 通道是一个结合在神经轴突膜上的大型糖基化蛋白质，存在关闭、开启和失活三种空间构型，其构型之间的转变受神经膜电位变化的控制，也受到药物的影响。根据其生理活性和结合特点，至少已命名了 9 类不同的钠通道神经毒素，见表 2-2。

表 2-2　电压门控钠通道上的神经毒素和杀虫剂结合位点

| 位点 | 毒素 | 生理效应 | 别构偶联 |
| --- | --- | --- | --- |
| 1 | 河豚毒素、蛤蟆毒素 | 抑制转运 | +3，5，−2 |
| 2 | 箭毒蛙毒素、藜芦碱、乌头碱、N-烷基酰胺类 | 引发持续激活 | +3，−6 |
| 3 | α-蝎毒素类、海洋白头翁毒素 II | 抑制失活、促进持续激活 | +2 |
| 4 | β-蝎毒素类 | 转变电压依赖活化 | +2，4，−3 |
| 5 | 双鞭甲藻毒素类、雪卡毒素（ciguatoxin） | 转变电压依赖活化 | +2，4，−3 |
| 6 | δ-芋螺毒素 | 抑制失活 | |
| 7 | DDT 及其类似物、菊酯类 | 抑制失活、转变电压依赖活化 | +2，3，5 |
| 8 | 珊瑚毒素（Goniopora coral toxin）、细线芋螺毒素（Conus striatus toxin） | 抑制失活 | |
| 9 | 局部性麻醉剂、抗惊厥剂、二氢吡唑 | 抑制离子转运 | +2 |

Herve 等（1982）采用电压钳位法及两种专一性抑制剂（一种是 TTX，其完全抑制钠的通透，而对钾无影响；另一种是二氨基吡啶，其抑制钾电流，而对钠无影响）分别测定了钠电流和钾电流，结果表明 DDT 的作用是使钠离子通道打开，延迟其关闭侧，从而使得负后电位加强，当负后电位超过了钠阈值，就会引起电位的又一次上升，这就是重复后放的主要原因。

滴滴涕还可抑制多种 ATP 酶如 $Mg^{2+}$-ATP 酶、$Na^+$-$K^+$-ATP 酶和 $Ca^{2+}$-ATP 酶等，其中对寡霉素敏感的 $Mg^{2+}$-ATP 酶较 $Na^+$-$K^+$-ATP 酶对 DDT 更敏感。后来发现 $Ca^{2+}$-ATP 酶对滴滴涕最为敏感。$Ca^{2+}$-ATP 酶有内 $Ca^{2+}$-ATP 酶及外 $Ca^{2+}$-ATP 酶，它们都是调节 $Ca^{2+}$ 在膜内外的分布的。滴滴涕主要抑制外 $Ca^{2+}$-ATP 酶。外 $Ca^{2+}$-ATP 酶的作用是调节膜外 $Ca^{2+}$ 的浓度，在浓度高时酶不起作用，在浓度低时它的作用是使膜外的钙的浓度增加。因此抑制此酶，膜外钙的浓度就降低而不能恢复。膜外部 $Ca^{2+}$ 的浓度与轴突膜的兴奋性有关。外部 $Ca^{2+}$ 减少时，膜的限阈降低，因而易受刺激，即不稳定化。实际上，这是由于 $Ca^{2+}$ 的减少造成了膜外正电荷的降低，这样膜内外对电位差减小，因此外部缺少 $Ca^{2+}$ 的轴突膜更容易去极化，也即更容易发生一系列的动作电位。滴滴涕的作用是抑制了"$Ca^{2+}$-ATP 酶"，导致轴突膜外表的 $Ca^{2+}$ 减少，从而使得刺激更容易引起超负后电位的加强，引起重复后放。在轴突受到刺激时，也有一个钙通道透性的加强，钙离子的流入先于钠离子的流入，但数量极微。无论如何，在神经膜受到刺激时，膜外的钙离子浓度略有减少。加强膜外的 $Ca^{2+}$ 浓度，有抑制钠闸门开放的作用。因此，钠闸门的延迟关闭也与钙离子浓度降低有关。可见，这两种学说是互相有联系的，并不矛盾，其本质一样，只是研究和讨论的角度不同。

### 2.2.4.2 拟除虫菊酯类杀虫剂

除虫菊是目前世界上唯一大规模集约化种植的杀虫植物。1947 年美国化学家 F. B. Laforge 等合成了第一个拟除虫菊酯杀虫剂——丙烯菊酯。由于其具有光不稳定性，只能用于室内防治卫生害虫。1973 年，英国农药化学家 M. Elliott 以苯氧苄基为醇部分，通过对酸部分的改造，合成了氯菊酯和溴氰菊酯，成功解决了光不稳定的问题，并大量应用于田间。对醇、酸、酯等部分进行改造，寻求既具有拟除虫菊酯农药生物活性特点，又兼具低鱼毒和高杀螨活性以及对抗性害虫更有效的新品种，成为研究开发热点，具体表现在以下 3 个方面：一是非酯类拟除虫菊酯的开发。日本东京大学 1980 年合成了第一个不含酯结构的拟除虫菊酯——肟醚菊酯，其他还有醚菊酯和氯醚菊酯等。2003 年由 FMC 公司开发的丙苯烃菊酯，对鱼类特别安全。二是含氟或杂环类拟除虫菊酯的开发。近 20 年来，在分子中引入氟原子之后，不仅提高了杀虫活性，而且改善了杀螨性能，因而开发含氟拟除虫菊酯杀虫杀螨剂逐渐受到重视，并相继成功开发了许多新品种。甲氧苄氟菊酯是由日本住友化学公司研制并开发的拟除虫菊酯类杀虫剂，从 2003 年开始在多个国家登记或上市，2006 年在美国登记，主要用于避蚊。同时该公司还推出丙氟菊酯。2004 年公开了四氟甲醚菊酯，另外又将吡啶基引入该类杀虫剂以取代拟除虫菊酯醇部分中的一个苯环，现已成功推出商品化产品，如吡氯氰菊酯和丁苯吡氰菊酯。三是光学活性拟除虫菊酯的开发。该类杀虫剂的开发已成为近年来的另一个热点。日本住友公司合成出只含 2 个异构体的右旋胺菊酯，其药效是普通胺菊酯的 2 倍。近年来，又合成了生物丙炔菊酯和顺式氰戊菊酯。2002 年上市的精三氟氯氰菊酯，其活性不仅比三氟氯氰菊酯高几倍，且具有非常好的环境效益。

目前商品化拟除虫菊酯类杀虫剂已达 30 多个，其销售额位居世界杀虫剂市场的第

2 位。同时，拟除虫菊酯类杀虫剂的新品种也层出不穷，且结构新颖多样，大大扩展了拟除虫菊酯的范畴，例如咪唑酮菊酯（imiprothrin）、醚硅菊酯（SSI-116）、氟硅菊酯（silafluthrin）、三氟苯醚菊酯（imidate）、四氟甲醚菊酯（dimefluthrin）等。近年来，对拟除虫菊酯类杀虫剂新品种的研究开发进展较慢，商品化新品种寥寥无几，这可能与未能很好解决其交互抗性等问题有直接关系。目前许多农药学家、昆虫学家正在致力于解决拟除虫菊酯杀虫剂对鱼的毒性和其产生交互抗性的问题，以获得延长现有商品化品种使用寿命的方法。

拟除虫菊酯作为模拟天然除虫菊素结构、人工合成的一类杀虫剂，具有杀虫谱广、高效、低毒、低残留等特点，因而广泛用于防治农业、林业及家庭中的害虫。拟除虫菊酯杀虫剂处理的昆虫一般按照兴奋、运动失调、抽搐、麻痹的顺序出现中毒症状，最后死亡。中毒症状的进展状况因化合物的种类不同而有些差异。经丙烯菊酯和胺菊酯等不带氰基的菊酯类药剂处理后，昆虫很快出现高度兴奋、不协调运动、麻痹及击倒，但是击倒时昆虫体内药量若未达到致死量，将会苏醒，最后瘫软死亡；而经氯氰菊酯、溴氰菊酯和氰戊菊酯等带氰基的菊酯类药剂处理后，昆虫不表现出兴奋症状，而是出现运动失调以后的中毒症状，即很快产生痉挛，立即进入麻痹状态，最后瘫软死亡。基于此，有人将前者称为无 $\alpha$-氰基的 I 型拟除虫菊酯，将后者称为有 $\alpha$-氰基的 II 型拟除虫菊酯。

电生理学研究表明，II 型拟除虫菊酯类杀虫剂影响昆虫钠通道的门控过程，使钠通道长时间不关闭，但对电压门控氯通道的作用却相反，即减少氯通道的关闭时间，这似乎对拟除虫菊酯由钠通道引发的毒性效果起了补充或放大作用。用氰戊菊酯（fenvalerate）和胺菊酯对大鼠神经细胞所做的研究表明，这类杀虫剂对钠及钙通道的作用特点为低剂量时激活，高剂量时抑制，但激活作用较弱，抑制作用明显。T. Narahashi 等（2002）用膜片钳技术证实拟除虫菊酯引起神经兴奋性毒性是因为延迟神经细胞钠通道的关闭过程，也就是拟除虫菊酯占领钠通道结构部位 VI（位于钠通道内外两侧之间的疏水性区域），延迟钠通道的失活过程，产生持久的活化，导致重复后放。经分子水平研究发现，拟除虫菊酯类杀虫剂对电压敏感的钙离子通道的作用和对钠离子通道的作用互不影响。钠通道是拟除虫菊酯类杀虫剂的主要作用靶标，且拟除虫菊酯主要作用于钠通道的 $\alpha$-亚单位的 S6 片段上的位点。电生理学试验研究提示，哺乳动物神经元钠通道在相当于昆虫钠通道 super-kdr 位置上的氨基酸残基是异亮氨酸而不是蛋氨酸，当用蛋氨酸取代野生大鼠的钠通道的异亮氨酸时可使其对溴氰菊酯的敏感性增加100 倍。这也许解释了为什么拟除虫菊酯类杀虫剂对哺乳动物毒性较低，而对昆虫有强烈的毒杀作用。

有关拟除虫菊酯类杀虫剂的神经毒性机理的研究取得了很大的进展。已经知道，谷氨酸（glutamic acid，Glu）是昆虫的神经肌肉接头处和哺乳动物脑中的兴奋型神经递质。严红等（2000）研究发现，溴氰菊酯可作用于大脑突触膜上的 Glu 和谷氨酸受体（glutamic acid receptor，GluR），促进 Glu 的合成，并使 Glu 与 GluR 的结合量明显增加。除了 GluR 以外，溴氰菊酯还对蛋白激酶 C（protein kinases C，PKC）具有直接的刺激作用。牛玉杰等（2001）研究发现，溴氰菊酯可引起神经细胞内游离钙浓度明显升高，这种游离钙浓度升高可能是溴氰菊酯引起 N-甲基-D-天门冬氨酸（N-methyl-D-aspartic acid，NMDA）受体激活，增强了 PKC 的活性所致。然而，PKC 活性的增高，一方面可诱导即早期基因如 c-fos 和 c-jun 的表达，另一方面可能调节抑癌基因 p53 的活性，从而参与溴氰菊酯引起的神经细胞凋亡。上述情况的发生被认为是拟除虫菊酯干扰了 Glu 递质的合成与释放，使得信号传递发生紊乱所致。J. R. Bloomquist 等（2002）发现拟除虫菊酯类杀虫剂不仅影响钠通道、氯通道与谷氨酸受体通道，而且还能增强多巴胺神经元递质的释放。

### 2.2.4.3　吡唑类杀虫剂

1973 年，Philips-Duphar 公司（现属于科聚亚公司）首先报道了吡唑类化合物 PH6041 具有较强的杀虫活性，4-位被苯环取代后，得到的 PH6042 活性有所增强，其化学结构见图 2-10。1982 年，发现吡唑类杀虫剂对有机磷、氨基甲酸酯类杀虫剂产生抗性的害虫也有很好的防治效果。1984 年，Rohm & Haas 公司开发出活性高、对哺乳动物低毒、易降解的 RH3421，其主要作用靶标是钠离子通道。杜邦公司开发并于 2001 年登记上市的新型钠离子通道阻断型杀虫剂噁二嗪类似物茚虫威，是吡唑类杀虫剂第一个商品化的品种。吡唑类杀虫剂的作用机制是以一种与局部麻醉剂完全不同的方式阻遏电压敏感性钠通道，导致靶标害虫协调性差、麻痹，最终死亡。

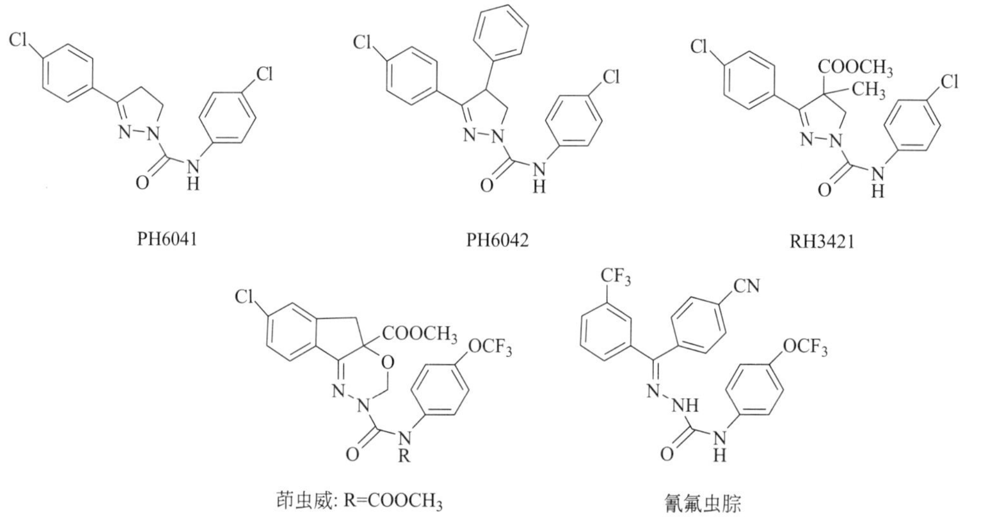

图 2-10　几种化合物的化学结构

1997 年，瑞士诺华公司（Novartis AG）研究开发的吡蚜酮具有与茚虫威相似的缩氨基脲骨架结构，其对于那些对已使用的杀虫剂敏感或产生抗性的蚜虫有特效。氰氟虫腙是在 PH6042 基础上，利用开环设计开发的一种全新的化合物，作用机制独特。其通过附着在钠离子通道的受体上，阻断害虫神经元轴突膜上的钠离子通道，使钠离子不能通过轴突膜，进而抑制神经冲动使虫体过度放松、麻痹，致其死亡，与菊酯类或其他种类的化合物无交互抗性。

#### 2.2.4.4 二苯基甲醇哌啶类杀虫剂

美国富美实公司（FMC）以天然产物 nominine 为初次先导化合物，对其进行结构优化后得到吲哚类化合物。此吲哚类化合物的杀虫活性明显增强，被选择为二次先导化合物，最后得到具有很强杀虫活性的二苯基甲醇哌啶类（benzhydrolpiperidines，BZPs）化合物，见图 2-11。FMC 公司发现二苯基甲醇哌啶类化合物有很好的杀虫活性，例如 F4265 的药效与溴虫腈、高顺氯氰菊酯相当，甚至更好。日本大冢公司（Otsuka）于 2000 年提出化合物 **1** 的药效优于上述化合物。经过对温血动物的毒性测定发现该化合物属于低毒类，对人畜安全。V. L. Salgodo 等（1990）研究发现 N-芳基烷基二苯基甲醇哌啶类化合物的作用机制与吡唑类化合物相似，都是作用于钠离子通道，主要是抑制钠离子的转运。二苯基甲醇哌啶类杀虫剂杀虫谱广，尤其是对鳞翅目害虫具有很高的活性，另外其对哺乳动物毒性低，具有极好的商业化前景。

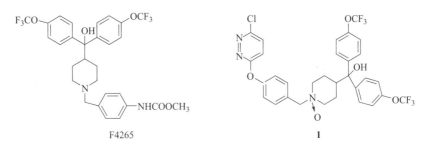

图 2-11 二苯基甲醇哌啶类杀虫剂的化学结构

#### 2.2.4.5 藜芦碱类杀虫剂

藜芦碱、藜芦定是从百合科藜芦属植物藜芦中提取的藜芦生物碱中的一种类固醇类化合物。18 世纪中叶，欧洲、美洲就有用藜芦根治虫的报道，在 20 世纪 40 年代初，商品化的藜芦杀虫剂问世。藜芦碱、藜芦定作为一种钠离子通道抑制剂，可通过阻止昆虫钠通道的失活并将电压依赖性通道的激活电位转变成趋向超极化的状态，从而使钠离子通道在静息膜电位水平处于开放状态，导致神经元的兴奋性显著提高。1995年，I. Ujvary 等仿生合成出一系列藜芦定非甾体类似物，发现其中一个化合物 **2**（图2-12）对美洲蜚蠊有明显活性，$LD_{50}$ 值为 $200\mu g \cdot g^{-1}$。目前，对该类化合物的研究已进入结构优化阶段，有望创制出一类新颖的仿生农药。

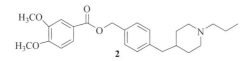

图 2-12 化合物**2**的化学结构

#### 2.2.4.6 N-烷基酰胺类杀虫剂

N-烷基酰胺类杀虫剂是以从菊科、胡椒科和芸香科等植物的根、茎和果实中提取的不饱和 N-异丁基酰胺为先导（图 2-13），对其进行结构改造合成而得。墙草碱及其类似物一直被看作是发展新型杀虫剂的先导化合物。进行结构优化的品种（2E,6Z,8E）-N-异丁基-9-苯基-2,6,8-壬三烯酰胺对家蝇表现出很好的神经毒性。M. Miyakadon 等（1980）报道胡椒酰胺（pipercide a、pipercide b、pipercide c）有明显杀虫活性和生理特性；1986 年 M. Elliot 等报道以化合物 I 为先导化合物合成出一系列活性很好的化合物，其中最有潜力的是化合物 BTG502 和化合物 II。1998 年，魏玉平等从假荜芨中提取到异丁基酰胺化合物，并发现其对赤拟谷盗有明显的熏蒸作用。

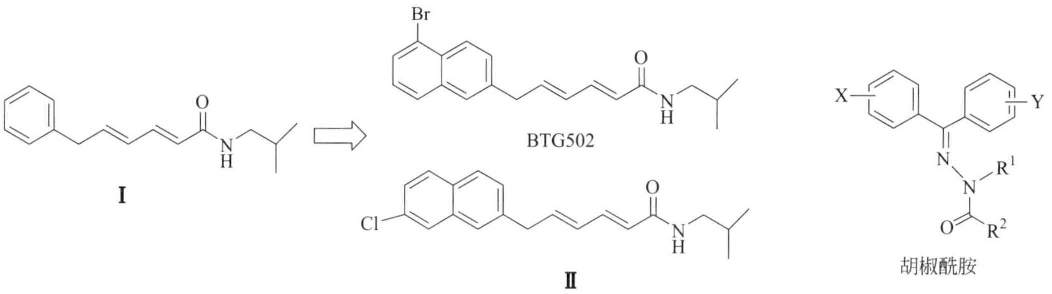

图 2-13　N-烷基酰胺类化合物的合成及胡椒酰胺结构通式

N-烷基酰胺类杀虫剂的作用机制与藜芦碱类杀虫剂相似，均作用于钠离子通道与电压依赖的活化和失活有关的位置，通过阻止钠离子通道失活，将通道活化状态的电压依赖转化为更负的膜电压而引起钠离子通道在静息电位的持续活化。可见，以 N-烷基酰胺活性成分为先导化合物，不仅可以研究开发出活性优异的新化合物，而且可以克服先导物某些物理性质的不足，扩大其应用范围。目前，虽然有关 N-烷基酰胺类杀虫剂活性成分的研究十分活跃，所得活性物质种类较多，但能应用于生产的较少。

### 2.2.4.7　其他生物毒素

生物毒素是自然界重要的生命现象，其中蕴含大量奇妙而复杂的重要生物信息，如利用河豚毒素、乌头碱等天然毒素研究出钠离子通道和多种通道亚型的功能及作用位点，基本阐明了其控制机制。除了前面提到的几种生物毒素外，涉及钠离子通道的生物毒素还有以下几种。

苦参碱是从豆科槐属植物苦豆子中分离提纯的一种喹嗪啶（quinolizidin）类生物碱，具有触杀和胃毒等作用，可杀死菜蚜和黏虫等，且具有高效、广谱和低毒等优点，与化学农药混配，具有显著的增效作用。

西北农林科技大学吴文君等（2008）从植物苦皮藤中分离出具有二氢沉香呋喃骨架的多元酯类高杀虫活性化合物苦皮藤素 IV 和苦皮藤素 V，毒力测定表明苦皮藤素 IV 和苦皮藤素 V 作用于昆虫后导致的神经中毒症状相反，分别表现为麻醉和兴奋，对其杀虫机制进行研究发现，两者均可作用于昆虫神经肌肉接头，阻断兴奋性传导。

F. Bosmans 等（2007）从新蛛亚目（*Araneomorphae*）和猛蛛亚目（*Mygalomorphae*）蜘蛛的毒液中提取的缩氨酸神经毒素作用于昆虫钠离子通道的多个受体位点，

例如，海南捕鸟蛛毒素（Hainantoxin-Ⅰ）作用于位点 1，Magi 2 和 Tx4（6-1）通过位点 3 相互作用而减缓钠离子通道的灭活性，$\delta$-palutoxins 和大部分 $\mu$-agatoxins、curtatoxins 作用于位点 4。

生物毒素与典型钠离子通道抑制剂的作用受体位点不同，且作用位点多，其研究基本处于活性机制和作用机制上，目前还没有发现商品化的产品。

### 2.2.5　作用于乙酰胆碱受体的药剂

在神经生化领域内把对神经递质起应答作用的生物活性物质称为神经递质的受体，它们是存在于突触膜上的蛋白质分子，其分子链镶嵌在膜内，而与配体递质结合的位点露在膜外。神经递质受体分为两类：一类是配体门控离子通道，属于此类的有烟碱型乙酰胆碱受体（nAChR）、$\gamma$-氨基丁酸受体（GABAR）和甘氨酸受体（GlyR），它们将化学信号重新转变为电信号；另一类是与信号转导蛋白相偶联的受体，当递质与受体结合后，经 G 蛋白将信号传给腺苷酸环化酶，产生 cAMP（环腺苷酸），调节细胞代谢，最后引起各种生理效应，例如肾上腺素受体、毒蕈碱型乙酰胆碱受体（mAChR）、单胺类受体和视紫红质（Rh）等。以昆虫神经系统的受体为作用靶标的一类药剂称为受体毒剂。昆虫体内作为杀虫靶标的有乙酰胆碱受体、GABA 受体、章鱼胺受体这三类主要的神经受体，另外还有多巴胺受体、5-羟色胺受体、谷氨酸受体等。

乙酰胆碱受体是一个配体门控阳离子通道，其在胆碱能突触的重要作用在于识别和转导化学信号 ACh，见图 2-14。据作用方式和药理学的不同，可将 AChR 分为三类，即烟碱型受体（nAChR）、毒蕈碱型受体（mAChR）、毒蕈酮型受体（muscaronic receptor）。烟碱型受体（nAChR）是一种能被烟碱激活的寡聚糖蛋白，位于细胞膜上，该受体是突触后膜的配体门控离子通道，当受体与乙酰胆碱（ACh）结合后，其构相改变，直接影响膜电位改变，在突触后产生一个快兴奋性突触后电位（fast excitatory

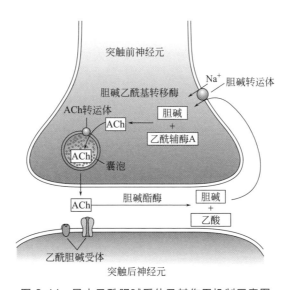

图 2-14　昆虫乙酰胆碱受体及其作用机制示意图

post-synaptie potential，FEPSP）。毒蕈碱型受体（mAChR）属于 G-蛋白偶联型受体超家族，可以被毒蕈碱激活，被阿托品阻断，主要分布在哺乳动物的平滑肌和各种腺体内。mAChR 与 nAChR 结构不同，mAChR 与递质结合后激活腺苷酸环化酶或鸟苷酸环化酶，使腺苷三磷酸（ATP）或鸟苷三磷酸（GTP）分解出一个焦磷酸盐，并同时形成一个环腺苷酸（cAMP）或环鸟苷酸（cGMP），从而使 cAMP 或 cGMP 的浓度升高，cAMP 或 cGMP 又激活蛋白激酶，蛋白激酶使离子通道蛋白磷酸化，实际上是激活了后突触膜上的离子通道，在突触后膜上产生一个慢抑制突触后电位（slow inhibitory post-synaptic potential，SIPSP）。毒蕈酮型受体为第三类 AChR，是在家蝇和果蝇中发现的。毒蕈酮是一种特殊的激活剂，它对毒蕈碱型、烟碱型受体同样有效，但对第三类受体有更大的亲和力。研究证明，对于毒蕈酮型受体，三类药物的作用部位相同，它们之间存在竞争性抑制作用。昆虫体内这三种 AChR 都存在，在中枢神经中主要是 nAChR。

nAChR 属于神经递质门控离子通道的一个家族，是烟碱、巴丹等沙蚕毒素类及新烟碱类杀虫药剂的主要作用靶标。nAChR 在脊椎动物和无脊椎动物的后突触膜处的神经信号传递中起着重要作用。nAChR 的每一个分子都是由 5 个亚基组成的五聚体，每个亚基都有一个胱氨酸环（Cys-loop），根据该环上毗邻半胱氨酸残基的有无，可将这些亚基分为 $\alpha$-亚基和非 $\alpha$-亚基两大类。

nAChR 的功能结构和多样性在哺乳动物中的研究比昆虫中的要多。组成哺乳动物 nAChR 五聚体的 5 个亚基可由 10 个 $\alpha$（$\alpha_1 \sim \alpha_{10}$）、4 个 $\beta$（$\beta_1 \sim \beta_4$）和 $\delta$、$\gamma$ 以及 $\varepsilon$ 亚基组合而成。5 个不同的亚基组成 1 个亚型（subtype），由此可以形成多种功能的异源五聚体或同源五聚体，从而产生不同的药理学特性。哺乳动物的 nAChR 亚型又可以分为肌肉型和神经型，其中肌肉型亚型是由 2 个 $\alpha_1$、1 个 $\beta_1$、1 个 $\delta$、1 个 $\gamma$（幼年）或 2 个 $\alpha_1$、1 个 $\beta_1$、1 个 $\delta$、1 个 $\varepsilon$（成年）组成，而神经型是由 $\alpha_2 \sim \alpha_{10}$ 和 $\beta_2 \sim \beta_4$ 亚单位组成。根据对 $\alpha$-金环蛇毒素的敏感性的不同，神经型亚型又可以分为 2 类，即 $\alpha$-金环蛇毒素敏感型与 $\alpha$-金环蛇毒素不敏感型。运用蟾蜍卵母细胞和人胚胎细胞等异源表达系统，已经对哺乳动物的 nAChR 的药物学进行了深入的研究。相对而言，目前有关昆虫 nAChR 结构和亚型多样性的研究还比较少。在模式生物果蝇中，10 个编码 nAChR 的基因已经被克隆，其中 4 个编码 $\alpha$-亚型、3 个编码 $\beta$-亚型，还有 3 个尚不确定是编码何种亚型的基因。在蚜虫中，6 个基因被克隆，其中 5 个编码 $\alpha$-亚型，1 个编码 $\beta$-亚型。另外在蝗虫、沙漠蝗虫（*Schistocerca gregaria*）等一些昆虫中，也有一些编码 nAChR 的基因被克隆，但它们的结构尚不清楚。目前应用异源系统还难以有力地表达昆虫功能性 nAChR，因此，昆虫 nAChR 的药理学研究未取得可喜的进展。

### 2.2.5.1 新烟碱类杀虫剂

烟碱是一种公认的乙酰胆碱受体毒剂。作为乙酰胆碱受体的激活剂，烟碱在低浓度时刺激烟碱型乙酰胆碱受体，引起兴奋；而在高浓度时，它占领受体，使神经突触传递受阻，因而中毒的试虫表现持续兴奋、呼吸衰竭，直至死亡的症状。烟碱类杀虫剂以游离碱形式达到作用点，其离子化型十分有利于与烟碱型受体的结合，故烟碱及其类似物的毒性大小并不取决于它们对乙酰胆碱受体的结合能力强弱，而主要取决于它们能否进入中枢神经系统内。烟碱只对烟碱型受体和毒蕈酮型受体有作用，而对毒蕈碱型受体没有作用。

新烟碱类杀虫剂（neonicotinoid insecticides）是在烟碱结构研究的基础上成功开发出来的新型高效低毒杀虫剂，被视为继拟除虫菊酯以来杀虫剂合成史上的又一重大突破。新烟碱类杀虫剂是烟碱型乙酰胆碱受体的激动剂（agonist），对昆虫具有选择性毒效作用，作为害虫综合治理的有效药剂，在国内外的应用越来越广泛。新烟碱类杀虫剂选择作用的研究主要集中在昆虫和哺乳动物的 nAChR 结构差异、新烟碱类杀虫剂的分子特点、激动剂和受体之间互作的分子机制等方面。1970 年美国壳牌公司（Shell）发现了新烟碱类的先导化合物 2-(二溴硝甲基)-3-甲基吡啶，后经结构优化得到了对玉米螟具有较高活性的噻虫醛（nithiazine），但因其对光不稳定而未能商品化。随后日本拜耳作物公司在噻虫醛的结构上引入一个氯代吡啶甲基基团，得到了新烟碱类化合物中第一个硝甲基杀虫活性物，这是该类杀虫剂商业化开发中的关键一步。电生理学和放射配体结合分析法的研究表明，噻虫醛和相关的硝甲基化合物的作用靶标是昆虫的 nAChR。噻虫醛在昆虫与哺乳动物之间已经显示出很高的选择性，但是它对光不稳定，最终只作为家蝇引诱装置中的活性成分被商业化。在以后的研究中，科研人员尝试用其他杂环来取代噻虫醛的噻嗪环，并且在新的取代基上引入氮原子，最终以硝基亚胺结构取代了硝基亚甲基结构，从而合成了新烟碱类的第一个农药品种——吡虫啉，与其他硝甲基类似物相比，吡虫啉具有更高的光稳定性，并且对昆虫表现出很强的选择性毒杀作用，而对哺乳动物无毒。因此，吡虫啉于 1991 年投放市场后，很快就成为害虫化学防治中最重要的农药品种之一。此外，在新烟碱类杀虫剂的发展过程中，其理化性质也起了很大的作用。新烟碱类杀虫剂有很好的内吸性和中度的水溶性，其最主要靶标害虫是蚜虫、叶蝉、粉虱和其他一些刺吸式害虫，光稳定性是新烟碱类杀虫剂能在田间推广的一个重要原因。

在昆虫中，新烟碱类杀虫剂主要作为突触后膜的 nAChR 的激动剂。乙酰胆碱是昆虫神经系统的内生激动剂，能够刺激神经递质，nAChR 主要分布在中枢神经系统中。神经递质通过烟碱类胆碱的突触分为两步：首先，突触前膜的囊泡释放乙酰胆碱，乙酰胆碱与突触后膜上的受体结合；其次，受体分子构象的变化导致离子通道开放，促使细胞外的 $Na^+$ 向内流和细胞内的 $K^+$ 向外流，进而打破膜电势的平衡。具有杀虫活性的烟碱类如烟碱、降烟碱和天虫碱在生理学条件下都有一个氮原子质子化，电离化的烟碱不易穿透中枢神经系统周围的离子屏障，而新烟碱类杀虫剂由于它们的疏水性，能够克服离子屏障与靶标位点结合。与烟碱相比，新烟碱类杀虫剂与作用位点有更强的亲和性。现有的研究表明，高亲和性的结合位点存在于桃蚜、豇豆蚜、粉虱、美洲大蠊、蝗虫、烟草天蛾、果蝇、蜜蜂等昆虫中。

1984 年，J. Schroeder 等首次报道了新烟碱类化合物作用于昆虫中枢神经系统，靶标是乙酰胆碱受体（AChR）。吡虫啉与乙酰胆碱受体的结合受到银环蛇毒素（α-bungarotoxin，BGT）和二苯羟乙酸-3-喹咛环酯（quinuclidinyl benzilate，QNB）竞争性的抑制，说明这三类化合物作用于同一亚基。利用全细胞电压钳技术研究表明 1-（2-氯吡啶-5-基甲基）-2-硝基亚甲基吡咯烷对烟碱样 AChR 只有激活作用，而没有拮抗作用。D. Bai 等（1991）认为吡虫啉是 nAChR 的激活剂，但 1-（3-吡啶甲基）-2-硝基亚甲基咪唑啉烷（PMNI）在低浓度时可阻断乙酰胆碱能的传递。J. A. Benson 等（1985）研究表明硝基亚甲基类杀虫剂对 AChR 的作用与其浓度有关，1-吡啶-3-亚甲基咪唑啉烷在低浓度时起拮抗作用，在高浓度时起激活作用。由此可见，新烟碱类化合物对乙酰胆碱受体的作用是复杂的，既可起到激活作用，也可起拮抗作用，这可能是其可作用于多种 AChR 的缘故，因为 [$^3$H] 吡虫啉对家蝇头部神经膜的结合可以被烟碱型配基取代，也可以被毒蕈碱型配基取代。但是，可以肯定的是，此类化合物是乙酰胆碱受体毒剂。分子生物学研究进一步表明吡虫啉主要作用于昆虫 nAChR 的 $\alpha$-亚基。症状学研究表明，在致死剂量下，由于吡虫啉对烟碱型乙酰胆碱受体的干扰，中毒昆虫表现为典型的神经中毒症状，即行动失控、发抖、麻痹直至死亡；而在亚致死剂量下，取食含有吡虫啉液汁的蚜虫，则表现从叶片上逃逸或掉落。蜜露排放量分析表明，亚致死剂量的吡虫啉对蚜虫具有拒食作用，即小于 $10ng \cdot g^{-1}$ 浓度的吡虫啉可以引起蚜虫惊厥、蜜露排放减少，最终饥饿死亡。需要指出的是吡虫啉具有很好的选择性，对脊椎动物比较安全。因为在分子水平上已经证明，吡虫啉对昆虫 nAChR 的结合能力要比脊椎动物的高 1000 倍以上。

### 2.2.5.2 沙蚕毒素类杀虫剂

沙蚕毒素（nereistoxin，NTX）是一种在日本和我国海域分布较广的海洋生物异足索沙蚕（*Lumbriconereis heteropoda*）体内的一种有毒活性物质。沙蚕是生活在海滩泥沙中的一种环节蠕虫，日本钓鱼者常用它作诱饵，发现蚊蝇等昆虫在沙蚕尸体上爬行后会中毒死亡，同时也发现使用沙蚕的垂钓者有头痛、恶心呕吐、呼吸异常的症状。经研究，1934 年从沙蚕体内分离出一种活性物质，命名为沙蚕毒素。1964 年发现这种毒素对水稻螟虫有特殊的毒杀作用。后来，根据沙蚕毒素的化学结构，仿生合成了一系列能作农用杀虫剂的类似物，如杀螟丹、杀虫双、杀虫单、杀虫环、杀虫蟥等，统称为沙蚕毒素类杀虫剂，也是人类开发成功的第一类动物源杀虫剂。这些杀虫剂具有广谱、高效、低毒等特点，且作用方式多样，除了具有很强的胃毒作用，还有触杀、拒食和内吸作用，对鳞翅目、鞘翅目和双翅目的多种害虫有较好的防治效果，可用于防治水稻、蔬菜、甘蔗、果树、茶树等多种作物上的多种食叶害虫、钻蛀性害虫，有些品种对蚜虫、叶蝉、飞虱、蓟马、螨类等也有良好的防治效果。

具有杀虫活性的沙蚕毒素类杀虫剂的骨架结构如图 2-15 所示，其中 A 部分为开链或环状结构（五元环或六元环），B 部分为桥链，可以是环结构也可以是非环结构（$n$ 可以为 0），C 部分为 $R^1R^2N-$、$RO-$ 或 $RS-$，其中含 $R^1R^2N-$ 的化合物的活性高于含其他取代基的化合物。依据桥链部分的长短可将其分为以下两类。

一类是 nereistoxin 类似物，无桥链 [$(CH_2)_n$，$n=0$]，目前已商品化的沙蚕毒素类杀虫剂如杀螟丹、杀虫磺、杀虫环、杀虫双和杀虫单等属于此类，其结构中均含有

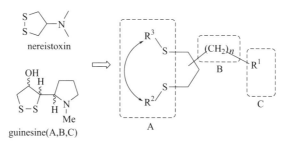

**图 2-15　沙蚕毒素类杀虫剂的结构通式**

S—C—C(—N)—C—S 结构。这些化合物在昆虫体内甚至在昆虫神经系统中容易转变为沙蚕毒素或其还原形式二氢沙蚕毒素（1,3-二巯基-2-二甲氨基丙烷），从而对昆虫中枢神经系统的突触体起到阻滞作用，即侵入昆虫神经细胞的结合部位，阻断细胞所分泌的乙酰胆碱而失去兴奋的传递作用，最终起到杀虫效果。放射自显影研究显示杀螟丹集中于昆虫神经节部位；神经电生理试验表明沙蚕毒素阻遏蜚蠊第 6 腹节的传递，但是即使在高浓度时也不影响大腿神经肌肉接头的传递。昆虫的中枢神经系统是胆碱能的，而神经肌肉传递是非胆碱能的，说明沙蚕毒素是作用于神经传导的胆碱能突触部位。沙蚕毒素作用于神经系统的突触部位，使得神经冲动受阻于突触部位。在低浓度时，沙蚕毒素类杀虫剂就能够表现出明显的神经阻断作用。$2 \times 10^{-8} \sim 1 \times 10^{-6}\,mol \cdot L^{-1}$ 的 NTX就能引起蜚蠊末端腹神经节突触传导的部分阻断；$1 \times 10^{-5}\,mol \cdot L^{-1}$ 杀虫环显著地抑制黑胸大蠊兴奋性突触后电位。

　　另一类是 guinesine 类似物，有桥链 $[(CH_2)_n，n \geqslant 1]$。日本学者 A. Kato 等（1989）从巴西产的红树科灌木 *Cassipourea guianensis* 树皮中分离出 3 种活性物质 guinesine A、guinesine B 和 guinesine C，其结构中同时含有 1,2-二硫环丙烷和叔胺基团，类似于沙蚕毒素，并且也具有神经性杀虫活性，但是目前尚无商品化品种。

　　关于沙蚕毒素类杀虫剂的作用机制，其最新进展体现在以下方面：

　　（1）在烟碱型乙酰胆碱受体（nAChR）上的结合位点　沙蚕毒素类杀虫剂对突触传导的阻断作用是通过与突触后膜乙酰胆碱受体结合实现的。以果蝇和蜚蠊为材料的研究结果显示 NTX 能够抑制 $[^{125}I]$ α-金环蛇毒素与 nAChR 结合，$I_{50}$ 分别为 $6.6 \times 10^{-5}\,mol \cdot L^{-1}$ 和 $1.7 \times 10^{-4}\,mol \cdot L^{-1}$，这与以蛙和鼠的神经肌肉接头作为材料的研究结果相似；以鸡视网膜为材料的研究结果显示 NTX 可逆性地抑制了 $[^{125}I]$ BGT 与膜的结合，在用缓冲液冲洗后，$[^{125}I]$ BGT 与 nAChR 的结合能够恢复。α-金环蛇毒素是烟碱型乙酰胆碱受体的专一性抑制剂，在受体上的结合位点与乙酰胆碱相同。这些结合试验说明沙蚕毒素类杀虫剂与烟碱型配体竞争 nAChR 上的激动剂位点，通过竞争性地占据 nAChR 上的激动剂位点，抑制神经兴奋的传递。不过，NTX 的这种抑制作用是可逆的。

　　NTX 除了与受体上激动剂位点结合以外，可能还存在其他结合位点。以电鳐电器官为材料的研究表明 NTX 对 $[^{3}H]$ 标记的全氢戏蛙毒素（perhydrohistrionicotoxin，HTX）与 nAChR 的结合有影响。在有乙酰胆碱存在时，NTX 显著地抑制了 $[^{3}H]$-HTX 与电鳐电器官膜的初始结合（$2nmol \cdot L^{-1}$ [3H]-HTX 与膜保温 30s），而没有乙酰胆碱存在时，则是强化了这种结合作用。平衡结合（$2nmol \cdot L^{-1}$ $[^3H]$ -HTX 与膜保温 120min）即使没有乙酰胆碱也受到 NTX 的抑制，这种抑制作用随 NTX 浓度的上升而增强。HTX 是 nAChR 特异性阻断剂，结合位点是位于受体通道处的高亲和、非竞争性阻断剂位点，这种结合具有探针性的指示作用。NTX 在这些位点的结合，阻碍了受体通道的离子通透性，从而阻断了正常的神经功能。

（2）NTX 与 nAChR 之间的生物化学反应 NTX 与受体结合后，发生氧化还原反应，受体被还原而导致受体功能受阻。大多数 nAChR 亚型的 $\alpha$-亚基相邻半胱氨酸残基之间存在二硫键，这个二硫键对维持 nAChR 的空间结构和正常功能很重要。从结构分析 NTX 具有氧化还原活性，能够与受体发生氧化还原反应。Y. Xie 等（1996）的研究显示 NTX 持续地阻断鸡视网膜 nAChR 的功能，氧化剂二硫双对硝基苯甲酸（dithio-bis-nitrobenzoic acid，DTNB）能使 nAChR 被 NTX 抑制的神经功能得到恢复。但是若 DTNB 处理之前加入亲和烷基化试剂溴化乙酰胆碱（bromide acetylcholine，BAC），从而使被 NTX 处理的鸡视网膜 nAChR 烷基化，则 nAChR 的功能不能被 DTNB 恢复。同时，NTX 对鸡睫状神经节 nAChR 的作用得到了同样的结果。说明 NTX 或其代谢物使 nAChR 被还原，破坏了受体上的二硫键，使受体功能受阻。NTX 对受体的这种还原作用，与还原剂二硫苏糖醇（dithiothreitol，DTT）相似，NTX（$100\mu mol \cdot L^{-1}$，$2\sim10min$）和 DTT（$1mmol \cdot L^{-1}$，5min）都阻断 nAChR 的功能。但是，DTT 的还原作用能被受体激动剂二甲基苯哌嗪（dimethyphenylpiperazium，DMPP）完全阻止，NTX 的还原作用却只能部分被阻止，这说明 NTX 与 DTT 对 nAChR 的作用机制并不完全相同。这种差异的具体机制还不清楚，可能 NTX 能被组织螯合，缓慢释放，在激动剂的保护作用去除后其代谢物继续还原受体，或者是 NTX 和 DTT 在 nAChR 上存在不同的结合位点。

NTX 是直接对 nAChR 产生还原作用，还是进入细胞内代谢产生二氢沙蚕毒素（DHNTX），然后将 DHNTX 渗出细胞外对受体上激动剂结合部位附近的二硫键发生还原作用？C. J. Rossant 等（1994）的研究表明，无论 BAC 的烷基化作用还是对氨基苯胂氧化物（$p$-aminophenylarsine oxide，APA）的胂酸化作用，都能阻止 $^3$H-野靛碱与鸡脑免疫沉淀受体的结合，且 BAC 和 APA 都是竞争还原态受体上的相同位点。Y. Xie 等（1996）进行了更深入的相关研究，$2mmol \cdot L^{-1}$ DTT 还原从鸡脑制备的免疫沉淀 nAChR（包含 $\alpha_4\beta_2$-亚基）后，加入 $100mmol \cdot L^{-1}$ APA 进行胂酸化作用或 $100mmol \cdot L^{-1}$ BAC 进行烷基化作用，降低了 $^3$H-野靛碱与受体的结合。但是在加入 APA 或 BAC 之前，用 $10^{-4}mol \cdot L^{-1}$ 或 $10^{-3}mol \cdot L^{-1}$ 的 NTX 提前处理 20min，就保护了野靛碱与受体的结合。而鸡的视网膜组织能螯合 NTX，而使 NTX 不断被代谢。这说明 NTX 不能像 DTT 一样直接对受体进行还原，可能是在转变为 DHNTX 后对受体进行还原的。另外，比较 NTX 和 DHNTX 的化学结构，也反映 DHNTX 是较 NTX 更强的还原剂。全细胞膜片钳试验结果显示，DHNTX 抑制由激动剂 DMPP 引起鸡睫状神经节神经元的去极化，这种抑制作用与 DTT 更为相似，比 NTX 持续的时间更长，冲洗不能恢复，必须依赖 DTNB；而 NTX 引起神经功能阻断，经冲洗后能够恢复。

（3）对受体通道电流的影响　NTX 与 nAChR 结合，影响了受体正常的神经功能，抑制了通道电流的产生，使突触后膜不能去极化，导致神经传导中断。K. Nagata 等（1999）采用单通道膜片钳技术记录了杀螟丹对鼠 PC12 细胞 nAChR 的影响。$300\mu$mol·$L^{-1}$ 杀螟丹单独处理时，没有引起通道的开放。$10\mu$mol·$L^{-1}$ 乙酰胆碱就能诱导单通道电流。当杀螟丹与乙酰胆碱同时作用时，单通道的开放时间缩短，间隔增加，表现出杀螟丹的剂量效应。单通道开放的动态变化，说明杀螟丹是 nAChR 开放通道的阻断剂。杀螟丹与同样作用于 nAChR 的新烟碱类杀虫剂吡虫啉不同，吡虫啉单独作用和与乙酰胆碱同时作用时，均能观察到亚导态电流，而杀螟丹则没有。NTX 单独作用时，对 nAChR 的作用潜能和作用效能均很低，当与 nAChR 的激动剂如胺甲酰胆碱同时作用时表现出抑制剂的作用，抑制了 nAChR 调节的 $Li^+$ 流。当 NTX 先于激动剂加入与膜囊泡孵育，NTX 诱导 nAChR 脱敏，抑制 $Li^+$ 流；同时加入时，NTX 和激动剂竞争 nAChR 乙酰胆碱/竞争性拮抗剂结合位点，但是 NTX 的抑制常数 $K_i = 0.7$mmol·$L^{-1}$，与 NTX 的解离常数 $K_1 = 5.8$mmol·$L^{-1}$ 不相应。这种现象可能是因为 NTX 不仅引起竞争性抑制，而且引起 nAChR 脱敏，也有可能是在 nAChR 上存在两个 NTX 结合位点，分别对 NTX 有不同的解离常数。

沙蚕毒素类杀虫剂的主要作用机理是作用于昆虫 nAChR，一方面竞争激动剂的结合位点，破坏正常神经兴奋的传导；另一方面结合在受体通道上的阻断剂位点，降低受体通道的离子通透性。此外，沙蚕毒素类杀虫剂还可能存在其他的作用机理。有研究显示，NTX 对蛙神经肌肉接头乙酰胆碱的释放有抑制作用，并在生理效应都表现为突触传递受阻断。在高浓度下，NTX 能够引起蜚蠊轴突剂量依赖的去极化。但是 NTX 使轴突去极化的剂量比阻断突出传导所需的剂量要高得多，因此可以认为对轴突的去极化作用不是沙蚕毒素类杀虫剂主要的毒杀机制。沙蚕毒素对乙酰胆碱酯酶有微弱的抑制作用。离体试验结果，NTX 对 AChE 的抑制中浓度约为 $10^{-3}$mol·$L^{-1}$，而敌敌畏约为 $5 \times 10^{-7}$mol·$L^{-1}$。不过，NTX 对 AChE 的抑制作用在其杀虫机制中并不重要，因为使受体脱敏，阻断突触传递所需的剂量要低得多。沙蚕毒素类杀虫剂主要是对神经系统发生作用，对非神经组织也能发生作用。研究杀螟丹对蛙表皮上皮细胞活性钠传导的作用结果显示，无论在细胞膜内表面还是外表面用药，杀螟丹降低了膜电位和短路电流，说明杀螟丹对膜传导具有抑制作用，这种抑制作用随浓度而变化。因此，在研究杀螟丹等沙蚕毒素类杀虫剂对有机体的毒性效果时，对细胞膜的作用是值得考虑的。

总之，沙蚕毒素类杀虫剂是昆虫乙酰胆碱受体的拮抗剂。杀螟丹（巴丹）在动物体内被代谢成沙蚕毒素。沙蚕毒素可与乙酰胆碱竞争性地作用于 nAChR，当它占领 nAChR 后使其失活，影响了离子通道，从而降低突触后膜对 ACh 的敏感性，不能引起动作电位，去极化现象不再产生，突触传递被阻断。该类药剂还可对 mAChR 起作用，这与对 nAChR 的作用相反，对 nAChR 的作用是竞争性阻断，而对 mAChR 的作用则是引起兴奋，产生去极化而阻断，这两种相反的作用可能在不同剂量水平时分别表现出来。因沙蚕毒素对烟碱型受体及毒蕈碱型受体都有作用，也有人认为沙蚕毒素类杀虫剂还可能直接作用于离子导体，即离子通道。此类药剂的中毒症状一般的描述为因乙酰胆碱不能正常传递，反射弧对刺激不产生反应，试虫陷入瘫痪、麻痹状态，失去为害作物的能力，昆虫停止发育、虫体软化及瘫痪死亡。

## 2.2.6 作用于 GABA 受体-氯离子通道复合体的药剂

γ-氨基丁酸（GABA）是脊椎动物、无脊椎动物体内一种主要的抑制性神经递质，它引起突触后膜的超极化作用，因而抑制动作电位的产生。γ-氨基丁酸受体（GABAR）是一个配体门控的离子通道。脊椎动物体内 GABA 受体主要有两类：一类是离子型 GABA 受体，属于半胱氨酸环超家族，又分为 GABA$_A$ 受体（GABA$_A$R）和 GABA$_C$ 受体（GABA$_C$R）。分布于突触后膜及树突上的对荷包牡丹碱敏感的 GABA$_A$R，是神经组织内主要的抑制性受体，与突触传递有关；而 GABA$_C$R 出现在哺乳动物视网膜的平行双极神经元上，其对荷包牡丹碱和氯苯胺丁酸不敏感，能被 GABA 类似物和 4-氨基巴豆酸激活。另一类是代谢型 GABA 受体即 GABA$_B$ 受体（GABA$_B$R），是二聚的 G-蛋白偶联受体。分布于突触前膜的对氯苯胺丁酸敏感的 GABA$_B$R，与腺苷酸环化酶活化有关，它刺激前突触膜上钙的大量进入，由此使更多的小泡释放出 GABA。GABA 受体是由 5 个亚基构成的五聚配体门控离子通道，每个亚基主要包括 3 部分：较长的 N-端细胞外结构，约含有 220 个氨基酸残基；4 个疏水的跨膜结构（TM1～TM4）；处于细胞内连接 TM3 和 TM4 的环状结构。5 个亚基跨膜段的 TM2 形成离子通道孔的内壁（图 2-16）。2014 年，P. S. Miller 等成功解析出人类

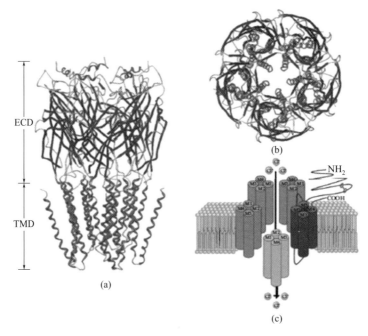

图 2-16 GABA 受体结构（引自：郑小乔等，2017）

(a) GABA$_A$ 受体模型的侧视图，包括胞外域（ECD）和跨膜结构域（TMD）；(b) GABA$_A$ 受体的五聚体装配结构俯视图；(c) GABA 受体跨膜区示意图，每个亚基包括 4 个疏水跨膜结构（TM1～TM4），5 个亚基的 TM2 组成离子通道内壁

GABA$_A$ 受体的一个三维结构（由 5 个 $\beta_3$-亚基构成的同源五聚体）。这是目前唯一被报道的 GABA 受体的完整三维结构，该结构的发现为 GABA 受体的研究奠定了科学依据和理论基础。

在昆虫神经肌肉接头处，GABAR 也有两个亚型，在突触前膜既有 GABA$_A$R 也有 GABA$_B$R，而在突触后膜则只有 GABA$_A$R。占领 GABA 受体或破坏 GABA 受体的作用，均会影响正常的突触传递，造成神经功能的失常。GABA$_A$R 是一种多肽类寡聚体。脊椎动物的 GABA$_A$R 是由两条 $\alpha$-链和 $\beta$-链构成，即 $\alpha_2\beta_2$。由于昆虫的 GABAR 具有多样性，GABA$_A$R 分子量在 $200\sim400$kD 左右，由分子量约为 50kD 的 $\alpha$-、$\beta$-、$\gamma$-、$\delta$-、$\rho$-亚基组成，每个亚基又包括 4 个跨膜 $\alpha$-螺旋疏水区域（M1$\sim$M4），其相互作用共同形成氯离子进入细胞膜的孔道即氯离子通道。因此，GABA$_A$R 也被叫作 $\gamma$-氨基丁酸门控的氯离子通道（GABA-gated chloride channel）。突触前膜释放的 GABA 和后膜 GABA$_A$R 位点结合，诱导受体的构象改变，将大量带正电荷的氨基酸暴露在通道口，并改变 M1 构象，使通道开放，氯离子迅速涌入膜内，使膜超级化，产生抑制性突触后电位。GABA$_A$R 的结构十分复杂，具有作用部位和吸收部位，其中吸收部位主要是吸收 GABA 分子，而作用部位包括 GABA 部位、苦毒宁部位、苯巴比妥部位和苯并二氮杂䓬部位等。苦毒宁部位与氯离子通道相连，对这个部位起作用的化合物可使氯离子通道关闭（如拮抗剂苦毒宁、六六六、环戊二烯类等），也可使氯离子通道开放（如激活剂 avermectin），拮抗剂和激活剂的作用是对立的，可以彼此抵消。总之，GABA 受体与氯离子通道的关系可归结为：当 GABA 受体被激活剂激活后，不论在哪个部位，总是使氯离子通道开放，氯离子大量进入突触后膜，造成超极化，使另一个兴奋性的冲动到达该突触时达不到阈值电位，亦不会引起兴奋，而拮抗剂的作用则相反。

关于 GABA 抑制剂的研究很多，Y. L. Deng 等（1993）依据中毒症状以及抑制 EBOB、TBPS 与家蝇 GABA 受体结合的能力，将作用于 GABA 受体的杀虫剂分为 4 类：A 类杀虫剂包括多氯环烷烃类化合物、苦毒宁、芳基取代的杂环化合物及某些小取代基的杂环化合物，这些杀虫剂诱发典型的极度兴奋症状，表现为正温度系数，并与狄氏剂有交互抗性；B 类杀虫剂为其他小取代基的杂环化合物，其毒理作用与 TBPS 结合位点有关，表现为负温度系数，中毒症状不固定；C 类杀虫剂为芳基吡唑类，该类杀虫剂能有效地抑制 EBOB 与昆虫受体的结合，但对 EBOB 哺乳动物受体结合的抑制较弱；D 类杀虫剂为阿维菌素类，该类杀虫剂结合位点与 EBOB 位点偶联，引起镇静、多尿中毒症状，与狄氏剂无交互抗性。

（1）多氯环烷烃类杀虫剂　六六六及环戊二烯类等多氯环烷烃类药剂是 GABA 受体的拮抗剂，可抑制 GABA 诱导的氯离子内流，中毒试虫表现出兴奋、痉挛、麻痹、死亡四个阶段的症状。该类药剂还可对中枢神经系统中的突触部位起作用，即刺激前突触膜大量释放乙酰胆碱，造成乙酰胆碱的大量积累，因而阻碍了神经元之间的神经传导。

（2）阿维菌素类杀虫剂　该类化合物是一个十六元大环内酯化合物，共有 8 种组分，分别为 A$_{1a}$、A$_{1b}$、A$_{2a}$、A$_{2b}$、B$_{1a}$、B$_{1b}$、B$_{2a}$ 和 B$_{2b}$，目前市售产品有阿维菌素、甲氨基阿维菌素苯甲酸盐、伊维菌素、埃玛菌素等，主要是通过触杀和胃毒作用来发挥对害虫的毒杀效果。阿维菌素类杀虫剂作用于谷氨酸门控的氯离子通道或 GABA 门控的氯离子通道，使氯离子通道开放，氯离子大量涌入膜内导致细胞功能丧失，使神经系统的正常动作电位传导受到破坏，哺乳动物中毒后显示出高度兴奋、不协调以及颤抖等症状，而昆虫和螨类中毒后主要表现出麻痹，极少表现出极度兴奋的症状。阿维菌素类虽不能穿透脊椎动物的 CNS 使其中毒或致死（脊椎动物的 GABA 受体位于 CNS），但可以通过 Glu 门控氯通道作用于昆虫的 GABAR 或 GluR。此外，阿维菌素类杀虫剂与哺乳动物神经系统其他门控氯通道受体的结合率也比较低，加之这类杀虫剂又难以通过哺乳动物的血脑屏障。所以，这类杀虫剂对哺乳动物相对安全。

（3）吡唑类杀虫剂　该类化合物的特点是作用机制独特，安全性高，无交互抗性。氟虫腈是苯基吡唑类杀虫剂中的第一个成员，与吡虫啉、溴虫腈一道被誉为 21 世纪新一代广谱杀虫剂的三大支柱。该类杀虫剂的第二个成员乙硫虫腈现已商业化。这些杀虫剂都是 GABA 门控氯离子通道的阻断剂。例如，氟虫腈能有效地抑制 GABA 诱导的氯离子流，可能是因为它抑制了 GABA 受体非竞争性拮抗剂 [3H] EBOB 与家蝇和大鼠脑内 $GABA_AR$ 的结合，而干扰 GABA 门控氯通道，并认为这些化合物的杀虫活性是由于 GABA 门控氯通道而引起的。氟虫腈与昆虫 GABA 受体的亲和力优于脊椎动物，并且其通道阻断剂范围的结合位点在昆虫与脊椎动物之间具有不同的性质。

（4）联苯肼酯类杀虫剂　联苯肼酯（bifenazate）是作为肼类化合物的衍生物而开发的一种新结构类型的广谱专一性杀螨剂，其结构见图 2-17，其作用机制还不十分清楚，但是对害虫的 GABA 受体具有独特的作用。现有资料表明其对螨类具有专一性神经毒性。该类化合物对非靶标生物的安全性极好。

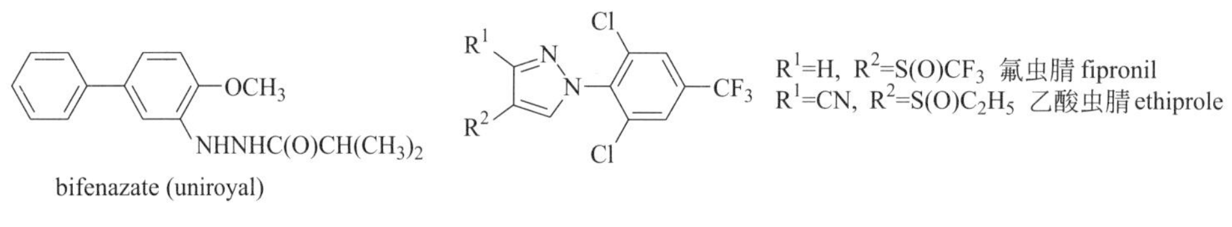

图 2-17　联苯肼酯类杀虫剂的化学结构

（5）多杀霉素类杀虫剂　该类杀虫剂是稀有放线菌刺糖多孢菌产生的天然大环内酯家族的成员，商业化产品为 spinosyn A 和 spinosyn D 的混合物，其结构见图 2-18。对其结构修饰的研究结果表明，合成的类似物中用乙氧基取代 spinosyn A 上鼠李糖的 2，3，4-三甲氧基，可以显著地改善其胃毒和触杀活性，原因可能在于其较高的亲脂性。多杀霉素对鳞翅目害虫特别有效，其毒力可以与拟除虫菊酯杀虫剂的毒力相媲美，缺点是杀虫谱太窄。该化合物确切的作用位点还不清楚，但是有研究表明它们可能通过变构作用激活昆虫中枢神经系统的 N 型乙酰胆碱受体，与烟碱和吡虫啉不同，它们并不与乙酰胆碱识别位点结合。多杀霉素也可能与 GABA 门控氯离子通道相互作用，但对昆虫的毒杀作用是次要的。尽管多杀霉素对 N 型乙酰胆碱受体具有持久的活性，但是对脊椎动物乙酰胆碱受体的作用实际上与对害虫有明显的选择性，对脊椎动物很安全。

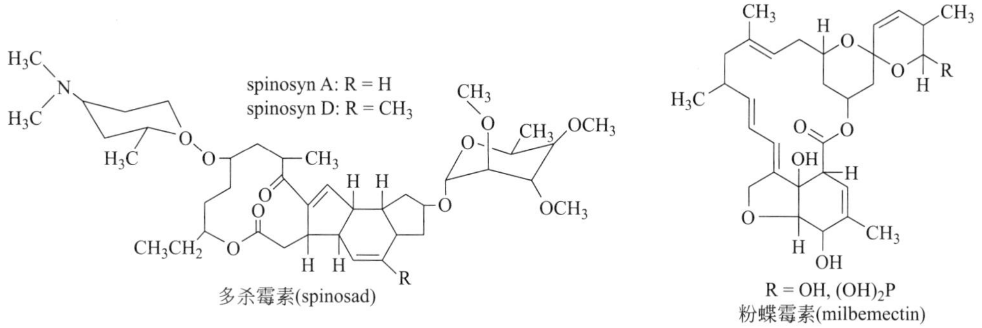

图 2-18　多杀霉素的化学结构

## 2.2.7　作用于章鱼胺及其受体的杀虫药剂

章鱼胺（octopamine，OA）和酪胺（tyramine，TA）作为神经递质、神经调质以及神经激素，控制或调控着昆虫的很多行为和生理过程。OA 最早在章鱼唾腺中发现，至今已近 60 年，但直到现在我们对其在章鱼唾腺中的功能还不了解。更有趣的是，竟有 4 名诺贝尔奖获得者——J. Axelrod、P. Greengard、H. R. Horvitz 和 E. R. Kandel 从事关于 OA 的研究，其分别在章鱼胺受体（octopamine receptor，OAR）识别、秀丽隐杆线虫体内章鱼胺功能以及脊椎动物体内痕量生物胺探寻等相关领域开展研究。OA 作为昆虫体内重要的神经活性物质与昆虫的昼夜节律、内分泌、好斗与飞行、学习与记忆等诸多重要生理功能有关。它主要通过与其特异性受体 OAR 结合从而调节胞内第二信使环腺苷酸（cAMP）或钙离子水平来发挥作用。因此，对 OA 受体药理学特性的研究也因其可作为杀虫剂的潜在靶标而备受关注。

TA 作为神经递质，只是在近些年才被广泛关注。以前人们一直视其为 OA 的合成前体，而不把它作为独立的神经递质。而研究表明它不但像 OA 一样可作为神经递质、神经调质和神经激素，而且发挥着截然不同的作用。我国昆虫学家张宗炳教授及其研究小组很早就发现，在用 DDT、溴氰菊酯以及杀虫脒处理昆虫后，利用三套色谱系统检测技术，检测到中毒虫体内 TA 含量急剧增加，并且杀虫脒和 DDT 或溴氰菊酯混用时还有增效作用；DDT 处理同时还诱导相应的酪氨酸脱羧酶活性增加，而此酶的作用就是催化昆虫体内的酪氨酸生成 TA。他们还发现杀虫脒类杀虫剂可引起虫体内 cAMP 含量的增加，后来证明这类杀虫剂的作用靶标正是 OA 受体，而且很可能正是由于与 OA 受体偶联的相应 G 蛋白的激活引起了下游第二信使 cAMP 含量的增加。B. Borowsky 等（2001）在老鼠等哺乳动物体内中检测到了 TA 而其含量甚少，故称为痕量生物胺，而在昆虫、甲壳纲和软体动物等无脊椎动物神经组织中则含有大量的 TA 和 OA。2009 年在 Neuron 杂志上发表的 TA 参与线虫逃生反应的试验也证明了 TA 不仅可作为神经调质还可作为神经递质与特定受体结合参与逃避等应急性反应，而调控这种反应的酪胺受体类型酪胺门控氯离子通道目前在昆虫中尚未发现。TA 同 OA 一样也主要是通过结合特异性的酪胺受体（tyramine receptor，TAR）来发挥作用的。F. Saudou 等（1999）

首先在果蝇中克隆到了 TAR，而有趣的是，同样的受体基因同年也在 *Neuron* 杂志上被报道发现，但它却被命名为 OAR。直到今日，有关 TAR 和 OAR 的分类问题依然困扰着从事于此领域的生物学和药理学家们。尽管 TA 作为新的神经传递物质日益受到关注，但是对其受体以及受体药理学特性的研究还相对较少。

（1）生物合成 昆虫体内的 OA 和 TA 与脊椎动物体内的肾上腺素和去甲肾上腺素功能颇为相似，在体内也都是以酪氨酸（Tyr）为底物通过一系列酶促反应合成的（图 2-19）。酪氨酸可通过酪氨酸羟化酶（TH）羟基化作用生成多巴（DOPA），而酪氨酸与多巴又可分别在酪氨酸脱羧酶（TDC）和多巴脱羧酶（DDC）脱羧基作用下生成相应的 TA 和多巴胺（dopamine，DA），TA 和多巴胺可进一步通过酪胺 $\beta$-羟化酶（Tyrosine $\beta$-hydroxylase，T$\beta$H）和多巴胺 $\beta$-羟化酶（Dopamine $\beta$-hydroxylase，D$\beta$H）发生 $\beta$-羟基化作用而生成相应的 OA 与去甲肾上腺素，从此可看出两条合成途径的相似性，去甲肾上腺素则可进一步在苯乙醇胺-*N*-甲基转移酶（phenylethanolamine-*N*-methyltransferase，PNMT）作用下生成肾上腺素。另外，若存在酪氨酸脱羧酶（tyrosine decarboxylase，TDC），生物体内还有一些补救途径来完成 TA 和 OA 的合成（如图 2-19 中虚线箭头所示），目前还不知道这些补救途径的生理作用。

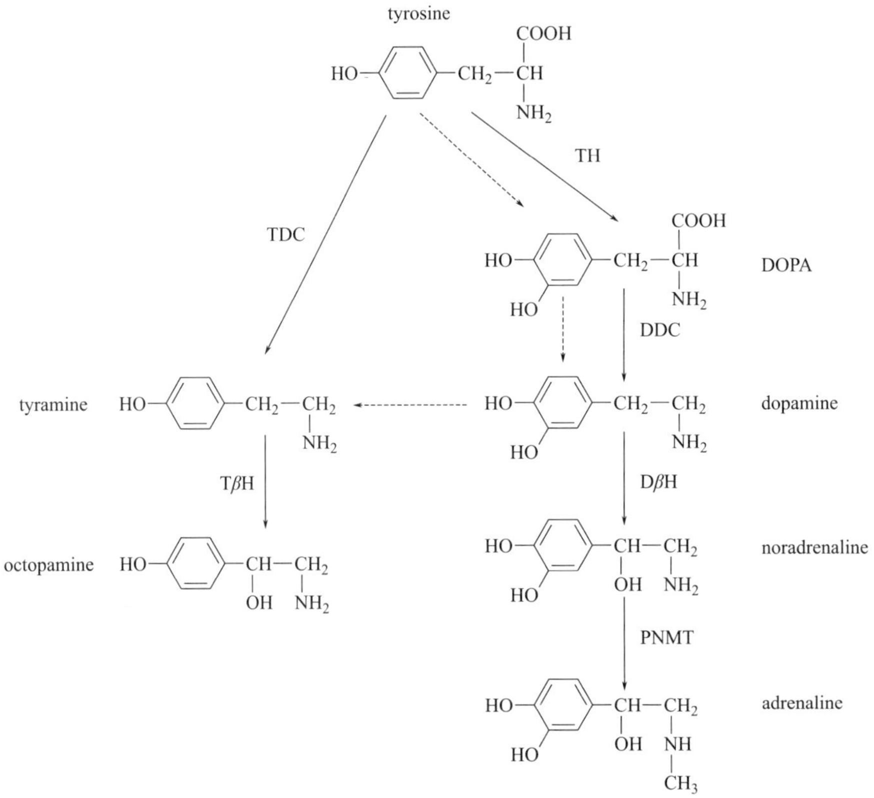

图 2-19 生物体内由酪氨酸生成不同生物胺的合成途径

（引自：Roeder T 等，2005；Lange A B，2009）

（2）在神经和非神经组织中的分布　在昆虫体内的许多生物胺都有着特有的分布特征，而 OA 和 TA 在昆虫体内的分布更是有趣。因为 TA 一直被视为 OA 的合成前体，其通过 T$\beta$H 作用生成 OA，所以 OA 的神经元也应该同时包含 TA，很有可能 OA 和 TA 被同一神经元所释放并作为协同神经递质（co-transmitter）。另外，TA 的神经元却不一定包含 OA。R. G. Downer 等（1993）采用高效液相色谱与电化学检测（HPLC-ECD）相结合的方法研究发现 TA 在蝗虫中枢神经系统（CNS）中的分布并不与 OA 相对应，且在 CNS 不同区域以及中枢神经和骨骼肌之间，TA 和 OA 的分布比例也各不相同。在蝗虫的 CNS 中，OA 的含量是 TA 的 3～7 倍，而在骨骼肌中 TA 的含量却是 OA 的 2～9 倍；S. Busch 等（2009）通过免疫组织化学染色等手段成功定位了果蝇成虫脑部 27 种独特的 OA 神经元，根据形态和遗传标记分布发现这些 OA 神经元大都位于脑部的复杂结构中，有着明显隔开的树突和突触前区域，而且这些树突大都限定于大脑中的特定区域内，每个神经元的作用对象清晰而又各不相同，整个 OA 神经纤维网遍布于 CNS 内，使得它们能够相互结合并构成整体，并被分配到不同神经中行使各自功能。此外，昆虫脑部神经节、咽下神经节和胸腹部神经节中均有 TA 存在，尤其是在咽下神经节、胸部神经节以及腹部神经节这 3 个腹面不成对中间神经元中含量较多，这些神经元连接着末梢肌肉组织对昆虫行为有着重要影响。更有意思的是，在蝗虫腹部第 7 和第 8 神经节中有大量对 TA 免疫的活性物质存在，而这些神经节与蝗虫输卵管和受精囊活动有关，而且 TA 还存在于马氏管中。因此 TA 很可能影响昆虫的交配、生殖和排泄行为。

（3）被突触前膜的再摄取　在昆虫体内，一旦 OA 和 TA 从突触中释放，便结合于对应的受体引起一系列生理反应，那么它们在完成自己的作用后会发生什么变化呢？OA 和 TA 在引起突触后细胞发生反应并产生相关信号后，它们的作用也就需要被终止，而最主要的方式就是被重吸收进入突触前膜中。对于很多神经递质，如 OA、TA、多巴胺、5-羟色胺和组胺等生物胺来说，被神经细胞再摄取是其主要失活方式，而在通常情况下，这一步是通过特异的神经递质转运体来完成的。在被突触释放完成作用后，这些生物胺被存在于质膜上的转运体蛋白移除，转运体蛋白本身的活性调节则主要依赖于胞内钠离子与氯离子的浓度梯度。相比而言，人们比较清楚脊椎动物中的转运体体系。在氨基酸组成上，它们是一些糖蛋白，可能含有 12 个跨膜结构域，约有 50%～70% 的序列相似性。而在无脊椎动物体内，也已经识别出对 5-羟色胺、多巴胺、OA 和 TA 特异的转运体，这些无脊椎动物体内的转运体与脊椎动物体内的转运体有着结构和药理特性上的相似性。由此说明，OA/TA 的膜转运体广泛存在于很多昆虫种类的体内，并参与到这两种神经递质的再摄取机制中，造成 OA 和 TA 的失活或转移。

（4）在昆虫体内的生理功能　有关 OA 和 TA 在昆虫体内生理功能的研究一直没有中断过。目前，人们对 OA 的生理功能研究较为深入，最著名的就是它在北美萤火虫（*Photinus pyralis*）发光器官中所起到的神经传递作用。令人惊奇的是，在果蝇体内敲除了能够催化 TA 生成 OA 的 T$\beta$H 基因后，果蝇的行为几乎是正常的，只是雌性个体因不能正常产卵而不可育，该结果证明了 OA 可能参与调控输卵管的肌肉组织。在外周神经系统（peripheral nervous system，PNS）中，OA 起着调控昆虫飞翔肌、外周淋巴器官（如脂肪体和血淋巴）、输卵管以及几乎所有感觉器官的功能；而在 CNS 中，OA 具有调控昆虫运动、觉醒、脱敏、学习与记忆以及昼夜节律等生理活动的功能。有关 OA 在昆虫的记忆力恢复、嗅觉识别、飞翔和好斗性等方面所扮演的角色，也是近年来关于 OA 生理功能研究的热点。总的说来，章鱼胺在昆虫中的生理功能与去甲肾上腺素在脊椎动物中的功能相同，均有三重功能：一是神经递质，可控制内分泌或光受器官；二是神经激素，可诱导脂类和糖类的移动；三是神经调节因子，可影响运动类型、栖息甚至记忆，还可作用于各种肌肉、脂肪体和感觉器官的末梢。

相比于 OA 而言，人们对 TA 在昆虫体内的生理作用还不甚了解。然而，近年来的研究表明，TA 在生物体内发挥着自己特有的生理作用。TA 可以通过控制果蝇幼虫骨骼肌中的中央模式发生器来控制果蝇幼虫的移动。另外，它还存在于东亚飞蝗受精囊和马氏管中，并可能参与调控其排卵、受精、排泄和迁移等诸多生理行为。总之，昆虫体内的 OA 和 TA 几乎调控着昆虫大部分的器官和生理行为，而有关 OA 和 TA 对昆虫中枢淋巴器官（central lymphoid organ）和周围淋巴器官（peripheral lymphoid organ）的调控以及对昆虫神经、生殖、消化、内分泌乃至免疫和社会行为等诸多生理活动的影响，仍需要进一步研究。

（5）OA 和 TA 受体　一种影响神经系统的化学物质，不管它是作为突触间隙的神经递质还是作为进入血液循环调控组织行为的神经激素，都需要通过细胞膜或细胞内部的受体来完成其对细胞的影响，达到传递神经信号的目的。与肾上腺素和去甲肾上腺素相似，OA 和 TA 是通过与一系列的 G 蛋白偶联受体（G protein-coupled receptor，GPCR）相作用来完成神经信号传递，发挥其生理作用。由于具有开发成为新一代杀虫剂靶标的可能性，近年来，关于它们对应受体的基因克隆及药理学特性的研究颇多。根据已经克隆到受体功能和药理学性质及其与哺乳动物肾上腺受体不同亚型结构功能相似性的比较，可以将 OAR 和 TAR 各自分为两大类共 4 种受体类型：$\alpha_1$-肾上腺素样 OA 受体（$\alpha_1$-adrenergic-like OAR，OA1）、$\alpha$-肾上腺素样 OA 受体（$\alpha$-adrenergic-like OAR，OA2）、$\alpha_1$-肾上腺素样 TA 受体（$\alpha_1$-adrenergic-like TAR，TA1）和 $\alpha_2$-肾上腺素样 TA 受体（$\alpha_2$-adrenergic-like TAR，TA2）。到目前为止，在果蝇和家蚕中的这 4 种 OAR 和 TAR 亚型都被克隆得到并做了功能验证。有关昆虫体内 OAR 的研究较为广泛，关于其作用途径也相对了解较多。需要指出的是，有的受体可能同时扮演 OAR 和 TAR 的角色，这取决于与之结合的神经激素或神经递质类型。

OAR 和 TAR 被激活后会引起胞内信号分子浓度的改变，与受体作用的 G 蛋白类型不同引起的信号分子改变也不同，例如，环腺苷酸（cAMP）和胞内钙离子（$Ca^{2+}$）的浓度可能提高或降低。一种途径是当受体结合了能够与质膜上腺苷酸环化酶（adenylylcyclase，AC）作用的 G 蛋白时，就能够激活此酶的活性，并导致 ATP 生成 cAMP（图 2-20）。而 cAMP 浓度的提高则能够进一步激活蛋白激酶 A（protein kinase A，PKA），PKA 又叫 cAMP 依赖性蛋白激酶，它能够将 ATP 的磷酸基团转移到特定蛋白质的丝氨酸或苏氨酸残基上进行磷酸化，并调控多种分子底物的特性，包括细胞溶质蛋白、配体门控的离子通道以及一些转录因子如 CREB、CREM 和 ATF-1 等。另外，一些生物胺受体也有可能偶联抑制 cAMP 浓度提高的 G 蛋白。另一种途径则是激活的受体引起胞内 $Ca^{2+}$ 浓度的改变（图 2-20），与这些受体偶联的 G 蛋白亚基能够结合并激活磷脂酶 C（phospholipase C，PLC）的活性，而此酶则能够水解一种膜结合底物磷脂酰肌醇二磷酸（phosphatidylinositol 4,5-bisphosphate）产生两种第二信使三磷酸肌醇（inositoltriphosphate，$IP_3$）和二酰基甘油（diacylglycerol，DAG），$IP_3$ 能够结合于内质网膜上的特异受体，它们是一些门控 $Ca^{2+}$ 通道，能够使通道打开并引起胞内 $Ca^{2+}$ 库中的 $Ca^{2+}$ 释放到细胞质中，$Ca^{2+}$ 通过直接控制酶或离子通道的活性在细胞许多功能中发挥着至关重要的作用。除此之外，$Ca^{2+}$ 能够与很多蛋白结合，如钙调蛋白、钙结合蛋白、钙视网膜蛋白等，通过蛋白互作而起着调控许多蛋白效应器的活化的作用。而 DAG 是存在于质膜上的第二信使，它能够与 $Ca^{2+}$ 一起激活蛋白激酶 C（PKC）的活性，而 PKC 与 PKA 一样，都能够使很多蛋白的丝氨酸和苏氨酸残基磷酸化，从而改变这些蛋白的功能。总之，GPCR 的激活导致了胞内各级信号浓度的改变，而且不同胞内信号途径可能在同一个细胞中被激活，这也必将引起细胞内反应信号的放大或缩小，从而达到信号传递的功能。

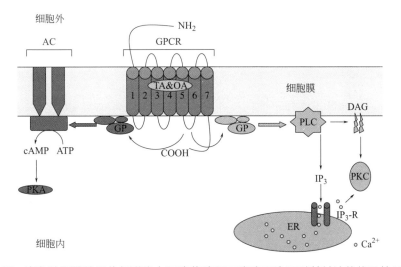

**图 2-20　章鱼胺和酪胺受体偶联胞内环腺苷酸和三磷酸肌醇/二酰基甘油的信号转导途径**

（引自：吴顺凡等，2010）

AC—腺苷酸环化酶；DAG—二酰基甘油；ER—内质网；GP—G-蛋白；GPCR—G-蛋白偶联受体；$IP_3$—肌醇三磷酸；$IP_3$-R—肌醇三磷酸偶联受体；PKA—蛋白激酶；PKC—蛋白激酶 C；PLC—磷脂酶 C

　　OAR 和 TAR 的研究不仅对理解它们在昆虫体内的生理学作用十分重要，也将为人们以其为靶标设计新杀虫剂用于害虫防治带来突破。目前，对于昆虫体内 OAR 的药理学性质研究较为深入，而关于 TAR 的药理学研究相对较少。有很多对 OAR 高度特异的激动剂（agonist）和拮抗剂（antagonist），而且已有针对 OAR 的杀虫剂在生产上使用，如杀虫脒、单甲脒、双甲脒就是通过各自代谢体与 OAR 特异结合来产生杀虫毒理作用的。而由于一直没有把 TAR 作为杀虫剂作用靶标来开发，因此，除了 TA 之外，还没有发现其他 TAR 的激动剂，唯一一个药理学上与 TAR 有关的复合物是对脊椎动物 $\alpha_2$-肾上腺素受体有拮抗作用的育亨宾（yohimbine）（一种从育亨宾树上得到的生物碱），它对昆虫 TAR 同样有着高度特异的拮抗作用。目前，这些受体在细胞体外表达的药理学实验中，大多使用那些在脊椎动物体内对肾上腺素受体药理学性质比较清楚的化学药剂，如 OA、$\beta$-苯基乙胺、色胺、多巴、多巴胺、5-羟色胺、组胺、去甲肾上腺素和肾上腺素等。另外，OA 通常起到刺激作用，而 TA 则往往起到抑制作用，这就意味着章鱼胺的激动剂可能与酪胺的拮抗剂有着协同作用，基于这一点也可能为害虫防治带来新策略。总之，OAR 和 TAR 将可能是生物合理性农药作用靶标的新来源。

## 2.2.8 作用于激素调控系统的药剂

昆虫生长调节剂（insect growth regulator，IGR）是一类特殊的影响昆虫正常生长发育的药剂，其通过造成生长发育中生理过程的破坏而使昆虫表现出生长发育异常，并逐渐死亡。其靶标是昆虫所特有的蜕皮和变态发育过程，主要包括保幼激素类似物、几丁质合成抑制剂、蜕皮激素类及抗保幼激素类等。

### 2.2.8.1 保幼激素及其类似物

保幼激素在 20 世纪 30 年代即已肯定其存在，到目前为止已经从昆虫体内发现了 6 种保幼激素。C. M. Williams（1967）首次提出将保幼激素类似物发展为第三代杀虫剂的设想。到目前为止，已经筛选出几千种具有较高活性的保幼激素类似物，从结构上可以分为脂肪族、芳香族及哒嗪酮类。保幼激素类的作用机制主要为抑制变态和抑制胚胎发育。当完全变态的昆虫在幼虫期，保幼激素使幼虫蜕皮时保持幼虫的形态；而处于末龄幼虫时，正常情况下体内保幼激素分泌减少以至消失，蜕皮后变成蛹。如果在末龄幼虫时给以保幼激素则会产生超龄幼虫，其形态有可能为永久性幼虫或介于幼虫和蛹之间的畸形虫；如蛹期注入少量保幼激素，即羽化为半蛹半成虫状态，导致无法正常生活而死亡；刚产下的卵或产卵前的雌成虫接触药剂，则抑制胚胎发育，导致不育。因此，保幼激素及其类似物（juvenile hormone analogue，JHA）因其活性高、选择性强、对人畜无毒或低毒、来源丰富等优点而在 IPM 中具有重要的地位和作用，发展前景十分广阔。

目前，保幼激素类似物的代表品种有双氧威（fenoxycarb）、蚊蝇醚（pyriproxyfen）等。双氧威是第一个商品化的保幼激素类似物，可用来防治鞘翅目、鳞翅目的仓储害虫及蚤、蟑螂和蚊幼虫等卫生害虫。以双氧威处理 5 龄欧洲玉米螟可使其永久性保持幼虫或半虫半蛹态。蚊蝇醚可用于蚊类、家蝇、介壳虫、粉虱、桃蚜等卫生和同翅目害虫，以一定剂量的蚊蝇醚处理白粉虱 2 龄若虫，虽可使白粉虱的若虫正常发育到蛹，但成虫完全不能羽化。另外，蚊蝇醚可以在植物体内传导，以其处理棉花的上层叶片，则下部叶片上白粉虱的卵不能孵化。

### 2.2.8.2 抗保幼激素

抗保幼激素化合物的作用机制是抑制保幼激素的形成和释放，或破坏保幼激素到达靶标部位，或刺激保幼激素降解代谢及阻止其在靶标部位上起作用。由于保幼激素被抑制或减少，幼虫未能长大就蜕皮成为小的成虫，减少了为害性。有时也可因蜕皮不正常而死亡。目前抗保幼激素类化合物主要为早熟素Ⅰ、早熟素Ⅱ、ETB、compactin 等。

　　早熟素是由美国 W. S. Bowers 于 1976 年首先从一种菊科植物熊耳草中分离出来的。以早熟素接触、饲喂或熏蒸处理昆虫，可以引起昆虫早熟，雌虫变为不育。早熟素Ⅰ与早熟素Ⅱ可破坏咽侧体，使其不能合成保幼激素，从而引起各种生理效应，例如提前变态、成虫不育、降低两性吸引力、胚胎发生损伤、干扰取食节律、引起或结束滞育等。李毅平等发现早熟素Ⅱ还可影响长角血蜂的蜕皮，但在高剂量下可致死。早熟素Ⅰ与早熟素Ⅱ的有效性取决于它们的使用时期，在咽侧体的生理功能最高的时期施用，效力最大。但对老熟若虫或第一到第七天的成虫施用时，也可造成雌虫的不育（抑制了卵巢的发育）；ETB 可以使处理的幼虫表皮变黑，这说明保幼激素的量减少了，但真正的作用机制不明，估计是它诱导产生了一个保幼激素酯解酶，导致保幼激素的酯解而减少，也有人认为它是保幼激素的一个拮抗剂。

### 2.2.8.3　具蜕皮激素活性的杀虫药剂

　　蜕皮激素（moulting hormone，MH）与保幼激素协同作用，共同控制昆虫的生长与变态。天然昆虫蜕皮激素是一种甾族类化合物，结构复杂，难以人工合成，其本身很难作为害虫控制剂使用。1988 年，K. D. Wing 等报道了一种非甾族类化合物的蜕皮激素 1,2-二苯甲酰-1-叔丁基肼，代号 RH-5849（抑食肼），以后又合成了虫酰肼（tebufeonizde），主要用于鳞翅目害虫的防治。此类化合物还有甲氧虫酰肼（methoxyfenozide，RH-2455）和 RH-0345（halofenozide）。虽然合成的虫酰肼类化合物在化学结构上已经迥异于天然昆虫蜕皮激素，但它们具有天然蜕皮激素的特性。虫酰肼类化合物所引起的中毒症状很相似，均类似蜕皮酮过剩的症状，即强迫性蜕皮。以鳞翅目为例，通常鳞翅目幼虫取食虫酰肼 4～16h 后开始停止取食，随后开始蜕皮；24h 后，中毒幼虫头壳早熟开裂，但蜕皮过程结束。同时，中毒幼虫会排出后肠，使血淋巴和蜕皮液流失，并导致幼虫脱水和死亡；还可引起中毒幼虫表皮细胞退化，阻碍新的原表皮或内表皮皮层的合成，产生发育不完全的新表皮，这些新表皮鞣化和黑化也不完全。另外，V. L. Salgado 等（1992）报道，在蜚蠊（*Periplaneta*）成虫体内注射适量的 RH-5849后，可引起试虫足颤抖；加大剂量后，试虫的活动加剧，附肢不停地活动，渐渐地不能爬行，6h 后完全麻痹。电生理试验表明，这种症状是由于昆虫神经和肌肉中的 $K^+$ 通道被抑制而引起的，与其对蜕皮激素受体的作用无关。

　　K. D. Wing、G. Smagghe 等认为 RH-5849 在昆虫生长发育中作为变态过程的生理诱导剂，在作用过程中，并非由于该化合物的存在使内源蜕皮激素含量提高，而是直接作用于靶标组织，从而诱导其产生更多的蜕皮激素，这种"早熟的"变态，可以由非甾族化合物甲氧虫酰肼或虫酰肼刺激而产生，这种变态通常是不彻底的，因而也是致命的。但是，A. Retankaran 等（1995）认为该类化合物对幼虫的致死作用是由于其抑制了血淋巴和表皮中的羽化激素释放而使蜕皮无法进行下去。在组织细胞水平上，该类化合物和蜕皮甾酮 20E 具有相互竞争的性质，作用很相似，如它们对昆虫成虫翅芽细胞系生长和细胞形态方面可产生类似的影响。

目前，已知蜕皮甾酮（20E）的分子靶标是由蜕皮甾酮受体（EcR）和超螺旋基因产物（USP）两种蛋白组成，它们均属于类固醇激素受体超家族，当 EcR 和 USP 结合为异源二聚体后，20E 才能与之结合形成蜕皮甾酮复合物，随后激活"早期"基因表达，再由"早期"基因激活"晚期"基因，从而表现出对蜕皮甾酮的反应。从目前的研究结果综合分析来看，虫酰肼的作用机理可能是通过模拟 20E 竞争性地与 EcR/USP 受体复合物结合，而干扰昆虫正常的蜕皮，进而影响到其他正常的生理生化过程而导致死亡。此外，抑食肼和虫酰肼还可降低多种鳞翅目、鞘翅目和双翅目害虫的产卵率，虫酰肼还能阻断几种鳞翅目昆虫的精子发生过程。抑食肼对棉铃虫 1、2 龄幼虫还具有显著的拒食活性，但是对 5 龄幼虫没有拒食活性而有强烈的胃毒活性，在取食抑食肼 20h 后，试虫行动迟缓，食欲下降，此时解剖幼虫可观察到：中肠围食膜破裂，中肠肠壁细胞脱落，纵肌与环肌破坏，干扰了消化系统的正常功能，中肠细胞中出现许多大型的空泡，线粒体变形并解体，内质网膨大等。可能该类化合物还存在其他的作用方式和机理。

### 2.2.8.4 几丁质合成抑制剂

表皮形成是昆虫生长发育所独有的生化过程。几丁质是组成昆虫表皮的主要成分，其在昆虫的"外骨骼"中起着至关重要的作用。据近年来的研究得知，昆虫表皮层的几丁质是由低聚糖聚合而成的糖蛋白，几丁质作为这种糖蛋白的一个辅基而存在于昆虫体壁中。昆虫表皮的若干重要物理性质如弹性、韧度等多半是由于几丁质的存在而表现出来的。几丁质的合成是一个重要的过程，如果这个生化过程被抑制，则会造成昆虫表皮形成受阻，故作用于昆虫几丁质形成的药剂就为几丁质合成抑制剂。几丁质合成抑制剂的类型很多，包括杀虫剂、杀菌剂、昆虫不育剂等。此外，有些植物次生产物对昆虫几丁质的合成也有抑制作用。目前用于害虫防治且具有经济意义的化学合成的种类主要是苯甲酰基脲类、噻嗪酮类及一些植物源物质。这类药剂中毒的幼虫的症状主要为活动减少、取食减少、发育迟缓、蜕皮及变态受阻。

（1）苯甲酰基脲类 苯甲酰基脲类杀虫剂对昆虫几丁质生物合成的抑制作用是在 1970 年被发现的。1977 年，第一个商品制剂除虫脲产生，随后定虫隆（Chlorfluazuron）、伏虫隆（Teflubenzuron）、氟铃脲（Hexaflumuron）和氟虫脲（flufenoxuron）相继出现。此类药剂主要用于防治鞘翅目、鳞翅目、双翅目和膜翅目的一些害虫。苯甲酰基脲类杀虫剂对昆虫的致毒症状主要表现在蜕皮和变态受阻。王健等（1990）观察了灭幼脲对黏虫幼虫的中毒症状，发现以灭幼脲点滴处理黏虫 3～5 龄幼虫，试虫在龄内均不产生明显的中毒反应，直到蜕皮才表现出症状和出现死亡。死亡试虫多数为仅头、胸部蜕皮，但形成的新表皮太薄，容易破裂，流出体液而死；少数表现为全身蜕皮，但头壳黏附于口器处，最后饿死。处理 6 龄幼虫，该龄期生长期延长，体重下降，死亡亦发生在蜕皮时。症状主要表现为"幼虫-蛹"中间型或畸形蛹，约有 2% 的个体发生超龄蜕皮，超龄幼虫头壳大，体苍白，不食而死。

关于苯甲酰基脲类杀虫剂的作用机制研究，已有颇多深入研究。R. Mulder 等（1986）首先通过组织学观察证明除虫脲影响菜粉蝶幼虫内表皮的沉积；L. C. Post 等（1973）通过生化方法证明 DU-19111 和除虫脲可阻断菜粉蝶幼虫表皮几丁质生物合成过程中由尿苷二磷酸乙酰葡萄糖胺（UDP-AGA）聚合为几丁质的步骤；R. Neumann 等（1983）及 M. Y. Tada 等（1986）也分别证明 IKI-7899 和 CME-134 具有同样的作用。后来一些学者都认为除虫脲等苯甲酰基脲类是通过抑制几丁质合成酶而阻断几丁质合成的。但是后来的一些试验证明苯甲酰基脲类不能抑制游离细胞的昆虫几丁质合成酶，说明灭幼脲Ⅰ号并不是直接抑制几丁质合成酶。T. C. Mitsui 等（1984）通过试验证明除虫脲抑制甘蓝夜蛾幼虫中肠内几丁质的合成，是由于药剂改变了中肠上皮细胞生物膜的通透性，使细胞内合成的尿苷二磷酸乙酰葡萄糖胺分子不能通过膜而到达膜的外表面聚合成几丁质；I. Ishaaya 等（1996）认为除虫脲是刺激几丁质酶的活性而促进几丁质的降解，但这种假说已被后来的试验所否定；S. J. Yu 等（1977）证明除虫脲能导致家蝇幼虫体内的多功能氧化酶活性增强，而 $p$-蜕皮激素降解酶活性降低，认为除虫脲的作用机制是抑制 $p$-蜕皮激素降解酶，从而导致 $p$-蜕皮激素的积累。而这种积累又可导致几丁质酶、多功能氧化酶和多元酚氧化酶活性增强，进而影响到几丁质的合成与沉积。S. M. Meola 等（1980）认为除虫脲能抑制昆虫体的 DNA 合成，进一步影响几丁质合成。龚国玑等（1991）证明保幼激素类似物（ZR-515）对除虫脲有增效作用，认为除虫脲对激素动态平衡的干扰是其毒理机制的组成部分。另外，苯甲酰基脲类杀虫剂还影响神经分泌细胞，干扰蛋白质合成，影响核酸的合成和代谢等。因此，有人认为灭幼脲不一定是直接抑制几丁质的合成，而是引起昆虫神经分泌的改变，即干扰激素平衡→抑制 DNA 合成→抑制或刺激酶的活性（包括与几丁质合成有关的酶系）→产生异常的生理现象，妨碍变态，最终死亡。可见，苯甲酰基脲类药剂的作用机理非常复杂，最近的研究结果可归纳为以下方面：①几丁质合成抑制剂对几丁质合成的作用与蜕皮甾酮有关；②几丁质合成抑制剂通过影响表皮蛋白沉积起到对几丁质合成的抑制作用，产生含非聚合体葡聚糖酰胺的非层状的表皮层；③几丁质合成抑制剂可能干扰类似外源凝集素受体蛋白，以达到对几丁质合成的抑制作用。该受体蛋白能促进几丁质微纤维的形成。基于此，E. Cohen（1993）提出几丁质合成抑制剂的作用位点可能是几丁质多聚体通过细胞膜易位这一过程。所以综合目前的研究成果可以认为，几丁质合成抑制剂是通过干扰葡萄糖酰胺（GLcNAc）聚合成高分子的几丁质所必需的专一性蛋白的合成或转运而起作用的。此外，苯甲酰基脲类杀虫剂还具有杀卵活性和对成虫不育的作用。苯甲酰基脲类杀虫剂直接处理某些昆虫的卵，对其孵化亦有抑制作用。

关于苯甲酰基脲类杀虫剂的杀卵机制，目前主要有以下几种假设：

① 药剂不影响胚胎的发育，但由于卵壳内幼虫口沟不能成功地刺破口器周围的黄色薄膜，因而死于卵内；

② 由于几丁质合成受到影响，胚胎发育不能正常进行，呼吸受到影响而死；

③ 该类药剂影响到 DNA 合成，从而阻碍了胚胎发育，使发育停止到一定阶段。

有关该类药剂对成虫的不育机理与其杀卵机理差不多，但可能主要是影响了昆虫的睾丸或卵巢的发育造成的。苯甲酰基脲类杀虫剂的杀卵和对成虫不育作用的根本原因可能是干扰昆虫 DNA 合成。苯甲酰基脲类杀虫剂一般具有较强的胃毒活性，触杀作用较弱。但最新合成的氟酰脲（novaluron）对鳞翅目幼虫的胃毒和触杀活性都较强，其对斜纹夜蛾幼虫的活性比灭幼脲高 10 倍。

（2）噻嗪酮类　噻嗪酮（buprofeizn）是由日本农药株式会社于 1981 年研发的，它是第一个防治刺吸式口器害虫如白粉虱和介壳虫的几丁质合成抑制剂。噻嗪酮的化学结构虽然不同于苯甲酰基脲类化合物，但也是作用于几丁质合成，其症状出现在蜕皮和羽化期，使中毒昆虫不得蜕皮而死。M. Uchida 等通过组织学和同位素标记的方法证明，以噻嗪酮处理的褐飞虱若虫表皮内沉积的几丁质含量仅为正常试虫的 53%，而且也是使几丁质合成过程中的最终聚合步骤受到抑制。但 Cock 等研究认为噻嗪酮抑制了蜕皮甾酮水平的下降，使得蜕皮不能正常进行而造成死亡。S. E. Reynolds 于 1987 年描述了蜕皮激素调节蜕皮的过程：首先蜕皮甾酮水平升高，使得昆虫的真皮和表皮分离，在真皮和表皮之间充满了蜕皮液和解离旧表皮的酶的前体，在较高水平蜕皮甾酮的作用下，真皮细胞增殖生成新的表皮；然后蜕皮甾酮水平下降，激活蜕皮液中酶的活性，分解旧表皮。噻嗪酮正是抑制了蜕皮甾酮水平的下降而使昆虫不能进行正常蜕皮。

（3）印楝素　印楝是最负盛名的杀虫植物之一，其主要活性成分为印楝素（azadirachtin），为柠檬素类化合物，属于四环三萜类化合物。印楝素对昆虫具有拒食、毒杀、生长调节、不育等多种活性作用。

印楝素对昆虫生物调节作用十分显著。昆虫经印楝素处理后，其症状表现为幼（若）虫蜕皮延长，蜕皮不完全（畸形）或蜕皮后即死亡。将印楝素按 $0.75\mu g \cdot g^{-1}$ 剂量注入美洲大蠊 1 龄若虫体内，导致若虫蜕皮畸形，高剂量处理则使若虫全部死亡；将印楝素按 $62.5 \sim 250 ng$/只处理美洲脊胸长蝽（Oncopeltus sp.），能阻止其蜕皮，处理组试虫长期不蜕皮而成为"永久性若虫"。鳞翅目昆虫对印楝素的生长调节作用最敏感，棉铃虫和烟天蛾龄幼虫的 $EI_{50}$（抑制蜕皮 95% 的剂量）为 $2 pg \cdot g^{-1}$，草地夜蛾为 $1\mu g \cdot g^{-1}$，棉红铃虫为 $10\mu g \cdot g^{-1}$。

一般认为印楝素作用于昆虫的脑、心侧体、咽侧体、前胸腺和脂肪体等。关于印楝素对这些器官的作用及作用机理，周祥等已做了详细的综述，认为：印楝素直接地或间接地通过破坏昆虫口器的化学感受器产生拒食作用；通过对中肠消化酶的作用使得食物的营养转换不足，影响昆虫的生命力；高剂量直接杀死昆虫，低剂量则致使出现"永久性"幼虫或畸形蛹、成虫，原因是扰乱了昆虫内分泌激素的平衡，途径是抑制脑神经分泌细胞对 PTTH 的合成与释放，影响前胸腺对蜕皮甾酮类的合成和释放，以及咽侧体对保幼激素的合成与释放。昆虫血淋巴中保幼激素正常滴度水平的破坏同时使得昆虫卵成熟所需的卵黄原蛋白合成不足而导致绝育。印楝素主要是通过对昆虫内分泌活动的扰乱而影响昆虫的生长发育，这一点已经得到了广泛的肯定，但其具体的分子机理尚不清楚。

目前，印楝素作为昆虫行为干扰剂、拒食剂、形态致畸剂、绝育剂等在 IPM 中用于控制家庭卫生害虫、仓库害虫、蔬菜害虫、果树害虫等多种害虫。

（4）川楝素　苦楝（*Melia azedarach* L.）和川楝（*Melia toosendan* Sieb. et Zuec.）中都含有三萜类化合物川楝素。川楝素对多种昆虫具有拒食和胃毒毒杀活性，且活性类型与剂量有关。张兴等就川楝素对菜青虫的胃毒作用及其机理做了详细研究，即菜青虫取食川楝素处理的叶片后，会出现几类症状：

① 在 $300 \sim 800 \mathrm{mg \cdot L^{-1}}$ 浓度范围内，可引致试虫快速昏迷，体态与正常试虫几乎无异，为挺直爬伏状，虫体僵直。

② 在 $500 \sim 1000 \mathrm{mg \cdot L^{-1}}$ 浓度范围内，由于其拒食作用而致中毒症状表现缓慢，虫体可在 24h 逐渐皱缩，且常有拉稀粪便现象，甚至可将直肠部分拉出肛门。多数试虫在 48h 后，身体极度皱缩，虽触之可动，但不能爬行。体表大量脱水而致全部虫体呈水溃状，体下还流有一摊淡绿色液体。这种类型的中毒试虫，一般在 $2 \sim 3 \mathrm{d}$ 后便逐渐死亡而不能恢复。

③ 在 $250 \sim 600 \mathrm{mg \cdot L^{-1}}$ 浓度范围内，由于浓度较低，拒食作用弱，故在 $12 \sim 36 \mathrm{h}$ 内可摄取足量的川楝素而致中毒，试虫常不表现出快速昏迷而呈浅度麻痹状，触之可微动，并常伴有阵发性抽搐，虫体向背后弯躬，一次抽搐可延续几分钟之久。这类试虫不能复苏而在中毒后 $2 \sim 3 \mathrm{d}$ 内死亡。室内及田间试验中较常见的中毒症状，是在取食了川楝素后的 $12 \sim 36 \mathrm{h}$，身体侧向弯曲，在胸足至腹足之间出现一暗黑斑。虫体虽可动但不能爬行，黑斑面积逐渐扩大，试虫于黑斑出现后 $12 \sim 24 \mathrm{h}$ 内死亡。经解剖观察发现是因昆虫中肠穿孔破裂、食物漏出、腐烂而致。

关于川楝素对菜青虫胃毒作用的中毒机理研究认为，川楝素属于一多作用点杀虫剂，破坏中肠组织，阻断中枢神经传导而导致麻痹、昏迷、死亡；慢性中毒则抑制解毒酶系，影响消化吸收，干扰呼吸代谢，最后因正常的生理生化活动受阻而引致生理病变，使生长发育受到抑制而逐渐死亡，或于蜕皮、变态时形成畸形虫体。

## 2.2.9　作用于呼吸链系统的毒剂

作用于昆虫呼吸系统的毒剂主要有两类：一类是起物理作用的，引起昆虫窒息，因堵塞昆虫气门而不能呼吸，属于昆虫外呼吸抑制剂，即阻断了昆虫气管内的气体与外界空气的交换；另一类主要是对昆虫呼吸酶系的抑制，属于昆虫内呼吸的抑制剂，即抑制了氧化代谢。多数呼吸毒剂属于后一类，如各种熏蒸毒气、鱼藤酮、氟乙酸及其衍生物等。

### 2.2.9.1　作用于三羧酸循环的呼吸毒剂

主要涉及两类：一类是氟乙酸、氟乙酰胺、氯乙酰苯胺等化合物，是在水解转变成氟乙酸后，与乙酰辅酶 A 结合形成一个复合物，然后与草酸乙酸结合，形成氟柠檬酸而抑制了乌头酸酶，使柠檬酸不能转变为异柠檬酸，因而阻断了三羧酸循环；另一类是亚砷酸盐类，主要是抑制 $\alpha$-酮戊二酸脱氢酶，使得酮戊二酸积累而影响三羧酸循环，更重要的是由于影响氨基酸的相互转化而造成其他代谢的混乱。

#### 2.2.9.2 作用于呼吸链的呼吸毒剂

对昆虫呼吸链起作用的呼吸毒剂可以分为以下几类：第一类是在 $NAD^+$ 与辅酶 Q 之间起作用的抑制剂，主要有鱼藤酮、杀粉蝶素 A 及杀粉蝶素 B。鱼藤酮是最著名的呼吸毒剂，其对呼吸的影响主要是其作为与吡啶核苷酸相联系的氧化酶的特异性抑制剂，切断了呼吸链上 $NAD^+$ 与辅酶 Q 之间的联系。进一步的研究显示，鱼藤酮抑制与 $NAD^+$ 相连的呼吸酶是通过鱼藤酮与呼吸链中的一个特殊组分（可能是一种蛋白质）结合所造成的。目前，公认的作用机理是鱼藤酮作用于呼吸酶而抑制了 L-谷氨酸的氧化作用。鱼藤酮中毒的试虫表现出活动迟滞，随后昏迷、死亡的症状，类似于神经毒剂，只是没有兴奋期。杀粉蝶素 A 与杀粉蝶素 B 是从一种微生物中分离出来的抗生素，其对昆虫及螨类的毒杀作用与鱼藤酮有些类似，也是抑制 L-谷氨酸的氧化，但不同的是：在高浓度时，它还能抑制琥珀酸的氧化。它们与鱼藤酮都是在呼吸链这一部分起作用，但具体的抑制机制可能不同。目前，一般认为杀粉蝶素可能有两个作用部位，一个与鱼藤酮相同，另一个是抑制辅酶 Q。其中第一个作用部位更重要。因此，在较低浓度时即起作用。第二类是琥珀酸氧化作用抑制剂，在杀虫药剂中较少。滴滴涕在高浓度时有作用；放线菌素 A 也是该酶的抑制剂。第三类是在 Cyt b 及 $Cyt\ c_1$ 之间起作用的抑制剂。许多化合物包括抗生素及麻醉剂能在此段阻断呼吸链。杀粉蝶素 A 也在这一部位上有作用，当浓度升高时，甚至可抑制氧化磷酸化。某些昆虫的毒素也是该段的抑制剂。目前作用于此位点的化合物中尚未有被开发为杀虫药剂使用的。第四类是细胞色素 C 氧化酶的抑制剂，主要有 HCN、有机硫氰酸酯类及磷化氢等产品。细胞色素 C 氧化酶是末端氧化酶，它的抑制使呼吸链在末端阻断，结果使所有在呼吸链中的化合物都处于还原态。多数抑制剂是与细胞色素 C 氧化酶的血红素部分发生化学结合而产生抑制作用。HCN 等熏蒸毒气和有机硫氰酸酯类化合物的作用实际上是释放出 HCN，$CN^-$ 与血红素侧链上的甲酰基起反应而抑制了分子氧与血红素的结合，导致昆虫死亡。氢氰酸抑制昆虫呼吸传递链中的细胞色素氧化酶后，能阻断电子由 NADH 脱氢酶向氧气的传递，使氧气不能被还原，导致线粒体产生 $O^-$，$O^-$ 可被超氧化物歧化酶（superoxide dismutase，SOD）歧化成过氧化氢，从线粒体释放出来。当过氧化氢积累到一定程度时就会对昆虫产生细胞毒性而引起昆虫的死亡。磷化氢也是此类呼吸抑制剂，目前认为其作用机制主要体现在：磷化氢在有氧的条件下先形成一个氧化物，然后再和细胞色素 C 氧化酶的氧化中心起作用，同时因磷化氢抑制昆虫线粒体而在呼吸过程中产生了 $O^-$，$O^-$ 又被 SOD 歧化为过氧化氢，当昆虫对磷化氢吸收较少时，过氧化氢可及时被过氧化氢酶和过氧化物酶所消除，不会对昆虫造成不可逆毒害。但如果昆虫对磷化氢吸收量较多，产生的过氧化氢不能被过氧化氢酶和过氧化物酶及时地完全消除，过氧化氢就在昆虫体内积累，达到一定程度时便对昆虫产生细胞毒性而引起死亡。

#### 2.2.9.3 氧化磷酸化作用解偶联剂

氧化磷酸化是与呼吸链相偶联的，任何作用于呼吸链的毒剂均会影响到氧化磷酸化作用。氧化磷酸化的抑制与两种物理参数有关：一是作为抑制药剂必须具有一定的亲脂性，以穿透线粒体的表层；二是药剂分子必须有效地既可以作为质子酸，又可作为质子碱，以破坏质子梯度，其包括 ADP 向 ATP 转化。主要有以下三类：

（1）线粒体复合体Ⅰ的抑制剂　许多作为杀螨剂使用的亲脂性含氮杂环化合物，其作用机制是通过在鱼藤酮结合位点的相互作用抑制线粒体复合体Ⅰ的呼吸作用，同时也具有有限的杀虫活性，例如唑螨醚、唑螨酯、哒螨灵以及吡螨胺。唑虫酰胺（tolfen-pyrad）是最近发现的一个新成员，对鳞翅目害虫和刺吸式口器害虫都具有良好的杀虫活性。现有证据表明这些化合物在昆虫和脊椎动物之间没有更多的靶标位点选择性，其选择性是根据药代动力学差异，特别是代谢作用来推测的。大多数的种类对水生生物表现出较高的毒性，原因可能是在水环境中对亲脂性化合物的快速吸收、缺乏靶标位点选择性以及一些水生生物对外源物质的代谢能力有限。

（2）线粒体复合体Ⅲ的抑制剂　目前知道的抑制线粒体复合体Ⅲ的呼吸作用的杀虫剂很少，因此研究人员对来源于 2-烷基萘醌、目前已经商业化的杀虫剂灭螨醌（ace-quinocyl）具有很大的兴趣，杜邦公司首先发现该化合物，其在日本是作为专一性杀螨剂使用。灭螨醌是一种需要酯酶水解的前体杀虫剂，生成具有活性的羟基萘醌后再抑制复合体Ⅲ的呼吸作用。B. P. S. Khambay 等从智利的一种植物 *Calceolaria andina* 中分离得到与 2-烷基萘醌非常相似的化合物，其衍生物表现出对刺吸式口器害虫极好的杀虫活性，也抑制复合体Ⅲ的呼吸作用。

（3）线粒体解偶联剂　由于解偶联剂是亲脂性的弱酸，作为质子穿过线粒体的内膜，在自然条件下并不涉及专一性的结合位点，因此依靠作用位点提供选择性的希望极少，任何的选择性必须依靠药代动力学的差异。由于鱼藤酮以及近年来开发的唑螨醚、哒螨灵等对鱼类和其他一些非靶标生物毒性较高，为寻求解偶联剂对非靶标生物具有足够的安全性，人们通过对对三磷酸腺苷的合成具有解偶联作用的可溶性有机酸酯类进行优化以开发新的杀虫剂。如作为杀菌剂或杀螨剂的氟啶胺，通过在环上引入不稳定的氯原子，在昆虫体内被巯基攻击，使化合物打开而获得显著的选择活性。吡咯类杀虫剂溴虫腈是由从链霉菌（*Streptomyces fumanus*）的发酵产物中分离得到的天然产物二噁吡咯霉素的结构开发而来，是一种前体杀虫剂，其通过氧化酶作用脱去 N-烷氧基而游离出吡咯环（AC 303268），成为一种亲脂性的弱酸而具有强烈的解偶联活性。在溴虫腈中引入与前体杀虫剂不同活性的酸性功能保护基团后，使其获得选择活性，对哺乳动物表现出高水平的安全性。但是溴虫腈对鸟类和水生生物的安全性较差，这与溴虫腈的环境持久性有相当大的关系，并且对鸟类的繁殖有一定潜在的影响。几种线粒体解偶联剂的化学结构见图 2-21。

## 2.2.10　昆虫行为控制剂

昆虫的行为是在接受体内外信息后，由神经系统和肌肉系统综合反应的结果。这种综合反应可通过感受器接受环境的刺激而引起和由虫体内部的生理状态而引起，主要表现为趋性、避害、进攻、自卫、取食、生殖、栖息及一些本能性的活动，例如筑巢、作茧、咬羽化孔等，当然也包括了为了达到以上目的的迁飞、移动、觅偶等活动。影响这些行为的主要有昆虫信息素、拒食剂、忌避剂、拒产卵剂和引诱剂等。

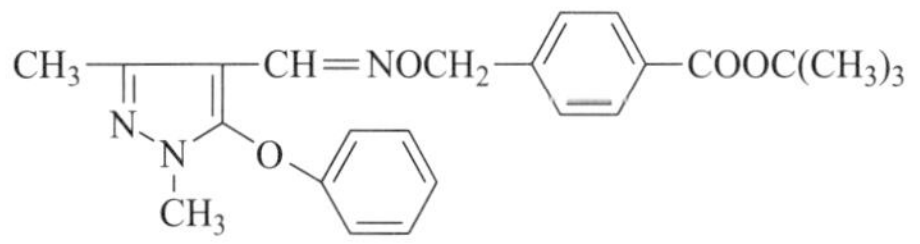

唑螨脂(fenpyroximate)

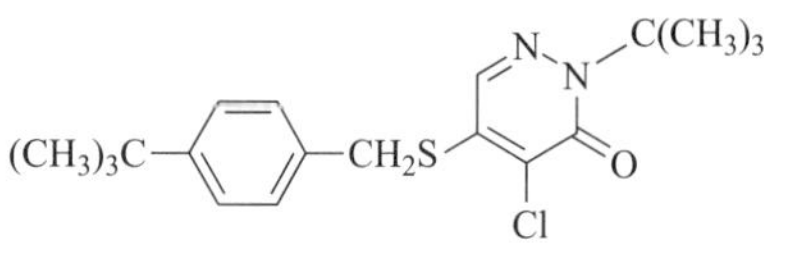

哒螨灵(pyridaben)

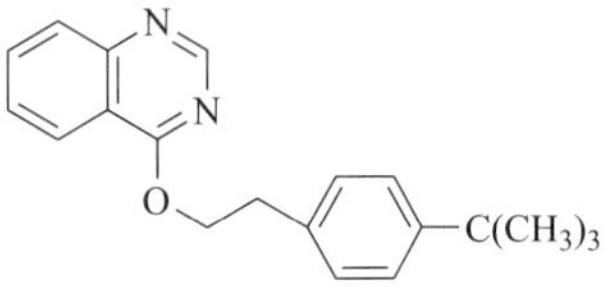

喹螨醚(fenazaquin)

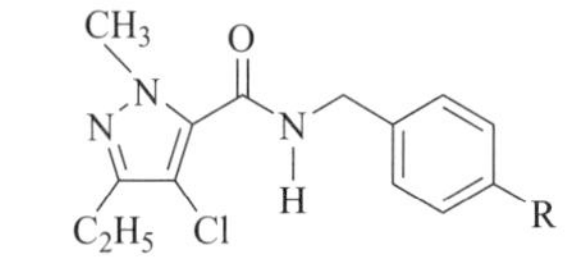

R = *t*-Bu　吡螨胺(tebufenpyrad)
R = *p*-tolyloxy　tolfenpyrad

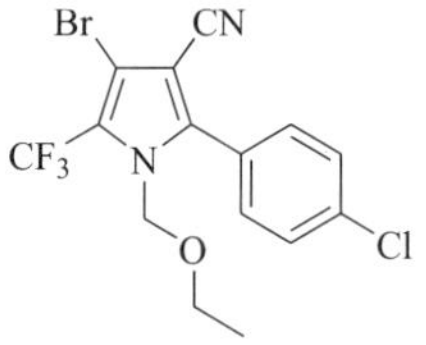

溴虫腈(chlorfenapyr)

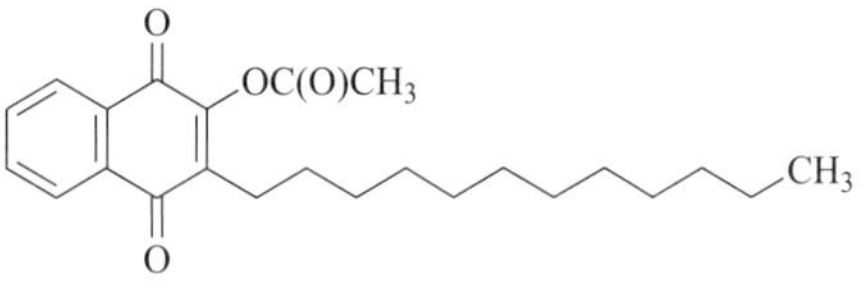

acequinocyl (Agro Kanesho)

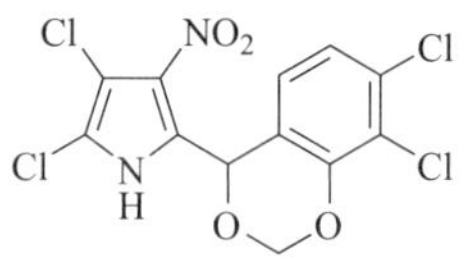

二噁吡咯霉素(dioxapyrrolomycin)

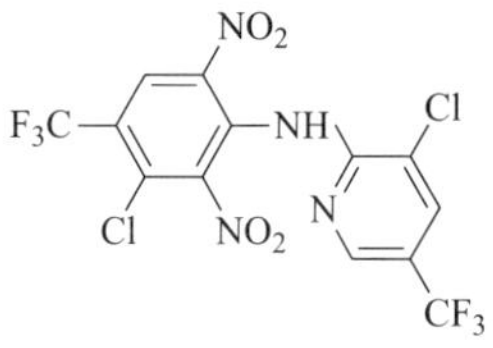

氟啶胺(fluazinam)

**图 2-21　几种线粒体解偶联剂的化学结构**

### 2.2.10.1　昆虫信息素

昆虫信息素是同种昆虫个体之间在求偶、觅食、栖息、产卵、自卫等过程中起通信联络作用的化学信息物质，主要有性信息素（sex pheromone）、聚集信息素（aggregation pheromone）、报警信息素（alarm pheromone）、示踪信息素（trail pheromone）、疏散信息素（epideictic pheromone）、蜂王信息素（queen pheromone）、那氏信息素（nosanov pheromone）等。在不同种昆虫之间和昆虫与其他生物之间也存在传递信息的化学物质，即种间信息化学物质，主要有利己信息素（allomone）、利他信息素（kairomone）及协同素（synomone）等。昆虫主要靠嗅觉来觉察信息素，昆虫的触角表面密布多种形态各异的嗅觉接受器，嗅觉接受器感觉细胞的树状突常伸进特化的感觉毛中，每根感觉毛的表面有很多与毛中液体相通的微孔，树状突浸泡在感觉液中。有气味的信息素分子必须被浸有树突的液体吸收，并通过扩散移到树状突的接受表面——受体，然后传入神经，经过脑的综合，再做出行为反应。由于每一种受体均有一定的感受谱，所以，昆虫对不同信息素的感受能力不同，所表现出的反应也不同。

昆虫性信息素主要是用于虫情测报、大量诱捕、干扰交配、害虫检疫、虫种鉴定等方面。此外，还可将性信息素配合其他杀虫药剂来防治害虫。在信息素应用领域，目前主要是性信息素产品，而其他信息素产品大多数仍处于试验阶段，并没有成熟的产品。

### 2.2.10.2　昆虫拒食剂

把抑制昆虫取食过程，造成取食量减少及取食行为异常的物质，或把通过外围神经系统改变昆虫的行为（直接作用于化学感受器）而引起取食过程受阻的物质统称为昆虫拒食剂，也即昆虫拒食剂可抑制味觉感受器而影响昆虫对嗜好食物的识别，或刺激昆虫对食物表现出拒食反应的感受器。昆虫的取食是一复杂的、连续的过程，可简单地分为 4 步：①寄主识别和定位；②开始取食；③持续取食；④终止取食。不管哪种定义，凡是影响第②步或第③步的物质，就可称为拒食剂。昆虫的取食行为取决于从化学感受器来的感觉信号的输入，只有阻断对取食刺激物有反应的感受器的信号输入或者刺激特异型感觉细胞，才能使取食行为受到抑制。所以拒食剂的作用机理主要是阻断取食信息的传导或者激活抑食信息的输入。这一类物质因抑制害虫取食而减轻为害，使其因饥饿而死亡，或因打乱了其正常的取食节律而促进了不利于其生存的生理生化过程或行为反应，从而达到保护植物的目的。从目前的研究来看，拒食剂主要是来源于植物的化合物。例如刀豆氨酸、5-羟基色氨酸、二氧苯丙氨酸、非水解性丹宁或黄烷丹宁及一些生物碱等，但是大多拒食作用不强。对昆虫取食具有抑制作用的植物次生代谢物主要有萜类、香豆素、生物碱、类黄酮、蒽醌类、醌类、酚类、苦木素类、鞣酸类、甾族化合物、多炔等。大多数的拒食剂最终可归为倍半萜烯内酯环类、异类黄酮、苦木素类和柠檬苦素化合物四类。目前，拒食活性最强的应首推印楝中的主要活性成分印楝素，其对多种昆虫有强烈的拒食作用，但对不同的昆虫，其拒食作用的敏感度不同。例如，鳞翅目昆虫对印楝素最敏感，低于 $1 \sim 50 \mu g \cdot g^{-1}$ 浓度就有很高的拒食效果。

昆虫取食行为既依赖于昆虫化学感受器神经信息的输入，又依赖于中枢神经对这些输入信息的综合分析。因此，取食行为被抑制的原因就可能是感受器信息输入中断，也可能是中枢神经特化的"抑食细胞"受到刺激，抑或兼而有之。昆虫的味觉感受器由锥形或毛状感受器组成，多分布于触角、口器、足和产卵器等部位，感受器顶端具微孔，通过与水溶性物质接触而获得信息。感受器对拒食化合物在电生理方面的反应有两种形式：一是由取食刺激素（如蔗糖、肌醇）诱导产生的神经冲动频率被改变；二是直接诱导特定的拒食细胞，发出的神经冲动频率降低。一种昆虫对某一种拒食化合物的反应，可能只表现其中的一种形式，抑或两者兼具。例如，印楝素的作用主要在于对抑食细胞的刺激，从而导致了拒食作用。

此外，许多植物源杀虫物质还具有忌避、抗产卵或干扰产卵等作用。例如，几种楝科植物对橘蚜均有一定的忌避活性。番茄抽提物对小菜蛾具有明显的忌避、拒食及抑制产卵作用。很多昆虫本身或植物中还有产卵抑制素（oviposition deterrent，OVD）。昆虫行为干扰剂并不直接杀死害虫，而是允许其存在，迫使害虫转移选择目标。拒食剂和拒产卵剂的开发将推进 IPM 的具体实施。值得重视的是利用忌避性不但可以防治仓储害虫和卫生害虫，而且可以有效地防治病毒病的传播，特别是蚜虫拒食剂的应用，可有效地干扰病毒的获得和传播。

# 2.3　植物病害化学防治的毒理学原理

杀菌剂主要是用来防治植物病害的，由于植物病原菌与寄主植物之间的关系比昆虫密切得多，既对植物病原菌有效而又对植物无药害的药剂研制就显得更困难一些。同时，植物病原菌种类繁多，其对寄主植物的主要侵害部位多种多样。因此，杀菌化合物类型及品种都比较多，杀菌剂作用机理也比较复杂。为了达到防治植物病害的目的，杀菌剂不外乎通过以下两种途径：一种是药剂对植物产生影响，使其不利于病菌的生长、发育、侵染或者在植物体内繁殖、存活。这种途径的成功在于不严重影响寄主植物的正常生长发育，否则在病害防治的同时使植物也受到药害。另一种是药剂对病原菌产生各种生理生化干扰作用，或者直接杀死病原菌以达到防治的目的。作为植物源杀菌剂，可能同时具有上述两方面的作用，但是必须区别何者是主要的。如果以作用于病原菌为主，应该是保护性杀菌剂；内吸性杀菌剂显然复杂得多，如果一种内吸性杀菌剂同时具有对寄主植物和病原菌同样强度的干扰生理生化作用，这样的化合物将无法利用，至少是十分危险的药剂。

杀菌剂对作物病原菌的直接作用，从化学角度看，大体上可分为以下三种：

① 杀菌剂分子中的某些功能团与病原菌体内的酶、原生质蛋白等产生非可逆性结合，抑制或破坏了作物病原菌生命活动中的重要生理过程，杀死或抑制病原菌生长、繁殖。一般将这类作用称为化学作用。

② 烃类或卤代烃类杀菌剂具有极高的脂溶性，易溶于细胞膜的脂质蛋白，改变膜的正常功能，但它们的化学反应性较弱，不能形成牢固的化学键，因此中毒作用是可逆的。例如，五氯硝基苯等化合物对菌丝体有强的抑制作用，但是如果置于不含药剂的培养基中，抑菌作用又可逐渐消除，病菌又恢复生长，这类作用称为药剂的物理作用。

③ 还有一些药剂，其化学结构与病原菌体内某些代谢中的基本物质类似，产生所谓的"冒名顶替"，使代谢过程受到干扰。例如，苯并吡唑类、抗生素类杀菌剂多为这种作用。

目前常用的杀菌剂对植物病原菌的具体生理生化影响中，最主要的还是以下三种：

① 抑制能量代谢或干扰呼吸作用，阻止 ATP 的产生。

② 干扰生物合成：干扰有机体生长和维持生命所需要新细胞物质的产生过程。例如，干扰低分子量的氨基酸、嘌呤、嘧啶和维生素等的合成（在细胞质中进行），大分子的蛋白质的合成（主要在核糖体上进行），DNA、RNA 的合成（主要在细胞核内进行）等。

③ 破坏细胞结构，影响细胞膜的通透性，导致细胞内含物漏损等。

但是，必须注意区分上述作用的相互影响。例如：干扰呼吸作用因导致 ATP 供应不足，也会影响生物合成；细胞膜通透性增加，也可导致相互作用受到抑制。杀菌剂毒理中的初级作用很重要，往往是次级反应的重要原因。

杀菌剂对植物产生影响以达到病害防治的目的，即所谓的间接作用。近些年，有关间接作用的研究受到广泛的重视，多集中在以下几方面。

### 2.3.1 抑制病原菌产生的多糖分解酶

多数植物病原菌可以产生纤维素分解酶或果胶分解酶，这些酶可以使病原菌容易侵入植物的表皮组织，也易于在侵入后在细胞间隙蔓延。例如，许多作物品种间的抗病性差异，主要是与植物体内所含能抑制果胶分解酶的物质有关。由于这种酶受到抑制，使病原菌难以侵染及在细胞间隙蔓延，从而减轻了病情。目前还没有一种杀菌剂单纯是这种作用，但研究工作正在广泛地进行。

## 2.3.2　使病原菌产生的毒素失去活性

在低浓度下对植物有害的毒素物质，可以由病原菌产生或由病原菌与寄主植物相互作用而产生，这种毒素使寄主植物发病。如果一种化合物能对这种毒素的产生具有抑制作用，或者使毒素失去活性，在理论上就可起到防治病害的效果。例如，镰刀菌所产生的萎凋病是因为产生了镰刀菌毒素（fusaric acid），但是这种毒素在番茄体内被代谢成为无毒化合物而解毒，若用吲哚乙酸处理番茄，可使其抗萎凋病能力大大增强，原因是吲哚乙酸促进了分解毒素的能力。另外，也可能是药剂直接使毒素失去活性，即所谓中和毒素作用。还有些毒素主要是对寄主植物正常代谢过程中某一位点有抑制作用，使一些成分合成不足，在这种情况下，如果添加这种成分，也可减轻病情，这就是所谓补偿法。目前有关病原菌产生毒素问题的研究虽然有了很大的进展，但还未出现具有这种机制的商品化杀菌剂。

## 2.3.3　寄主植物自身的免疫物质

很早就知道，植物的某些成分可以关系到植物的抗病性。例如，施用氮肥多的水稻容易感染稻瘟病，原因是水稻体内的谷氨酸和天冬氨酸增加，这些氨基酸恰好是稻瘟病最好的营养来源。另外，有的作物容易得病是因为多施氮肥，改变了植物的代谢，间接使植物的抗病因子减少。

大量的研究证实，植物体内存在着各种抗菌性物质，例如植物杀菌素等，其含量的多少和种类与植物的抗病性直接有关。又如，"植保素"或"植物防御素"就有很长的研究历史。在一般情况下，抗病性植物受到病原菌侵染时，植物体内酚类化合物成分迅速增加，这类化合物或其氧化产物都有抗菌能力，有时是这类化合物抑制了病菌产生的纤维素分解酶或果胶分解酶的活性而使病原菌失去致病能力，尤其是上述这些变化可因植物的营养条件，甚至是环境的变化、外来的刺激而受到影响，当然喷施杀菌剂也可能影响上述变化。关于这方面的研究，已有很多报道。实际上，这是起间接作用，可见一种杀菌剂是否有防病效果，其作用原理是多方面的，并不一定是直接杀菌或抑菌，因为药剂的施用不仅涉及病原菌，也涉及寄主植物。由于病原菌与寄主植物之间的寄生关系十分密切，任何一方的变化都会直接或间接地表现出抗病性或致病性的改变。

植物源杀菌剂是利用有些植物体内含有的某些抗菌物质（如大蒜中的大蒜素、蚕豆中的蚕豆酮等）杀死或有效抑制某些病原菌的生长发育。相对于植物源杀虫剂来说，植物源杀菌剂的研究较为薄弱，但是植物源杀菌剂仍被认为是化学合成杀菌剂的最好替代品。

根据化合物种类和来源，植物源杀菌剂可分为组成性抗菌化合物（固有抗菌物质）和诱导性抗菌化合物（诱导形成抗菌物质）。

① 组成性抗菌化合物　是植物体内本来存在的具抑菌活性的化合物，几乎分布于所有的植物类群中，其又分为原抑制素和后抑制素。原抑制素是指感染前存在于健康植

物中且对侵入体内的微生物的生长具有抑制作用的物质，如肉桂酸、绿原酸、原儿茶酸等酚类化合物，木质素等；后抑制素是指在健康的植物体内主要以配糖体的形式存在，本身并无显著的抑菌活性，但当机械损伤和微生物侵入而使组织遭受破坏时，则在组织局部渗出各种水解酶或氧化酶，将后抑制素分解、切断，使其激活，从而显示出显著的抑菌活性的物质，如郁金香糖苷。目前在植物源杀菌剂研究和开发应用方面主要针对原抑制素。

② 诱导性抗菌化合物　又称为植物保卫素，是植物受到病原物侵染后或受到多种生理的、物理的刺激后所产生或积累的一类低分子量抗菌性次生代谢产物。目前，已知有 21 科 100 种以上的植物能产生植物保卫素，豆科、茄科、锦葵科、菊科和旋花科植物产生的植物保卫素最多，至少有 150 种植物保卫素的化学结构已被确定，其中多数为异黄酮类和萜类化合物。例如：百部石油醚提取物对稻胡麻斑病菌、立枯丝核菌、稻恶苗病菌、白菜黑斑病菌、十字花科蔬菜黑腐病菌、软腐病菌、茄科蔬菜青枯病菌均有抑制作用，并对白菜黑斑病菌孢子萌发也具有明显抑制作用；苦参碱 MH11-4 对烟草花叶病毒和黄瓜花叶病毒有强烈的体外钝化作用，并能明显地抑制烟株体内烟草花叶病毒和黄瓜花叶病毒的增殖，同时该药剂还能显著提高烟草植株体内过氧化物酶的活性，对烟草有诱导抗病性的作用。

一种杀菌剂的作用机理研究是一个非常复杂的过程，所以一般毒理机制的彻底阐明都滞后于实际使用。有些杀菌药剂的作用机理至今仍然没有完全弄清，植物源杀菌剂就更难了，要彻底弄清一种杀菌活性化合物的作用机理常常需要很长的时间，具体可分为三个阶段：

第一阶段：一般观察新药剂的活性水平、杀菌谱，观察 pH 值和培养基的组成对活性的影响，还要确定化合物作用于病原菌生长发育的哪一个阶段；研究病原菌中毒后细胞形态学和细胞学的变化；预测真正杀菌物质是原化合物还是代谢产物；等等。

第二阶段：证实第一阶段研究后得到的作用部位的推断，对某特定模型或细胞组分的特殊功能仅验证研究。

第三阶段：进入分子毒理学阶段，即在分子水平研究生化反应，这是新发展起来的研究领域，对杀菌剂来说资料还不充分。

这里需要指出的是，上述研究过程大多是在离体情况下进行的，但是很多高效植物源杀菌剂是经寄主植物活化后才起到防病作用，因此研究作用机理时不能不涉及寄主植物，这使得作用机理的研究变得更复杂。

# 2.4 杂草化学防治的毒理学原理

除草剂的作用机理包括除草剂的吸收、传导及毒杀杂草的部位和机制。深入了解除草剂的作用机理，对于科学使用和开发新除草剂品种具有重要的指导意义。

## 2.4.1 除草剂的吸收与传导

除草剂必须进入植物体内才能发挥其除草效果。不同除草剂进入植物体内的途径是不同的，有的通过叶，有的通过根，有的通过芽，还有的可以通过多种途径进入植物体内。除草剂进入植物体的途径，决定着除草剂的有效使用方法，例如茎叶吸收的除草剂只能作茎叶处理，根、茎吸收的除草剂只能作土壤处理。除草剂进入植物体内，有的不传导或传导能力很差，也有的可通过共质体、质外体或同时在两者之间进行传导。除草剂在植物体内是否传导，也影响着除草剂的药效及其对杂草根除的程度。

### 2.4.1.1　除草剂的吸收

（1）植物叶部吸收　除草剂喷到植物叶片上后会发生以下情形：①药滴滴到土壤中；②变成气体挥发掉；③被雨水冲走；④溶剂挥发后变成不定形或定形结晶沉积在叶面；⑤脂溶性除草剂渗透到角质层后，滞留在脂质组分中；⑥除草剂被吸收后穿过角质层或透过气孔进入细胞壁和木质部等非共质体中，或继续进入共质体。植物叶面进入除草剂的途径见图 2-22。

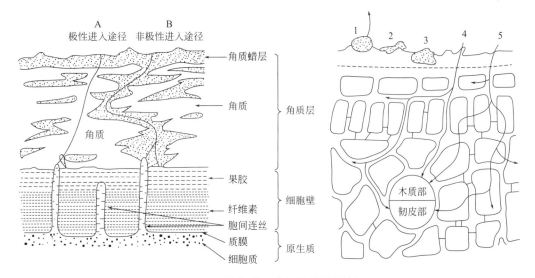

**图 2-22　植物叶面进入除草剂的途径**

1—药液的挥发、流失和雨水的冲刷；2—除草剂以黏滞性液体或结晶停留在叶表面而不被吸收；3—进入植物表皮后，滞留角质层内而不发挥药效；4—渗透进入角质层，然后进入细胞壁，在进入共质体前进行传导（质外传导），也包括在木质部中的传导；5—通过角质层，进入细胞壁，通过质膜进入细胞内进行共质体传导，也包括韧皮部中的传导

① 角质层吸收　所有植株地上部表皮细胞外覆盖着角质层，角质层的主要功能是防止植物水分损失，同时也是外源物质渗入和微生物入侵的有效屏障。茎叶处理除草剂进入植物体内的最主要障碍也就是角质层。角质层发育程度因植物种类和生育期不同而异，即使是同一叶片的不同部位也有差异，同时也受到环境条件的影响。角质层由蜡质、果胶和几丁质组成。蜡质是不亲水的，分为外角质层蜡质和角质层蜡质（包埋蜡质）。外角质层蜡质是由长链（$C_{20} \sim C_{37}$，少数可达 $C_{50}$）的醇、酮、醛、乙酸、酮醇、二酮醇和酯的脂肪族烃类组成，包埋蜡质则是由垂直于叶面的中等长链的脂肪酸（$C_{16} \sim C_{18}$）和长链烃类组成。几丁质的亲水性比蜡质强，由羟基化脂肪和由酯键连接的脂肪酸束组成，绝大多数链长为 $C_{16} \sim C_{18}$，在有水的情形下可发生水合作用。果胶是亲水

物质，由富含脲酸的多聚糖组成，呈线状。角质层的外层是高度亲脂性的，向内逐渐变成亲水性的，其结构呈海绵状，由不连续的极性和非极性区域组成。几丁质是海绵的基质，包埋蜡质充满在海绵的孔隙中，海绵外覆盖着形状各异的外角质层蜡质，线状果胶伸展在海绵中间，但不穿过海绵。

除草剂进入角质层的主要障碍是蜡质。蜡质的组成影响到药滴在叶片的湿润性和药剂穿透量。对同种植物来说，角质层的厚度与除草剂的穿透量呈负相关，即角质层越厚，除草剂越难穿过。嫩叶吸收除草剂量大于老叶，就是由于嫩叶的角质层比老叶薄。对于不同种植物来说，角质层的厚度与除草剂穿透的相关性则不大。

除草剂穿透角质层的能力受除草剂和外角质层蜡质理化性质的影响，如中等极性除草剂较非极性或高极性除草剂易于穿透角质层，油溶性除草剂较水溶性除草剂易于穿过。

② 气孔吸收　叶面上的气孔、叶表皮蜡质层和叶面破损处都是除草剂进入的途径。叶表皮的蜡质层，有的亲水性强，如反枝苋（Amranthus retrofexus）；有的亲脂性强，如荆三棱（Scirpus yagara）。水溶性强的除草剂容易通过亲水性强的表皮蜡质层，而脂溶性强的除草剂则容易进入亲脂性强的表皮蜡质层。气孔吸收量的大小受药液在叶片的湿润程度影响大，而受气孔张开的程度影响小。一般来说，气孔对除草剂的吸收不很重要。气孔对除草剂的吸收的主要限制因子是药滴的表面张力。药液穿透气孔，表面张力需小于 30mN·m$^{-1}$。然而，大多数农用除草剂药液的表面张力在 $30\sim35$mN·m$^{-1}$，很难通过气孔渗入。但有些表面活性剂的活性极高，如有机硅表面活性剂，可大大降低药液的表面张力，若在除草剂中加入这类表面活性剂，则可提高气孔的吸收量。

③ 质膜吸收　除了直接作用于质膜表面的除草剂，其他除草剂在到达作用位点时，必须通过质膜。大多数除草剂通过质膜是一种被动扩散作用，不需要能量。有些除草剂如苯氧羧酸类，则需要能量。水溶性除草剂通过质膜的量与除草剂分子大小呈负相关，而脂溶性除草剂通过质膜的量则与分子大小无关，而与脂溶性呈正相关。

植物叶部吸收除草剂的程度受药剂、作物和环境条件的影响。从植物茎叶部分吸收除草剂的量还受空气湿度、温度和药液中表面活性剂的影响。湿度大，药液雾滴蒸发慢，吸收量也增大；温度高，除草剂的渗透性和活性增强；药液中加入适量的表面活性剂能加强雾滴在植物体表面的展布性而增大除草剂的渗透量。张云鹏等于 2007 年以甲草胺、乙草胺、异丙甲草胺为研究对象，通过室内模拟调节温湿度条件，观察除草剂对作物的抑制情况，发现三种酰胺类除草剂无论对油菜还是对玉米，都是土壤湿度的影响最大，温度的影响次之，土壤 pH 值的影响相对最小；低温高湿环境是酰胺类除草剂最易产生药害的环境。一般来讲，容易被叶部吸收的除草剂往往被根部吸收的量就少，反之亦然。例如，阿特拉津易被根吸收而不易被叶吸收，2,4-滴类则易被叶吸收而由根吸收的量就少。

（2）植物根部吸收　植物根是吸收水分和营养的部位，表面缺乏蜡质和角质，也是土壤处理除草剂的主要吸收部位。除草剂易穿过植物根表皮层，溶解在水中的除草剂接触到根表面时，被根系连同水一起吸收。吸收过程是被动的，即简单扩散现象。影响植物根从土壤中吸收除草剂的主要因素是药剂的水溶性、土壤质地、有机质含量和土壤含水量。植物根细胞吸收除草剂的速度与除草剂的脂溶性呈正相关，具有极性的除草剂进入根细胞的速度较慢，而脂溶性的除草剂进入根细胞的速度较快。根细胞对弱酸性的除草剂受土壤溶液 pH 值的影响，在低 pH 值的情况下，吸收量大。

除草剂从植物根部进入体内的途径有质外体系、共质体系、质外-共质体系，见图 2-23。

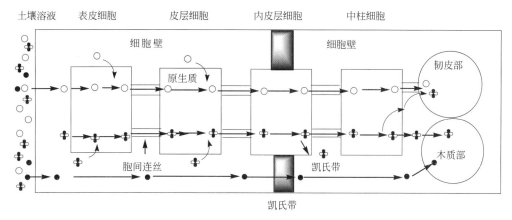

**图 2-23　除草剂从植物根部进入体内的途径**

（3）植物芽部吸收　有些除草剂是在杂草种子萌芽过程中经胚芽鞘或幼芽吸收而发挥除草作用。在植物种子萌发后，双子叶植物的下胚轴（子叶以下的茎）或单子叶植物以及子叶不出土的双子叶植物的上胚轴是最容易经表皮吸收除草剂的部分，很多用于土壤处理发挥除草作用的除草剂，在种子萌发后就起作用。幼苗或成株也能吸收喷洒到茎、秆表面上的除草剂，但吸收量与表皮蜡质层的亲脂性或亲水性以及除草剂的种类有关，表皮已经老化的茎秆上的伤口可直接进入除草剂。在杂草出苗前，幼芽虽也有角质层，但其发育的程度比地上部低，所以，它不是除草剂进入的有效障碍。出土的幼芽吸收除草剂的能力因植物的种类和除草剂品种不同而异。一般来说，杂草的幼芽对除草剂较敏感。二硝基苯胺类、酰胺类、三氮苯类等均可通过未出土的幼芽吸收。除草剂对根、芽的联合作用为加成作用，即某种除草剂对根和芽分别作用的毒力和对根芽同时作用的毒力相等。

### 2.4.1.2　除草剂在植物体内的传导

除草剂进入植物体内，若不进行传导，只能杀死接触到的部分。作茎叶处理，则只能杀死杂草的地上部分，对多年生宿根杂草就不能斩草除根。有传导作用的除草剂，特别是向下传导作用强的除草剂，就能根除宿根杂草。因此，了解除草剂在植物体内是否传导以及传导的途径和特点，对于科学使用除草剂有重要意义。

（1）共质体系传导　共质体系传导是在植物有生命的韧皮部随营养流进行，其传导的方向是由"源"到"库"。由于除草剂在共质体系的传导是在植物组织中进行，因此，当使用急性作用快的除草剂时，一次性用药量偏大，会很快将传导除草剂的植物活组织杀死，使传导系统堵塞，除草剂的进一步输导受阻，因而对彻底杀死多年生宿根杂草造成不利影响。

韧皮部是共质体，是同化物传导的通道。在成熟叶片叶肉细胞合成的糖流到非共质体中，然后再从非共质体转移到韧皮部，也可直接从叶肉细胞转移到韧皮部。在木质部里，糖沿着渗透压流移动到嫩叶、花序、正在发育的种子、果实、根、地下茎等组织。除草剂随着同化物流在木质部被动移动。除草剂可以不进入叶片细胞的细胞质，而直接从非共质体移动到木质部，也可先进入表皮和叶肉细胞，然后再移动到韧皮部。

韧皮部传导的除草剂，有少量可以从韧皮部渗漏到木质部或相邻组织，并在木质部传导。这样，严格地来说没有绝对的韧皮部传导的除草剂，只是在韧皮部传导的量比在木质部传导的量大。这种韧皮部传导的除草剂特性使得它比同化物质更好地在植物体内均匀分布。有些除草剂在韧皮部的移动性小，是由于它极易从韧皮部渗漏到木质部和邻近的组织，而不易在韧皮部滞留。

影响光合作用的各种环境条件，如气温、相对湿度、光照和土壤湿度均影响除草剂在韧皮部传导。在使用这类除草剂时，要充分考虑到这些因素的影响。同时也要考虑到杂草在不同时期同化物质移动方向以及除草剂使用对光合作用的影响，以便除草剂在韧皮部传导，达到彻底灭草的目的。例如，为了彻底防治多年生杂草，施药时注意将药液喷施到下部叶片，使药剂传导到杂草的地下部分，因为地下部的同化物主要来源于下部的叶片；为了有效地防治难防除的多年生杂草，分次低量喷施除草剂，以免一次大量喷施伤害叶片而不利于除草剂的传导，从而降低对地下部的杀伤作用。

（2）质外体系传导　质外体系传导是在植物无生命的木质部随蒸腾流进行，其传导的方向是沿水分移动的方向而运转。一般通过根部进入木质部向上传导。木质部是非共质体，其功能是作为水、无机离子、氨基酸和其他溶质的传导通道。植物体内水势梯度影响到水在木质部的移动，水势梯度从土壤、根、茎、叶、空气由高到低。溶解在水中的除草剂随着蒸腾流从水势高的根部移动到水势低的叶片或生长点。

大多数除草剂易在木质部移动，但由于以下原因，并不是所有的除草剂都能在木质部移动：①除草剂被木质部和韧皮部的细胞成分所吸附；②除草剂被细胞器（如液泡、质体）所分隔；③除草剂和植物体内物质发生共轭作用而不能在木质部移动，例如土壤处理的弱酸性除草剂阴离子易滞留在根细胞，使其在木质部传导量较低。

环境条件如土壤和空气湿度影响蒸腾作用，同时也就影响到除草剂在木质部的移动。土壤湿度大、空气干燥，蒸腾作用强。在水分严重亏缺的条件下，气孔关闭，即使此时土壤和空气之间的水势梯度较大，蒸腾作用也下降，从而降低除草剂从根到叶片的传导量。然而，在大多数情况下，水分的蒸腾量与除草剂在木质部的传导量呈正相关。

（3）质外-共质体系传导　除草剂可以不进入叶片细胞的细胞质而直接从非共质体移动到木质部，也可先进入表皮和叶肉细胞，然后再移动到韧皮部。例如，属于光合抑制剂的除草剂被叶片吸收后，运转较短的距离，便可到达其作用靶标，这种传导形式可以在细胞壁（质外体）或细胞内（共质体）进行，杀草迅速，药害症状出现较快。

## 2.4.2　除草剂的作用机理

植物的正常生长发育是其体内一系列生理生化反应与外界环境条件相协调统一的结果。这是一个非常复杂的生命过程和系统。除草剂之所以能够杀死杂草，是在于它干扰或破坏了植物的正常生理生化反应。由于植物源除草活性成分类型繁多、品种庞杂，其作用机理也是十分复杂的。关于除草活性化合物在植物体内的作用部位及其行为方式等问题，目前还存在着一些争论。虽然除草剂的准确作用还不完全清楚，甚至对一些广泛使用的化学除草剂也是如此，但是许多现代除草剂均是以植物叶绿体作为攻击部位（见图 2-24），干扰破坏植物的光反应即基础代谢。更准确地说，它们是抑制光合电子传递（PET），干扰和破坏光照条件下植物叶绿体类囊体膜上的色素包括类胡萝卜素和叶绿素的形成。根据其作用部位，可将这种"光合作用除草剂"划分为四大类群（见图 2-25）。但是，目前尚无干扰光合作用中二氧化碳同化（也称"暗反应"）的除草剂。

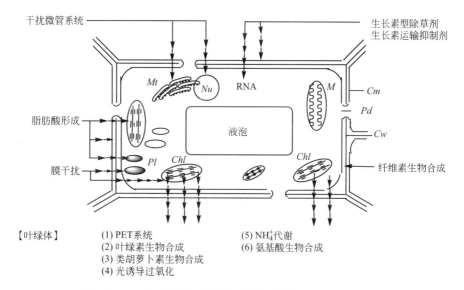

图 2-24　已知除草剂对植物细胞专一性过程和途径的抑制

*Chl*—叶绿素；*Cm*—细胞膜；*Cw*—细胞壁；*M*—内质网；*Mt*—微管；*Nu*—细胞核；*Pl*—质粒；*Pd*—胞间连丝

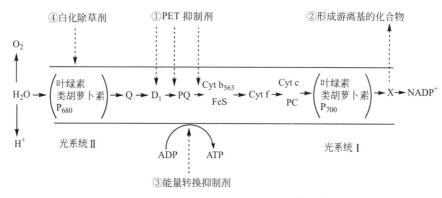

图 2-25　植物光反应中的除草剂作用靶标部位

① PET 抑制剂　其与光合氧化还原系统的某些成分如结合蛋白 $D_1$ 结合，从而阻止光诱导的从 $H_2O$ 至 $NADP^+$ 的光合电子传递。大部分光合作用抑制剂均作用于该部位，如取代脲类、三氮苯类、尿嘧啶类除草剂等。

② 形成游离基的化合物　一些除草剂化合物在氧化还原系统端部失去电子，产生游离基如过氧化物阴离子 $(O_2^-)$，抑或阻止游离基猝灭，造成膜和色素发生过氧化，阻止电子传递，最后细胞死亡。该类除草剂中的典型是百草枯。基于百草枯对环境的影响和哺乳动物安全性，目前已禁止使用。其主要原因是百草枯对植物线粒体中呼吸电子传递（RET）的影响。

③ 能量转换抑制剂　在光合作用过程中光能通过叶绿体最终转变为化学能，即产生 ATP。如：苯氟磺胺属于解偶联剂，影响光合磷酸化作用，抑制 ATP 的生成；一些酚类和腈类除草剂也作用于光合磷酸化；1,2,3-硫吡唑基苯脲类直接作用于磷酸化部位；地乐酚则在叶绿体 ATP 合成酶处与 ADP 竞争，进而影响线粒体呼吸电子传递，使能量形成受阻。

④ 白化除草剂　抑制光合色素如类胡萝卜素或叶绿素的形成，或者引起类囊体膜的光氧化破坏。达草灭、氟草酮和吡氟草胺抑制类胡萝卜素生物合成；吡唑特、对硝基二苯醚类、环亚酰胺类以及一些吡啶衍生物干扰植物叶绿素含量，除吡唑特外，这些化合物会使四吡咯发生累积，激活光诱导的游离基对生成短链糖类的多聚不饱和脂肪酸产生过氧化作用。

除草剂是其多个有效成分共同作用的结果，其作用机理研究也是处于初级阶段，大致可归纳为以下几个方面：① 抑制光合作用；②破坏植物的呼吸作用；③抑制植物的生物合成；④干扰植物激素的平衡；⑤抑制微管与组织发育；⑥化感作用，又名他感作用或异株克生作用。作为植物源除草剂研发依据的高等植物之间的化感作用的有关报道较多，是近年来研究的热门领域，从化感物质中开发新一代除草剂的研究日益受到人们重视。

植物化感作用（allelopathy）的概念是 H. Molisch 在 1937 年首先提出的，并定义为所有类型植物（含微生物）之间生物化学的相互作用，同时指出这种相互作用包括有害和有益两个方面。植物化感的作用机制主要包括对细胞器膜透性的影响，对细胞分裂、伸长和亚显微结构的影响，对植物激素活性的影响，对钾、钙、磷等离子和水分吸收的影响，对植物呼吸作用的影响，对光合作用的影响，对蛋白质合成和基因表达的影响等七个方面。

到目前为止，已在植物中发现许多种化感物质具有除草活性。植物中所含的具有除草活性的物质，主要分为以下几类：

① 醌酚类　例如独脚金萌素，独脚金萌素（strigol）是从棉花根系分泌物中分离出来的一种醌类化合物，能有效防除玉米、高粱、甘蔗田的寄生性杂草独脚金（*Striga asiatica*）。现已人工合成了独脚金萌素及其 5 个类似物，并广泛用于大豆、豌豆、花生和棉田杂草的防除。

② 生物碱类　例如曼陀罗碱（hyoscyamine），该化合物对禾本科杂草和自生向日葵苗有很强的杀除活性，且持效期较长。

③ 苯嗪酮类 目前已在来自黑麦的代谢物中发现了至少三种具有杀草活性的苯嗪酮类化合物,如 GDIBOA [葡糖苷-3,4-二羟-1,4(2H)苯嗪酮]、DIBOA [2,4-二羟-1,4(3H)-苯嗪-3-酮] 及 BOA [2-(3H)-苯嗪啉酮],其中后两种对双子叶杂草有较高的防效,对藻类也有一定抑制作用。

④ 其他类 还有肉桂酸类、香豆素类、腈类、类黄酮类、噻嗯聚乙炔类、萜烯类、噻吩类、氨基酸类等。H. P. Singh 等 (2009) 发现猪毛蒿精油对香附子、小藜草和野燕麦具有较强的除草活性,其中对香附子的活性最强。猪毛蒿精油含有 33 种化学成分 (占全部精油含量的 99.83%),主要成分为单萜类 (占全部精油成分的 71.6%),其中月桂烯最多 (占 29.27%),其次是柠檬烯 (13.3%)、罗勒烯 (13.37%)、萜品烯 (9.51%)。猪毛蒿精油处理后香附子脂质过氧化,细胞膜破裂,内溶物外渗,细胞结构严重损伤。李建强等 (2012) 采用水蒸气蒸馏法从黄顶菊花中提取并分离出一种除草活性很强的成分Ⅱ,发现成分Ⅱ在光照条件下对马唐叶片膜透性、叶绿素含量、$\beta$-胡萝卜素、丙二醛、超氧自由基的影响均高于其在黑暗条件下对这些物质的影响。成分Ⅱ为光活化物质,其主要是影响了杂草的光合作用。

不少天然产物都具有令人瞩目的除草特性。广泛筛选这些有除草特性的植物,并对其活性物质进行分离鉴定,已成为天然除草剂开发的重点。目前发现 30 多个科的植物含有近百种具有杀草作用的天然化合物,其中有些已被开发成天然除草剂,并得到专利保护和推广应用。例如,从红千层 (Callistemon spp.) 植株中分离出了一种具除草活性的纤精酮,芽前与苗后处理使阔叶与禾本科杂草受害产生白化症状,而玉米具有耐性,以它作为先导物进行结构改造,开发出了磺草酮与硝磺酮,从而开发出了以对羟苯基丙酮酸双氧化酶 (4-hydroxyphenylpyruvate dioxygenase,HPPD) 为作用靶标的三酮类除草剂。近期又合成了活性更强、杀草谱更广的苯酰酮与苯唑草酮 (图 2-26)。

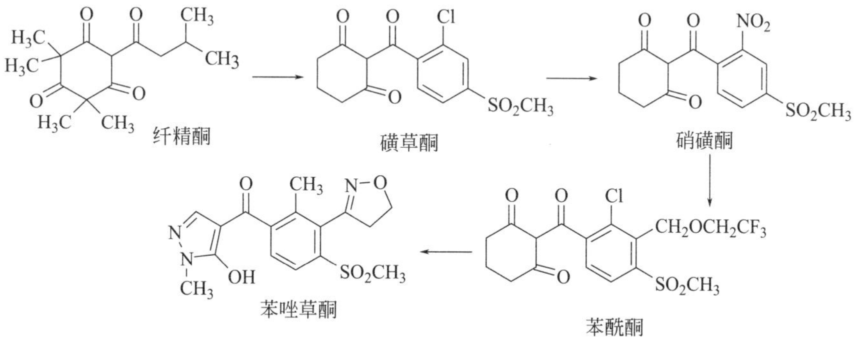

图 2-26 苯酰酮与苯唑草酮的合成

桉树脑是一些植物产生的天然挥发性单萜,这种桉树脑类的单萜能够抑制植物生长,对桉树脑的结构进行优化,合成了一系列衍生物,最终开发出了环庚草醚 (cinmethylin) (图 2-27),用于稻田防治稗草等禾本科杂草已推广使用。环庚草醚可使敏感植物体内的莽草酸和酪氨酸积累,质体醌合成减少,八氢番茄红素积累,类胡萝卜素生物合成受抑制,结果使植物分生组织白化,最终死亡。

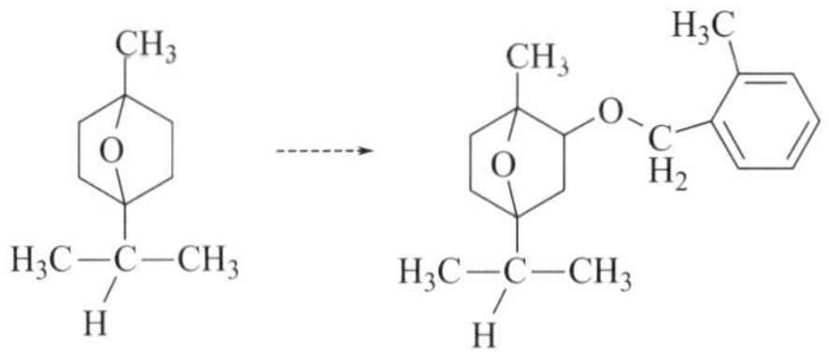

1,4-桉树脑          环庚草醚

图 2-27　桉树脑合成环庚草醚

# 2.5　鼠害化学防治的毒理学原理

杀鼠剂是用于控制有害啮齿动物（常称为鼠类）的药剂。鼠类属于脊椎动物门，哺乳动物纲，包括啮齿目和兔形目两大类。鼠类又称啮齿动物。因其上下颌各长有一对强大的门齿，形状呈锄状，可终生生长（因此须终生磨牙），靠它啮取食物，穿凿洞穴，为其生存创造条件。啮齿动物是哺乳动物中种类和数量最大的种群。据统计，全世界共有哺乳动物 5416 种，其中啮齿目 2277 种，兔形目 92 种，占哺乳动物总数的 43.74％。马勇等（2012）认定中国现有兔形目动物 2 科 2 属 35 种，啮齿目动物 10 科 79 属 212 种，两目合计即广义啮齿动物（Glires）为 12 科 81 属 247 种。这两目动物由于种类和数量甚为丰富，可以广泛分布到各个不同生态环境中；又由于个体小而繁殖力特强，在适宜条件下可以形成巨大的生物量，作为自然生态系统中常见的组成部分及物流与能流的中间环节，在生态平衡和丰富生物多样性上起着极重要的难以替代的作用。但也因其具有植食性、啮齿性和疫源性三大本性，那些处于人类生活圈、经济圈中的种类，在数量较高时或在一些特殊环境，也会呈现出明显的甚至极大的危害性，为害工、农、商等各行业生产经营和人类健康，对人类的生命财产和国民经济建设造成很大的危害。因此，防治鼠害历来引起人们的关注和重视。目前，杀鼠剂一般分为慢性杀鼠剂和急性杀鼠剂。其中慢性杀鼠剂主要是指抗凝血杀鼠剂，急性杀鼠剂多是影响神经系统、呼吸系统和代谢系统而引起中毒症状的药物。

## 2.5.1　慢性杀鼠剂

慢性杀鼠剂又称缓效杀鼠剂或多剂量杀鼠剂。抗凝血杀鼠剂主要在两个方面起到杀鼠作用：其一是摄食药物后，机体内氧化维生素 K 还原酶的作用受到抑制，维生素 K 的生成受阻，凝血因子合成发生障碍，血液不能凝固；其二是药物作用于血管，导致血管壁的通透性增加，即增加其渗透性。中毒动物的症状是内脏、消化道和皮下性出血不止，死于内出血。也就是说，这类药物破坏凝血机能和损害毛细血管管壁，增加其通透性，使鼠缓慢出血而且出血不止，最后死于大出血，所以又称抗凝血杀鼠剂。按其化学结构，可分为香豆素类杀鼠剂和茚满二酮类杀鼠剂两大类：前者有杀鼠灵、杀鼠迷、鼠得克、溴敌隆、溴鼠灵、氟鼠灵等；后者有敌鼠钠盐（敌鼠）、氯敌鼠、杀鼠酮、鼠完等。它们在化学结构上和维生素 $K_1$ 类似。正常情况下，动物通过维生素 $K_1$ 的酶作用，在肝脏中生产凝血酶原。温血动物血液中的凝血酶原，每天约有 50％ 是从肝脏中新综合产生出来。动物组织受伤、血管破裂时，血小板即释放出凝血致活酶，使血液中的凝血酶原转变成具有活性的凝血酶，血浆中的纤维蛋白在凝血酶的作用下，形成凝固的胶状纤维蛋白，使受损血管堵塞，流血即行停止。如果动物摄入一定剂量的抗凝血剂，即取代维生素 $K_1$ 的作用从而使动物的肝脏不能综合产生凝血酶原，即可引起致命的低凝血酶原症，破坏正常的凝血功能，流血不止以致死亡。摄食抗凝血杀鼠剂的动物注射维生素 $K_1$ 后，可以对抗抗凝血剂的作用。肝脏又恢复综合生产凝血酶原的能力，凝血机制又重新恢复正常。所以维生素 $K_1$ 是抗凝血杀鼠剂的特效解毒剂。

血液的凝固能力是慢慢丧失的，中毒死亡的鼠一般没有痛苦。死鼠全身苍白无血色，耳壳白如纸，内脏色淡，肝脏尤为明显。外部常可见到鼻、口腔、爪、肛门、阴道出血。由于失血过多，中毒动物表现甚弱，怕冷，行动缓慢，食欲和体重没有明显减退。因此这类药物的特点是：①对鼠作用缓慢，鼠中毒潜伏期长，多大于 3d，一两周方可收到最高的灭鼠效果；②鼠易接受，不易产生拒食性；③一般需多次进食毒饵后蓄积中毒致死；④灭鼠效果好，可达 90％ 以上；⑤对人、畜、禽较安全，有特效解毒药维生素 $K_1$；⑥耗粮一般较多，也较费人工。灭鼠从效果和安全两方面衡量，慢性杀鼠剂是理想的和科学的。

## 2.5.2　急性杀鼠剂

急性杀鼠剂又称速效杀鼠剂或单剂量杀鼠剂，包括磷化锌、毒鼠磷、氟乙酸钠（1080）、氟乙酰胺（1081）、毒鼠强（四二四、没鼠命）等。因其毒性大、不安全，国家已明令禁止使用这些杀鼠剂。这类药物的特点是：①对鼠作用快，潜伏期短，投药后 24h 内便可收到较好的灭鼠效果；②鼠类一般取食一次毒饵即可被毒杀；③鼠反应强烈，易产生拒食性和耐药性；④多数对人、畜、禽不安全，特别是氟乙酸钠、氟乙酰胺，毒力强，会产生二次中毒，污染环境，且无特效的解毒方法，其作用快，鼠食后数分钟内即可中毒死亡，人如误食中毒来不及抢救。

急性杀鼠剂药物的种类较多，药性各异，共同特点是吸收作用快，在短时内中毒死亡，易发生二次中毒。药物的作用途径以作用于神经系统为主，如：鼠立死杀鼠剂主要作用于神经系统，发生阵发性抽搐，动物多死于中毒后 2h；安妥杀鼠剂中毒动物在 6～40h 死于急性肺水肿；氟乙酸钠（1080）和氟乙酰胺（1081）具有很强的内吸作用，可在 45min 内引起神经中枢衰竭死亡，是典型的内吸性神经系统毒物；甘氟也是神经性杀鼠剂，动物中毒后 24h 死亡；毒鼠磷杀鼠剂在摄食后 1～8h 出现症状，药物抑制血液中胆碱酯酶的活性，动物死于呼吸道血管和心血管麻痹；溴代毒鼠磷的中毒鼠在 36h 死于呼吸中枢衰竭；没鼠命（毒鼠强）杀鼠剂内吸作用强，特别是植物吸收后其残留期长达 3～4 年，动物摄食后 3min 即抽搐致死。急性杀鼠剂由于作用快，易见到地面鼠尸，迎合了群众对鼠痛恨和立竿见影的心理。实际上，灭鼠的主要要求是效果和安全性两方面，在这两方面急性杀鼠剂都存在着较大的缺陷。

# 2.6 植物生长调节剂科学使用的基本原理

近几年，各类植物激素与新型植物生长调节剂不断研制成功并在农业生产中也广泛推广应用。但目前种类繁多，效果不一，而且大多数人对这些植物生长调节物质的作用机理并不十分了解，在使用中带有很大的盲目性，难以达到预期效果。基于此，该部分拟对植物生长调节剂的生理作用和作用机理做一简单介绍，以期帮助读者了解其性质和增产机理，正确掌握其使用方法，提高施用效果。

## 2.6.1 植物生长发育的调控

任何一种栽培植物，在其生长发育的每一个阶段，除了要受到自身遗传因子的主宰与外界环境条件的影响外，还要受到内源激素的调节和控制。

植物的内源激素是指能够在植物体内一定部位合成，并由产生部位输送到其他部位，对植物生长发育的全过程起调节控制作用的一些微量有机化合物。人类对植物激素的研究始于 20 世纪 30 年代，首先发现并从植物体内分离出的纯粹激素是吲哚乙酸，即植物生长素；50 年代后相继发现并分离出了赤霉素与细胞分裂素；60 年代后又陆续确立了脱落酸与乙烯的调控作用；进入 70 年代以后又进一步发现并分离出芸薹素内酯（brassinolide，BR）、低聚糖素、三十烷醇等。目前，得到国际会议公认的植物激素有生长素类、赤霉素类、细胞分裂素类、脱落酸和乙烯五大类。而芸薹素内酯是从植物体内分离提取到的一种甾体类新型植物生长调节物质，通过对其调控作用的深入研究与生产应用，已被列入第六类天然植物激素。

植物生长调节剂是人们根据天然植物激素的分子结构，人工合成或筛选出的一些与天然激素分子结构和生理效应相类似的有机物质。此外，还有人工合成并筛选出的一些分子结构与天然激素完全不同，但具有类似生理效应的有机物质。目前，世界上由人工合成的植物生长调节物质已近百种，在生产上得到广泛应用的有萘乙酸、2,4-D、增产灵（4-iodophenoxyacetic acid）、三碘苯甲酸、矮壮素（chlormequat）、青鲜素、整形素、乙烯利（ethephon）、调节胺（DMC）、叶面宝、喷施宝、丁酰肼（比久，daminozide）、爱多收等。

植物激素与植物生长调节剂在农、林、园艺作物与食用菌生产上应用后，可以：增加植物体内叶绿素含量，提高光合作用效率，调节光合产物的运输方向，增强根系对氮、磷、钾的吸收与运转能力；打破种子及无性繁殖器官的休眠，促进种子、种薯及块茎的发芽，或抑制发芽，延长储藏期；提高秧苗素质与加速苗木的插枝生根，提高成苗率；矮化株型，控制分枝，防止农作物的徒长或倒伏；提早或延迟花芽的分化，改变雌雄性别，形成无籽果实，或调节抽穗开花，促进产品器官的形成，加快瓜果、蔬菜果实的发育，促进成熟；防止果树、番茄等落花落果，或对果树、葡萄等进行疏花疏果，以提高坐果率与产量，此外还可以用来进行瓜果、蔬菜的保鲜与农田杂草的防除。

植物激素与植物生长调节剂在农业生产中的广泛应用，才使人类有可能按照自己的意愿与要求，对各种栽培作物的生育进程进行合理的调节和控制，形成丰产的长势长相，达到高产稳产的目的。因此便逐渐形成了现阶段农作物综合配套模式化栽培技术措施中的一项新技术即化控技术。

## 2.6.2　植物生长调节剂的作用机理

不同种类的植物激素与植物生长调节剂能产生不同的调节与控制作用，这与它们生理作用机理不同有很大关系。例如：生长素的作用机理是解除被阻抑基因，释放出用以合成核糖核酸（RNA）的脱氧核糖核酸（DNA）模板，或者催化环腺苷酸（cAMP）的形成，从而促进植物机体生理反应的进行。赤霉素的作用机理是解除被阻抑的基因，释放出用以合成 RNA 的 DNA 模板，从而产生新的蛋白质。细胞分裂素的作用机理是保护转移核糖核酸（tRNA）中反密码子的邻近部位的异戊烯基腺苷（isopentenyl a-denosine，iPA），使之免遭破坏，维持其蛋白质合成的正常机能。脱落酸的作用机理是改变某些酶的活性，如抑制大麦胚乳中 $\alpha$-淀粉酶的合成，因此有抗赤霉素的作用。据研究，脱落酸的抑制作用很可能是通过对蛋白质的变构调节，改变酶的分子结构，使它不能与底物相互结合，并通过基因的调控来控制 RNA 和蛋白质的合成。乙烯的作用机理是促进吲哚乙酸氧化酶、过氧化物酶、纤维素酶等多种酶的活性，使生长素分解，叶片脱落，即乙烯是通过对生长素的调节，促进器官的衰老。缩节胺的作用机理是抑制细胞和节间生长，抑制果树枝梢的萌发和生长，降低植株需水量，增强其抗旱能力，并增加叶绿素的合成，使叶色浓绿，增强光合作用，增加坐果率，使果树增产。多效唑具有抑制植物生长，阻碍赤霉素生物合成功能，是赤霉素的拮抗剂，药效持续时间长。爱多收是一种植物生长促进剂，其主要成分是 99.9% 复硝酚钠水剂，对植物有加快发根、生长、生殖及结果等促进作用。在果树上，爱多收主要用于提早开花、打破休眠、防止落花落果、提高果品的品质，且从萌芽到落叶均可以使用，不受生育期的限制。

由于近代分子生物学的发展，根据对不同植物基因的表达、调控、生物膜结构与功能的研究结果，才有可能对植物激素作用机理做出上述较为科学的解释。但因世界各国从事植物激素生理研究的专家所采用的研究材料、测试手段、分析方法与研究途径的不同，对激素作用的位点尚未取得一致的见解。目前主要有三种观点：一派认为激素原发作用的位点主要在细胞核内，即核内有激素的受体蛋白，因为植物细胞内都含有全部植物性状的基因，其中一些为活动基因，一些为被阻抑基因。一个基因可由其 DNA 形成核酸组蛋白所阻抑。所以当激素作用于核酸代谢时，其能使细胞内某些被阻抑的性状基因活化，释放出活动的 DNA，使信使核糖核酸（mRNA）的合成能够正常进行，从而形成一些新的蛋白质（主要是酶），进而影响到细胞内的新陈代谢，引起植物生长发育进程的改变。另一派则认为激素的受体蛋白在细胞质膜上，质膜首先受激素的影响，发生了一系列膜结构与功能的变化，使水分进入细胞的量增加，细胞的渗透压相应改变，细胞质的稠密度也发生变化，结果导致膜电位的变化，并引起细胞内外酸碱度的升降。由于细胞内的各种细胞器处在变化了的环境中，使许多酶和酶原都依附在一定的细胞器与质膜上，当生存环境条件改变之后，使它们也相继失活或被活化。酶谱的变化又引起新陈代谢和整个细胞的生长发育也随之发生变化。此外，还有一些学者的观点介于以上两派之间，认为激素对质膜与核都有影响，激素的生理效应是先从质膜，再经过细胞质，最后传到核中。

## 2.6.3　植物生长调节剂的应用

现今，植物生长调节剂已被广泛应用于生物科学的研究与农业生产实践中。按照人们的社会需求，对各种农作物的生长发育进程实行化学调控的技术也日臻完善，将其纳入综合配套的模式化栽培技术中，成为农业生产持续稳定增长的又一条新途径。国外一些农业科学家则认为，由于植物生长调节剂可以调控各种栽培作物的生育进程，提高产量、改进品质、增强抗逆性与适应性，使现代农业的发展由广泛使用化肥、农药的时代进入广泛使用植物激素与植物生长调节剂的时代，对其进行广泛应用，必将带来又一次绿色革命。近十年来，我国对植物激素与植物生长调节剂所进行的基础研究与生存应用技术研究，无论在深度与广度上都取得了长足的进步，尤其是研制成功的一些新型复合营养植物生长调节剂，将微量元素与植物生长调节剂合二为一，具有高效、广谱、多功能等特点，在农、林、园艺作物上应用后所产生的巨大社会效益和经济效益更为世界各国所瞩目。

## 参 考 文 献

[1] 邓天福，高扬帆，陈锡岭. 新烟碱类杀虫剂的选择毒性机理. 河南科技学院学报，2010，38（4）：23-26.

[2] 杜军辉，于伟丽，王猛，等. 三种双酰胺类杀虫剂对小地老虎和蚯蚓的选择毒性. 植物保护学报，2013（3）：266-272.

[3] 何佳，蒋志胜. 利用昆虫学知识开发高选择性杀虫剂. 农药科学与管理，2004，26（7）：30-33.

[4] 韩熹莱. 农药概论. 北京：中国农业大学出版社，1995.

[5] 韩招久，韩召军，姜志宽，等. 沙蚕毒素类杀虫剂的毒理学研究新进展. 现代农药，2004，3（6）：5-8.

[6] 黄剑，吴文君. 新型杀虫剂的作用机制和选择毒性. 贵州大学学报（自然科学版），2004，21（2）：164-171.

[7] 李勃，马瑜，张育辉. 有机磷类杀虫剂对非靶标水生动物的毒性机制研究进展. 农药学学报，2016，18（4）：407-415.

[8] 李梦怡，彭博，李博，等. 农用乙酰胆碱酯酶抑制剂研究进展. 生物技术进展，2017，7（2）：127-134.

[9] 马桂珍. 几种植物生长调节剂的作用机理及其在葡萄上的应用. 中外葡萄与葡萄酒，2008，5：40-41.

[10] 马志卿. 不同类杀虫药剂的致毒症状与作用机理关系研究. 咸阳：西北农林科技大学，2002.

[11] 牛瞻光，张淑静，王太明，等. 化学农药对棉花黄萎病菌和生防菌的选择毒性. 中国生物防治，2006，22（1）：49-53.

[12] 欧晓明. 植物源农药实用技术. 北京：中国广播电视大学出版社，2015.

[13] 欧晓明，唐德秀. 作为新除草剂作用机理的先导物的天然产物. 农药译丛，1998，20（3）：6-9.

[14] 欧晓明，黄明智，王晓光，等. 昆虫抗性靶标部位及其在杀虫剂创制中的应用. 现代农药，2003，2（3）：11-15.

[15] 乔广行，欧晓明. 植物韧皮部运输的生理基础及其在除草剂研究中的应用. 世界农药，1999，21（S1）：22-25.

[16] 苏少泉. 除草剂作用靶标与新品种创制. 北京：化学工业出版社，2001.

[17] 孙春红，邹峥嵘．植物来源的生物碱类乙酰胆碱酯酶抑制剂研究进展．中草药，2014，45（21）：3172-3184.

[18] 唐振华，毕强．杀虫剂作用的分子行为．上海：上海远东出版社，2003.

[19] 屠豫钦，李秉礼．农药应用工艺学导论．北京：化学工业出版社，2006.

[20] 王志超，康志娇，史雪岩，等．有机磷类杀虫剂代谢机制研究进展．农药学学报，2015，17（1）：1-14.

[21] 吴青君，张文吉，张友军．烟碱样乙酰胆碱受体及其有关杀虫药剂．植物保护，2000，26（4）：39-41.

[22] 吴顺凡，郭建祥，黄佳，等．昆虫体内章鱼胺和酪胺的研究进展．昆虫学报，2010，53（10）：1157-1166.

[23] 吴文君．农药学原理．北京：中国农业出版社，2000.

[24] 伍一军，冷欣夫．杀虫药剂的神经毒理学研究进展．昆虫学报，2003，46（3）：382-389.

[25] 徐汉虹．植物化学保护学．第 4 版．北京：中国农业出版社，2007.

[26] 叶钟音．现代农药应用技术全书．北京：中国农业出版社，2002.

[27] 颜增光，蒋志胜．电压门控钠通道作为杀虫剂靶标．世界农药，2001，23（2）：27-30.

[28] 应用植物生长调节剂编写组．第一讲　植物生长调节剂的作用机理．新疆农垦科技，1990，5：53-55.

[29] 姚昌河，高菊芳．茚虫威、氰氟虫腙及其他钠通道抑制剂杀虫剂对哺乳动物电压门控钠通道的作用机制和作用位点．世界农药，2014，36（4）：16-24.

[30] 张宗炳，冷欣夫．杀虫药剂毒理及应用．北京：化学工业出版社，1993.

[31] 朱蕙香，章宗俭，张红军，等．常用植物生长调节剂应用指南．北京：化学工业出版社，2010.

[32] 张一宾，张怿，伍贤英．世界农药新进展（三）．北京：化学工业出版社，2014.

[33] 张彦丰，王正浩，农向群，等．绿僵菌侵染对东亚飞蝗中肠保护酶和解毒酶的影响．中国生物防治学报，2015，31（6）：876-881.

[34] 赵善欢．植物化学保护．第 3 版．北京：中国农业出版社，2000.

[35] 郑小娇，李华光，刘根炎，等．昆虫氨基丁酸受体竞争性拮抗剂的研究进展．农药学学报，2017，19（6）：665-671.

[36] Albert A. Selective Toxicity. New York：Halsted Press，1973.

[37] Baker D R，Umeu N R. Agrochemical Discovery：Insect，weed and fungal control. Washington DC：American Chemical Society，2001.

[38] Clark J M. Molecular Action of Insecticides on Ion Channels. Washington DC：American Chemical Society，1995.

[39] Cobb A. Herbicides and plant physiology. New York：Chapmam & Hall，1992.

[40] Dvir H，Silman I，Harcl M，et al. Acetyleholinesterase：From 3D structure to function. *Chemico Biol Interact*，2010，187（1-3）：10-22.

[41] Ishaaya I，Degheele D. Insecticides with Novel Modes of Action. Berlin：Springer，1997.

[42] Zlotkin E. The insect voltage gated channel as target of insecticides. *Annu Rev Entomol*，1999，44（3）：429-455.

[43] Xie Y，Mchugh T，Mckay J，et al. Evidence that a nereistoxin metabolite，and not nereistoxin itself，reduces neuronal nicotinic receptors：Studies in the whole chick ciliary ganglion on isolated neurons and immunoprecipitated receptors. *J Parmal Exp Ther*，1996，276：169-177.

[44] Rossant C J，Lindstron J，Lorring R H. Effects of redox reagent and arsenical compounds on [$^3$H] -cytisine binding to immunoisolated nicotinic acetylcholine receptors from chick brain containing $\alpha_4\beta_2$ subunit. *J Neuro-Chem*，1994，62：1368-1374.

# 第 3 章
# 农药的作用方式及其应用

农药使用之后，其对防治对象的毒杀、抑制或刺激的途径与方式，称为农药的作用方式。由于防治对象的多样性以及生理特点和活动场所的复杂性，农药的作用方式也向多样化发展。此外，农药的种类很多，各有其有效的防治对象。因此，了解农药的作用方式对于农药的科学合理使用具有重要的指导作用。

## 3.1 杀虫剂

杀虫剂必须进入体内才能发挥毒效作用。杀虫剂进入昆虫体内的途径主要有三种，即从体壁侵入、从昆虫口器摄入和从昆虫气门侵入，因此，虽然杀虫剂的作用方式多种多样，但是归根结底，其杀虫作用方式以胃毒、触杀、内吸和熏蒸作用最为重要，通常把拒食、驱避、引诱和不育作用称为特异性杀虫作用。有些杀虫剂仅有一种作用，例如，无机砷剂只有胃毒作用。而多数有机杀虫剂往往有几种不同的作用方式，例如：敌百虫以胃毒作用为主，兼有触杀作用；甲基对硫磷以触杀作用为主，兼有胃毒和熏蒸作用；氯虫苯甲酰胺以胃毒、触杀为主，兼有内吸作用等。

### 3.1.1 触杀作用

触杀作用（contact action）是指杀虫药剂接触昆虫体壁后，通过昆虫体壁渗入体内，经血液循环到达作用部位使其中毒死亡。以触杀作用为主的药剂称为触杀剂。

害虫体壁接触药剂的途径有二：一是喷粉、喷雾、放烟过程中杀虫药剂直接沉积到害虫体表；二是害虫爬行时与沉积在靶标表面上的粉粒、雾滴或烟粒摩擦接触。无论哪一条途径，药剂要与昆虫体表有效接触，除药剂本身的属性外，主要取决于药剂在害虫体壁和作物叶片等靶体表面的沉积和滞留。在实际应用中，触杀剂要求药剂在靶体表面有均匀的沉积分布，因而可采用细雾喷洒法，并且药液有良好的润湿和黏附性能。目前常用的杀虫剂绝大多数属于这一类，例如敌敌畏、甲萘威、异丙威等。该类药剂通常是喷洒昆虫栖居的环境或危害作物，对各种口器类型的害虫都起作用。

### 3.1.2　胃毒作用

胃毒作用（stomach action）是指杀虫药剂通过害虫口器摄入体内，经过消化系统进入，通过血淋巴经循环系统输送到作用部位而使其中毒死亡。具有胃毒作用的药剂称为胃毒剂，如敌百虫、虫酰肼等。这类药剂一般是通过处理昆虫危害的作物或制成毒饵、毒谷使用，适于对黏虫、棉铃虫、斜纹夜蛾、蝗虫、蝼蛄等咀嚼式口器害虫的防治，而对蚜虫、叶蝉、飞虱、烟粉虱、介壳虫等刺吸口器害虫效果较差。

杀虫药剂经昆虫消化道进入昆虫体内的途径有二：一是药剂喷施到作物表面或通过内吸作用转运进植物体内，昆虫取食时将药剂连同作物叶片等摄入消化道；二是药剂从根部、茎部内吸传导到作物各部分，昆虫或螨类吸食作物液时将药剂摄入消化道。因此，杀虫药剂要发挥其胃毒作用，首先要求药剂在昆虫中肠有一定溶解度并能穿透肠壁细胞。施药时，要求药剂在作物叶片上具有较高的沉积量和均匀度，害虫仅需要取食很少一点作物就会中毒，作物遭受的损失就比较小。此外，药剂以固体颗粒的形式在作物表面沉积，粒径要足够细小，有利于附着，便于害虫吞食，而药粒粗、坚硬或者与植物体黏附不牢的农药颗粒不容易被害虫咬碎进入消化道。

值得注意的是，在转基因上胃毒作用是指植食性害虫食用转 Bt 抗虫作物后，Bt 蛋白在害虫消化道作用使害虫死亡。特别是在幼虫期作用明显，溶液化的 Bt 毒素在幼虫易受影响的中肠细胞膜上形成孔洞，导致害虫患败血病死亡。

### 3.1.3　内吸作用

内吸作用（systemic action）是指杀虫药剂经由作物茎、叶、根或种子吸收后，从一个部位输送到作物体内的各个部位，使害虫在吸食汁液或取食作物组织后中毒死亡。以内吸作用为主的药剂称为内吸剂，例如吡虫啉、乐果、克百威等。内吸性杀虫剂被植物叶部、茎秆、根部吸收后，通过害虫刺吸寄主汁液进入虫体，其对刺吸口器害虫十分有效，同时，也可防治咀嚼口器的害虫。因此，内吸性杀虫剂的施药方式可多样化，例如涂茎、茎秆包扎、土壤处理、根区施药、灌根以及叶部施药等。

### 3.1.4　熏蒸作用

熏蒸作用（fumigating action）是指杀虫药剂以气体状态经昆虫呼吸系统（例如气门等）进入昆虫体内而引起昆虫中毒死亡。具有这种作用的农药称为熏蒸剂，例如磷化氢、溴甲烷等；有些易挥发的有机药剂，如敌敌畏、异丙磷、甲基嘧啶磷等也有这种作用。由于药剂是以气态形式进入昆虫体内，因此，在熏蒸剂施用技术上，必须要求有一个尽可能密闭的空间以防止药剂的逸失，同时还要求有较高的环境温度和湿度。环境温度较高时，不仅使药剂在密闭空间易于扩散，而且还使昆虫体内代谢速率加快，耗氧量增加，促使昆虫气门开放，有利于药剂进入昆虫呼吸系统。此外，对于土壤熏蒸剂，较高的温度和湿度有利于增加有害生物的敏感性。

## 3.1.5 拒食与驱避作用

拒食作用（antifeeding action）是指可影响昆虫味觉化学感受器，使其厌食、拒绝取食，最后因饥饿、失水而逐渐死亡，或因摄取营养不足而不能正常发育。具有这种作用的药剂称为拒食剂，例如拒食胺、杀虫脒以及一些植物源杀虫剂，如苦皮藤、鱼藤酮等对昆虫有很好的拒食作用。

驱避作用（repellent action）是指施用后可依靠其物理和化学作用（如颜色、气味）使害虫忌避或发生转移、潜逃，从而达到保护寄主植物或特殊场所的目的。具有这种作用的药剂称为驱避剂。昆虫驱避剂本身虽无毒杀害虫的作用，但由于其具有某种特殊的气味，能使害虫忌避，或能驱散害虫，例如，拟除虫菊酯类杀虫剂品种一般都有驱避作用，天然香茅油和人工合成的避蚊胺和避蚊酯能驱避蚊类叮咬，环己胺可驱避白蚁，樟脑能驱避衣蛾。有些品种的农药既有驱避作用，也有毒杀作用。单纯的驱避作用仅是一种消极的防治方法，驱避剂对环境的影响主要是造成暂时性气味污染，一般不会长期危害环境或破坏生态平衡。

## 3.1.6 引诱作用

引诱作用（attracting action）是指施药后依靠其物理、化学作用能将昆虫诱集前来接近而利于集中消灭或调查虫情。一些昆虫信息素，特别是性信息素能够引诱异性成虫个体，例如，丁香油可引诱东方果蝇和日本丽金龟取食，蛋白质分解物可引诱蝇类产卵等，人工合成的梨小食心虫性引诱剂已用于梨小食心虫的测报和防治等。

## 3.1.7 不育作用

不育作用是指害虫取食或接触药剂后，生殖机能受到干扰和破坏，使其不能延续后代，从而达到控制害虫的目的。例如，六磷胺是昆虫两性绝育剂，三氯杀螨砜对成螨也有不育作用，天然秋水仙素、3-细辛脑、绝育磷、不育特等均可使家蝇产生不育。

总之，杀虫剂类型多，作用方式多种，往往是其中几种起主要作用。例如，双酰胺类杀虫剂的上市引起了农药界的广泛兴趣，表现出防效卓越、持效期长。双酰胺类杀虫剂在大田对鳞翅目害虫的表现非常突出，在卵孵盛期-低龄幼虫期使用，防效优于目前绝大多数杀虫剂，持效期长，保叶效果显著；毒性极低，安全性高。双酰胺类杀虫剂产品对蜜蜂、鱼类、天敌生物、人畜、鸟类等高度安全，对甲壳类动物有一定风险；对成虫、幼虫均有效。对幼虫主要通过胃毒作用，兼有触杀作用（胃毒作用强于触杀作用，其触杀作用不低于其他触杀性杀虫剂）；对成虫主要通过触杀作用。对低龄幼虫极高活性，对高龄高活性，对成虫中等活性。具有极高卵/幼活性。所谓卵/幼活性不同于卵活性。由于该类杀虫剂作用于鱼尼丁受体，使肌肉不可逆收缩，而卵无肌肉，所以对卵无效。卵/幼是指卵即将孵化出幼虫的阶段，此时卵壳尚未破裂，但里面已经孵化形成幼虫。卵幼活性包括两方面：一是该类杀虫剂渗透进入卵壳内，触杀幼虫；二是幼虫咬破或吞食卵壳时胃毒致死。

# 3.2　杀菌剂

杀菌剂作用方式的含义比较广泛，尤其是随分子生物学技术的发展又被赋予了更深层次的内容，不同作者往往有不同的定义。总的说来，作用方式可分为对病原菌的直接作用和诱导植物产生抗病性的间接作用，在直接作用中又分为杀菌作用和抑菌作用。杀菌作用主要表现为孢子不能萌发，多数是影响生物氧化。一般说来，影响能量生成的传统保护性杀菌剂，如有机硫制剂、铜制剂、克菌丹等都是典型的杀菌作用。具有杀菌作用的杀菌剂对防治对象所起的作用通常是保护作用、治疗作用及铲除作用。例如：铜制剂在病菌未侵染植物前喷施，能够阻止病菌孢子萌发起到保护作用；硫黄在植物感染病害后可以直接杀死病菌，对病害起到治疗作用；氯化苦、溴甲烷对病原菌有强烈杀伤能力的杀菌剂，对病菌可以起到铲除作用。而抑菌作用主要表现为孢子萌发后的芽管或菌丝不能正常生长、附着胞和各种子实体不能形成、孢子不能正常释放或游动，抑菌作用多数是影响病菌的生物合成。三唑类、苯并咪唑类、酰胺类等多数新型杀菌剂的主要作用是抑菌作用，特别是内吸杀菌剂。如：啶菌噁唑可显著抑制灰葡萄孢菌菌丝生长、芽管伸长、产孢量以及产菌核数量；氰烯菌酯对禾谷镰孢菌菌丝生长具有很强的抑制作用，禾谷镰孢菌分生孢子细胞膨大、畸形，芽管肿胀扭曲，伸长生长受到抑制。这类药剂在病害防治中，可用于病害的预防，通过抑制芽管伸长有效阻止病原菌的入侵，也可在病害发生后施用，通过抑制菌丝生长而起到治疗作用，控制病害的发展蔓延。但在实际应用中，杀菌作用和抑菌作用有时很难区分，一些杀菌剂在低浓度时表现为抑菌作用，当浓度提高时则表现为杀菌作用。还有些杀菌剂对病原菌孢子萌发、菌丝生长、孢子产生、菌核产生等都有显著影响，如嘧菌酯不仅抗病原真菌侵入、扩展，而且能明显减少病原真菌繁殖体，降低再侵染的孢子量，在病原真菌的整个生活史中都起作用。

## 3.2.1　保护作用

保护作用（protective action）是指在病原菌接触作物或侵染作物之前施用于作物表面，杀死病原菌孢子或阻止孢子萌发、侵入，从而使作物免受病原菌侵染为害的作用。具有这种作用的杀菌剂叫保护性杀菌剂。例如，福美双、代森锰锌、代森锌、代森联、丙森锌、克菌丹、波尔多液、氢氧化铜、石硫合剂、硫黄、百菌清、五氯硝基苯、异菌脲、腐霉利、乙烯菌核利、菌核净、咯菌腈、盐酸吗啉胍等都属于很好的保护性杀菌剂。

喷施保护性杀菌剂防治作物病害时，其施药途径有二：一是在病害侵染源施药，如处理带菌种子或发病中心；二是病原菌未侵入之前在被保护的植物表面施药，使其形成一层药膜，阻止病原菌侵染。大田喷施杀菌剂时主要是第二条途径，在具体施药技术上，要求在植物未被病原菌侵染以前或侵染初期施药，要求被保护作物的表面被药剂全部覆盖。露地施药时，可采用大容量喷雾法；保护地施药时，可采用大容量喷雾法、低容量喷雾法、粉尘法、烟雾法等。保护性杀菌剂施药时要注意：必须在病害刚露头时施药，用药后遇雨要补喷；药剂沉积分布均匀；对于防治多循环病害，需要多次施药；预防气流传播的病害，须根据药剂的残效期多次喷药；防止药剂被雨水冲刷、氧化、光解失效等。此外，由于新叶片、嫩梢不断出现，对重复侵染的作物病害需要多次重复施药。

### 3.2.2 治疗作用

治疗作用（therapeutic action）是指在病原菌侵入作物或植物感病后施药，抑制病菌生长及其致病过程，消灭病菌，阻止病害进一步扩张蔓延，使植物病害停止发展或使植株恢复健壮。具有这种作用的杀菌剂称为治疗性杀菌剂，例如，石硫合剂可治疗白粉病，福美砷可治疗苹果腐烂病等。根据作用部位不同，治疗作用还可细分为表面治疗、内部治疗和外部治疗，但是在实际病害防治中主要依赖内部治疗作用，即杀菌剂能渗透到植物内部并传导至作物各个部位，对病原菌直接产生毒力或影响植物代谢和致病过程，使病害减轻或消除。最近出现的某些内吸性治疗剂可在作物体内输导，如苯来特治疗白粉病、瑞毒霉治疗霜霉病，采用灌根方式施药可消除叶部病症。

在使用技术上，治疗性杀菌剂应在病害初期开始施药，若等病害流行大发生，即使施用治疗性杀菌剂也难以获得较好的防治效果，即其使用要基于病菌侵染后的时间，通常以小时计，即所谓的"踢回期"，超过这个时期，治疗性杀菌剂的防治效果较差或无效果。因此，治疗性杀菌剂的使用一定要把握住防治时期即防治适期，这样才能达到理想的防效。具体施药方法可以采用种子处理、土壤处理和叶面喷雾、喷粉等，同时施药时要求喷雾、喷粉过程中雾粒或粉粒沉积分布均匀和有较高的沉积密度。基于该类杀菌剂的杀菌专一性强，治疗效果好，但容易使致病菌产生抗药性，建议在非用不可时再使用。

### 3.2.3 内吸作用

内吸作用（systemic action）是指杀菌剂由作物体内任何部位吸收后，并能在作物体内输导，保护作物不受病菌侵害或使感病作物减轻病情恢复健康。具有这种功能的杀菌剂称为内吸性杀菌剂，例如多菌灵、甲基硫菌灵、嘧霉胺、乙霉威、啶酰菌胺、氟菌唑、抑霉唑、咪鲜胺、氟硅唑、苯醚甲环唑、腈菌唑、丙环唑、戊唑醇、三唑酮、氟环唑、烯唑醇、甲基立枯磷、噁霉灵、氟吡菌胺、烯酰吗啉、霜霉威和霜霉威盐酸盐、甲霜灵、霜脲氰、三乙膦酸铝、多抗霉素、硫酸链霉素、噻菌铜、叶枯唑、嘧菌酯、醚菌酯、吡唑醚菌酯等都是很好的内吸性杀菌剂。该类杀菌剂一般都具有治疗作用和保护作用，因此，施药时期比较灵活，一般主要是进行叶面喷洒。例如：多菌灵、萎锈灵拌种小麦，可杀死种子里的黑穗病菌；苯醚甲环唑是一种内吸广谱杀菌剂，对多种蔬菜和果树的叶斑病、白粉病、锈病及黑星病等病害有较好的治疗效果；稻瘟酰胺属苯氧酰胺类杀菌剂，具有良好内吸性和卓越的特效性，施药后对新展开的叶片也有很好效果，施药

40d 后仍能抑制病斑上孢子的脱落和飞散，从而避免了二次感染。

申嗪霉素是上海交通大学和上海农乐生物制品股份有限公司联合研制的高效、安全、经济并与环境友好的微生物源农药，其对水稻纹枯病等具有较好的防治效果，并于2011 年获得了农业部农药正式登记证。章穗等（2015）研究了申嗪霉素对水稻纹枯病的作用方式、药效及对水稻产量的影响（表 3-1）。申嗪霉素防治水稻纹枯病的作用方式主要是保护和防止病菌的侵入，药剂不能在水稻植株体内上下传导。无论是植株上半部喷药部位和下半部未喷药部位接菌，还是植株下半部喷药部位和上半部位未喷药部位接菌的病斑均与对照植株相应部位的病斑扩展情况相同，即同一处理植株的未喷药部位病斑大面积扩展；凡是同一处理植株的喷药部位，接菌后均未见病斑出现，说明植株覆盖药液的部位可以阻止病菌的侵染保护植株避免发生病害，但药剂不能在水稻植株内上下传导，植株未覆盖药液的部位不能阻止病菌的侵染。因此，该药剂在田间使用时应扬长避短，注意以下几个方面：一是用药时间应在发病前或发病初期，当田间出现零星病株时即可喷药；二是应在植株上下均匀喷药，以免遗漏；三是尽量避免喷药后遇降雨，影响药效；同时还要考虑选用合适的喷雾器械，以提高药剂在植株上的均匀度和药效等等。

表 3-1　申嗪霉素在水稻植株体内传导性试验结果

| 处理方式 | | 有效质量浓度 /mg·L⁻¹ | 病斑平均扩展长度 /mm |
|---|---|---|---|
| 植株上半部喷药 | 上半部喷药部位接菌 | 20 | — |
| | 下半部未喷药部位接菌 | 20 | 26.5 |
| 植株下半部喷药 | 上半部未喷药部位接菌 | 20 | 27.8 |
| | 下半部喷药部位接菌 | 20 | — |
| 未喷药对照植株 | 上半部接菌 | | 24.5 |
| | 下半部接菌 | | 25.5 |

### 3.2.4　抗病激活作用

植物免疫诱抗作用是指对农作物病虫害没有直接的杀灭作用，而是由外源生物或分子通过诱导或激活植物所产生的抗性物质，对某些病原物产生抗性或抑制病菌的生长。当其施用在农作物上后，通过诱导农作物产生抵御或防控农作物病虫害的物质，从而达到防治病虫害的目的。表现出这种作用的物质称为植物免疫诱抗剂（plant immune inducer）。近年来，人们也把这种用化学方法诱导植物获得的抗病性称为诱导的系统抗病性（systemic acquired resistance，SAR），例如，苯并噻二唑（BTH）、烯丙异噻唑（probenazole）、甲噻诱胺、井冈霉素、氟唑活化酯、毒氟磷、植物激活蛋白、S-诱抗素、水杨酸（salicylic acid，SA）、氨基寡糖素等都属于很好的植物免疫诱抗剂品种。

植物免疫诱抗剂在激活植物体内分子免疫系统，提高植物抗病性的同时，还可激发植物体内的一系列代谢调控系统，具有促进植物根、茎、叶生长和提高叶绿素含量，最终使作物增产的作用。因此,植物免疫诱抗剂的使用方法可以采用作物拌种、浸种、浇根和叶面喷施等方式,在作物的任何生育期均可使用。

# 3.3 除草剂

从生物学角度讲,杂草和作物都是依靠光合作用而生存的绿色植物,许多重要杂草与农作物在分类地位上十分接近,在生理生化特性上也非常相似,因此,除草剂的使用要比杀虫剂和杀菌剂的使用更为复杂。如何使除草剂仅仅对杂草发挥作用而又不影响作物的生长发育,就成为除草剂使用中的一个突出问题。

杂草的生长发育也要经过萌发、幼苗、成株、开花、结籽等阶段。毫无疑问,这些阶段对除草剂的敏感性是不一样的,一般来说幼嫩杂草期比成株期要更敏感些。对于除草剂来说,由于其作用机制差别很大,杂草的敏感性同除草剂的类型和作用方式有很大关系。除草剂对杂草的作用方式有触杀除草和内吸输导两种。

## 3.3.1 触杀除草作用

只能杀死杂草接触到除草剂的部位的作用方式叫作触杀除草,这种作用方式的除草剂称为触杀性除草剂。触杀性除草剂只能杀死杂草的地上部分,而对接触不到药剂的地下部分无效。因此,触杀性除草剂只能防除由种子萌发的杂草,而不能有效防除多年生杂草的地下根、地下茎。例如,百草枯就是一种灭生性触杀除草剂,几乎任何植物的绿色部分接触到百草枯药剂都会受害干枯。大多数除草剂都具有很强的触杀作用,可以进行茎叶处理和土壤处理,用于土壤处理的除草剂在土壤中与杂草的幼苗和根系发生的接触也属于触杀作用。有触杀作用的除草剂,一般具有渗透杂草表皮进入植株体内的能力,才能破坏植物体内的生命代谢过程,杀死杂草。除草剂一般都具有很强的极性,因此,比较容易渗透进入植物体内。除草剂制剂中所含有的表面活性剂有利于药剂渗透,为提高防治效果,除草剂在使用时要加入喷雾助剂,提高触杀除草剂在杂草叶片的沉积量和渗透速率,矿物油和植物油都是很好的喷雾助剂。

触杀性除草剂可以采用喷雾法、涂抹法施药技术,施药过程中要求喷洒均匀,使所有杂草个体都能接触到药剂,才能收到好的防治效果。例如:茎叶型触杀剂应采用叶面喷雾处理;选择性触杀剂如敌稗、麦草畏和灭草松(苯达松)可以在作物的生育适期喷洒;灭生性触杀除草剂如百草枯等适用于非耕地灭草,也可以在作物播种前喷洒杂草,然后再播种作物;土壤处理型触杀剂如拉索、除草醚和杀草安等则只能作土壤处理使用,施用后,只能杀死所接触到的植物组织,不能输导到其他部位,不能杀死整株植物;联吡啶类、醚类、二硝基苯胺类等除草剂是触杀性除草剂,只能防除由种子萌发的杂草,对多年生杂草的地下根、地下茎无效。

## 3.3.2 内吸输导作用

除草剂施用于植物或土壤,通过植物的根、茎、叶吸收,并在植物体内输导,最终杀死植物，这种作用方式称为内吸输导除草作用。苯脲类、均三氮苯类和一些类似除草剂可以在植物的木质部内自由输导，属于内吸除草剂。内吸输导除草剂的使用方法可以是土壤封闭处理，也可以是茎叶处理，例如：莠去津可以茎叶喷雾，也可以土壤封闭处理；草甘膦有强烈内吸作用，可向顶性、向基性双向输导，施用于植物后可杀死植物的地上部分，也可杀死植物的地下部分，由于草甘膦接触土壤后很快失效，只能用作茎叶处理。除草剂喷雾时的着药叶片在植株上的着生部位对于药剂的内吸运输起着重要的作用。若着药叶片位于植株的上部区域，则药剂优先向植株茎的上部运输，而向根的方向运输的比例很小。所以在生长稠密和比较高的植物上施用除草剂时要注意植株上部叶片对下部叶片的明显遮盖效应。

药剂经杂草的叶、根、下胚轴等部位吸收，并在体内转移杀死杂草，其杀草作用比较缓慢。自叶面吸收的选择性内吸除草剂应直接处理作物茎叶，如 2,4-滴在禾本科作物分蘖末期喷洒，可防除阔叶杂草；从根系、芽鞘或下胚轴吸收的内吸性除草剂，采取土壤处理才有效，如敌草隆、扑草净防除棉田杂草，应在播后苗前处理土壤；而灭生性内吸性除草剂，则应在作物播种前喷洒杂草，绝对不可在作物出土后喷洒。

除草剂的触杀和内吸输导作用并不是绝对的，如阿特拉津是内吸性除草剂，采用土壤处理防除玉米田杂草最好，但在玉米苗期进行茎叶处理时，对出土的杂草则有强烈的触杀作用。施用后，通过杂草根茎吸收向上输导至株冠部或通过茎叶吸收向下输导到根部，杀死整株杂草。酰胺类、三氮苯类、苯氧羧酸类等大多数除草剂都是输导型除草剂。可通过茎叶喷雾，土壤封闭处理等方法施药。

无论触杀作用还是内吸作用，对施药技术都有如下要求：

① 药液对杂草叶片表面有良好的润湿能力，否则除草剂难以进入杂草体内，即使是触杀作用除草剂，如果不能渗入植物细胞，则不能表现杀草活性，因此，除草剂施用时通常需要加入表面活性剂；

② 喷雾过程中防止雾滴飘移引起的非靶标植物的药害，可以通过更换喷头、降低喷雾压力等措施减少细小雾滴的产生或采用防护罩等措施减少雾滴飘移；

③ 喷雾均匀，避免重喷、漏喷，药剂在田间沉积量的变异系数不得大于 20%，以保证防治效果，避免对后茬作物产生药害。

# 3.4　杀线虫剂

用以防治线虫的药剂一般都是毒性很强的杀虫剂，用于防治线虫时则特称为杀线虫剂（nematicide）。由于线虫体壁外层为不具有任何细胞结构的角质层，透气性、透水性和化学离子的渗透性均较差，线虫的神经系统又不甚发达，因而很难找到有效的杀线虫剂。大部分杀线虫剂主要用于土壤处理，少部分用于种子、苗木和植物生长期间喷雾使用。杀线虫剂有挥发性和非挥发性两类，前者起熏蒸作用，后者起触杀作用。此外，一些植物次生代谢物质也对线虫表现为毒杀、行为干扰和生物发育调节等。杀线虫剂对线虫的作用独特，作用方式多样化，归纳起来可分为预防作用和治疗作用两大类，可再细分为熏蒸作用、毒杀作用、内吸作用、拒食和忌避作用、生长发育干扰作用和光活化毒杀作用等。

目前，杀线虫剂已由挥发性的熏蒸剂发展到非熏蒸性的触杀剂和内吸治疗剂，剂型由气体、液体发展到颗粒剂和胶囊剂，使用方法由土壤处理到种子处理（种子包衣、拌闷种、浸种等）、叶面喷雾以及茎秆注射，当药剂喷洒到叶面被吸收后，可以传导至作物根部杀死线虫，减轻线虫为害，同时还有线虫发育促进剂，可促使线虫提前孵化，因环境不适宜或找不到寄主植物而死亡。杀线虫剂施药方式有多种，例如土壤覆膜熏蒸消毒、穴施、沟施或撒施、土壤浇灌并拌土、树干注射等，因此在实际防治工作中，应根据药剂、作物、线虫和发生时间的不同选用不同的施药方式。

### 3.4.1 预防作用

杀线虫剂的预防作用是指利用气体药剂的挥发作用或能产生有熏蒸作用物质的特性，从而实现防控有害线虫对作物的危害。具有这种作用的杀线虫剂称为熏蒸性杀线虫剂，又可称为预防性杀线虫剂。例如：氯化苦、溴甲烷、二溴化乙烯、二溴氯丙烷等卤代烃类品种，在生产中使用较早，多是土壤熏蒸剂，具有较高的蒸气压，通过药剂在土壤中扩散，直接毒杀线虫，但是由于对人毒性大和田间用量多等缺点，这类杀线虫剂的发展受到限制；棉隆、威百亩和敌线酯的混合物等异硫氰酸甲酯类品种，能释放出硫代异氰酸甲酯（methyl isothiocyanate，MITC）即氰化物离子，使线虫中毒死亡。

该类熏蒸性杀线虫剂由于其为杀死性药剂，杀线虫效果彻底，防病增产效果显著，还不易诱发线虫抗药性，但会累及捕食植物病原线虫的肉食线虫以及其他土栖幼小动物，使它们也遭杀灭，不利于土壤活化、天敌繁衍和持续生态调控，对环境保护有副作用，有的品种对人有致癌或影响生育之虞。熏蒸性杀线虫剂的使用技术要求高：第一，其对生长着的作物和种芽都有药害，使用时期受限，只适宜种植前用于土壤处理，不能在播种后和作物生长期施药，故只能作预防之用；第二，施用后要闷闭土面熏杀一周以上效果才好，并要再过一周待土内药气挥发后才能种植作物，以免发生药害；第三，因土传线虫随作物根系多分布至全耕作层，污染土量较大，要全部熏透，药剂用量也就较大；第四，其多为液剂，须沸点低才利于气化扩散并在土壤间隙中积聚致效。一般使用时温度不宜低于10℃或高于20℃，以15～18℃为宜。土壤墒情也要适中，太干跑失药气，太湿药气不易扩散均匀。施药深度必须净深15～20cm（沙土、墒情差、温度高时必须施入足深20cm土内，最好用土壤施药器械直接注施）。若开沟施入，药要浇沟底中心并立即覆土压平表土以防跑失药气；土壤应预先碎细耙平，除净大土块与大根茬等。

### 3.4.2 治疗作用

杀线虫剂的治疗作用是指药剂并非直接杀死线虫，而是起麻醉作用，影响线虫取食、发育及繁殖行为，延迟线虫对作物的侵入时间及为害峰期，故有人称之为"制线虫剂"（nematistat）。具有这种作用的杀线虫剂称为治疗性杀线虫剂，有时又可称为非熏蒸性杀线虫剂。该类杀线虫剂在作物种植前、播种期和生长期均可使用，同时还能兼治地下害虫。例如，噻唑膦（fosthiazate）、硫线磷（cadusafos）、灭线磷（ethoprophos）、苯线磷（fenamiphos）、氯唑磷（isazofos）、甲基异柳磷（isofenphos-methyl）等有机磷类品种以及克百威、涕灭威、杀线威、久效威（thiofanox）、丁硫克百威等氨基甲酸酯类品种属于非熏蒸性杀线虫剂，具有触杀和内吸作用。因此，在使用技术上应注意：①该类只针对为害植物的线虫而不影响不为害植物的肉食性线虫，所以称之为选择性杀线虫剂。②在一般有效用量下基本无药害，作物播种期和生长期均可施用，但是，因其有效用量与产生药害剂量间的安全系数较小，特别是在干旱条件下用药量大时会在顶尖或叶缘发生药害使叶边变色和生长受抑，需要有雨水缓解才行。③该类药剂大多数系高毒品种低毒化使用型药剂，施用目标集中，施药时限较宽，用量较小，用法较简便，但是因毒性高，一般都要在收获前一定期限例如 40d 停用，并要警惕其对人畜的急性毒害；特别是涕灭威极毒，还有二次中毒问题，禁止在食用作物上使用；又因其对地下水污染的严重问题，禁止在地下水位高的地区使用。④因其中的内吸药剂要发挥作用，有效成分必须先吸入根内并能输导，这就使适中的土壤湿度成为必不可缺的条件。同时此等药剂大都在碱性土壤中易发生降解，所以不宜在 pH 值高的土中施用，否则需加大用量。

### 3.4.3 毒杀作用

植物代谢产物对线虫最直接、最有效的作用方式就是毒杀作用，包括胃毒、触杀、熏杀、内吸等作用。具有胃毒毒杀作用的物质可以破坏线虫中肠组织，使中肠亚细胞结构发生变化，也可阻断其神经传导，抑制多种解毒酶发挥神经毒剂的作用。例如，大部分植物精油都具有熏杀作用，精油可使害虫皮蜡质层颗粒排列发生变化，破坏中肠组织，抑制中枢神经电位自发放电。内吸作用是一种特殊的胃毒方式，因许多植物源杀虫物质具有典型的内吸毒杀活性。

### 3.4.4 拒食和忌避作用

具有拒食作用和忌避作用的物质并不直接杀死害虫，而是迫使其转移选择目标。任何生物的行为都是在接受体内外信息后，由神经系统和肌肉系统综合反应的结果，能够被外来化学物质所调节。具有拒食和忌避作用的物质能改变害虫的体内外信息，然后影响神经，迫使线虫做出拒食和忌避的行为。例如，A. N. E. Birch 等（1993）发现 DMDP 对南方根结线虫具有良好的拒食活性，而 M. S. Alphey 等（2000）发现 2,3-二羟基萘对线虫表现出很好的忌避活性。

### 3.4.5 生长发育干扰作用

许多植物能够干扰线虫的生长发育，使雌虫无法正常化卵，卵不能正常孵化，在线虫的整个生长过程中起主导调节作用。目前，认为该类活性成分是干扰了线虫正常的内分泌系统，导致生长发育出现异常。例如，安玉兴（2001）发现人血草提取物 3,4-二羟基苯甲酸可影响南方根结线虫幼虫体内糖、蛋白质的含量；E. V. Warbrick 等（1993）发现印楝素在一定浓度下可以阻止丝状线虫 4 龄幼虫蜕皮。

### 3.4.6 光活化毒杀作用

有的植物活性物质（噻吩、多聚炔类等）借助于光敏化剂发挥作用，光敏化剂是光活化毒杀作用的关键。目前被普遍接受的机制是光动力作用和光诱导毒性，即光敏化剂接受一定波长的光子，产生自由基或诱发单线态氧攻击生物大分子，如脂蛋白、酶和核酸等，从而导致害虫的死亡或损伤。例如，W. R. J. Chitwood 等（1992）从万寿菊中提取的噻吩化合物（$\alpha$-terthienyl）在光照下表现出较强的杀线虫活性。

除上述作用方式外，植物杀线虫代谢产物还可以通过改善寄主植物的生长来减少线虫的危害，例如促进作物根系的生长，提高作物对线虫浸染的耐性。通过与抗性或部分抗性植物混栽，来补充寄主植物的抗性。此外还可以诱导寄主植物产生抗病毒素，减低由线虫侵染而引起病毒传播，以此来减少因线虫危害造成的损失。

# 3.5　杀鼠剂

防治鼠类等有害啮齿动物的农药，多用通过胃毒、熏蒸作用直接毒杀的方法，然而也存在人畜中毒或二次中毒的危险。因此优良的杀鼠剂应具备以下条件：对鼠类毒性大，有选择性；不易产生二次中毒现象；对人畜安全以及价格便宜等。但是目前符合这些要求的杀鼠剂并不多，使用时应强调安全用药的时间和方法。下面根据作用方式对杀鼠剂的施药方式进行介绍。

### 3.5.1 胃毒作用

胃毒作用是目前采用的主要灭鼠方式，即通过一定方法，使毒药经鼠口进入鼠的胃肠道吸收，发挥作用，将鼠毒死。其中毒饵灭鼠是最为主要的途径。此外，还有毒粉、毒水、毒糊、毒胶等应用形式。这些灭鼠方式，除毒水外，都带有一定的强制性，需要考虑鼠的食性，即是否会被鼠取食。

毒饵是最常用的灭鼠方法，其主要优点是：①效果好，通常可消灭鼠群的 80% 以上；②工效高，适合大面积同时行动；③成本低；④使用方便等。主要缺点是可能误伤非靶动物或污染环境。

#### 3.5.1.1 诱饵和添加剂的选择

诱饵是否为鼠喜食，直接关系到灭鼠效果。在一定范围内，当地的主粮作物种子应该是灭鼠诱饵备选的主要对象之一。目前使用较多的诱饵有以下几类：

① 整粒谷物或其碎片　例如稻谷、大米、小麦、荞麦、高粱、小米、碎玉米等。这类诱饵主要用沾附法或浸泡法加入杀鼠剂。谷物应新鲜，不宜用陈粮。在高温或潮湿季节，用稻谷比大米好，前者不易长霉变质，即使发芽，对适口性的影响也不大。

② 粮食粉　如玉米面、面粉等，主要用于制作混合毒饵。在粮食粉中也可加入鱼粉等，以提高适口性。此类诱饵亦应保持新鲜。

③ 压缩颗粒　多种粉末按一定比例混合，压成条状颗粒，常可用作诱饵。

④ 瓜菜或水果　如白薯、胡萝卜、西瓜皮、黄瓜和苹果等，主要用于沾附毒饵，现配现用。

⑤ 粮食粉加蜡　粮食粉混匀后倒入熔化的蜡中制成蜡块毒饵，用于潮湿处。

为了提高诱饵的适口性，除保持新鲜外，尚可加入 $1\% \sim 3\%$ 植物油，或加 $0.5\%$ 盐和 $0.1\%$ 味精，$3\% \sim 5\%$ 糖或 $0.1\%$ 糖精，少量鱼粉，少量奶粉等，以提高鼠的摄食量。

#### 3.5.1.2　毒饵的配制

毒饵的配制是否正确，会直接影响到灭鼠效果。在毒饵的配制过程中，应注意保持毒饵的适口性和药剂的毒力。配毒饵应从以下 3 个方面严格要求：

① 杀鼠剂、诱饵、沾着剂等必须符合标准。不用含量不足、杂质太多的杀鼠剂，不用不新鲜或鼠类不爱吃的诱饵，不用影响适口性的添加剂（如陈仓谷物、变质食物、酸败植物油等）。

② 拌饵要均匀，使杀鼠剂均匀地与诱饵混合。使用浓度低的杀鼠剂时，应先将杀鼠剂制成母粉或母液，再与诱饵相混。

③ 杀鼠剂的浓度要适中，过高浓度可能会影响到鼠的适口性，对慢性药来说，提高浓度并不能相应提高灭鼠速度和效果。

毒药浓度依毒药的毒力、消灭对象和诱饵来确定。一般来说，灭野鼠的浓度比灭家鼠的浓度要高，带壳毒饵的配制浓度要比无壳的要高。常用杀鼠剂的参考使用浓度列于表 3-2。

表 3-2　常用杀鼠剂的参考使用浓度

| 杀鼠剂名称 | 使用浓度/% |
| --- | --- |
| 敌鼠钠盐 | $0.025 \sim 0.05$（家鼠），$0.1 \sim 0.3$（野鼠） |
| 杀鼠灵 | $0.0125 \sim 0.05$：$0.0125$（褐家鼠），$0.025 \sim 0.05$（小家鼠、黄胸鼠） |
| 杀鼠迷 | $0.0375$（家鼠），$0.075$（野鼠） |
| 氯鼠酮 | $0.005 \sim 0.01$，$\leqslant 0.025$ |
| 杀它仗 | $0.005$ |
| 大隆 | $0.001 \sim 0.005$ |
| 溴敌隆 | $0.005 \sim 0.02$ |

制饵方法随毒药理化性质和诱饵特点而定，可因地制宜。现介绍几种较常用的方法。

（1）沾附法　适用于不溶于水的杀鼠剂，需用沾着剂。用粮食或其他颗粒状或块状食物作饵，用植物油、淀粉糊或黏米汤作沾着剂。将药粉均匀沾在诱饵表面，即制成毒饵。沾着剂的用量要适当，以能使药物均匀沾附于诱饵表面而不脱落，又不多余为度。

沾着剂的用量，与毒药的浓度、种类，沾着剂的种类，诱饵的大小和表面光滑程度等有关系。毒药浓度低于3％时，沾着剂用量与毒药浓度基本上无对应关系；毒药浓度超过5％，则浓度越高，沾着剂用量越大。表3-3给出了毒药浓度和沾着剂的参考用量。

表3-3　毒药浓度和沾着剂的参考用量

| 毒药浓度/％ | 沾着剂用量/％ | |
| --- | --- | --- |
| | 植物油 | 淀粉糊（或榆树皮粉糊） |
| 1以下 | 2.5 | 5 |
| 3 | 3 | 6 |
| 5 | 3 | 7 |
| 10 | 3 | 8 |
| 15 | 4 | 9 |
| 20 | 5 | 10 |

对于使用浓度高的药物，在配制时应先加入大部分沾着剂于诱饵中，再将药物分批加入，最后加入剩余的沾着剂，有助于药物均匀分布。当药物的用量少至1％左右时，则可一次性加入。对于毒力特大、使用浓度很低的药，直接配制不易均匀，应先将药加适量鼠不拒食的稀释剂（如滑石粉、淀粉等），研细拌匀，然后再配制。在使用淀粉糊等时，也可将药物先与淀粉糊直接制成有毒的淀粉糊，然后加入诱饵拌匀。

（2）浸渍法　适于可溶于水的杀鼠剂或可将不溶于水中的杀鼠剂分散于水中的剂型。先将药物溶于水中，造成药液，再加入饵料浸泡，待药液全部吸收进饵料中，即配成毒饵。关键是掌握水的用量，应视饵料的不同而异。一般为诱饵量的20％～30％，以诱饵能在24h内吸光毒水为度。用量太多，饵料吸收不完药水而浪费，饵料也达不到所预期的浓度；用量太少，因不能湿润所有的饵料，而造成药物分配不均匀。特别是对于带壳的毒饵，水量不足，将会使药物仅附于壳上，而未被吸入，根本不会发挥应有的灭鼠作用（因鼠取食时的剥壳行为）。如0.1％的敌鼠钠盐稻谷毒饵的配制比例为稻谷∶水∶药物＝100∶20∶0.1，先将0.1kg敌鼠钠盐溶于18kg沸水中，或用适量乙醇溶解，再加入水中。再将药水倒入不漏水的盛装有100kg稻谷的容器中，再用2kg水冲洗配制药水的工具等，倒入稻谷中，充分搅拌，使所有饵料被浸湿。然后，每隔2h左右搅拌一次，直至药水被吸干。再取出5％～10％加警戒色，晾干后再与其他毒饵混合即成。

（3）混合法　适用于粉末状饵料与各种杀鼠剂制备毒饵。按该法制成的毒饵，杀鼠剂均匀地分布于毒饵中，不会脱落。药物与饵料的混合可采用逐步稀释法：先将药物与少量饵料拌匀，再加入剩余的饵料中，充分拌匀后，再加水制成毒饵（使用浓度较低的杀鼠剂，可多稀释几次）。对于溶于水的杀鼠剂，也可先溶于所要加入的水中，再与饵料混合制成饵块。

（4）蜡块毒饵　为预防在某些特殊环境条件下毒饵的霉变、被雨水或流水冲洗，可制作蜡块毒饵（或称"穿衣毒饵"）灭鼠。先配好一定浓度的毒饵，将一定比例（可达 30%）的石蜡加热熔化后加入其中，拌匀，冷却后分成一定质量（如 5g、20g 等）的饵块，即可投放使用。也有的将毒饵制成一定体积的小块（如 1m³）后，再封蜡而成。在湿度较高，易霉变，和常被冲洗或水流的地方应用，有一定的优势，特别是城市的下水道，投放蜡块毒饵可收到较好的灭鼠效果。另外，利用非粮食材料作物毒饵载体的方法，既可减少非靶标动物的危险性，又节省粮食，但国内还没有可利用的产品。

（5）毒水　主要用于室内干燥缺水的场所（如食品库、被服库等）毒杀家栖鼠类。常用的毒水有 0.025% 敌鼠钠盐、0.025% 杀鼠灵钠盐。可加 5% 食糖或 0.01% 糖精作引诱剂和加 0.1% 蓝墨水或 0.02% 亚甲蓝作警戒色。将毒水装入毒水瓶（或用试验动物饮水瓶代替）中，倒挂在墙上，距地面 10～15cm，15m² 面积挂 2 瓶毒水。10～20d 控制鼠患后将毒水收起妥善处理。

（6）毒粉　主要用于室内处理鼠洞、鼠道毒杀家栖鼠类。常用的毒粉有 0.5% 杀鼠灵等。用喷粉机沿墙等距或见洞喷粉。粉片面积为 9cm×15cm，厚 2～3mm。每间房（15m² 左右）布粉 2 块。处理 15～20d 后将毒粉清扫干净。

毒饵必须加警戒色。常用的警戒色有胭脂红、苋菜红、苹果绿等，浓度 0.05%，也可使用红、蓝墨水代替。但最好选用绿色、蓝色、黄色警示。据报道，红色的毒饵在野外对鸟类有一定的引诱力，容易引发鸟类误食中毒。

毒饵配制后，应分装在有明显标志的专用包装里，注明品名、主要成分及含量、用途及用量、生产日期及生产单位、地址及中毒时的解毒方法等。勿利用其他物品的包装，以防误食中毒。

### 3.5.1.3　毒饵的投放

毒饵的投放是发挥毒饵作用的最后的重要环节，不认真投饵或投放不正确，将会前功尽弃。各种鼠的活动规律、范围很不一样，毒饵的投放方式也各不相同。下面介绍目前使用较多的投饵方式。

（1）按洞投放　对于洞穴明显的鼠类均可使用。由于鼠接触的机会多，灭鼠比较容易得到保证，因而应用较广。一般来说，投在洞外比洞内好，投在洞内的跑道两侧比投在跑道上好。如为了保证安全，需投在洞内，则应使用体积较大的毒饵块。

每洞投饵量，应根据情况而定。诱饵种类不同投饵量亦不同。使用抗凝血杀鼠剂时，投饵量应比速效药多些。此外，投饵量亦应根据鼠种及其习性（独居、群居）等情况确定，如杀灭独居且对药物敏感的鼠种时，投饵量可少些；反之应多些。对于独居鼠类，每洞所投毒饵的含药量，相当于 3～5 个 95% 置信限的剂量。

（2）按鼠迹投放　即将毒饵投到鼠活动场所，鼠迹明显之处。这种方法既适用于洞穴明显的鼠类，也适用于洞穴难以发现者，如某些小型鼠类和南方一些地区的家鼠。

（3）等距投放　主要用于野外，尤其适用于鼠密度高的地区，可以提高工效。按棋盘格的形式，每行或每列各隔一段距离（一般为 5～10m）投饵一份。应根据当地鼠种和鼠密度确定。在水稻区，鼠的活动常与田埂有密切关系，特别是水稻生长季节，鼠集中于田埂，此时只须沿田埂等距投饵。

（4）均匀投放 即将毒饵均匀地撒布在有鼠地区，毒饵单粒存在。主要适用于鼠密度很高的草原、荒漠以及灌木林地区。可用人工、机械、飞机投撒。该法还可以"条撒"或"按洞群均匀投毒"方式进行。即处理一条，隔一条，再处理一条。间隔的宽度应小于鼠的日活动半径并根据投饵工具确定。"按洞群均匀投饵"与"在鼠类活动场所投毒"相近，不同的是前者毒饵分散，而后者毒饵集中。

（5）条带投放 仿照农业上条播形式直线投饵。条距以小于鼠的日常活动半径为宜。例如黄鼠为50m，沙鼠为30m，布氏田鼠为20m。

（6）布毒容器（毒饵站） 一般情况下，毒饵可直接投放在地面上，在某些情况下，才使用布毒容器，需长期控制害鼠而设立的投饵容器，称毒饵站。主要作用有两点：①减少甚至避免人、畜误食毒饵或误饮毒水，避免杀鼠剂对食品、饲料等的污染；②延长毒饵等的有效期，包括降低毒饵的降解速度，保持毒饵的适口性。在有的情况下，如草垛中，不能直接布防毒饵，必须使用容器。此外，某些多雨地区的农田、果园或重要经济作物地等处，需建立长期投饵点时，也需要布毒容器。

布毒容器形式多样，材料不同，既有专门制成的，也可利用废物，甚至包括人工假洞等等。灭家鼠常用的容器是两端有小孔的小箱或竹筒。箱为木板或纸板制，三角或四方的切面均可。也可用砖、石块、木板、瓦片等代替。

### 3.5.1.4 安全要求

灭鼠的安全要求是防止操作、保管、使用不当或误食而中毒。主要要求如下。

① 灭鼠制剂及其毒饵包装须有清楚明显的标签，要特别注明是有毒或剧毒物质。专人、专柜保管，不得和其他药品、食物等混放。

② 发放灭鼠制剂要登记，做到账物相符。运输中应轻搬轻放，防止包装损坏、药品流失。如发现有渗漏、破裂现象，应重新包装。

③ 配制毒饵场所须通风良好，远离水源、厨房、畜圈和禽舍。

④ 配制毒饵人员须经过专门训练，配制时必须有两人以上参加。操作时应站上风向，穿工作服、戴口罩、手套，不许吸烟、喝水、吃东西。晾晒毒饵应有两人看管，配制毒饵的一切器具应专用，用后要反复洗刷干净，毒水应深埋。工作结束时要洗手、漱口、洗脸、更换工作服和鞋。

⑤ 投放毒饵时应深入宣传，做到家喻户晓。投毒前，严格管好家畜、家禽。灭鼠剩余的毒饵应妥善保管，以防误食。

⑥ 灭鼠中注意收集鼠尸，予以深埋或焚烧，避免污染环境及发生二次中毒。

⑦ 发现误食中毒患者，应立即催吐，迅速送往医疗单位对症治疗。

### 3.5.1.5 投饵质量

以覆盖率、到位率、保留率作为考核投饵质量的指标。

（1）覆盖率 室内外需要投毒饵的各种场所都应按规定投放毒饵，做到不漏单位、不漏户、不漏房间、不漏外环境场所等有鼠栖息和活动的地方。

（2）到位率 毒饵应投放于墙边、墙角、鼠洞内、鼠洞旁等鼠经常活动且隐蔽的位置上。

（3）保留率 急性杀鼠剂应保留 3d 以上，慢性杀鼠剂应保留 2 周以上。

## 3.5.2 熏蒸作用

有些药剂在常温下易气化为有毒气体或通过化学反应产生有毒气体，这类药剂通称熏蒸剂。利用有毒气体使鼠吸入致死的灭鼠方法称为熏蒸灭鼠。

熏杀法是采用化学熏蒸剂或灭鼠烟炮，投入其可密封的环境或直接投入鼠洞（洞穴结构不十分复杂的鼠种）内灭鼠。具有以下优点：①见效快，适于疫区应用，一般多在数小时内即能获得最大灭鼠效果；②属强制性药物，应用时不必考虑鼠的食性和适口性等；③不使用粮食和其他食品，节约大量饵料，一洞群内的鼠可一次性毒死；④有一些熏蒸杀鼠剂兼有杀虫作用，在粮仓、船舱等特殊场所灭鼠还可兼杀害虫，经济实惠；⑤尽管现有的熏蒸杀鼠剂本身选择性较差，但在正确的操作下，对人、禽、畜比较安全。也有一些缺点：使用范围受条件制约，且用量较大。如受鼠洞结构的限制，防治率不高，就是因为毒气在整个洞内必须保持一定的浓度，才能发挥作用。另外就是成本较高，如向洞内投药，比较费工。群众使用时，为保证安全，须经过培训及健全组织领导。

一般夏季鼠洞结构简单而短浅，有利于熏蒸剂均匀分布到整个洞穴；而冬季洞的结构复杂，洞道长达数米甚至数十米，有的洞穴内有储粮、杂草和松土等，加之温度较低，毒气不易均匀分布，药量需要相应加大。因此夏季熏杀比冬季效果好。

该法主要适用于船舶、舰艇、火车、仓库及其他密闭场所的灭鼠，还可用以杀灭洞内鼠。目前使用的熏蒸剂有两类：一类是化学熏蒸剂，均已限制使用，如磷化氢（磷化铝）、氰化氢、氯化苦、溴甲烷等，须在专业技术人员指导下施用；另一类是灭鼠烟剂。

### 3.5.2.1 化学熏蒸剂

理想的化学熏蒸剂应具备以下条件：①对各种鼠类都有熏杀作用；②使用方便，对温湿度的要求不高；③易于扩散，能深入缝隙；④作用较快，鼠类不易逃避；⑤对人、畜毒力小，有解毒药或易于采取防护措施；⑥对物品无损害，不留残毒和气味；⑦价格低，来源广。但目前常用化学熏蒸剂均有一些缺陷，因此基本上都被限制使用。常用化学熏蒸剂主要有以下几种。

（1）磷化氢 常温下为无色气体，有电石气气味。沸点为 $-87.5℃$，相对密度 1.18。空气中浓度达 $26mg \cdot L^{-1}$ 时，易燃烧爆炸。可用其压缩气体，也可用磷化锌加酸产生。磷化铝或磷化钙加水，或吸收空气中水分亦可分解产生磷化氢。磷化氢主要作用于中枢神经系统与肝、肾等器官。小白鼠 $LC_{50}$ 为 $60.85mg \cdot m^{-3}$。磷化铝片剂为灰绿色，含 70% 磷化铝、30% 碳酸铵，每片重 3g，在 25℃ 相对湿度 75%～80% 条件下，可于 12～15h 内全部分解。一般鼠洞灭鼠只需 1 片，粮库灭鼠用量为 6～12g · m⁻³。

磷化钙为棕色粉末，相对湿度为 70％时，半量分解时间约为 3h，24h 可分解 95％。磷化钙用量为磷化铝 4 倍。

（2）氰化氢　无色略带苦杏仁味的易挥发性液体，沸点 25.6℃，气体相对密度 0.93。空气中含量于 2％以下，不燃烧；超过 5％，有燃烧爆炸危险。氰化物可抑制细胞呼吸机能，引起组织内窒息。由于中枢神经对缺氧特别敏感，中毒动物多死于呼吸麻痹。使用剂量为 $1.5g \cdot m^{-3}$ 作用 4h，或 $2.0g \cdot m^{-3}$ 作用 2h。船舶、仓库灭鼠可用压缩气体或罐装吸附有本药的纸片。野外处理鼠洞，可用氰化钙粉末。以特制唧筒将粉末吹入，或用长匙将之送入洞内，然后用泥土将洞口堵塞。氰化钙吸收空气和土壤中的水分即产生氰化氢。此外，也可采用工业副产物氰熔体（主要成分为氰化钠）加酸产生氰化氢。

（3）氯化苦　纯品为无色油状液体，工业品呈黄绿色。有强烈刺激性，为催泪毒剂。气体相对密度 5.66，沸点 112.4℃。使用浓度为 $10 \sim 30g \cdot m^{-3}$，处理鼠洞，每洞黄鼠 $5 \sim 10g$、沙鼠 5g、旱獭 $50 \sim 100g$。

（4）溴甲烷　常温下为无色无臭气体，沸点 3.6℃，气体相对密度 3.27。空气中含量高达 13％～15％时，有燃烧爆炸危险。使用浓度 $10 \sim 50g \cdot m^{-3}$。溴甲烷对人畜剧毒，无特殊警戒性气味，最大安全容许浓度为 $17\mu L \cdot L^{-1}$。中毒潜伏期可长达数日至数周，症状出现后一般较难救治，使用应特别小心。橡胶工作服吸收溴甲烷，可刺激皮肤，引起灼伤，操作时不宜穿着。

灭鼠常用化学熏蒸剂的使用方法见表 3-4。

**表 3-4　灭鼠常用化学熏蒸剂的使用方法**

| 熏蒸剂种类 | 常用剂型 | 适用场所或对象 | 用法 | 用量 | 温度要求/℃ | 空气中余毒简易侦察法 | 备注 |
|---|---|---|---|---|---|---|---|
| 磷化氢 | 磷化铝：灰绿色圆片，每片重 3g | 灭野鼠 | 投洞后用土严密堵洞 | 每洞：黄鼠、沙鼠 6g，黑线姬鼠 3～6g | 不严 | 磷化氢有大蒜或电石味，可嗅出；以硝酸银试纸试验 | 磷化铝、磷化钙遇火、加水可能燃烧或爆炸，储存、使用时应注意安全 |
| | | 仓库 | 分散布放 | $6 \sim 12g \cdot m^{-3}$，密闭熏蒸 3d 以上 | | | |
| | 磷化钙：棕褐色块或粉末 | 灭野鼠、仓库 | 同磷化铝 | 约为磷化铝的 4 倍 | | | |
| | 磷化锌：配方比为磷化锌 1，小苏打 1，硫酸 2，水 12 | 仓库 | 将磷化锌与小苏打混匀装于布袋，投入加有硫酸的水缸中 | $5 \sim 10g \cdot m^{-3}$ | | | |

| 熏蒸剂种类 | 常用剂型 | 适用场所或对象 | 用法 | 用量 | 温度要求/℃ | 空气中余毒简易侦察法 | 备注 |
|---|---|---|---|---|---|---|---|
| 氰化氢 | 氢氰酸盘剂：用圆形纸板吸附氢氰酸液体装于铁罐中 | 船舶、火车、仓库 | 将盘剂均匀撒布于熏蒸场所 | $2g \cdot m^{-3}$，闭密熏蒸2h | 12～25 | 乙酸铜联苯胺试纸试验；小白鼠中毒试验 | 无警戒性气味，刺激性小，能经皮肤吸收，应特别注意安全 |
| | 氰化钙：黑灰色结晶 | 灭野鼠 | 投洞后用土严密堵洞 | 每洞：黄鼠5g，旱獭约50g | | | 药应尽可能投到鼠洞深处，雨天或湿度过大时，最好不用 |
| | 氰熔体：黑灰色片状碎块装于铁桶中 | 灭野鼠 | 投洞加酸水后用土严密堵洞 | 每洞：沙鼠5g、黄鼠10g，各加10倍量的酸水 | | | |
| 氯化苦 | 原液（瓶装） | 灭野鼠 | 直接注入或喷入洞中；用干畜粪、干草把等吸附，投洞；配成毒沙投洞 | 每洞：黄鼠5～10g；沙鼠5g，每洞群至少投两个洞口；旱獭50～100g | >20，较好 | 氯化苦有强烈刺激味和催泪作用，可由感官测知 | 不宜在较低温度（12℃以下）及土壤湿度高或过于疏松处使用 |
| 溴甲烷 | 原液（装于钢瓶中） | 仓库 | 从仓外较高处用管通至仓内施药 | 3.5～18g·$m^{-3}$，密闭熏蒸6～12h | >5 | 溴灯检查；动物中毒试验 | 无警戒性气味，使用时应注意安全 |
| | 安瓿（每支20mL） | 灭旱獭 | 将安瓿打碎投洞 | 每洞1支 | | | |

#### 3.5.2.2　灭鼠烟剂

灭鼠烟剂又称烟炮或灭鼠炮，具有熏蒸剂的一般特点，并有其独特之处，例如：其对人畜无害；制作容易，可就地取材；制作或使用不慎时可发生火灾。

（1）主要性能　目前使用的大多数烟炮，对杀灭洞内鼠起主要作用的是一氧化碳。一氧化碳为无色、无臭的气体，对温血动物毒性很大，可使血红素变性，失去交换氧气的能力窒息而死。

烟炮的主要成分是燃料和助燃剂。燃料燃烧时产生烟，其中含有不少二氧化碳和一氧化碳。常用的燃料有木屑、煤粉、炭粉和畜粪末等。助燃剂能使燃料在较短的时间内燃尽，迅速增加有毒气体的浓度和压力。助燃剂的用量，以能使燃料在短时间内燃尽，又不产生火焰为宜。常用的助燃剂有硝酸钾、硝酸钠、硝酸铵，也可用氯酸钾或黑火药。硝酸钾、硝酸钠助燃性能好，不易潮解；但硝酸钾价格高，硝酸钠较低。硝酸铵助燃性能尚好，价格很低；但易潮解，用量较大。在烟炮中，一般情况下硝酸钾或硝酸钠用量为25%～30%，硝酸铵为40%～50%，硝酸钠、硝酸铵合用的，各占20%。

为兼顾杀虫，可在烟炮中再加入杀虫剂，常用的有敌敌畏、敌百虫等。常用烟炮配方有：

① 木屑烟炮　木屑50%，硝酸铵50%，每支重20～25g；或木屑60%，硝酸钾或

氯酸钾 40％，每支重 10～15g。

②闹羊花烟炮　闹羊花叶粉 60％，氯酸钾 40％，每支重 10～15g。

③敌敌畏烟炮　敌敌畏 20％，木屑 40％，硝酸铵 40％，每支重 15g。

（2）制作方法　将烟炮各成分研细，按比例拌匀，装入用报纸卷成的小圆筒（直径约 2cm，长约 10～15cm）中，封口即成。为便于点燃，可在烟炮一端插入一长约 3～4cm 的引信。烟炮使用硝酸铵作助燃剂时，因易潮解，应现配现用，或配好后装于塑料袋内扎口保存，引信亦应在临用时插入。点燃后气体膨胀，烟雾可迅速达到洞底，效果好。

（3）使用方法　找到有鼠洞后，留迎风低位的洞口做烟熏，其余洞口用泥土严密堵塞。将烟炮点燃后放入洞内，再加泥土堵塞打实。堵洞灭鼠后，昆虫在鼠体和鼠窝不会主动爬出。因此，一般使用木屑烟炮即可。如需杀虫，可使用敌敌畏烟炮。对洞穴较浅的小型鼠（如黑线姬鼠），每洞投放上述烟炮一支即可；但对洞穴深的大型鼠，应酌情增加用量。

### 3.5.3　绝育作用

使用绝育剂，必须在不育鼠逐渐死亡之后，整个鼠密度才能显著下降，见效太慢。因此在鼠密度较高时，或不能长期有鼠的地区（如饮食业），不宜使用。而在鼠密度大幅下降，鼠害基本控制后，再使用绝育剂（如果有合适的产品），效果显著。但目前，无真正能大面积应用于灭鼠的绝育剂产品，其工作处于探索阶段。国内，中科院北京动物所等单位在这方面进行了大量的研究工作，已有一些产品初步在一定面积上应用和推广。

但值得注意的是，在其大面积推广应用前，需要解决以下几个问题。

①绝育剂环境影响的评估。绝育剂对其他动物，特别是哺乳动物和环境的影响，必须做出必要的评估，因为目前报道的绝育剂大多是广谱性的，使用时必须十分谨慎。否则，它对环境的影响将无法挽回，特别是在野生动物丰富的森林生态系统中。因此，绝育剂的大面积推广，一定要稳妥和安全。

②提高鼠的接受性，使鼠能吃够量。

③简化用法，最好是一次服药，长期有效。

④降低成本，便于大量使用。

# 3.6　植物生长调节剂

大多数的植物从种子开始萌发到生根、长出枝叶，再到开花结果，以及后期的衰老脱落和休眠的每个生长发育阶段，不但需要大量的无机物和有机物为其提供生长的营养物质，还需要一类比较特殊的物质来调控其体内的各种代谢过程，即植物生长物质，其包括内源植物激素（plant hormones）和外源植物生长调节剂（plant growth regulators）两类。前者分为生长素类（auxins）［如吲哚乙酸（IAA）］、赤霉素类

（gibberellins，GA）、细胞分裂素类（cytokinins，CTK）、脱落酸（abscisic acid，ABA）和乙烯利（ethephon，ETH）五大类，而后者根据其对植物发育的影响可分为植物生长促进剂、植物生长延缓剂、植物生长抑制剂、保鲜剂、抗旱剂和其他等。这两者的化学结构可能相同，也可能有本质的区别，但是它们的生物学效应是相同的，其对植物表现出多种多样的作用方式，见表 3-5。

**表 3-5　植物生长调节剂的主要作用**

| 主要作用 | 植物生长调节剂 |
| --- | --- |
| 促进发芽 | 赤霉素、萘乙酸、吲哚乙酸 |
| 促进生根 | 萘乙酸、吲哚乙酸、吲哚丁酸、2,4-D、6-苄基氨基嘌呤 |
| 促进生长 | 赤霉素、增产灵、增产素、石油助长剂、6-苄基氨基嘌呤 |
| 促进开花 | 赤霉素、乙烯利、萘乙酸、2,4-D |
| 促进成熟 | 乙烯利、乙二膦酸、丁酰肼、增甘膦 |
| 促进排胶 | 乙烯利 |
| 抑制发芽 | 青鲜素、萘乙酸甲酯、丁酰肼、矮壮素 |
| 防止倒伏 | 矮壮素、多效唑、丁酰肼 |
| 打破顶端优势 | 青鲜素、三碘苯甲酸、乙烯利 |
| 控制株型 | 矮壮素、调节啶、整形素、调节膦、多效唑、丁酰肼 |
| 疏花疏果 | 萘乙酸、乙烯利、甲萘威、吲熟酯、整形素 |
| 保花保果 | 赤霉素、防落素、2,4-D、萘乙酸、丁酰肼、萘氧乙酸 |
| 调节性别 | 乙烯利、赤霉素 |
| 化学杀雄 | 乙烯利、青鲜素、甲基砷酸盐 |
| 改善品质 | 乙烯利、丁酰肼、吲熟酯、增甘膦、赤霉素 |
| 增强抗性 | 矮壮素、多效唑、脱落酸、整形素、青鲜素 |
| 储藏保鲜 | 6-苄基氨基嘌呤、丁酰肼、2,4-D、青鲜素、防落素、赤霉素 |
| 促进脱叶 | 乙烯利、脱叶磷、脱叶亚磷 |
| 促进干燥 | 促叶黄、百草枯、乙烯利、草甘膦、增甘膦、氯酸镁、氯酸钠 |
| 抑制光呼吸 | 亚硫酸氢钠、2,3-环氧丙醇 |
| 抑制蒸腾 | 脱落酸、矮壮素、丁酰肼、整形素 |

### 3.6.1　促进植物生长作用

是指药剂使用后对植物细胞快速分裂、体内细胞伸长与生长，以及营养器官和生殖器官发育具有促进效应，例如赤霉酸（GA₃）、吲哚乙酸（IAA）、吲哚丁酸（IBA）、萘乙酸（NAA）、激动素、6-苄基腺嘌呤、乙烯利、芸薹素内酯等。

### 3.6.2　延缓植物生长作用

植物生长延缓剂的作用是使用后细胞数目和节间数目不会减少，但可使节间缩短，使植株变矮，同时不影响顶端分生组织的生长和开花，例如烯效唑、矮壮素、氯化胆碱、甲哌鎓（缩节胺）、多效唑、粉锈宁等。

### 3.6.3 抑制植物生长作用

是指通过抑制分生组织细胞的伸长和分化，如阻止分生组织细胞的核酸和蛋白质的合成，从而降低分生组织细胞分裂的速度，在外观上植株呈现出生长矮小的性状。同时可解除顶端优势，促进侧枝的生长和分化，增加侧枝数量。植物生长抑制剂主要有青鲜素、整形素、增甘磷等。

### 3.6.4 保鲜作用

该类物质主要有乙烯脱除剂、防腐剂、涂膜保鲜剂、气体调节剂、湿度调节剂和生理活性调节剂，其中生理活性调节剂像 6-苄基腺嘌呤的水剂可对叶菜类物质采用浸渍法抑制呼吸和代谢来达到保鲜和保持品质的作用。

### 3.6.5 其他作用

植物生长调节剂除了上述系列之外还有一些较为特殊的物质，例如：甜菜碱是一种无毒的季铵类化合物，应用甜菜碱能够提高植物的抗性；多胺脂代谢的低分子量的具有活性的物质如腐胺（PUT）、亚精胺（SPD）、精胺（SPM）等具有调节作用；商品药剂爱多收的成分中有 99.9%是复硝酸钠，其可对植物的发根、生长、生殖和成熟方面产生积极的作用。

总之，在植物的生长过程中，并不是单个生长物质发挥作用，而是多个植物生长物质共同的作用才使得植物更好地生长发育，可用图 3-1 来形象地表示出生长物质对植物相互作用的情况，可见赤霉素可使茎秆伸长，生长素促进细胞的分化，脱落酸可调节叶片中气孔的关闭，细胞分裂素和乙烯可促进果实的成熟，同时细胞分裂素还可调节根和芽的生长平衡。可见多个调节剂均参与了整个植株生长发育成熟的过程。上述的所有植物生长调节剂类型中生长素类植物生长调节剂是最早被发现的，它最显著的特点是促

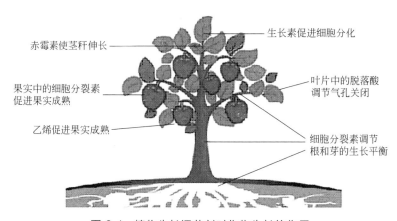

图 3-1 植物生长调节剂对作物生长的作用

进生长，且其对根、茎、芽的促进程度与浓度有很大的关系，一般认为在低浓度下促进生长而在高浓度下抑制生长，甚至使植物死亡。

## 参 考 文 献

[1] 陈凤平，韩平，等.啶菌唑对番茄灰霉病菌的抑菌作用研究.农药学学报，2010，12（1）：42-48.

[2] 陈雨，张文芝，等.氰烯菌酯对禾谷镰孢菌分生孢子萌发及菌丝生长的影响.农药学学报，2007，9（3）：235-239.

[3] 陈年春.农药生物测定技术.北京：北京农业大学出版社，1991.

[4] 陈万义.新农药的研发：方法与进展.北京：化学工业出版社，2007.

[5] 曹鹏翔.农药的作用方式.新农业，1982，19：8-9.

[6] 黄诚，王品维，孙逸钊，等.杀虫剂的作用方式与分类.农药科学与管理，2007，25（1）：41-48.

[7] 黄国洋.农药试验技术与评价方法.北京：中国农业出版社，2000.

[8] 金丽华，陈长军.嘧菌酯及 SHAM 对 4 种植物病原真菌的活性和作用方式研究.中国农业科学，2007，40（10）：2206-2213.

[9] 林孔勋.杀菌剂毒理学.北京：中国农业出版社，1995.

[10] 马志卿.不同类杀虫药剂的致毒症状与作用机理关系研究.咸阳：西北农林科技大学，2002.

[11] 倪长春，沈宙.植物系统获得抗性激活剂筛选方法探讨.现代农药，2004，3（1）：10-14.

[12] 邱德文.植物免疫诱抗剂的研究进展与应用前景.中国农业科技导报，2014，16（1）：39-45.

[13] 深见顺一，上杉康彦，石塚皓造，等.农药实验法——杀虫剂篇.李树正，等译.北京：农业出版社，1991.

[14] 深见顺一，上杉康彦，石塚皓造，等.农药实验法——杀虫剂篇.章元寿，译.北京：农业出版社，1994.

[15] 屠豫钦，李秉礼.农药应用工艺学导论.北京：化学工业出版社，2006.

[16] 吴文君.农药学原理.北京：中国农业出版社，2000.

[17] 徐汉虹.植物化学保护学.北京：中国农业出版社，2007.

[18] 袁会珠.农药应用技术指南.北京：化学工业出版社，2011.

[19] 张进宏，李芝凤.几种农药及其不同作用方式对棉铃虫的药效.湖北农业科学，1993（6）：29-30.

[20] 张穗，陈海霞，杜兴彬，等.申嗪霉素作用方式及其与稻田常用农药混合使用后对药效的影响.上海农业学报，2015，31（1）：1-4.

[21] 赵善欢.植物化学保护.第 3 版.北京：中国农业出版社，2007.

[22] 朱蕙香，张宗俭，张红军，等.常用植物生长调节剂应用指南.北京：化学工业出版社，2010.

[23] Sakai M.日本开发的几种杀虫剂的作用方式.农药工业译丛，1980（1）：38-44.

# 第4章
# 农药生物活性测定

生物活性测定是一项极其重要的实用技术，其在农药研究与开发中的意义在于：要从众多的供试化合物中发现先导化合物，必须依赖生物活性测定技术提供的各种化合物的生物活性信息；在先导优化和分子设计，特别是构效关系研究中必须依赖生物测定提供定量活性资料；对候选化合物也必须依赖生物活性筛选结果对其是否具有商品化开发价值做出评价。此外，生物测定还可提供毒理学数据，而这些毒理学数据反过来又给农药的研究与开发提供新的思路。可见，生物活性测定技术关系到农药研究与开发，其融入一个新化合物从实验室分子设计合成到正式登记投产和应用的各个环节之中。

## 4.1 农药生物测定的含义及简史

### 4.1.1 农药生物测定的含义

生物测定（bioassay）原意为生物活性测定（biological assay），是用以测定具有生理活性的物质在某有机体产生效力的一种技术。但也有人从更广的范围来理解生物测定的含义，例如，芬尼（J.Finney）（1952）认为是"对生物任何刺激产生的效应测定，包括来自物理、化学、生物、生理及心理等方面的刺激对生物活体产生的反应"。亦即广义的生物测定应为来自物理、化学、生理或心理的刺激，对生物整体（living organism）和活体组织（tissue）产生效力大小的度量。当前，生物测定（简称"生测"）已成为研究作用物、靶标生物和反应强度三者关系的一项专门技术。

简单地说，农药生物测定（pesticide bioassay）就是度量农药对动植物、微生物群体、个体、活体组织或细胞产生效应大小的生物测定技术。在农药生物测定中包括农药、生物、测定三个方面，其中"农药"指杀虫剂、杀菌剂、除草剂、杀螨剂、杀线虫剂、杀鼠剂、植物生长调节剂等；"生物"泛指农作物病、虫、草、鼠、卫生害虫及高等动物如鼠、兔等，同时还包括农作物本身；而"测定"则是指通过供试生物对某种农药鼠、卫生害虫等的测定可知道某种农药的毒力、除害范围、作用特点等。另外，需指出的是：①所有的生物测定均是运用特定的试验设计，如测定杀虫剂的触杀毒力采用点滴法、药膜法，而测定杀虫剂的胃毒作用则采用饲喂法等，没有这一保证，生物测定的结果的可靠性就不能保证；②所有生物测定均是在一定条件下（局部控制）进行的，例如杀虫剂室内生测要求一定的温度、湿度、光照及一定的虫龄等，否则所得结果无可比性，也就失去了测定的意义；③生物测定均以群体反应为基础，以生物统计为工具，通过对测定数据科学合理的分析而得出统计结果。从以上的分析讨论可以知道，所谓的农药生物测定是指运用特定的试验设计，利用生物的整体或离体的组织、细胞对农药（或某些化合）的反应，并以生物统计为工具，分析供试对象在一定条件下的效应来度量（判断或鉴别）某种农药的生物活性。

## 4.1.2　农药生物测定的简史

农药生物测定的发展历史还不过一百年。自 19 世纪末法国学者埃利希（R. C. Ehrlich）研究出测定白喉抗毒素含量的标准方法以后，1920～1923 年间陆续采用了测定多种医药激素含量的生物测定技术，但这一时期都是用单个动物体做直接的效力测定，将待测的药剂与标准药剂相比较来估计其药效。这种方法只能用于某些特定的药剂和生物类型。生物对药剂反应越快，测定结果越精确。不同生物个体或同一生物个体的不同发育阶段，对药剂的忍受力不同。由于生物个体从受药到中毒死亡需要一个过程，因而以生物中毒死亡为反应标准测出的致死剂量总比实际反应所需剂量大。

20 世纪 30 年代后，人们研究出以生物群体为反应基础的生物测定方法，提高了测定精度，例如：1937 年欧文（J. O. Irwin）首先提出了系统的生物测定方法报告；1947年芬尼（D. J. Finney）出版了系统的生物测定统计方法；1950 年芬尼及古德温（L. G. Goodwin）出版了《生物测定标准化》一书；1957 年布斯维纳（J. R. Busvine）出版了《杀虫剂生测评述》；1959 年北京大学张宗炳在其《昆虫毒理学》一书中以专章对杀虫剂生物测定及统计分析作了系统的论述；1963 年张泽薄等出版了《杀虫剂及杀菌剂的生物测定》；1984 年张泽薄出版了《生物测定统计》专著。

20 世纪 70 年代以后，由于具有各种特殊生理活性的化合物不断出现，生物测定方法也在不断发展。例如，研究利用昆虫神经电生理方法检测化合物对昆虫的拒食活性已取得进展。杀菌剂也由以传统的病原菌离体试验方法为主，转变为寄主植物上的活体试验为主。由于活体试验必须在室内或温室培育大量寄主植物，烦琐费时，费用较高，80年代以来介于活体与离体之间的植物组织培养生物测定方法受到了广泛的重视，有可能发展成一类新的杀菌剂生物测定方法，例如适用于稻瘟病筛选的剥离叶鞘法、适用于细菌性病害筛选的块根法、适用于大麦白粉病筛选的芽鞘表皮法、适用于水稻干枯病的蚕豆叶片法、适用于病毒病筛选的局部病斑法及叶片漂浮法等。

随着分子生物学及生理、生化方面研究技术的提高，运用分子生物学技术和生化技术进行生测的研究亦发展很快，例如对新药剂的筛选及利用酶学试验进行有害生物抗药性的监测和增效剂的筛选等。同时，由于电子计算机软、硬件的迅速发展，农药生物测定中的统计分析早已普遍程序化和微机化，使生物测定结果的分析计算更加简便、快捷，也更加准确、可靠。

## 4.2 农药生物测定的作用和地位

不论在农药的研制方面，还是在农药的使用方面，农药生物测定均是重要的先决条件。图 4-1 是农药新品种研制、开发及登记过程的流程，其中涉及：①活性筛选，例如植物性农药的研究中，采用活性跟踪法合成农药的筛选；②复筛和深入筛选，例如杀虫谱、作用方式、初步毒力测定等；③田间小区和大田药效试验；④毒性试验；⑤代谢研究，如除草剂在自然条件下的持效性、消解途径（挥发、微生物化学和光分解），在土壤中的吸附、解吸、淋溶，以及除草剂被植物体吸收，在体内运转、作用部残留、代谢和降解均可利用生物测定的方法加以分析和鉴定；⑥残留试验（杀菌剂、除草剂用得多）；⑦环境影响研究，例如农药对水生生物鱼、蛙等以及环境有益生物蚕、蜜蜂、鸟

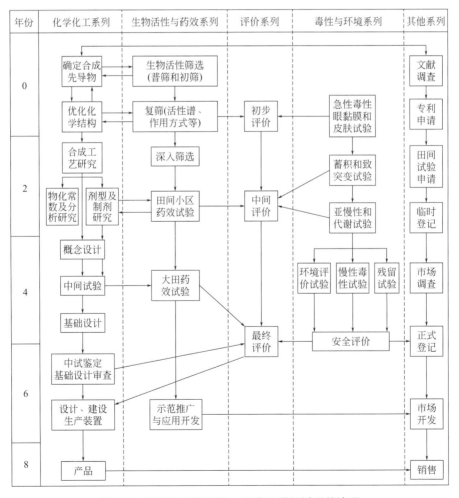

图 4-1　农药新品种研制、 开发及登记过程的流程

类、天敌等的影响。对于农药混剂的研制来说，尚需进行两种或两种以上农药混合使用的效力大小试验，明确其有无增效或拮抗作用，以决定其能否混用及如何混用等，由此可看出生物测定在农药研究和植物化保中的作用及地位。农药生物测定除了在上述的一些过程中有重要作用外，在下面两点中，可以看出农药生物测定技术在新农药创制中的特别重要作用：①发现新的试验方法等于发现新农药；②新农药发现存在于生物测定过程的每个异常现象之中。因此，有人曾把生物测定与化学合成比喻为前进中的两个车轮，两者互相制约、互相促进。

# 4.3　农药生物测定的内容及应用

农药生物测定主要包括与杀虫剂（杀螨剂）、杀菌剂（杀线虫剂）、除草剂、杀鼠剂、抗生素以及植物生长调节剂等有关的测定技术与方法。为了保证测定结果准确可靠，供试靶标生物要有足够的数量和良好的质量。为此需进行人工饲养，通过对饲养条件的定向控制使靶标生物在生理状态、龄期大小、健康状况及敏感性等方面达到一致性，所以靶标生物饲养也是生物测定技术的一个重要环节。

总之，农药生物测定是一项很重要的实用技术，其内容可归纳为以下几个方面。

① 测定农药对昆虫、螨类、病原菌、线虫、杂草以及鼠类等靶标生物的毒力或药效，包括除害范围、作用方式、作用特点等。

② 研究农药对植物的生理作用，包括农药对植物的刺激生长作用和对植物的药害测定。

③ 筛选新农药品种。

④ 研究化合物的化学结构与生物活性关系的规律，为定向创制农药提供依据。

⑤ 研究农药的理化性质及加工剂型与毒效的关系，提高农药的使用效果。

⑥ 研究有害生物的生理状态及外界环境条件与药效的关系，以便提高农药使用水平，做到适时用药。

⑦ 测定不同农药混用的效力及寻找增效剂，为农药的合理混用提供依据。

⑧ 监测有害生物抗药性产生情况，研究克服或延缓抗药性发展的有效措施。

⑨ 研究农药的作用机理及生理效应，如拒食、不育、忌避、杀卵、性引诱及激素功能等；还可利用敏感生物（如蚊幼虫等）来测定农药的有效含量及残留量。以生物为工具，利用其对药物剂量与活性相关规律，测定农药的有效成分含量，或在植物、食品中微量残留即狭义的生物分析。

⑩ 测定农药对温血动物及有益生物的毒性。

# 4.4　农药生物测定的基本原理与原则

农药生物测定的基本原理是研究农药与生物（昆虫、病原菌、杂草和害鼠）之间的相关性，因此，对农药及生物的要求非常严格，使用的农药或化合物应当是纯品或原

图 4-2 农药生物测定中农药-生物-
环境之间的关系

药，至少有效成分含量要准确，试验靶标生物生理状况一致、龄期相同、个体差异小等。在一定环境条件下，它们的相互关系如图 4-2 所示。可见，环境条件、供试药剂、靶标生物三者之间相互作用，相互影响。因此，为确保试验结果的可靠性、可比性以及重现性，在进行农药生物测定试验时，必须严格控制各种影响因子，并应掌握以下原则。

### 4.4.1 控制影响因素

外界环境条件的变化，如温度、湿度、光照等农药理化性质和靶标生物生理状态都有明显影响，而农药理化性质的变化又影响对靶标生物尤其是昆虫的毒效。靶标生物的生理状态如发育阶段、龄期、性别等的不同对农药有不同的耐药性。然而，在生物测定中，要求只有两个变量：一个是杀虫剂的剂量（或浓度）作为自变量（$x$），另一个是死亡率作为因变量（$Y$）。死亡率（$Y$）是杀虫剂的剂量（或浓度）（$x$）的函数，可用 $Y = f(x)$ 表示，而其他因素应尽可能稳定一致，使影响因素力求稳定。否则，我们所测得的死亡率（$Y$）不只是由杀虫剂剂量（$x$）的改变而引起的，还会因昆虫的大小、龄期、性别、发育阶段或环境条件以及处理方法等的不一致，使测得的剂量对数-死亡率概率值的关系不是 $Y = a + bx$ 的直线回归式，而变成 $Y = a + b_1x_1 + b_2x_2 + b_3x_3 + \cdots + b_nx_n$ 的复杂的偏回归式。其中，$x_2$ 可能表示昆虫不同生理状态的影响，$x_3$ 可能表示温度的影响，$x_4$ 可能表示营养或食物的影响，等等。显然，这样做是不合适的，而且造成了分析上的困难，得到的结果不可靠，因此在毒力测定中要用目标生物的一致性和相对控制环境条件，尽可能减少或消除处理间的相互干扰，才能提高试验结果的精确度，获得比较稳定可靠的结果。

#### 4.4.1.1 标准化靶标试材

不同靶标生物对药剂的反应各不相同，原则上任何生物体或其活体器官、组织、细胞等均可以作为生测靶标用于测试。在农药生物测定研究中，靶标生物的选择应具备以下几个条件。

① 在分类学上、经济上或地域上有一定代表性。

② 对药剂敏感性符合要求，且对药剂的反应以及程度便于定性、定量测定，且与剂量有良好的相关性。

③ 易于移取、控制和进行试验操作。

④ 易于大规模工业化培养、繁育和保存，以便保证终年供给。不因地区或季节的限制而影响试验的开展。

⑤ 种群纯正，个体间差异小，生理标准均一。

#### 4.4.1.2 药剂及处理方法

农药有效成分含量直接影响到测定结果是否正确，所以一般要求农药纯度为 95%

以上，至少是含量较高的原药，均一稳定，并应符合质量要求才行，尤其是在新化合物的活性筛选时要求更高；施药机械应尽可能精密，操作要规范，以确保靶标受试药量的准确性和均一性，以及试验的重现性，例如采用点滴法测定杀虫剂对昆虫的毒力时常常因点滴部位不同而表现出较大的差异，点滴部位离杀虫剂作用部位远时毒力低。一般以点滴胸背面或腹背面为宜。

### 4.4.1.3　环境条件

在生测试验中，环境条件（如光照、温度、湿度等）不仅影响靶标生物的生理状态，也影响药剂的吸收、输导以及毒力或药效的高低。所以在进行生测试验时，应严格控制测试环境，以保证所有处理在相对一致的环境下测试。例如，唐振华等（1977）在室内 20℃和 28℃测定氧乐果、乐果、磷胺和甲萘威等对棉蚜的毒力时发现，供试药剂对棉蚜的毒力均属于正温度系数，即毒力随温度升高而升高，尤以乐果更突出，温度从 20℃升至 28℃时，$LD_{50}$ 值从 $4.7\mu g$/蚜降低至 $0.7\mu g$/蚜，毒力提高 6.7 倍。因此，在测定前温度和处理后恢复时的温度一致是很重要的，一般在 25℃左右。

## 4.4.2　设置对照

由于生物的复杂性和易变性，常会产生一些难以预料的结果，所以，正确设立空白对照，对于取得可信的试验数据非常重要。无论是采自田间的还是室内饲养的目标昆虫，有些个体因生活力弱，或天敌寄生、感病等原因，在试验期间往往有自然死亡情况，因此药剂处理组的死亡虫数也包括自然死亡数，显然这不完全是药剂作用的效果，故应设立对照加以校正，以消除自然因素所造成的死亡对药剂效果的干扰。一般常用农药生物测定试验的对照设立有 3 种：①空白对照，即完全不处理（在自然状态下）；②溶剂对照，即不含有效成分的溶剂、乳化剂等，如以丙酮配制的药液进行点滴试验，那么对照组就应点滴丙酮，这是为了消除溶剂对测试结果的影响；③标准药剂对照，标准药剂是指在生产中对某种目标昆虫常用的有效药剂，不仅可以同新农药对比，还可以消除一些偶然因素造成的误差。上述三种对照可以根据具体情况和试验要求来设立，一般至少设两种对照。

## 4.4.3　设置重复和排列

生物测定技术所测试的对象不是靶标生物个体，而是生物群体，在一个生物群体中个体之间的大小、生理状态以及耐药性等均对供试药剂的敏感性存在着一定差异，因此取样的代表性很重要。在生测试验取样时应有一定的数量，并设置重复，以保证其代表性和结果的可靠性。如果取样少了，就有可能由于取样不够全面或不是随机取样而造成结果的片面性；样越多，试验结果虽然越可靠，但工作量也越大。从生物统计理论上讲，增加重复次数、减少每个重复的生物个体是减少试验误差的一种方法。但也应根据具体情况而定，一般重复三次，每个重复 20～50 头试虫。但如果是做初步毒力试验，大量筛选新化合物时，每个化合物只设一个浓度（或剂量），重复一次就可以得到正确的结果。此外，在进行田间筛选试验时其试验设置应用随机区组法排列，以控制处理间的误差，并便于对调查数据进行统计分析。

### 4.4.4 统计分析

农药生测试验依据试验内容、性质以及所用靶标生物等的不同，药效结果的调查评价方法以及数据记录和处理方法等也不尽相同。但一般试验结果记录和评价多与空白对照进行比较，根据反应症状形态、死亡率、抑制程度等评价药效的高低。试验结果调查可采用目测法、计数法及定量测量法。

试验结果必须经过一定的处理和比较，才能消除试验误差，了解错综复杂的大量数据之间的内在规律，揭示供试化合物与靶标之间的内在关系。最常用的是回归分析法、方差分析法、邓肯氏（Duncan）新复极差分析法、主因子分析法等。

# 4.5 杀虫剂室内活性测定

杀虫剂的生物测定是利用昆虫、螨类对杀虫剂的反应来鉴别某种农药或化合物的生物活性，是测定农药对昆虫、螨类毒力的一种基本方法。它涉及靶标生物、测试物质（药剂）、反应症状及强度、测试环境条件等多方面的因素。一个好的生物测定技术或方法应具备易于操作、结果反应灵敏、重现性好、供应物质的剂量与靶标生物反应之间有良好的相关性等特点。

## 4.5.1 杀虫剂作用方式测定

### 4.5.1.1 胃毒作用测定

胃毒作用测定即将供试药剂随食物一起被目标昆虫吞食进入消化道而发挥毒杀作用的测定方法。其方法因目标昆虫取食量差异又可分为无限量取食法和定量取食法。

（1）无限量取食法 即目标昆虫可以无限制地取食混有杀虫剂的饲料，不计算目标昆虫实际吞食的药量。此法比较简单，但不能避免其他触杀作用的影响，药量不易掌握，有拒食效应时更难获得满意的结果。其一般包括以下几种方法。

① 饲料混药喂虫法 通常以拟谷盗、米象、锯谷盗和麦蛾类等仓库害虫为目标昆虫。在面粉或谷物中加入药剂，然后放入目标昆虫，再置于适合目标昆虫生长的条件下培养，一定时间后检查死亡情况，统计毒效。

② 培养基混药法 以果蝇为目标昆虫，即用人工培养基（冻胶）与药剂混合，然后接种一定数量的目标昆虫让其在培养基上取食。24h后观察死亡情况，统计毒效。

③ 土壤混药法 以金针虫、蛴螬和蝼蛄等地下害虫为目标昆虫。将定量的粉状药剂与已过筛的潮湿砂壤土混合均匀（筛孔大小如窗纱孔），并将药土分装于花盆内，播种小麦、大麦或其他作物的种子，置于18～22℃条件下，每盆接5头目标昆虫，2周后检查试虫死亡情况或幼苗被害率。

除上述测定方法外，无限量取食法还包括种子拌药或浸药处理法、糖浆混药法，其基本原理与上述方法相似，可根据试验目的和目标昆虫的不同加以选择。

（2）定量取食法　基本原理是使供试目标昆虫按预定的杀虫剂剂量取食，或在供试目标昆虫取食后能准确地测定其吞食剂量。其一般包括以下几种方法。

① 叶片夹毒法　此法只适用于植食性且取食量较大的咀嚼式口器目标昆虫，如黏虫、蝗虫、玉米螟等。方法是用一张叶片，中间均匀地放入一定量的杀虫剂饲喂目标昆虫，然后由吞服的叶片面积推算出吞服的药量，优点是可以减少目标昆虫与药剂接触，避免触杀毒性影响。其具体操作是先用打孔器或剪刀制成一定大小的叶碟，通过喷粉、涂抹或微量点滴器滴加等方式将药剂均匀分布于叶碟上，然后对折叶碟成夹毒叶片，接入试虫，取食一定时间后通过取食面积计算取食量，并同时调查试虫死亡或中毒情况，从而评价药剂毒效。

② 液滴饲喂法　家蝇、果蝇、蜜蜂等昆虫的特点是喜欢取食糖液，不宜采用叶片夹毒法来测定杀虫剂毒力。可以将一定量的杀虫剂与糖浆或糖汁按比例混合，用微量注射器直接饲喂目标昆虫，或在玻璃片上形成微小液滴，让家蝇等目标昆虫自行舔食，并通过取食前后体重变化确定取食量。目标昆虫经药剂处理后，放入清洁干燥的器皿中，定期观察反应情况，计算死亡率，求出致死中量。

此外，定量取食法还有口腔注射法，因注射入口腔比一般注射更困难，技术难以掌握，目前也极少采用。

### 4.5.1.2　触杀作用测定

使药剂通过昆虫体壁进入虫体而致死即为触杀作用，其基本原理是将较高浓度（或剂量）的杀虫剂施于虫体，使虫体充分接触药剂而发挥触杀作用。包括以下几种常见方法。

（1）喷粉法及喷雾法　将盛有目标昆虫的容器置于特殊喷雾/粉装置中进行定量的喷布药剂，待药液稍干或虫体沾粉较稳定后，将喷过药的目标昆虫移入干净的容器内并置于适合目标昆虫发育的温湿度环境中培养，在规定的时间内观察目标昆虫中毒死亡情况。喷粉法与喷雾法简便易行，接近于田间实际情况，是目前最常用的触杀毒力测定方法。

（2）浸渍法　浸渍法基本原理是用浸渍法直接将药液施于昆虫体表，测定杀虫剂穿透表皮引起昆虫中毒致死的触杀毒力。该方法经常会受到胃毒作用的干扰，特别是胃毒活性高的化合物。具体测试方法因试虫种类而定，主要包括以下几种：

① 将试虫（如黏虫、家蚕）直接浸入药液中，或将试虫放在铜笼中，再浸液；

② 将试虫（如蚜虫）放入附有铜网底的指形管中（直径 2.5cm，长 3.0cm），然后浸入药液中；

③ 蚜虫、红蜘蛛及介壳虫等，可连同寄主植物一起浸入药液。

浸液一定时间后取出晾干，或用吸水纸吸去多余药液，再移入干净器皿中（大型昆虫如黏虫、家蚕等需放入新鲜饲料），置于合适的温湿度环境中，观察记载试虫死亡情况，计算死亡率（或校正死亡率）。

（3）玻片浸渍法　此法被联合国粮农组织（FAO）推荐为螨类抗药性的标准测定方法，适用于雌成螨的测定。方法是将双面胶带剪成 2cm 长，贴在载玻片的一端，用小毛笔选取健康的 3～5d 龄雌成螨，并将其背部贴在粘胶上（注意端足、触须及口器不要被粘），每片粘 20～30 头。后放在干净容器中，并保湿，4h 后，用双目解剖镜逐个检查雌螨，如有死亡个体应挑出，重新粘上健康的雌螨。然后将粘有雌螨的玻片一端浸入待测药液中，并轻轻摇动玻片，5s 后取出，用吸水纸吸去多余的药液，放在塑料盒内，置于 27℃ 条件下培养，24h 后在双目解剖镜下检查死亡数及存活数。死亡标准以小毛笔轻轻触动螨足或口器，无任何反应即为死亡。

（4）药膜法　药膜法是将定量的杀虫药剂施于物体表面形成一个均匀的药膜，然后放入一定量的供试目标昆虫，让其爬行接触一定时间后，观察药剂对试虫毒性的一种测定方法。

（5）点滴法　点滴法是将一定浓度的药液点滴于虫体上的某一部位，药剂在体壁形成药膜而侵入体内，观察药剂对试虫毒性的一种测定方法。

### 4.5.1.3　内吸作用测定

凡是可以通过植物根、茎、叶以及种子等部位渗入植物内部组织，随着植物体液传导至整株，不妨碍植物的生长发育，而对害虫具有很高毒效的化学物质，即称为内吸杀虫剂。杀虫剂内吸作用的测定中，目标昆虫不得直接接受药剂。

（1）根系内吸法　根系内吸法是将药剂按规定浓度（或剂量）混于土壤中，或分散于培养液中，使药剂经植物根部吸收并传导至茎、叶等各部分并测定其毒性。根系内吸法常用方法是将主根顶端切除后插入药液中，侧根插入营养液中或将全部根系插入含药液的营养液中，数小时后测定上部叶片对试虫的毒性。根据试验目的的不同，植株根系吸收药液，可以持续同药液接触，连续吸收；也可以在药液中吸取一定时间后取出，并移至无药的营养液或土壤中。

（2）叶部内吸法　叶部内吸法主要用来测定内吸杀虫剂在植物体内的横向传导作用，根据测定内吸效力的目的不同又分为部分叶片全面施药、叶面局部施药和叶柄施药 3 种方法。

① 部分叶片全面施药　将植株的部分叶片全部浸于药液中使其吸收药液或将药液喷洒在叶面，并置于密闭或保湿条件下，以减少施药叶面的蒸发，经过一定时间后，采摘未施药部位的叶片饲喂昆虫，或在药剂处理后向未施药部位接虫以观察药效，即可计算出内吸毒理。

② 叶面局部施药　将药液喷布或涂刷于正面或反面，经过一定时间后将叶片取下，平铺于培养皿内或磁盘内，用湿棉球将叶柄保湿，在未涂药的一面接上蚜虫或红蜘蛛，经 24h 或 48h 检查死虫数，计算出内吸毒力。此方法适用于测定药的渗透作用。

③ 叶柄施药　在叶柄上涂抹一定剂量药剂，在叶片上接虫，或经吸收后摘取叶片，

测定其对昆虫或螨的毒力。

（3）茎部内吸法　茎部内吸法是将定量的药剂涂于供试植株茎部的一定部位，测定上部枝叶的杀虫毒效。此法不仅应用于一般植物幼苗或一年生草本植物，也可应用于多种木本树如苹果、可可等，按一定药量涂于树干上或者把药剂用棉花吸收后包扎于削去树皮的树干上均可。

（4）种子内吸法　种子内吸法是利用浸种使药剂被种子内部吸收或通过拌种将药剂拌于种子上，药剂随种子吸收水分进入种子内部，待种子发芽后随幼苗生长内渗至组织内部而发挥毒杀效力。

① 浸种法　以一定浓度的药液（药液为种子量的 2 倍）进行浸种，浸泡一定时间待种子充分吸收药液后取出，晾干后及时播种。待幼苗长出真叶后，接种一定量的试虫，24h 或 48h 观察试虫的死亡情况，判断药剂的内吸作用。

② 拌种法　将药剂拌于种子上，药剂随着种子吸收水分进入种子内部，之后播种，带幼苗长出真叶后采叶饲喂试虫或直接将试虫接在真叶上测定试虫死亡率。

### 4.5.2　杀虫剂活性测定常用设备

杀虫剂生物测定主要设备一般包括喷雾塔、微量点滴器、击倒箱、显微镜、试管、玻片等，见图 4-3。其他辅助试验仪器一般有分析天平、压力蒸汽灭菌器、干燥箱等。

(a) Potter喷雾塔

(b) 微量点滴器

(c) 击倒箱

图 4-3　几种常见杀虫剂生测设备

#### 4.5.2.1　药膜法

药膜法的基本原理是将定量的杀虫药剂，采用浸渍、点滴、喷洒等方法施于物体表面，形成一个均匀的药膜，然后放入一定量的供试目标昆虫，让其爬行接触一定时间后，再移至正常的环境条件下，于规定时间内观察试虫的中毒死亡反应，计算击倒率或死亡率。药膜法的优点是比较接近实际防治情况，方法简单，操作方便，应用范围广，几乎一切爬行的昆虫都适用，而且结果比较准确，是目前常用的一种方法。但药膜法测得的结果不能用准确的剂量表示，即不能表示单位昆虫体重接受的药量，只能用单位面积的药量来表示，而单位面积的药量并不等于药剂进入虫体的剂量。因此，昆虫的活动、习性对试验结果的影响较大。

（1）叶片药膜法　将植物叶片清洗并破坏外表蜡质层，晾干后剪成叶碟，叶碟大小比所用培养皿略小。将叶碟浸入配制好的药液中 10s，取出并晾干至叶片表面无残留液滴即可。将叶碟置于培养皿中，并在叶碟下铺滤纸加水保湿。选取个体大小一致、健康的试虫接至叶片上。一定时间后将试虫移至正常饲养环境中，依据试验药剂的特性在处理后相应的时间检查死亡率。

（2）滤纸药膜法　液体药剂采用此法较好。方法是将直径为 9cm 的滤纸悬空平放，用移液管吸取 0.8mL 的丙酮药液，从滤纸边缘逐渐向内滴加，使丙酮药液均匀分布在滤纸上。也可用喷雾法向滤纸喷雾。用 2 张经过药剂同样处理过的滤纸，放入培养皿底和皿盖各 1 张，使药膜相对。最好在培养皿内侧壁涂上拒避剂，避免昆虫进入无药的侧壁。随即放入目标昆虫，任其爬行接触一定时间（30～60min）后，再将目标昆虫移出放入干净的器皿内，置于正常环境条件下，定时观察试虫的击倒率。

（3）玻璃管药膜法　首先用丙酮或其他容易挥发的有机溶剂溶解药剂，然后取一定量溶液加入干燥的指形管中，均匀地转动指形管，使药液在容器中形成一层药膜，待药液干燥后，放入定量的目标昆虫，任其爬行接触一定时间后，再将试虫移至正常环境条件下，在规定时间内观察试虫击倒中毒反应。

### 4.5.2.2　点滴法

点滴法是将一定浓度的药液点滴于虫体上的某一部位，如幼虫的前胸背片上，溶剂迅速挥发，药剂在体壁形成药膜而侵入体内。此法是杀虫剂触杀毒力测定中使用最普遍的方法。除了螨类及小型昆虫外，可应用于大多数目标昆虫的触杀毒力测定，如二化螟、玉米螟、菜青虫、黏虫等。但是点滴法不能处理大批量的目标昆虫，测定结果准确性在很大程度上取决于试虫本身的生理状态。因此，试验时须选用生理状态一致的目标昆虫，否则会大大影响其准确性。另外，点滴部位、液滴大小以及目标昆虫处理前的麻醉方式等都会影响试验的准确性，操作技术难掌握。所以，点滴法测杀虫剂毒力时应注意选择适宜的溶剂配制药液，因"虫"而异确定点滴的药量及部位，控制环境条件及时饲喂，适时检查结果。

### 4.5.2.3　喷雾法

喷雾是使杀虫剂直接附着于昆虫体表，通过表皮侵入昆虫体内致毒。将盛有目标昆虫的容器置于特殊喷雾装置中进行定量的喷布药剂，待药液稍干后，将喷过药的目标昆虫移入干净的容器内，并置于适合目标昆虫发育的温湿度环境中培养，在规定的时间内，通常为 24h 或 48h 后观察目标昆虫中毒死亡情况。

试虫个体间所接受的药量是否一致，除了试虫本身的因素外，还跟所采用的喷雾装置有关，目前有很多相关的设备被使用。例如：喷雾器适用于鳞翅目幼虫、飞翔昆虫蝇等的毒力测定；E. J. Gerberg 设计的气雾风道则尤其适用于蚊子、家蝇、蜚蠊等卫生害虫的毒力测定。其优点在于简单易行，试验操作较接近于田间的实际情况，是目前最为常用的触杀性杀虫剂毒力测定的方法。

### 4.5.3　其他杀虫剂生测方法

#### 4.5.3.1　熏蒸剂毒力测定

　　熏蒸剂毒力测定是测定杀虫剂从昆虫气孔、气门进入呼吸系统并引起昆虫中毒致死的毒力。主要靠气体药剂或药剂产生的气体在空间自行扩散而均匀分布，进入目标昆虫的呼吸系统。一般在室内用一个玻璃器皿，放入一定量的气体或液体（挥发成气体）药剂，接种一定数量的目标昆虫，置于一定温度下，只要不漏气，就可以获得准确效果。温湿度对熏蒸剂熏杀毒力的影响，以温度影响较明显。一般熏蒸剂的挥发性、化学活性与温度呈正相关，温度愈高，杀虫药剂对目标昆虫的熏蒸毒力也愈强。同时，温度愈高，目标昆虫的呼吸活动也愈强，单位时间内药剂经气管进入昆虫体内的药量也愈多，都会使药剂发挥愈强的熏蒸毒力。常用的测定方法有二重皿法、广口瓶法、药纸熏蒸法、锥形瓶法等。

#### 4.5.3.2　忌避剂毒力测定

　　忌避剂毒力测定可以根据不同种类的目标昆虫采用不同的施药方法，如浸渍法、喷雾法和喷粉法等。基本原理是将定量药剂均匀地施于植株或部分植株上，再接入一定量的目标昆虫，置于正常环境中，定期观察目标昆虫的取食情况，用坐标纸法测量被目标昆虫取食面积，计算忌避程度。

# 4.6　杀菌剂室内活性测定

　　杀菌剂室内生物测定的主要内容是将杀菌物质作用于病原物，根据其作用的大小来判定药剂的毒力，或将杀菌物质施于植物，对病害发生的有无或轻重进行观察比较来判定药剂的效果。杀菌剂室内测定方法归纳为两大基本类型：一种是测定系统仅包括病原菌和药剂，不包括寄主植物。药剂的毒力主要是依据病原菌与药剂接触后的反应（如孢子是否萌发、菌丝生长是否受到抑制）来判定。这类方法的优点是测定条件易于控制，操作简便迅速，精确度高；缺点是有些化合物用这类方法不表现杀菌活性而在寄主植物上却有良好的防治效果，容易使一些具有潜力的化合物漏筛。另一种是测定系统包括病原菌、药剂和寄主植物。杀菌剂毒力以寄主植物的发病普遍程度或严重程度来评判（如叶碟法、活体盆栽法）。其优点是测定结果比较可靠，接近大田实际情况，对生产实践有较大的参考价值；缺点是由于有寄主植物的参与，测定工作比较麻烦，而且测定周期较长。

　　除了以上两种类型的传统方法，近些年随着技术的发展，一些新的检测手段也应用到了农药生物测定当中。如近些年发展起来的高通量筛选技术，为杀菌化合物的大批量筛选提供了可能。

### 4.6.1　离体测定法

#### 4.6.1.1　孢子萌发法

　　孢子萌发法是历史最悠久而广泛被采用的杀菌剂毒力测定方法。早在 1807 年，

Prevost 就采用此法，后经过不断改进，使之日趋规范、合理。基本原理是将供试药剂附着在载玻片或其他平面上，然后将供试病菌孢子悬浮液滴在上面（或将孢子悬浮液和药液混合后滴在玻片上），在保温、保湿条件下培养一定时间后镜检，以孢子萌发率判断杀菌剂毒力。具体操作方法如下。

（1）萌发表面的处理　萌发表面是孢子萌发的场所，必须符合以下条件：对孢子的萌发既无抑制作用又无促进作用；能使承受的液滴展布面积一致。

普通的载玻片是最常用的萌发表面，供萌发的载玻片必须经化学药剂清洗。为此，需用洗液浸泡 10min，然后用自来水冲洗，由于洗液中的重铬酸钾有极强的杀菌能力，所以必须彻底冲洗干净，然后再用蒸馏水冲洗，并于防尘条件下干燥。这样处理后的载玻片即可供孢子萌发用，但有个严重的缺点：供试菌的孢子悬浮液（或与药剂混合后）滴在载玻片上形成的液滴展布面积很小，呈球状，做"悬滴"时很容易失落。此外，液滴间的展布面积相差较大，因而试验结果误差也较大。为了克服这一缺点，多采用火棉胶薄膜法处理载玻片。

将 5％的火棉胶在烧杯中用无水乙醚稀释 20 倍（烧杯、量筒等必须彻底干燥，否则火棉胶将产生白色浑浊，难以在载玻片上成膜），用镊子夹取清洁干燥的玻片浸入火棉胶乙醚溶液后立即取出，待多余的火棉胶乙醚溶液流去，在无尘条件下室温干燥 10h 以上。这样处理过的玻片上就覆盖了一层透明均匀的膜，当滴上孢子悬浮液时，液滴在玻板上展布较大的面积，而且面积大小比较均匀。

为了使萌发表面上孢子悬浮液大小一致，可以应用凹玻片。应用凹玻片就不必用火棉胶处理了。但应用这种凹玻片，就应滴加孢子悬浮液和杀菌剂的混合液，而不宜先在凹玻片上喷粉或喷雾（会造成药剂在凹处较多的沉积），然后滴加孢子悬浮液。应用 96 孔板也可以替代普通的玻片达到凹玻片的效果，从而可以省去上面的烦琐步骤。

（2）药剂在玻片上的附着　将测定药剂配制成一定浓度的药液，按下述方法附着在玻片上。

① 药液与孢子悬浮液混合后定量滴于玻片上。该方法由于让药剂和孢子始终充分接触，与病害防治的实际情况相差太大，测得的毒力往往偏高。

② 定量滴加药液于载玻片上，在防尘条件下干燥以形成定量、定面积的药膜后，滴加孢子悬浮液。这一方法的关键是如何保持药膜上药量的均匀一致。为此，干燥过程中，应始终保持滴有药液液滴的玻片呈水平状态。

采用这一方法，药液可用蒸馏水稀释配制，对于非水溶性的化合物，可采用适当的有机溶剂溶解并稀释，滴加在玻片上后待溶剂挥发形成药膜，但必须预先试验证实所用溶剂没有残留或者有很少量残留但对孢子萌发无影响。采用这一方法还应注意两个问题：由于有机溶剂大都可溶解火棉胶，因此用有机溶剂配制的药液不能滴在用火棉胶处理的载玻片上；许多常用的有机溶剂（如丙酮、乙醚等）表面张力很小，在玻片上迅速展布成不规则的大面积，使附着的药量并不均匀一致，因此应采用凹玻片，将溶有药剂的有机溶剂滴在凹坑内，在防尘条件下干燥后再滴加孢子悬浮液。

③ 利用精密喷雾装置（Potter 喷雾器）将药液定量直接喷布在清洁玻片上，防尘

干燥后即在玻片上形成均匀的药膜，然后滴加孢子悬浮液。

（3）孢子悬浮液的准备 孢子萌发法所用的菌种应该是标准菌种。选择作为供试菌应符合下列条件：

① 菌种纯粹，在一般培养基上容易产生大量孢子；

② 多代繁殖不易产生变异；

③ 孢子体较大，易于在显微镜下观察萌发情况；

④ 在分类上有一定代表性，而且是重要的植物病害的病原菌。

孢子悬浮液的配制，一般首先是在事先培养好的菌种（斜面或锥形瓶培养）中加入适量无菌水，用玻棒在培养基表面轻轻摩擦，使孢子悬浮，然后以两层灭菌纱布过滤以除去菌丝体及破碎的培养基，最后是在离心机上离心孢子，并用灭菌水洗涤孢子 3 次，并将孢子密度调节到所要求的密度。

（4）定温保湿培养 孢子萌发法是根据供试病菌孢子萌发了多少来判定杀菌剂毒力大小的，因此必须要求孢子萌发高度整齐。而孢子的萌发主要受温度、湿度、pH 值、氧气等因素影响。温度和 pH 值较容易控制，孢子悬浮在水滴中，湿度本也不是问题，但在孢子萌发法中应用保湿技术的目的是造成一个湿度饱和的小空间，防止液滴水分蒸发从而改变了药剂的浓度。实验室中采用的简便而有效的保湿措施是取一直径 15～20cm 的培养皿，在皿盖上铺 0.5cm 厚的脱脂棉或干净的细石英砂，以水浸透，上铺一层滤纸。将直径约 0.4cm 的玻棒（或玻管）弯成 U 形，并平放在滤纸上。将滴有药剂和孢子悬浮液滴的载玻片反放在 U 形架上，使液滴向下，形成"悬滴"，将皿底扣上，在皿底和皿盖的缝隙间用滴管加蒸馏水，使之形成一密封的小湿室。至于氧的供应问题，液滴中溶解的氧基本上可满足一般病菌孢子萌发的需要，而做成"悬滴"的目的是使孢子由于重力作用沉降到悬滴最下部的液体表面，从而获得较多的氧。

（5）结果检查及表示 培养一定时间后即可检查孢子萌发率。一般在低倍镜下，每处理随机检查 200 个孢子。孢子是否萌发应有一个标准，孢子芽管大于孢子的短半径时即算萌发，否则不算萌发。有些由孢子囊产生的游动孢子，其萌发在显微镜下不易观察，则可观察孢子囊是否产生游动孢子作为是否萌发的标准。例如马铃薯晚疫病菌孢子囊产生游动孢子后，孢子囊即变为空壳，在低倍镜下易于观察到。测定结果可用孢子萌发抑制率表示：

$$孢子萌发抑制率 = \frac{对照萌发率 - 处理萌发率}{对照萌发率} \times 100\%$$

将孢子萌发抑制率换成概率值，将药剂浓度以对数表示，则可用作图法或最小二乘法求出 $EC_{50}$ 值，根据要求亦可求出 $EC_{95}$ 值。

### 4.6.1.2 生长速率法

生长速率法是将不同浓度的药液和热的培养基混合，用这种含毒培养基培育病原菌，以病原菌生长进度的快慢来判定药剂的毒力大小。该方法的缺点是：对供试菌种要求严格，病菌要易于培养，生长较快且边缘整齐，产孢子缓慢，而且是农业生产上重要的病原菌；对供试药剂要求有一定的耐热性，遇热不易分解。优点是操作较简单，重现性好。具体操作流程如下：

（1）制备菌饼　比较理想的供试菌除具备培养容易、生长整齐且迅速等特点外，最好是菌丝平伏于培养基呈放射状生长，菌落边缘整齐。用以制备菌饼的培养基在皿内应薄而均匀。除了人为的操作因素外，应选择皿底平坦的培养皿。制备菌饼应在无菌条件下进行。最好用 0.5cm 直径的打孔器在培养好的菌落外缘切下带菌培养基的菌饼。这种来自菌落外缘的菌饼接在新的培养基上生长速率的差异较小。

（2）制备带毒培养基　将供试药液稀释成一系列浓度梯度后，准确取一定量的药液加入热的培养基中，混合均匀后倒入培养皿内冷凝即成带毒培养基。

（3）移植菌饼　用接种针或消毒的镊子将菌饼反面（有菌丝的一面向下和培养基贴合）移植到带毒培养基上，一个培养皿最好接一个菌饼。

（4）结果检查及表示　培养到预定时间后，取出培养皿用卡尺测量菌落直径。每个菌落十字交叉测两次直径。如果菌落呈椭圆形，则应量出短直径和长直径，而以其均数代表菌落大小。菌落的真实生长量应为测得的直径减去原来菌饼的直径。测定结果可用生长抑制率表示：

$$生长抑制率 = \frac{对照菌落的直径 - 处理菌落的直径}{对照菌落的直径} \times 100\%$$

将算出的各处理（浓度）的生长抑制率换成概率值，以对数表示浓度，用作图法或最小二乘法求出 $EC_{50}$ 或 $EC_{95}$，并以此比较毒力。

### 4.6.1.3　抑菌圈法

抑菌圈法的原理是在已经接种供试菌的培养基（通常在培养皿内）表面，利用各种方法（管碟法、滤纸片法、孔碟法）使药液和培养基接触，恒温培养一定时间后，由于药剂的渗透扩散作用，施药部位周围的病菌被杀死或生长受到抑制，从而产生了抑制圈。根据抑菌圈的大小来比较不同杀菌剂的毒力大小。

## 4.6.2　组织筛选法

组织筛选法是利用植物部分组织、器官或替代物作为试验材料评价化合物杀菌活性的方法，介于活体和离体之间。具有快速、简便、微量以及与活体植株效果相关性高的特点，目前有以下几种常用方法。

（1）植物叶片　利用整体叶片进行筛选，包括蚕豆叶片法、黄瓜子叶法，以及黄瓜、葡萄等作物叶片法。蚕豆叶片法适用于纹枯病、菌核病药剂筛选，黄瓜子叶法适用于灰霉病、白粉病药剂筛选，黄瓜和葡萄叶片法适用于灰霉病、霜霉病药剂筛选。其方法是将植物叶片进行浸药或喷药处理后，放置在通风橱阴干，然后接种提前制备好的菌片，然后置于保湿器皿中培养，待空白对照充分发病时调查。

（2）植物根茎　利用植株根、茎、果实制备处理材料进行药剂筛选，主要包括萝卜块根法，其方法是将萝卜块根或其他植物茎段进行浸药或喷药处理后，放置在通风橱阴干，然后接种提前制备好的菌悬液，接种方法可以采取针刺接种，也可以采取试验材料一端浸沾接种，接种后置于保湿器皿中培养，待空白对照充分发病时调查。

（3）局部叶片　利用植物叶片制备成叶碟或叶段进行药剂筛选，包括叶碟法、叶段法，其中最常用的为叶碟法。叶碟法通常用于专性寄生菌的活性测定、敏感基线建立和田间抗药性监测，例如黄瓜霜霉病、葡萄霜霉病、马铃薯晚疫病等，其基本程序是：将容易感染供试病原菌的植物叶片制成直径 1.5cm 或其他大小的叶碟，经不同浓度的药剂处理后平放在培养皿内，再将一块培养好的供试菌菌丝体放在叶碟上或将供试菌孢子悬浮液定量滴加在叶碟上，经保湿培养一定时间，检查其病斑面积，并以此衡量供试药剂的毒力。叶碟法比较简易，能在室内进行，比孢子萌发法和含毒介质培养法接近生产实际，可看作是盆栽试验的过渡阶段。另外，还有适用于玉米大斑病、小麦白粉病药剂筛选的玉米、小麦叶段法，叶段法也是将叶段进行浸药后通风干燥，然后进行接种处理，接种后置于保湿器皿中培养，待空白对照充分发病时调查。

### 4.6.3　盆栽试验法

利用盆、钵培育幼嫩植物进行生物测定，是研究杀菌剂的有效方法之一。盆栽试验法克服了在离体条件下对病原菌无效而在活体条件下对病原菌有效的化合物的漏筛。同时，盆栽试验法更接近于大田实际情况，所得资料对指导生产实际有较高的参考价值。

（1）供试植物　供试植物应容易栽培而且生长迅速，应是国内主要农作物如水稻、小麦、黄瓜、棉花、番茄等。植物发病是盆栽试验法的基础。作物品种之间感病性差异很大，而且同一品种的不同生育阶段感病性不同，如棉花幼苗期比成株期易感病，而黄瓜（霜霉病）却是成株期比苗期更易感病。因此，应选感病品种的最易感病的生育期供盆栽试验。此外，植株的生长状态、阳光、水肥的供应都对感病有直接影响。对许多植物病害来说，多施氮肥，造成植株嫩绿，叶片肥厚，就容易感病。

（2）供试病菌　供试菌种的致病力是影响盆栽试验成功与否的主要因素。病原菌的致病力不是固定不变的性状。在同一病原菌中，有致病力强弱不同的菌系和小种。病原菌的致病性与其生理生化及其他生物学特性有密切关系，在适应新环境的时候，病原菌可以改变其致病性。如用高粱胞粒培养的水稻稻瘟病菌孢子和采自田间的感病稻茎节经保湿后产生的孢子，其致病力相差较大，一般情况下，后者的致病力较强。即使同是人工培养基产生的孢子，因培养基配方不同，培养条件不同，其致病能力也不同。

（3）接菌　病害的传播方式不同，接菌方式也不同。气流及雨水传播的病害可用喷雾法或喷粉法接菌。如病菌主要由气孔侵入，接菌时应注意在叶背面接菌。喷雾法接菌一般是将孢子悬浮液喷在植物表面，为了使孢子在悬浮液中均匀分散，可适当加入润湿剂，这不但有利于孢子分散，而且也有利于悬浮液在植株上附着。如果孢子在悬浮液中分散不均匀，植株发病后有些叶片可能病斑连成一片，给病情调查带来困难和误差，孢子悬浮液中孢子的浓度以及是否加入黏着剂对发病影响很大。由种子传播的病害可用病菌孢子拌种或孢子悬浮液浸种法进行接菌，而土壤传播病害则可将病原菌拌入土壤中接种或将植物根部浸入孢子悬浮液中进行接种。

（4）发病的环境因子　环境条件不但影响供试植物的正常生长，更重要的是影响接菌的成败。为创造有利于病菌入侵的条件，应十分注意对环境因子如光照、温度、湿度等的控制。湿度的控制比温度更重要，只有满足病菌对湿度的要求，病菌才能萌发生长。

控制湿度的简易办法可因地制宜。如气温不太高，可将植株接菌后放入小塑料棚中保湿，棚内铺一层稻草或一层细沙，浇水湿透，可获得近乎饱和的湿度。但如果气温较高，棚内温度过高，将影响植物生长和发病，此种情况，最好将接菌的盆栽植物放入一个用两层纱布做的布幕内保湿，并在布幕顶端设置一个和自来水相接的多孔喷水装置，不断喷水以保持纱布浸湿。这样不但能保湿，还透气，不致使幕内温度过高。

光照一般对孢子萌发入侵不利，但寄主植物却要在光照下才能正常生长。如利用自然光，最好在下午太阳落山后接菌，这样经过一个晚上，大多数病菌孢子可以萌发入侵。

（5）施药　盆栽试验应采用比较精密的喷雾或喷粉装置，定量喷洒供试药剂。施药时间则依试验目的而有所不同。

① 测定药剂的保护效果　先喷药，然后接种病原菌。

② 测定药剂的治疗效果　先接种病原菌，待病菌侵入后 1～2d 再施药。

③ 测定药剂的内吸作用　如果将药剂喷在植株上，一般先喷药，随即接菌，亦可喷药后 1d 接菌。如果将药剂施于根际土壤中，则在施药后 1～2d 再接菌，以保证有足够的药剂内吸传导至上部叶片。

④ 测定药剂的持效期　一次施药后，间隔 1d、2d、4d、6d、8d 或更长时间分期接种病原菌。

⑤ 测定抗雨淋作用　先喷药，用喷雾装置降水淋洗一定时间以模拟降一次小雨、中雨、大雨，然后接种病原菌。

（6）效果调查　盆栽试验常用计数法和分级计数法调查植株的发病情况。

① 计数法　方法简单易行，适用于叶斑病类病害。调查每一叶（或取样调查，如只调查每个植株上部两个叶片）上的病斑数，求得平均每叶病斑数，并以此比较发病情况，计算防治效果。但如果病斑数目太多，互相重叠，或病斑面积相差悬殊，这种方法就不太适合。

② 分级计数法　分级计数法也比较简单，也有一定的准确性，许多病害都可采用这一方法来调查。将病害分级调查后，计算病情指数及防治效果。

## 4.6.4　高通量筛选方法

随着病理学、分子生物学、毒理学等新技术的迅速发展，杀菌剂生物测定技术取得了较大的进步，一些新型杀菌剂生物测定方法被采用，大大提高了新化合物的筛选效率，筛选数量从每年几千种化合物发展到每年几十万种化合物。高通量筛选技术是在传统筛选技术的基础上，将生物化学、现代生物学、计算机、自动化控制等高新技术有机组合成一个高自动化的新模式，广泛应用于医学、分子生物学和农药等领域。

（1）靶标酶测定　测定 NADH（还原辅酶Ⅰ）的变化，可筛选线粒体呼吸作用中电子传递链上复合体Ⅰ和复合体Ⅲ的抑制剂。将菌体悬浮液与牛心线粒体及待测化合物分别加入微量滴定板孔中，混匀，控制条件下反应一定时间后，在 340nm 波长下测定吸光度，计算 NADH 的含量。如果 NADH 含量降低，说明待测物抑制了电子传递过程，化合物有活性。

（2）全细胞测试　用于筛选真菌甾醇生物合成抑制剂，甾醇途径的最终产物是麦角甾醇。该物质对乙酰乙酰辅酶 A 硫解酶（acetoacetyl-coa thiolase）的启动基因有反馈控制作用，即它的存在能抑制启动基因的表达。而如果乙酰乙酰辅酶 A 硫解酶启动，经过一系列生理反应，会产生 $\beta$-半乳糖苷（$\beta$-gal）酶。$\beta$-gal 酶可与氯苯酚作用，产生红色的氯苯酚红-$\beta$-吡喃半乳糖苷，没有 $\beta$-gal 酶时的氯苯酚是橘黄色的。因此，基于以上原理，试验的前期工作是构建报道基因（reporter gene），将乙酰乙酰辅酶 A 硫解酶的启动基因融合到酿酒酵母全细胞中编码 $\beta$-半乳糖苷（$\beta$-gal）酶的基因上，使该启动子也具有能活化 $\beta$-gal 基因的能力。然后将待测化合物与经上述基因修饰的酿酒酵母全细胞及氯苯酚等在微量滴定板上混匀，在控制条件下反应一定时间，最后通过分光光度计检测。如果甾醇生物合成途径受阻，就没有甾醇结合到上述报道基因的受体结合蛋白上，$\beta$-gal 基因被启动，产生 $\beta$-gal 酶，显示化合物有活性。

（3）活体筛选　高通量活体筛选是以活的生物体（如病原菌、细菌、酿酒酵母等）为筛选靶标，通过生物体的反应（死亡、生长受抑制等）判断化合物的生物活性。可以各种真菌及细菌为筛选靶标直接筛选，即将一定浓度样品、菌丝体或孢子悬浮液接种到微孔板内，混匀，通过分光光度计测定混合液反应前后的吸光度进行活性评价；或将酿酒酵母菌与待测化合物相互作用，一定时间后观察化合物对酵母菌生长的抑制情况，通过有效中浓度判断化合物是否有活性；或以藻类为模式生物，或用寄主植物体直接进行化合物活性筛选。

（4）系统抑制剂筛选　利用西瓜食酸菌Ⅲ型分泌系统在侵染寄主中的关键作用，将Ⅲ型分泌系统作为药剂的作用靶点建立高通量筛选体系。将食酸菌Ⅲ型分泌系统效应子 Aave-3502 的 N 信号肽和 $\beta$-内酰胺酶基因翻译融合构建报道载体，转化 A. citrulli MH21 野生型和 TTSS 突变体。利用胞外 $\beta$-内酰胺酶水解头孢硝噻吩导致的颜色变化来判断 TTSS 是否正常发挥功能。建立了以 96 孔细胞培养板为载体、TTSS 效应物信号肽融合 $\beta$-内酰胺酶为报道载体的 TTSS 抑制剂高通量筛选体系，适用于细菌抑制剂筛选。

# 4.7　除草剂的室内活性测定

在荷兰植物生理学家 F. W. Went（1928）利用燕麦胚芽鞘弯曲法测定植物生长调节剂活性的基础上，1935 年 F. Crafts 在除草剂的研究中首次完成了"指示植物"的试验，他利用高粱作指示植物，测定了无机除草剂亚砷酸钠和氯酸钠的生物活性、持效期和淋溶性。1958 年，R. T. Gast 应用芥菜与燕麦、Van der Zweep 应用黑麦测定了土壤中西玛津的含量，这种测定早于化学分析的测定。20 世纪 50～60 年代，我国学者关颖谦等人创立了小麦去胚乳法和高粱法，并得到了广泛应用。

20 世纪 60 年代以来，随着除草剂品种和应用的迅速发展，除草剂生物测定也得到快速发展，先后出现了一系列灵敏、有效的生物测定方法。除草剂生物测定贯穿于现代除草剂新品种创制研发的全过程，即贯穿于从发现除草活性到实现产业化并应用于田间的整个过程，是除草剂创新化合物研究工作中一项不可或缺的重要组成部分。除草剂生物测定被广泛应用于以下研究领域：确定除草剂的杀草谱、最佳用药浓度和用药时期，对作物的安全性，复配除草剂联合作用效果，环境条件对除草剂活性的影响；测定除草剂在土壤中的残留动态、吸附、淋溶、持效期、光解、挥发速度和微生物降解；研究除草剂在生物体内吸收、运转、作用部位、降解和代谢；鉴定杂草对除草剂的抗药性与抗性治理等。

除草剂生物测定（bioassay of herbicides）是度量除草剂对杂草生物效应大小和对作物安全性的测定方法。即通过采用几个不同剂量的除草剂对供试杂草或相对应的作物产生效应强度的相对比较方法，以评价药剂的相对除草效力或对作物的安全性。除草效力测定是指利用供试杂草的植株、器官、组织或靶标酶等对除草剂的反应，来测定除草剂生物活性的方法。

为了要保证除草剂生物测定结果的准确性，生物测定方法必须标准化。标准化的除草剂生物测定方法必须具备以下 3 个条件。

① 供试"指示植物"的标准化。指示植物对供试除草剂的反应具有相对高的敏感性，且在一定剂量范围内其剂量与反应间具有显著的相关性。尽管大多数非选择性的除草剂对多种植物具有效应，而且有时能采用一种植物来测定不同类型的除草剂品种，但是作为生物测定的指示植物首先必须对供试除草剂的反应具有相对高的敏感性，如果指示植物对供试药剂反应的敏感性不高，这样的生测试验结果难以对供试化合物的活性做出正确评价；而且在一定剂量范围内，其处理剂量与指示植物的反应间具有显著的相关性，即符合生物对药剂效应的增加与剂量增加的比例呈正相关的基本规律。要选择适宜的指示植物，还必须掌握不同类型除草剂的杀草原理、作用特性；植物对不同除草剂反应部位与症状的差异，如光合作用抑制剂及色素抑制剂（脲类、三氮苯类等除草剂）的主要反应是降低植物体内干物质的积累，而生长抑制剂主要抑制根长与芽长的伸长；此外植物的不同品种、籽粒大小、不同生育期、不同部位对除草剂的反应都存在差异，这些都是必须要注意的。指示植物对供试除草剂的反应能产生可测量的性状指标。适宜的指示植物必须对最低剂量的除草剂反应灵敏，并能产生反应明显、易于计数或测量的性状指标，如种子发芽、根长、芽长、株高、鲜重、干重、叶绿素含量、电导率、酶活性以及生理与形态变化等指标。其中长度和重量是最常用的指标。

② 试验方法的标准化。供试指示植物须经严格挑选，必须在遗传上同质、正常健康生长和对药剂的反应均匀一致。试验药剂采用高纯度的原药，应避免其含杂质而对试验结果有影响，对照药剂采用已登记注册且生产上常用的原药，对照药剂的化学结构类型或作用方式应与试验药剂相同或相近，水溶性药剂直接用水溶解、稀释。其他药剂选用合适的溶剂（丙酮、二甲基甲酰胺或二甲基亚砜等）溶解，用 0.1% 的吐温-80 水溶液稀释。根据药剂活性浓度范围内，设 5～7 个等比系列质量浓度。生物测定应有严格

控制的环境条件，稳定、一致的环境条件对保证生物测定的精确性是十分关键的，其中，最重要的条件是温度、水分和光照，温度可显著影响除草剂的活性，如禾草灵在 24℃时比 17℃时对野燕麦的活性小，莠去津对大麦的毒性 17℃时比 10℃时高。因此试验时应针对除草剂品种及指示植物的种类，寻找最佳温度条件。土壤含水量会显著影响除草剂对植物的毒性，如土壤含水量分别为 30％和 60％时，西玛津对燕麦生长抑制的 $IC_{50}$ 分别为 $1.3\mu g(a.i.) \cdot mL^{-1}$ 和 $0.4\mu g(a.i.) \cdot mL^{-1}$，其差异很大。光照是测定需光型除草剂活性的必备条件，尤其是光强度和光照时间影响颇大，试验过程中应严格控制光强度和光照时间，应该在光照培养箱或人工气候室内进行，盆栽试验应在温室中进行。生物测定试验中采用的基质主要有土壤、草炭、蛭石、水琼脂培养基等，试验用土壤最为复杂，其结构、有机质含量、pH 值等因素都会对除草剂的活性造成影响，生物测定时采用人工配制的土壤，以确保试验结果的准确性。

③ 其他标准化要求，包括精确可靠的试验设备、足够的试验样本数、设对照和重复、应用统计分析方法评估试验结果等。

除草剂活性的表示方法有抑制中浓度/剂量（$ED_{50}$/$IC_{50}$）、最低有效剂量（$ED_{90}$/$IC_{90}$）、最高无影响剂量（$ED_{10}$/$IC_{10}$）和相对毒力指数。抑制中浓度是指抑制 50％测定指标时除草剂的浓度/剂量，需采用毒力回归方程的方法计算。最高无影响剂量是指不影响作物生长发育的最高安全剂量，是除草剂对作物是否有影响的剂量分界线。在同时测定几种除草剂的毒力时，或由于供试的药剂过多而不能同时测定时，在每批测定中使用相同的标准药剂，可用相对毒力指数来比较供试除草剂毒力的相对大小。

除草剂 A 的相对毒力指数 ＝ 标准除草剂的 $IC_{50}$/除草剂 A 的 $IC_{50}$

当测定结果是通过目测而取得时，首先应确定评价的等级标准，现在常用的等级范围如下：

0 级：与对照相同；

1 级：生长抑制率＜25％；

3 级：25％≤生长抑制率＜50％；

5 级：50％≤生长抑制率＜75％；

7 级：75％≤生长抑制率＜95％；

9 级：生长抑制率≥95％。

抑制指数＝∑[（株数×代表级值）/（总株数×9）]×100％

## 4.7.1　植株测定法

植株测定法是常用的除草剂活性测定方法，生物体的生长量或伸长度在一定范围内与药剂剂量呈现相关性，因此可用作除草剂的定量测定，具有较高的灵敏度。一般是在温室、人工气候室或培养箱内培养供试植物，播前或播后、苗前或苗后施药。在植株测定中，评价的指标可以是出苗率、株高、地上部分鲜重或干重、地下部分鲜重或干重，也可以根据植物受害的症状分级。对于已知作用机制的除草剂，可以测定药剂处理后植物的生理指标，如叶绿素含量、电导率、$CO_2$ 释放量等。在新型除草剂创制开发过程中，植株测定法必不可少。

### 4.7.1.1 小杯法

小杯法（small glass method）是利用除草剂浓度与植物幼苗生长的抑制程度呈正相关的原理，来检测除草剂活性和安全性的生物测定方法，此法通常在小烧杯内进行，故称小杯法。

其方法通常以 50mL 或 100mL 的小烧杯为容器，杯底放入一层直径约为 0.5cm 的玻璃珠或短玻棒，再铺一张圆滤纸片。待测化合物用丙酮或二甲苯等有机溶剂溶解，并配制成 5～7 个等比系列质量浓度。用移液枪或移液管吸取 1mL 药液置于杯内滤纸上，待有机溶剂挥发至干。选取 10 粒大小一致、刚发芽的杂草或敏感作物种子，排放在小杯内滤纸片上。选用水生植物如水稻、稗草种子等为供试植物时在小杯中加入 2mL 蒸馏水，而选用小麦、油菜、马唐种子等为试材时加 3mL 蒸馏水。并设空白（蒸馏水）对照及溶剂的对照，每处理重复 4 次。将全部小杯移至（28±1）℃恒温室中培养，白天给予日光灯照。培养期间每天加入一定量的蒸馏水以补充挥发掉的水分。待植物幼苗症状明显时，测量幼苗株高、根长或鲜重，计算根长抑制率，用 SAS（统计分析系统）或 DPS（数据处理系统）标准统计软件进行药剂浓度的对数与根长抑制率的概率值之间回归分析，计算抑制中浓度（$IC_{50}$）及 95％置信限。分析试验结果，评价药剂活性。

小杯法具有操作简便、测定周期短、应用范围较广（如醚类、酰胺类、氨基甲酸酯类、有机磷类、氯代脂肪酸类、有机砷类、二硝基苯胺类、芳氧苯氧丙酸类等）等优点。可用于测定抑制植物幼苗生长的除草剂的生物活性及选择性，为除草剂初筛的基本方法，试验结果与盆栽法相近。该方法不适用于光合作用抑制剂的生物测定。

### 4.7.1.2 稗草胚轴法

稗草胚轴法（barnyard grass hypocotyl method）是利用除草剂浓度与稗草中胚轴（即从种子到芽鞘节处的部分）生长的抑制程度呈正相关的原理，来检测除草剂活性的生物测定方法。

具体方法是待测化合物用丙酮或二甲苯等有机溶剂溶解，并配制成 5～7 个等比系列质量浓度。在 50mL 烧杯中，加入 5mL 供试药液，放入 10 粒发芽整齐、大小一致的稗草籽，在种子周围撒些干净石英砂，以防幼苗浮起。以蒸馏水为对照，每处理重复 4 次。将全部处理置于 28～30℃恒温箱中培养，4d 后测定稗草胚轴长度，计算胚轴长度抑制率，用 SAS 或 DPS 标准统计软件进行药剂浓度的对数与胚轴长度抑制率的概率值之间回归分析，计算抑制中浓度（$IC_{50}$）及 95％置信限。分析试验结果，评价药剂活性。

该法适于测定氯乙酰胺类除草剂，如甲草胺、乙草胺、异丙甲草胺等的生物测定，灵敏度可达 0.01μg(a.i.)·$mL^{-1}$。

### 4.7.1.3 高粱幼苗法

高粱幼苗法（sorghum seedling method）是利用除草剂浓度与高粱幼苗生长的抑制

程度呈正相关的原理，来检测除草剂活性的生物测定方法。

具体方法是先将高粱种子放在湿滤纸上，24℃温度下萌发 15～20h，待长出胚芽 1～2mm 时备用。待测化合物用丙酮或二甲苯等有机溶剂溶解，并配制成 5～7 个等比系列质量浓度。用直径 9cm 的培养皿装满干净的河砂并刮平，每皿慢慢滴入 30mL 药液，正好使全皿河砂浸透，然后用具 10 个齿的齿板在皿的适当位置压孔，或用细玻棒均匀压 10 个孔。将 10 粒萌发的高粱种子幼根朝同一方向轻置于孔内，盖上皿盖并用胶带粘牢密封。以滴入 30mL 蒸馏水作空白对照，每处理重复 4 次。将全部处理的皿盖面向下，培养皿倾斜 15° 摆放于恒温培养箱中，便于根沿培养皿盖生长。27℃ 黑暗培养，18h 后，在皿盖上用记号笔标出根尖位置，36～42h 后空白对照根长达到 30～35mm 时，即可从标记处测量各处理根的延伸长度，计算根长抑制率，用统计软件进行药剂浓度的对数与高粱幼苗根长度抑制率概率值的回归分析，计算抑制中浓度（$IC_{50}$）及 95％ 置信限。分析试验结果，评价药剂活性。

该方法也可以测定除草剂对高粱幼芽或中胚轴的抑制活性。测定时，萌芽种子应排列在培养皿的较低部位，倾斜 15° 皿盖向上摆放，以便幼芽沿着皿盖生长。可随时测量幼芽或中胚轴的长度，不需拔出幼苗。

高粱幼苗法适用于大多数非光合作用抑制剂类除草剂的生物活性测定。它具有操作简便、试验周期短、测定范围广、重现性好（待测化合物和指示植物在同样密闭的小环境中，减少了其他因子的干扰），适用于易挥发、易淋溶化合物的测试等优点，还可改用燕麦、黄瓜等为材料来扩大测试范围，因而被国内外许多实验室采用。

#### 4.7.1.4　小麦去胚乳法

小麦去胚乳法（method of removing wheat endosperm）是利用去胚乳小麦幼苗对除草剂敏感、苗高与除草剂浓度呈负相关的原理，来检测药剂活性的生物测定方法。此法也可用于一些除草剂的移动性和持效期的测定。

具体方法分选苗和施药两步：第一步是选择均匀饱满的小麦种子，浸种 2h 后，排列在铺有滤纸或纱布的搪瓷盘中，置于 20℃ 恒温箱中催芽 3～4d，待苗高达 2～3cm 时，选生长一致的幼苗，轻轻取出，以免伤根，摘除胚乳，在清水中漂洗后备用。该方法以株高为测定指标，原始的芽长很重要。因此，选苗必须严格，每株苗必须测量长途。第二步是待测化合物用丙酮或二甲苯等有机溶剂溶解，并配制成 5～7 个等比系列质量浓度。以 50mL 烧杯作容器，每杯播种 10 粒去胚乳小麦幼苗，加入 3mL 待测除草剂药液和 6mL 稀释 10 倍的培养液，以加 3mL 蒸馏水者作对照，重复 4 次，保持 21～26℃，在光照下培养 7d。注意每天应该给每个烧杯称重，补足损失的水分。测量株高，计算株高抑制率，用标准统计软件进行药剂浓度的对数与小麦株高抑制率概率值的回归分析，计算抑制中浓度（$IC_{50}$）及 95％ 置信限。大量试验证明，株高（即根基到最长叶尖的长度）对除草剂浓度变化的反应最灵敏。分析试验结果，评价药剂活性。

去胚乳小麦幼苗培养液配方见表 4-1，微量元素配方见表 4-2。

表 4-1　去胚乳小麦幼苗培养液配方

| 配方组成 | 质量/g | 配方组成 | 质量/g |
| --- | --- | --- | --- |
| 硫酸铵 | 3.2 | 磷酸二氢铵 | 2.25 |
| 硫酸镁 | 1.2 | 氯化钾 | 1.2 |
| 硫酸钙 | 0.8 | 微量元素 | 0.01 |
| 蒸馏水 | 补足 1L | | |

表 4-2　微量元素配方

| 配方组成 | 质量/g | 配方组成 | 质量/g |
| --- | --- | --- | --- |
| 硫酸亚铁 | 10 | 硫酸锰 | 9 |
| 硫酸铜 | 3 | 硼酸 | 7 |

小麦去胚乳法适用于测定光合作用抑制剂，与其他光合作用抑制剂测定方法相比，具有操作简便、测定周期短、专一性好等优点。如果将去胚乳小麦种植在含有系列浓度除草剂的土壤中，可测定土壤中除草剂的含量、淋溶性、持效期等。

### 4.7.1.5　小麦根长法

小麦根长法（method of wheat root elongation）是利用小麦根长与除草剂浓度呈负相关的原理，来检测除草剂活性的生物测定方法。其方法是在直径为 9cm 的培养皿内铺满一层直径为 0.5cm 小玻璃球，分别移入 10mL 等比系列质量浓度的待测药液，放入 10 粒露白的小麦种子，以蒸馏水为对照，各处理重复 4 次。全部处理在 20～25℃ 培养箱中培养 5～7d 后取出，测量根长，计算根长抑制率，用标准统计软件进行药剂浓度的对数与小麦根长抑制率概率值的回归分析，计算抑制中浓度（$IC_{50}$）及 95％置信限。分析试验结果，评价药剂活性。

该法可用来比较杀单子叶杂草的除草剂间的活力，如氟乐灵、地乐胺、二甲戊乐灵、绿麦隆等。

### 4.7.1.6　燕麦幼苗法

燕麦幼苗法（oat seedling method）是利用在一定范围内除草剂浓度与燕麦幼苗生长（如地上部分的鲜重及干重，或第 2 和第 3 片叶的鲜重及干重）的抑制程度呈正相关的原理，来检测除草剂活性的生物测定方法。

其方法是将土样烘干，过 40 目筛后，与供试药剂充分混合。取 200g 以干重计的土壤装入直径 6cm 左右的玻璃管内，播入已催芽露白的燕麦种子 10 粒，土壤水分保持在最大田间持水量的 60％左右。以不用药处理为空白对照，各处理重复 4 次。全部处理放在自然光下培养 2 周后，测量植株地上部分的鲜重及干重，或第 2 和第 3 片叶的鲜重及干重，计算其生长的抑制率，用 SAS 或 DPS 等统计软件进行药剂浓度的对数与燕麦幼苗生长抑制率概率值的回归分析，计算抑制中浓度（$IC_{50}$）及 95％置信限。分析试验结果，评价药剂活性。

该方法适用于测定均三氮苯类除草剂如莠去津、西草净以及取代脲类除草剂的活性、淋溶性及持效期等。前者灵敏度可达 $0.05 \sim 0.1 \mu g(a.i.) \cdot mL^{-1}$，后者灵敏度可达 $0.1 \sim 0.3 \mu g(a.i.) \cdot mL^{-1}$。

### 4.7.1.7　玉米根长法

玉米根长法（method of corn root elongation）是利用在一定范围内除草剂浓度与玉米幼苗根长的抑制程度呈正相关的原理，来检测除草剂活性的生物测定方法。

选择敏感的常规玉米栽培品种，将均匀一致的玉米种子在 $(25\pm1)$℃条件下浸泡 12h，在 $(28\pm1)$℃条件下催芽至露白，胚根长度达到 0.8cm 时备用。试验药剂采用原药（母药），水溶性药剂直接用水溶解、稀释。其他药剂选用合适的溶剂（丙酮、二甲基甲酰胺或二甲基亚砜等）溶解，用 0.1% 的吐温-80 水溶液稀释。根据药剂活性，设 $5 \sim 7$ 个等比系列质量浓度。选 10 粒发芽一致的玉米种子摆放于 100mL 烧杯底部，加入 3cm 石英砂将种子充分覆盖。用定量系列浓度的药液将种子充分浸着，用保鲜膜封口置于培养箱内，在温度 $(25\pm1)$℃、湿度 $80\% \sim 90\%$ RH 的黑暗条件下培养。每处理不少于 4 次重复，并设不含药剂的处理作空白对照。培养 5d 后用直尺测量各处理的根长，并记录试材中毒症状。根据调查数据，计算各处理的根长或芽长的生长抑制率（%）。用 DPS、SAS 标准统计软件进行药剂浓度的对数与抑制率概率值的回归分析，计算抑制中浓度（$IC_{50}$）及 95% 置信限。分析试验结果，评价药剂活性。

该方法适用于磺酰脲类、咪唑啉酮类、酰胺类、二硝基苯胺类等除草剂的生物活性和残留活性测定。

### 4.7.1.8　黄瓜幼苗形态法

黄瓜幼苗形态法（method of cucumber seedling form）是利用在一定范围内除草剂浓度与黄瓜幼苗生长受抑制程度呈相关性的原理，根据幼苗受抑后的形态来检测除草剂活性的生物测定方法。该方法是测定激素类除草剂及植物生长调节剂的活性的常用方法，具有反应灵敏、测定范围大 $[0.1 \sim 1000 \mu g(a.i.) \cdot mL^{-1}]$、操作简便等优点。

其方法是将供试药剂用丙酮等有机溶剂稀释成等比系列质量浓度，用直径 11cm 的滤纸在其中浸至饱和，取出挥发掉有机溶剂后，放入已垫有 2 张同样大小的空白滤纸、直径为 12cm 的培养皿中。选择饱满一致的黄瓜种子，在 5% 漂白粉溶液中消毒 30min，取出，用蒸馏水冲洗干净，晾干，每皿放入 20 粒，加入 12mL 蒸馏水，注意此时培养皿中的实际浓度为原来丙酮液浓度的 1/10。设溶剂对照和蒸馏水空白对照。每处理重复 4 次。全部处理盖好皿盖，置于 25℃ 恒温箱中黑暗培养 6d 后，取出黄瓜幼苗，描述、绘制或拍照记录各浓度下黄瓜幼苗的形态。

将 2,4-D 的一系列浓度下黄瓜幼苗形态画成"标准图谱"（就像化学分析中的标准曲线一样），然后用测定样品的黄瓜幼苗形态去和标准图谱对比，就可确定 2,4-D 类除草剂的含量或比较待测样品的除草活性大小。该方法是测定苯氧羧酸类除草剂品种的经典生物测定方法。测定 2,4-D 的极限浓度可达 $0.005 \mu g(a.i.) \cdot mL^{-1}$。

#### 4.7.1.9 浮萍法

浮萍法（duckweed method）的原理是利用灭草隆等光合作用抑制剂在较低剂量下具有拮抗百草枯的作用，即可减轻百草枯对浮萍的药害程度，根据药害减轻的程度可测定光合作用抑制剂的含量。该方法可快速测定抑制光合作用除草剂活性，适用于取代脲类、均三氮苯类、脲嘧啶类等除草剂的活性测定。其方法是取 100g 过筛土放入皿中，加入 10mL 不同浓度的光合作用抑制剂如灭草隆药液，加蒸馏水 90mL，搅拌 30s 至稀泥状，静置，待上层有清水层时，取 5～10 丛浮萍，轻轻放在水面，注意勿使其沉于水中。以蒸馏水作不含灭草隆的空白对照。置于 20℃ 光照培养箱中培养 24h 后，采用 Potter 喷雾塔喷施百草枯于浮萍叶面，有效成分浓度为 $100\mu g \cdot mL^{-1}$，注意不要引起萍体沉没。以喷蒸馏水作不含百草枯的对照。每处理重复 4 次。全部处理再在日光灯下培养 16～24h 后，百草枯处理组浮萍叶片的中心部位逐渐失去光泽，并扩展到整个叶片，叶绿素受到破坏，叶片变为棕色或白色，此为典型百草枯药害症状。经百草枯处理生长在不含灭草隆皿中的浮萍药害严重，而生长在含有灭草隆皿中的浮萍药害较轻。对每个萍体药害进行分级，其标准是：

0 级：无药害（与不含百草枯的对照相同）；

1 级：萍体失去光泽率＜50％；

2 级：50％≤萍体失去光泽率＜100％；

3 级：萍体失去光泽率＝100％，但仍带有绿色；

4 级：全部失去光泽，部分失绿；

5 级：全部变白。

$$抑制指数＝\sum[（株数 \times 代表级值）/（总株数 \times 5）] \times 100\%$$

计算其抑制指数（％），用 SAS 或 DPS 标准统计软件进行药剂浓度的对数与浮萍生长抑制指数（％）概率值的回归分析，计算抑制中浓度（$IC_{50}$）及 95％置信限。分析试验结果，评价除草剂活性。

浮萍法可测定土壤中光合作用抑制剂如灭草隆等的浓度，灵敏度可达 $0.1\mu g(a.i.) \cdot mL^{-1}$。

#### 4.7.1.10 紫萍法

紫萍法（giant duckweed method）的原理是利用紫萍体内叶绿素含量与某些除草剂在一定范围内的浓度呈负相关的原理，来检测药剂活性的生物测定方法。其方法是用 10％ Hoagland 营养液将待测除草剂配制成系列质量浓度药液，并在药液表面接入 10 株大小一致不带芽体的紫萍，以蒸馏水作对照，每处理重复 4 次。全部处理在自然光照下 20℃ 左右培养 7d，用 80％ 乙醇在冰箱中浸提萍体中的叶绿素，用分光光度计在 420nm 下测定吸光度，根据标准曲线计算出叶绿素抑制率，用 SAS 或 DPS 标准统计软件进行药剂浓度的对数与叶绿素抑制率概率值的回归分析，计算抑制中浓度（$IC_{50}$）及 95％置信限。分析试验结果，评价除草剂活性。

Hoagland 营养液配方为 1L 水中含有：硝酸钾 0.51g、硝酸钙 0.82g、硫酸镁

0.49g、磷酸二氢钾 0.136g、0.5％乙二胺四乙酸铁（Fe-EDTA）溶液 1mL、微量元素溶液 1mL。

紫萍对季铵盐类除草剂百草枯、杀草快等具有高度敏感性，据此可测定水中该类除草剂的含量，百草枯的灵敏度高达 0.00075μg(a. i.)·mL$^{-1}$，杀草快的灵敏度达 0.0005μg(a. i.)·mL$^{-1}$。该方法也可用于取代脲类、三氮苯类等抑制光合作用的除草剂的生物测定。

#### 4.7.1.11 小球藻法

小球藻法（chlorella method）是利用小球藻体内叶绿素含量与某些除草剂在一定范围内的浓度呈负相关的原理，来检测药剂活性的生物测定方法。

小球藻对抑制光合作用和呼吸作用的除草剂特别灵敏，很适合用于均三氮苯类及取代脲类等除草剂的生物测定，灵敏度在 10μg(a. i.)·mL$^{-1}$ 以下。其特点是操作简便、测定周期短、比较精确。

其方法是：用适当的溶剂将供试除草剂配制成系列质量浓度的药液，在 50mL 的锥形瓶中按顺序加入培养液 8mL、长势旺盛的小球藻液（透光率为 40％～50％）10mL 及供试药液 2mL。以蒸馏水作对照，每处理重复 4 次。全部处理在摇匀后，瓶口盖两层纱布，将锥形瓶移至（26±1）℃恒温箱中，用 2000～3000lx 荧光灯连续光照 24h。从每个锥形瓶中取出小球藻液 10mL，在 4000r·min$^{-1}$ 离心机上离心 10min，弃去上清液。加入 10mL 甲醇，在 0～5℃黑暗中放置 24h 以提取叶绿素，浸提液用 721 分光光度计，在 665nm 处测透光率，根据标准曲线计算出叶绿素抑制率，用 SAS 或 DPS 标准统计软件进行药剂浓度的对数与叶绿素抑制率概率值的回归分析，计算抑制中浓度（IC$_{50}$）及 95％置信限。分析试验结果，评价除草剂活性。

#### 4.7.1.12 再生苗法

再生苗法（regenerated seedling method）用来测定内吸传导性且作用缓慢的除草剂，如草甘膦、喹禾灵、烯禾啶等。该法既可反映药剂的传导性能，又能反映药剂对地下部分再生能力的抑制作用。

用盆栽法种植香附子，当长成苗后，叶面喷洒一定浓度的草甘膦药液，1 周后离土表 1cm 剪除香附子苗，再培养 30d 后，测再生苗的鲜重。

也可用玉米作试材。将玉米种子播种在统一型号盆钵中，当幼苗 3 叶期喷施草甘膦，24h 后剪去叶片，1 周后测定再生苗的鲜重，比较不同处理间的再生力。

#### 4.7.1.13 温室盆栽法

温室盆栽法（greenhouse test）指在温室环境条件下，用盆栽整株植物来测定除草剂生物活性的试验方法。室内生测试验是承接农药前期活性筛选和后期田间应用的重要环节，除草剂室内生测方法众多，如盆栽法、培养皿法、小杯法、高粱法、玉米根长法、稗草中胚轴法、萝卜子叶法、黄瓜幼苗形态法、小麦去胚乳法、燕麦法、菜豆叶片法、叶鞘滴注法、浮萍法、小球藻法等。温室盆栽法是最为有效的除草剂室内生测方法，能定性或定量测定除草剂生物活性，且评价结果与田间自然环境条件的活性结果最为接近。因其评价结果可以直接指导田间用药及确定药剂使用技术，而广泛应用于新除草剂活性评价，混剂配比筛选，仿制品种及其混剂的除草活性、作物选择性、杀草谱评价等。

温室盆栽法是在温室特定环境条件下，选择测定药剂应用范围内具有代表性的植物为测试靶标，通过盆栽法培养生长一致的供试植物，根据不同试验要求和药剂特性进行相应药剂处理，待药害症状明显后进行观察评价。评价的指标包括出苗率、株高、地上部重量和地下部重量等，还可对植物受害症状进行综合目测。最后对试验得到的大量数据进行分析统计，得出其内在规律和客观结论。因盆栽试验可以选择田间实际应用的植物为测试靶标，模拟田间环境条件下开展试验，所以试验结果与田间应用真实结果最为接近，试验科学性较好。

（1）试材的选择　除草剂生物活性测定试验的靶标植物可以选择栽培植物、杂草或其他指示植物以及藻类等生物。针对不同试验试材的选择原则包括：①在分类学上、经济上或地域上有一定代表性的栽培植物或杂草等；②对药剂敏感性符合要求，且对药剂的反应便于定性、定量测定，达到剂量-反应相关性良好；③易于培养、繁育和保存，能为试验及时提供相对标准一致的试材。

（2）种子收集　作物种子和部分有市售的种子可以在种子公司购买。杂草种子可以自行采集，于杂草种子成熟时，在未用药剂区域采集各类自然成熟的杂草种子。将采集的种子晾晒、去皮、过筛，留下干净、饱满一致的种子，保持阴凉、干燥，自然条件下放置 3～5 个月时间，渡过休眠滞育期。取少量置于室内自然条件下保存，方便使用；剩余种子置于冰箱中 4℃保存，延长种子使用时间。

（3）试材的培养　收集未施药地块 20cm 以上地表壤土，试验用土为收集到的壤土与培养基质按 2：1 体积比混合均匀。根据植株大小选择相应口径的花盆种植试材，将混好的试验用土装满花盆的 4/5，花盆整齐摆放在平板车或相应器具内。在花盆底部加水，让水从下向上渗透，使土壤吸水完全润湿。根据种子大小，将适量试材种子均匀播于花盆内，覆土。放温室内培养至试验要求状态进行药剂处理。

（4）药剂处理　按试验药剂特性或田间实际施药方法进行药剂处理，可分为苗后茎叶喷雾处理、芽前土壤喷雾处理、浇灌处理或撒施处理等。通过喷雾装置进行药剂处理的试验，需要设置和记录相应喷雾面积、施药液量、工作压力、着液量。处理后静置 4～5h，移入温室内培养，于药效完全发挥时调查试验结果。

（5）试验环境条件　在生测试验中，环境条件（如土壤、光照、温度、湿度等）不仅影响靶标生物的生理状态，也影响药剂的吸收、输导及药效的发挥。所以在试验开展过程中应对环境条件进行控制或全程记录环境条件参数，以方便分析或验证各因素对结果的可能影响。另外，为了减少误差，同一试验的同种试材应放在同一条件下进行培养，以保证所有处理在相对一致的环境下测试，结果具有重现行和可行性。

（6）结果评价与记录　根据具体试验内容、试验性质以及所用具体靶标生物选用相应的结果调查评价方法以及数据记录和处理方法等。由于试验结果与药剂、靶标、测试条件等多种因素相关，故在记录和评价活性时，要有详细的试验原始记录。原始记录应记载药剂的特性、剂型、含量、生产日期、样品提供者、配制过程、施药方法、靶标生育期、培养条件、喷雾参数等基础数据，以及处理后的试材培养条件及管理方法、结果调查方法与调查结果等。结果调查可以测定试材根长、鲜重、干重、株高、分枝（蘖）数、枯死株数、叶面积等具体的定量指标，通过对比药剂处理与空白对照的数值，计算生长抑制率。也可以视植物受害症状及程度进行综合目测法评价，评价标准可参见表 4-3。

**表 4-3 除草活性和作物安全性目测法评价标准**

| 植物毒性/% | 除草剂活性综合评语（对植株抑制、畸形、白化、死亡等影响的程度） | 作物安全性综合评语（对植株抑制、畸形、白化、死亡等影响的程度） |
| --- | --- | --- |
| 0 | 同对照，无活性 | 同对照，无影响，安全 |
| 10 | 稍有影响，活性很低 | 稍有影响，药害很轻 |
| 20~40 | 有影响，活性低 | 有影响，药害明显 |
| 50~70 | 明显影响生长，有活性 | 明显影响生长，药害严重 |
| 80 | 严重影响生长，部分死亡，活性好 | 严重影响生长，药害较严重 |
| 90 | 严重影响生长，大部分死亡，残余植株少，活性很好 | 严重影响生长，大部分死亡，药害非常严重 |
| 95 | 严重影响生长，植株基本死亡，残余植株很少，活性很好 | 植株基本死亡，药害非常严重 |
| 100 | 全部死亡 | 全部死亡 |

（7）数据处理 对于试验得到的大量数据，通过计算机统计分析软件进行分析才能发现其内在关系与规律，如通过 DPS 统计软件进行剂量与活性的回归分析，建立相关系数 $R \geq 0.9$ 的剂量-反应相关模型，获得 $ED_{90}$ 值（除草剂抑制杂草生长 90% 的最低剂量）或 $ED_{50}$ 值、$ED_{10}$ 值等数据。还可以对不同处理进行在 $p = 0.05$ 或 0.01 水平上的活性差异显著性分析，以比较不同处理间的差异，科学阐述不同处理产生的不同试验结果。

（8）注意事项及影响因素 由于生物的复杂性、多样性，常会产生一些难以预料的结果，生物种群中个体之间的大小、生理状态以及反应程度等可能存在一定差异，试验时应确保有足够的生物数量，并设置相应重复，以减轻个体反应差异，保证其结果的代表性和可靠性。另外，在设计和开展试验时还须设立空白对照、不含有效成分的溶剂对照，以排除偶然性误差，取得可信的试验数据。还有，因温室盆栽试验涉及环境因素和测试生物等众多可变因素，温室中不同时间开展的相同试验可能会有数据不能完全重复和再现的情况，所以不同批次试验结果不能直接进行比较。

## 4.7.2 植物器官测定法

该法是利用植物的某一器官，尤其是子叶和叶片对除草剂的反应，来测定其活性、含量等，也是常用的除草剂生物测定方法。与采用整株做试材相比，植物器官测定法具有快速、灵敏的特点。常用的方法有萝卜子叶法、圆叶片漂浮法等。

### 4.7.2.1 萝卜子叶法

萝卜子叶法（radish cotyledon method）是利用在一定范围内除草剂浓度与萝卜子叶生长的抑制程度呈正相关的原理，来检测除草剂活性的生物测定方法。

其方法是将洗净的胡萝卜种子播种在垫有 2 层滤纸的培养皿内，加入适量蒸馏水，加盖后置于 27℃恒温箱恒温培养，约 30h 后从幼苗上切下子叶备用。在培养皿中垫 1 层滤纸，加入 5～10mL 磷酸缓冲液配制成系列质量浓度的除草剂药液，选择大小一致的 10 片萝卜子叶放于培养皿内，以蒸馏水作对照，每处理重复 4 次。全部处理在加盖后置于（25±1）℃的恒温室内培养，给予 2000～3000lx 荧光灯连续光照 3d 后，称子叶鲜重，计算鲜重抑制率，用 SAS 或 DPS 标准统计软件进行药剂浓度的对数与叶绿素抑制率概率值的回归分析，计算抑制中浓度（$IC_{50}$）及 95％置信限。分析试验结果，评价除草剂活性。

也可参照小球藻法，测定叶绿素含量，根据标准曲线计算出叶绿素抑制率，最终计算抑制中浓度（$IC_{50}$）。

该方法适用于测定触杀性和影响氮代谢的除草剂，如百草枯、氟磺胺草醚、灭草松、敌稗、敌草隆、西玛津等的活性。

### 4.7.2.2 圆叶片漂浮法

圆叶片漂浮法（floating round-leaf method）是测定光合作用抑制剂快速、灵敏、精确的方法。其原理是植物在进行光合作用时，叶片组织内产生较高浓度的氧气，使叶片容易漂浮，但当光合作用受到抑制不能产生氧气时，叶片就会沉入水中。

试验可选取水培生长 6 周的黄瓜幼叶，或生长 3 周已充分展开的蚕豆幼叶，或展开 10d 的南瓜子叶叶片作为试材，其他植物敏感度低，不宜采用。用打孔器打取直径 9mm 的圆叶片，注意切取的圆叶片应立即转入溶液中，不能在空气中时间太长。在 250mL 的锥形瓶中，加入 50mL 用 0.01mol·$L^{-1}$ pH 7.5 磷酸钾缓冲液配制成的系列质量浓度的除草剂药液，并加入适量的碳酸氢钠，以提供光合作用需要的 $CO_2$，每只锥形瓶中加入 20 片圆叶片。将锥形瓶抽成 25mmHg（1mmHg＝133.322Pa）真空，使全部叶片沉底。将锥形瓶内的溶液连同叶片一起转入 1 只 100mL 的烧杯中，在黑暗下保持 5min，然后用 250W 荧光灯照射，并开动秒表计时，最后记录全部叶片漂浮所需要的时间，并计算阻碍指数（retardation index，RI）。阻碍指数越大，说明待测样品抑制光合作用越强，其生物活性越高。

$$RI = \frac{T_T}{T_{CK}} \times 100\%$$

式中，$T_T$ 为处理组圆叶片漂浮所用的时间，d；$T_{CK}$ 为对照组圆叶片漂浮所用的时间，d。

### 4.7.3 植物愈伤组织测定法

愈伤组织原指植物体受伤时产生于伤口周围的组织。现多指切取植物体的一部分，置于含有生长素和细胞分裂素的培养液中培养，诱导产生的无定形的组织团块。它由活的薄壁细胞组成，可起源于植物体任何器官内各种组织的活细胞。其形成过程是外植体中的活细胞经诱导，恢复其潜在的全能性，转变为分生细胞，继而其衍生的细胞分化为薄壁组织而形成愈伤组织。随着组织培养技术的日益成熟，已可以很容易地获得大量均匀一致的愈伤组织，且其培养环境容易控制，特别是植物细胞全能性的发现，使愈伤组织成为良好的试验体系。愈伤组织已被广泛用于植物快繁、植物改良、种质保存和有用化合物生产等方面，同时在除草剂生物测定技术领域也得到了应用，主要用于活性化合物筛选和抗药性测定等。

利用植物愈伤组织较整株进行生物测定具有作用直接的特点，试验结果能够反映除草剂的内在毒杀能力。除草剂处理生长的植物后，在其到达作用位点之前需要经过吸收、渗透或输导的漫长过程，在此过程中，紫外线、微生物等外界环境条件有可能导致除草剂分解，植物本身亦可以分解或代谢一部分。由于愈伤组织是在黑暗无菌的条件下培养的，就避免了紫外线及微生物的影响。此外，愈伤组织没有形成层、角质层，也没有维管束、凯氏带、细胞壁等阻碍除草剂到达作用位点的障碍，药剂可以直接作用于细胞。试验证明，除了光合作用抑制剂之外的除草剂，应用愈伤组织与应用整株作试材，其生物测定结果具有良好的相关性。

#### 4.7.3.1 培养基制备

MS 培养基是应用最广泛的培养基，是由 T. Murashige 和 F. Skoog 于 1962 年在烟草愈伤组织的培养基筛选过程中最先使用的。其主成分可分为 4 组（表 4-4），用时适度稀释，极为便利。

**表 4-4 MS 培养基储存原液**

| 种类 | 成分 | 浓度/mg·L$^{-1}$ |
| --- | --- | --- |
| 大量无机盐（10 倍原液） | 硝酸铵 | 16500 |
| | 硝酸钾 | 19000 |
| | 氯化钙 | 4400 |
| | 硫酸镁 | 3700 |
| | 磷酸二氢钾 | 1700 |
| 微量无机盐（100 倍原液） | 硼酸 | 620 |
| | 硫酸锰 | 2230 |
| | 硫酸锌 | 860 |
| | 碘化钾 | 83 |
| | 钼酸钠 | 25 |
| | 硫酸铜 | 2.5 |
| | 氯化钴 | 2.5 |

| 种类 | 成分 | 浓度/mg·L$^{-1}$ |
|---|---|---|
| 铁化合物原液（100 倍原液） | 乙二胺四乙酸钠 | 3.73 |
| | 硫酸亚铁 | 2.78 |
| 维生素和氨基酸（100 倍原液） | 甘氨酸 | 200 |
| | 盐酸硫胺素 | 10 |
| | 盐酸吡哆醇 | 50 |
| | 烟酸 | 50 |

配制 MS 培养基时，将储存原液按比例稀释，再加入肌醇 100mg·L$^{-1}$、蔗糖 30mg·L$^{-1}$。因植物种类不同适当加入吲哚乙酸 1～30mg·L$^{-1}$、激动素 0.04～10mg·L$^{-1}$。蒸馏水定容后，用 0.1mol·L$^{-1}$氢氧化钾或盐酸调节 pH 值至 5.7。

### 4.7.3.2　外植体选择

植物愈伤组织培养的成败除与培养基的组分有关外，另一个重要因素就是外植体本身，即由活体植物上切取下来，用以进行离体培养的那部分组织或器官。为了使外植体适于在离体培养条件下生长，必须对外植体进行选择。迄今为止，经组织培养成功的植物所使用的外植体几乎包括了植物体的各个部位，如根、茎（鳞茎、茎段）、叶（子叶、叶片）、花瓣、花药、胚珠、幼胚、块茎、茎尖、维管组织、髓部等。从理论上讲，植物细胞都具有全能性，任何组织、器官都可作为外植体。但实际上，不同植物种类、同一植物不同器官、同一器官不同生理状态，对外界诱导反应的能力及分化再生能力是不同的。

草本植物比木本植物易于通过组织培养获得成功，双子叶植物比单子叶植物易于组织培养。茄科中的烟草、番茄、曼陀罗易于诱导愈伤组织，禾本科的水稻等诱导产生愈伤组织就较困难。从田间或温室中生长健壮的无病虫害的植株上选取发育正常的器官或组织作为外植体，离体培养易于成功。对于大多数植物来说，茎尖是较好的外植体，由于茎形态已基本建成，生长速度快，遗传性稳定。一般外植体大小在 0.5～1.0cm 为宜。离体培养的外植体最好在植物生长的最适时期取材，即在其生长开始的季节采样，若在生长末期或已经进入休眠期取样，则外植体会对诱导反应迟钝或无反应。一般认为，沿植物的主轴，越向上的部分所形成的器官其生长的时间越短，生理年龄也越老，越接近发育上的成熟，越易形成花器官；反之越向基部，其生理年龄越小。越幼嫩、年限越短的组织具有越高的形态发生能力，组织培养越易成功。

种子是诱导愈伤组织很好的起始材料，因为可将整粒种子放在加有生长物质的培养基上使其直接产生愈伤组织；也可在无激素的培养基上发芽，产生无菌的根、茎、叶用作外植体；还可直接从种子上剪下根原基及芽尖用作外植体。

### 4.7.3.3　培养条件选择

温度：对大多数植物组织，20～28℃即可满足生长所需，其中 26～27℃最适合。

光：组织培养通常在散射光线下进行。有些植物组织在暗处生长较好，而另一些植物组织在光亮处生长较好，但由愈伤组织分化成器官时，则每日必须有一定时间的光照才能形成芽和根。通常用 1000～3000lx 光照即可，有的需要 15000lx 强光照射。

渗透压：渗透压对植物组织的生长和分化很有关系。在培养基中添加食盐、蔗糖、甘露醇和乙二醇等物质可以调整渗透压。通常 0.1～0.2MPa 可促进植物组织生长，0.2MPa 以上时出现生长障碍，0.6MPa 时植物组织即无法生存。

酸碱度：一般植物组织生长的最适宜 pH 值为 5～6.5。在培养过程中 pH 值可发生变化，加入磷酸氢盐或二氢盐，可起稳定作用。

通气：悬浮培养中植物组织的旺盛生长必须有良好的通气条件。少量悬浮培养时经常转动或振荡，可起通气和搅拌作用。大量培养中可采用专门的通气和搅拌装置。

### 4.7.3.4　愈伤组织诱导与继代培养

外植体的消毒一般采用次氯酸钠（市面上售的一般为 10％～14％有效氯），使用时按 1∶10 稀释，消毒时间以材料定，消毒后无菌水冲洗 4～5 次；或用 0.1％氯化汞消毒。

愈伤组织的诱导采用的培养基基本成分相似，但对于不同植物、同一植物不同物种都要对培养成分作相应改动，尤其是激素的成分和浓度是极为重要的因素。生长调节物质之中，特别是生长素，对于细胞分裂的诱导以及在其后的生长和增殖，都是必要的物质。细胞分裂素未必是必需的物质，然而，常常因不同的供试材料而异。

从单个细胞或外植体上脱分化形成典型的愈伤组织，大致经历三个时期：起动期、分裂期和形成期。

①　起动期　又称为诱导期，是愈伤组织形成的起点。外植体已分化的活细胞在外源激素的作用下，通过脱分化起动而进入分裂状态，并开始形成愈伤组织。这时在外观上虽然未见明显变化，但实际上细胞内一些大分子代谢动态已发生明显的改变，细胞正积极为下一步分裂进行准备。

②　分裂期　外植体切口边缘开始膨大，外层细胞通过一分为二的方式进行分裂，从而形成一团具有分生组织状态的细胞的过程。这时组织细胞代谢十分活跃，发生了一系列生理生化及形态的变化。

③　形成期　是指外植体的细胞经过诱导、分裂形成了具有无序结构的愈伤组织时期。这个时期的特征是细胞大小不再发生变化，愈伤组织表层的分裂逐渐减慢和停止，接着内部组织细胞开始分裂，细胞数目进一步增加。

愈伤组织培养一段时间后必须转移到新鲜培养基上以保证培养物继续正常生长，更换一次培养基称一代继代培养。一般情况下，培养的愈伤组织需要每 4～6 周继代一次。第一次继代培养时用无菌刀片将新鲜愈伤切下，无菌地转入新鲜培养基上，被转移的愈伤小块不宜过小，否则生长会受抑制。一旦愈伤建立起来，多数愈伤组织需要每月继代一次。继代时一般情况下不需改变原培养基的成分，但很多物种需要将生长素降低些，尤其是使用 2,4-D 时。

#### 4.7.3.5 指标测定

采用愈伤组织进行除草剂生物测定时，通常将其鲜重和干重作为测定指标。细胞悬浮培养情况下可测定浓缩细胞量，或用微电极测培养基的电导率，电导率的减少与细胞生长量的增加成反比。测定时期一般选在对照组进入形成期以前，结果以相对于对照组的生长抑制率表示。药剂之间比较可以用50％阻碍浓度（$IC_{50}$）来表示。

例如麦草畏对大豆愈伤组织生长阻碍实验。从大豆子叶上取直径 2mm 的圆叶片，用 10％的次氯酸钠溶液消毒。在 50mL 锥形瓶中加入 20mL MS 培养基，灭菌凝固后，接种大豆子叶圆片，置于组培室 30℃光照培养。每隔 15d，把直径 4mm 的愈伤组织块转移到新的培养基上继代培养。灭菌培养基冷却至 60℃后，用过滤灭菌器加入不同浓度麦草畏药液，培养基凝固后，接种直径 4mm 的愈伤组织块，置于组培室 30℃光照培养 15d 后，测量大豆愈伤组织鲜重，计算与对照相比的生长抑制率。

再如抗苯磺隆烟草愈伤组织筛选实验。烟草种子用氯化汞消毒后植于 MS 培养基上，培养无菌苗。选取 3～5 叶期的烟草无菌苗叶片，植于 MS＋1.5mg・$L^{-1}$ 2,4-D＋0.5mg・$L^{-1}$6-BA（6-苄氨基嘌呤）培养基上，诱导形成愈伤组织。选择生长旺盛、组织松脆、淡黄绿色的胚性愈伤组织转入上述培养基进行继代培养。培养条件为光照培养箱 25℃、光照周期 12h、光照强度 12000lx。将 0.1g/块愈伤组织转移到含有 0、2mg・$L^{-1}$、3mg・$L^{-1}$、5mg・$L^{-1}$苯磺隆的诱导培养基（MS＋1.5mg・$L^{-1}$ 2,4-D＋0.5mg・$L^{-1}$ 6-BA）上培养，每 40d 测鲜重抑制率，选择生长旺盛、淡黄绿色的愈伤组织继代 1 次，记为 $F_n$（$n$＝1，2，3，…）。每继代 2 次，将经筛选的 0.1g/块愈伤组织植入含梯度剂量的苯磺隆 MS 培养基上，30d 后测鲜重，得 $LC_{50}$，计算 $F_n$ 抗性倍数：

$$F_n \text{ 抗性倍数} = F_n \text{ 的 } LC_{50} / \text{对照 } LC_{50}$$

### 4.7.4 靶标酶活性测定法

大多数除草剂都是与生物体内某种特定的酶或受体结合，发生生物化学反应而表现活性的，因此可以以杂草的某种酶为靶标，直接筛选靶标酶的抑制剂。该方法用于新型除草剂创制过程中化合物高通量筛选，具有研发周期短、研发成本低、开发成功率高等特点。

#### 4.7.4.1 乙酰乳酸合成酶活性测定

乙酰乳酸合成酶（acetolactate synthase，ALS）是诱导植物和微生物的缬氨酸（Val）、亮氨酸（Leu）和异亮氨酸（Ile）3 种支链氨基酸生物合成过程中的关键性酶，它可催化 2 个丙酮酸形成乙酰乳酸和 $CO_2$ 或催化丙酮酸和 $\alpha$-丁酮酸形成乙酰羟丁酸和 $CO_2$，进而通过一系列的生物合成反应生成以上 3 种支链氨基酸。这 3 种氨基酸又会对 ALS 进行反作用，抑制或削弱 ALS 的活性，从而成为调控生物体内支链氨基酸生物合成的关键过程。ALS 是磺酰脲类、咪唑啉酮类、磺酰胺类和嘧啶水杨酸类等除草剂的作用靶标。上述除草剂也被称作 ALS 抑制剂。ALS 抑制剂是通过抑制杂草体内的 ALS 活性，造成 3 种支链氨基酸合成受阻，导致蛋白质的合成受到破坏，从而使植物细胞的有丝分裂停止于 G1 阶段的 S 期（DNA 合成期）和 G2 阶段的 M 期，干扰 DNA 的合成，细胞因此而不能完成有丝分裂，进而使其生长停止而死亡，最终达到杀死杂草的目的。

ALS 是一种黄素蛋白，一般存在于植物的叶绿体中。通常情况下它必须在黄素腺嘌呤二核苷酸（flavine adenine dinueleotide，FAD）、硫胺素焦磷酸（thiamine pyrophosphate，TPP）以及一种二价金属离子（通常为 $Mg^{2+}$）等辅助因子共同存在下才具备催化活性。这就决定了 ALS 提取的独特方法和活性测定的特异性底物。

ALS 活性测定原理，是将反应产物 α-乙酰乳酸通过化学反应转变成 3-羟基丁酮，再在酸性条件下 3-羟基丁酮和萘酸及肌酸反应而生成红色复合体，进而采用分光光度计定量这个复合体。

（1）溶液配制

① 磷酸缓冲液：pH＝7.0，$0.1mol \cdot L^{-1}$ $K_2HPO_4$-$KH_2PO_4$。

② 酶提取液：含 $1mmol \cdot L^{-1}$ 丙酮酸钠、$0.5mmol \cdot L^{-1}$ $MgCl_2$、$0.5mmol \cdot L^{-1}$ TPP、$1.0\mu mol \cdot L^{-1}$ FAD 的 $0.1mol \cdot L^{-1}$ pH 7.0 的磷酸缓冲液。

③ 酶溶解液：含 $20mmol \cdot L^{-1}$ 丙酮酸钠、$0.5mmol \cdot L^{-1}$ $MgCl_2$ 的 $0.1mol \cdot L^{-1}$ pH 7.0 的磷酸缓冲液。

④ 酶反应液：含 $20mmol \cdot L^{-1}$ 丙酮酸钠、$0.5mmol \cdot L^{-1}$ $MgCl_2$、$0.5mmol \cdot L^{-1}$ TPP、$10\mu mol \cdot L^{-1}$ FAD 的 $0.1mol \cdot L^{-1}$ pH 7.0 的磷酸缓冲液。

⑤ 0.5％肌酸：溶于蒸馏水。

⑥ 5％1-萘酚：溶于 $2.5mol \cdot L^{-1}$ NaOH 溶液。

（2）乙酰乳酸合成酶提取　取约 2.5g 叶片剪碎放入预冷研钵中，液氮下快速研磨成细粉。准确称量出 2.0g 细粉转入 50mL 离心管中，加 16mL 酶提取液，混匀，冰上放置 10min，于 25000g、4℃下离心 20min，收集上清液即为粗酶液。在粗酶液中缓慢加入 $(NH_4)_2SO_4$ 晶体至 50％饱和度，沉淀 2h 后，于 25000g、4℃下离心 20min，弃上清液，沉淀溶于 12mL 酶溶解液中待测。以上操作均在 0～4℃条件下进行。

（3）乙酰乳酸合成酶离体活性测定　在 10mL 离心管中加入 0.9mL 酶反应液。加入配制好的 ALS 抑制剂母液 0.1mL，使终浓度达到 $0.01\mu mol \cdot L^{-1}$、$0.1\mu mol \cdot L^{-1}$、$1\mu mol \cdot L^{-1}$、$10\mu mol \cdot L^{-1}$、$100\mu mol \cdot L^{-1}$，设蒸馏水对照。加入 0.5mL 酶液，摇匀后在 37℃恒温水浴中暗反应 1h。加入 $3mol \cdot L^{-1}$ $H_2SO_4$ 0.2mL 中止反应，60℃水浴脱羧 15min，空白对照在加入酶液前加入 $3mol \cdot L^{-1}$ $H_2SO_4$ 0.2mL。加入 1mL 0.5％肌酸和 1mL 5％甲萘酚，60℃水浴显色 15min，迅速置于冰浴中冷却 1min。离心后，取上清液于 525nm 比色，记录吸光度值（$A_{525}$）。计算 ALS 活性抑制率。

$$ALS 活性抑制率＝（处理 A_{525}/对照 A_{525}）\times 100\%$$

### 4.7.4.2　乙酰辅酶 A 羧化酶活性测定

乙酰辅酶 A 羧化酶（acetyl coenzyme A carboxylase，ACCase）是植物脂肪酸生物合成的关键多功能酶，催化 ATP 依赖乙酰辅酶 A 羧化作用诱导脂肪酸与类黄酮生物合成中的一种关键代谢产物——丙二酸单酰辅酶 A，这是植物中脂肪酸生物合成的首要关键步骤。

物体内 ACCase 以真核型和原核型存在，其中真核型 ACCase 又称细胞溶质多功能 ACCase（MF-ACCase）或 ACCase Ⅰ，它是含有 2 个亚基的同型二聚体，分子量 500kD，与动物、酵母中的 ACCase 相似，由单一的多功能蛋白质组成，由核基因编码；原核型 ACCase 又称叶绿体多亚基羧化酶 ACCase（MS-ACCase）或 ACCase Ⅱ，它是含有 4 个亚基的四聚体，分子量约 700kD，与大肠杆菌中的 ACCase 相似，它由生物素羧基载体蛋白、生物素羧化酶、羧基转移酶组成。真核型 ACCase 对除草剂敏感，原核型不敏感。在双子叶植物叶绿体或质体中存在原核型 ACCase，胞液中存在真核型 ACCase。而单子叶禾本科植物的叶绿体中只存在真核型 ACCase，其脂肪酸的生物合成是在植物的叶绿体中进行。因此，单子叶植物对芳氧苯氧基丙酸类和环己烯酮类除草剂敏感，而绝大多数阔叶的双子叶植物对其不敏感。

（1）溶液配制

① 提取缓冲液：100mmol·L$^{-1}$ Tris-HCI（pH 8.0），1mmol·L$^{-1}$ EDTA，10% 甘油，2mmol·L$^{-1}$ 抗坏血酸，0.5% PVP-40，0.5% PVPP，20mmol·L$^{-1}$ DTT，1mmol·L$^{-1}$ PMSF。

② 洗脱缓冲液：50mmol·L$^{-1}$ Tricine-KOH（pH 8.0），2.5mmol·L$^{-1}$ MgCl$_2$·6H$_2$O，50mmol·L$^{-1}$ KCl，1mmol·L$^{-1}$ DTT。

③ 测定缓冲液：20mmol·L$^{-1}$ Tricine-KOH（pH 8.3），10mmol·L$^{-1}$ KCl，5mmol·L$^{-1}$ ATP，2mmol·L$^{-1}$ MgCl$_2$，2g·L$^{-1}$ 牛血清蛋白，2.5mmol·L$^{-1}$ DTT，3.7mmol·L$^{-1}$ NaHCO$_3$。

（2）乙酰辅酶 A 羧化酶提取　取 2.0g 茎叶组织，用液氮匀浆，加 15mL 提取缓冲液，4℃、27000g 离心 15min，弃沉淀；用硫酸铵沉淀蛋白至 40% 饱和度，4℃、27000g 离心 30min，弃沉淀；用硫酸铵继续沉淀蛋白至 60% 饱和度，弃上清液，用 1mL 洗脱缓冲液溶解沉淀，即得粗酶液。

（3）乙酰辅酶 A 羧化酶提纯　取 2.5g Sephadex G-25，加适量蒸馏水在室温下溶胀过夜，装柱，用洗脱缓冲液充分平衡，将粗酶液上样并收集洗脱液，得酶提取液，放入 −80℃ 冰箱储存待测。

（4）乙酰辅酶 A 羧化酶活性测定　根据酶与放射性底物 NaH$^{14}$CO$_3$ 结合生成的对酸和热稳定的物质的放射性来测定乙酰辅酶 A 羧化酶活性。将除草剂用丙酮溶解，再用 20mmol·L$^{-1}$ pH 8.3 Tricine-KOH 定溶至 5mmol·L$^{-1}$。酶活性测定液（200μL）含 139.5μL 测定缓冲液、2.5μL NaH$^{14}$CO$_3$（0.185MBq）、40μL 酶提取液，迅速混匀，32℃ 恒温水浴 3min 使酶活化；加 8μL 0.25mmol·L$^{-1}$ 乙酰辅酶 A（重蒸水溶解）于 32℃ 恒温水浴下开始反应，10min 后取出迅速加 20μL 10mol·L$^{-1}$ 盐酸终止反应。反应剩余物置于 60℃ 烘箱中烘干至少 1h，加 4mL 闪烁液，置液体闪烁计数仪（LSC）中过夜测定脉冲数。以未加除草剂所测得酶活性为对照。CO$_2$ 固定的量以对酸热稳定的化合物的放射性计算，设每小时内每克鲜重的酶活力单位为 U（μmol·g$^{-1}$·h$^{-1}$）。

$$U＝cpm×3.997×60×V/(0.7×2.22×10^6×10×0.04)$$

式中，cpm 为每分钟脉冲数；3.997 为每微居里（$\mu$Ci）$^{14}$C 相当于 $CO_2$ 的微摩尔数；60 为 1h 的分钟数；$V$ 为每克鲜重植物得到的酶原液的体积；0.7 为液体闪烁仪测定 $^{14}$C 的效率；$2.22×10^6$ 为每分钟内 $1\mu$Ci $^{14}$C 的蜕变数；10 为反应时间，min；0.04 为反应体系中酶液的体积。

抑制 ACCase 50％的相对活力＝[（对照 U－处理 U）/对照 U]×100％

### 4.7.4.3　原卟啉原氧化酶活性测定

原卟啉原氧化酶（protoporphyrinogen oxidase，PROTOX）的作用是将其底物原卟啉原Ⅸ氧化成原卟啉Ⅸ，后者进一步参与叶绿素的生物合成。PROTOX 的活性受到抑制会引起原卟啉原Ⅸ过量积累并自动氧化，进而原卟啉Ⅸ过量积累，在细胞内引发一系列破坏性氧化而导致植物死亡。PROTOX 是二苯醚类和四氢邻苯二甲酸亚胺类除草剂的作用靶标。

原卟啉原Ⅸ不吸收可见光或者荧光，而产物原卟啉Ⅸ在波长 410nm 处有特征吸收（激发光谱），并且在波长 630 nm 处有较强的发射荧光（发射光谱）。抑制剂与底物原卟啉原Ⅸ竞争性地与酶活性中心结合，从而抑制 PROTOX 转化原卟啉原Ⅸ成原卟啉Ⅸ的能力。因而可以通过紫外法或荧光分光光度法测定产物原卟啉Ⅸ的量，确定抑制剂的抑制率。

（1）溶液配制

① 提取缓冲液：$0.05mol \cdot L^{-1}$ HEPES、$0.5mol \cdot L^{-1}$ 蔗糖、$1mmol \cdot L^{-1}$ DTT、$1mmol \cdot L^{-1}$ $MgCl_2$、$1mmol \cdot L^{-1}$ EDTA、0.2％BSA，以 KOH 溶液调 pH 值为 7.8。

② 溶酶缓冲液：$0.05mol \cdot L^{-1}$ Tris、$2mmol \cdot L^{-1}$ EDTA、20％（体积分数）甘油，以 HCl 调 pH 值为 7.3。

③ 反应缓冲液：$0.1mol \cdot L^{-1}$ Tris、$1mmol \cdot L^{-1}$ EDTA、$4mmol \cdot L^{-1}$ DTT，以 HCl 调 pH 值为 7.5。

④ 测试缓冲液：$0.1mol \cdot L^{-1}$ Tris、$1mmol \cdot L^{-1}$ EDTA、$5mmol \cdot L^{-1}$ DTT、1％（体积分数）吐温-80，以 HCl 调 pH 值为 7.8。

⑤ 除草剂药液：称量 2.0mg，加 1mL 二甲基甲酰胺或丙酮溶解，并加 1mL 吐温-80，再以蒸馏水定容至 100mL，而后稀释成所需浓度。

⑥ 反应底物：称取 82％ KOH 0.017g，加入 5mL 无水乙醇，用蒸馏水定容至 25mL，制成 $10mmol \cdot L^{-1}$ KOH 的乙醇/水混合溶液。精确称量 4.5mg 原卟啉Ⅸ，用 4mL KOH 的乙醇/水溶液溶解，定容至 10mL，避光氮气保护下，按 $1.5g \cdot mL^{-1}$ 加入 3％钠汞齐，反应 2h。避光氮气保护下过滤，用 10％盐酸调 pH 值为 8 左右，按 1∶3 的体积比加入反应缓冲液，分装至样品管中，每份 1mL，于液氮中保存（浓度约 $0.1mmol \cdot L^{-1}$）。

（2）标准曲线制作　分别取 $0.08mmol \cdot L^{-1}$ 的原卟啉Ⅸ标准溶液 $10\mu L$、$20\mu L$、$30\mu L$、$40\mu L$、$50\mu L$、$60\mu L$、$70\mu L$ 和 $80\mu L$，移入 0.92～0.99mL 反应缓冲液中，再加

2mL 测试缓冲液，总体积为 3mL，立即测定波长 630 nm 处的发射荧光强度。每个处理重复 3 次，取平均值。以原卟啉Ⅸ浓度为横坐标，荧光强度为纵坐标，绘制标准曲线。

（3）原卟啉原氧化酶提取　取暗室中培养 6～7d 的玉米黄化苗，照光 2h 微变绿后，取地上部分剪碎后加 5 倍体积的提取缓冲液，经高速匀浆机匀浆，以 100 目尼龙绸过滤后再以 800g、0℃离心 2min，取上清液并以 17000g、0℃离心 6min。沉淀以溶酶缓冲液溶解后，即为酶样品（-70℃避光保存），操作在 0～4℃下进行。

（4）原卟啉原氧化酶活性测定　在 15mL 的具塞试管中，加入反应缓冲液和 100μL 各种浓度的除草剂，以及 100μL 的酶样品（当日提取），于 30℃水浴中振荡 10min 后加入 50μL 原卟啉原Ⅸ溶液，于 30℃水浴中振荡暗反应 30min。再加 2mL 测试缓冲液后立即测定波长 630nm（激发波长为 410nm）处的发射荧光强度。以加热灭活的酶样品为空白对照。每个处理重复 3 次，取平均值。参照标准曲线，计算抑制中浓度。

### 4.7.4.4　对羟基苯基丙酮酸双氧化酶活性测定

对羟基苯基丙酮酸双氧化酶（4-hydroxyphenylpyruvate dioxygenase，HPPD）是三酮类、异噁唑类、吡唑类、二酮腈类和二苯酮类除草剂作用靶标。

HPPD 是一种铁-酪氨酸蛋白，它可催化植物体内质体醌与生育酚生物合成的起始反应，即催化对羟苯基丙酮酸转化为尿黑酸的过程，同时释放出 $CO_2$。HPPD 酶的催化活性受酸度、温度、还原剂以及植物细胞溶液的影响。尿黑酸是植物体内一种重要物质，它可以进一步脱羧、聚戊二烯基化和烷基化，从而生成质体醌和生育酚。HPPD 抑制剂的抑制结果是植物体内质体醌和生育酚减少，引起植物白化症状。

从稗草、玉米及胡萝卜培养细胞提取的粗酶液均不显示活性，经硫酸铵沉淀，再用阴离子交换树脂色谱分离后，采用对酶活性影响很小的示差折光检测（RI）法，可以测定 HPPD 的活性。动物肝脏中的 HPPD 活性非常强，而且提取也容易，所以利用吸光度的方法可以简单地测定。

（1）溶液配制

① 酶提取液：$0.02 mol \cdot L^{-1}$ 磷酸缓冲液（pH 7.0），$0.14 mol \cdot L^{-1}$ KCl，$0.2g \cdot L^{-1}$ 还原型谷胱甘肽，$2g \cdot L^{-1}$ 聚乙烯吡咯烷酮。

② 反应液：$0.1 mol \cdot L^{-1}$ 磷酸缓冲液（pH 7.3）1mL（含有过氧化氢酶 1000U）；$3 mmol \cdot L^{-1}$ 2,6-二氯靛酚；$1 mmol \cdot L^{-1}$ 还原型谷胱甘肽 0.1mL。加入 25μL 二甲基亚砜作为抑制剂。

（2）反应底物制备　$0.1 mol \cdot L^{-1}$ 磷酸缓冲液（pH 6.5，含有 1000U 过氧化氢酶）3mL；$1-^{14}C$-酪氨酸 1.85～2.2GBq（放射性强度单位，每秒有一个原子衰变）$\cdot mmol^{-1}$；L-氨基酸氧化酶Ⅳ型 1mg。将以上反应液在 37℃以下反应 20min 后，加入 0.6mL $1 mol \cdot L^{-1}$ HCl 停止其反应。在 $1cm \times 3cm$ 色谱柱里填充 Dowex 50WX-8（Hform 200～400 目），用 $0.1 mol \cdot L^{-1}$ HCl 进行平衡。加入反应结束的液体，用 100mL $0.1 mol \cdot L^{-1}$ HCl 流出对羟基苯基丙酮酸（HPPA）。加入没放射标记的 HPPA 使之成 $0.6 mmol \cdot L^{-1}$，加入 $1 mol \cdot L^{-1}$ NaOH 调整到 pH 7.3，-20℃保存。

（3）酶的提取与精制　将洗净玉米种子浸在水中 1d 后，播种于蛭石中，22℃黑暗培养 4d。在 150g 玉米实生苗中加入 100mL 提取液，用旋转混合器破碎 3 次，每次 3s。然后用 4 层纱布过滤，12000r/min 离心 30min，上清液用 20%～40%饱和硫酸铵沉淀，沉淀用 Tris-HCl 缓冲液（0.05mol·L⁻¹，pH 8.0）溶解，用脱盐柱脱盐，得粗酶液。填充 DEAE Sepharose CL-6B（Pharmacia）的 2cm×10cm 色谱柱，用 Tris-HCl 缓冲液平衡后，加入已脱盐的粗酶液，按 KCl 0.05～0.2mol·L⁻¹ 连续密度梯度收集酶液。用 0.05mol·L⁻¹ 乙酸钠缓冲液 pH 5.2 透析酶液。酶液上 S-Sepharose（Sigma）的 1cm×10cm 色谱柱，用 0.05mol·L⁻¹ 乙酸钠溶液洗脱，用 0.025mol·L⁻¹ 磷酸缓冲液 pH 6.5 透析，得精制酶液，于−20℃可保存几个月。

（4）酶活性的测定方法　将反应液加入具塞玻璃瓶内 10mm 滤纸上，加入预先稀释好的酶液 0.5mL，30℃反应 5min 后，用注射器加入 $875\mu L$ HPPA，30min 后加入 $600\mu L$ 1mol·L⁻¹ 硫酸停止反应。30min 后，把滤纸转移至新的玻璃瓶中，用少量甲醇提取后，用液体闪烁计数管测定放射能量。计算抑制中浓度。

测定时需要注意，因使用 ¹⁴CO 所以必须在通风室内进行操作。从动物肝脏精制的过氧化氢酶中可能含有 HPPD，所以预先确认不存在 HPPD 活性后才可使用。二甲基亚砜的添加量影响反应速率，因此对照中也应加入等量的二甲基亚砜。

### 4.7.4.5　谷氨酰胺合成酶活性测定

谷氨酰胺合成酶（glutamine synthetase，GS）是植物氮同化途径中最为关键的催化酶之一，被称为植物无机态氮转化为有机态氮的"门户"，对植物氮吸收、同化和利用效率有着极为重要的影响。高等植物中的 GS 同工酶主要分为两类：胞质型 GS1 主要同化从土壤吸收的初级氨及再同化从植物体内各个氮循环途径所释放的氨；质体型 GS2 同化由硝态氮还原而来及光呼吸过程所释放的氨。一般情况下，非光合作用体系中以 GS1 为主，而叶片中以 GS2 为主。GS 是草胺磷（glufosinate）的作用靶标。

GS 在 ATP 和 $Mg^{2+}$ 存在下，催化体内谷氨酸形成谷氨酰胺。在反应体系中，谷氨酰胺转化为 γ-谷氨酰基异羟肟酸，进而在酸性条件下与铁形成红色的络合物，该络合物在 540nm 处有最大吸收峰，可用分光光度计测定。

（1）溶液配制

① 提取缓冲液：0.05mol·L⁻¹ Tris-HCl，pH 8.0，内含 2mmol·L⁻¹ $Mg^{2+}$、2mmol·L⁻¹ DTT、0.4mol·L⁻¹ 蔗糖。

② 反应混合液 A：0.1mol·L⁻¹ Tris-HCl 缓冲液，pH 7.4，内含 80mmol·L⁻¹ $Mg^{2+}$、20mmol·L⁻¹ 谷氨酸钠盐、20mmol·L⁻¹ 半胱氨酸和 2mmol·L⁻¹ EDTA。

③ 反应混合液 B：反应混合液 A 的成分再加入 80mol·L⁻¹ 盐酸羟胺，pH 7.4。

④ 显色剂：0.2mol·L⁻¹ TCA（三氯乙酸）、0.37mol·L⁻¹ $FeCl_3$ 和 0.6mol·L⁻¹ HCl 混合液。

⑤ ATP 溶液：40mmol·L⁻¹ ATP，现配现用。

（2）酶的提取　将取植物体 1.0g，于 5～10mL 提取溶液中磨碎，20000g 离心

10min，上清液可直接或精制后用于酶活性的测定。所有操作均在 4℃下进行。

（3）酶活性测定　用移液枪取 1.6mL 反应混合液 B，加入 0.7mL 粗酶液和 0.7mL ATP 溶液，混匀，于 37℃下保温 30min 后，再加入显色剂 1mL，摇匀并放置片刻后，于 8000r・min$^{-1}$下离心 10min，取上清液在 540nm 处测定吸光度，以加入反应混合液 A 的为对照。加入适当浓度的草胺磷可抑制 GS 活性，测定吸光度后，可计算抑制中浓度。

### 4.7.4.6　5-烯醇丙酮酰莽草酸-3-磷酸合成酶活性测定

5-烯醇丙酮酰莽草酸-3-磷酸合酶（5-enolpyruxylshikimate-3-phosphate synthase，EPSP）存在于所有植物和一部分微生物中，是芳香族氨基酸——色氨酸、酪氨酸、苯丙氨酸生物合成过程中的合成酶，它催化莽草酸-3-磷酸（shikimate-3-phosphate，S3P）和 5-磷酸烯醇式丙酮酸（phosphoenolpyruvate，PEP）生成 5-烯醇式丙酮酸莽草酸-3-磷酸（5-enolpyruvyl shikimate-3-phosphate，EPSP）。芳香族氨基酸参与植物体内一些生物碱、香豆素、类黄酮、木质素、吲哚衍生物、酚类物质等的次生代谢。

（1）溶液配制

① 提取缓冲液 A：pH 7.5，100mmol・L$^{-1}$ Tris，1mmol・L$^{-1}$ EDTA，100mL 甘油，1mg BSA，10mmol・L$^{-1}$维生素 C，1mmol・L$^{-1}$苯甲脒和 5mmol・L$^{-1}$ DTT。

② 提取缓冲液 B：pH 7.5，100mmol・L$^{-1}$ Tris，1mmol・L$^{-1}$ EDTA，100mL 甘油，10mmol・L$^{-1}$维生素 C，1mmol・L$^{-1}$苯甲脒和 5mmol・L$^{-1}$ DTT。

③ 反应液：50mmol・L$^{-1}$ pH 7.5 的 HEPES，1mmol・L$^{-1}$（NH$_4$）$_6$Mn$_7$O$_{24}$，1mmol・L$^{-1}$烯醇式丙酮酸，2mmol 莽草酸-3-磷酸，1000mg BSA。

（2）酶液提取　称液氮冷冻的叶片 1.0g，将 60mg 聚乙烯吡咯烷酮放于预先冷冻好的研钵中，加入 1.5mL 提取缓冲液 A，冰浴上研磨至匀浆，15000g 离心 10min。吸取 1.5mL 上清液，放于体积 1.0mL 的 Sephadex G50 柱上，200g 离心 3min。收集离心液，上 Mono-Q（Pharmacia 公司）离子柱色谱分离，Mono-Q 柱预先用缓冲液 B 充分平衡。上样 1mL 后用缓冲液 B 及上限洗脱液 0.5mol・L$^{-1}$的 NaCl 梯度洗脱，流速 1mL・min$^{-1}$，收集 EPSP 活性组分。

（3）酶活性测定　40$\mu$L 酶反应液于 25℃下预热 5min，加入 10$\mu$L 酶液，25℃下酶促反应 10min，迅速放入沸水中停止反应，冷却至室温，再加入 800$\mu$L 孔雀绿显色反应 1min，加 100$\mu$L 34% 的柠檬酸钠溶液，于分光光度计上测定 OD$_{660}$值。

测定草甘膦的 I$_{50}$值时，在酶活性测定反应体系中，分别加入 0、5$\mu$mol・L$^{-1}$、10$\mu$mol・L$^{-1}$、15$\mu$mol・L$^{-1}$、20$\mu$mol・L$^{-1}$的草甘膦，测定 OD$_{660}$值。

### 4.7.4.7　八氢番茄红素去饱和酶活性测定

八氢番茄红素去饱和酶（phytoene desaturase，PDS）在类胡萝卜素的生物合成中，催化从八氢番茄红素到 ζ-胡萝卜素反应。哒草伏（norflurazon）、氟定酮（fluridone）和吡氟草胺（diflufenican）是已商品化的除草剂，它们以 PDS 为靶标，非竞争性地抑制 PDS，导致植株内的八氢番茄红素大量积累，胡萝卜素生物合成被抑制，植物产生白化症状。

（1）八氢番茄红素的提取 取 200mg 左右的新鲜叶片，在常温和弱光下，在 2mL 甲醇中细磨碎。在此磨碎液中加入 2mL 三氯甲烷及 5mL 蒸馏水，搅拌均匀，转移到离心管内 5000r·min$^{-1}$ 离心 10min。取三氯甲烷层 1mL，N$_2$ 气吹干，溶解于 500$\mu$L 乙腈-甲醇-三氯甲烷（67.5：22.5：10，体积比）溶剂中。八氢番茄红素在 286 nm 附近形成波峰，采用 HPLC 法定量。

（2）八氢番茄红素去饱和酶提取 称取水仙花瓣 2.0g，于 4℃下，在 0.067mol·L$^{-1}$ 磷酸缓冲液（pH 7.5，含有 0.47mol·L$^{-1}$ 蔗糖、5mmol·L$^{-1}$ MgCl$_2$、0.2％聚乙烯吡啶烷酮）中研磨，用 4 层尼龙布过滤后，1000g 离心 10min，用含有 50％蔗糖的 0.067mol·L$^{-1}$ 磷酸缓冲液悬浮沉淀。悬浮液移至离心管，依次分别加入含有 400g·L$^{-1}$、300g·L$^{-1}$、15g·L$^{-1}$ 的蔗糖缓冲液。50000g 离心 1h，合并 400g·L$^{-1}$ 及 300g·L$^{-1}$ 蔗糖层中的有色体。有色体加入 150g·L$^{-1}$ 蔗糖缓冲液中，15000g 离心 20min，所得沉淀即为纯度高的八氢番茄红素去饱和酶。将酶悬浮于 100mmol·L$^{-1}$ Tris-HCl 缓冲液（pH 7.2，含有 10mmol·L$^{-1}$ MgCl$_2$ 及 2mmol·L$^{-1}$ DTT），保存于 −70℃ 的超低温冰箱。

（3）八氢番茄红素去饱和酶活性测定 反应液最终体积为 1mL。反应液中含有 5$\mu$L 0.1mg·L$^{-1}$ 二硬脂酰磷脂酰胆碱，0.7mL 酶提取液，5$\mu$g 八氢番茄红素（溶于 200mmol·L$^{-1}$ 磷酸缓冲液，pH 7.2），1.0～33.3$\mu$mol·L$^{-1}$ 癸基质体醌，适量除草剂溶液。反应体系 28℃ 恒温 3h 后，加入 4mL 甲醇终止反应。用乙醚-石油醚（1：9，体积比）提取反应产物胡萝卜素，氮气吹干，再用丙酮溶解。采用分光光度计于 424nm 测定 ζ-胡萝卜素的吸光度，计算除草剂对八氢番茄红素去饱和酶的抑制中浓度。

# 4.8 杀线虫剂室内活性测定

植物线虫是农作物、林木、蔬菜、药材和花卉的重要病原体，严重威胁农业生产，植物线虫病的防治也越来越受到重视，其中杀线虫剂室内生物活性测定是发现优秀杀线虫剂的关键。

## 4.8.1 线虫的分离

线虫分离时，需根据实际情况，选择合适的分离方法。从植物病组织中分离线虫时，可采用直接解剖分离法、贝尔曼漏斗法和浅盘法等。从土壤中分离线虫，可采用直接过筛分离法、离心漂浮分离法、贝尔曼漏斗法、浅盘法和胞囊漂浮器分离法等。其中，贝尔曼漏斗法是一种较为常规的分离方法。

贝尔曼漏斗法适于分离植物材料和土壤中活跃性较大的线虫，其基本操作程序是：将漏斗（直径 1～10cm）放置于固定架上，下部颈管套接 10cm 长的橡胶管，橡胶管下端安装一个止水夹。如果从植物材料中分离，需将植物材料劈成约 1cm 长的小碎片备用。用双层纱布或尼龙纱布将组织碎片或土样包好，轻放入盛满清水的漏斗中，适宜环境条件下，静置 24～48h，打开弹簧夹，迅速接取 5～10mL 的水样，静置 30min 或离心 3min 后，倾去上清液，检查残留水中的线虫。

### 4.8.2　线虫的纯培养

线虫纯培养的目的在于获得大量龄期一致的试虫，用于进行后续的室内生物活性测定研究。

想要实现线虫的纯培养，消毒工作是极为重要的一个步骤。对于部分培养方法来说，在培养基中加入 0.1%～0.5% 硫酸链霉素，并将待培养的线虫用无菌水进行漂洗即可，但多数的培养方法对于消毒的要求是比较严格的，如：穿刺短体线虫需将雌虫用无菌水漂洗后，放入 0.1% 硫酸链霉素中消毒 15min，再用无菌水漂洗 3 次；根结线虫需先用 0.1% 的十六烷基三甲基溴化铵溶液对卵消毒 5min，用无菌水漂洗，后浸入 0.5% 双对氯苯基双胍基己烷双乙酸盐溶液中消毒 15min，再用无菌水漂洗干净等。消毒前应根据不同的线虫和培养方法，选择合适的消毒方法。

线虫消毒后，需根据不同线虫的特点，选择合适的培养方法，如：对于食真菌线虫，一般在培养皿内进行，预先准备好适于某种真菌生长的培养基，制成平板，接种真菌，后置于合适的培养条件下培养，待菌丝接近铺满平板时，接种消毒后的线虫，并在相同的环境条件下培养；对于食细菌线虫，由于许多该类线虫可以利用杂外源培养基进行培养，因此，只需要选择合适的培养基即可；对于植物组织上的线虫，通常可以采用寄主植物的愈伤组织或离体根进行培养，可将无菌的愈伤组织或离体根移至装有适合其生长的培养基的粗试管或锥形瓶中，在合适的环境条件下培养，待组织长起来后接入消毒的线虫。

### 4.8.3　线虫的选择

供试靶标线虫需选择具有代表性、能够进行连续饲养、生理条件一致的敏感品系。同时供试植株需选用长势一致、易感病的健康植株和品种。

室内活性测定试验中，可选择虫龄整齐的适龄线虫，如根结线虫（*Meloidogyne* spp.）可在体式显微镜下收集虫卵，或利用漏斗分离法或浅盘法收集 2 龄幼虫。胞囊线虫（*Heterodera* spp.）可利用过筛分离法收集胞囊，并在适宜的环境条件下收集卵或 2 龄幼虫。同时许多种食细菌和真菌线虫可以通过人工培养基饲养，如小杆线虫（*Rhabditis* spp.）和茎线虫（*Ditylenchus destructor*）等。

### 4.8.4　药剂与方法的选择

室内离体活性筛选试验中，考虑到部分有机溶剂会对虫体造成影响，需在试验前确定用于溶解化合物的最佳溶剂。确定对照药剂致死中浓度，以确定对照药剂使用剂量。

根据不同作用特性、制剂类型选择适当的试验方法。如制剂活性筛选试验，需测定液体制剂样品中助剂在离体条件下是否对虫体有影响，如果影响较大可直接采用盆栽或田间试验。

### 4.8.5　杀线虫剂室内生物活性测定方法

杀线虫剂生物测定（nematocide bioassay）是根据线虫与药剂接触后的反应情况来判断杀线虫剂毒力的农药生物测定。根据杀线虫剂的作用机理不同，选择不同的室内生物活性测定方法。现介绍如下。

#### 4.8.5.1　触杀法

触杀法是一种测定杀线虫剂触杀活性的离体方法。在供试药液中，分别加入等体积的线虫悬浮液。每个处理重复 3 次，空白对照加入等量的清水。处理 48h 或 72h 后在显微镜下调查死亡率或击倒率。

#### 4.8.5.2　灌根法

灌根法是一种兼触杀和内吸活性测定的方法。基本程序如下：供试植株移栽花盆后，待幼苗长至 2～3 片真叶，用配制好的定量药液灌入土中，第二天接 2 龄幼虫，接虫方式为距幼苗根部 1cm 处打孔，将线虫悬浮液接至孔中，每颗幼苗接 2000 头线虫，正常水肥管理，待空白对照根部症状明显时调查发病指数。也可将消毒后的寄主植物种子种植于带有线虫的病土的小钵内，待幼苗长至合适的时期，用定量配制好的药液淋土（灌根），后置于适宜的环境条件下培养，一定时间后调查发病情况。

#### 4.8.5.3　毒土法

将用药液制成的毒土与无菌土均匀混合，分装到花盆中，将苗龄为 20d 且有 2～3 片真叶的番茄苗移栽到花盆中。第二天接虫，每盆接 2000 头线虫，另设清水对照，施药后定期观察苗生长情况，正常水肥管理，待空白对照根部症状明显时调查发病指数。

#### 4.8.5.4　喷雾法

喷雾法是一种检验供试药剂是否具有向下传导特性的方法。基本程序如下：将健康敏感植株移栽于花盆后 20d，用电子分析天平准确称取供试药剂，制剂直接加水配制成所需浓度母液，原药先以溶剂完全溶解，再用 0.1% 吐温-80 水配制成所需浓度母液，以水按试验设计剂量稀释成具一定浓度梯度的系列药液。利用封口膜覆盖在土壤上，利用喷雾器从低剂量到高剂量的顺序均匀喷雾，每株 4mL，施药后使其自然阴干，4d 后接虫，每盆接 2000 头线虫，另设清水对照，施药后定期观察苗生长情况，正常水肥管理，待空白对照根部症状明显时调查发病指数。

#### 4.8.5.5　熏蒸法

熏蒸法是检验药剂是否具备熏蒸作用的室内生测方法，主要是将药物和适龄线虫放于封口的容器内，处理一定的时间（通常为 24～48h）后观察线虫的死活情况。试验时可根据实际情况和要求选择不同的操作方法，可分别通过离体和活体方法测定药剂活性。

活体试验方法是将配制好的药剂和线虫悬浮液先后加入装有无菌土的花盆中，用封口膜将花盆封口，15d 后移栽健康敏感植株，定期观察苗生长情况，正常水肥管理，待空白对照根部症状明显时调查发病指数。

离体试验方法是将线虫悬浮液及待测药剂同时放入密闭的熏蒸容器中，24h 或 48h 后在体式显微镜下观察线虫死活情况。具体介绍如下：

① 广口瓶熏蒸法　称取一定量的供试土样放入广口瓶中。根据药剂的有效成分含量与土壤的质量比设计试验用药量，并准确量取，根据药剂情况（固体、液体或原药等）采用合适的方法将其与广口瓶中的土样充分混匀，密封并置于适宜环境下熏蒸，调查前敞气 1d，后将土样中的线虫分离，调查死活虫数。

② 凹玻片密闭熏蒸法　采用干燥器作为密闭熏蒸容器。根据药剂的有效成分含量与干燥器的体积比设计试验用药量，并准确称取待用。将凹玻片置于密封性良好的干燥器内（干燥器中加入一定量的无菌水），每个干燥器放置 2 片，分别取一定量的线虫悬浮液添加到凹玻片的凹穴内。将 6cm 培养皿底置于干燥器内，并向其中按试验设计加入药剂，后迅速盖上干燥器盖并用封口膜密封，置于合适的环境条件下培养。熏蒸一定时间后取出凹玻片，空气中暴露放置 3min，调查线虫的死活虫数。

### 4.8.5.6　浸渍法

将适龄线虫放入已配制好的药液中，根据试虫的特点，在适宜的环境条件下，经一定时间（通常为 24～48h）处理后，在显微镜下调查线虫的死活虫数和被击倒情况。试验时可根据实际情况选择不同的盛药载体，如 6cm 凹面皿、96 孔细胞培养板等。

### 4.8.6　调查方法和结果评价

鉴别线虫死活或击倒是室内离体试验中较困难的环节。一般采用体态法和染色法。体态法的判断标准是死虫虫体多呈现僵直状态，虫体僵直不动或卷曲不动时被认为死亡（击倒），而活虫体态多呈几度弯曲和蠕动。调查线虫死活时，针对部分线虫（如南方根结线虫）调查时可加入适量的 $1mol \cdot L^{-1}$ NaOH 溶液观察线虫活动情况，一定时间内身体保持不动的则为死亡线虫，但线虫不动不代表死亡，对于高活性化合物需进行盆栽试验验证活性；对击倒活性的调查，也可以对线虫给予一定的刺激，如采用针刺法，在显微镜下用挑针轻轻触碰线虫，观察线虫是否活动，不活动视为被击倒。染色法是用藏红 T、0.3% 龙胆紫或曙红等染料对供试线虫染色来辨别死活，死虫会被染色，活虫不会被染色。

根据线虫的死活（击倒）情况进行死亡率和校正死亡率的计算，确定药效。对于该类试验，药效的计算方法为：

$$线虫死亡率 = \frac{死亡线虫数}{调查线虫总数} \times 100\%$$

$$线虫校正死亡率 = \frac{处理线虫死亡率 - 对照线虫死亡率}{1 - 对照线虫死亡率} \times 100\%$$

对于需要观察寄主植物发病症状进行药效评价的试验，可根据发病植株的不同表现形态，设定合理的分级标准并进行调查，确定药效。对于该类试验，药效的计算方法为：

$$病情指数 = \frac{\sum(各级病株数 \times 相对级数值)}{调查总株数 \times 最高级数值} \times 100\%$$

$$防治效果 = \frac{对照病情指数 - 处理病情指数}{对照病情指数} \times 100\%$$

试验结果分析：用邓肯氏新复极差（DMRT）法对试验数据进行统计分析，特殊情况用相应的生物统计学方法。

# 4.9　杀鼠剂室内活性测定

杀鼠剂的生物测定（rodenticide bioassay）是以鼠类和禽畜等为试验动物，对杀鼠剂的室内毒力、室外药效和使用安全性进行测试。能用来灭鼠的有毒药物很多，但可用于灭鼠的仅占其中极少部分。这是因为有足够的毒力是先决条件，此外还要满足其他许多要求。只有那些基本具备主要条件的药物，才可开发用于灭鼠。可实际应用的杀鼠剂要求项目较多，下面介绍常用的基本试验及其方法。

## 4.9.1　实验室要求

实验室内的试验便于控制和观察试验的全过程，便于分割影响结果的各个因素。为使试验顺利进行，杀鼠剂研究的实验室需要具备一定条件，以便试验的完整和安全运行。具体讲，是对实验室构造和装置有一定要求。室内只能保持最低限度的用具，并要排列整齐，垫离地面。室内不应有鼠洞或鼠能钻入的孔隙，门、窗应能合缝，与框的空隙不超过 0.5cm。正式实验室外应有小准备间，作为更衣和准备物品之用，也是缓冲地带。

实验室应设置高 30～40cm 的活动门槛，钉有铁皮。门向室内开，最好在门的上方安一块玻璃，门内装反射镜，以便在开门前即可看清门后有无逃鼠，或者用滑槽式拉门。

门、窗下沿应钉 30cm 高的铁皮，门、窗框亦然。墙壁从地面开始至 1m 高处抹较厚的水泥，或贴瓷砖，也可用水磨石。

墙角宜抹成弧形，离墙 10cm 之内不要安设与墙面平行的管道。地面用水泥或水磨石，或用其他鼠类不能掘通的材料筑成。所有穿过墙壁或地面的管道，都应套上防鼠圈，以防鼠类利用裂隙掘洞。安装暖气的时候，应高悬离地至少 120cm。

为保持卫生、洗刷鼠笼，室内应有较大的洗刷池，其泄水口设置防鼠栅。室内地面亦应有泄水孔，以便清洗地面。一般而言，阳光不宜直射室内，灯光应可调节，应有低照度光源。为防止蚊、蝇，应安置纱门和纱窗。室内温度应不低于 10℃。应有通风设备。

准备室可作更衣、休息之用。正在使用的原始记录，也要放在准备室内，以防被鼠咬碎。普通天平和灌药器具等简单工具放在准备室，但冰箱、温箱和分析天平应放在其他房间里。某些试验可在围栏内进行，围栏可使鼠处于半自然状态，在其中进行模拟现场试验，所得的结果更近于实际应用。另一方面，在围栏中，各项条件较易控制，也便于观察，比进行现场试验方便。

野栖鼠类的围栏应选择地势较高处构筑，面积视需要而定，$10 \sim 1000 \mathrm{m}^2$ 以上皆可。围栏的围墙在地上部分应高 $1.2 \sim 1.5 \mathrm{m}$，墙面应光滑，顶部有倒缘。围墙的地下部分应深 $1.5 \sim 2.0 \mathrm{m}$，用预制水泥板较好，板间不应有明显缝隙。地面不必防鼠，亦不宜在土层下铺设防鼠底板，以免影响地下水和雨水的自然流动。围墙接近地面处应有防鼠的排水管。如能在围栏上方罩以适当网眼的铁纱，防止猛禽和其他天敌，则更好。铁纱应高于地面 $2 \mathrm{m}$，并防止鼠类攀上。

围栏内虽能生长杂草，但远不能满足鼠类的需要，必须在场内设置食台，有时还需水瓶，或供应蔬菜，食台应能防雨。为便于母鼠筑巢，还可供应废纸、干草、树叶等。

家栖鼠类的围栏除露天部分外，最好在一角搭棚舍，光线较暗，并且设置一些掩盖物，沿墙堆放一些砖块、土坯，提供筑巢和隐蔽条件。

### 4.9.2　供试动物的编组与处理

灭鼠研究用的供试动物，视试验要求而定。一般的灭鼠试验，应使用靶标动物，即当地实际灭鼠需要消灭的种类。尤其是适口性或拒食性试验，更不能用小白鼠或实验室内繁育的野鼠替代。但是，一些基础试验，如毒理、病理观察，毒力测定或比较两种药的相对毒力，则应使用近交系或杂交一代等标准化大、小鼠等供试动物，它们具有同源性（基因相同）、纯合性（近交系动物同品系全部个体的遗传位点 99％以上纯合；杂交群动物基因虽不是纯合子，但基因型整齐一致）、长期遗传稳定性和表现型均一性等优点，个体差异小，试验结果易重复，便于国际交流和获得国际认可。某些情况下，也可用室内繁育的野鼠以及供试动物化的家兔等。如同时有数种鼠均可用于试验，则应选择敏感的、个体差小的作为供试动物。

为了做到随机化，供试动物需先从饲养笼中取出，待数量和雌雄比例符合要求后，再行分组。否则，常常遇到先大后小、先雌雄各半后比例失调的现象。这是因为，多种野鼠在自然界中，雌雄比例虽接近于 $1:1$，但捕捉的过程往往又是选择的过程。随着捕捉方法的不同和鼠类生态期的差别，捕获鼠中的性比例不一定和自然条件下相同。另一方面，在运送和饲养过程中，两性鼠的死伤率也可能有差别。雄鼠好斗，死伤往往更多。所以，除非供试动物来源充足，不可直接从饲养笼取出分组。

几只动物在一个笼内饲养时，需要编号。所用的方法有：

① 染色　染色剂可用甲紫、苦味酸、硝酸银或染发水等。每只鼠必须待染色剂干燥后，再放到笼中，以免互染，造成混乱。根据染色部位的不同，表示不同的号码。如头 1 号、背 2 号、尾 3 号、胸 4 号、腹 5 号等。

② 剪毛　在不同部位剪毛，表示不同的号码。此法只适于短时间的试验。

③ 剪耳　在左右耳的不同部位剪缺口，表示不同的号码。剪后局部消毒。

④ 切趾　切掉前、后、左、右足的不同足趾，表示不同的号码。

⑤ 套环　在后足套金属号码环。

处理未死的存活动物，要进行无害化处理，不可随地乱摔。

试验过程中，应关紧笼门，每天至少核对记录两次，发现记录中鼠数和实存鼠数不符，要全面清理。发现笼外有逃亡鼠时，需仔细核对，只有在确有把握时，才放回原笼，否则处死，不可作为未试验鼠再用。鼠笼的标记牌（写明组别、日期等）不能用纸卡，以免被鼠咬坏。

## 4.9.3　给药途径和方法

在需要准确计算药量的试验里，往往要用强制给药的方法给药。对经口杀鼠剂，给药的途径也以经口为宜，一般不能用注射法。只有在做接触中毒试验时，才使用经皮吸收的办法。解毒剂则可用注射法给药。

### 4.9.3.1　灌粉

对于不吸潮的固态药物，可直接灌入药粉。优点有：①能准确称药；②对鼠一般无操作伤害；③与鼠自行取食相近；④易潮解或水解药物可用；⑤和毒饵的作用途径近似等。

给药时，将鼠装入布袋，紧捏袋口，轻拍鼠体，使鼠头伸至袋口附近，用手轻轻按住，捏牢颈背部，翻开袋口，露出鼠头，用布袋裹住老鼠的前肢，然后另一只手持镊子从犬齿虚位塞入鼠口，压住舌头，将口撑开。此时，助手站在对面，将已称好的药粉倒入鼠口，越近咽喉越好。也可在灌粉后滴一滴水。在一般情况下，鼠不会把药粉吐出。需要注意的是，撑开鼠口的镊子要选择适当，其大小和弹力要根据鼠种选定。药粉一般放在 $3cm \times 3cm$ 的绘图纸上，对折，药粉在折缝中。其他纸沾粉量多，不适用。玻璃纸太软，操作不便。

大部分杀鼠剂因毒力大，每只鼠应投的药量太少，既难称量，在纸上沾附的相对药量也多，往往要在给药前适当稀释，使灌入的药粉适中。一般而言，体重不足 100g 的鼠类，每 10g 体重可灌粉 1～3mg。药粉密度大者可多些，否则少些。体重超过 100g 的鼠类，相对灌药量也要少些，因口腔容积的增长幅度低于体重。相对而言，小型鼠的口腔大些。

### 4.9.3.2　灌胃

对于液态的或易吸潮的杀鼠剂，需要用灌胃方式给药。优点有：①一个人操作，速度快；②耗损少；③适于易吸潮药物、煎剂及提取物；④计算方便，不易出错。所以灌胃是比较常用的一种实验室给药方式。特别是在毒力测定时，基本采用此法。

灌胃前往往也需要稀释药液。由于注射器刻度较粗，鼠胃容积较大，灌胃量远远超过灌粉量。一般说来，每 10g 体重可灌液 0.1～0.2mL。灌胃时，用 1mL 或 0.5mL 注射器，配上尖端已磨钝的腰椎穿刺针头。野鼠放入布袋，按照上法拿住，只露出头部，用中指顶住鼠的腰、背部，使其食道尽可能伸直，另一手持注射器，缓缓将针头插入食道，先向背侧靠紧，随即将针头稍向胸侧挑起，缓缓进入胃中，将规定量的药液注入即成。若在注药时鼠鼻冒泡，表明误入气管，灌药失败，该鼠报废。通常，需练习若干次，方可基本掌握灌胃技术。为可靠计，新操作者可在试鼠死后剖验食道，以排除外损伤致死的个体。

除以上两种方法外，还有其他给药方式。如采用左侧腹腔注射的方法给药，须用乙醇、碘酒做局部消毒。有些适口性很好的杀鼠剂，还可将精确称得的药粉混到少量（约为鼠的日食量的10%）鼠类喜食的诱饵中，先让鼠断食半日再投，一般也可食净。以家兔等大型动物为试验对象，可以静脉注射，还可用糯米纸包少量药粉，塞入口腔给药。接触给药一般在鼠背部剃毛，撒一定量药粉或药液，用纸盖上，再贴胶布固定。药粉接触皮肤的面积应有规定（如小白鼠背部剃毛或脱毛$1cm^2$）。为防止鼠类将胶布撕掉，可用硬塑料片剪成圆枷，套在鼠颈部。给药后，鼠应单独饲养。给药期一般不超过1d，否则影响结果的准确性。

## 4.9.4 毒力测定

毒力足够是杀鼠剂的必备条件，因此，测定毒力是灭鼠研究最基本的试验，是一项常规工作。某种药物能否用于灭鼠，首先要测定毒力。此外，即使是过去已有数据的药物，当其来源不同或保存过久时，有时还要测定。在需要判断某些因素对毒力的影响或某种药物的解毒效能时，也需要进行毒力测定。

供试动物一般每组10只，雌雄各占一半。给药前后均正常饲养。给药后，急性杀鼠剂观察5d，慢性杀鼠剂至少延长到15d，甚至更长。

对于新药或无法检索的药，可先做毒力初测。即化学药按$1mg \cdot kg^{-1}$、$10mg \cdot kg^{-1}$、$100mg \cdot kg^{-1}$分三组给药，植物药及其制剂按$10mg \cdot kg^{-1}$、$100mg \cdot kg^{-1}$和$1000mg \cdot kg^{-1}$设组。其中，化学药的$100mg \cdot kg^{-1}$和植物药的$1000mg \cdot kg^{-1}$甚为重要。若在这一剂量仍无死亡或死亡甚少，则毒力不够，在一般情况下不能用于灭鼠。植物药的剂量相应地高10倍的原因，在于它含有较多的杂质，有效成分一般不多，必须放宽入选标准。入选后，经过提纯，毒力可以大幅度提高。

如果动物不够，也可只做两组，即化学药做$10mg \cdot kg^{-1}$和$100mg \cdot kg^{-1}$，植物药做$100mg \cdot kg^{-1}$和$1000mg \cdot kg^{-1}$。

如在文献上可检索到试验药品对其他鼠种的毒力数据，可考虑不按上述剂量标准，而分别用记载中的致死中量（$LD_{50}$）的1/4、1个致死中量和4个致死中量进行复试。

在进行杀鼠剂毒力测定时，为使药量准确和易于观察，多采用强制给药的方式，较少使用饲喂法。比较确切的毒力数据是致死中量，因此，对于新药常须测定致死中量。同时，还要能得到标准误差和回归系数，个体差小的杀鼠剂效果更好。简化的概率单位法比较准确，数字齐全，计算快速，比较适用。对于大型家禽家畜的毒力测定，为了节省动物，可用阶梯法。当然，完全可以应用其他方法测定致死中量，不过，不能算出标准误差的方法是不可取的，不仅算不出95%置信限，也不能用来和别的杀鼠剂进行对比，以测定致死中量间差别的显著性。

毒力测定的主要过程与杀虫剂类似，不再赘述。在用于慢性杀鼠剂时，有两点需要注意：其一是，对于动物体重有两种办法，既可在给药的第一天称量，以后以此为准，也可逐日称量，按每天体重计算给药量。一般而言，逐日称量更准确，但麻烦，对鼠的干扰也多。其二是，连续几天强制给药，必须天天抓鼠，容易使鼠增加内出血的机会，甚至因而影响死亡率。因为，对一般药物而言，熟练地抓鼠对鼠的影响不大，但对慢性杀鼠剂则不然，鼠中毒后血管变脆，很易内出血，而且一旦出血很难凝固。所以，国外对慢性杀鼠剂常采用饲喂的方法，毒饵含药量不变，每天称量消耗量，通过相关计算，确定致死中量。或者，只测定某药在某种浓度时对某种鼠的95％致死食毒期（lethal feeding period，LFP）。

对于熏蒸剂，亦可仿照上法进行毒力测定。供试动物放在容积较大的、可以密闭的容器中。每批试验放入的动物数，应以不加熏蒸剂时，动物在其中生活5h而无显著异常为度。试验时先放入动物，再放熏蒸剂，立即密闭。注意勿使动物直接接触熏蒸剂。1h后取出动物，正常饲养，观察3～5d。对化学熏蒸剂的初测浓度可试用0.1％或1.0mg·L$^{-1}$。对烟剂的试验标准可根据情况另行确定。做熏蒸试验时应注意容器必须在清除余毒后，再用于下一试验。

### 4.9.5　适口性试验

由于杀鼠剂制作的毒饵需要害鼠主动取食，因此杀鼠剂的适口性（或称接受性）好坏是直接关系到能否用作杀鼠剂的重要因素。在一般情况下，有毒的药物易找，而对鼠适口性好的毒物难寻，故从一定意义上说，适口性好甚至比毒力强还重要。由于鼠类的适应性很强，它的食性与食量受周围环境的影响很大，所以，适口性试验常常在不同的条件下进行。既有只给毒饵的无选择试验，又有同时供应毒饵和无毒饵的有选择试验；既有单个饲养进行的试验，又有集体饲养进行的试验。其中，以集体饲养进行的有选择试验最为严格，简称群饲有选择试验。

当然，无论是有选择试验还是无选择试验，和自然状态都有差别，并不完全相同。因为在自然状态下，鼠固然有其他食源，但决不像试验中那样充足，质量也无保证。同样，群饲试验可使试鼠密切注视着同类取食、中毒和死亡，在自然界中是不太可能存在这样集中、靠近的机会的。

适口性试验每组用鼠20～30只，过少不易看出结果。现以群饲有选择试验为例说明具体方法：

在足够大的鼠笼中放入同性试鼠，在它们不争斗的情况下，同时投食物和以这种食物配成的毒饵。毒饵的浓度有两种确定办法：一是按实际使用浓度，另一是根据致死中量。按下式算出初试浓度：

$$野鼠使用浓度＝LD_{50}×0.20％$$
$$家鼠使用浓度＝LD_{50}×0.50％$$

放置食物和毒饵的器皿应当相同，二者在笼内的位置，每隔2～4h对调一次。一般在鼠的活动高峰时投饵8h。试验前、后均正常饲养。有时，可在试验前暂时断食。饲养所用的食物，应和试验时所用者不同。根据毒饵与对照食物的消耗量以及死亡鼠数来判断适口性。如在围栏内试验，可在不同位置各放食皿2个或3个，分盛两种试饵。

为使试验结果准确，可同时设对照组，与试验组同样投饵。不同的是，所投的是完全相同的两份食物，它们的投放位置也需更换，消耗量分别称量。这个对照的作用是观察抽样误差的大小，即同种食物消耗量的差别，在试验条件下可能达到的程度。如配制毒饵使用了黏着剂或染料，则无毒对照食物亦应按相同的用量加入黏着剂或染料。

试验时，试鼠常将毒饵或无毒食物扒出食皿。对此，一方面可采取措施予以防止，如使用鼠类不易进入的食具；另一方面，还要垫高鼠笼，在笼下隔以厚纸，使被扒出的毒饵与无毒食物各在厚纸的一侧。在每次对调食皿位置时，将撒在厚纸上的试饵收入相应的食皿中，或分类放好，留待观察结束时一并称重。若试饵被尿浸湿，应将两种试饵放在相同的条件下干燥，然后称重。

仿照该法，可比较两种诱饵的适口性，从两种诱饵的消耗量进行衡量。为使结果准确，应重复多次，每次结果作为一个个体，算出均数和标准差，按成对比较法处理。不宜把各次结果总计，直接对比。

以上是群饲有选择试验。进行群饲无选择试验时，除只投毒饵不投无毒食物外，其余基本一样。单饲有选择试验除鼠笼较小、每笼一鼠外，其他不变，而单饲无选择试验更简单，更易进行。

做该项试验时，应使用靶标动物，而且应使用成体，不用老、弱、病、孕、幼鼠。当动物来源方便，或对观察结果要求较高时，可同时用三组动物，分别投常用、低和高三种浓度毒饵，对照食物每组均投，仿照以上方法分别试验。

用含水较多的试饵时，应另设失水对照组，观察在相同温湿度条件下的失水率，以纠正笼内试饵的消耗量。

在有选择试验中，以对照食物的消耗量除毒饵消耗量，可得摄食系数。在一般情况下，摄食系数超过0.3者表示适口性好，小于0.3而大于0.1者为尚可，小于0.1者较差，小于0.01者实际使用效果往往很差。从死亡率看，群饲试验超过85%者为效果好，不足50%者为效果差。

由于慢性杀鼠剂作用慢，拒食作用不明显，可以连续进行有选择或无选择试验，在试验方法上应做适当调整。

国外对急性和慢性杀鼠剂适口性的试验方法有所不同。在急性无选择单饲试验中，规定用鼠2组，每组只用鼠5只。毒饵浓度由致死中量确定，从数值看，分别为致死中量的1/10和1%。例如，致死中量为25mg·kg$^{-1}$体重者，用2.5%和0.25%的毒饵。先用无毒食物饲养3~4d，再投毒饵24h。要求两组试鼠均全部死亡。或用磷化锌做同样试验，进行对比。

有选择试验也是每组5只动物，毒饵用上述试验得到满意结果的浓度，以及该浓度的3倍和1/3，共做3组试验。方法和上述者类似。食皿位置也要对调。各组死亡率均应为100%。如果要求试验结果更准确，每组用鼠20只，雌雄各半。还可用一定浓度的磷化锌毒饵作为处理对照，同时进行试验。

慢性杀鼠剂的试验方法类似，但毒饵浓度的数值，应为连续投药 4d 按 mg·kg$^{-1}$ 体重计算的致死中量的 1% 和 1‰。例如，某药投药 4d 的致死中量为 30mg·kg$^{-1}$ 体重，则毒饵浓度为 0.3% 和 0.03%。对死亡比的要求不是 5/5，而是 3/5。有选择试验除连续投饵 4d 外，和急性杀鼠剂相同。

### 4.9.6 拒食试验

再次遇到同种毒饵能否取食，也是衡量杀鼠剂优劣的重要条件之一。进行该项试验时，每组用鼠 20～30 只，用 2 组。一组先投亚致死浓度的毒饵 4～6h，此时不给其他食物。然后正常饲养。3d 后，与另一组同时投致死浓度毒饵与无毒对照食物，具体方法和适口性试验相似，但投饵时间最好延长到 3d。

该项试验的困难之处，是亚致死浓度的确定。浓度太低，往往不引起拒食；浓度太高，容易把部分试鼠毒死，等于进行了一次预选，影响结果的准确性。如果单个饲养，也可考虑只给少量的毒饵，其含药量和实际使用时相等，但每只鼠吃入的量只能中毒而不足以致死。亦可在不久前灭过鼠的地区捕鼠，与未灭过鼠的地区捕得的老鼠对比。做这种试验时，所用的动物应该多些，结果才可靠。因为，从灭过鼠的地方捕到的老鼠，必然有一部分是由于灭鼠时没有机会碰到毒饵才存活下来的，并未受到"训练"。要把这一部分老鼠造成的误差排除掉，只有加大试验组。

### 4.9.7 蓄积中毒试验

杀鼠剂能否蓄积中毒，关系到人和禽畜的安全，也和灭鼠的长期效果有联系。进行蓄积中毒观察，每组用鼠 20～30 只，具体方法视情况而异，常用者有以下几种。

① 适口性较好的杀鼠剂，可拌入鼠饲料中，其浓度可试用实际灭鼠浓度的 1%，任鼠自行取食，逐日记录消耗量，观察记录鼠的健康状况，直到试鼠死亡或达到一次给药的 95% 致死量（LD$_{95}$）的 3 倍为止。从一次服药的致死中量和分次少量服入的致死剂量对比，即可看出蓄积中毒的强弱。若累积服药已超过 3 个 LD$_{95}$ 药量而鼠无症状，则表示蓄积中毒很不明显。

② 动物正常饲养，每隔 48h 或 72h 灌亚致死量药物一次，记录死亡鼠已灌入的药量。若灌药总量已超过正常 95% 致死量的 3 倍，而鼠仍无异常，可视为蓄积中毒不明显。该法所用亚致死量，可试用 1/4 的 5% 致死量。

③ 动物正常饲养，仿照上法灌亚致死量药物共 5 次，再灌一个致死中量，观察死亡率。同时，另用一组动物，事先不灌药，待试验组投致死中量的药物时，本组亦投致死中量。比较两组的死亡率，亦可了解有无蓄积中毒。

④ 用低浓度的杀鼠剂粉剂（正常使用的粉剂浓度的 1%）污染鼠的垫巢物，用正常方法饲养 1 个月，观察与记录鼠的死亡或发病情况。也可从试验组的体重变化和对照组对比，看药物有无影响。

在以上②和③两项试验中，亚致死量的规定应当适中。规定过高，在第一次投药时即有部分动物死亡，等于进行了一次选择，继续观察结果不够准确。规定过低，观察期延长，有可能使本来较弱的蓄积中毒更不明显。

### 4.9.8 耐药性和抗药性试验

能否产生耐药性或抗药性，也是衡量杀鼠剂的条件之一。一个地区连用同种杀鼠剂效果下降，既可能由于拒食，也可能由于耐药性或抗药性，甚至兼而有之。通常，对于急性杀鼠剂，常用耐药性一词，因为此时抵抗力或耐药力的提高，是后天获得型的；而对慢性杀鼠剂，则往往是遗传型的，常把耐药力的提高归为抗药性。

对于急性杀鼠剂的耐药性，通常每组用鼠 20～30 只，用 2 组。一组暂不处理作为对照，另一组灌入亚致死量药物，3～5d 后，待鼠无症状时，两组均按致死中量给药，比较两组的死亡率。为使效果明显，亦可在灌入 2 次亚致死量药物后，再与对照组同给致死中量。

在初步确定有耐药现象后，根据需要再选做以下试验：

① 耐药性产生速度　给亚致死量药物后，用多组试鼠，分别在 0.5d、1d、2d、4d 和 8d 后再给致死中量，比较各组的死亡率。

② 耐药性持续时间　给亚致死量药物后，用多组试鼠，分别在 0.5 个月、1 个月、2 个月和 4 个月后再给致死中量。此项试验，每组均应有相应的对照组。

③ 耐药强度　给亚致死量后，各组试鼠分别给 2 个、4 个和 8 个致死中量，比较死亡率。此项试验也要设对照组。

若供试动物不多，可只用一组，每隔一定时间，灌入递增剂量的药物，观察记录各个动物的死亡情况。这种方法对耐药性较显著的药物比较适用。

其实，耐药性测定属于基础试验，可使用实验小鼠或实验大鼠，不一定选用靶标鼠种。耐药性与蓄积中毒从表面看来，是互相对立的，但在一定条件下，可以互相转化。有些药在投药间隔短时能蓄积中毒，间隔适当加大即转为耐药性。

如需测定曾经灭鼠地区的存活鼠是否已产生耐药性，可在该地区和一年来未用同种药灭鼠的地区各捕鼠一组，同时给致死中量的药物，比较其死亡率。该法直接反映实际情况，但当耐药性不甚显著时，不易看出差别，因此，每组动物数应适当增加。另外，灭鼠地区的灭鼠工作质量，会在较大程度上影响结果。因为，如工作质量甚差，多数鼠未遇到过毒饵，则确有耐药性的个体所占比重很小，不易显示出来。

针对不少国家相继发现对于慢性杀鼠剂产生抗药性的情况，世界卫生组织于 1975 年专门制定了抗凝血剂的敏感性或抗药性的测定方法（文件号为 WHO/VBC/75，595）。方法规定，先做预备试验，然后根据试验结果选做 4 个摄食期，以测定敏感性基线。这 4 个摄食期，一个的死亡率为 100% 或略低，另一个低于 50%，其余两个介乎二者之间。用第一个摄食期 95% 置信限为上限，作为抗性检查的常规摄食期。

试验期间只投毒饵。浓度可根据药品种类和需要而定，诱饵应使用鼠类喜食者，研细。常用的杀鼠灵毒饵浓度为 0.025%，敌鼠钠应更低一些。试验时，毒饵量必须足够，消耗多少应每天记录并补足。在整个摄食期结束后，试鼠应换到干净鼠笼中饲养观察，使之不可能再食入任何毒饵。记录动物的死亡日期和病变（主要是出血和贫血症状）。摄食期加观察期一般需 28d 或更长。

正常鼠的试验结果按 Litchfield 氏等的方法，分别计算雌雄鼠的死亡率和摄食期的关系，并比较两性间的个体差。如果两方面均无显著差别，则可混合计算。以死亡率达到或接近 100％ 的摄食期的 95％ 置信限为上限，作为抗性检查的摄食期。应该注意，如样品太小，置信限的上限可能很大，这时，需做补充试验，以缩小置信限，然后再确定抗性试验的适当摄食期。

试验时还应注意，毒饵的摄食量如果太少，会影响结果的准确性，必须设法避免。根据受试鼠存活的比例和存活期的长短，即可对这些鼠是否抗药和抗药强度做出估计。

### 4.9.9　解毒试验

解毒试验关系到人和禽畜的安全，对于新杀鼠剂必须进行。即使对一些原有杀鼠剂，为了选择新的更好的解毒剂，有时也需要做解毒试验。

解毒试验的目的，是证实某种药剂能否解毒，解毒剂的适当用量和给药时间、给药途径，解毒剂的解毒强度、有无预防作用等。根据目的的不同，可选用以下试验方法：

① 确定解毒作用　用鼠 2 组，各 20 只，都给致死中量的杀鼠剂，10min 后，一组给解毒剂，另一组不给，比较两组的死亡时间、发病情况和死亡率。解毒剂可以注射给药，其剂量应超过一般治疗剂量。如非治疗用药，则应多用几组试鼠，分别给不同剂量的解毒剂。若解毒组动物全部存活，可做下述解毒强度试验，如只有不太显著的解毒效果，则宜加大解毒剂的用量，或每隔 1～2h 重复给药，找出解毒剂的合适用量。

② 解毒强度试验　用鼠 3 组，每组 20 只，分别给 1 个、3 个和 9 个致死中量的杀鼠剂，同时解毒，观察解毒强度。

③ 解毒时间探讨　用鼠数组，每组 5～10 只，分别在给杀鼠剂后的不同时间，给同等剂量的解毒剂。杀鼠剂的剂量均为致死中量。在给杀鼠剂后，每隔一定时间重复给解毒药一次，有时可显著提高解毒效果。必要时可进行试验。

④ 预防作用探讨　用鼠数组，先给解毒剂一次至数次，然后同给致死中量的杀鼠剂，观察有无预防效果，哪组效果最好。

除以上设计外，还可根据症状施行对症疗法，或在出现症状时解毒，以及合用几种解毒剂等。此外，如解毒剂不是常规治疗药物，还应该对它本身的毒性等做出测定。

### 4.9.10　选食试验

为选择诱饵，观察鼠对不同食物或加有不同佐料的同种食物的取食情况，不仅需做现场试验，有时也需在实验室进行初步测定。

试验时用鼠 10 只，单笼分饲。同时投予不同试饵，观察鼠的取食情况，每隔一定时间称量消耗量一次。各种试饵的盛放容器应该相同，放置位置应定时更换，以便机会均等。含水较多或水分易蒸发的试饵，要纠正失水造成的误差。

进行该项试验时，应选择一种常用的诱饵作为对照，以便衡量。

### 4.9.11 粉剂试验

在两个鼠笼或鼠箱之间，连接一个适当长、宽、高的拱形通道。长、宽、高的尺寸按鼠的体形确定。通道的底面用砖或水泥，半圆拱可用铁丝网。在一个笼中放干燥食物，另一个笼中放水或瓜菜等，使鼠必须往返于两个鼠笼。每组用鼠10只，先在笼中饲养数天，适应后再行试验，将一定浓度的毒粉1g撒在通道正中，面积为5m×5m。24h后，将鼠取出另行饲养，观察3～5d（缓效药延长到15d），记录死亡数。

毒粉浓度可根据杀鼠剂的致死中量大致确定。浓度（%）为致死中量（mg·kg$^{-1}$）数值的1/5。例如，致死中量为40mg·kg$^{-1}$体重，可试用8%的毒粉试验。如再做2组，即各用此浓度的1/2及2倍，结果更准确。仿照致死中量的测定原理，还可用该法测定粉剂的致死中浓度。

粉剂致死浓度的高低与细度以及稀释剂种类有关，故试验时粉剂应过筛，稀释剂的种类和规格也要明确规定。

### 4.9.12 熏蒸试验

实验室内的熏蒸试验，既可在密闭的玻璃缸中进行，亦可利用各种管道连接几个容器，使成弯曲、转折的密闭系统。试鼠用小笼放在容器的不同部位，以观察熏蒸剂的扩散、升沉和保持时间等。每组用鼠10～20只，分批试验。每次试验后要彻底通风，散尽余毒。

试鼠在容器中的放置时间应合理规定，一般可定为1h。容器的容积要比较大，在不放熏蒸剂时，试鼠放在密闭后的容器中5h，健康应不受影响。

在各种容器中进行的熏蒸试验，其结果和实际使用差别较大，因容器壁比土壤光滑，吸附少，基本上不吸收。所以，只能看成是初步结果。

### 4.9.13 驱鼠试验

做药物驱鼠试验，可测定其半数有效量R$_{50}$。测定时，将鼠饲养在较大的鼠笼中，饲以用麻布或纱布袋装好的饲料块，布袋口缝严。待鼠能熟练地咬破布袋，拖出饲料块取食时，开始试验。将驱鼠剂制成不同浓度的溶液或悬浮液，按不同用量涂抹在布袋上，用量单位为mg·m$^{-2}$。各用量之间亦成等比级数递增。布袋干后，装入饲料块，缝好袋口开始试验。

每10只鼠为一组，逐个试验。先饥饿数小时，再投入处理好的装满饲料的布袋，经6h后取出。凡布袋上咬破的洞足以使饲料漏出者，记录为驱鼠无效，相当于致死量测定时的存活；布袋无破损或缺口不足以漏出饲料块者为有效，相当于致死量测定时的死亡。同一剂量的10只鼠试验完毕，即可得出此用量的有效率（相当于致死量测定的死亡率）。从不同剂量组的剂量与有效率的关系，按致死中量的计算方法，可算出半数有效量，以R$_{50}$表示之。如结果尚满意，可将用量比R$_{50}$提高数倍做现场试验，以确定实际用量。

### 4.9.14　凝血酶原时间的测定

凝血过程的第二阶段，凝血酶原在凝血活酶和其他因子的作用下转变成凝血酶。该试验使用组织凝血活酶（兔脑）加入血液，代替血液凝血活酶，使凝血酶原变成凝血酶，测定血液凝集所需要的时间，即凝血酶原时间（prothrombin time，PT）。

慢性抗凝血杀鼠剂的作用强度可用动物服药后凝血酶原时间的变化来衡量。由于鼠小血少，只能用微量法测定。比较简便的做法是：

（1）凝血质的制备　取健康成年家兔，从耳静脉注入空气处死，剖取全脑，剥离脑膜和附属血管等，弃去。兔脑置于乳钵中，加丙酮研磨。每 20g 兔脑加丙酮 60mL。滤去丙酮，再重加丙酮研磨、过滤。反复多次，待兔脑成细沙状时，置于抽气漏斗中抽滤、干燥。兔脑粉装入瓶中密闭，放在 4℃冰箱内，保存备用。

（2）凝血活素浸液的制备　必须在用前新配。凝血质（兔脑粉）1 份，加生理盐水 25 份于试管中，置于 50℃水浴内静置 20min，使兔脑中潜在的凝血酶原成为非活性。待颗粒状物自行沉淀后，直接吸取上清液使用。

（3）凝血酶原时间的测定　该法源于加藤氏变法，为适应灭鼠试验情况稍有修改。操作前，调整水浴温度至 37℃，将血凝板接触在水面上，然后用采血管取凝血活素液 0.005mL，滴入血凝板的凹孔内，再按常规方法采血（兔子耳部采血，小白鼠等尾部采血）0.005mL，与凝血活素液混合。两液接触时开动秒表。以弯头眼科镊子挑拨混合液，至出现纤维蛋白细丝时停止秒表，记录时间，以秒为单位。如直至液体干燥尚无细丝出现，记为 $\infty$。

必须注意，每次取凝血活素液或血液后，采血管均应先用 75%乙醇洗，再用乙醚洗，待管内干燥后再使用。取血时，不应挤压血管，以免有组织液混入血液中，影响结果。另外，凝血活素液与血液的用量应保持 1∶1，不能过多，也不宜太少。

每次测定操作 2 次，取平均值，如两次结果相差 50%以上，测第三次，一起平均。但若有一次超过 200s，另一次不凝者，不必重复，凝血酶原时间的平均值可定为 $\infty$。

# 4.10　植物生长调节剂室内活性测定

植物生长调节剂的研究和应用从 20 世纪 30 年代才开始。美国植物生理学家 K. V. Thimann 和 F. Skoog 等（1933）对吲哚乙酸（IAA）对植物的顶端优势、插枝生根、形成无籽果实的研究，标志着植物生长调节剂的研究和应用的开始。

植物激素是植物体内代谢产生的有机化合物，在低浓度下就能产生明显的生理效应，使植物产生明显的生理生化和形态反应。目前已发现并公认的植物激素有五大类，即生长素、赤霉素、细胞分裂素、脱落酸和乙烯。植物生长调节剂（plant growth regulator，PGR）是人工合成的、具有植物激素活性的一类有机物质，它们在较低的浓度下即可对植物的生长发育表现出促进或抑制作用。

生长素（auxin）是最早被发现的植物激素，1880 年达尔文（C. R. Darwin）父子利用胚芽鞘进行向光性实验，发现在单侧光照射下，胚芽鞘向光弯曲；如果切去胚芽鞘的尖端或在尖端套以锡箔小帽，单侧光照便不会使胚芽鞘向光弯曲；如果单侧光线只照射胚芽鞘尖端而不照射胚芽鞘下部，胚芽鞘还是会向光弯曲。博伊森-詹森（P. Boysen-Jensen，1913）在向光或背光的胚芽鞘一面插入不透物质的云母片，他们发现只有当云母片放入背光面时，向光性才受到阻碍。如在切下的胚芽鞘尖和胚芽鞘切口间放上一明胶薄片，其向光性仍能发生。帕尔（A. Paál，1919）发现，将燕麦胚芽鞘尖切下，把它放在切口的一边，即使不照光，胚芽鞘也会向一边弯曲。荷兰学者温特（F. W. Went，1926）把燕麦胚芽鞘尖端切下，放在琼胶薄片上，约 1h 后，移去芽鞘尖端，将琼胶切成小块，然后把这些琼胶小块放在去顶胚芽鞘一侧，置于暗中，胚芽鞘就会向放琼胶的对侧弯曲。这证明促进生长的影响可从鞘尖传到琼胶，再传到去顶胚芽鞘，这种影响与某种促进生长的化学物质有关，温特将这种物质称为生长素。根据这个原理，温特创立了植物激素的一种生物鉴定法——燕麦试法（avena test），即用低浓度的生长素处理燕麦芽鞘的一侧，引起这一侧的生长速度加快，而向另一侧弯曲，其弯曲度与所用的生长素浓度在一定范围内成正比，以此定量测定生长素含量，推动了植物激素的研究。

植物生长调节剂的生物测定（bioassay of plant growth regulator）是利用敏感植物材料的某些性状反应作指标，对植物具有生长调节作用的药剂或生理活性物质进行定性（或定量）测定的生物测定方法。在一定浓度范围内，供试植物材料的性状反应随着药剂浓度的改变而呈现正相关或负相关的规律性变化。植物生长调节剂生物测定方法是植物生长调节剂研究与应用及用于筛选创制的或天然的植物生长调节活性物质的基本方法，还能通过测定这些活性物质在植物体内各部位的存在情况为作用机制的研究提供依据。

植物生长调节剂生物测定的供试材料一般为敏感植物的种子、幼苗或组织器官（如胚芽鞘、根、茎、子叶等）。植物生长调节剂生物测定时，要求有较强的专一性、较高的灵敏性和较短的试验周期，对环境条件和植物材料的要求均较严格。在一定的温度、湿度和光照条件下，用一定浓度范围的待测药剂进行处理，能够直观地确定被测物质对植物某一器官所表现出的活性和作用特性。不同的生长调节剂类型采用不同的测定方法，如生长素的生物测定一般采用小麦胚芽鞘伸长法、燕麦弯曲试法、绿豆生根试法，赤霉素的生物测定一般采用水稻幼苗叶鞘伸长"点滴"法、大麦胚乳试法、矮生玉米叶鞘法，细胞分裂素的生物测定一般采用萝卜子叶增重法、苋红素合成法、组织培养鉴定法、小麦叶片保绿法，脱落酸的生物测定一般采用小麦胚芽鞘伸长法、棉花外植体脱落法，乙烯的生物测定一般采用豌豆苗法，另外还有其他植物生长调节剂生物测定方法，如茎叶喷雾法。

## 4.10.1　燕麦弯曲试法

燕麦弯曲试法（auxins bioassay by bend growth on oat coleoptile）是植物生长素的生物测定方法之一，是基于植物激素生长素对细胞伸长的促进作用建立起来的生物测定方法，具体以燕麦胚芽鞘为试验材料。该方法通过测定外源生长素对燕麦胚芽鞘的弯曲度影响，在一定的浓度范围内胚芽鞘弯曲度与生长素浓度呈直线关系而进行定量测定生长素含量。该方法具有较高的灵敏度，对吲哚乙酸最低检测浓度可达到 $10^{-7}\,mol\cdot L^{-1}$。具体的试验方法如下：

在黑暗中萌发燕麦种子，当根长达到 2mm 时，将幼苗固定并进行水培生长。选择直的幼苗切下胚芽鞘顶端，将切下的胚芽鞘尖端放在琼脂胶薄片上，使其合成的生长素扩散到琼脂胶上。24h 后移开胚芽鞘尖，将琼脂切成 $1mm^3$ 的小块。约 3h 后，将切去尖端的胚芽鞘再切去约 4mm 尖端，用镊子轻轻地将第一叶向上提一下。将含有生长素的琼脂胶块轻放在去除胚芽鞘尖端的一侧靠近叶片的部位。经过 90～110min 后进行投影，测量胚芽鞘弯曲后与竖直方向的角度。在一定的浓度范围内，胚芽鞘的弯曲度与生长素浓度呈直线关系。试验要求在安全绿光条件下进行操作。

该方法可以用于吲哚乙酸的定量测定，或用于未经定性的一些天然生长素的定量测定，但不适用于人工合成生长素的定量测定。

## 4.10.2　绿豆生根试法

绿豆生根试法（auxins bioassay by root growth on mung bean）是一种植物生长素的生物测定方法，它利用植物生长素对根形成的促进作用，以绿豆的生根情况来对植物生长素的性质和浓度进行分析。在一定的生长素浓度范围内，不定根的形成数目与植物生长素浓度成正比，以标准生长素溶液为对比，即可实现对某一类生长素效价或对某一提取液中内源生长素浓度的测定。该方法专一性不太强，但效果灵敏，对吲哚乙酸最低检测浓度可达到 $3mg\cdot L^{-1}$，操作简单。具体的操作步骤如下：

将浸泡吸胀后的绿豆种子置于恒温箱中萌发，挑选萌发整齐一致的绿豆幼苗，播种在湿润的石英砂中；待幼苗生长至具有一对展开的真叶与三片复叶时，用刀片由幼苗子叶节下约 3cm 处切去根系，浸泡在水中备用；取盛有配制好的系列梯度浓度的吲哚乙酸溶液的烧杯，将准备好的绿豆苗切成 5～10 段，将子叶节浸入液面以下继续培养，另设空白对照处理；一周后统计每个切段所长的根数，在一定的浓度范围（0.005～50mg·L$^{-1}$）内，经生长素处理的绿豆幼苗生根数与空白对照发根数之比值，与生长素溶液的对数存在相关性较高的线性关系。

该方法可以测定生长素提取液或未知效价的类似生长素溶液的浓度或效价的测定，通过上述方法求得发根数比值，对比标准曲线即可。该方法可对吲哚乙酸进行定性和定量分析，可广泛用于试验研究和农业生产中。

## 4.10.3　豌豆劈茎法

豌豆劈茎法（auxins bioassay by split-stem bending on pea）是植物生长素生物测定方法之一。该方法利用的原理是，将对称劈开的黄化豌豆茎段放入水中后两臂会向外弯曲，而浸泡在生长素溶液中则两臂向内弯曲，原因是生长素可促进茎侧表皮组织的细胞伸长，其弯曲程度与一定浓度范围的生长素浓度成正比。

具体的试验方法如下：

① 挑选饱满的豌豆种子，清水浸泡 4～6h 后进行催芽，选择发芽一致的豌豆种子播于石英砂盘中，并转移至 25℃恒温黑暗下培养 7～10h，待苗高 8～11cm 后，选择幼苗并经红光照射 32h。

② 当幼苗长出第三节间时，选取第三节叶片至顶芽长约 0.5cm 生长均匀一致的幼苗，用刀片切除顶端 0.5cm，随后取下其下端 0.4cm 长的一段，再将其茎段由上至下对称劈开全切段的 3/4 即 0.3cm。

③ 将切段放置到蒸馏水中漂洗约 1h，以避免自身生长素对试验造成影响；漂洗后捞出切段并用滤纸吸干表面水分，每 5～10 段为一组分别放入盛有 10mL 待测溶液的锥形瓶中，随后转移至黑暗中培养 10～24h，观察并计算两臂向内弯曲的程度。

④ 结果发现吲哚乙酸标准溶液浓度与劈茎两臂向内弯曲的程度成正比。

此方法可以测定生长素的浓度及活性，试验操作需要在绿色安全灯下进行。豌豆劈茎法不适用于鉴定植物提取液中的生长素活性，可用于鉴定人工合成的生长素类物质。

## 4.10.4 水稻幼苗叶鞘伸长"点滴"法

水稻幼苗叶鞘伸长"点滴"法（gibberellins bioassay by sheath growth stimulating on rice seedlings）是赤霉素类的生物测定方法之一。此法是由日本科学家村上浩最早建立的，其原理是赤霉素可以促进幼嫩植物节间（叶鞘）伸长。在一定浓度范围（0.1～1000mg·L$^{-1}$）内，叶鞘的伸长与赤霉素浓度成正比。具体操作方法如下：

① 将精选过的水稻种子放 10%次氯酸钠表面灭菌 30min，用流水冲洗干净。置于润湿的滤纸上，在 30℃下黑暗中催芽 2d。

② 种子露白后，选取芽长约 2mm 生长一致的发芽种子，胚芽朝上，嵌入盛有 1%琼脂糖凝胶的烧杯中，每杯放 10 粒种子，注入少量水。置于恒温生长箱，在 30℃，2000～3000lx 光照下培养 2d。

③ 当第二叶的叶尖高出第一叶 2mm 时，去掉生长不一致的幼苗备用。用微量注射器将 1.0μL 不同浓度（0.1～100mg·L$^{-1}$）的 GA$_3$ 溶液小心滴于幼苗的胚芽鞘与第一叶叶腋间，勿使滴落。如果液滴滴落，应立即拔除这一幼苗。

④ 处理后的幼苗放在恒温生长箱继续培养，在连续光照下培养 3d 后，测定水稻幼苗第二叶叶鞘的长度。

⑤ 以 GA$_3$ 浓度的对数为横坐标，第二叶叶鞘长度为纵坐标绘制标准曲线，在一定范围内，第二叶叶鞘的伸长与 GA$_3$ 浓度的对数成正比。以标准曲线可以计算待测样品中赤霉素类物质的活性相当于多少浓度 GA$_3$ 的活性。

该方法的优点是需时短，样品量少，且灵敏度高。村上浩曾用此方法测定 GA$_1$～GA$_5$，发现水稻幼苗第二叶叶鞘伸长对 GA$_1$ 和 GA$_3$ 最敏感。

## 4.10.5 大麦胚乳试法

大麦胚乳试法（gibberellins bioassay by germination on no-embryo barley seeds）

是赤霉素类的生物测定方法之一。当大麦种子吸水萌动后，胚中产生的赤霉素激发胚乳最外的糊粉层中 $\alpha$-淀粉酶的活性。无胚的大麦种子无法产生赤霉素，所以没有 $\alpha$-淀粉酶活性。因此利用去胚的大麦胚乳种子，可以鉴定赤霉素的存在。此法特异性高，受其他干扰因素少，可测定赤霉素浓度的范围在 $(10^{-5} \sim 5 \times 10^{-2})$ mg·L$^{-1}$，操作简单。具体操作方法如下：

① 预先配制 1％次氯酸钠溶液、0.1％淀粉溶液、$2 \times 10^{-5}$ mol·L$^{-1}$ 赤霉素溶液、$1 \times 10^{-3}$ mol·L$^{-1}$ 乙酸缓冲液和 I$_2$-KI 溶液。

② 选取籽粒饱满、大小一致的大麦种子，用刀片将每个籽粒横切成两半，扔掉有胚的一半，无胚种子消毒后放到盛有已消毒湿沙的大培养皿中培养 48h。

③ 将赤霉素溶液依次稀释 10～1000 倍，将乙酸缓冲液稀释 1 倍，取 5 个小试管分别加入 1.0mL 乙酸缓冲液和 4 种不同浓度的赤霉素溶液，分别加入 10 粒无胚种子后放入恒温箱中 25℃振荡，继续培养 24h。

④ 从每个试管中吸取 0.2mL 上清液加到含 1.8mL 0.1％淀粉溶液的另一组试管中，混匀后 30℃水浴保温 10min，以吸光度达 0.4～0.6 的反应时间最佳，再加入 I$_2$-KI 溶液 2.0mL，蒸馏水稀释到 5.0mL，充分摇匀，呈现蓝色溶液，在 580 nm 下读取吸光度值。以赤霉素浓度负对数为横坐标，吸光度为纵坐标绘制密度曲线。

### 4.10.6 矮生玉米叶鞘试法

矮生玉米叶鞘试法（gibberellins bioassay by sheath growth stimulating on dwarf maize seedlings）是植物赤霉素的生物测定方法之一，是基于赤霉素可以促进矮生玉米叶鞘的伸长而建立起来的生物测定方法，具体以矮生玉米叶鞘为试验材料。该方法通过测定外源赤霉素对矮生玉米叶鞘伸长的影响，发现在一定的浓度范围内，叶鞘的伸长与赤霉素的浓度成正比。该方法十分灵敏，对赤霉素最低检测浓度可达到 $10^{-11}$ mol·L$^{-1}$。具体的试验方法如下：

将精选的矮生型玉米种子吸水 6～12h 后直立栽在蛭石上。播种后将容器放在 3000lx 光照，28～30℃ 温度下使其发芽。一周后，将玉米幼苗全部取出，根据第一片叶展开的程度，分为几个不同的组，移植到适当的容器中进行水培。当第一叶长成杯状时，用赤霉素或待测液处理。把不同浓度赤霉素配成 20％～50％丙酮溶液，用吸管向每一杯形叶中各滴入 50$\mu$L 或 100$\mu$L。经过处理的幼苗，仍按发芽时的培养条件进行培育，一周后测定其第一叶鞘的长度。一定的浓度范围内，叶鞘的伸长与赤霉素的浓度成正比。

### 4.10.7 萝卜子叶增重法

萝卜子叶增重法（cytokinins bioassay by cotyledon growth stimulating on turnip seedlings）是植物细胞分裂素生物测定方法之一，是通过利用细胞分裂素对萝卜子叶的保绿和增重作用而建立起来的生物测定方法。其原理是，细胞分裂素不仅能促进细胞分裂，还可以阻碍核酸、蛋白质、有机及无机物质的破坏或减缓破坏，从而促使合成作用。因此，通过处理后子叶鲜重的变化，可以测定细胞分裂素含量。该方法具有较高的灵敏度，细胞分裂素最低检测浓度为 $0.01mg \cdot L^{-1}$。赤霉素类物质的磷酸缓冲液也有类似作用。但不受生长素、嘌呤、嘧啶、核苷、氨基酸和维生素等类物质的干扰。

具体的试验方法如下：

将试验材料萝卜种子用 0.1％氯化汞溶液消毒后用蒸馏水清洗干净，播于垫有滤纸并用蒸馏水湿润的器皿内，放置于 25～26℃恒温黑暗下培养 30h。从幼苗上用镊子取下大小一致的 50 片子叶（不含下胚轴）供试验用。向垫有滤纸的培养皿中分别加入预配制的 $0.005～5mg \cdot L^{-1}$ 的激动素（KT）溶液和蒸馏水各 3mL。每个培养皿中各放 10 片已称重的子叶，并转移至 25W 荧光灯的生长箱（器皿下放一张湿滤纸）中连续培养 3d。取出子叶并用滤纸吸干表面的水分立即称重。以子叶重量为纵坐标，以细胞分裂素的浓度对数为横坐标，绘出激动素浓度与子叶重量的关系曲线。此方法也可测出细胞分裂素与激动素的等比关系。

子叶大小和下胚轴都会影响试验的准确性。对于子叶大小，使用 25℃恒温下萌发 1～2d 的种子上离体的小子叶进行对照试验，取得的效果较好；对于下胚轴，细胞分裂素对胚轴有抑制作用，而赤霉素具有促进作用，会影响子叶鲜重称量的准确性。

## 4.10.8　苋红素合成法

苋红素合成法（cytokinins bioassay by amaranthin content increasing on amaranthus caudatus cotyledon）是细胞生长素的生物测定技术之一，其原理为在一定激动素浓度范围内，色素的量与激动素浓度增加成正比。该法作为生物激动素的测定方法专一性强，操作简便，对细胞生长素最低检测浓度为 $5mg \cdot L^{-1}$。

操作方法如下：

① 配制 0.4％酪氨酸的磷酸缓冲液和 $0.01～3.0mg \cdot L^{-1}$ 系列梯度的激动素（KT，6-呋喃氨基嘌呤）标准溶液。

② 将滤纸置于直径 6cm 的培养皿内，加入不同浓度的激动素溶液 2.5mL。

③ 将精选后的尾穗苋种子先用饱和漂白粉溶液浸泡 15min，用水冲洗，再播入培养皿中，在 25℃黑暗中培养 72h。

④ 选取子叶大小均一的黄化尾穗苋幼苗，用镊子取子叶，放入已有 2.5mL 激动素溶液的培养皿中，每皿 30 个子叶，重复 3 次。

⑤ 在 25℃黑暗中放置 18h 后取出子叶，用滤纸吸去多余水分，移入盛有 4mL 蒸馏水的具塞试管中，放入低温冰箱冰冻过夜。

⑥ 取出试管在 25℃暗夜中使其融化，2h 后放入低温冰箱冷冻，再融化，如此重复两次。

⑦ 倒出红色上清液，用分光光度计分别在波长 542nm 和 620nm 处读取吸光度值，两值相减的差值即为苋红素浓度的吸光度。

⑧ 以激动素浓度为横坐标，吸光度为纵坐标作图得到标准曲线。在 $0.01～3.0mg \cdot L^{-1}$ 浓度范围内，吸光度与激动素浓度成正比。从标准曲线中可查出未知浓度的溶液中细胞

分裂素浓度相当于激动素的活力单位。

该试验所用尾穗苋种子应放于冰箱中经 2～3 个月低温处理，试验需在暗室中进行，其他操作在绿光下进行。

## 4.10.9 组织培养鉴定法

组织培养鉴定法（cytokinins bioassay by growth stimulating on plant tissue culture）是细胞分裂素类物质测定的经典的方法之一，其原理是在一定浓度范围内，细胞分裂素类物质对植物组织的生长有促进作用。实验材料通常为大豆愈伤组织、烟草茎的髓部、胡萝卜根韧皮部等对细胞分裂素有较高敏感性的组织。该方法专一性较强，但耗时久。

在选取的实验材料生长旺盛期时，选取其对细胞分裂素敏感性较高的部位，用清水清洗，然后放在杀菌剂（如 10%～14% 高氯酸钾溶液）里浸泡 5min，取出后用无菌水再洗一次，用木塞穿孔器等取样工具取样，接种到盛有不同浓度激动素的琼脂培养基的锥形瓶中，将接种材料放在 25℃ 温箱中黑暗条件下培养。三星期后，观察并测量各处理的鲜重或干重的增加量，由此比较得出细胞分裂素的含量。在 MS 培养基中加入不同浓度的激动素，组织的生长受到促进，在一定浓度范围内，激动素浓度愈高，鲜重或干重增加愈多。

## 4.10.10 小麦叶片保绿法

小麦叶片保绿法（bioassay of wheat leaf chlorophyll）是利用细胞分裂素具有阻止叶片衰老、延长叶片寿命的作用，在一定浓度范围内，细胞分裂素浓度与小麦叶片中叶绿素的含量呈正相关的原理来比较这类化合物活性的生物测定方法。离体叶片在黑暗中有自然衰老的趋势，叶片内叶绿素分解，叶片变黄。用激动素溶液处理离体叶片，则能延缓衰老过程，叶绿素的分解比对照慢。因此，以叶绿素的含量为指标，可测定出细胞分裂素的浓度。

在培养皿中分别加入蒸馏水（对照）和 5～7 个系列浓度（5～160mg·L$^{-1}$）的激动素溶液各 10mL，每个处理重复 3～4 次。选生长一致的小麦幼苗，剪下第一完全叶，切去叶尖端 1.5cm，取其后 3cm 长的切段。于每一培养皿中放进切段 0.5～1.0g，然后将培养皿放在散射光下培养 1～2 周。取出小麦叶片，用滤纸吸干多余水分，放入研钵中，加少量石英砂、碳酸钙以及 4～5mL 80% 丙酮溶液，仔细研磨成浆，过滤至 100mL 容量瓶中，用 80% 丙酮溶液 4～5mL 清洗研钵 2 次，洗出液过滤。滤渣和滤纸再放入研钵中，研磨过滤。如此反复，直至滤出液无绿色。滤液用 80% 丙酮溶液定容至 100mL。在 663nm 和 645nm 处比色。以 80% 丙酮溶液为空白对照。叶绿素浓度按下式计算：

$$[\mathrm{Chl}] = 20.2 \times D_{645} + 8.03 \times D_{663}$$

式中，$[\mathrm{Chl}]$ 为叶绿素浓度，mg·L$^{-1}$；$D_{645}$ 为叶绿素溶液在 645nm 处的消光值；$D_{663}$ 为叶绿素溶液在 663nm 处的消光值。

除小麦外，苍耳、大麦、萝卜、烟草、燕麦等叶片都可供测定使用。最好是用快要衰老的或已成熟的叶片，一般是在剪取后放在黑暗中使其进一步衰老后才可使用。此法可测激动素的最低浓度约 $0.1mg \cdot L^{-1}$。

### 4.10.11 小麦胚芽鞘伸长法

小麦胚芽鞘伸长法（method of wheat coleoptile elongation）是根据一定浓度范围的生长素具有促进小麦胚芽鞘细胞直线伸长（或脱落酸具有抑制小麦胚芽鞘细胞直线伸长）的原理来比较这类物质活性的生物测定方法。利用小麦胚芽鞘长度的增加或减少作为生长素或脱落酸的反应指标。

用于生长素的生物测定时，选择饱满的小麦种子 100 粒，在饱和的漂白粉溶液中浸泡 15min 后取出，数小时后用蒸馏水洗净，播种在垫有洁净滤纸或石英砂带盖的搪瓷盘中，为使胚芽鞘长得直，可将种子排齐，种胚向上并朝向一侧，将盘斜放成45°，使胚倾斜向下，盘中适当加水并加盖，放在暗室中生长，温度保持25℃，相对湿度85%；播种后 3d，当胚芽鞘长 25～35mm 时，精选芽鞘长度一致的幼苗 50 株，用镊子从基部取下胚芽鞘，用切割器在带方格纸的玻璃板上切下 3mm 的顶端弃去，取中间 4mm 切段做试验，此段对生长素最敏感。将切段漂浮在水中 1～2h，以洗去内源生长素；然后称 10mg 吲哚乙酸（IAA），先用少量乙醇溶解，用水稀释，定容至 100mL，即浓度为 $10mg \cdot L^{-1}$ 的 IAA 母液，用磷酸缓冲液配制成 $0.001mg \cdot L^{-1}$、$0.01mg \cdot L^{-1}$、$0.1mg \cdot L^{-1}$、$1.0mg \cdot L^{-1}$、$10mg \cdot L^{-1}$ 的标准浓度 IAA 溶液，以缓冲液为对照；在具塞小试管中分别盛入上述溶液各 2mL，重复 3～4 次。每管中放胚芽鞘 10 段，加塞后置于旋转器上，以 $16r \cdot min^{-1}$ 的速度，在 25℃ 恒温暗室中旋转培养 20h 后，取出胚芽鞘切段，测量 10 个胚芽鞘的长度，求出平均长度，然后以生长素溶液中切段长度（$L$）和对照中切段长度（$L_0$）得到胚芽鞘增长率 $[(L/L_0) \times 100\%]$，以此值为纵坐标，以 IAA 浓度的对数为横坐标，画出标准曲线。也可用概率值分析法得出毒力回归方程。

用于脱落酸的生物测定时，与前述 IAA 的方法完全相同，只是脱落酸（ABA）的作用是抑制小麦胚芽鞘的伸长，与对照组相比，ABA 处理组的小麦胚芽鞘伸长少，ABA 浓度愈高，胚芽鞘的伸长愈少。试验时，称取 10mg ABA 溶于少量乙醇，用水稀释至 100mL，即得 $100mg \cdot L^{-1}$ 母液。用前述测定 IAA 相同的缓冲液配制 0、$0.001mg \cdot L^{-1}$、$0.01mg \cdot L^{-1}$、$0.1mg \cdot L^{-1}$、$1.0mg \cdot L^{-1}$、$10mg \cdot L^{-1}$ 的 ABA 溶液，其他操作方法与测定 IAA 的方法相同。以胚芽鞘长度减少的百分数为纵坐标，以 ABA 浓度为横坐标，绘成 ABA 的标准曲线，即可查出待测样品中 ABA 的含量。

### 4.10.12 棉花外植体脱落法

棉花外植体脱落法（bioassay of cotton explant abscission）是根据一定浓度范围的脱落酸（ABA）浓度与棉花外植体叶柄脱落率呈正相关而与脱落时间呈负相关的原理来比较这类物质活性的生物测定方法。该法不够专一，定量不够准确，应与气相色谱法配合鉴定。

挑选经硫酸脱绒的饱满棉籽，在 28～30℃下浸泡 24h，然后播种于含适量培养液的石英砂中，于 25℃恒温箱中照光培养。当棉苗达 18～20d 苗龄时，取外植体作试验用。外植体包括 5mm 真叶叶柄残桩、5mm 上胚轴和 10mm 下胚轴。在每一切面上包上少许脱脂棉，然后将外植体插入含有 1.5％琼脂的培养皿中，培养皿上带有支架，以使外植体直立固定在琼脂中。每培养皿插 10 个外植体。将插有棉花外植体的培养皿分为 6 组，每组用一种浓度的脱落酸处理。方法是用微量注射器在各叶柄的切面上加 5μL 脱落酸溶液，24h 后，用镊子往叶柄残桩上施加压力，检查叶柄是否脱落。以后每天早晚用镊子检查一次。比较同一时间各处理的脱落率以及脱落率达 80％所需的时间，从而比较脱落酸类物质活性。

### 4.10.13　豌豆苗下胚轴法

豌豆苗下胚轴法（pea seedling hypocotyl method）是根据一定浓度范围内乙烯浓度与豌豆幼苗下胚轴短粗、横向生长（即抑制下胚轴的伸长）呈正相关的原理来比较这类物质活性的生物测定方法。

用于乙烯的生物测定。乙烯是一种气态植物激素，对植物代谢和生长发育有多方面的作用。可以抑制黄化豌豆幼苗下胚轴的伸长；使下胚轴细胞横向扩大，下胚轴短粗；偏上部生长，从而使下胚轴横向生长。黄化幼苗对乙烯的这 3 种反应被称为"三重反应"。

将豌豆种子放在过饱和的漂白粉溶液中浸泡 15min，然后用流水缓缓冲洗 2h，再浸泡到吸胀。将种子放在垫有湿滤纸的培养皿中，2d 后选择萌发整齐的种子播种在湿润的石英砂上，放在 25℃黑暗中培养约 1 周，待黄化豌豆幼苗生长到约 4cm 高时备用。在洗净试管底部做一滤纸桥（将滤纸剪成宽约 1.2cm、长约 10cm 的长条，中部挖一小洞，其大小以豌豆苗能穿过即可，将滤纸叠成三折放入试管），将豌豆幼苗从滤纸洞中插入，使根部泡于水中，然后用橡胶塞塞住试管。用注射器注入乙烯气体，使试管内的乙烯气体浓度分别为 0.5mg·L⁻¹、1.0mg·L⁻¹、5.0mg·L⁻¹、10mg·L⁻¹。幼苗分别在不同浓度的乙烯气中黑暗下 25℃生长 2d，以空气作对照，可以明显地观察到 0.5～1.0mg·L⁻¹的乙烯所引起的三重反应，而且浓度越高，反应也越大。

### 4.10.14　茎叶喷雾法

茎叶喷雾法（foliar spray method）是根据一定浓度范围的植物生长调节剂浓度与促进（或抑制）植株生长呈正相关的原理来比较这类物质活性的生物测定方法，用于对植株生长具有促进或抑制的植物生长调节剂的生物测定。

选取盆钵采用直播或育苗移栽方式盆栽培养试材。试材于人工气候箱或可控日光温室常规培养。根据需要，一般选择苗期在可控定量喷雾设备中进行茎叶喷雾处理。试验药剂和对照药剂各设 5～7 个系列剂量。按试验设计从低剂量到高剂量顺序进行茎叶喷雾处理。每处理不少于 4 次重复，并设相应不含药剂的空白对照处理。处理后待试材表面药液自然风干，移入人工气候箱或可控日光温室常规培养，进行常规管理。处理后定期观察记载试材的生长状态。根据药剂的类型在不同处理的效果出现差异后进行调查，调查植株的株高或地上部鲜物质质量，并记录试材生长状态。根据植株的株高或地上部鲜物质质量计算促进率或抑制率：

$$R = \mid X_0 - X_1 \mid / X_0 \times 100$$

式中，$R$ 为生长促进率或抑制率，%；$X_1$ 为处理植株株高（或地上部鲜物质质量），cm（或 g）；$X_0$ 为对照植株株高（或地上部鲜物质质量），cm（或 g）。应用标准统计软件（如 SAS、SPSS、DPS 等），建立植株株高（或地上部鲜物质质量）促进率或抑制率的概率值与药剂浓度对数值间的回归方程，计算活性物质浓度。

# 4.11 抗植物病毒剂室内活性测定

抗植物病毒剂的出现，一直是农药工作者探寻的目标，筛选有效化合物的工作早就有所开展，但至今仍未达到实用阶段。因此，所采用的抗病毒的测定方法是否得当还需进一步探讨。抗病毒剂的活性测定方法（bioassay of antivirus agent）是用药剂处理已接种病毒或已感染病毒的植物，根据发病植株的病斑数、病斑大小、病症程度、出现病斑需要的时间，或用分子生物学方法测定寄主组织中病毒的含量来判断抗病毒剂活性的生物测定。按施药方式不同，主要分为浸渍法、组织培养法、涂茎法、撒布法和土壤使用法五种。在效果判断中，多根据发病的病斑数、病斑大小、病症程度、出现病斑需要的时间等来判断药效；也可用生物或物理化学的方法，对药剂处理后的叶片中病毒的量进行定量测定，以其量的多少来比较药效。

供试验的病毒要求操作方便，并且病毒的性质已有较多的研究等特点，除特殊情况外，一般常采用烟草花叶病毒（tobacco mosaic virus，TMV）。

## 4.11.1 抗植物病毒剂常规室内活性测定方法

### 4.11.1.1 浸渍法

从温室中培育的寄主植物［病毒为 TMV 时采用烟草品种（*Nicotiana tabacum*）］上切取健全的叶片，在叶面上用画水彩画的刷子或用棉球摩擦接种患病毒病的叶片汁液或纯化的病毒稀释液。接种待叶面干燥后，用打孔器从叶内部分（避开叶脉）打成直径 12mm 的圆形叶片。注意应以叶脉为中心的对称位置上打孔，一半叶子上打的叶片为对照组，另一半叶子上打下的叶片为处理组。

将含有一定药剂的水溶液或培养液［培养液配方：$KH_2PO_4$ 0.071g，$CaCl_2$ 0.116g，$MgSO_4 \cdot 7H_2O$ 0.437g，$(NH_4)_2SO_4$ 0.278g，水 1L］10mL，放入直径为 9cm 的培养皿中，再将上述准备的圆形，叶片 10～12 枚悬浮其液面上，或者在培养皿中铺上用药液所湿润的滤纸，在滤纸上面放上叶片。注意不能让浮于液面上的叶片沉于药液中。然后把培养皿放于 25℃ 左右的恒温箱中，在荧光灯照射下培养。培养期间最好不更换药液，但根据试验目的可 2d 或每天更换一次。

供试病毒为 TMV 时，培养 5～6d 后，从各处理组和对照组取出 10 枚叶片，水洗后定量测定叶片中的病毒含量，结果用各处理组与各对照组之比表示。这样就要可比较各药剂间的效力。

如果用叶片较小的植物进行试验，可用 1 枚整叶来代替，从中脉二等分，一半为对照组，另一半为处理组。另外，也可根据试验目的不同，采用先进行药剂处理后再接种病毒的方法。试验中除了设计空白对照以外，最好还设计已知抗病毒剂的阳性对照。

### 4.11.1.2　组织培养法

可用幼嫩植物的茎或植物的根进行相关测定试验。用茎时，可在事先盆栽好的幼嫩烟草上接种病毒，感染后的植物上部节间，用 1.5％的 $H_2O_2$ 进行 1min 的表面灭菌，切取 2～3mm 长的茎段进行测定试验。另外，在直径 2～3cm 的试管内加入混有定量药剂的 WHITE 培养基（表 4-5）加上棉塞进行灭菌。在此培养基上放置上述茎段，置于 21℃下培养。7～10d 后，茎段上将出现白色愈伤组织。20～25d 后，取出茎段并测其重量。将茎段冷冻，测定其中所含病毒量。

表 4-5　WHITE 培养基的组成

| 成分 | 用量/mg | 成分 | 用量/mg |
|---|---|---|---|
| 蔗糖 | 20000 | $MgSO_4$ | 35 |
| 酵母提取液 | 100 | $KNO_3$ | 80 |
| 维生素 $B_1$ | 0.1 | KCl | 65 |
| $Ca(NO_3)_2 \cdot 4H_2O$ | 100 | $KH_2PO_4$ | 12.5 |
| KI | 0.75 | $ZnSO_4 \cdot 7H_2O$ | 1.5 |
| $Fe_2(SO_4)_3$ | 2.5 | $H_3BO_3$ | 1.5 |
| $MgSO_4 \cdot 7H_2O$ | 4.5 | 水 | 1 L |
| pH 值 | 6 | 洋菜 | 6000 |

用根作试材时，在灭菌的培养皿内注入灭菌的 2％～3％琼脂培养基，将西红柿籽用 0.1％氯化汞进行表面消毒，再用灭菌水冲洗干净，然后摆在皿内，使其发芽。当根伸长到 2～3cm 时，取出，除去洋菜，移入放有 25mL WHITE 培养液的 100mL 锥形瓶中培养。然后将培养根移入掺有少量石英砂的病毒悬液中，稍加振荡进行接种病毒，再移入无毒的培养液中继续培养，当产生侧根后取其一部分测定病毒含量。另一部分在新的培养液中继续培养一定时间后也测定病毒含量。根据试验目的，在适当时候把药剂加入培养液中，由对照组和药剂处理组病毒的含量不同来判定药剂效果。

### 4.11.1.3　涂茎法

将盆钵播种的菜豆在温室内培育到初生叶完全展开，次生叶开始出现时，在子叶下部的胚轴上选三个点作为接种点，每点间隔 5mm，在各点上接种 0.5mL 的南方菜豆花叶病毒（*Southern kidney bean mosaic virus*，SBMV）接种源。并在各接种点的液滴处加约 1mg 的金刚砂，用尖直径 2mm 圆形的细玻棒轻轻摩擦 5～6 次。在胚轴反面也同样接种三点。接种后用水洗去金刚砂和过剩的接种源。该接种的试材，4～5d 就可出现暗褐色塌陷病斑。

测定用的药剂用羊毛脂配成为 1% 的糊状，保持在 50℃ 下。当胚轴正反面接种和水洗后的部位干燥后，立即以直径 5～7mm 的棉球蘸取药剂膏，并在接种部分涂上一层膏。这种方法，每个接种部位可附着的药量约 17μg。以只涂羊毛脂（不含药剂）的处理为对照，用对照组产生的病斑数和大小来比较药剂处理组的效果。

#### 4.11.1.4 撒布法

在盆栽植物上撒布供试的药剂，根据试验目的，在适当的时候接种病毒，观测病症程度，出现病症所需要的时间长短或测定植物体内病毒含量，以判断药效。

#### 4.11.1.5 土壤使用法

把植物种植在盆内，将药剂溶于水并灌于土壤中。根据试验目的要求，在适当时候接种病毒。测定防治土壤传染性病毒的药剂时，应把病土装入钵内，在药剂中混入适当填充料（滑石粉、黏土、砂等）加以稀释，或用溶媒把药剂溶解，注入一定量，然后播种种子，采用与撒布法相同的方法来判断药剂效果。

### 4.11.2 病毒摩擦接种法

在抗病毒剂的测定中，病毒的接种主要采用摩擦接种法。操作步骤如下：切取少量植物病症严重的新鲜组织，放入研钵内，加入和组织鲜重相等或 5 倍量的 1/15mol 磷酸缓冲液，充分磨碎。如果先把组织冰冻，可能更容易磨碎。将棉球在制备的病组织汁液中浸蘸一下，用镊子夹住棉球在接种植物的叶面沿其支脉方向轻轻擦 1～2 次（注意不要用力摩擦表面而使其产生大的伤口）。在盆栽植物上接种时，叶片下方用木板或玻璃板进行支撑，并小心不要损伤叶片。为了提高接种效率，最好在含病毒汁液中加少量金刚砂（400～600 目）再进行接种。在对同一试材进行大量接种时，用画水彩画的刷子代替棉球比较方便。接种后，如果用多量的水冲洗接好种的叶片，往往能提高感染率。

接种病毒时，为防止其他病毒混入，接种用的器具应预先全部用开水（100℃，10mL）消毒，试验人员的手需要用肥皂水充分洗净。最好对使用的盆钵、土壤也进行蒸汽消毒。在培养测定用的植物时，肥水管理等措施要充分注意排除外部病毒的感染，尤其要密切注意害虫的为害，特别是蚜虫。

### 4.11.3 病毒定量法

在病毒的定量方法中，虽然研究过多种方法，常用于抗病毒剂测定的生物定量法有枯斑测定法（local lesion assay）与漂浮叶圆片法（leaf discs assay）。枯斑测定法又称为局部病斑测定法，主要用于定量分析抑制物抑制病毒侵染及复制增殖，即将药剂与病毒的混合液接种至叶片上以叶脉为分割的一边，同时将缓冲液与病毒的混合液接种至叶片另一边，后置于适宜环境条件下培养，待枯斑症状明显时统计枯斑数，计算抑制率；漂浮叶圆片法有时又称为对叶法、半叶法，是抗病毒化学成分测试的一种重要模式，即选取生长良好叶片并接种植物病毒，接种一定时间后，从接种叶取直径为 15mm 的圆片，漂浮于含有抗病毒抑制剂的处理溶液中，并设清水对照，一定时间后检测圆片中植物病毒含量，检测方法有 ELISA 法、PCR 法等。通过比较药剂处理组与对照组植物病毒含量计算抑制率。

### 4.11.3.1　局部病斑测定法

将植物病毒接种于植物时，虽然能发生感染，但并不扩延到全身，在受到接种的叶部出现病斑，这种局部病斑分为坏疽斑点（local lesion）和退绿斑点。霍姆斯（F. O. Holmes）于 1929 年把烟草花叶病毒接种在一种烟草（*Nicotiana glutinosa*）上观察到烟草叶片上产生了局部的坏死斑，这是最早的发现。由于观察的病斑数在一定浓度范围内和用于接种的病毒浓度成正比，因而可作为病毒的生物定量法而被应用，也可用于病毒的鉴定。但是，必须采用产生容易计数的病斑的寄主植物为试材。

进行病毒定量测定时，首先要培育生长一致的无病毒植物，否则将大大影响测定精确度。在培育测定用植物时，用烟草品种，一般在直径 12cm 的花盆内种植一株，用菜豆、豇豆则种植 2 株。当使用烟草接种病毒时，一般以 3～4 叶期较适合，当用菜豆、豇豆接种病毒时，待初生叶全部展开、复叶开始伸长时用来测定较适宜。要注意测定植物的肥水管理，培育成青绿柔软的叶子，如果营养状况差或叶片粗糙则对病毒的敏感性将会偏低。

培育良好一致的植株，在接种前 1d 剪去多余的叶片，使各叶片对病毒的感受性均匀一致，摩擦接种 3～4d 或数日后即出现病斑，当病斑出现到容易计数时进行统计。如果时间太长病斑融合在一起，则难以再计数。

### 4.11.3.2　漂浮叶圆片法

测定药剂处理叶的病毒量时，处理组的设置方法是：烟草用半叶法，菜豆、豇豆用对叶法。半叶法即以叶片主脉为界，由于两半叶对病毒感受性差不多，所以其中一半可接种药剂处理的汁液，另一半接种无处理（对照）的汁液。然后计算处理组病斑数和对照组病斑数的比率，即计算病毒的增殖抑制率，比较各处理间的效果。对叶法即以对生叶的一叶作为药剂处理，相对应的另一叶接种无处理的汁液。和半叶法一样，比较各处理间的效果。

无论哪种方法，每一处理组要用 20～30 枚叶片，接种量以一半叶片或一对生叶产生 15～40 个病斑为宜，因此，制备接种液用缓冲液稀释时要掌握用量。由于试验时具体情况不同，稀释量常有很大差异，最好先进行预备试验来确定。

枯斑测定法和漂浮叶圆片法均是以活体植物为侵染对象，这样病毒必须经过多次侵染才能进入植物细胞，此过程中的大部分细胞实际处于病毒的不同侵染阶段，因而难以对抗病毒复制和表达情况进行可靠的测定，而直接利用植物叶片组织或活体植物植株不仅费时、费力、效率低而且还受季节限制，不适合进行大规模的植物抗病毒化合物的筛选。

### 4.11.1 抗植物病毒剂活性测定方法的研究进展

原生质体、愈伤组织、悬浮细胞等在抗病毒药剂筛选和药效评价中也经常被采用，这些材料为易得、无菌、代谢活跃的细胞，便于研究病毒侵染与复制和病毒与寄主细胞之间的相互关系。李重九和侯玉霞等针对悬浮细胞病毒接种成功率低且病毒同步复制较差的特点，通过超声波法建立了病毒细胞高效同步侵染体系，在药剂筛选和药效评价中取得了较好的效果。

针对许多药物在抑制病毒的同时也对寄主植物造成伤害的问题，李重九等提出用病毒 RNA、寄主 mRNA 及植物核糖体建立离体核酸核糖体反应体系和分析监测方法，通过测定病毒 RNA、寄主 mRNA 与植物核糖体结合的饱和量及竞争系数来筛选植物病毒病选择性治疗药剂。在病毒装配过程中，病毒的衣壳蛋白必须先形成一定程度的多聚体，而后再与病毒核酸进一步装配，使之形成完整的病毒粒体。江山等应用这个原理研究了几种植物病毒抑制剂对 TMV 衣壳蛋白聚合的影响；侯玉霞等以 TMV/烟草为测试体系，根据感病植株中叶绿素含量、TMV 侵染时间以及 F685/F740 比值之间的相互关系，建立了以叶绿素含量和荧光广谱特征作为药剂筛选和药效评价指标的筛选方法。

随着酶联免疫吸附试验（ELISA）和 Wester blot 检测技术的日益成熟，其也被越来越多地用于抗植物病毒剂室内活性测定研究。但是以上这些药物筛选和药效评价模式尚未形成完整的理论体系，只处于研究阶段，离实际应用尚早。

**参 考 文 献**

[1] 陈年春. 农药生物测定技术. 北京：北京农业大学出版社，1991.

[2] 陈亮. 西瓜食酸菌（*Acidovorax citrulli*）Ⅲ型分泌系统抑制剂的高通量筛选. 北京：中国农业大学，2016.

[3] 陈庆园，游兴林，等. 杀菌剂生物测定方法研究进展. 贵州农业科，2007，35（5）：154-156.

[4] 陈万义. 新农药的研发：方法与进展. 北京：化学工业出版社，2007.

[5] 冯志新. 植物线虫学. 北京：中国农业出版社，2001.

[6] 郭磊，边全乐，张宏军，等. 小菜蛾抗药性监测方法——叶片药膜法. 应用昆虫学报，2013，50（2）：556-560.

[7] 黄国洋. 农药试验技术与评价方法. 北京：中国农业出版社，2000.

[8] 李树正，张素华. 杀菌剂筛选方法的研究. 农药，1997，36（9）：20-22.

[9] 刘丹，宋东宝，等. 氯化苦与阿维菌素混用对南方根结线虫的室内活性评价. 农药，2013，52（12）：926-929.

[10] 马喆，严红，等. 两种农药对南方根结线虫的室内毒力测定. 北京农学院学报，2009，24（3）：17-19.

[11] 慕立义. 植物化学保护研究法. 北京：中国农业出版社，1994.

[12] 宋小玲，等. 除草剂生物测定方法. 杂草科学，2004（3）：1-6.

[13] 深见顺一，上杉康彦，石塚皓造，等. 农药实验法——杀虫剂篇. 李树正，等译. 北京：农业出版社，1991.

[14] 深见顺一，上杉康彦，石塚皓造，等. 农药实验法——杀虫剂篇. 章元寿，译. 北京：农业出版社，1994.

[15] 屠豫钦，李秉礼. 农药应用工艺学导论. 北京：化学工业出版社，2006.

[16] 万树青. 杀线虫剂活性测定中线虫死活鉴别的染色方法. 植物保护，1993，19（3）：37.

［17］万树青．杀线虫剂活性测定．农药，1994，33（5），10-11.

［18］夏彦飞，周家菊，等．不同药剂对松材线虫及阿苏里伞滑刃线虫的室内毒力测定．江西农业学报，2017，29（9）：80-83.

［19］徐汉虹．植物化学保护学．北京：中国农业出版社，2007.

［20］赵善欢．植物化学保护．第 3 版．北京：中国农业出版社，2007.

［21］于淑晶，边强．高通量筛选技术在农用杀菌剂创制研究中的应用．农药.2012，51（8）：550-553.

［22］Godfray H C，Beddington J R，Crute I R，et al. Food security：the challenge of feeding 9 billion people. *Science*，2010，327（5967）：812-818.

［23］Keinan A，Clark A G. Recent explosive human population growth has resulted in an excess of rare genetic variants. *Science*，2012，336（6082）：740-743.

［24］Streibig J C. Herbicide bioassay. London：CRC Press Inc，1993.

# 第5章
# 农药有效性田间评价

农药有效性田间评价（field efficacy evaluation of pesticide）是在室内毒力测定的基础上，在田间自然条件下检验某种农药防治有害生物的实际效果，评价其是否具有推广应用价值的主要环节，是一种比较符合农业生产实际的多因子综合试验，是农药在登记前或推广应用之前应进行的试验任务，主要包括小区试验、大区试验和大面积示范试验。小区试验主要是确定农药的作用范围，不同土壤、气候、作物和有害生物猖獗条件下的最佳使用浓度（量）、最合适的使用时间和施药技术。大区试验是在小区试验得到初步结论的基础上进行的，试验处理项目较少，是为了证实小区试验的真实性而做的重复试验。大面积示范试验是经小区试验和大区试验肯定了药效和经济效益高的品种或剂型等，还要进一步在不同生态区进行大面积的多点示范试验，经受大面积生产实践检验并取得经验，进而推广应用。通过田间药效试验，可以客观地评价农药的应用效果和范围，从而提出该品种在不同地区、不同条件下高效、安全、经济使用的技术。

## 5.1 农药有效性田间评价内容与程序

### 5.1.1 评价内容

根据主体不同，可分为两类：

一是以药剂为主体的系统田间试验，包括：①田间药效筛选。新合成的化合物在室内毒力测定有效的基础上，加工成一定剂型，进一步进行田间筛选。②田间药效评价。经过田间药效筛选出的农药制剂在不同的施用剂量、施用时间及施药方法的设计下，对主要防治对象的防治效果、对作物产量及有益生物（如蜜蜂、鱼类、害虫、天敌等）的影响进行综合评价，并总结出切实可行的应用技术，这一类试验较为常见。③特定因子试验。为了深入研究田间药效评价或生产应用中提出的问题，专门设计特定因子试验，如环境条件对药效的影响，不同剂型比较，农药混用的增效或拮抗、耐雨水冲刷能力，以及在农作物和土壤中的残留等。

二是以某种防治目标为主体的田间药效试验，例如针对某种新的防治对象筛选出最有效的农药，确定最佳剂量、最佳施药次数、最佳施药时期及最佳施药方法等。按目的分主要有：①农药品种比较试验，这是药效试验中最基本的一项试验，目的是测定新农药品种或当地未使用过的农药品种的药效，以明确对当地靶标生物的实际效果，为推广应用提供依据；②不同剂型比较试验，选出最佳剂型供生产和推广应用；③针对某一主要害虫，筛选最有效药剂的试验，以防治抗性棉铃虫药剂筛选为例，大荔县做了几种药剂农药应用技术试验，如施药量（或浓度）、适期、方法等比较试验，以提高施药技术，做到科学用药；④研究农药的理化特性（如稳定性、降解、残留等）与药效的关系；⑤农药对寄主植物的药害及对害虫天敌的影响等试验。

总之，不管是何种田间试验，均是研究自然条件下农药对有害生物的各种效应，在生产上比室内生测更有实际意义。但是为了稳妥，避免影响产量或造成损失，这种试验面积不宜过大，最好由小逐步扩大，同时应掌握基本原则，根据不同的试验目的、不同的药剂、不同的作物及病虫害具体设计。

### 5.1.2 程序

一般田间药效试验遵循如下的小—大的程序，即：

① 小区试验　实验室内初步试制的农药新品种，一般样品数量少，且虽经室内生测证明有效，但尚未经受田间条件的考验，不知其田间实际药效究竟如何，故不宜在大面积上试验，必须先经小面积试验，即范围田间试验。试验中每个处理一次所占用的地块称为小区，习惯上把小区面积在 $120m^2$ 以下的试验称为小区试验。

② 大区试验　在小区试验基础上，选择药效好、有希望的品种、剂型、用量（浓度）、施药方法等，在有代表性的不同生产地区扩大面积试验，即大区试验，以进一步肯定药效和使用价值，考查药剂的适应地区及条件，进一步完善其应用技术。

③ 大面积示范试验　在多点大区试验的基础上，选用药效和经济效益高的品种或剂型等，以最佳剂量、最佳施药时期和施药方法进行大面积示范试验，以便对防治效果、经济效益及社会效益进行综合评价，并向生产部门提出推广应用的建议。

# 5.2 田间药效试验的基本要求

为了使田间试验结果能推广应用指导生产，对试验地的选择、试验方法及效果检查等应有适当的要求：

（1）试验目的要明确　试验项目的设置要突出重点，有针对性。做一个试验要验证什么，心中必须有数，比如要试验某一混剂防治菜青虫的药效，那么在试验安排时，必须附加上混剂中各单剂的处理，只有这样才能知道混剂在田间是否有增效作用。

（2）试验地的选择　试验地是田间小区药效试验的最基本条件，选择当地有代表性的试验地，要求地势平坦，土壤类型、肥力基本一致，作物种植和管理水平一致，排灌方便，并应记录灌溉的方法、时间及水量。不要将试验地选在树林、房屋、河流、池塘及大路边，否则会影响试验的代表性。

试验地点应选择在防治对象经常发生的地方。如果防治对象不发生，那么试验就无法进行；如果发生轻微（还未达到防治指标），这样的试验结果也是不尽可靠的。虽然可以人为地接种一定量的病原菌或害虫，但这与农田实际情况相距甚远。以防治穗颈稻瘟为例，在自然发病情况下，病原孢子的侵染是一个动态过程，即在一段时间内不断有孢子侵染，而人工接种病菌孢子则是一次性的，且人工播种的病原孢子的侵染致病能力往往也不如自然传播的病原孢子，因此在人工接种的条件下，防治效果较好。当然，在有些情况下，靠人工接种也是可行的，如在进行防治棉铃虫试验而时间不合适时，可以进行人工接虫，但这一工作必须在试验前至少24h进行，以便虫稳定下来。另外，所选试验地的病虫草害亦不能太严重，因为在这种情况下，即使防效达90%以上，结果也是不可使用和无意义的，如在1994年棉铃虫特大发生年份，由于虫子数量太大，防效即使达99%，防治后的虫子数还远在防治指标之上。

选定试验地点后，选择试验地块的具体位置也十分重要。一般杀虫剂田间试验最好在大片作物田中去规划，这样才能比较符合害虫的实际分布。应避免试验田块过分靠近虫源田，否则将使试验田的部分区域受害过重而另一些区域受害轻微，造成试验误差。试验地块要求地势平坦，土质一致，农作物长势均衡，其他非试验对象发生较轻。此外，对交通、水源及周围环境（如鱼塘、菜田、桑园等）也要适当考虑以便得到农民的评议，同时也要避免受到不必要的干扰（如试验标志丢失，家禽、家畜入试验地等）。

（3）试验作物和防治对象的选择　一般来说，新农药、新剂型在进入田间小区试验之前，基本掌握了它的试验作物和防治对象，为了获得理想结果，应选择敏感品系作物进行试验，创造和提供有利于防治对象发生的条件。也就是说，该药的防治对象是什么，选择的防治对象的寄主（为害作物）是什么，根据这些来选择在哪种作物上进行试验。所选择的作物应该有防治对象发生（在特殊情况下，可以根据需要创造发生的条件），否则没有防治对象，试验无法进行。防治对象的发生程度一般以中等偏重且发生均匀为宜。

（4）田间试验小区的设计　试验药剂应选择3个不同的试验剂量，对照药剂可使用一个常用剂量，也就是用当地推广使用的有效剂量。对照药必须选用已登记注册过的农药产品，并经过实践证明具有较好的防治效果，其剂型和作用方式接近于试验药剂。试验同时要设有只喷清水的空白对照，共5个处理。试验小区一般情况下应采用随机排列，每个处理最少4次重复。一种单剂的田间试验不得少于20个小区。小区面积因各种试验的要求而异，应该按照农药田间药效试验准则规定的面积执行。但应注意试验地周围及小区之间留有保护行。

（5）采用正确的施药方法和时间　施药方法应与科学的农业实践相适应，采用常用器械施药，保证药量准确、分布均匀。如果是喷雾，使用的药剂要做到作物叶片正反面喷施均匀周到，否则会直接影响药效结果。施药的时间和次数应根据试验药剂的种类、理化性质、生物活性，以及作物生长特点、病虫害发生规律、自然环境因素和试验的具体要求等来决定。例如：速效性好和持效期长的药剂，调查时间就不能相同，后者就应该延长调查时间并增加调查次数。在试验中值得注意的是，如果要对非靶标生物使用其他药剂处理，应对所有的试验小区（包括空白对照）进行均一处理，且要与试验药剂和对照药剂分开使用，尽量使用作用方式不同的药剂，使其干扰因素保持在最低程度，并在试验报告中提供这类施药的准确记录。

（6）采用合理的取样调查方法　在一般情况下，施药前应做一次基数调查，施药后隔一定时间进行药效调查，应根据试验的要求和药剂的特点、持效长短来决定调查时间，在报告资料中要说明调查方法、次数及调查时间。例如：速效性好和持效期长的药剂，调查时间就不能相同，后者就应该延长调查时间并增加调查次数。每点取样数目应视病虫发生情况、分布类型及作物种类不同而定，一般分布均匀的害虫，每小区取样数可少些；对迁飞性、钻蛀性或分布不均匀的害虫，取样数目要适当加大。对病害，一般来说，空气传播的病害，分布较均匀，每小区取样的点数可以减少些；土传病害，受地形、土质、耕作条件等影响较大，每小区取样的点数应适当多些。果树可以每株按东、西、南、北、中（内膛）五个方位取样调查。总之，药效调查时的取样数目要视病虫害的发生情况、分布类型及作物来定。

（7）采用正确的试验结果校正方法　田间试验中反映的防治效果是多种因素综合作用的结果，如防治对象本身的增殖和自然死亡对防治效果有不同程度的影响，必要时要进行校正。

# 5.3　杀虫剂有效性田间评价

## 5.3.1　试验地的选择

试验地的气候和土壤条件应能代表试验后可推广应用的地区。试验地的地势应平坦，肥力水平均匀一致。如有困难，也应尽力选择倾向一个方向的平坦斜坡（一般要求为水平 100m 的直线下降高度不超过 2.5m）。试验地宜选择在作物生长整齐、树势一致，而且防治对象害虫常年发生较重的大片作物地上进行。具体到杀虫剂田间试验（field efficacy trial of insecticide）要选择虫害常年发生的地区。试验地的田间管理应相对一致，并符合当地的实际情况。

## 5.3.2　试验设计

一个试验设计有若干种处理，例如一个品种或一种栽培措施就是一种处理。在田间试验中，安排处理的小块地段称试验小区。试验中同一处理种植的小区数目称重复。试验须设立对照区。近代田间试验以"误差控制"为理论基础，按照 Fisher 提出的 3 个基本原则进行设计：①重复原则。在试验田上每个处理只有设置几个重复，才能根据相同处理的各小区间的差异情况，估算其试验误差的大小。重复越多，处理平均值越可靠，因为平均数的标准差与重复次数的平方根成反比。②随机排列原则。其目的在于使各处理在重复内所占的小区位置机会均等，这样可以避免由土壤肥力、结构、田间管理等环境因素带来的系统性误差。随机排列只有在设置重复的基础上才能发挥作用。③局部控制原则。即试验田按照土壤肥力等因素划为几个局部地段，使地段之内环境条件比较一致，各次处理在每地段内只安排1个小区，称为1个区组（又称重复）。由于地段内土壤条件差异较小，各处理互相比较时可靠性较高。在上述3种情况下，与处理比较无关的变异量可在统计分析中消除掉。杀虫剂田间试验设计的3个基本原则及其相互关系如图5-1所示。可见，重复、随机排列和局部控制是控制试验误差的3个主要影响因素。

（1）试验重复　试验重复可以降低试验误差，重复数量可以估计试验误差。在相同试验条件下，重复数量越多，试验误差越小，但试验投入的人力、物力成本也随之增加，并且当重复数量达到一定值后，随着重复数增加，试验误差减少不再明显。因此一般试验重复数为3～4次。图5-2显示出了试验误差与重复次数之间的关系。

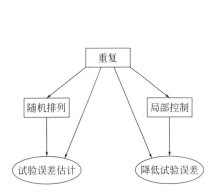

图 5-1　杀虫剂田间试验设计的
3 个基本原则及其相互关系

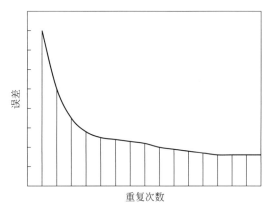

图 5-2　试验误差与重复次数之间的关系

（2）小区分布　小区分布要随机，不受人为主观因素影响，试验结果更加可靠。一般可通过抽签法、随机数字表法或计算机产生随机数字法进行。

（3）局部控制　田间试验设计必要时要进行局部控制，就是将整个试验环境分成若干个相对较为一致的小环境（区组），再在区组内设置成套处理。因为在较小地段内，试验环境条件容易控制一致。这是降低误差的重要手段之一。区组间的差异大，并不增大试验误差；而区组内的差异小，却能有效地减少误差，提高试验的精确度。对于土壤肥力不均、病虫草害分布不均的试验田，可采取区组试验设计。

（4）试验小区的面积设置　试验小区的面积设置越大，试验误差相应地越小，但随之试验成本相应地越高。一般试验小区面积为6～60m$^2$，而示范性试验的小区面积通常不小于330m$^2$。

（5）对照设置　对照是田间试验衡量各处理优劣的标准。对照最好均匀分布于试验田中，并且有代表性。如对照部分置于田边，部分置于中间部位；部分置于病虫草害严重的部位，部分置于病虫草害较轻的部位。试验设计时可以先把对照小区设置好，其他试验处理随机排列。当试验处理较多，环境差异又较大（如丘陵地带）时，就难以实现局部控制，可以用增加对照的办法来解决这一矛盾，从而提高试验精确度。

（6）隔离和保护行的设置　试验田周围的保护行可以有效减少边际效应，使处理间能有正确的比较，同时保护试验材料不受外来因素如人、畜等的践踏和损害。小区间的隔离行可以防止药剂渗透、交叉污染，同时减少害虫迁移的影响。保护行的数目视作物而定，如禾谷类作物一般应种植 4 行以上的保护行。

### 5.3.3　田间施药

（1）田间施药技术　杀虫剂使用效果不仅取决于药剂分散度，也取决于药剂施用方法。杀虫剂如果使用方法不当，并不能取得良好的防治效果。杀虫剂田间使用方法以喷雾法、喷粉法、颗粒撒施法等应用最广泛。此外，还有土壤处理、拌种、浸种、浇灌、涂抹、包扎、注射、点滴、熏蒸、烟雾等，具体见第 9 章。

（2）田间施药时期　试验田的施药时期应根据不同的防治对象、种群密度消长情况和为害特性及作物的生育期、杀虫药剂的性能等来掌握。施药适期掌握不好会使试验前功尽弃。在杀虫剂试验中，当在一种害虫发生的高峰期或衰退期施药，由于天敌的跟随现象或外来因素的影响，空白对照区的虫量大幅度下降，残存的虫量与药剂处理区的虫量相差无几，这样的试验结果将难以评价药剂效果。

对一些食叶性害虫，可以在害虫种群密度较明显上升，尚未造成较大危害之前开始喷药，这样可以取得比较明显的对比效果。对钻蛀性害虫或为害隐蔽的害虫，应在害虫种群密度开始上升和为害形成之前喷药，也可用卵量消长作为指示，密度大时可从卵盛期开始，密度小时可在卵峰期或幼虫初孵期施药。对发生期幅度较大或世代交替现象明显的害虫，可以确定一定的施药间隔期连续施药，并在每次喷药后的一定时间进行药效考查。也可按作物的生长情况施药，如玉米田一代玉米螟防治适期应在田间玉米植株侧视喇叭口见雄蕊开始至抽雄 1/2 植株达 10％止约 4～5d 时间内。螟虫在破口吐穗期间用药，抽穗期较长的可考虑 5d 后再用 1 次。

### 5.3.4　田间药效试验调查

（1）田间试验中的取样　常用的取样有五点取样法、对角线取样法、棋盘式取样法、平行线取样法、Z 字形取样法 5 种方法。五点取样法适用于随机分布型害虫的药效调查，可按面积、长度或以植株为单位选取样点，取样点较少，但样点可稍大些；对角线取样法适用于随机分布型，可分单对角线和双对角线 2 种，与五点取样法相似，取样点较少，每个样点可稍大些；棋盘式取样法适用于随机分布型或核心分布型，取样点可较多；平行线取样法适用于核心分布型，取样点多，每个样点应小些，例如调查螟害率采用 200 丛或 240 丛的取样；Z 字形取样法适用于田间分布不均匀的嵌纹分布型，例如稻蛀性大螟在田边发生较多或蚜虫、红蜘蛛前期在田边点片发生时，宜用此法。

田间调查究竟采用哪种取样方法，应根据该种害虫及其被害作物在田间的空间分布型来确定。对于随机分布型的害虫及其被害植株，采用五点取样法、棋盘式取样法、对角线取样法较好。对于聚集分布的核心型和嵌纹型病虫，不仅要在取样方法上特别考虑，而且应在样点的形状、大小、个数、位置上多加注意，疏密兼顾，以获得更大的评估准确性，一般采用 Z 字形取样法、平行线取样法、棋盘式取样法或分层取样法较为合适。

（2）取样量　进行抽样调查时，首先要确定对防治对象害虫抽取多少样本。抽少了不准确，不能满足一定的统计要求；抽多了人力所不及或太浪费人力。一般来说，理论抽样数的多少依赖于 3 个因素：①空间分布型，即昆虫种群数的聚集度越高，所需抽取的样本越多；②置信水平和允许误差，要按调查者的需要和可能来确定，置信水平越高（如 $t=1.96$，置信概率为 0.95），允许误差越小，所抽的样本数越多；③种群密度，即当聚集度、置信水平和允许误差相同时，种群密度越高，需抽取的样本数越少。一般试验对象分布均匀，发生量大，取样量少；反之取样样本量大。

（3）常用调查方法

① 直接法　又称样方法，就是直接计数一定面积、一定数量的害虫个体，先取一定大小的面积，再调查其中的害虫数量。对迁移性小的害虫，此方法可以得到较为正确的观察值。该法不适合活泼迁移的害虫，特别是成虫。此外，从生态角度考虑，样方法中框的形状不一定是方形的概念，而是泛指一个调查单位。在实际进行直接调查时，样方的形状与大小一般应由害虫种群的生活环境和生物学特性来决定。

② 扫落法　也是野外常用的方法。此法操作简单，调查面积比样方法大，适用于飞翔的成虫，对具有假死习性的害虫最为有效。缺点是基叶间和接近地表的害虫不易见到，而且调查受天气和人为因素的影响较大。扫落法采用的主要形式如下。

a. 振动法　就是在一定的调查面积内，用器械进行一定次数和不定次数的往返振动，记录每次振落或飞出的害虫的数量。例如有假死性的鞘翅目成虫常用此法进行调查。

b. 捕网法　就是用捕虫网代替扫落器械，在一定的调查面积内，用捕虫网进行一定次数和不定次数的往返扫动，把每次惊起的害虫收入网内，每次落网的害虫应及时放入毒瓶，最后将死虫集中进行记录。此法对收集鳞翅目成虫最为有效。

c. 盆拍法　适用于收集小型害虫，常选择一定大小的平底搪瓷盆，为提高收得率也可在盆底涂一层胶黏剂，然后将盆放在植株枝叶的下方，用手或其他器械拍动枝叶，最后统计落在盆上的害虫数量。

d. 杀虫法　调查某些人力难及（如统计巨大害虫种群或高大树木上的害虫数量）的害虫种群时，可以用撒布杀虫剂的方法进行，再根据地下一定面积内的害虫死亡数进行计数。由于落下率受害虫的飞翔能力和生活场所、害虫的抗药性等因素影响，所以采用这种方法开展调查时，应预先测定落下率，再校正调查结果。

③ 小型害虫的调查方法　发生个体数量极大的蚜虫、蓟马、瘿蚊、叶蝉、飞虱等微小型害虫，在田间调查中往往难以用肉眼计数。一般根据害虫的某些习性，采用间接调查然后换算等不直接计数的方法。例如，利用蚜虫和叶螨为害时移动性较小的习性，采集一定数量的栖息有蚜虫或叶螨的枝叶，采用分级的方法求取虫情指数。

　　此外，调查在桑芽内为害的桑瘿蚊时，一般每次要求检查较多的桑芽。因人工检查的工作量巨大，且易漏查初孵幼虫，可采用物理驱赶的简单方法促使桑瘿蚊幼虫自行出芽，以提高调查精度，降低误差。具体方法是：采集一定数量的顶芽，放入玻璃试管或透明的塑料袋内，用棉花塞紧试管口后用细绳扎紧塑料袋口，利用试管内或袋内的余热（注：桑瘿蚊盛发期，温、湿度一般较高）环境，一般数小时即可促使桑瘿蚊幼虫自行出芽并向试管口棉花塞或袋口聚集，此时可很方便地计数桑瘿蚊幼虫，并换算出田间的虫口密度。

　　④ 地下害虫筛分调查法　根据害虫的个体大小，选择网目孔径适宜的两个或多个土壤筛，挖取一定面积和深度的土壤，搅成泥浆或直接加入最上层的土壤筛中，边注水边做土壤筛分，然后从下层筛分内检查害虫数量。例如调查入土桑瘿蚊老熟幼虫时，在土壤潮湿且重害株主干附近划取 $0.1m^2$ 的面积，取样框内 15cm 深的土壤，除去表面植物残渣后放入水桶内加水搅拌至泥土全部软化，呈较稀的泥浆水，然后将泥水倒入上为 1mm、下为 0.5mm 孔径的两只重叠放置的土壤筛中过滤，完成后取下层筛放入水中再行漂洗，除去浮渣，用水摊平，仔细检查样框内的虫量并换算出单位面积发生密度。

　　（4）测产　对于一般作物，收获每个小区作物中可上市部位，记录小区产量，用 $kg \cdot hm^{-2}$ 表示。

　　从种子中随机取约 1000 粒种子，去除杂质后称重并计数稻谷粒数，计算千粒重。重复两次以上。如果前后两次测量差值不超过 5%，则可停止称重，将两份试样的千粒重平均，得到种子的千粒重。如果超过允许误差，则需再次进行取样、数粒、称重，直到两次称重在允许误差之内，然后再计算得出种子的千粒重。

　　常见作物测产：

　　① 水稻、小麦等谷类作物　根据当地农业生产实际按时收割，收割整个小区内所有谷物。如果试验中较早地开沟或开路，则每小区的两边行或边缘 30～40cm 处的稻谷不包括在净小区面积的产量内。称量每个小区谷物重量，记录小区谷物产量（$kg \cdot hm^{-2}$）。

　　② 油菜　根据当地农业生产实际按时收割，收割整个小区内所有油菜。如果试验中较早地开沟或开路，则每小区的两边行或边缘 30～40cm 处的油菜不包括在净小区面积的产量内。用木棍敲打，敲打至翻动秸秆有零星油菜粒掉落，去除杂质，并按小区分装。记录小区菜籽产量（$kg \cdot hm^{-2}$）。

　　③ 马铃薯　根据当地农业生产实际按时收割。每小区要收获中间行，株数各小区要统一。挖取马铃薯时尽可能扩大挖取范围和深度，保证所有马铃薯块茎都被挖出。洗去块茎表面泥土，晾干并按小区分装。称量每个小区马铃薯重量，记录小区马铃薯产量（$kg \cdot hm^{-2}$）。

　　④ 番茄、黄瓜等分批收获果菜　根据当地农业生产实际按时收割。每小区要收获所有可上市果实，称量每个小区果实重量，记录小区果实产量（$kg \cdot hm^{-2}$）。每次收获时都要记录。

　　⑤ 草莓　根据当地农业生产实际按时采收。每小区要收获所有可上市果实，称量

每个小区果实重量，记录小区果实产量（kg·hm$^{-2}$）。每次收获时都要记录，同时考察不实率、千粒重。

（5）药害调查　观察药剂对作物有无药害，记录药害的类型和危害程度。此外，还要记录对作物有益的影响。用下列3种方式记录药害：

① 如果药害能计数或测量，要用绝对数值表示，如株高。

② 按照药害分级方法，记录每小区药害情况。

－：无药害；

＋：轻度药害，不影响作物正常生长；

＋＋：明显药害，可恢复，不会造成作物减产；

＋＋＋：高度药害，影响作物正常生长，对作物产量和质量造成一定程度的损失；

＋＋＋＋：严重药害，作物生长受阻，作物产量和质量损失严重。

③ 将药剂处理区与空白对照区比较，评价其药害百分率。同时，要准确描述作物的药害症状（矮化、褪绿、畸形等）。

（6）其他　记录试验药剂对其他病虫害的影响，同时观察、记录在试验区内药剂对野生生物或有益节肢动物的影响。

### 5.3.5　结果计算

杀虫剂药效试验结果的计算应根据害虫发生规律、田间分布情况、施药方式、作物类别以及施药后调查时间而灵活掌握。

（1）直接计数法　常用的计算公式有：

$$虫口减退率=\frac{防治前活虫数（头）-防治后活虫数（头）}{防治前活虫数（头）}\times100\%$$

$$校正防治效果=\left[1-\frac{处理区药后活虫数（头）\times对照区药前活虫数（头）}{处理区药前活虫数（头）\times对照区药后活虫数（头）}\right]\times100\%$$

（2）目测法　对个体小、密度大和繁殖速度快的蚜虫、螨类等，尤其是在试验处理项目多、重复次数多的药效试验中，调查费工、费时，难以逐个计数，可采用目测法。首先把调查叶片上的虫口数按一定数量分成几个等级。然后根据各处理区和对照区每次分级调查的数据，用下式计算虫情指数：

$$虫情指数（N）=\frac{\sum（虫级叶数\times相对虫级数）}{调查总叶数\times最高虫级数}\times100\%$$

$$防治效果=\left(1-\frac{处理区药后虫情指数\times对照区药前虫情指数}{处理区药前虫情指数\times对照区药后虫情指数}\right)\times100\%$$

（3）几类害虫的药效计算

① 杀虫剂对棉铃虫的药效计算公式：

$$蕾铃被害率=\frac{被害蕾铃数}{总蕾铃数}\times100\%$$

$$保蕾铃效果=\frac{对照区蕾铃被害率（\%）-处理区蕾铃被害率（\%）}{对照区蕾铃被害率（\%）}\times100\%$$

② 杀虫剂对二化螟、三化螟的药效计算公式：

$$枯心率或白穗率 = \frac{总枯心率或总白穗率}{总调查株数} \times 100\%$$

$$防治效果 = \frac{对照区枯心率或白穗率(\%) - 处理区枯心率或白穗率(\%)}{对照区枯心率或白穗率(\%)} \times 100\%$$

$$茎内幼虫死亡率 = \frac{茎内死亡虫数(头)}{茎内总虫数(头)} \times 100\%$$

$$杀虫效果 = \frac{对照区幼虫存活率(\%) - 处理区幼虫存活率(\%)}{对照区幼虫存活率(\%)} \times 100\%$$

③ 杀虫剂对地下害虫（蝼蛄、蛴螬、金针虫、地老虎）等的药效计算公式：

$$幼苗被害率 = \frac{被害苗数}{总苗数} \times 100\%$$

$$保苗效果 = \frac{对照区幼苗被害率(\%) - 处理区幼苗被害率(\%)}{对照区幼苗被害率(\%)} \times 100\%$$

# 5.4　杀菌剂有效性田间评价

杀菌剂田间药效试验（field efficacy trial of fungicide）是在室内毒力测定的基础上，在完全开放的自然条件下，检验某种药剂防治某种农作物病害的实际效果，评价其是否具有推广应用价值的主要环节。田间药效试验可分为两大类：一类是以药剂为主体的系统田间试验，包括安全性试验、耐雨水冲刷试验、农药混用的增效或拮抗作用等；另一类是以某种防治对象病害为主体的试验，即针对某种防治对象病害筛选最有效的农药品种，确定最佳剂量、最佳施药次数与最佳使用方法等。

## 5.4.1　田间药效试验的基本要求与影响药效的因素

### 5.4.1.1　试验地的选择

试验地点应选择在农作物病害发生严重的田块。虽然采用接入作物病原菌的办法也可以完成试验，但这与农田的实际情况相距较远，不能反映真正的防治效果。试验地点选定后，试验小区的位置也十分重要。一般在大田作物中去规划，以体现作物病原菌的自然分布。试验地块要求地势平坦，土壤质地一致，农作物长势均衡，其他非试验对象发生较轻。另外，要避免试验地受到不必要的干扰（如家禽、家畜进入试验地等）。

### 5.4.1.2　试验小区设计

承载田间试验的小区，应尽量与大田条件一致。小区应采取随机排列，使调查时各个抽样单位有均等的选择机会。试验要设置对照区、隔离区和保护行。试验必须设置重复。为了克服各重复之间的差异，试验设计可采取局部控制的方法。

### 5.4.1.3　影响药效的因素

杀菌剂田间药效的基本含义是在田间综合因素的影响下作物靶标病害对所试验药剂

的反应，是药剂本身与综合因素对防治对象共同作用的结果。

（1）农药制剂　在田间药效试验中，被检验的是生产上使用的制剂，在有效成分含量相同的情况下，其剂型不同可导致药效差异。

（2）防治对象　试验病害在田间不可能达到一致，敏感度更不可能相同，故田间药效试验要求对一剂一病进行考查。

（3）环境条件　田间的温度、湿度、光照和风力等是一个不断变化的连续过程，对土壤用农药制剂来讲，不同的土壤质地和含水量以及微生物群落的组成都会影响药效的发挥。因此，药效试验要安排在多点进行。

## 5.4.2　杀菌剂药效调查与评价

### 5.4.2.1　取样调查

取样必须有代表性，只有这样才能使调查结果正确反映田间发病的真实情况。

（1）样点　选点和取样数目因病害种类、作物生育期、环境条件的不同而不同。属气流传播而分布均匀的病害，如麦类锈病，样点数目可以少些；土传病害，如棉花枯萎病，样点应多些。地形、土壤肥力不一致时，样点就应更多些。

对于在田间分布比较均匀的病害，一般按棋盘式、双对角线或单对角线等形式取样；对于在田间分布不均匀的病害，可以适当增加样点数，或采用"抽行式"（即相隔若干行抽查一行）调查。此外，应避免在田边取样，一般应远离田边 2m 以上。

（2）取样单位　一般以面积（用于调查密植作物）或长度（用于密植条播作物）为单位，也可以植株或植株的一定部位为单位调查。调查麦类黑穗病，可以穗为单位，每点 200 穗左右，或每点调查 $1m^2$ 或 $1\sim 2m$ 行长。对于叶片病害，每点可查 $20\sim 30$ 个叶片。

### 5.4.2.2　评价指标及药效表示

（1）以发病率为评价指标　对于苗期病害或某些果实病害，可随机取样或选点取样，查一定数量的苗数或果实数，求出发病率（病苗率、病果率），并以此计算防治效果：

$$发病率 = \frac{发病的苗数（果实数）}{调查的苗数（果实数）} \times 100\%$$

$$防治效果 = \frac{对照区发病率 - 处理区发病率}{对照区发病率} \times 100\%$$

（2）以病情指数为评价指标　许多病害，如叶斑病害，虽然同样发病，但不同植物之间或同一植物的叶片之间病菌危害程度不同，造成农作物产量的损失不同，就不能简单地用发病率去计算防治效果，而应做病情分级调查，求出病情指数：

$$病情指数 = \frac{\sum（发病级别 \times 各级病株数或病叶数）}{样本总数 \times 最高分级级数} \times 100\%$$

以病情指数计算相对防效：

$$相对防效 = \frac{对照区病情指数 - 处理区病情指数}{对照区病情指数} \times 100\%$$

以病情指数为评价指标求相对防效，只适用于施药前处理区和对照区尚未发病，或施药前发病极轻而且比较均匀的田间情况。

（3）以病情指数增长率为评价指标　若施药前已经发病，且各试验区的基础病情有明显差异，则应在处理区和对照区分别于施药的当天和施药后若干天进行病害分级调查，求出病情指数增长率，进而求出相对防治效果：

$$病情指数增长率 = \frac{施药后的病情指数 - 施药前的病情指数}{施药前的病情指数} \times 100\%$$

$$相对防治效果 = \frac{对照区病情指数增长率 - 处理区病情指数增长率}{对照区病情指数增长率} \times 100\%$$

应用上式计算防效时可能会出现这种情况，即如果处理区的病情指数在施药后若干天不是增长而是下降了，这样算出的病情指数增长率为负值，代入公式就可能出现防治效果高于100%的难以理解的现象。

严格地讲，除了个别具有铲除作用的杀菌剂防治某些病害的情况（如用庆丰霉素防治小麦白粉病菌，经庆丰霉素处理后，有的菌丝丛可能从叶面脱落，表现为铲除作用）外，一般情况下，即使是使用高效治疗剂，也不能使原有的病斑消除，最佳情况是处理区病情指数的增长率为零，不可能出现负数，因而不会有相对防效大于100%的现象。出现施药后病情指数下降的情况，很可能是取样造成的。如调查叶瘟病，若只查每株最上边三张稻叶的病斑，施药后 7d 再如此调查，则因长出一个新叶，可能会造成病情指数下降。

为了避免引起混乱，可采用 Abbott 校正公式来计算防病效果，但公式中的"存活率"应赋予新的解释：

$$相对防治效果 = \frac{对照区的存活率 - 处理区的存活率}{对照区的存活率} \times 100\%$$

$$存活率 = \frac{防治后的病情指数}{防治前的病情指数} \times 100\%$$

（4）以收获量作为评价指标　目前广泛采用的以病情指数来评价发病程度并计算杀菌剂的防病效果仍有不足之处，即用病情指数和危害损失率的分析结果不一致。事实上，不同情况的发病组合，可以出现病情指数相同的情况；反过来，病情指数相同，危害损失可能相差甚远。穗颈瘟病情分级如下：

0 级：不发病；

1 级：1/4 以下支梗发病，对产量无影响；

2 级：1/4 以上支梗发病，或穗颈处发病，对产量影响不大；

3 级：主要中间发病或穗颈发病，对产量有显著影响；

4 级：穗颈处发病，白穗。

若调查 10 穗，均为 1 级，其病情指数为 0.25；调查另外 10 穗，2 个 4 级，2 个 1 级，6 个 0 级，其病情指数也是 0.25。但前 10 穗的产量几乎不受影响，而后者损失

20%左右（白穗损失按100%计）。因此，条件允许时，应以产量作为评价指数，计算保产效果：

$$保产效果 = \frac{处理区产量 - 对照区产量}{处理区产量} \times 100\%$$

# 5.5  除草剂有效性田间评价

除草剂田间药效试验（field efficacy trial of herbicide）是在室内和温室生物测定的基础上，在大田自然条件下检验除草剂对杂草的实际防除效果的试验。田间药效是综合了除草剂本身对杂草的毒力和土壤条件、气象条件等影响下的除草效果，试验结果对除草剂的推广应用具有重要指导意义。

除草剂田间药效试验不同于一般的杂草防除试验。杂草防除试验是针对某种或某些危害严重的杂草，选用已获得农药登记并商品化的不同除草剂品种或复配制剂进行的田间筛选试验，其目的是选择出对靶标杂草高效的除草剂。除草剂田间药效试验是新除草剂品种或复配制剂在获得农药登记之前的试验，其目的是明确供试除草剂田间除草效果，以评价其是否具有推广应用价值。为了获得农药登记，需要按国家相关规定进行除草剂登记田间药效试验。

按阶段不同，除草剂田间药效试验可分为小区药效试验、大区药效试验和大面积示范试验。经过室内生物测定筛选出的具有开发潜力的候选化合物，首先需要进行小区药效试验，以明确其适用作物、杀草谱、有效剂量、使用方法、施药适期、对作物的安全性等。大区药效试验是在小区药效试验基础上，进一步明确除草剂田间药效及影响因素的较大范围试验，试验结果可作为除草剂推广应用的重要依据。在除草剂正式推广应用之前，通常还要进行大面积示范试验，一方面是为了获取更多的使用经验，另一方面是起到示范作用，以利于产品占领市场。

## 5.5.1  除草剂田间药效试验设计原则

除草剂田间药效试验设计的主要作用是减少试验误差，提高试验的精度，以获得无偏处理平均值和试验误差估计值，从而正确有效地比较不同除草剂或同一除草剂不同剂量间的药效差异。正确的试验设计能够降低试验误差，因此，在试验地选择、试验小区设计、施药方法确立及环境条件控制方面应遵循相关原则。

### 5.5.1.1  试验地选择原则

试验地点应选择在供试除草剂未来可能推广应用的地区。试验田块在杂草种类、作物品种、作物种植方式、气候条件、土壤类型方面应具有本地区代表性。小区要有代表性的杂草种群，主要杂草密度应符合试验要求，分布要均匀一致。杂草种群应与试验药剂的杀草谱相一致，如单子叶和/或双子叶，一年生和/或多年生。作物选用当地常规栽培品种，播种方式（播期、播量、播深及株行距）为当地常用的方式。试验地应平坦，土壤肥力应均匀，具备排灌条件，作物长势均匀，病虫害及靶标以外杂草发生轻，无家禽家畜等干扰。

### 5.5.1.2　试验小区设计原则

除草剂田间药效试验小区应尽量与大田条件一致，试验要设对照区、隔离区和保护行。试验小区通常采用随机区组设计，使得调查时各个抽样单位有均等的选择机会。该设计的特点是根据局部控制的原则，将试验地按地力程度划分为等于重复次数的区组，一区组安排一重复，区组内各处理都独立地随机排列。随机区组设计的优点是同一区组内各小区之间的地力和杂草发生差异可因随机排列而减少，试验结果便于统计分析，将各处理在各重复中的结果相加即可看出处理效应的差异，而将各重复所有结果的总和进行比较，即可看出重复间土壤条件等的差异。

随机区组在田间布置时，应考虑到试验精确度与工作便利等方面，以前者为主。设计的目的在于降低试验误差，宁可使区组之间占有较大的土壤差异，也要使同区组内各小区间的变异尽可能小。一般从小区形状而言，狭长型小区之间的土壤差异较小，而方形或接近方形的区组之间土壤差异较大。因此，通常情况下采用方形区组和狭长形小区能提高试验精确度。在有单向肥力梯度时，亦是如此，但必须注意使区组的划分与梯度垂直，而区组内小区长的一边与梯度平行。这样既能提高试验精确度，亦能满足工作便利的要求。如处理数较多，为避免第一小区与最末小区距离过远，可将小区布置成 2排。各个区组可以分散设置，但一区组内的所有小区必须布置在一起。

小区的面积通常为 $20 \sim 50 \mathrm{m}^2$，最低应不小于 $15 \mathrm{m}^2$。小区形状通常为长方形，长宽比例应根据地形、作物栽培方式、株行距大小而定，一般长宽比为（$2 \sim 8$）：1。

### 5.5.1.3　施药方法确立原则

除草剂田间药效试验一般采用喷雾方式施药，在水田也可采用撒毒土、泼浇、洒滴等方式施药。选用标准通用带扇形喷头的喷雾器施药，施药前要调试好喷雾器，不得有跑冒滴漏现象。根据药液流量、有效喷幅和步速准确计算喷液量。喷雾时要保持喷雾器恒压和步速均匀，无重喷和漏喷现象。

$$喷液量(\mathrm{mL} \cdot \mathrm{hm}^{-2}) = [药液流量(\mathrm{mL} \cdot \mathrm{min}^{-1}) \times 10000] /$$
$$[步速(\mathrm{m} \cdot \mathrm{min}^{-1}) \times 有效喷幅(\mathrm{m})]$$

### 5.5.1.4　环境条件控制原则

温度、湿度、光照、雨水、风、土壤质地及有机质含量等环境因素，直接影响着杂草的生理活动及除草剂性能的发挥，进而影响除草剂田间药效。试验过程中要充分利用有利的环境因素，控制不利因素，以真实反映供试除草剂的药效。

气温高时，杂草吸收和输导除草剂的能力强，可提高药剂活性，药剂易在杂草作用部位发挥作用，但温度也不宜过高，否则雾滴易蒸发而使药效降低。空气湿度大时，杂草表面药液的干燥时间延缓，杂草叶面气孔开放，药剂易被吸收，药效得到提高。但湿度不宜过大，否则药液易滴落流失，而使药效降低。当光照较强时，杂草光合作用强，除草剂容易被杂草吸收，同时，强光照射可提高温度，容易使杂草产生药害。大风天气施药，会使药液飘移散失而影响药效，应选无风或微风天施药；另外，在干旱的环境条件下，沉积在土壤表面的药剂易被大风吹走丢失而影响药效。若喷药后短时间内遇雨，则药液会被冲洗掉，从而降低药效或失效。因此，茎叶处理药剂不宜在阴雨天或将要下雨时喷施。

一般黏性土壤有机质含量高，吸附除草剂量多，药效差，需使用较高的施药剂量；砂性土壤有机质含量低，吸附除草剂量少，易于药效发挥，可使用较低的施药剂量。但砂性土壤药液向下淋溶量较大，使用封闭型除草剂，易产生药害。此外，土壤有机质含量越高，土壤微生物种群分布越多，土壤微生物分解除草剂的作用越强，药效发挥越受到影响。当土壤有机质含量达到一定时，即使增加药量，也难以使其发挥药效。因此，在试验中必须根据当地的土壤情况确定除草剂的用量。土壤含水量与土壤 pH 值影响除草剂药效发挥。一般情况下，土壤含水量越大，溶解的药量越多。因此，多数除草剂的药效随土壤含水量的增加而增加。土壤 pH 值对除草剂活性有一定影响，当土壤 pH 值在 5.5～7.5 时，大多数除草剂能很好地发挥作用。酸性或碱性土壤对除草剂影响较大，大多数磺酰脲类除草剂受土壤酸碱度影响很大：在酸性土壤中降解速度快，药效差；在碱性土壤中降解速度慢，药效好，但对后茬敏感作物易产生药害。

## 5.5.2　除草剂田间药效试验设计

以除草剂防除作物行间杂草小区药效试验为例，说明除草剂田间药效试验设计方法及要求。除草剂大区药效试验和大面积示范试验可参照此设计。

### 5.5.2.1　试验条件

（1）作物和品种的选择　条播宽行作物（行距 40cm 以上），如玉米、甘蔗、大豆、高粱、花生、棉花、烟草、甜菜、马铃薯、杂豆类、果树、部分蔬菜等除草剂行间除草的药效评价试验均可按此设计。作物选用当地常规栽培品种，播期、播量、播深及株行距为当地常用的方式。记录作物品种。

（2）试验对象杂草的选择　小区要有代表性的杂草种群，主要杂草密度应符合试验要求，分布要均匀一致。杂草种群应与试验药剂的杀草谱相一致（如单子叶和/或双子叶，一年生和/或多年生）。记录各种杂草的中文名及拉丁学名。

（3）栽培条件　试验小区的栽培条件要一致，而且应符合当地的生产实际。记载前茬作物种类，避免选择用过对作物有药害作用的除草剂的地块。记录作物生育期内灌水、施肥及其他田间作业情况。

### 5.5.2.2　试验设计与安排

（1）药剂　供试药剂注明试验产品中文名/代号、通用名、商品名、剂型和生产厂家等。药剂设高、中、低量及中量的倍量 4 个剂量。设倍量是为了评价试验药剂对作物的安全性。

对照药剂应是已登记注册并在实践中证明效果较好的当地常用品种。其剂型及作用方式应尽量与供试药剂相近。设人工除草和空白对照处理。试验药剂为混剂时，还应设混剂中的各单剂作对照。

（2）小区安排　试验不同处理小区采用随机区组排列。特殊情况，如防除多年生杂草的试验，为了避免多年生杂草分布不均匀的影响，小区需根据实际情况，采用相应的不规则排列，并加以说明。

小区为长方形，面积 $20\sim30m^2$。每小区应种植以 $4\sim6$ 行作物为佳。全区收获并测产。最少 4 次重复。

（3）施药方式　施药方法采用行间定向喷雾法，根据杂草株高，调节喷头高度（常规须将喷头降低至 20cm 以下），必要时加保护设施（保护罩、保护板等）。

选用标准通用带扇形喷头的喷雾器施药。使药液全部均匀分布到作物行间的杂草上。记录影响药效的各种因素，如机具工作压力、喷头类型、喷杆高度等，以及任何造成剂量偏差超过 10% 的因素。

行间施药在作物及杂草出苗后，以两者处于群落的不同高度时为宜。施药类型分为灭生性行间喷雾和选择性行间喷雾 2 种，其中灭生性行间喷雾是我国旱田行间喷雾的主要形式。灭生性行间喷雾含触杀及内吸传导性除草剂，如玉米行间喷施百草枯、草甘膦等。以节省药量为目的的，选择性行间喷雾。根据不同作物对除草剂种类的要求选择不同类型的除草剂品种。施药时记录作物和杂草的生育状况（叶龄、株高等）。同一药剂可一次使用或分几次使用。

药剂使用剂量以有效成分 $g \cdot hm^{-2}$、$g \cdot 亩^{-1}$（1 亩＝$667m^2$）表示，用水量以 $L \cdot hm^{-2}$、$L \cdot 亩^{-1}$ 表示。可根据试验药剂的作用方式、喷雾器类型，并结合当地实践确定用水量。

防治病虫和非靶标杂草所用农药的要求：如需要使用其他药剂，应选择对试验药剂、防除对象和作物无影响的药剂，并对所有小区进行均一处理。应与试验药剂和对照药剂分开使用，使这些药剂的干扰控制在最低程度。记录药剂使用的准确数据（如名称、时期、剂量等）。

### 5.5.2.3　调查记录和测量方法

（1）气象及土壤资料　整个试验期间气象资料，应从试验地或最近的气象站获得。如降雨量（降雨类型，降雨量以 mm 表示）、温度（日平均最高和最低温度，以℃表示）、风力、阴晴、光照和相对湿度等资料，特别是施药当日及前后 10d 的气象资料。整个试验时期影响试验结果的恶劣气候因素，如严重或长期干旱、大雨、冰雹等均须记录。记录土壤 pH 值、有机质含量及土壤肥力。

（2）田间管理资料　记录整地、灌水、施肥等资料。

（3）调查方法　杂草调查分为绝对值调查法和目测调查法 2 种方法。新化合物药效筛选和大面积示范试验采用目测法即可，在特定因子试验等比较精确的试验中，则需要采用绝对值调查法。

① 绝对值调查法　是在各个试验小区内随机选点，调查各种杂草的株数及地上部分鲜重，计算杂草株防效及鲜重防效的方法。点的多少和每点面积的大小根据试验区面

积和杂草分布而定，通常采取对角线方式定点，使之尽量能够反映出田间杂草的实际情况，每点面积常为 $0.25\sim1m^2$。调查时常按禾本科和阔叶杂草 2 大类进行统计。试验过程中通常调查 3～4 次。记录点内杂草种群量，包括杂草种类、株数、株高、叶龄等。施药后分草种记载点内残存杂草的株数，最后一次调查残存杂草的株数和鲜重。

$$杂草株防效=\frac{空白对照区杂草株数-处理区杂草株数}{空白对照区杂草株数}\times100\%$$

$$鲜重防效=\frac{空白对照区杂草鲜重-处理区杂草鲜重}{空白对照区杂草鲜重}\times100\%$$

若供试药剂无土壤封闭作用，应依据对照区杂草出苗情况，采用校正防效。必要时，可用计算或测量杂草特殊器官（如分蘖数、分枝数、开花数）的指标。

② 目测调查法　是以杂草种类组成、优势种、覆盖度等指标评价除草剂田间药效的方法。该方法具有劳动强度低、工作效率高的优点。调查人员使用这些分级标准前须进行训练。除草效果可直接应用，不需转换成估计值百分数的平均值。估计值调查法常以杂草盖度为依据，包括杂草群落总体和单个杂草种群。一般采用 9 级分级法调查记载。

1 级：无草；

2 级：相当于空白对照区杂草的 0～2.5％；

3 级：相当于空白对照区杂草的 2.6％～5％；

4 级：相当于空白对照区杂草的 5.1％～10％；

5 级：相当于空白对照区杂草的 10.1％～15％；

6 级：相当于空白对照区杂草的 15.1％～25％；

7 级：相当于空白对照区杂草的 25.1％～35％；

8 级：相当于空白对照区杂草的 35.1％～67.5％；

9 级：相当于空白对照区杂草的 67.6％～100％。

该方法快速简便，但使用分级的调查人员应事先进行训练，以减少系统误差。不管采用哪种调查方法，都要准确描述杂草受害症状（生长抑制、失绿、畸形等）、受害速度等。

（4）调查时间和次数　用药前调查杂草基数。第一次调查触杀性药剂在药后 7～10d 进行；内吸传导性药剂在药后 10～15d 进行。同时记载药剂对杂草的防效及对作物的药害情况。第二次调查触杀性药剂在药后 15～20d 进行；内吸传导性药剂在药后 20～40d 进行。调查时注意将用药时已出土杂草与新出土杂草分别记载。第三次调查在药后 45～60d 进行，调查残存杂草的株数及地上部分鲜重。第四次调查在收获前调查残草量，作物测产。测产时，去掉两个边行，取中间行作物，风干后，测籽粒重量，含水率应符合国家标准。

（5）作物调查　行间喷雾的药剂，对作物的生育及产量性状影响较小。但由于降雨、灌水等原因，除草剂仍会被作物根部吸收，或由于风等因素的影响而导致作物植株受害。为了提供详细的试验资料，须记录药剂对作物局部的损害程度，并进行测产。残效期长的药剂，要注意对后茬作物的观察。

（6）副作用观察　记录对昆虫天敌、传媒昆虫、有益微生物等非靶标生物的影响。

### 5.5.2.4　数据处理与应用效果评价

试验数据采用邓肯氏多重比较法（Duncan's multiple range test，DMRT）进行分析，将调查的原始数据进行整理列表。还应对杂草防效进行显著性测验，并对结果进行分析说明。对产品特点、应用技术、药效、持效期、药害及增产、成本等经济效益进行评价，给出结论性意见。

# 5.6　杀线虫剂有效性田间评价

杀线虫剂的田间药效试验（field efficacy trial of nematocide）是在室内毒力测定的基础上，检验供试药剂在自然条件下对靶标线虫的防治效果。田间药效试验不仅可以进行药效的筛选和评价，还可进行特定因子试验，确定最佳剂量、最佳施药时间、最佳使用方法以及对寄主植物及非靶标生物的影响等。

目前，针对胞囊线虫病和根部线虫病的杀线虫剂有效性田间评价方法，可以参照农药田间药效试验准则进行操作。随着对线虫病研究的不断加深，防治其他线虫病（如水稻干尖线虫病）的杀线虫剂有效性田间评价方法也逐渐被提出。

## 5.6.1　田间药效试验要求与影响因素

### 5.6.1.1　田间药效试验的基本要求

（1）试验地的选择　试验地点应选择历来发病、线虫感染程度相对平均、线虫虫量大的平坦试验地，土壤条件必须一致。人工接种病原线虫也可以完成试验，但与田间的实际情况不符，不能真实反映防治效果。如果使用移植材料，则要在移植前分析有无寄生线虫，杂草须统一处理，进行适当控制，例如要灌溉，记录灌溉方法、时间和水量等。

（2）小区设计　各试验小区应采用随机区组设计，也可采用对比法、拉丁方法或裂区法等。试验小区的条件应保持一致。试验药剂、对照药剂以及空白对照处理采用随机区组排列，小区面积应为 $15 \sim 50 m^2$（温室大棚不少于 $8 m^2$），同时，试验要设置对照区、隔离区和保护行，使调查时各个取样小区保持均等的选择机会，特殊情况须加以说明。试验须设置重复，根据农药田间药效准则规定，至少 4 次重复。

（3）供试药剂　试验药剂的处理不少于 3 个剂量或采用试验方案规定的剂量，对照药剂应选择已经登记注册并在实践中证明有较好药效的产品。

（4）施药方式　可采用种子包衣、熏蒸、撒施等施药方式，用药量应保证准确，分布均匀，偏差超过 $\pm 10\%$ 应记录。试验期间，如果需要使用其他药剂，应选择对试验药剂和试验对象无影响的药剂，并对所有试验小区进行均一处理，且要与试验药剂和对照药剂分开使用。

#### 5.6.1.2 影响因素

供试药剂的田间防治效果，是药剂本身及各种复杂环境对防治靶标综合作用的结果。制剂样品在田间药效试验过程中，在有效成分含量相同的情况下，不同制剂类型可能表现出明显差异的防治效果；线虫的种类不同、耐药性不同等因素，会导致防治效果不同；保护地或大田的温度、湿度和光照是一个不断变化的过程，对如颗粒剂等土壤处理药剂来说，土壤类型、含水量、酸碱度和微生物群落组成都会对药剂造成影响。因此，田间试验须安排多点进行，综合评价。

### 5.6.2 调查方法及评价

在药效试验进行前，注明药剂商品名（代号）、中文名、通用名、剂型含量和生产厂家。药剂处理不少于三个剂量。对照药剂须是已登记注册并在实践中证明有较好药效的产品，对照药剂的类型和作用方式应同供试药剂相近，特殊情况可视目的而定。试验期间，应从试验地或最近的气象站获得降雨（降雨类型、日降雨量）和温度（日平均温度、最高和最低温度）的资料。如使用熏蒸剂，须记录施药当天及随后2周的土壤温度。记录土壤类型、有机质含量、水分、土壤覆盖物等资料。常见线虫种类的药效调查与计算方法介绍如下。

#### 5.6.2.1 防治根结线虫田间效果评价标准

土壤线虫采样方法：在施药前，通过土壤采样确定侵染程度，每小区用取土钻从作物根围（0～20cm深）采集5个点的土样，采集后要立即分离线虫，特别要测定2龄侵染期线虫的数量，如果不能分离，可在潮湿条件下或1～7℃下储存，待分离。试验过程中，若施药时间间隔较长，视药剂和作物特点，可定期测定土壤中线虫数量。分离线虫可采用漏斗法，鉴别线虫死活可采用0.3%龙胆紫染色法。作物生长期至少调查2次。每个小区对角线五点取样或随机取样，每点调查两株，计算病情指数和防治效果。病株分级方法如下：

0级：根系无虫瘿；

1级：根系有少量小虫瘿；

3级：2/3根系布满小虫瘿；

5级：根系布满小虫瘿并有次生虫瘿；

7级：根系形成须根团。

药效按照下式计算：

$$病情指数 = \frac{\sum(各级病情数 \times 相对级数值)}{调查总株数 \times 最高级数值} \times 100\%$$

$$防治效果 = \frac{空白对照区施药后病情指数 - 药剂处理区施药后病情指数}{空白对照区施药后病情指数} \times 100\%$$

#### 5.6.2.2 防治甘薯茎线虫田间效果评价标准

根内线虫的采样方法（限于内寄生线虫）：对于内寄生线虫（短体线虫），在施药前和施药后 15～60d 采集所有小区根组织样本，并分析线虫数。每小区采集 30～50g 的样本，最少分析其中 10g，收割时还可采样分析。每个小区对角线五点取样或随机取样，每点调查两株，计算病情指数和防治效果。作物生长期至少调查 2 次。病株分级方法：

　　0 级：薯块无糠心及龟裂；

　　1 级：薯块糠心及龟裂面积占 1/4；

　　3 级：薯块糠心及龟裂面积占 1/2；

　　5 级：薯块糠心及龟裂面积占 3/4；

　　7 级：薯块糠心及龟裂面积占 3/4 以上。

药效按照下式计算：

$$病情指数 = \frac{\sum(各级病情数 \times 相对级数值)}{调查总株数 \times 最高级数值} \times 100\%$$

$$防治效果 = \frac{空白对照区施药后病情指数 - 药剂处理区施药后病情指数}{空白对照区施药后病情指数} \times 100\%$$

### 5.6.2.3　防治大豆胞囊线虫田间效果评价标准

　　使用熏蒸剂时，在熏蒸前和熏蒸后 6 周用取土钻采集土样，每小区从土表（0～30cm）随机采取 20 个以上的土样，混匀后用水漂法等方法测定线虫的存活数，计算线虫死亡率；当试验内吸性杀线虫剂时，用上述方法在施药前和作物收割后采集土样，计算每个处理在施药前和收获时线虫数量的变化，根据处理前后线虫自然群体变化，计算效果，土样采集后最好立即进行分析；内吸性杀线虫剂防治甜菜上的胞囊线虫，可通过调查新形成的胞囊数进行评价。每个小区对角线五点取样或随机取样，每点调查两株，调查单株大豆根系胞囊着生量。

$$线虫减退率 = \frac{施药前活线虫数 - 施药后活线虫数}{施药前活线虫数} \times 100\%$$

$$防治效果 = \frac{对照区包囊量减退率(\%) - 处理区药后包囊量减退率(\%)}{对照区包囊量减退率(\%)} \times 100\%$$

### 5.6.2.4　防治水稻干尖线虫田间效果评价标准

　　可根据试验设计选择不同的调查方法，如可在剑叶完全展开，水稻叶片尖端出现干尖、捻曲、发黄症状时调查一次，也可在水稻分蘖临界期、拔节期和齐穗期各调查一次，调查时对角线五点取样，调查病株数，并计算病株率和防治效果。

$$病株率 = \frac{调查总株数 - 发病株数}{调查总株数} \times 100\%$$

$$防治效果 = \frac{空白对照区病株率(\%) - 药剂处理区药后病株率(\%)}{药剂处理区施药后病株率(\%)} \times 100\%$$

### 5.6.3　田间药效试验安全性评价标准

　　观察药剂对作物有无药害，记录药害类型和程度，也要记录对作物的其他有益影响（如促进成熟、刺激生长等）。如果药害能被测量或计算，要用绝对数值表示，如株高。在其他情况，可按照药害分级方法记录每小区的药害情况。

药害分级方法：

一：无药害；

＋：轻度药害，不影响作物正常生长；

＋＋：中度药害，可恢复，不会造成作物减产；

＋＋＋：中度药害，影响正常生长，对作物产量和质量造成一定程度的损失；

＋＋＋＋：严重药害，作物生长受阻，产量和质量损失严重。

### 5.6.4 田间药效试验结果分析

田间药效试验的目的是获得准确的试验结果。方差分析又称"变异数分析"（analysis of variance，ANOVA）或"F检验"，是由统计学家 R. A. Fister 在 20 世纪 20 年代首先提出的，是统计学里的一个常用方法，一般用于两个及两个以上样本均数差别的显著性检验。通过分析研究不同来源的变异对总变异的贡献大小，从而确定可控因素对研究结果影响力的大小。在田间试验中，常设多个处理，各处理又设多个重复，因此统计分析方法常采用邓肯氏新复极差法（DMRT）进行统计分析。

# 5.7  杀鼠剂有效性田间评价

杀鼠剂的现场田间评价（field trial of rodenticide）是针对当地主要害鼠，考查某一种药剂的实际杀灭效果，包括药物本事的药效、饵料的选择、毒饵浓度、投饵量、投饵方法等都需要有相应的评价。现场灭鼠试验通常包括灭鼠前后的两次鼠数量调查和其间的一次灭鼠。鼠类数量调查主要是掌握灭鼠活动前后的害鼠密度，同时也可以掌握主要鼠种及各种鼠的比例，也是计算灭鼠效果的依据。

### 5.7.1  鼠密度和灭鼠效果调查方法

为了指导鼠害防治，有必要了解鼠情，进行鼠情监测；搞大面积突击灭鼠，特别是全面投毒饵灭鼠，必须事前调查鼠情，事后考察灭鼠效果。灭鼠效果考核实质上也是鼠情调查，不过更侧重鼠密度的变化，通常以相对数量来衡量，灭前、灭后用同一方法。常用方法有鼠夹法、粉迹法、直观法、耗饵法和堵洞法。鼠夹法需要大量鼠夹，但因为能直接捕获到鼠，可以同时查明鼠种及其密度，并解剖分析食性和繁殖状况等，所以通常作为鼠情调查的基本手段，可由各地防疫、植保专业人员来做。后几种方法不需特殊设备，群众直接就可以做。常用测定鼠密度的方法有以下几种。

#### 5.7.1.1  鼠夹法

鼠夹法也叫"夹日法"或"夹夜法"，是最基本的鼠情调查方法，用一定型号的铁板鼠夹（常用中号：120mm×60mm；大号：150mm×80mm），以生葵花籽、花生米或甘薯等为诱饵，在室内将鼠夹沿墙基布放在鼠道边上，夹口应与墙面垂直，每间房（15m² 左右）布夹 1 个；室外沿直线（田埂、地边）等距（间距 5m）在鼠道边上布夹 1 个（不必专门找鼠洞放），空旷地区根据鼠密度高低每间隔 50m 以上布夹 1 行。所用诱饵的种类和大小，各次应统一，通常以葵花籽为好。调查农田害鼠，应在傍晚以前布放，早晨收回。一个鼠夹布放一夜计为一个"夹日"，按 100 个夹日捕获的鼠数计算捕获率，代表鼠密度，记录格式见表 5-1。布夹不得少于 1 个夜晚，有效夹数不得少于 100 个，计算公式如下：

$$鼠密度 = \frac{捕鼠数（只）}{有效夹数} \times 100\%$$

**表 5-1　鼠情调查记录表**（夹日法）

地点：　　　省　　　县　　　乡　　　村　　　　　　　　　　　夹型：

| 时间：　　年　　月 | | | | | | | | | 海拔：　　m | | 诱饵：葵花籽 |
|---|---|---|---|---|---|---|---|---|---|---|---|
| 置夹时间 | | 夜间气候 | 生境 | 夹数 | 鼠数 | 分种统计 | | | | 生境状况 | 调查人 |
| 日 | 时 | | | | | 褐家鼠 | 小家鼠 | 黄胸鼠 | 黑线姬鼠 | | |
| | | | | | | | | | | | |
| | | | | | | | | | | | |
| | | | | | | | | | | | |
| 小计 | | | | | | | | | | | |

在鼠数量较高时，可用这一方法考察灭效，即在灭鼠以后，再布放一次鼠夹，按下式计算灭鼠率：

$$灭鼠率 = \frac{灭前捕获率（\%）- 灭后捕获率（\%）}{灭前捕获率（\%）} \times 100\%$$

如果灭前鼠数量就相当低（低于 5%），使用此法考核灭鼠效果的准确性较差。

### 5.7.1.2　粉迹法

粉迹法是利用害鼠活动留下的脚印等，反映害鼠相对密度的一种方法。常用于住宅区和城市调查鼠密度和灭鼠效果。用纱布袋或布粉箱装滑石粉，沿墙基地面撒布。粉块面积 20cm×20cm，厚 1.0mm。室内每间房（15m² 左右）布粉 2 块，室外沿走廊或屋檐下直线等距（间距 5m）布粉 1 块。傍晚布粉，次晨逐一检查粉块上鼠迹，记录布粉块数、有效粉块数（布放符合要求，且未受到破坏的粉块数）和有鼠迹的粉块数（表 5-2），布粉不得少于 1 个夜晚，布粉块数不得少于 200 块，计算粉迹阳性率。

$$粉迹阳性率 = \frac{有鼠迹粉块数}{有效粉块数} \times 100\%$$

用 20cm×20cm 的粉板（纤维板或三层板），放在墙根屋角等鼠活动处，用纱布盛滑石粉，在木板上抖上薄薄一层，以便能看清鼠爪印。室内每间标准房（15m²）布粉板两块，次日查鼠爪印的块数，称阳性块。也可将每一粉板分成 100 小块，统计阳性小块。在室内调查时，可不用粉板，用 20cm×20cm 的格架，直接将滑石粉打在平整的地面上。用阳性块数占调查总块数的百分率表示相对鼠密度。计算灭鼠率的公式为：

$$灭鼠率 = \frac{灭鼠前阳性率 - 灭鼠后阳性率}{灭鼠前阳性率} \times 100\%$$

表 5-2　粉迹法调查登记表

| 单位 | 日期 | 地点 | 布粉块数 | 有效粉块数 | 阳性粉块数 | 阳性率/% |
|------|------|------|----------|------------|------------|----------|
|      |      |      |          |            |            |          |
|      |      |      |          |            |            |          |
|      |      |      |          |            |            |          |
| 合计 |      |      |          |            |            |          |

调查者：

### 5.7.1.3　直观法

通过观察和检查一定范围内鼠洞、鼠粪、鼠足迹及鼠咬痕来判断鼠情。如在室内房间可根据检查房间数（每间房 $15\text{m}^2$ 左右）和有鼠情房间数计算阳性率。

$$鼠迹阳性率 = \frac{有鼠房间数}{检查房间数} \times 100\%$$

在野外，足迹法实为直接观察鼠迹法的一种特殊应用形式，在稻田区较适用，办法是预先确定几个观察点，灭鼠前后各在鼠路上铺垫新鲜的烂泥块，察看老鼠通过的脚印。如果灭鼠后鼠脚印明显减少，或者许多观察点上没有老鼠通过，就证明鼠已大量消灭。若要求精确些，可以事先按单位面积的脚印数定出几个"多度"等级〔例如无（0）、少（＋）、多（＋＋）、密（＋＋＋）等〕，然后即可做灭前、灭后"多度"变化的统计，列表表示。也可定量表示，将"多度"量化（如分别以 0、1、2、3 等表示），然后与其出现的频次相乘，得到代表当时鼠密度的相对值，计算公式为：

$$鼠密度 = \frac{\sum(多度值 \times 对应频次)}{调查总频次} \times 100\%$$

根据其值的减少就可计算灭鼠率，其计算公式如下：

$$灭鼠率 = \frac{灭前鼠密度 - 灭后鼠密度}{灭前鼠密度} \times 100\%$$

### 5.7.1.4　耗饵法

用食饵按鼠洞或按一定线路（如沿田埂每 20 步一堆）投放，每点一匙，约 3g。田野每片样地放 $100\sim300$ 堆；住宅区每一场所一堆，每户约 5 堆。食饵宜选带壳的，鼠取食时会剥下壳，若是鸟吃了就见不到壳。统计以第二天早晨查到的实际堆数为准，按表 5-3 标准计数每堆的取食等级，记录于表 5-4 中。

由表 5-4 所记各等级堆数 $(f)$，按"耗饵指数"$(I)$ 计算耗饵率。用耗饵率表示当时的相对鼠密度。计算公式为：

$$耗饵率 = \frac{\sum[各等级取食堆数(f) \times 对应等级的耗饵指数(I)]}{\sum 各等级取食堆数} \times 100\%$$

表 5-3　耗饵指数统计标准

| 耗饵情况 | 等级 | 耗饵指数（$I$） |
|---|---|---|
| 几乎未耗饵（5％以下） | 0 | 0 |
| 耗饵 1/3 以下 | 1 | 0.2 |
| 耗饵 1/2 左右 | 2 | 0.5 |
| 耗饵 2/3 左右 | 3 | 0.8 |
| 几乎吃光（95％以上） | 4 | 1.0 |

表 5-4　鼠密度调查记录表（耗饵法）

| 地点： | | 省　　　县　　　乡　　　村 | | | | 调查人： | |
|---|---|---|---|---|---|---|---|
| 投饵日期：　　年　月　日 | | | | 饵料： | | 饵量： | |
| 调查日期 | 生境 | 吃完（95％以上） | 耗饵 2/3 以上 | 耗饵 1/2 左右 | 耗饵 1/3 以下 | 几乎未吃（5％以下） | $\Sigma f$ |
| | | | | | | | |
| | | | | | | | |
| | | | | | | | |
| | | | | | | | |
| | | | | | | | |

做灭效考查时，所用食饵应与配毒饵用的饵料不同，以免因食毒未死的鼠拒食而造成假象。在毒鼠前后，各布放同种等量的食饵 2～3d，以食饵消耗量下降百分率衡量灭鼠效果。灭鼠效果按下式计算：

$$灭鼠效果 = \frac{灭前饵消耗率 - 灭后饵消耗率}{灭前饵消耗率} \times 100\%$$

使用此法考查灭鼠效果，需要结合地面死鼠数、鼠害减轻程度等情况，作综合分析，才能得到较可靠的结论。

### 5.7.1.5　堵洞法

对洞系明显的鼠类，可选用此法。先把样地内的洞堵严，洞内若有鼠，一定要重新掘开，称有效洞口。可求得有效洞口率表示相对鼠密度：

$$有效洞口率 = \frac{掘开洞口数}{堵洞口数} \times 100\%$$

灭鼠工作完成后，再次堵洞，由此比较灭鼠前后的有效洞口率，求得灭洞率来表示灭鼠效果，公式为：

$$灭洞率 = \frac{灭前有效洞口率 - 灭后有效洞口率}{灭前有效洞口率} \times 100\%$$

另外，也可在一定范围（面积）内，例如在 15 亩面积内或 1km 长田埂、坡坎或堤岸，用土将所有鼠洞口糊住，次日查盗开的洞口，即有效洞口，以此代表鼠密度。灭后再堵洞一次，也到次日查掘开洞口数，以"灭洞率"代表灭鼠效果：

$$灭洞率＝\frac{灭前有效洞数－灭后有效洞数}{灭前有效洞数}×100\%$$

堵洞法对洞口明显的鼠种比较合适，它比较费工，但可以对灭效做出较确切的估计。如果再通过挖洞查明平均每个有效洞口代表几只鼠（称为"洞口系数"），则可对灭鼠只数做出大体估计。

### 5.7.1.6　捕尽法

选取一定面积的样方，将样方内的害鼠全部捕尽，然后根据捕鼠数和样方面积计算鼠密度，但一般比较费工，不作详细介绍。主要应用在常规的方法不便应用的鼠类，如营地下生活的害鼠。

### 5.7.1.7　土丘数法

主要应用在不到地面活动的一类害鼠密度的调查。如鼹形田鼠、棕色田鼠和鼢鼠，由于它们在掘洞道时，把多余的土推出地面，堆成丘状，因此通过看土堆，就可判断鼠的有无和多少。值得注意的是，害鼠的挖掘活动随不同季节和食物资源丰富程度的高低而不同，不同的时间和环境条件的数据可比性较差。如青海高寒草甸高原鼢鼠的挖掘活动，在储藏食物的秋季和初冬最高，草返青期居中，而在草盛期最低。

另一定量方法是土丘系数法：首先计数单位样方的较新土丘数，然后用洞道内置夹法把各样方的鼠全部捕尽；根据各样方的土丘数和捕鼠数，算出土丘数和捕鼠数的回归方程，然后在同季节相似条件样方中根据样方的土丘数计算出鼠数量，从而得到大面积推广。考查灭鼠效果，就可用灭鼠前后相同面积样方的鼠数量降低百分率表示。

用以上这些方法考查灭鼠效果时，灭后调查应在毒饵充分发挥作用之后进行，特别是抗凝血杀鼠剂，如利用敌鼠钠盐毒鼠，应在投饵后 10d（至少也得 7d）后进行灭效检查。快速杀鼠剂可在投饵后 3d 进行。

通常，人们习惯数地面死鼠数来看灭鼠效果，虽然这比较直观，但却是不可靠的。因为目前大面积推广使用的慢性杀鼠剂，鼠食后大部分（特别是个体大的）是死在洞里的，死在洞外的只占少数，而且不同环境差别很大。所以，数死鼠数不如数吃去的毒饵堆数更能说明灭效。

## 5.7.2　样方的设置

灭鼠的现场试验主要是对各种方法做灭效鉴定，以验证某种药物、诱饵、使用浓度、投饵量等是否有实用价值，是否优于原有方法，以及在实际使用时可能出现哪些问题，等等。有时也可做各种诱饵消耗量的比较等，但所占比重较小。

试验样方应有代表性，和计划推广该方法的地区条件相同，尤其是主要鼠种相同。为便于工作，以鼠密度较高为佳。另外，要求在最近时间内，未用与试验内容类似的方法灭鼠，以保证试验结果的准确性。

由于灭鼠的季节性强，有些鼠的分布与密度变化又较快，因此，试验点应在工作开始前选好，甚至在数月前进行预选，试验前复查定点。对样方的要求，在灭家鼠和灭野鼠试验中有所不同，和投饵方法、效果调查方法亦有关系。

灭家鼠时，样方最好设置在住宅区，利用街道等作为边界。同时，需要建筑结构差别不过分悬殊，鼠的分布和密度比较均匀。大厨房、仓库等虽然密度较高，但效果调查比较困难，也不宜和一般住宅混合计算，所以，除非试验要求，不适于划入一般样方，或与一般样方同等对待。

野外样方在草原等非开垦区，可利用地形划分。样方四周应有足够宽的保护带，与样方内同样处理，但不计数。对照样方应远离处理样方。亦可利用无鼠栖息的自然环境，如裸岩、河流等作为样方边界，而不设保护带。在农垦区，除适于在耕地内进行的试验外，多利用田埂等作为样方。必要时亦需设保护带。

无论是居民点还是野外，样方的大小需适当。过大浪费人力物力，过小又不能说明问题。在一般情况下，用捕鼠的方法调查效果时，样方的大小以对照区能捕获 30 只鼠以上为宜；用查洞法调查效果时，供试验的掘开洞数宜在 100 个以上。其他情况下，亦应以能够说明问题而稍有多余作为决定样方大小的标准。

当然，最好是按照一定的公式和试验要求，进行粗略的计算，得出样方应含个体数，再略为增加。必须提出，对于按灭洞率计算的效果，每个样方应含个体数随灭洞率的高低而异。总的灭洞率越高，个体数可以越少。例如：当总的灭洞率为 90% 时，每样方应有 72 个洞；灭洞率为 85% 时，增至 102 个；80% 时 128 个；75% 时 150 个；70% 时 168 个；40% 时达 192 个。

过去常见的偏向依然是样方过小，以致不能得出结论。例如，用鼠夹法调查，对照样方布放 200 夹次，获鼠 10 只，投药样方在投药后也布放 200 夹次，仅获鼠 3 只，乍看起来，效果达 70%，还算满意，但实际上，$X^2$ 值仅为 2.779，未达到显著性界限，见表 5-5。因此，通常认为对照样方或投药样方投药前捕鼠 30 只以上，结果才比较可靠。

**表 5-5　两样方各布放 200 夹次获鼠数和差别显著性**

| 200 夹次捕获鼠数/只 | | 灭鼠率/% | $X^2$ | $P$ |
| --- | --- | --- | --- | --- |
| 对照样方 | 投药样方 | | | |
| 10 | 3 | 70 | 2.779 | >0.05 |
| 10 | 2 | 80 | 4.205 | <0.05 |
| 20 | 10 | 50 | 2.920 | >0.05 |
| 20 | 8 | 60 | 4.652 | <0.05 |
| 30 | 18 | 40 | 2.855 | >0.05 |
| 30 | 16 | 46.67 | 4.151 | <0.05 |

用掘开洞法调查效果时，对比两样方各有 100 个掘开洞，百分率之间一般需相差 10% 以上才能看出显著性，样方也不宜更小。

为纠正种种误差，各项现场灭效试验均需设对照样方，而且必须与处理样方同等重视，大小亦应相近。对照样方的作用原在于纠正误差，但如果结果不准，反而会引进新的误差。

空白对照和处理对照的有关操作，均应与试验样方同时进行。如试验分批进行，空白对照需每批皆设，处理对照则根据具体情况确定。由于在面积较小时，鼠密度常常是不均匀的，因此设置样方时，不宜把面积相等作为一个条件，而要根据洞数或捕获鼠数来大致划分，只要各样方洞数或鼠数相近，面积可有大有小，并且不一定要测量。因计算灭效时，是根据灭鼠前后的洞或鼠的数量变化，不把面积的概念引入。否则，按密度变化计算，反而增大了误差。当然，各样方的鼠密度也不宜相差过大，同一方法在不同密度下灭鼠，效果也会有所差别。在一般情况下，只要可能，野外样方应利用地形划分，如利用田埂、沟渠、河流等。但在北方的草原或荒漠地区，一望无际，或鼠的分布和地形并不一致，只有另行划分样方。

在调查群众灭鼠后的鼠密度时，更需要在不同的生境划出一定比例的样方，抽样调查。这时，样方的划分方法是否合宜，不仅影响工作效率，而且关系到调查结果的可靠性。样方通常有以下几类划法。

（1）圆周法 在适当地点定好圆心，设标记，然后，调查者顺着丈绳按比较均匀的间隔站好，顺时针或逆时针方向走动，圆心不动，最外端走得最快，各人统计（或堵塞）向着圆心一侧的鼠洞。走完一圈后即可。

丈绳长（即半径）为 56.5m 时，圆面积为 $1hm^2$；39.9m 时为 $0.5hm^2$。

这种划法在试验时较少用，主要用于群众灭鼠效果的调查。

（2）长条法 一般宽100m，长度视需要而定，从长度和宽度定出面积。样方四角设明显标记（小旗、土堆均可）。

调查群众灭鼠效果时，因面积大，利用汽车进行比较方便。调查人员在需要调查的地方下车，埋样方起点标志，汽车顺着一定方向直线行驶 1km 或数千米，停止。调查人员按一定宽度，一边沿车辙前进，一边统计鼠洞或堵漏、投药等，到停车处再上车。样方四边同样应设标志。

（3）方块法 小型试验常用。50m×50m 至 200m×200m 均可。四周设标记。为使样方划出明显的矩形或菱形，可用下列方法：

① 利用指北针，使样方呈正南正北和正东正西坐落；

② 利用勾股定理保持直角；

③ 在半圆中画三顶都在圆上、一边为直径的三角形等。

（4）线路法 有时也可不划样方，只规定行走线路、行走时间和调查宽度、距离，以调查范围内发现的地面活动鼠数作为密度，也可统计洞数。行走距离的确定，如有 1/50000 的地图最精确，否则，亦可从行走速度乘行走时间来估计。作为动物学工作者，应能掌握自己的行走速度和步幅。

必须注意，每个调查单元的数据要分别记录，不可只记总数；否则，将无法进行统计分析。同时调查面积要足够，要有代表性。

### 5.7.3　灭效试验的步骤

灭效试验通常包括灭鼠前后的两次鼠数调查和其间的一次灭鼠。

在初步划定样方后，即可着手灭鼠前的鼠数调查，之后立即灭鼠，空白对照不作处理。如采用数洞法调查灭效，灭鼠措施和标记、计数可同时进行。即投毒前准备好一定数量的鼠洞标记（小红旗、染色竹筷、石块等），每处理一洞标记一洞，至一定数量为止，从事先准备的标记数和剩余标记数算出处理洞数。

待灭鼠措施充分发挥作用后，立即进行灭鼠后鼠数（洞数）调查。通常，熏蒸剂在处理第3天开始调查，一般经口毒物在第4天或第5天，缓效药可推迟至第10天。不需长期观察效果的样方，当灭鼠后调查完成时，试验亦可结束。

在野外试验的每一步骤，如遇天气异常，可以顺延1d，但延长过久则应重新开始。用捕鼠法调查鼠数的试验，重新试验时需更换已捕鼠的样方。

做熏蒸剂的灭效试验，为了减少漏洞，提高结果的准确性，找洞的每一步骤最好按不同的方向重复一次。化学熏蒸剂虽然在投药后立即堵了洞，但由于有些鼠可能在吸入足量毒气后掘开洞口死于洞外，因此，需在调查效果前再堵洞一次。烟剂可省去再堵洞的步骤，因鼠一旦逃出洞外，很难死亡。试验任何熏蒸剂时，投药区每堵洞一次，空白对照亦需同时堵洞一次。

需要长期观察效果的样方，试验步骤不变，但样方标志要耐久，余效观察的时间安排要恰当。

### 5.7.4　食性调查方法

鼠的食性与选择诱饵很有关系，因此有时需做粗略调查。

捕鼠加以解剖，是较简单的方法。胃内容物一般可分四类：绿色食糜（新鲜的茎、叶）；黄色食糜（枯黄的茎、叶、种子、花、根）；无脊椎动物；脊椎动物。按其出现频次和在胃中所占的比例（少，中，多）记录。如利用显微镜，可做进一步划分。

在野外，还可做扣笼试验，观察不同诱饵的消耗量。扣笼体积至少1m$^3$，四边埋入地下20～30cm。每笼放一只鼠，适应几天后再做试验。将笼扣在鼠的栖息洞也可进行试验。扣笼的目的，是避免飞禽和其他小兽的干扰。

对于家鼠，可直接在鼠数较多的房舍进行试验。试验时可用木板制成试验箱，长40～50cm，宽、高20～25cm，两端开口作为鼠的入箱孔，箱内根据试验需要，分成4～8格，分别放入不同供试诱饵和标准诱饵。每日称量消耗量，并更换各种试饵的位置。进行几次试验后或在不同地点进行多处试验后，即可做出判断。

### 参 考 文 献

[1] 陈品三. 杀线虫剂主要类型、特性及其作用机制. 农药科学与管理，2001，22（2）：33-35.

[2] 陈年春. 农药生物测定技术. 北京：北京农业大学出版社，1991.

[3] 陈万义. 新农药的研发：方法与进展. 北京：化学工业出版社，2007.

［4］冯龙，暴连群，等．阿维菌素 $B_2$ 乳油防治番茄根结线虫的田间试验．农药，2015，54（6）：448-449.

［5］黄国洋．农药试验技术与评价方法．北京：中国农业出版社，2000.

［6］黄金玲，刘志明，等．香蕉根结线虫田间防治示范研究．农学学报，2012，2（8）：25-27.

［7］刘维志．植物病原线虫学．北京：中国农业出版社，2000.

［8］刘维志．植物线虫学研究技术．沈阳：辽宁科学技术出版社，1995.

［9］慕立义．植物化学保护研究法．北京：中国农业出版社，1994.

［10］宋烨华．农药登记田间药效试验工作的经验及做法．农药科学与管理，2015，36（3）：17-21.

［11］宋双，付立东，等．种子不同处理对水稻干尖线虫病为害的影响．北方水稻，2011，41（2）：32-34.

［12］深见顺一，上杉康彦，石塚皓造，等．农药实验法——杀虫剂篇．李树正，等译．北京：农业出版社，1991.

［13］深见顺一，上杉康彦，石塚皓造，等．农药实验法——杀虫剂篇．章元寿，译．北京：农业出版社，1994.

［14］屠豫钦，李秉礼．农药应用工艺学导论．北京：化学工业出版社，2006.

［15］孙璟琰，边全乐，张宏军，等．杀虫药剂田间药效试验方法．应用昆虫学报，2013，50（2）：561-564.

［16］项鹏，李红鹏，等．大豆胞囊线虫生防细菌的田间筛选与防治效果评价．植物保护学报，2014，41（3）：383-384.

［17］徐汉虹．植物化学保护学．北京：中国农业出版社，2007.

［18］姚克兵，庄义庆，等．几种农药对水稻干尖线虫的毒力测定及田间控制作用．农药，2016，55（3）：217-218.

［19］袁会珠．农药应用技术指南．北京：化学工业出版社，2011.

# 第6章
# 作物系统与施药方式

农药的使用技术是决定农药对有害生物防治效果的重要条件之一，也是造成农产品中农药残留的原因之一。因此，正确的农药使用技术是非常重要的。农药使用技术是一个整体技术决策系统，需要通过各方面技术的综合考虑和运用才能实现。因此必须把各方面的技术指标调控到最有利于农药的有效剂量输送，实现农药的科学合理使用。这些方面的关系可以用图6-1很好地说明：基本决策方向是要求把适当剂量的农药施用到农作物及其有害生物上，用中央一条粗箭头线表示，各项子系统（侧箭头线）所示的技术都是为了实现这一总目的。为此，需要各子系统的各项相关技术的互相协调和配合，而每一子系统本身又各自形成了自己的技术体系。由此可见，农药使用技术实际上是一项

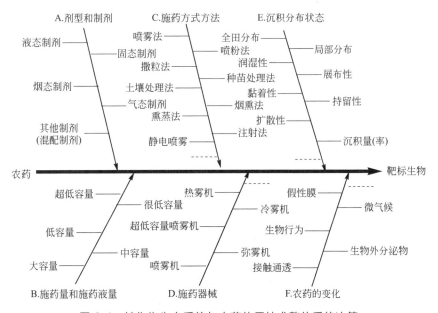

图 6-1  某作物生态系统与农药使用技术整体系统决策

比较复杂的系统工程，而并非孤立的互不相干的单项技术。在这一系统图中，A～D各子系统都是为农药喷施到有害生物上提供物质和技术条件，除了药剂的形态有变化外，农药本身只是完成机械的输送过程，并不发生任何本质变化；而 E 和 F 则属于农药宏观毒理学研究范围内两个密切相关的子系统，涉及农药制剂在目标物表面上的各种运动和变化过程，其间农药本身会经历多种形式的变化，最后进入有害生物体内发生致毒作用。基于此，本章拟从各农作物田间生态系统的特征及其施药方式进行介绍。

# 6.1　概念与基本特性

## 6.1.1　作物生态系统

作物生态系统（crop ecosystem）是以农田为样块，以作物为中心，由作物与其他生物及非生物组分所建立的，按人类社会需求进行物质生产的一种人工生态系统。

作物生态系统与其他自然生态系统的最大区别是不仅受自然生态规律的支配，而且在很大程度上受人为过程和社会经济规律的支配。也即系统中的作物生产不仅利用自然科学的原理，而且需要技术、经济和农民本身的技能。

依据作物或品种的生态特性与当地自然条件相适应的特点所设计的不同种植制度和种植方式，便形成了各种作物生态系统。

## 6.1.2　常用农药施药方式

单一根据农药剂型因素确定施药方法有一定的片面性，因此在掌握了防治对象的发生发展规律、农药药剂的种类和特性以及施药的环境因素后，为达到良好的药效，采用哪种施药方法，如何提高施药质量，则是非常关键的。实际应用中必须根据上述因素因地制宜地选择施药方法，才能达到较高的防治水平，目前常见的施药方式可简单归纳为如下 12 种。

### 6.1.2.1　喷雾法

喷雾法即借助施药器械产生的压力或风力，把药液分散成细小的雾滴而均匀地沉积在目标物上。

（1）常量喷雾　常量喷雾法具有目标性强、受环境因素影响较小、使用药械简单等优点；但单位面积上施用药液量多，费工费时，需要大量水，农药利用率低，在水源不丰富的地区使用会遇到困难。常量喷雾时要将喷头对准目标物，距离目标体 0.5m，使雾滴在受药表面上形成连续性的药膜，进行全面覆盖，以保证药效。目前，我国常量喷雾技术通常使用工农-16 类型喷雾器。

（2）弥雾技术　利用机器带动风机产生高速离心气流，直接将药液吹散成细小的雾滴而沉积到目标物上。弥雾法需要特殊喷头。我国多采用固定叶轮或梅花状喷头，采用此法，雾滴小于常量喷雾，药效亦高于常量喷雾，且用水量较少。

（3）超低容量喷雾　超低容量喷雾与常量喷雾相比，工效高 60～100 倍，节约农药量 10%～20%，节约防治费用 10%～30%，防治效果好，不误农时，不用水。其缺点及局限性在于：受风力、风向因素影响大；需要特定机具；施药技术严格等。

（4）静电喷雾　利用载有静电高压发生器的喷头，使药液在高压输出放电管中带电，由高速旋转的雾化器甩出，成为带电的雾滴，在受药体表面上均匀沉积。它是根据同种电荷相互排斥、异种电荷相互吸引的电学原理，采用机载电源及电子元件而设计的喷雾器具，使带电雾滴在受药体表产生感应电荷而沉积于受药体表。如 DM-77-A 型农药静电喷雾器，可将 6V 机载低压电源，通过静电高压发生器产生 1.3 万伏直流高压静电，使雾滴在瞬间带电，从而达到沉积。该机自重 4kg，装药液 2L，喷出雾滴直径为 30～50$\mu$m，在风速 0.5～6m·s$^{-1}$ 的条件下，进行超低容量喷雾，单机日工效为 4～5hm$^2$。这种喷雾方法的优点是能极大地提高农药回收率，增加农药覆盖度，比常量喷雾节约药剂 30%～50%。

（5）无人机喷雾　利用无人机或其他飞行器将农药药液从空中均匀喷施在目标区域内的施药方法，可分为针对性喷雾（placement spraying）和飘移累积喷雾（incremental drift spraying）两种方式。无人机喷洒农药时应超低空飞行。该法的优点是：作业效率高，可达 50～200hm$^2$·h$^{-1}$；不受作物长势限制，适应性广；用药量少。缺点是：药液在作物上的覆盖度往往不及地面喷药，尤其是作物的中下部受药少；施药田地必须集中，否则作业不便；大面积防治往往缩小了有益生物的生存空间；施药成本较高；农药飘移严重，对环境污染的风险高。

### 6.1.2.2　喷粉法

喷粉法是利用喷粉器具将有良好分散度的农药粉剂均匀分布到受药目标物表面。喷粉法最主要的优点是：工效高，手动喷粉器一个单机日施药 1.3～2hm$^2$，是手动喷雾法的 10 倍；不用水，适用于大面积防治和水源缺乏的地区。其缺点是：农药回收率低，一般为 20%，仅为常量喷雾的一半；粉尘飞扬，易造成环境污染。影响喷粉法防治效果的因素主要是环境因素和施药机具性能。如风力超过 1m·s$^{-1}$，则不能喷粉；喷粉后 24h 内遇雨会降低药效，应注意补喷药。作物体有露水，有利于药粉附着。

### 6.1.2.3　撒颗粒法

撒颗粒法是利用简单的撒施工具或徒手抛撒颗粒剂型农药的最简单方便的施药方法。此法具有工效高、使用方便、目标性强、无微粉尘飘移等优点，适用于土壤处理、水田施药及多种作物的心叶施药（如玉米、甘蔗等的心叶喇叭口内施药）。通常撒颗粒法有徒手平抛撒施法和工具撒施法两种。徒手平抛撒施法撒粒准确，容易控制用量，但要注意劳动安全保护。工具撒施法主要是用勺、铲、塑料袋、瓶等甩撒，工具盛药粒后左右摆动或撒于土壤开沟内。

### 6.1.2.4　拌种法

拌种法是利用拌种器或其他工具，将农药与种子混拌均匀，使种子表面均匀覆盖一层药膜来防治病虫害的一种种子处理方法。其优点是：防治在病虫发生之前进行；可以防治地下害虫、种子带菌和土传病害。该法分为干拌法和湿拌法两种。干拌法是将高浓度粉状药剂附着在种子表面，药剂随种子带入土壤中，待种子在土壤中吸水后才发挥药效。湿拌法是将种子用水浸湿，然后粘上药粉或定量药剂加少量水后喷于种子上，边喷边拌，以保证均匀。采用湿拌法一般要把种子堆闷一段时间，使药剂被种子充分吸收，然后播种，更能提高药效。拌过药的种子不能作饲料或他用。拌种用药量依种子的种类、大小及防治对象而定，多为种子重量的 0.2%～1%。

### 6.1.2.5 浸种浸苗法

该法系将种子、苗木浸泡在一定浓度下的药液中，经过一定时间浸蘸，消灭种、苗表面或存于其内部的病菌，并防治地下害虫的危害。此法对于用药类别、用药浓度、温度和时间要求严格，以防伤害种子。大规模使用该法需要进行预备试验，确定种子发芽率后，才能大量进行浸种、苗处理。浸过的种苗要捞出、阴干后，再播种和移栽。近年来，对不易吸收药剂的种子，浸种采用温汤浸种法浸种，提高了种子对药剂的吸收，但温度要严格控制在 20～35℃。有些药剂浸种后要用清水洗净，再阴干播种。浸苗法对植物生长调节剂的应用比较广泛。

### 6.1.2.6 熏蒸法

熏蒸法是利用农药毒气来消灭有害生物的方法，其优点是能消灭隐蔽性病菌和害虫，速效性较强。该法主要在设施大棚等密闭条件下进行，在大田中应用也有成功的例子。如敌敌畏防治大豆食心虫，异丙磷进行毒土撒施、土壤熏蒸防治高粱蚜等。

### 6.1.2.7 毒土毒饵法

毒土法是将农药制剂与一定粒度的细干土混合均匀后，撒在地面或播种沟（穴）内而达到防治病虫草的目的的一种施药方法。其特点是简便易行，施药迅速，适用于防治地下害虫和水田封闭除草。

毒饵法是将农药拌入害虫或鼠类等敌害的饵料中，引诱其取食药饵，达到防治目的的一种施药方法。所用饵料有鲜草、豆饼、花生饼、麦麸和炒香的秕谷等，所用药剂多数是胃毒剂，把饵料加水少量，药剂混拌制成毒饵，施用于播种沟或作物茎基部地表，一般均在傍晚施用。此法主要用于防治地下害虫、害鼠和害鸟等。

### 6.1.2.8 土壤处理法

土壤处理法是针对土壤采用喷粉、喷雾、撒毒土、撒颗粒剂或土壤注射药液等，将药剂施于土表，经机械翻耕或简单混土作业，使药剂分散于耕层中来防治病虫草害的一种施药方法。此法简单易行，受环境因素影响较小，适用于杀灭土壤中病菌和防除杂草，但用药量要准确、均匀。用药量一般依土质、有机质含量或土壤含水量而定。

### 6.1.2.9 泼浇法

泼浇法适用于稻田施药，是将药剂兑入大量水，以盛器（盆、桶、勺等）泼洒于田间的一种施药方法。其特点包括：①不需备土或砂粒，也不需特殊施药器械，更不需净水，可直接取田水；兑药方便，气候干扰较小，工效高。②泼浇到水田或植株上的药液下沉或下流后附于土表和植株表面，形成封闭层控制有害生物发生发展。在水田耙地时泼洒除草剂，对水田除草效果更有利。③泼浇时水滴大，能将在水稻植株上为害的飞虱、叶蝉类害虫击落至水中，提高杀虫效果。泼浇法施药兑水量要适当加大（400～500L·亩$^{-1}$），以防分布不均匀而产生药害。

### 6.1.2.10　涂抹法

该法是将药剂涂抹在作物或杂草体上，通过茎叶吸收传导，达到防虫治病除草目的的一种方法。这是国内外都在使用的一种新技术，类似于医学上的"外科涂药"。该法具有省工、用水少、对作物安全、应用范围广、无飘移污染等优点，适用于棉田、果树、林木、苗圃和橡胶园等用药。可用毛笔、毛刷或其他手持涂抹器具作施药工具，所用药剂多数为内吸剂。如防治苹果树腐烂病时，刮去病部烂肉后，涂抹 40％福美砷可湿性粉剂 30～50 倍液，然后包扎创口，即可达到防治目的。

### 6.1.2.11　注射法

该法针对高大树木、果树，让药液通过插入树干内的针管慢慢渗入树干内部，随水或养分上下输导，达到防治病虫害的目的。如在防治松干蚧时，可用木工凿或铁钉在松树干距地面 100cm 处打孔，然后注入 40％氧化乐果乳油，靠药剂的内吸作用遍布树体，达到防虫的目的。

### 6.1.2.12　甩施法

甩施法是一种方便、省工的施药方法。每人每天可甩施近百亩，主要适用于水田施药。该法要求药剂具有良好的乳化性和扩散性，并且水田中要有均匀的水层。甩施方法与条件：①田面平整并应保持水层 3～5cm；②施药人员经验丰富，田间行走步伐均匀，一般每前进 4～5 步左右各甩动药瓶一次，前进路线要直。为甩施准确，正式作业前要先用清水演习熟练再施药。目前，国内以甩施法使用的药剂有 12％噁草灵乳油和 50％杀草丹乳油等。

## 6.2　稻田生态系统

### 6.2.1　稻田生态系统简介

稻田生态系统（paddy field ecosystem）是指在稻田中所有的生物和它们生活的环境共同构成的一个生态系统，也是处于人工干预下周期性较强、有利于稻作生长而不利于其他杂草生长的人工生态系统。稻田生态系统具有粮食生产、蓄水防洪、涵养水源、调节气温、净化水质、水土保持、保护生物多样性等生态服务功能。

在稻田生态系统中包括动物、植物、微生物以及非生物的物质和能量。动物：昆虫、鼠、蛙、鱼、螺、蜘蛛、浮游动物等。植物：稻、杂草、浮游植物等。微生物：细菌、真菌、病毒等。非生物的物质和能量：阳光、空气、水、无机盐、土壤等。

稻田生态系统包括陆稻生态系统和水稻生态系统。

## 6.2.2 稻田生态系统施药方式

### 6.2.2.1 稻田杂草防治

不同时期杂草防控施药方式不一，主要分如下几类：

（1）秧田苗床封闭　秧田播种覆土后，选用 50% 杀草丹（禾草丹）4500～6000mL·$hm^{-2}$ 或 60% 新马特乳油 1500～1950mL·$hm^{-2}$，兑水 225L·$hm^{-2}$ 进行土壤处理（配成药液喷雾或者毒土法均匀施在苗床覆土上）。

（2）秧苗茎叶处理　在秧苗 1 叶 1 心时，选用 20% 敌稗乳油 4500～7500mL·$hm^{-2}$，兑水 250.5kg·$hm^{-2}$ 均匀喷雾，喷药后立即盖膜，可提高防治效果。也可在水稻 1.5～2.5 叶、稗草 2～3 叶时，选用 10% 氰氟草酯（千金）乳油 900mL·$hm^{-2}$ 与 48% 灭草松（排草丹）水剂 2400～2700mL·$hm^{-2}$ 混配，兑水 225L·$hm^{-2}$ 喷雾茎叶处理防治稗草和阔叶杂草，如秧田阔叶杂草较少，则只选择千金等杀稗剂防除稗草。

（3）移栽田分期施药技术　插秧前 5～7d，选用 30% 莎稗磷（阿罗津）乳油 750～900mL·$hm^{-2}$，或 50% 丙草胺（瑞飞特）750～900mL·$hm^{-2}$，或 60% 马歇特乳油 1500～1950mL·$hm^{-2}$；插秧后 15～20d，用 30% 莎稗磷乳油 750～900mL·$hm^{-2}$，或 50% 丙草胺 750～900mL·$hm^{-2}$，或 60% 马歇特乳油 1500～1950mL·$hm^{-2}$ 与 10% 苄嘧磺隆（农得时）150～225g·$hm^{-2}$ 或 15% 乙氧磺隆（太阳星）水分散粒剂 300g·$hm^{-2}$ 混配，兑水 225kg·$hm^{-2}$ 喷施。

（4）移栽田大龄杂草防除　移栽田个别地方灭草效果不好时，采用 30% 莎稗磷（阿罗津）乳油 750mL·$hm^{-2}$＋50% 二氯喹啉酸 450～750g·$hm^{-2}$，于稗草 4～7 叶、株高 10～30cm 时进行茎叶喷雾处理，喷液量 7～10kg，或 10% 千金 1200～1800mL·$hm^{-2}$ 与 48% 排草丹 2700～3000mL·$hm^{-2}$ 混配，防治大龄稗草和阔叶杂草。

（5）直播稻田播前施药　稻田开沟平整后，趁浑水（水层 3～5cm）每亩用 25% 噁草酮（噁草灵）乳油 75～100mL，用原瓶装噁草灵甩滴全田，施药后保水层 2～3d，然后排水播种；也可以开沟平整后，灌上水层，每亩用 60% 丁草胺乳油 100mL 拌湿润细土均匀撒施。待 2～3d 田水自然落干播种。

（6）直播田播后苗前施药　旱直播稻田可选用 36% 丁·噁乳油 150mL；每亩水直播稻田可选用 30% 丙草胺（扫弗特）乳油 120mL、30% 丙草胺（扫弗特）乳油 100mL＋10% 苄嘧磺隆 15g。

（7）直播田苗后处理　水稻（杂草）不同叶龄期、杂草不同种群组合可选用不同的化学药剂。旱直播田：每亩可选用 50% 二氯喹啉酸可湿性粉剂 20～30g＋苯达松水剂 100～150mL；水直播稻田：每亩可选用 10% 苄嘧磺隆 15g＋90% 高效杀草丹乳油

110mL、36％二氯·苄可湿性粉剂 40g、50％二氯喹啉酸可湿性粉剂 20～30g＋48％灭草松水剂 100～150mL、96％禾草特乳油 150～200mL 等。

（8）水稻抛秧田杂草防除　基本类似于移栽稻田。

### 6.2.2.2　防治稻作主要病害施药方式

（1）稻瘟病

① 种子处理　1kg 种子用 70％甲基硫菌灵（甲基托布津）可湿性粉剂 500 倍液或 50％多菌灵可湿性粉剂 250 倍液或 25％使百克乳油 2000 倍液或 10％浸种灵乳油 2500 倍液或 10％抗菌剂 401 乳油 1000 倍液或 80％抗菌剂 402 乳油 8000 倍液等浸种 48～72h。

② 药剂处理　药液浸秧，用 20％三环唑可湿性粉剂 750 倍液浸秧，或每亩用 40％稻瘟灵乳油 100mL 或富士一号乳油 100mL 兑水 60kg 喷雾。穗颈瘟预防，孕穗破口期用 20％三环唑可湿性粉剂 100g；叶瘟治疗，用稻瘟类农药防治。

（2）水稻纹枯病

① 种子处理　用 10％抗菌剂 401 乳油 1000 倍液或 80％抗菌剂 402 乳油 8000 倍液或 50％多菌灵可湿性粉剂 250 倍液或 10％浸种灵乳油 2500 倍液，任意一种药剂浸种 48～72h。

② 发病期施药　每亩用 20％井冈霉素可溶性粉剂 25g 或 25％丙环唑（敌力脱）乳油 15～30g，兑水 60kg 喷雾。其他施药方法还包括：每亩用 20％粉锈宁乳油 50～76mL、50％甲基硫菌灵或 50％多菌灵可湿性粉剂 100g、30％菌核利（纹枯利）可湿性粉剂 50～75g、50％甲基立枯灵（利克菌）或 33％纹霉净可湿性粉剂 200g，兑水 50L 喷雾，也可用 20％稻脚青（甲基砷酸锌）可湿性粉剂 100g 加水 100L 喷施，或加水 400～500L 泼施，或拌细土 25kg 撒施。

（3）南方水稻黑条矮缩病

① 种子处理　药液浸种或拌种。在催芽后播种前 3～4h，用 25％的吡蚜酮可湿性粉剂 20g·kg$^{-1}$ 拌种，或用 10％吡虫啉 300～500 倍液浸种 12h；在种子催芽露白后用 10％吡虫啉可湿性粉剂 15～20g·kg$^{-1}$ 稻种拌种，待药液充分吸收后播种，减轻飞虱在秧田前期的传毒。

② 苗期白背飞虱的防治　在秧田期和本田期每亩使用 25％噻嗪酮可湿性粉剂 200g 或 10％吡虫啉可湿性粉剂 150g，兑水 60kg 常规喷雾。

### 6.2.2.3　主要稻作虫害防治施药方式

（1）水稻螟虫

① 生物农药使用　用杀螟杆菌 1～2kg 兑水 500～1000kg，泼浇稻桩。

② 卵孵盛期用药　一般在早晚稻分蘖期或晚稻孕穗、抽穗期螟卵孵化高峰后 5～7d，当枯鞘丛率 5％～8％、早稻每亩有中心为害株 100 株、丛害率 1％～1.5％或晚稻为害团高于 100 个时，每亩选用 80％杀虫单粉剂 35～40g、25％杀虫双水剂 200～250mL、20％三唑磷乳油 100mL、50％杀螟松乳油 50～100mL、90％晶体敌百虫

100～200g，兑水 50～100kg 喷雾。也可选用 20％三唑磷乳油 100mL，兑水 50～75kg 喷雾或兑水 200～250kg 泼浇；还可用 25％杀虫双水剂 200～250mL 或 5％杀虫双颗粒剂 1～1.5kg 拌湿润细干土 20kg 制成药土，撒施在稻苗上，保持 3～5cm 浅水层，持续 3～5d 可取得良好防效。

（2）稻纵卷叶螟　在幼虫 2、3 龄盛期时，每亩用 20％氯虫苯甲酰胺悬浮剂 5～10mL 兑水 50kg 均匀喷雾，50％杀虫环可湿性粉剂 50～100g、30％多噻烷乳油 120～170mL、80％杀虫单粉剂 35～40g 或 90％晶体敌百虫 600 倍液常规兑水喷雾，也可泼浇 50％杀螟松乳油 100mL 兑水 400kg。

（3）稻飞虱　每亩用 25％蚜虱灵 10g 或 80％敌敌畏乳油 100mL 兑水 60kg 喷雾，若施药时稻田缺水，应对准稻株基部打药，加大药液量（水量）。在水稻生长中后期，田间水稻生长茂密，选择使用内吸性强的药剂，如每亩用 10％烯啶虫胺水剂 20～40g，25％吡蚜酮可湿性粉剂 18～24g，20％异丙威乳油 150～200g 等。

陆稻生态系统防控有害生物多采用喷雾法施药。

# 6.3　麦田生态系统

## 6.3.1　麦田生态系统简介

麦田生态系统（wheat ecosystem）是在以小麦为中心的麦田中，生物群落与其生态环境间在能量和物质交换及其相互作用上所构成的一种生态系统。

小麦是小麦系植物的统称，属单子叶植物，是一种在世界各地广泛种植的禾本科植物。我国小麦种植区主要分为春麦区和冬麦区：春麦区有东北春麦区、北部春麦区、西北春麦区；冬麦区有北部冬麦区、黄淮冬麦区、长江中下游冬麦区、西南冬麦区。

## 6.3.2　麦田施药方式

### 6.3.2.1　麦田杂草防治

以猪殃殃、大巢菜、繁缕、藜、蓼等杂草为主的麦田可在春季小麦拔节前，气温回升到 6～8℃以上时，每亩用 48％百草敌乳油 100～125mL 加 20％ 2 甲 4 氯水剂 125mL 兑水 50～60kg 喷雾；或在冬前麦苗进入 4 叶期后，寒潮前用药。也可采用 20％氯氟吡氧乙酸乳油 20mL 或 25％灭草松（苯达松）水剂 100mL 加 20％ 2 甲 4 氯水剂 150mL 兑水 50～60kg 喷雾。应用氯氟吡氧乙酸和苯达松对麦苗安全性好，一般不会产生药害，但使用苯达松需待气温升高后使用，否则药效表现较慢。

以荠菜、繁缕、麦家公、播娘蒿为主的麦田宜每亩选用 75％苯磺隆干悬浮剂 1g 单用或 0.5～1g 苯磺隆（巨星）加 2 甲 4 氯 150mL 复配兑水 60kg 喷雾。

以泽漆为主的麦田，每亩用 20％使它隆 40mL 加 20％ 2 甲 4 氯水剂 150mL 或 75％苯磺隆（巨星）干悬浮剂 0.5g 兑水 60kg 喷雾。

#### 6.3.2.2　麦田病害防治

（1）小麦锈病的防治

① 药剂拌种　对常年发病较重的地块，每 50kg 种子用 15％粉锈宁可湿性粉剂 60～100g 或 12.5％速保利可湿性粉剂约 60g 拌种。务必干拌并控制药剂量。

② 大田防治　田间病叶率达到 5％、严重度在 10％以下，每亩用 15％粉锈宁可湿性粉剂 50g 或 20％粉锈宁乳油 40mL 或 25％粉锈宁可湿性粉剂 30g 或 12.5％速保利可湿性粉剂 15～30g，兑水 50～70kg 喷雾，或兑水 10～15kg 进行低容量喷雾。在病害流行年如果病叶率达 25％以上，严重度超过 10％，就要加大用药量，视病情严重程度，用以上药量的 2～3 倍浓度喷雾。常用药剂有粉锈宁、广枯灵、丙环唑等。

（2）小麦赤霉病的防治　在小麦初花期至盛花期采用 80％多菌灵微粉剂每亩 50g，或 40％多菌灵胶悬剂每亩 50～75g，或 50％多菌灵可湿性粉剂每亩 100g，或 70％甲基硫菌灵（甲基托布津）可湿性粉剂每亩 50～75g，或 50％甲基硫菌灵（甲基托布津）可湿性粉剂每亩 75～100g，分别兑水 60kg 常量喷雾，或进行低容量喷雾。

#### 6.3.2.3　麦田虫害防治

（1）小麦地下害虫的防治　主要地下害虫种类有金针虫、蛴螬、蝼蛄等。具体防治施药方法如下。

① 土壤处理　在多种地下害虫混合发生区或单独严重发生区，为减少土壤污染和避免误伤天敌，提倡局部施药和施用颗粒剂。每亩用 5％甲基异柳磷颗粒剂 1.5～2kg 或 5％地虫硫磷颗粒剂 3～5kg 或 3％辛硫磷颗粒剂 2～2.5kg，于耕地前均匀撒施地面，随耕翻入土中。也可每亩用 40％甲基异柳磷乳油或 50％辛硫磷乳油 250mL，加水 1～2kg，拌细土 20～25kg 配成毒土，撒施地面翻入土中。

② 药剂拌种　对地下害虫一般发生区，用 50％辛硫磷乳油 10mL 兑水 1.5～2kg，拌麦种 15～25kg，拌匀后堆闷 4～6h 后晾干播种。

大田防治：小麦出苗后，当死苗率达到 3％时，可以每亩用 5％辛硫磷颗粒剂 2kg 或 3％辛硫磷颗粒剂 3～4kg，拌细土 30～40kg，拌匀后开沟施，或顺垄撒施后接着划锄覆土。或每亩用 50％辛硫磷乳油 20～50g 加水 3～5kg 稀释，拌入 30～75kg 碾碎炒香的米糠或麸皮中制成毒饵撒施防治。

（2）麦蚜的防治　选用 0.2％苦参碱（克蚜素）水剂 400 倍液，或杀蚜霉素（孢子含量 200 万个·$mL^{-1}$）250 倍液、50％辟蚜雾（抗蚜威）1500 倍液喷雾。或选用 10％吡虫啉可湿性粉剂，或 3％啶虫脒乳油 1000 倍液，或 50％抗蚜威可湿性粉剂 3000 倍液，或 50％马拉硫磷乳油 1000 倍液喷雾。

（3）麦蜘蛛的防治　小麦产区常见的麦蜘蛛主要有麦长腿蜘蛛和麦圆蜘蛛。在点片发生期，选用 15％哒螨酮 1000 倍液，或 73％克螨特（炔螨特）乳油 1500 倍液，或 1.8％阿维菌素 3000 倍液，或 40％乐果乳剂 1000 倍液喷雾。拔节期于中午前后在麦蜘蛛为害最盛时喷施，后期高温天气情况下于 10 点前和 16 点后喷药。

# 6.4 玉米田生态系统

## 6.4.1 玉米田生态系统简介

玉米田生态系统（maize ecosystem）的主体为玉米。输入能包括自然输入能和人工辅助能两部分。自然输入能包括太阳能和自然辅助能，一般不构成对玉米田生态系统有效运行的限制。人工辅助能包括人工投入的有机能和无机能：有机能主要包括在农业生产中投入农田中的种子、人工、畜力、有机肥等所包含的能量，无机能包括燃油、电力、化肥、农药、农机、农膜、农用设施等。人工辅助能的投入可以辅助和强化玉米田生态系统中玉米作物对太阳光能的固定、转化和流动。

## 6.4.2 玉米田施药方式

### 6.4.2.1 杂草防治

① 苗前除草剂 乙草胺（禾耐斯）、莠去津、精异丙甲草胺（金都尔）、异丙草胺（乐丰宝）、2,4-D 丁酯、百草敌、嗪草酮等。

② 播后苗前封闭除草 防治一年生禾本科和部分阔叶杂草，用 90％乙草胺乳油（春季多雨低温年份用 96％精异丙甲草胺）$1.4 \sim 2.0 L \cdot hm^{-2}$＋75％噻吩磺隆可湿性粉剂 $15 \sim 20 g \cdot hm^{-2}$；90％乙草胺乳油 $1.5 \sim 2.0 L \cdot hm^{-2}$＋75％噻吩磺隆可湿性粉剂 $20 g \cdot hm^{-2}$；80％阔叶清 $60 g$＋90％乙草胺乳油 $1.5 \sim 2.0 L \cdot hm^{-2}$；或 96％精异丙甲草胺（金都尔）$1.35 \sim 1.65 L \cdot hm^{-2}$＋75％噻吩磺隆可湿性粉剂 $30 \sim 40 g \cdot hm^{-2}$，兑水喷雾。

③ 苗后除草剂 烟嘧磺隆（玉农乐）、宝收、百草敌、伴地农（溴苯腈）、莠去津、磺草酮等。

单子叶杂草三叶以前，阔叶杂草 $2 \sim 4$ 叶期，玉米苗 $3 \sim 5$ 叶期茎叶喷雾效果较好：40％磺草酮莠去津悬浮剂（福分）$4 L \cdot hm^{-2}$，或阔叶散 $8 \sim 10 g(a.i.) \cdot hm^{-2}$，或 4％烟嘧磺隆（玉农乐）$0.75 L \cdot hm^{-2}$＋38％莠去津 $1.5 L \cdot hm^{-2}$，兑水 $150 \sim 200 L$ 喷雾。

### 6.4.2.2 病虫害综合防治

（1）玉米虫害防治

① 玉米螟 在玉米喇叭口期或抽雄初期飞机航空作业，用 2.5％高效氯氟氰菊酯水乳剂 $300 mL \cdot hm^{-2}$，或 2.5％高效氯氟氰菊酯（功夫）乳油或 2.5％溴氰菊酯（敌杀死）乳油或 5％ S-氰戊菊酯（来福灵）乳油 $225 \sim 300 mL \cdot hm^{-2}$ 叶面喷雾。

② 灰飞虱、斑须蝽和蚜虫 用种子重量 0.1％的 10％吡虫啉可湿性粉剂拌种、浸种，防苗期蚜虫、飞虱等。中后期喷洒 0.5％乐果粉剂或 40％乐果乳油 1500 倍液，或喷洒 40％加保扶水悬剂 8000 倍液、10％吡虫啉可湿性粉剂 2000 倍液、10％氯氰菊酯（赛波凯）乳油 2500 倍液、2.5％氟氯氰菊酯（保得）乳油 $2000 \sim 3000$ 倍液或 20％吡

虫啉（康福多）浓可溶剂 3000～4000 倍液。

③ 黏虫　2.5％高效氯氟氰菊酯乳剂用量 300～450mL·hm$^{-2}$，10％阿维·高氯 1000 倍液，或 25％氰戊·辛硫磷乳油 1500 倍液，兑水喷雾。

（2）玉米病害防治

① 玉米大斑病　在玉米心叶期到抽雄期或发病初期喷洒农抗 120 水剂 200 倍液，隔 10d 防 1 次，连续防治 2～3 次。目前用于防治的药剂有 40％氟硅唑乳油、50％异菌脲（扑海因）悬浮剂、10％苯醚甲环唑（世高）悬浮剂、70％代森锰锌可湿性粉剂、50％菌核净可湿性粉剂、70％氢氧化铜（可杀得）可湿性粉剂等。对感病品种采取提前预防 2～3 次的方法，9～10 展开叶期用 40％多菌灵可湿性粉剂 1825g·hm$^{-2}$ 预防一次，7～10d 用 40％福星乳油 33～35g·hm$^{-2}$ 防治第二次。

② 细菌性茎腐病　在玉米喇叭口期喷洒 25％叶枯灵或 20％叶枯净可湿性粉剂加 60％瑞毒铜或瑞毒铝铜或 58％甲霜灵锰锌可湿性粉剂 600 倍液。

# 6.5　棉田生态系统

## 6.5.1　棉田生态系统简介

棉田生态系统（cotton ecosystem）具有作物结构简单、系统边界清楚、受人为干扰作用大等特点，包括棉田初级生产者（棉株及杂草）、次级生产者（害虫、天敌等）和土壤分解者（蚯蚓、各类营腐生微生物等）。

## 6.5.2　棉田施药方式

### 6.5.2.1　杂草防除

除草剂品种有二甲戊灵、氟乐灵、乙草胺等。

（1）播前土壤处理　土壤翻耕后，整平土地，进行喷药，可有效防治生禾本科杂草和阔叶杂草，对棉花安全。

使用剂量：可根据杂草种类和环境条件以及其他具体情况，确定适宜的使用量。

二甲戊灵（施田补）：33％施田补乳油，黏土每亩用量 170mL，砂壤土每亩用量 200mL，兑水 30～45kg 土表喷雾，浅混土或不混土，施药当天即可播种。

氟乐灵：48％氟乐灵乳油每亩用量为 80～100g，兑水 35～45kg 喷雾使用，必须及时耙地、混土（氟乐灵若喷施过量，易造成棉花根部形成根瘤，导致棉花生长受害而减产，使用中应严格把握用量）。

乙草胺：50％乙草胺乳油 100～120g，兑水 30～45kg 水，均匀喷雾，施药后立即混土，再用各种耱子作混土平地处理后 1～2d 铺膜播种。

（2）棉田茎叶处理　棉田茎叶处理使用除草剂时，必须采用扁扇形喷头，将喷头压低或喷头上增设保护罩，操作技术严格。

#### 6.5.2.2 病虫害防治

（1）种子处理

① 种子脱绒 硫酸脱绒可以消灭种子表面所带的枯萎病、黄萎病、角斑病、炭疽病等病菌，而且棉籽光滑便于播种，还较易吸水和发芽。其方法为：每50kg棉籽加浓硫酸7.5～10kg（相对密度在1.6以下的稀硫酸不能使用），先将棉籽加热到30～40℃，硫酸加热到100～120℃，然后将硫酸倒在棉籽上，边倒边搅拌，待棉绒脱净，棉籽变黑发亮时，捞出用清水反复冲洗，直到水色不黄，无酸味为止，然后晾干备用。

② 药剂浸种与拌种 用40％多菌灵胶悬剂配成有效成分为0.3％的药液，在常温下浸种14h，捞出晾干备播。防治地下害虫、苗蚜等虫害，可用3％克百威（呋喃丹）颗粒剂按亩用量0.75～1kg拌种。

（2）苗期施药

① 病害防治

a. 防治枯、黄萎病 可亩用36％棉枯净可湿性粉剂30g兑水45kg，或用1％碘1500～2000倍液、12.5％速效治萎灵可湿性粉剂等药剂加磷酸二氢钾等叶面肥，采用喷雾与灌根相结合的方法，每株用药液50～100mL，隔5d用药一次，连续用药2～3次。

b. 防治立枯病、炭疽病、黑斑病、褐斑病等 可在病害始发期用50％多菌灵可湿性粉剂500～800倍液或75％甲基硫菌灵可湿性粉剂800～1000倍液喷雾进行防治，每7d喷一次，连喷2～3次。

c. 防治棉疫病 可用85％疫霜灵可湿性粉剂或70％代森锰锌可湿性粉剂600～800倍液喷雾防治，每5d用药一次，连续用药3～4次。

d. 防治茎枯病 可用50％多菌灵可湿性粉剂、70％代森锰锌可湿性粉剂600～800倍液喷雾进行防治，隔5d用药一次，连续用药3～4次。

② 虫害防治

a. 防治小地老虎 可用40％辛硫磷乳油500～800倍液灌根结合浇水进行防治，可兼治蝼蛄、蛴螬等其他地下害虫。

b. 防治棉蚜 可用10％吡虫啉可湿性粉剂2000倍液或3％啶虫脒可湿性粉剂3500～4000倍液喷雾，防治药剂应轮换使用。

（3）蕾期施药

① 防治棉盲蝽象 可用4.5％高效氯氰菊酯乳油1000倍液加10％吡虫啉可湿性粉剂1000倍液喷雾进行防治，注意用药时间应选择在清晨或傍晚。

② 防治棉红蜘蛛 可用40％氧化乐果乳油2000倍液或20％三氯杀螨醇乳油1000～2000倍液喷雾进行防治，或每亩用5％氟虫脲可分散液剂50～75mL或73％炔螨特乳油40～80mL兑水30～50kg均匀喷雾。

③ 防治枯、黄萎病 方法同苗期枯、黄萎病防治。

④ 防治茎枯病 方法同苗期。

（4）花铃期施药

① 防治棉铃虫　可亩用 4.5％高效氯氰菊酯乳油兑水 30～40kg 喷雾。因 3、4 代棉铃虫防治时，棉花植株高大，施药时应注意喷匀、喷透，用药时间以上午 10 点以前或下午 5 点以后最好，同时注意农药的交替轮换使用。

② 防治伏蚜　方法同苗蚜。施药时应注意喷匀、喷透，防治药剂应交替轮换使用。

③ 防治棉盲蝽象、棉红蜘蛛　方法同蕾期。

④ 防治棉红叶枯病　在发病初期，根外追施 1％尿素液，并加入适量硫酸钾或过磷酸钙，能减轻发病。

⑤ 防治棉铃疫病、炭疽病、红腐病、红粉病等　当田间出现零星病铃时，可用50％多菌灵可湿性粉剂、70％甲基硫菌灵可湿性粉剂、75％百菌清可湿性粉剂等药剂500～1000 倍液喷雾进行防治，每 7～10d 一次，连喷 2～3 次。

（5）吐絮期施药　对一些铃不能正常成熟吐絮，特别是晚播地、盐碱地和间套作棉田，可采用乙烯利催熟处理：一般在霜前 15～20d 棉株顶部和外围的铃期达 40～45d 以上时使用为宜，浓度 800～1000mg・L$^{-1}$，亩喷药液 50～60kg，一次即可。对贪青晚熟的棉田可用草铵膦每亩 200mL 兑水 30～40kg 喷施，造成棉叶干枯，促进开铃吐絮，便于采摘收获。

# 6.6　北方果树系统

## 6.6.1　北方果树系统简介

北方果树系统（northern fruit tree ecosystem）指的是种植在秦岭淮河以北的果树生态系统。种植的果树多是喜低温干燥的温带果树，要求冬无严寒，夏无酷暑。适宜的温度范围是年平均气温 9～14℃，冬季极端低温不低于－12℃，夏季最高月均温不高于20℃，≥10℃年积温 5000℃左右，生长季节（4～10 月）平均气温 12～18℃，冬季需7.2℃以下低温 1200～1500h，才能顺利通过自然休眠。

## 6.6.2　北方果树系统施药方式

### 6.6.2.1　害虫防治

北方果树一般有苹果、梨、桃、杏、李子、蟠桃、葡萄、板栗、枣、核桃、榛子、橡子、柿子、樱桃、石榴、山楂、无花果等。不同果树害虫种类各异，所用药剂也不相同，视药剂使用说明确定药剂，多采用常量喷雾，但由于果树生态系统的特殊性，下面对几种有别于常量喷雾法且常见的害虫防治施药方式加以说明。

（1）树干涂药法　防治山楂、樱桃等果树的蚜虫、金花虫、红蜘蛛和介壳虫等，可在距地面 1～1.5m 处的树干上涂抹 40％乐果乳油。药液被树木吸收后能运输到树体各部位，对上述害虫防效可达 80％以上，如果在涂药部位包扎保湿物品，药效更好。

（2）注射法　防治天牛等钻蛀性害虫，可用 40％乐果乳油 5 倍液（1 份药液兑 5 份水）向每个虫孔注射 1～2mL，然后用烂泥封口，防止药液向外挥发，防效达 95％ 以上。如表面看不见虫孔而只能看到树干上或大枝上有大"肿瘤"，可先在"肿瘤"上钻 2～3 个孔，再向孔内注 40％乐斯本原液 1mL，防效可达 100％。

（3）根部埋药法　根部埋药的方法有两种：一是直接埋药。先在距离根部 0.5～1.5m 处开环状沟，然后在沟内埋 3％辛硫磷颗粒剂或 3％克百威颗粒剂，1～3 年生树埋药 100～150g；4～6 年生树埋药 25～300g；7 年生以上的树埋药 500g 左右，即可控制果树的叶部害虫，尤其对防治蚜虫有特效。其药效可持续 1～2 个月，防效达 100％。二是根埋药瓶。先将药液装进瓶中，然后在树根的外围挖土。让树根暴露出来，选不超过香烟粗的树根，剪去根梢，把根插入药瓶底，用塑料薄膜扎好瓶口，埋上土。通过树根吸药，药液很快会随导管运输到树体的各部位，从而达到治虫目的。

### 6.6.2.2　病害防治

不同果树病害种类各异，所用药剂也不相同，视药剂使用说明确定药剂，多采用常量喷雾。但除常量喷雾法外也有一些有效的病害防治施药方式，如刮治涂药法。在苹果树发生腐烂病时，用利刃将病变组织彻底刮除，然后使用 70％硫菌灵粉剂 1 份加植物油 3 份调匀涂药；发生流胶病的桃树在早春发芽前将流胶部位组织刮除，再涂抹药剂或喷洒药剂防治。

### 6.6.2.3　杂草防控

北方果园由于株行距较大，地面裸露较多，生态环境稳定，所以园中杂草种类多，生长量大，有效防控果园杂草须根据杂草种类、果树品种、土壤类型和气候条件等因素，选用适宜的除草剂品种进行常量喷雾。当前使用比较多的品种有草甘膦、草铵膦、西玛津、阿特拉津等。

# 6.7　南方果树系统

## 6.7.1　南方果树系统简介

相比于北方果树系统，南方果树系统（southern fruit tree ecosystem）是稍耐阴，喜温暖湿润的气候，不耐寒，气温低于 −8℃ 时发生冻害，适生于深厚肥沃的中性至微酸性的砂壤土。高温也不利于南方果树的生长发育，气温、土温高于 37℃ 时，果实和根系停止生长。温度对果实品质的影响也明显：在一定温度范围内，通常随温度增高，糖含量、可溶性固形物增加，酸含量下降，品质变好。

南方果树系统以柑橘、梨、桃、李为主，梅、杏、枣、柿、板栗、草莓、核桃、枇杷、杨梅、石榴、葡萄、猕猴桃等果树都可以种植。

通过典型的南方果树——柑橘为例可说明南方果树的系统特点。

柑橘是耐阴性较强的树种，但要优质丰产仍需良好日照。一般年日照 1200～2200h 的地区均能正常生长。一般年降雨量 1000mm 左右的热带、亚热带区域都适宜柑橘种植，柑橘果树生长环境空气相对湿度以 75％左右为宜。柑橘对土壤的适应范围较广，紫色土、红黄壤、沙滩和海涂，pH 值 4.5～8 均可生长，以 pH 值 5.5～6.5 为最适宜。柑橘根系生长要求较高的含氧量，以土壤质地疏松、结构良好、有机质含量 2％～3％、排水良好的土壤最适宜。

### 6.7.2　南方果树系统施药方式

南方果树系统施药方式一般多以喷雾施药、毒土撒施、浇灌施药以及熏蒸施药进行病虫草害防治。

（1）喷雾施药　适用于绝大多数病虫害防治和果园杂草化学控制。防治病虫害时，高大果树通常使用高压机动喷雾机喷雾，矮小果树常用小型机动喷雾机或手压喷雾器喷雾。喷药时尽量成雾状，叶面附药均匀，喷药范围应互相衔接，达到"枝枝有药，叶叶有药"。使用高射程喷雾机喷药时，应随时摆动喷枪，尽可能击散水柱，使其成雾状，减少药液流失。喷药前应做好害情调查，做到"有的放矢，心中有数"，喷药后要做好防治效果检查，记好防治日记。

（2）毒土撒施　适用于防治地下害虫和土传病菌等病虫害，毒土配制通常采用药与细土比例为 1：（30～50），毒土施药随配随用。要求用药量准确，药土混合充分，撒施均匀；撒在土面的药剂，应立即翻入或旋耕入土；进行沟（穴）施毒土防治病害的，在施药后应及时覆土。

（3）浇灌施药　适用于地下害虫、土传病害防治及苗床杂草防控的施药方法。具体操作：在植株根际附近开挖沟穴，将配制好的药液浇灌入内，待渗完后覆土。浇灌施药要求用药量准确，不能出现药害，必须浇在吸收根最多处，渗完后一定封堰。

（4）熏蒸施药　熏蒸法适合在密闭条件下进行，主要用于防治蛀干害虫和温室病虫。具体做法：将固体或液体药剂塞入或注入虫孔，并立即封孔。或将药剂均匀放在密闭温室内，通过加热等措施使其汽化熏杀病虫害。熏蒸施药要求用药量准确，施药环境密封好，熏蒸温室病虫后通风及注意安全。

# 6.8　温室系统

### 6.8.1　温室生态系统简述

温室生态系统（greenhouse ecosystem）是指采用透光覆盖材料作为全部或部分围护结构，具有一定环境调控设备，用于抵御不良天气条件，保证作物能够正常生长发育的设施系统。温室作物生产作为一项产业在具有温和气候条件的国家迅猛发展，甚至在某些热带地区，只要有适宜的温度，作物也能周年生产。温室给作物生长创造了一个舒适的气候条件，保护作物免受外界害虫的伤害。温室生产被认为是一种集约化的农业生产。与露地生产的主要区别在于温室生产在单位面积上投入的劳动力和资金较多，产值也较高，而粗放型的农业生产在单位土地上投入的劳动力和资金较少，产值也较低。目前我国的温室类型主要包括日光温室、连栋温室和塑料大棚。

日光温室作为具有中国特色的一种温室形式，由保温蓄热墙体、北向保温屋面和南向采光面构成，可充分利用太阳能，夜间用保温材料对采光屋面外覆盖保温，可进行作物越冬生产。

通过天沟连接起来的温室为连栋温室。目前，中国的连栋温室以塑料连栋温室为主，通过相应的配套设备对温室内部的气候因素进行调控，使作物生长不受外界环境条件的制约，而且连栋温室土地利用率高，内部气候条件均匀，边界效应低，既保证产量又保证质量。但由于建造和运行成本高，一般只在示范园区建设。

塑料大棚是一种建材相对简单的园艺设施，主要由棚膜与骨架组成；易于建造和拆卸，一次性投资少，为广大的种植户所接受。

实际意义上的现代温室通常由以下几个部分组成。

（1）温室主体　包含具备抗风雪能力的骨架、玻璃、PC 板（阳光板）或塑料薄膜等透光覆盖材料及相应的卡槽、卡簧、铝合金型材等紧固镶嵌配件。温室主体也可以独立构成温室，但其只具备透光、保温和防雨的功能。比如我们常说的塑料大棚，就其实质而言是温室主体的一种简单形式。

（2）环境调控系统　包含具备遮光、补光、加温、降温、除湿、加湿、通风换气等功能的执行设备或系统。

（3）栽培设施　包括栽培床、喷灌、滴灌、施肥、$CO_2$ 施肥、照明及育苗等设施设备。

（4）控制系统　根据温室构成配套设置，有手动控制和自动控制两类：①手动控制，包含人力机械操作和按钮控制操作；②自动控制，分为数字式控制仪控制系统（控制单一环境因子）、可编程控制器控制系统（综合环境控制）、计算机控制系统（微机软件控制）三种方式，后两种属智能化控制范畴。

## 6.8.2　温室系统施药方式

### 6.8.2.1　杂草防控

（1）施药要点　体现在三方面：①药剂必须与杂草靶标有效接触（如根部、嫩芽、叶面等）；②药剂必须在所接触的杂草部位吸附足够时间以渗入植株组织或被植株吸收；③药剂有效成分能到达其作用位点。

（2）施药方法　温室系统使用除草剂基本按喷雾法操作，但应掌握正确的施用方法。在使用除草剂时应注意均匀喷雾，严禁重复施药；对过于干旱的地块应加大用水量，最好在施药前先洒些水，提高土壤含水量，这样有利于除草剂药效的发挥。由于生境特殊，如果温室内使用除草剂不当出现药害，应及时揭膜通风，降低温度，改变温室大棚内的小气候，并追施肥料及喷施植物生长调节剂，促使作物恢复生长。

### 6.8.2.2　病虫害防治

温室大棚特殊环境的存在，可为病虫害暴发带来适宜条件，还可增加病虫害种类与危害程度，降低产品质量。因此正确的施药方法对提升大棚温室蔬菜产量和质量十分重要。

（1）喷雾法

① 防治猝倒病、立枯病、灰霉病、白粉病、霜霉病、疫病等真菌性病害 每亩用30%苯醚甲环唑悬浮剂，发病初期用 800～1200 倍液或每 100L 水加制剂 83～125g（有效浓度83～125mg·$L^{-1}$）或每亩用制剂 40～60g（有效成分 4～6g）；用 25%嘧菌酯悬浮剂 24～32mL 兑水常规喷雾；用 64%噁霜灵和 70%的甲基硫菌灵按 4∶1 配制成以噁霜灵为主的 800～1000 倍液进行喷雾；用 72%克露（噁霜灵与代森锰锌复配剂）800～1000 倍液进行喷雾。

② 防治细菌性角斑病、软腐病等细菌性病害 用 20%农用链霉素 1500 倍液喷雾。

③ 防治棉铃虫、烟青虫等害虫 用 1.8%阿维菌素乳油 1000 倍液或用 5%氟啶脲（抑太保）2000 倍液喷雾。

（2）浇灌法

① 防治猝倒病、立枯病、灰霉病、白粉病、霜霉病、疫病等真菌性病害 用 800倍液高锰酸钾进行灌根防治。

② 防治根结线虫 用 1.8%阿维菌清乳油 3000 倍液或 6%寡糖·噻唑膦水乳剂2000 倍液灌根，每株 300mL。

（3）毒饵法

① 防治蝼蛄、地老虎等地下害虫 用 5%氟啶脲乳油 200 倍液、剁碎的菜叶和麦麸搅拌均匀，在傍晚时分洒在蔬菜植株周围进行诱杀。

② 防治粉虱类、蚜虫、螨类害虫 可用黄板诱杀。

（4）熏蒸法 防治茎叶表面害虫，每亩用 22%敌敌畏烟雾剂 500g 在傍晚闭棚前点燃，密闭一昼夜。

# 6.9 露地蔬菜系统

## 6.9.1 露地蔬菜系统简述

露地蔬菜系统（open-field vegetable ecosystem）是指由露地蔬菜及其所处环境相互作用构成的统一体，是一种常见的传统种植生态模式，一般是将蔬菜在露地种植、浇水、施肥、吸收阳光雨露来促进蔬菜的生长，也即露地蔬菜是直接栽植于裸露的地面上，利用大自然气候、土地、肥力等条件，通过人工管理，以获得蔬菜产品，供应市场。它最符合经济原则，是解决蔬菜供应的主要方式。

露地蔬菜主要包括瓜类蔬菜、茄果类蔬菜、豆类蔬菜、葱蒜类蔬菜、绿叶蔬菜、甘蓝类蔬菜、白菜类蔬菜、芥菜类蔬菜、根菜类蔬菜、薯芋类蔬菜等。

## 6.9.2 露地蔬菜施药方式

### 6.9.2.1 杂草防治

露地蔬菜系统除草施药基本采用喷雾法。但不同蔬菜类型、不同栽培方式须选择适合的除草剂品种。

(1) 移栽蔬菜 移栽蔬菜是经过育苗阶段后才移栽到大田的,所以对除草剂的耐受力较强。移栽前进行土壤处理或移栽前先防除已出苗杂草,可选用以下除草剂:33%除草通乳油、48%氟乐灵乳油、50%扑草净可湿性粉剂、50%乙草胺乳油、24%乙氧氟草醚(果尔)乳油、72%异丙甲草胺(都尔)乳油、50%敌草胺可湿性粉剂、60%丁草胺乳油、41%草甘膦水剂、20%百草枯水剂、12.5%噁草灵乳油等。但是,瓜菜类尤其是黄瓜对多数除草剂都很敏感,须特别注意。

(2) 阔叶蔬菜 5%精喹禾灵(精禾草克)乳油、12%烯草酮(收乐通)乳油、10.8%高效盖草能乳油、12.5%烯禾啶(拿捕净)等茎叶处理剂对阔叶植物非常安全,对禾本科杂草防效优异,可广泛应用于阔叶蔬菜防除多种禾本科杂草。

(3) 小粒种子直播蔬菜或苗床 此类蔬菜对除草剂较为敏感,许多能用于移栽蔬菜的除草剂都可能影响这类蔬菜出苗,甚至出苗后逐渐死亡。可用于此类蔬菜的除草剂有33%除草通乳油、50%敌草胺可湿性粉剂、50%乙草胺乳油等。

(4) 大粒种子直播或营养器官繁殖的蔬菜 此类蔬菜可利用除草剂的位差选择和时差选择,对除草剂的耐药力增强。可供播前或播后、苗前作土壤处理的除草剂有33%除草通乳油、48%氟乐灵乳油、50%扑草净可湿性粉剂、50%乙草胺乳油、24%乙氧氟草醚(果尔)乳油、72%异丙甲草胺(都尔)乳油、60%丁草胺乳油、12.5%噁草灵乳剂等。

(5) 水生蔬菜 可用于防除此类蔬菜田杂草的除草剂有50%扑草净可湿性粉剂、60%丁草胺乳油、12.5%噁草灵乳油、24%乙氧氟草醚(果尔)乳油、10%苄嘧磺隆(农得时)可湿性粉剂等。

### 6.9.2.2 病虫害防治

(1) 喷雾法

① 防治苗期猝倒病、立枯病、枯萎病、炭疽病和疫病等 可在发病初期用50%多菌灵可湿性粉剂600倍液细喷雾或用72%霜霉威盐酸盐(普力克)水剂600倍液,每隔7～10d喷一次,或用5%井冈霉素水剂1500倍液喷施。

② 防治苗期霜霉病等病害 可用40%三乙膦酸铝可湿性粉剂150～200倍液或72%普力克水剂600～800倍液或64%杀毒矾可湿性粉剂500倍液或58%甲霜灵·锰锌可湿性粉剂500倍液或69%安克·锰锌或72%克露可湿性粉剂600～800倍液,亩喷药液60～70kg,每隔7～10d一次,连续防治2～3次。

③ 防治软腐病等细菌性病害 可用14%络氨铜水剂350倍液或72%农用链霉素可溶性粉剂3000～4000倍液或新植霉素4000倍液,每隔10d防治1次,连续防治2～3次。

④ 防治病毒病 可在发病初期开始,喷洒20%病毒A可湿性粉剂500倍液或1.5%植病灵乳剂1000倍液或抑毒星水剂1000倍液,每隔10d防治1次,连续防治2～3次。

⑤ 防治瓜类炭疽病 药剂有嘧菌酯、苯醚甲环唑、苯菌灵、咪鲜胺、百菌清、代森锰锌、福美双、甲基硫菌灵等。发病初期可选用50%咪鲜胺可湿性粉剂1000～3000倍液或25%咪鲜胺乳油1000～1500倍液或50%代森铵水剂800倍液等交替喷雾防治，每7d左右喷一次，连喷2～3次；用5%甲基硫菌灵可湿性粉剂700倍液加75%百菌清可湿性粉剂700倍液或50%苯菌灵可湿性粉剂1500倍液或80%多菌灵可湿性粉剂600倍液或80%炭疽福美可湿性粉剂800倍液或农抗120水剂200倍液，每隔7～10d喷施一次，连续2～3次。

（2）拌种法

① 防治苗期病害（炭疽、霜霉病） 播种前用种子量0.3%的25%甲霜灵可湿性粉剂拌种。

② 防治黑腐病 可用45%代森铵水剂300倍液浸种15～20min或用50%琥胶肥酸铜可湿性粉剂按种子重量的0.4%拌种或用农抗751杀菌剂100倍液15mL拌200g种子。

（3）撒施法 播种前苗床土消毒，按每平方米用40%五氯硝基苯粉剂9g与50%拌种双7g混匀，加细干土4～5kg拌匀，取1/3药土撒在畦面上，播种后将剩余的药土均匀覆盖在种子上。

（4）灌根法

① 防治根肿病 于播前用五氯硝基苯苗床消毒；发病后用40%五氯硝基苯粉剂500倍液灌根，每株0.2～0.25kg。

② 防治茄科作物青枯病 可用77%氢氧化铜（可杀得）可湿性粉剂400～500倍液每株灌0.3～0.5L或72%农用硫酸霉素可溶性粉剂4000倍液或用农抗"401"500倍液，每10d一次，连续2～3次。

③ 防治晚疫病、叶霉病等 可用72%霜霉威盐酸盐水剂800倍液或64%杀毒矾可湿性粉剂500倍液或70%乙膦·锰锌可湿性粉剂500倍液或50%甲霜铜可湿性粉剂600倍液或60%琥乙膦铝可湿性粉剂400倍液灌根，每隔10d一次，连灌3次。

④ 防治枯萎病、黄萎病等 于发病初用50%多菌灵可湿粉或30%甲基硫菌灵悬浮剂500倍液或用16.5%增效多菌灵浓可溶剂200倍液灌根，每隔7～10d用一次药，连续3～4次。

# 6.10 马铃薯生态系统

## 6.10.1 马铃薯生态系统简述

马铃薯生态系统（potato ecosystem）中物种结构丰富，包括有禾本科恶性杂草。阔叶杂草、真菌、细菌、病毒、线虫、昆虫、软体动物。马铃薯是高产作物，其生长必须有充足的水肥才能够达到高产，马铃薯生长发育期间的每个阶段都对环境因素有一定的要求。

### 6.10.2 马铃薯施药方式

#### 6.10.2.1 拌种

为解决种薯和土壤带菌引起的病害发生，用 2～5kg 克露（72％霜脲·锰锌可湿性粉剂），或 70％甲基硫菌灵可湿性粉剂＋100kg 滑石粉拌匀后处理马铃薯切块后的种薯；用 2.5％咯菌腈种衣剂切种后包衣，每 100kg 种薯需 100～200mL 的种衣剂，阴干后播种；或 43％戊唑醇悬浮剂沟施，剂量为推荐浓度。

#### 6.10.2.2 喷雾

为控制因种薯带病而引起的初侵染源，在马铃薯 95％出苗后每亩使用克露 100g，或 58％雷多米尔-锰锌可湿性粉剂、25％甲霜灵可湿性粉剂、40％乙磷铝等全田均匀喷洒。

为控制杂草危害，选用杜邦宝成 25％干悬浮剂，每亩用宝成 6～8g，在杂草 2～4 叶期施药，有效防除一年生禾本科杂草及阔叶杂草。禾本科为主的马铃薯田除草剂还可以用高效盖草、精稳杀得、禾草克、拿捕净等防治多年生禾本科杂草。

防治病毒病，喷药灭蚜成为首选治理方法。在田间蚜虫发生初期，每公顷可选用 3％啶虫脒乳油 0.6～0.75L，或 40％氧乐果乳油 1.5L，或 30％甲氰·氧乐果（速克毙）乳油 0.3L，兑水喷雾。

# 6.11　其他杂粮生态系统

杂粮通常是指水稻、小麦、玉米、大豆和薯类五大作物以外的粮豆作物，主要有小米、大麦、高粱、谷子、荞麦、红豆等。其特点是生长期短、种植面积少、种植地区特殊、产量较低，一般都含有丰富的营养成分。这里以红小豆、高粱、谷子的生态系统和施药方式为例进行介绍。

### 6.11.1 红小豆生态系统

#### 6.11.1.1 生态系统

红小豆生态系统（adzuki bean ecosystem）中的物种组成结构有杂草、昆虫、真菌、孢子、细菌等；温度、光照、土壤、水分等都对其生长发育有影响。

#### 6.11.1.2 施药方式

一般采用喷雾法。

控制杂草危害：苗前土壤处理，可用 $960g \cdot L^{-1}$ 精异丙甲草胺乳油、$900g \cdot L^{-1}$ 乙草胺乳油、$330g \cdot L^{-1}$ 二甲戊灵乳油、50％丙炔氟草胺可湿性粉剂、75％噻吩磺隆干悬浮剂 5 种土壤处理除草剂按推荐剂量兑水喷雾。

发现蚜虫，可用 40％氧化乐果 2000～3000 倍液在无风天进行喷雾防治，最佳喷雾时间为上午 9～11 时或下午 2～4 时。

防治豆荚螟等害虫，可采用 5％甲氨基阿维菌素苯甲酸盐水分散粒剂＋2.5％高效顺式氯氟氰菊酯水乳剂，兑水喷雾，视虫情隔 5～7d 喷 1 次。

## 6.11.2　高粱生态系统

### 6.11.2.1　生态系统

高粱生态系统（sorghum ecosystem）中的物种结构主要有高粱、杂草、厚垣孢子、病菌、地下害虫、食叶害虫、蛀茎害虫、穗部害虫。高粱生态系统的非生物组分中，温度、水分、氧气、土壤等影响高粱的生长发育。

### 6.11.2.2　施药方式

（1）喷雾法　对于高粱的田间杂草以及大部分害虫的控制，一般用药剂的常规喷雾法。

（2）拌种浸种　对于高粱病害的预防，经常在播种时期进行药剂拌种或药剂浸种。

（3）撒施捕杀　防治地下害虫，沿种植沟撒施适量杀虫剂；夜出种类辅以人工捕杀或灯光诱杀成虫。

## 6.11.3　谷子生态系统

### 6.11.3.1　生态系统

谷子生态系统（millet ecosystem）中的物种结构除谷子外还包括杂草、线虫、病菌、昆虫等，非生物组分包括温度、光照、水分、土壤等。

### 6.11.3.2　施药方式

与高粱类似，对于防除谷子田的禾本科杂草除草剂，可在苗前采用土壤喷雾处理。对于病害，如谷子白发病等，则种子拌种和土壤处理，可每亩用 75％敌磺钠可溶性粉剂 500g 拌细土 15～20kg 混匀，播种后覆土。

对于谷子虫害，施药方式同高粱一致。

**参 考 文 献**

[1] 刘雨芳，彭梅芳，曾强国，等. 空心莲子草在稻田生态系统中的生长特性及对水稻生长发育的影响. 中国生态农业学报，2012，20（08）：1043-1047.

[2] 聂佳燕，向平安，张俊. 稻田生态系统多功能价值评估研究. 湖南农业科学，2011（10）：13-14，24.

[3] 潘莹，周国平，周国勤，等. 浅谈基于循环农业理念的稻田养鱼与池塘种稻. 水产养殖，2017，38（02）：31-34.

[4] 莫洁琳. 稻田养鱼产业现状及发展对策. 农技服务，2017，34（03）：154.

[5] 罗庆明，熊远金，代光银，等. 浅析稻田养鱼模式下水稻栽培技术要点. 农业科技通讯，2017（09）：185-187.

［6］ 隆斌庆，陈灿，黄璜，等．稻田生态种养的发展现状与前景分析．作物研究，2017（06）：607-612.

［7］ 王昱明．水稻田杂草防治策略与农药应用技术．农民致富之友，2016（17）：100.

［8］ 孙学海．稻田杂草综合防治技术．现代农业科技，2011（16）：146，148.

［9］ 杨富有．常见水稻病虫害的综合防治技术．农民致富之友，2012（24）：95，180.

［10］ 杨向东，潘文桃，顾平，等．水稻稻飞虱的防治技术．农技服务，2007（02）：50-51.

［11］ 范长胜．水稻稻瘟病综合防治技术．农业与技术，2016，36（18）：77-78.

［12］ 刘晓波．小麦机械化播种技术．现代农业科技，2012（21）：86，88.

［13］ 赵莉，胡久义．探讨远程监控技术在小麦生产中的应用．农民致富之友，2017（17）：47.

［14］ 徐明英．小麦秸秆还田方法．云南农业，2017（07）：90-91.

［15］ 耿娟．小麦田病虫草害防治技术．农技服务，2016，33（03）：120-121.

［16］ 许传力．小麦常见病虫害的防治技术．现代农业，2015（08）：34-35.

［17］ 张东霞．春季麦田病虫草害防治技术．农业技术与装备，2012（06）：61-62.

［18］ 陈茂春．全方位防治小麦地下害虫．农资导报，2015-09-18（004）.

［19］ 曼尼汗·阿不都拉．果树栽培管理措施及种植技术要点的探讨．农业与技术，2016，36（6）：215.

［20］ 聂海东．果树栽培技术与果实品质之间关系的探讨．现代园艺，2013（2）：27.

［21］ 帕提古丽·乃基米丁．果树栽培特点与果树管理措施．江西农业，2016（09）：30.

［22］ 孙雪花，王随平．果树施药三法．农技服务，2005（7）.

［23］ 武玉才，武付娟．果树施农药瓶盖做量具．山西果树，1996（02）.

［24］ 聂恩祥．树干注射法——果树、园林施药方法的新突破．农村科技开发，1995（03）：21.

［25］ 黄炳辉．芒果主要病虫害综合防治技术分析．南方农业，2016（32）.

［26］ 郭伟丹．浅谈园林树木施药方法．新农业，2015（03）：30-31.

［27］ 高妍．如何做好城市园林树木的病虫害防治与管理．现代园艺，2016（04）.

［28］ 张惠娟，高沛，王英英．浅析园林树木的养护管理．现代农村科技，2017（10）.

［29］ 杜金霞，张雅玲，王立相，等．浅谈园林树木栽植后的养护管理措施．科技创新导报，2017（04）.

［30］ 张一宾．全球马铃薯的种植和农药使用现状及发展方向．世界农药，2016（02）：6-9.

［31］ 卢肖平．马铃薯主粮化战略的意义、瓶颈与政策建议．华中农业大学学报（社会科学版），2015（03）：1-7.

［32］ 陈光荣，王立明，杨如萍，等．平衡施肥对马铃薯-大豆套作系统中作物产量的影响．作物学报，2017（04）：596-607.

［33］ 何霞红，朱书生，王海宁，等．马铃薯与玉米多样性种植生态防治病害的试验研究．资源生态学报，2010（01）：45-50.

［34］ 惠希滨．马铃薯对生长条件的要求．黑龙江科技信息，2014（17）：265.

［35］ 马永强，李继平，惠娜娜，等．2种药剂不同施药方式对马铃薯黑痣病防效比较．江苏农业科学，2013（01）：120-122.

［36］ 朱丽娟，朱连波．马铃薯病害防治法．农民致富之友，2011（11）：36.

［37］ 任长清．红小豆主要病害的防治．农民致富之友，2016（13）：102.

［38］ 王静飞．红小豆标准化栽培技术．农民致富之友，2017（19）：28.

［39］ 王聪，杨广东，胡尊艳，等．种植密度对高粱冠层结构及光辐射特征的影响．作物杂志，2017（5）：119-123.

［40］ 赵敬，于开江．高粱生长发育及其环境分析．农业与技术，2015（18）：150.

［41］ 陈敏菊，张枫叶．商粱六号酿酒高粱栽培技术．农业科技通讯，2017（10）：226-227.

［42］ 吴仁海，职倩倩，魏红梅，等．谷子苗前除草剂及其安全剂筛选．农药，2017（09）：685-687.

［43］ 张大众，刘佳佳，屈洋，等．新型拌种剂对谷子生长及白发病发生的影响．草业学报，2017（09）：141-147.

# 第7章
# 靶标特性与施药方式

农药是重要的生产资料，在防治农作物病虫草害、保护农业生产安全、提高农业综合生产能力、促进粮食稳定增产及农民持续增收等方面发挥着极其重要的作用。与此同时，农药也对生态环境造成了严重威胁。农药的不合理使用，可引起农药在食物、环境中的富集效应，间接危及人们的身体健康；杀伤有益生物，降低其对有害生物的控制作用，造成害虫再猖獗，有害生物抗药性日趋严重；污染大气、水体、土壤；农药残留是影响农产品质量安全的关键因素，影响农产品市场竞争力和出口贸易。

随着人们生活水平的提高和农副产品走向国际市场，减少农药用量的呼声越来越高。由于我国农药使用技术落后，田间农药利用率很低，难以适应现代农业的要求。因此，研究高效精准的农药减量使用技术具有重要的意义，有利于树立"公共植保、绿色植保、科学植保"理念，实现农药减量、控害、增效和农药使用量"零增长"，保障农产品质量安全。本章拟从靶标生物学特性方面，探讨影响农药药效的因素与科学使用农药的原理和方法。

## 7.1 作物害虫

农业害虫的种类很多，在长期的进化过程中，各种害虫形成了自身独特的行为特性来适应自然，而这些独特的行为特性直接影响到杀虫药剂的药效。正确把握害虫的行为特性，在害虫对药剂最敏感的时期和最易接触到药剂的时期使用杀虫剂，更易取得理想的防治效果。

昆虫口器有咀嚼式、刺吸式、锉吸式、舔吸式、嚼吸式、虹吸式等多种类型。对作物为害较大的是咀嚼式和刺吸式。昆虫口器构造类型不同，为害作物特点（作物受害状）也不同。人们在田间常根据作物受害症状来判断害虫种类和推断作物受害程度，研究防治对策。

### 7.1.1 咀嚼式口器害虫

咀嚼式口器昆虫咬食作物叶片形成缺刻或孔洞，蛀食叶肉形成弯曲的虫道或白斑，钻入植物茎秆、花蕾、铃果形成蛀孔，取食刚播下的种子或作物的地下部分，造成缺苗断垄，吐丝卷叶结苞咬食叶片。应选用胃毒剂防治，如敌百虫、灭幼脲、氯虫苯甲酰胺、氟啶脲、苏云金杆菌、昆虫病毒抑制剂和部分植物源农药。

咀嚼式口器害虫种类很多，为害作物特点也各有不同。食叶性害虫把作物叶子咬成孔洞或缺刻，甚至吃成光秆。钻蛀性害虫，先在作物茎秆或果实上咬一个洞，钻到里边去为害，如：玉米螟（*Ostrinia nubilalis*）幼虫把玉米茎秆蛀伤造成折株断穗状；大豆食心虫（*Leguminivora glycinivorella*）把豆粒咬成破米状；果树上食心虫类能造成果形不正、凹凸不平或猴头果等。卷叶虫类把叶片卷起来结苞躲在里边为害，如：稻纵卷叶螟（*Cnaphalocrocis medinalis*）把叶片纵卷成圆筒状，受害后的叶片形成白色条斑或枯白状；梨星毛虫（*Primilliberis pruni*）把叶片包成"饺子"形，藏在里面吃叶肉。地下害虫类常把幼苗从根茎部咬断再吃，次日便发现幼苗萎蔫状，如：蝼蛄常把幼苗根部咬成"乱麻"状；地老虎常把幼苗咬断拖到土里啃食。

咀嚼式口器的害虫，主要指钻茎、钻果、卷叶虫类，要掌握在钻蛀之前防治，可施用触杀剂或胃毒剂。地下害虫主要在土壤中为害，可用胃毒剂作毒饵、毒谷或毒土进行防治。一些蛾类害虫口器为虹吸式，一般吸食暴露在作物外表上的液体，可将胃毒剂药物制成液体，使其吸食后中毒，达到防治目的。

### 7.1.2 刺吸式口器害虫

刺吸式口器昆虫为害作物叶片一般情况下不会出现残缺、破损，而是导致叶面形成变色斑点，枝叶生长不平衡而卷缩扭曲，因取食刺激形成瘿瘤，同时传播病毒病。应选用内吸性杀虫剂防治，如吡虫啉、啶虫脒、杀虫双、噻虫嗪、呋虫胺、螺虫乙酯、烯啶虫胺、噻虫胺、噻虫啉、氯噻啉、氟啶虫酰胺、氟啶虫胺腈等。

刺吸式口器昆虫为害作物特点是作物表面没有明显残缺或破损，这是因为这类害虫用其口器（口针）刺破植物组织，插到里边长时间地吸取作物汁液和营养，使叶片出现褪绿小斑点，或叶片变红，叶片向背面皱缩、弯曲。如红蜘蛛刺吸后分泌唾液对作物组织及叶绿素起破坏作用，叶片出现褪绿小斑点或叶绿素转变为花青素而使叶子变红。蚜虫成群在叶子背面为害后，叶子细胞生长受到抑制和破坏，形成叶面和叶背生长不平衡而使叶片向背面皱缩、弯曲。叶蝉为害棉花时，叶片出现橘黄色斑点或呈火烧状。防治刺吸式口器的害虫，应采用内吸剂农药，把药喷在作物体上被吸收后传到各个部位，害虫刺吸汁液即中毒死亡。

### 7.1.3 锉吸式口器害虫

锉吸式口器为蓟马类害虫所特有，取食时以上颚锉破作物组织表皮，然后吸取汁液。被害作物常出现不规则的变色斑点、畸形或叶片皱缩卷曲等症状。应选用触杀性杀虫剂和内吸性杀虫剂防治，如辛硫磷、马拉硫磷、抗蚜威、溴氰菊酯、氰戊菊酯和阿维菌素等。

### 7.1.4 害虫的行为特性对杀虫剂药效的影响

不同害虫的行为特性不完全一样，有的是叶面害虫，有的是钻蛀性害虫，有的卷叶为害，有的在虫体外形成蜡质等。不同害虫有效接触农药的时间是不完全一样的。因此，一定要根据不同害虫的行为特性，把握好最佳用药时间，以提高防治效果。另外，还应根据不同农药的作用特性来确定用药时间，例如：昆虫生长调节剂等作用效果较慢的农药，应适当提前使用；内吸性杀虫剂，对于钻蛀或卷叶为害的害虫来说，适当推迟使用农药的时间，也能取得较理想的防治效果。在防治水稻螟虫时，使用有内吸作用的有机磷农药，一般在卵孵高峰期用药较合适，既可以杀死已钻蛀的低龄害虫，也可以杀死后孵化的害虫；若使用只有触杀和胃毒作用的杀虫剂，那么在卵孵始盛期用药，将害虫杀死在钻蛀前，防治效果会更好一些。总之，应根据害虫的行为特性和杀虫药剂的理化性质及行为趋势，将杀虫剂用在害虫对杀虫药剂最敏感的时期和最易接触药剂的时期，提高防治效果。

#### 7.1.4.1 钻蛀性害虫

钻蛀性害虫，如水稻二化螟（*Chilo suppressalis*）、三化螟（*Tryporyza incertulas*）、大螟（*Sesamia inferens*）等，作为一个害虫群体来说，其卵孵化期较长，但作为单个害虫来说，蚁螟从卵孵化到钻蛀的时间很短。桃蛀螟（*Dichocrocis punetiferalis*）为害高粱和向日葵，幼虫孵化后不久就蛀入幼嫩的籽粒内并在其中为害，吃空一粒再转移至另一粒，3 龄前一般都在籽粒内为害；棉花红铃虫（*Pectinophora gossypiella*）初孵幼虫钻蛀棉花青铃约需 20～70min，视铃的日龄不同而不同，幼虫在一个蕾内到成熟而不转移为害；另外有类似特性的还有二点螟（*Chilo infuscatellus*）、桃小食心虫（*Carposina niponensis*）、苹小食心虫（*Grapholitha inopinata*）、梨小食心虫（*Grapholitha molesta*）等。对一个害虫群体而言，在卵孵初期喷药，如果植物表面只有少量的滞药量，喷药后孵化的蚁螟接触到药剂的概率就小，对于触杀性杀虫剂来说，势必影响防治效果。如果喷洒的杀虫剂的持效期较短，那么对卵孵后期的蚁螟防治效果将更差。

#### 7.1.4.2 卷叶害虫

有些害虫是卷叶为害，如水稻纵卷叶螟（*Cnaphalocrocis medinalis*），初孵幼虫爬入心叶或心叶附近的嫩叶叶鞘内啃食叶肉，一般不结苞，幼虫进入 2 龄，有的在心叶基部结苞为害，有的爬至叶尖 3cm 左右处吐丝结苞为害，3 龄后虫苞可达 13cm 以上；棉大卷叶螟（*Sylepta derogata*）初孵幼虫群集在孵化的叶片上取食，留下表皮，2 龄后开始分散吐丝，将棉叶卷起来成喇叭状，并于卷叶内取食；棉褐带卷蛾（*Adoxophyes sorana*）能为害多种植物，幼虫爬到花丛中或新梢嫩叶间隙，吐丝缀连花蕾、幼叶，并潜伏其中为害，幼虫稍大时，将数个叶片用虫丝缠缀在一起，卷成虫苞，继续在苞内为害；拟小黄卷叶蛾（*Adoxophye scyrtosema*）、褐带长卷叶蛾（*Homona coffearia*）、褐卷叶蛾（*Archips eucroca*）、拟后黄卷叶蛾（*Archips micaceana var. compacta*）、白点褐卷叶蛾（*Archips tabescens*）、小灰蛾（*Psorosticha zizyphi*）等是在柑橘树上卷叶及蛀果为害的小蛾类害虫。

与防治钻蛀性害虫一样，用没有内吸作用的杀虫剂防治卷叶害虫时，一定要把握好用药时期，要兼顾到害虫群体的较长卵孵时期和害虫个体的较短暴露时间，将害虫消灭在钻蛀和卷叶之前，错过防治适期，势必影响防治效果。

### 7.1.4.3 非表面害虫

对于表面害虫来说，有的就在叶面为害，像菜青虫（*Pieris rapae*）等，喷雾施药时，害虫接触药液的概率很大，防治效果好。但对于非表面害虫，有些如甜菜夜蛾（*Spodoptera exigua*）、斜纹夜蛾（*Prodenia litura*）等昼伏夜出；有些如小菜蛾（*Plutella xylostella*）受惊即掉入土中；黄曲条跳甲（*Phyllotreta striolata*）幼虫在土中为害根部，难以防治，成虫食叶，受惊就飞；受惊就飞的害虫还有各类盲蝽。喷雾施药时，这些害虫接触药液的概率就很小，这就要求药液在植物表面很好的覆盖，并有较大滞留量，使害虫再次接触植物表面时就能接触到药剂。同时滞留在植物表面的药剂能有效地向害虫转移，并且要保持较长的药效期，才有利于提高防治效果。

### 7.1.4.4 介壳虫类害虫

为害茶树的介壳虫有长白蚧（*Lopholeucaspis japonica*）、蛇眼蚧（*Pseudaonidia duplex*）、椰圆蚧（*Aspidiotus destructor*）、茶牡蛎蚧（*Paralepidosaphes tubulorum*）、角蜡蚧（*Ceroplastes pseudoceriferus*）、龟蜡蚧（*Ceroplastes japonicus*）等，为害果树的介壳虫有吹绵蚧（*Icerya purchasi*）、红蜡蚧（*Ceroplastes rubens*）、糠片蚧（*Parlatoria pergandii*）、矢尖蚧（*Unaspis yanonensis*）、黑点蚧（*Parlatoria zizyphus*）等。介壳虫的共同特点是在虫体外面形成蜡质，用杀虫剂防治介壳虫，一定要掌握好防治适期。如过早防治，尚有较多的卵未孵化，防治效果差；过迟防治，则蜡质增厚，药剂不易渗透虫体，防治效果也差。对于有世代重叠现象的介壳虫，防治难度更大，更难以发挥药剂的防治效果。

### 7.1.4.5 蓑蛾类

还有一类害虫，那就是蓑蛾类害虫，例如茶蓑蛾（*Cryptothelea minuscula*）雌成虫产卵于护囊中蛹壳内，单雌产卵量约 500 粒，多者可达 2000～3000 粒。幼虫孵化后先在囊内咬食卵壳，1～2d 后自母囊排泄孔爬出，腹部竖起迅速爬至枝叶，或吐丝下垂随风飘至附近茶丛上，片刻后即开始吐丝和咬取枝叶碎屑营囊护身，而后取食。随着虫龄增大，护囊也随之增大。幼虫活动、取食时仅头、胸伸出，用胸足爬行负囊行进。初龄时护囊能随腹部向上竖立，稍大后即随腹部下垂，悬挂于枝叶下面。幼虫取食多在清晨、傍晚和阴天，晴天、中午很少取食，常隐藏在茶丛中叶背后。因蓑蛾有护囊保护，药剂难以渗透，势必影响杀虫剂的防效。为害茶树的蓑蛾还有大蓑蛾（*Cryptothele av-*

*ariegata*）、茶褐蓑蛾（*Mahasena colona*）、茶小蓑蛾（*Acanthopsyche* spp.）、白囊蓑蛾（*Chalioides kondonis*）等。

综上所述，要杀死害虫，就必须尽可能多地将有限的杀虫药剂喷洒到害虫所在的部位，这就需要减少流失、减少飘移，使喷洒到植物表面的药液在植物表面润湿展布并尽可能多地滞留在植物表面。施用杀虫剂的方法有很多种，但必须根据植物类型和植物生育期，选择合适的施药方式，杜绝不科学的施药方法，如大水量泼浇、喷雨等。在我国使用最多、最广泛的是喷雾法。用喷雾法施药，一要做到将有限的药液均匀地覆盖在靶标植物表面；二要做到使喷洒到靶标植物表面的药液能够很好地润湿展布，并尽可能多地滞留在植物表面。喷雾的雾滴越小，相同面积的靶标植物上所需要的喷液量就越少，同样用量的杀虫剂的稀释倍数就越小，药液的浓度和药液中表面活性剂的浓度就越高，就越能维持药液较低的表面张力。当药液中的表面活性剂达到或超过临界胶束浓度、药液的表面张力适当小于靶标植物的临界表面张力或与之相仿时，就有利于药液在靶标植物表面润湿展布，并能有较多的滞留量。但在亲水性靶标植物表面，药液的表面张力越小，流失的药液就越多。

# 7.2　作物病原菌

对于农作物病害的防治，在病原菌侵染寄主作物之前进行防治是比较容易取得成功的。在环境条件适宜病原菌或病原菌孢子扩散时，病原菌或病原菌孢子可在短时间内扩散开，并迅速侵入寄主作物。因此，对于保护性杀菌剂，只有在很有限的时间内进行药剂处理才能取得良好的防治效果。在大多数情况下，需要对产生病原菌的场所进行药剂处理，以阻止病原菌的扩散。由于病害发生的时间很难确定，在环境条件适宜病害流行的季节应及早施药，甚至在病害侵染之前施药是上策，以免耽误合适的施药时间。

## 7.2.1　细菌

植物细菌病害主要发生在高等被子植物上，裸子植物和隐花植物上较少，栽培的植物上较多，野生的植物上较少。无论是大田作物还是果树、蔬菜，都有一种或几种细菌病害，禾本科、豆科和茄科作物上的细菌病害比较多，有时这些作物上可以发生 $3\sim4$ 种以上的细菌病害。细菌性病害主要类群有棒状杆菌、假单胞杆菌、野杆菌、黄单胞杆菌、欧文氏杆菌 5 个属。近年来随着设施农业及高端水果业的发展，细菌性病害呈上升趋势，成为生产上的主要病害。如生姜、番茄青枯病，大白菜软腐病，黄瓜角斑病，西甜瓜果斑病，猕猴桃溃疡病，樱桃穿孔病，桃穿孔病，脐橙溃疡病，火龙果疮痂病，水稻白叶枯病等。

### 7.2.1.1　细菌性病害的发生与危害特点

细菌性病害一般为非专性寄生菌，与寄主细胞接触后通常是先将细胞或组织致死，然后再从坏死的细胞或组织中吸取养分，因此导致的症状是组织坏死、腐烂和枯萎，少数能引起肿瘤，这是分泌激素所致。初期受害组织表面常为水渍或油渍状、半透明，潮湿条件下有的病部有黄褐色或乳白色黏胶、水珠状的菌脓；腐烂型往往有臭味。这是细菌病害的重要标志。

（1）斑点型　植物由假单胞杆菌侵染引起的病害中，有相当数量呈斑点状。通常发生在叶片和嫩枝上，叶片上的病斑常以叶脉为界线形成的角形病斑，细菌为害植物的薄壁细胞，引起局部急性坏死。细菌病斑初为水渍状，在扩大到一定程度时，中部组织坏死呈褐色至黑色，周围常出现不同程度的半透明的退色圈，称为晕环。如水稻细菌性褐斑病、黄瓜细菌性角斑病、棉花细菌性角斑病等。

（2）叶枯型　多数由黄单胞杆菌侵染引起，植物受侵染后最终导致叶片枯萎。如水稻白叶枯病、黄瓜细菌性叶枯病、魔芋细菌性叶枯病等。

（3）青枯型　一般由假单胞杆菌侵染植物维管束，阻塞输导通路，致使植物茎、叶枯萎。如番茄青枯病、马铃薯青枯病、草莓青枯病等。

（4）枯萎型　大多是由棒状杆菌属引起，在木本植物上则以青枯病假单胞杆菌为最常见，一般由假单胞杆菌侵染植物维管束，阻塞输导通路，引起植物茎、叶枯萎或整株枯萎，受害的维管束组织变为褐色，在潮湿的条件下，受害茎的断面有细菌黏液溢出。如番茄青枯病、马铃薯枯病、草莓青枯病等。

（5）溃疡型　一般由黄单胞杆菌侵染植物所致，后期病斑木栓化，边缘隆起，中心凹陷呈溃疡状。如柑橘溃疡病、菜用大豆细菌性斑疹病、番茄果实细菌性斑疹病等。

（6）腐烂型　多数由欧文氏杆菌侵染植物后引起腐烂。植物多汁的组织受细胞侵染后通常表现出腐烂症状，细菌产生原黏胶酶，分解细胞的中胶层，使组织解体，流出汁液并有臭味。如白菜细菌性软腐病、茄科及葫芦科作物的细菌性软腐病以及水稻基腐病等。

（7）畸型　由癌肿野单胞杆菌的细菌可以引起植物的根、根颈或侧根以及枝杆上的组织过度生长，形成畸型，呈瘤肿状或使须根丛生。假单胞杆菌也可能引起肿瘤。如菊花根癌病等。

细菌与真菌的区别主要在于真菌受病植物一般症状有霉状物、粉状物、锈状物、丝状物及黑色小粒点，而细菌则无。这是田间诊断的重要依据。由细菌引起的病害种类、受害植物种类及危害程度仅次于真菌性病害，而且近年来呈上升趋势。

### 7.2.1.2　细菌性病害的传播与流行

木本植物上，病原细菌可以在树干、枝条和芽鳞内越冬，引起下一年的侵染。草本植物的细菌病害，大致有以下侵染来源。

（1）种子和无性繁殖器官　许多植物病原细菌可以在种子或无性繁殖器官（包括块根、块茎、鳞茎等）内外越冬或越夏，是重要的初侵染来源。随着带菌种子和种薯的调运，病害可以传播到其他地区。水稻白叶枯病、柑橘溃疡病、马铃薯环腐病和甘薯瘟等病害的病区扩大，以及世界各地许多作物上发生类似的细菌病害，都证明与病原菌随着种子、种苗和种薯的调运和传播有关，因此，种子和种苗带菌成为植物检疫中的一个首要问题。

(2) 土壤　植物病原细菌单独在土壤中的存活期一般很短，即使是软腐欧文氏杆菌在灭菌的土壤中存活时期较短，但在未灭菌的土壤中也只能存活几十天。青枯病和冠瘿病的病原细菌在土壤中可以长期存活并作为侵染来源。这两种病原细菌在植物根围土壤中存活时期较长，但只是保持它们的生活力，其致病力也会逐渐减弱，只有在接触到相应寄主植物的根部时，才恢复它们的致病力。土壤微生物群落之间的相互作用也影响病原细菌的存活。因此，有关病原植物细菌在土壤中的存活情况还在进一步研究。病原细菌的存活，要分析是在土壤中单独存活，还是在土壤中的作物残余组织中存活。较多的植物病原细菌可以在病田土壤中的残余组织中存活，但当这些残余组织分解和腐烂之后，其中的病原细菌大都也随之死去。

(3) 病株残余　植物病原细菌可以在病株残余组织中长期存活，是许多细菌病害的重要侵染来源。处在温度较低、环境干燥的残余组织中的病原细菌，存活时期较长。高温高湿可促使残余组织的分解和腐烂，其中的细菌亦将很快死亡。

(4) 杂草和其他作物　植物病原细菌的寄主大多比较专化，杂草和其他作物上的病原细菌作为侵染来源虽不如植物病毒那么普遍，但仍然有着十分重要的作用。此外，一种作物的病菌可以是另一种作物的侵染来源。

(5) 昆虫介体　昆虫介体可以传染多种病害，作为侵染来源虽远远不如植物病毒那样重要，但在果树等木本植物上，介体昆虫的重要性不可忽视。病原细菌在介体内存活和越冬，例如：玉米细菌性萎蔫病菌在玉米叶甲体内越冬；蜜蜂既是梨疫火病的传播介体，又是病害的传染来源；橘木虱是柑橘黄龙病的传播介体。

总的来说，有些植物病原细菌的传播途径和侵染来源比较复杂，有的还要通过不同的研究途径来进一步验证。因此，病原细菌生态学的研究越来越受到重视。植物病原细菌不像有些真菌那样可以直接穿过角质层或从表皮侵入，而只能从自然孔口和伤口侵入。

气孔、水孔、皮木 (孔) 和蜜腺等是细菌侵入的自然孔口。棉花角斑病菌从气孔侵入引起角斑病；柑橘溃疡病菌和桑疫病菌从气孔和皮孔侵入引起柑橘溃疡病和桑疫病；水稻白叶枯病菌通过稻叶水孔侵入；梨火疫病菌则通过蜜腺侵入。

风雨、冰雹、冻害、昆虫、线虫等自然因素以及各种农事操作活动如翻耕、施肥、嫁接、收获及运输等造成的伤口也是细菌侵入的极好途径。一般来说，从自然孔口侵入的细菌能通过伤口侵入；反之，从伤口侵入的细菌不一定能从自然孔口同植物建立寄生关系。例如，大白菜软腐细菌和根瘤土壤杆菌只能从伤口侵入，很少从自然孔口侵入。寄生性弱的细菌一般都是从伤口侵入的；而寄生性强的细菌既能从伤口侵入，又能从自然孔口侵入。在重要的植物病原细菌类群中，假单胞杆菌属和黄单胞杆菌属细菌以自然孔口侵入为主，土壤杆菌属、棒状杆菌属和欧文氏杆菌属细菌以伤口侵入为主，韧皮部杆菌属、植原体属和螺原体则需由昆虫取食造成的伤口侵入。

植物病原细菌在植物体内的分布可分为局部性分布和系统性分布两类。前者细菌局限于薄壁组织，通过细胞间蔓延，并在死亡细胞中繁殖，导致局部性病变如叶斑、腐烂和肿瘤等；后者细菌通过薄壁组织或水孔进入维管组织，主要在维管组织的木质部或韧皮部蔓延。茄青枯病菌在木质部繁殖和蔓延构成萎蔫症状。水稻白叶枯病菌在薄壁细胞中繁殖及蔓延较慢，只能形成局部枯斑，而进入维管组织后则顺着叶脉很快蔓延并形成长条形叶枯症状。

植物病原菌要传染到植物上才能从自然孔口和伤口侵入，它们的传染途径一般也是田间进一步传播的途径。

植物病原细菌的传播途径有雨水、介体生物、种苗、嫁接等。细菌在植物组织中增殖，以菌脓的形式外渗至植物体表，雨露和水滴的飞溅使细菌在植物之间传染。所以许多植物细菌病害的发生轻重同降雨的多少密切相关。此外，病原细菌一般只能在有水的情况下才能成功侵入植物。

传播病原细菌的生物介体有昆虫和线虫。玉米细菌性萎蔫病菌可由多种昆虫传播，其中，玉米啮叶甲是主要传染介体；黄条跳甲、花椿象的成虫、菜青虫、小菜蛾、菜螟、大猿叶甲幼虫等均能携带并传播大白菜软腐细菌；蜜蜂是梨火疫病传染的重要介体；柑橘黄龙病的传播介体是木虱。线虫介体中比较肯定的是小麦粒线虫传播小麦蜜穗病。

此外，线虫同一些病原细菌如青枯病菌、棒状杆菌形成复合病原。一些植物病原细菌可以在种子或无性繁殖材料（块根、块茎、鳞茎）内外越冬越夏，随着种子和苗木的调运而传播。水稻白叶枯病菌、柑橘溃疡病菌、马铃薯环腐病菌、甘薯瘟病菌等均可通过种苗扩散的方式进行远距离传播。植原体、木质部难养菌和韧皮部杆菌可通过嫁接而传染，并随嫁接而远距离传播，施用含有这些病原菌的未腐熟肥料也能传染给无病田块。其他病原细菌在土壤中存活期较短，但可在病残组织中存活，病残体中的病原细菌在低温及干燥的条件下存活期较长。所以妥善处理病残组织可起到抑制病原细菌传播的作用。

### 7.2.1.3 细菌性病害的施药方式

细菌性病害是影响我国农业生产的重要病害。全世界细菌性作物病害约有 500 多种，我国主要的细菌性作物病害有 60～70 种。细菌性病害常造成严重损失，据估计，每年全世界马铃薯因细菌性病害减产 25%。为了提高农作物产量和品质，植物病害的控制显得尤为重要。细菌性病害的防治与真菌性病害的防治，在施药方式上区别不大，主要包括茎叶处理、种子处理、土壤处理。

（1）茎叶处理 茎叶喷雾处理是防治细菌性病害的主要施药方法，也是当前使用最为广泛的一种措施，如可用于防治穿孔病、角斑病、软腐病等；适用农药剂型多，商品化品种最多的乳油、可湿性粉剂等均主要用来兑水喷雾。但也具有不少缺点，包括：工效低，受水源限制，兑水使用会增加保护地空气湿度，并于叶面产生水滴，而加重高湿病害的传播与发生，同时施药还受天气限制，阴雨天不宜喷药，易人为产生漏喷、重喷现象。因此，目前茎叶喷雾处理也有较多新的施药方式被采用，如喷粉法、熏烟法、烟雾法、涂抹枝干法等。

① 喷粉法　喷粉为传统施药方式，指用喷粉机将粉剂吹散，使其自然飘落，沉降在防治对象和作物表面。喷粉法受天气因素影响大，粉剂易飘失而污染环境并造成浪费，因为受到限制，大田应用的重要性逐步下降。但自 20 世纪 80 年代以后，随着保护地的兴起，喷粉法重新受到青睐。保护地使用粉剂的粉细度要求 $10\mu m$ 以下，填料密度小，并含分散剂，药粉具良好的分散性，通常称"粉尘剂"。粉尘剂一般与专门器械配合使用，如丰收 5 号、丰收 10 号或简易手摇喷粉器等。阴雨天可照常喷粉，不会因风吹而大量飘移。分散性好，防效高。因粉粒细度小，含分散剂，可飘浮、沉积于棚体各处、植株叶片正反面，能对广泛散布于棚内的病菌孢子起杀除、抑制作用。一般不会产生药害，不增加棚内相对湿度和叶面水分，不利于病原菌的侵染和扩展。

② 熏烟法　熏烟法指使用烟剂在密闭或相对密闭的环境中防治病虫的施药方式。烟剂由原药、助燃剂、氧化剂、阻燃剂等成分组成，通过点燃后发烟，产生微粒在空中形成气溶胶，在保护地内扩散，最终均匀沉积在内部各处。该法也是一种理想的保护地施药方式，正逐步得到普及。该法不需药械，操作简便，省工省时，成本低廉。药剂分散度高，包括墙面、棚顶、土面和靶标植物叶片正面与反面均可着药，药效高。不会增加保护地内空气相对湿度，不受天气条件限制，阴天、雨雪天均可使用。

③ 烟雾法　烟雾法是指用专门的施药机具——热雾机，通过产生一种高温高速气流将农药吹散成烟或雾的一种施药方式，其原理类同于发动机排气管。一般液体品种分散为雾，固体农药则分散为烟，烟雾粒径为 $0.5\sim10\mu m$。可用作烟雾剂的剂型有油剂、热雾剂，或者将乳油、可湿性粉剂等与专用发射剂结合，热雾剂和发射剂已在山东的几家农药厂投产。热雾机也已有不同类型和规模，适用于保护地的手提式热雾机成本正在降低，正在大力推广普及，在保护地具有广阔的应用前景。该法适用的品种和剂型多。因药剂迅速被释放到大气中，温度短时间内降低，接触高温的时间仅为 $0.2\sim0.5ms$，来不及分解而影响药效。适用于大多数农药品种，配合发射剂使用可适用于乳油、可湿性粉剂等剂型；该施药方式药剂粒径小，穿透力强，且可长时间滞留，药剂分散好，可在棚内各处、植株各部分附着，对棚内各处存在的病原孢子均可杀除。且不增加空气湿度，不受天气限制等。

④ 涂抹枝干法　涂抹枝干法主要用于防治流胶病、溃疡病等。

（2）种子处理　种子处理是控制种传病害最为经济有效的预防方法之一。主要用于防治重茬和死棵等土传病害，包括青枯病、根肿病、姜瘟病、茎基腐病、软腐病等。

① 晒种　晒种可提高水稻种子的发芽率，促进种子的活力，同时可杀死种子表面的一些病原物。晒种时间要选择光照充足的好天气，种子摊铺要薄，要定时翻动，晒种时间控制在 3d 即可，晒种完毕之后 $1\sim2d$ 再播种。

② 温汤浸种　采用一定量的热力杀灭病原物而不伤害种子发芽。温汤浸种分为冷渍温浸和干种温浸 2 种。冷渍温浸：先将水稻种子放在冷水中浸 1d，后捞出再放入 $45\sim47℃$ 温水中浸 5min，再放入 $52\sim54℃$ 温水中浸 10min，然后将种子取出立即用冷水冷却，再摊开阴干，或直接催芽播种。干种温浸：将干种子直接放入 $57\sim60℃$ 温水中浸 10min，然后取出立即用冷水冷却。

③ 等离子机处理种子　等离子机是采用高压电弧等离子体辐射与交变电磁场作用相结合，构成了种子处理系统。经过等离子机处理后，种子生命力被激活，种子的离子交换能力、酶的转化、可溶性糖和可溶性蛋白等内部活性物质增强，能增强抗逆和抗病性，促进作物生长。

④ 药剂浸种　水稻种子在催芽播种前，进行药剂浸种消毒，是预防水稻病虫害的措施之一，浸种药剂可选用杀菌剂和杀虫剂。推荐药剂为50%氯溴异氰尿酸（独定安）、叶枯唑、噻菌铜等。首次施药混用熵茂或碧护等植物生长调节剂效果更好。

⑤ 药剂拌种　水稻种子药剂拌种对一些土传病害和害虫有很好的防治效果。

⑥ 种子包衣处理　种子包衣可防治种传病害、土传病害，以及控制地下害虫和苗期害虫，且持效期长。

（3）土壤处理　主要用于防治根肿病。十字花科作物整个生育期均能感染根肿病，幼苗期植株2～6片真叶时根部的表皮层较薄，根肿病菌易侵染并且快速发展，6叶期以后病菌侵染速度减慢，一般病菌侵染9～10d可在根部形成肿瘤，受侵染越早发病越重，因此苗期是防治重点。穴盘基质育苗技术能有效避免污染土床的病菌侵染，培育无病壮苗，使用安全不带菌的育苗基质至关重要。

① 灌根处理　在发病初期进行灌根。发病初期灌50%敌枯双可湿性粉剂800～1000倍液，或用72%农用硫酸链霉素可溶性粉剂4000倍液，或50%虎胶肥酸铜可湿性粉剂400倍液，或77%氢氧化铜可湿性粉剂400～500倍液，或25%络氨铜水剂500倍液，隔7d灌根1次，连续灌根2～3次。

② 纳米材料冲施　使用纳米材料冲施土壤，不仅有利于病害如青枯病的控制，同时还可以补充土壤中所缺失的一些微量元素，促进植株生长，对一些土传病害的侵染起到抑制作用。

### 7.2.2　真菌

植物病原真菌是指那些可以寄生在植物上并引起植物病害的真菌。许多真菌是野生和栽培植物的病原菌，引起植物病害，造成农作物生产的经济损失或生态被破坏。在植物病害中，由真菌引起的病害数量最多，占全部植物病害的70%～80%。作物上常见的黑粉病、锈病、白粉病和霜霉病等，都是有真菌引起的。

#### 7.2.2.1　真菌病害的发生与危害特点

植物被真菌侵染后，常在发病植物表面出现种种病变，常见的症状有变色、坏死、萎蔫、腐烂和畸形等。在潮湿条件下，还可在病变部位看到丝状物、粉状物、锈状物、霉状物、絮状物或颗粒状物，有时还能看到菌核，这是真菌病害的显著特点，也是判断真菌性病害的主要依据。因此，可选用广谱性杀菌剂，如多菌灵、甲基硫菌灵、代森锰锌、甲霜灵、百菌清、嘧菌酯、苯醚甲环唑、丁香菌酯、吡唑醚菌酯等进行防治。

#### 7.2.2.2　真菌病害的传播与流行

（1）真菌的侵染过程　真菌的侵染过程是指从侵入到发病的过程。侵染是一个连续性的过程，一般分为接触期、侵入期、潜育期和发病期 4 个阶段。

① 接触期　指真菌从休眠状态转变为活跃的侵染状态或者从休眠场所向寄主生长的场所移动以准备侵染寄主。

② 侵入期（penetration period）　指真菌侵入寄主到建立寄生关系为止的这段时间。真菌有各种不同的侵入途径，既可以从角质层或表皮直接侵入，又可以从气孔、水孔等自然孔口侵入，还可以从伤口侵入。外界环境条件、寄主植物的状态和反应，以及病原物侵入量的多少和致病力的强弱等因素，都可能影响病真菌的侵入或寄生关系的建立。

③ 潜育期（incubation period）　指真菌的侵入和初步建立寄生关系到出现明显症状所需的时间。潜育期是真菌在植物体内进一步繁殖和扩展的时期。有的局限在侵入点附近扩展，有的扩展的面积大，有的扩展到几乎整个植株而引起全株性的侵染。各种病害潜育期的长短不一，短的只有几天，长的可达一年，有些果树和树木的病害，病原物侵入后要经过几年才发病。每一种病害潜育期的长短大致是一定的，但可因真菌致病力的强弱、植物的反应和状态，以及外界条件的影响而改变，所以往往有一定的幅度。

④ 发病期　指症状出现后病害进一步发展的时期。病害发生的轻重也受以上所述各种因素的影响。病害发展到一定时期，真菌可以产生孢子或其他繁殖体传播。

（2）真菌的病害循环　真菌的病害循环（disease cycle）是指一种病害从前一个生长季开始发病到下一个生长季节再度发病的过程，包括真菌的越冬越夏、真菌的初侵染和再侵染、真菌的繁殖和传播 3 个阶段。

① 真菌的越冬越夏　真菌可以在土壤、带病种子、病残组织和带病枝叶中越冬，有许多真菌还可以形成特殊的组织和孢子越冬越夏，如小麦锈病菌可形成冬孢子和夏孢子越冬越夏。

② 真菌的初侵染和再侵染　有些病害在整个生长季节中只有一次侵染，但更多的病害则可以发生多次侵染。在后一类病害，由真菌越冬或越夏引起的最初的侵染，称作初次侵染。经过初次侵染后发病的植物，上面产生的孢子或其他繁殖体传播而引起的侵染则称为再侵染。

③ 真菌的繁殖和传播　真菌的繁殖分为无性繁殖和有性繁殖。无性繁殖是指真菌营养体以裂殖、断殖、芽殖的方式繁殖，或从营养体上产生无性孢子繁殖。有性繁殖指真菌产生有性孢子繁殖。大多数植物病原真菌的无性孢子在它的生活史中往往可以连续产生，一般来说，对一种病害在生长季节中的传播作用很大。而真菌的有性阶段只产生一次孢子。植物病原真菌有性阶段的孢子多半是在侵染的后期或者经过休眠期以后产生，往往是病害最初侵染的来源，但对病害在生长季节中的传播作用则不大。有些真菌的生活史中没有或未发现有性阶段，还有些没有无性阶段，也有在整个生活史中不产生任何孢子的。自然界中真菌的传播方式多种多样，既可以通过气流、水流传播，也可以通过风雨和昆虫传播，还可以通过农事操作和人为传播。

### 7.2.2.3　真菌病害的施药方式

杀菌剂的施用方法有多种，其中最主要的是茎叶喷雾处理、种子处理、土壤处理。

（1）茎叶喷雾处理　茎叶喷雾处理是防治作物生长期气传病害最主要和最有效的施药方法，如白粉病、锈病、霜霉病和各类叶斑病等病害都适用于该方法。茎叶喷雾可在植物的表面形成一层有效的保护性残留药层，因此，防病的效果较好。在喷雾中加入降低表面张力的表面活性剂能够得到较好的展着，加入有较好黏着能力的化合物则能够提高杀菌剂在植物表面的黏着。

杀菌剂要达到好的防治效果，施药者应该了解杀菌剂和所防治植物病害的生物学特性，有针对性地进行喷洒。喷施非内吸性杀菌剂时，不仅需要保证药液能够喷施到所有需要保护的茎叶，而且还需要在茎叶表面形成均匀的药膜，对在叶背面发生的病害，还要将药剂喷施到叶片背面。虽然内吸性杀菌剂具有在植物体内再分布的特性，但是常见的内吸性杀菌剂主要在质外体系输导，只有喷施到植物嫩茎和叶腋处的药剂可以被吸收，随水分和无机盐输导到上部功能叶片，而喷施在叶面的药剂只能沿着叶脉方向朝叶尖和叶缘输导，不能从一张叶片向另一叶片传导。叶面喷洒杀菌剂除了需要喷施均匀外，还要注意使药液尽可能多地沉积在植物的茎叶上。喷施的药液雾滴较小时有利于在叶面沉积，大雾滴容易在风的作用下从茎叶上滚落到土壤中。因此，一般喷雾器的喷孔直径控制在 0.7～1.0mm。小雾滴喷雾不仅有利于药液沉积，且能更好地分布均匀。

近年来，随着技术的发展，飞机施药也渐渐普及。和传统喷雾器施药方法相比，其有如下优点。

① 作业效率高，适用于大面积单一作物、果园、草原、森林的施药作业，尤其对爆发性、突发性病害的防治很有利。

② 不受作物长势限制，在作物生长的中后期，地面施药机械难以进入，以及对地面喷药有困难的地方，如森林、沼泽、山丘及水田等用飞机施药法较为方便。

③ 用药量少，不但可用常量、低容量喷雾，而且也可用超低容量喷雾。

（2）种子处理　许多植物病害是由种子（包括苗木、块根、鳞茎、插条及其他繁殖材料）携带传播。种子处理旨在用化学药剂杀死种子传播的病原物，保护或治疗带病种子，使其能正常萌芽，也可用来防止土传性病原物的侵染。采用保护性杀菌剂处理种子，可以消灭种子表面黏附的病菌或保护种子的正常萌发，也可以使幼苗免受土传病菌的侵染；采用内吸性杀菌剂处理种子，除上述作用外，还可以消灭潜伏在种子内部的病菌，治疗带病种子。持效期长的内吸性杀菌剂还可以通过种子吸收，进入幼芽并随着植株生长转移到植株的地上部位，保护枝叶免受气流传播的病菌侵染。

以种子带菌为唯一侵染来源的系统性病害，如禾谷类作物黑穗病、条纹病、水稻恶苗病等只有种子处理才是最有效的方法。一些以种子和其他途径同时传播的植物病害，如水稻稻瘟病、白叶枯病、细条病和大麦网纹病等进行种子处理可以有效减少初侵染来源，推迟发病，降低病害流行程度。

由于种子的体积小，比较集中，容易在人为控制条件下进行药剂处理，能够比较彻底地消灭病原菌，所以种子处理是植物病害防治中最经济、最有效的方法。常用的种子处理方法有浸种、拌种和种衣法。

① 浸种　种子浸泡在杀菌剂药液中一定时间，沥出种子晾干即行播种。安全性低

的杀菌剂浸种后有的还要求清洗，防止药害。为了药剂与种子均匀接触，保证药效，用于浸种的药液必须是真溶液或乳浊液，不溶于水的可湿性粉剂浸种时会发生不均匀沉淀，不宜作为浸种剂。浸种的药液一般以浸过种子 5～10cm 为宜。药剂品种及其药液浓度、浸泡时间和温度是影响药效和可能造成药害的 3 个主要因子。其中两个因子一定时，药液浓度增加或浸泡时间延长或浸泡药液温度提高都会提高效果或增加药害的可能性。为增强药剂的渗透力，提高药效，可把药液加热到一定温度后浸种，这是热力和化学处理的结合。此法的优点是可减少药剂的消耗量和缩短浸种时间。所用浓度可比普通浸种用的低。浸种消毒比较彻底，但浸种后种子不能堆放，晾干后应立即播种。

② 拌种　拌种处理可以分为干拌和湿拌。干拌的药剂必须是粉状的，使用干燥的药剂和种子有利于所有种子表面均匀黏附上药粉。一般传统多作用位点杀菌剂的有效成分用量是种子重量的 0.2％～0.5％。活性高的现代选择性杀菌剂如三唑醇做小麦拌种时，只用种子重量的 0.012％。为了防止在拌种时药粉的飞散，大量拌种时应该用拌种箱（机），少量拌种时可用塑料薄膜袋进行。药粉和种子要分别分次加入（3～4 次），封盖（口）后充分混合。

随着活性高的现代选择性杀菌剂发展，湿拌成为越来越普遍的拌种方法。使用的杀菌剂制剂一般是胶悬剂，也可以是乳油和可湿性粉剂。根据种子量先用适量的水将药剂稀释，再用喷雾器械将药剂均匀喷施在种子表面，并同时搅拌。湿拌的种子不像浸泡处理的种子需要立即播种，可以通过晾干或干燥后储藏。

拌种法可提早在播种前数个月或一年进行，以延长药剂的作用时间。拌过药的种子要加鲜艳的着色剂起警戒作用，以免在储放时与粮食、饲料混淆，造成事故。

③ 种衣法　种衣法就是使用种衣剂对种子包衣处理的方法。种衣剂在加工过程中添加了成膜剂、黏着剂等，经过处理的种子在表面包上一层药膜，由于种衣剂中含有黏结剂而使药剂不易从种子表面脱落。播种后药剂缓慢释放，可连续不断地进入植物体内，使其能维持较长时间的防病作用，甚至运转到地上部防治气流传播的病害。这些药剂的作用方式不同，有的起到保护作用，有的进入植物体而起治疗作用。

（3）土壤处理　土壤是许多病原菌（包括线虫）栖居的场所，是许多植物病害初次侵染的来源。例如蔬菜、果树幼苗猝倒病，棉花苗期病害（立枯、黄萎、枯萎病），麦类作物立枯病等重要作物病害都是由土壤带菌传染的。土壤处理显然是防治这些土传病害最有效的方法。在种植前，一些挥发性的杀菌剂（土壤熏蒸剂）经常被用来熏蒸土壤，以减少线虫、真菌和细菌的侵染接种体数量。一些杀菌剂则作为粉剂、颗粒剂采用土壤浇灌等方式使用到土壤中防治幼苗的猝倒、苗疫、冠腐和根腐以及其他病害。保护性杀菌剂在土壤中使用可以杀灭土壤中病原微生物。在播种前或播种时使用可以保护种子萌发时的幼根和胚芽不被侵染；在植物生长期使用可以防止病菌根部和茎基部的侵染。现代内吸性杀菌剂由于活性高、选择性强、持效期长，可以在种植前一次性用于土壤处理而达到一个作物生长季节的防治效果。在某些例子中，叶部病害（如霜霉病和锈病）也可在种植前使用杀菌剂（如甲霜灵和三唑醇等）于土壤中达到防治的效果。土壤处理的方法包括浇灌法、沟施法、撒布法、注射法。

① 浇灌法 用水稀释杀菌剂，使用浓度与叶丛喷雾浓度相仿，单位面积所需药量以能渗透到土壤 10～15cm 深处为准。一般防治苗期猝倒病、根腐病或土表感染的病害，在作物出苗前、后灌施土壤表面，用量为每平方米土面浇灌 2.5～5L 药液。

② 沟施法 杀菌剂施于作物播种沟中，或施于犁沟中，一般将药剂施于第一犁的沟底，继而盖以第二犁朝上的土壤。覆盖的土壤应该整碎，黏重结块的土壤使用此法效果较差。

③ 撒布法（翻混法） 把药剂尽可能均匀地撒布土表（也可结合施肥进行），随即翻入土层与土壤拌匀。此法也可用于挥发性较低的药剂，如五氯硝基苯、棉隆等。

④ 注射法 用土壤注射器每隔一定距离注射一定量的药液，每平方米 25 个孔（孔深15～20cm），每孔注入药液 10mL。药剂浓度可根据药剂种类、土壤湿度和病菌种类而定。

（4）其他施药方法 在作物生长期防治气传病害，除了喷洒的方法以外，还可以根据药剂性质和植物的类型采用其他施药方法。例如防治果树、森林病害时，可采用内吸性杀菌剂对树干进行吊水处理。吊水法就是在树干基部钻斜孔 1 至多个，药瓶倒挂，把针头插入孔内，使药液慢慢注入树干内部。防治保护地作物和森林气流传播的病害时，可以选用能燃烧发烟或加热挥发的杀菌剂如硫黄、百菌清和三唑类杀菌剂进行烟雾熏蒸。

防治果品储藏病害常用浸蘸的方法。在果品储藏前浸蘸处理，或者在收获后立即用药剂洗果。一些物质，如硫等，可作为粉剂或晶体使用，在储藏期间自行升华；一些化合物，如二氧化硫，则作为气体使用；有些化合物则被直接置于装载果品的箱内或容器中。

### 7.2.3 病毒

病毒是一套（一个或一个以上）核酸模板分子，通常包裹在由蛋白质或脂蛋白组成的一个（或一个以上）保护性的衣壳中，只能在适当的寄主细胞里面组织其自身的复制，而且其能被传播并且可引起至少一种寄主的病害。

关于病毒的记载，最早可以追溯到公元 752 年的日本，此后全世界的文学、绘画等作品中都有记载。19 世纪末 Beijerinck 用细菌透不过的滤器过滤有病害症状的烟草植株，并成功让其再次侵染了其他健康烟草植株，这标志着病毒学的诞生。随着科学技术的发展，20 世纪30～40 年代，科学家们利用电子显微技术和 X 射线结晶学确定了烟草花叶病毒（TMV）的大小和形状。20 世纪后半叶，随着分子生物学的发展，人们利用蛋白质工程和基因工程技术，对病毒的结构、功能和引起寄主植物发病的分子机制有了更进一步的研究，但是仍有很多地方尚待研究。随着病毒研究的深入，各种各样病毒也被报道，现已经有1000 多种植物病毒被发现，并进行了有效的归类。随着现代种植模式的改变，作物病毒病的发生也呈现出了加重的趋势。由于病毒病的特点，其防治也成为植物保护领域的一个难点。

### 7.2.3.1 发生与危害特点

（1）造成经济损失 植物病毒病是农作物的重要病害之一，造成的危害仅次于真菌病害，每年在全世界范围内都对水稻、烟草、蔬菜能农作物造成严重的损失，尤其是近年，其发生的频率也越来越高。在东南亚，水稻东格鲁病毒、齿叶矮缩病毒对水稻造成16 亿美元的损失。在非洲，木薯花叶病毒对木薯造成 20 亿美元的损失。在英国，马铃薯卷叶病毒、Y 病毒（PVY）、X 病毒（PVX）等对马铃薯造成 3000 万～5000 万英镑的损失。在我国，南方水稻黑条矮缩病（SRBSDV）2009～2010 年在水稻产区大面积爆发，造成严重的水稻产量及质量损失。另外，病毒还会通过多种细微的方式来影响植物而不产生明显的病害，因此除了产量的损失外，还会造成品质和植株活体的下降，如大小、形状、色泽等外观品质的下降，保存品质的下降，生长的减缓和生长势的减弱。

（2）病症特点 病毒在植物体内自我复制的过程中，会影响到寄主植物的代谢，如光合作用速率的下降、呼吸速率的上升、一些酶活性的提高和植物生长调节剂活性的降低或提高等，而这些生理生化的变化会直接影响到植株外观状态的改变，形成病毒病害一些典型的症状。这些病症也是一般诊断植物病毒病害的初始依据。主要症状如下。

① 变色 植物被病毒侵染后局部或全部失绿或者发生颜色的变化，主要表现在：

a. 明脉 叶片的部分主脉和次脉明亮或半透明化，一般出现时间较短，后期发展为斑驳或花叶症。

b. 褪绿 由于叶绿素的合成受阻而使叶片颜色变浅，植物绿色部分（整株、整个或者部分叶片和果实）均匀变色。

c. 斑驳 在叶片、花或果实上呈现出不同于本色的、隐约的块状或近圆形斑，斑缘界限不明显。主要出现在双子叶植物上，少数单子叶植物上也能见到，一般后期发展为花叶症。

d. 花叶 叶片发生不均匀的褪色，形成不连贯、无规则的深绿色、浅绿色甚至黄绿色相间的斑纹，不同颜色间界限较清晰，有时会有深绿色突起。

e. 沿脉变色或脉带 沿叶脉两侧平行的褪绿或增绿，有时也会褪绿或黄化。

f. 条纹、线条与条点 单子叶植物的平行叶脉间，出现浅绿色、深绿色或白色为主的长条纹、短条纹或由小而短的条及点连成虚线样的长条。

g. 碎色 有的植物画板上有斑点或纵向条纹。

h. 黄化、红化 叶片的局部或全部变为黄色或红色。

② 环斑 在叶片、果实或茎的表面形成单线圆纹或同心纹的环。全环、半环或是近封闭的环，多数为褪色的环，也有变色的环。褪色的环有的可以发展成坏死环。主要表现在：

a. 环斑 全环或由几层同心圆组成的同心环。

b. 环纹 未封闭的环，有时几个未封闭的环连成屈膝状。

c. 线纹 不形成环，有的呈长条状坏死。有的在后期，线纹连接起来，在全叶形成橡树样轮廓的纹，也称橡叶症。

③ 畸形　植物的叶片、花、枝、果等生长受阻或过度增生而造成的形态异常。主要表现出以下情况：

a. 线叶　叶片变细长，有时仅残留主脉似线条样。

b. 蕨叶　叶片变细、变窄，似蕨类植物叶片。

c. 带化　叶片似带状。

d. 卷叶　叶片上卷或下卷，纵卷或横卷。

e. 疱斑　在叶面或果实上有凸起和凹下部分，表面不平，形成疱症，往往凸起的部分颜色变深。

f. 皱缩　叶面褶皱不平，往往变小。

g. 耳突或脉肿　在叶背的叶脉上或在茎的维管束部分长出凸起状物。在双子叶植物叶片背面有时出现典型的耳状凸起物故称耳突。烟草曲叶病叶背易现此症状。在单子叶植物叶背、叶鞘和茎上出现黄白色、绿色，最后变成黑褐色的线状、短条状或圆珠状的凸起称脉肿，水稻黑条矮缩病、水稻瘤矮病和水稻齿叶矮缩病常现此症状。

h. 畸叶　非正常外形的叶片称畸叶。有的似圆扇，有的呈鼠尾状或不定形状。

i. 小叶　叶片瘦小。

j. 丛顶　从单一幼芽生长点部位抽出许多瘦小的枝条，顶端优势丧失，植株节间缩短、矮化。

k. 簇　主要指草本植物从根茎部位或其他生长点部位抽出许多分蘖或簇生腋芽，植株矮缩。

l. 扁枝　树干或枝条由圆柱状变成扁圆柱状。

m. 肿枝　枝条肿大如棒状。

n. 茎沟　发生在树皮下，呈现小的凹陷条斑。

o. 肿胀　病部长出瘤状物。

p. 花变叶　花瓣变成窄叶片状，同时失去原花瓣的颜色，多数变成绿色。

q. 拐节　节部别扭，使两节间形成角度，如糜疯麦。

r. 矮化　植株的节间缩短或停止生长。

s. 矮缩　植株不仅矮化，同时皱缩，往往变小。

t. 畸果　果实变形。

④ 坏死与变质　坏死指植物的某些细胞或组织死亡。变质指植物组织的质地变软、变硬或木栓化等。

a. 坏死斑　植物局部细胞组织死亡，形成坏死斑点。

b. 坏死环　坏死部位为环状，有时是由褪绿环发展而来。

c. 坏死纹　环纹或线纹坏死，有时是由褪绿纹发展而来。

d. 坏死线条纹　主要指单子叶植物上呈现线条状组织坏死，有时出现点状断续条纹坏死。

e. 沿脉坏死　沿叶脉两侧的组织坏死，变褐色或变灰白色。

f. 叶脉坏死　叶脉变色坏死，有的似网纹状坏死。

g. 顶尖坏死　当植物的韧皮部坏死后，植株的生长点或顶芽部分出现组织死亡，也称顶死。

⑤ 萎蔫　植物的维管束由于受到病毒影响，被破坏或者被堵塞而引起供水不足，植株出现萎蔫现象直至死亡。但此病毒症状不常见。如蚕豆萎蔫病毒感染的蚕豆常表现出萎蔫直至枯死。

除了上述明显的外部病症，有些病毒侵染植物后，并不表现出或只是轻微表现出肉眼难以察觉的症状，而是在植物体内浅隐下来。有些病毒侵染会表现出系统症状，在侵染叶片上不出现症状，而是在新长出的叶片上出现症状。有些病毒，如大麦条斑花叶病毒（BSMV）的侵染会诱发玉米的突变率和畸变率（AR）的增加，而且这种 AR 效应可以稳定地遗传，影响玉米的品质。

（3）寄主情况　到目前为止，已经发现了 1000 多种病毒，这些病毒的寄主范围非常广。每种病毒都有一定的寄主范围，不同病毒侵染植物的能力不同，不同植物抑制病毒侵染的能力不同，造成了病毒与植物间多种多样的致病、抗病组合。有的寄主范围很广，有的只能侵染少数几种植物，如：黄瓜花叶病毒（CMV）可侵染葫芦科、茄科、十字花科等 85 科 865 种植物；TMV 除了侵染烟草，也可以侵染番茄、马铃薯、茄子、辣椒、地黄等多种植物，其野生寄主还包括十字花科、苋科、菊科、石竹科、豆科等 36 科 350 种植物。与此同时，有的植物也可以被多种病毒侵染，如茄科、番杏科、苋科、十字花科、藜科、葫芦科以及豆科等。

病毒对不同作物的致病性差异主要取决于作物的基因型。不同作物或同一作物不同品种具有不同的感抗病毒能力，例如，带刺黄瓜（传统品种）相比于无刺黄瓜在同等条件下一般不致病；番茄的各种品种（粉色与红色、抗病与不抗病、不同的抗病程度）感抗病能力不同，致害程度不同。所以作物或者品种的变化，带来的病毒和作物基因匹配上的变化，可能导致新病害的爆发，或使原来的次要病害上升为主要病害。相反地，也可以通过品种、作物的变化，避免或者降低病毒病害的发生。农作物被病毒侵染后，会成为传播给邻近感病寄主或下季作物的毒源。另外，除了农作物，被侵染的野生植物和杂草也是病毒病的一个很重要的来源。

### 7.2.3.2　病毒性病害的传播与流行

（1）传播方式　病毒在田间寄主之间的扩散和流行是病毒病造成危害的首要前提。病毒与作物间长期的协同进化过程，造就了每一种或每一类病毒特有的传播方式。由于病毒本身的特点，绝大多数植物病毒无法突破植物表面结构性的保护组织和植物体内的防御机制，没有主动侵染寄主植物的能力，因此病毒的传播往往通过其他间接的途径将自己导入植物体内，或植物的带毒组织来传播病毒，开始病害侵染循环。

① 介体传播　主要有两类：一是昆虫和螨虫。媒介昆虫的传播是植物病毒病流行主要的传播方式。已知的植物病毒约 70% 可以由昆虫传播。昆虫由于个体小、繁殖快、扩散力强，又与植物关系密切，成为病毒传播良好的介体，尤其是刺吸式口器和刮吸式口器的同翅目、半翅目以及缨翅目昆虫，它们有特有的生活习性和取食方式，是病毒最

有效的传毒介体。这些昆虫包括刺吸式口器的蚜虫、粉虱、飞虱、木虱、叶蝉、介壳虫和刮吸式口器的蓟马。蚜虫是病毒介体昆虫中最大和最重要的种群。蚜虫传播的病毒占植物病毒总数的一半以上。很多蚜虫传播的病毒也是对农作物,尤其是麦类、果树、蔬菜危害较重的病毒种类。如蚕豆蚜和豌豆蚜传播蚕豆坏死黄花病毒。叶蝉和飞虱是我国水稻病毒主要的媒介昆虫,也是玉米、甘蔗、甜菜、棉花和麦类等作物上常见的传毒介体。此两类昆虫传毒还有一个特征,即大多数所传病毒能够在昆虫体内完成复制增殖,传毒昆虫可以作为侵染植物的过渡寄主。如黑尾叶蝉和灰飞虱带毒的卵发育至成虫后仍然可以传播水稻矮缩病毒、条纹病毒,并且通过这种方式传至40代后仍有较高的传毒率。另外,粉虱可以传播木薯双生病毒;蓟马可传播番茄斑萎病毒;甲虫可传播豇豆花叶病毒、雀麦花叶病毒。螨类可传播麦类和果树病毒。二是线虫和真菌。线虫和真菌是土壤中传播病毒的主要媒介。线虫中的长针线虫科、残根线虫科是主要的传毒线虫。线虫传病毒主要危害烟草、马铃薯、番茄、葡萄等作物,主要传播的病毒有烟草脆裂病毒和线虫传多面体病毒。线虫在植物根部取食时,将病毒带入植物体内,引起植物病毒感染。真菌的传毒,直到1960年才被证实,现已证实的介体真菌主要是壶菌目和根肿菌目的油壶菌属、多黏菌属、粉痂菌属中的5个种,能传播番茄丛矮、真菌传杆状、大麦黄花叶、花生丛生等9病毒属和其他30多种病毒。虽然这些真菌的侵染不会对作物造成大的危害,但是可以传播病毒来危害作物。

② 种子、花粉和无性繁殖材料

a. 种子　种子作为种子植物的繁殖体系,起着延续物种的重要作用,而且也是现代农业生产的基础。种子作为商品在大范围内的流通,也是病害大面积流行的重要原因,所以种子是病毒生存、传播理想的材料。现已知约有100多种植物病毒可通过种子传播。种子传播病毒的能力与病毒及作物品种密切相关。病毒的特性和病毒与作物的互作品种不同,作物种子传播病毒的能力不同。如黄瓜花叶病毒可以通过野生黄瓜种子传播,但不能通过栽培黄瓜种子传播。通常情况下,病毒在花期或花期之前感染作物,并随着作物生长发育病毒移动至种子部位,种子带毒率、传毒率会显著提高。烟草环斑病毒和番茄环斑病毒在早期感染的大豆中,大豆种子表现出高百分率的传播,甚至可100%传播烟草环斑病毒。

b. 花粉　花粉作为传播病毒的一种途径,与种子传毒相似。病毒随着作物生长发育,病毒移动至花粉,花粉就携带了病毒,随后通过受精,致使整个种子最后携带了病毒。如大豆花叶病毒的花粉传毒率为2.5%,菜豆普通花叶病毒的花粉传毒率为70%。

c. 无性繁殖材料　在农业生产中,还有很大一部分农作物是通过无性繁殖材料来进行大规模的种植。一般的常见无性繁殖材料有根茎(马铃薯、红薯)、茎段(甘蔗)、不定根(草莓)、枝条(果树、黄瓜)、孢子(蘑菇)。根据农业生产的特点,一些病毒的主要来源就是带毒的无性繁殖材料,如马铃薯的多种病毒病和甘蔗花叶病毒。

(2) 病害流行　植物病毒病的流行是病毒在短时间内在植物间大量传播、发病,并引起一定程度的损失。病毒的发生和流行受到病毒、寄主、介体(或非介体)及环境条件的影响。在农业生态系统中,病害的流行程度是由一系列因子综合决定的,包括病毒毒源总量及致病能力、寄主群体总量及抗病性、气候条件、栽培管理、其他生物因子以及人为、社会因素等。这些因子相互作用，影响着植物病毒病害的发生及发生程度。

① 农业措施　现代农业的发展是伴随着农业技术、农业措施的不断进步而发展的。为了达到更高的效益，会大规模地种植单一作物和单一品种，增加农业机械的使用率，采用适于高产的耕作制度和栽培措施。这些都会不同程度地影响植物病毒生态体系，进而影响病毒病的发生和流行。

a. 耕作制度　为了提高农业生产水平，就要提高土地的利用率，因此，提高复种指数就成了最直接的方法。但是，这种情况下，原有的耕作制度形成的系统生态平衡就会不被打破，为病毒病的流行提供有利或不利的生态条件。一个实例就是，在江、浙、沪一带，水稻种植从单季改为两季，早稻提前播种，晚稻推迟收割，这样就有利于稻灰飞虱种群数量在小麦—早稻—晚稻—小麦的周年种植中不断增加，最后导致 20 世纪 60 年代中期水稻黑条矮缩病的大发生。而 60 年代中期以后，大麦的冬种面积扩大，使正处于第一代若虫的稻灰飞虱在农事操作中被杀死，病毒从小麦到水稻的初侵染环节被切断，进而黑条矮缩病的发生逐年下降。

b. 栽培措施　为了常年种植作物，通过保护地和温室，为作物创造了适于其生长的条件，使人们常年都可以消费到一些不当季的作物，这样也不可避免地影响到病毒、寄主和介体之间的动态平衡，使病毒病发生、流行。如北方冬季在保护地和温室种植的蔬菜，使烟草花叶病毒、黄瓜花叶病毒和马铃薯 Y 病毒及其介体蚜虫能够很好地越冬，造成病毒在黄瓜、菜豆等寄主上终年地不断繁殖，从而加重病毒病的发生。

② 环境　主要环境影响因素有气候、土壤等。

a. 气候　气候条件作为病毒传播流行的一个重要因素，不仅影响寄主作物的生长发育，而且影响介体的生长发育及其习性。温度、光、湿度、气流是主要的气候因子。

温度是最主要的影响介体活动和生长发育的气候因子。温度可以影响蚜虫迁飞时的起飞。过低的温度可以使蚕豆蚜无法拍翅起飞，影响到其迁飞的距离，进而影响病毒的传播距离。温度还可以影响病毒潜育期的长短，在一定范围内，潜育期随温度的上升而缩短。

光与温度有正相关的关系。光能够影响介体昆虫的生长发育。如充足的光照条件能加速黑尾叶蝉若虫的发育，提高成虫的羽化率。

湿度主要影响介体的活动，特别是线虫和真菌等土传介体。湿度较大时，线虫能够增加在土壤中的移动能力，如矛刺线虫必须在土壤中水分超过一定量时，才能传播烟草脆裂病毒。一些介体真菌的孢子也需要水分来增加移动性。

气流对一些以昆虫、螨为介体或借助花粉、种子等传播的病毒病的发生和流行具有重要的作用。气流的方向和大小直接影响了传播的方向和距离。

b. 土壤　土壤作为寄主植物及土传介体的栖息环境，对作物和土传介体起着最根本的影响。土壤的理化性质、水肥条件直接影响到寄主作物的生长发育，进而影响到寄主作物抗病毒病的能力，如：一些蚜虫传病毒病，因为蚜虫喜欢取食生长旺盛的植株，所以这些植株上发病会重；烟草花叶病毒、马铃薯卷叶病毒在氮肥充足时发病重。

③ 人、动物及社会因素　在全球化进程中，世界范围内人和农产品的流通是不可避免的，这也导致包括植物病毒病在内的植物病虫害在全世界范围内传播和发生。据Kahn（1967）报道，1957～1967年间，美国引进的1277种蔬菜中有62％被一种或几种病毒所感染。农业的生产过程中离不开人的参与，现已知，一些病毒如TMV、PVX可通过手、衣服和工具在农事操作中传播，而且通过农机具大范围地流转，病毒也可以进行远距离传播。所以，人类的活动已经影响到农产品生产的安全，为了尽可能地减少这种人类参与其中的植物病毒传播，就需要国家间、政府部门群策群力制定出相关政策，如制定出植物卫生法、实行严格的出入境检疫和开展合作研究等。

动物对植物病毒病的影响主要体现在其传播能力上，除了之前介绍的生物介体外，有些动物也可以传播病毒。如感染TMV的植物组织可以通过动物的皮毛传播，鸟类取食带毒种子后会将未消化的种子远距离排泄至另一地。

此外，从整个社会层面，一些消费习惯的改变和国家农业政策的制定也影响着农产品的种植和流通，这也很大程度上影响了病毒病的传播和流行。

### 7.2.3.3　施药方式

病毒病的防治涉及寄主、介体、病毒本身等多方面，且病毒对作物的危害主要是通过改变寄主植物的生理生化行为来体现，导致病毒病的防治一直是植物病害防治的难题。一般植物病毒病的防治以预防为主，发病以后再进行治疗效果往往不好。现行的植物病毒病的防治方法主要有抗病品种的培育、种子苗木及繁殖材料的无毒化处理、化学防治等，其中化学防治因为缺乏有效的病毒病防控药剂，当植物病毒病发生后很难有效控制，因此植物病毒病的"防"与"治"需要予以同样重视。当然，"防胜于治"，控制病毒病最有效的措施是通过检疫检验等手段，避免带毒种子、栽培苗的使用，从而避免某一病毒病在某一地区的发生。具体施药方式和防治途径如下。

（1）使用无病毒种子、种苗　无病毒种子、种苗的使用是防治植物病毒病的重要措施，例如，在大田中常常使用脱毒马铃薯和脱毒草莓种苗等。对于广大种植户而言，脱毒马铃薯与脱毒草莓种苗现在都较容易购买到；而一些种植大户也可以与具有组织培养条件的实验室或者育苗厂进行合作。对于无毒种子，国内较少提到，但随着PCR（聚合酶链式反应）技术的发展与普及，种子检测已经变得快速、灵敏与经济了。

（2）选用抗病品种　从植物病害有效防治角度讲，使用抗病品种是最简单有效的手段。遗传学的发展和种植抗病品种的优势促进了抗性育种的发展，因此对于一些常发生的病毒病，可以有意识地选择商品性较好的抗性品种进行种植。对于某一品种，特别是抗病品种而言，遗传的一致性常常也是一个弱点，长期使用单一遗传性一致的品种，一段时间后往往导致抗性减弱或者消失，有时也会导致另一病害的发生。所以对于生产者言，一方面需要注重抗病品种的选用，另一方面也需要有意识地进行优良品种的换种。

（3）控制病毒病传播介体——昆虫　在大田生产过程中，通过控制病毒病传播介体——昆虫来进行植物病毒病的防治，效果到底如何很难说，但通过对病毒介体的控制有助于植物病毒病的防治。此措施主要包括对蚜虫、蓟马等的防治以及对土壤中线虫的防治两个方面。在大田生产条件下，可以通过施用杀虫剂来进行蚜虫、蓟马等的防治；通过熏蒸或者灌根等方式来减少土壤中线虫的数量；在炎热的夏季通过一段时间的夏季休耕，以及进行暴晒也能有效地降低土壤中线虫的数量。常见的杀虫剂可以选择乐果；对土壤中的线虫的防治可以选择棉隆等。暴晒是指在潮湿的土壤上覆盖一层透明薄膜，这样在夏日强光条件下可以使表层 5cm 处的土壤保持在 50℃ 左右，这样处理数天能有效地降低土壤中包括线虫在内的植物病原物。

（4）热处理钝化病毒　在大田生产过程中常采用热处理的方法来钝化植物病毒，从而在一定程度上实现对植物病毒病的防治。在育苗过程中，播种前将种子浸泡在 45℃ 左右的热水中处理数分钟至半小时；对于在大棚内生长的蔬菜，当发生植物病毒病后可以采用闷棚热处理数天来钝化病毒。据文献报道，湿度、温度、处理时间是影响闷棚热处理成败的主要因素，所以在实际生产过程中，如果有需要可以尝试性地进行闷棚热处理，并因地制宜地建立较为规范的操作流程。

（5）使用化学农药防治　大田生产中植物病毒病的化学防治较为困难，但仍然可以选择一些农药来处理发病的植株，可选用防治病毒性病害的药剂，如病毒灵、菌毒清、植病灵、氨基寡糖素、盐酸吗啉胍·乙酸铜、菇类蛋白多糖、氯溴异氰尿酸、葡聚烯糖、盐酸吗啉胍和宁南霉素等进行防治，这些农药能在一定程度上减轻或者消除植物病毒病症状。同时，可选用吡虫啉、吡蚜酮和呋虫胺等内吸性杀虫剂防治蚜虫、叶蝉和飞虱等传毒昆虫。化学防治根据其靶标对象主要是用常规的杀菌剂、杀虫剂、杀线虫剂来灭除生物介体，抑制病毒活性的药剂，增强植物抗性的诱导剂等，按照使用的方法，基本都分为地上部茎叶喷雾和地下部药剂处理。

① 地上部茎叶喷雾　不同的作物有不同的冠层结构，叶片也有不同的结构特点，所以不同的作物在进行地上部茎叶喷雾时会有不同的喷雾策略。不管什么喷雾方式，最终的目的都是要让药液均匀地在作物叶片表面或者昆虫体表最大量地持留，以达到最高效的用药效果。现代施药技术的进步，已经可以大大提高农药喷雾的效率，如在大田作物上，机械化喷雾设备和无人机的使用，让农药的利用率大大提升。另外，剂型方面的进步也使农药在更安全环保的条件下，更好地让药液在叶片和昆虫表面润湿展布，甚至能增加药剂持效期，如微胶囊制剂不但能够很好地在靶标上展布，还可以让药液缓慢释放，以增加持效期。现列举两例说明：

抑制病毒活性的药剂有盐酸吗啉胍、宁南霉素、氯溴异氰尿酸等。其中，盐酸吗啉胍能够干扰病毒核酸和蛋白的合成，通过茎叶喷施防治烟草花叶病毒病、番茄病毒病、百香果花叶病毒病等病毒病害；宁南霉素能够破坏病毒粒体结构，提高植株抗病性，通过茎叶喷施防治烟草花叶病毒病、番茄病毒病、大白菜花叶病毒病等病毒病害；氯溴异氰尿酸能够慢慢地释放次溴酸和次氯酸来杀灭病毒，通过茎叶喷施防治小豆花叶病毒病、辣椒病毒病等病毒病害。

诱导植物抗性的药剂有毒氟磷、极细链格孢激活蛋白、混合脂肪酸（83 增抗剂）、氨基寡糖素、甲噻诱胺等。毒氟磷作用于哈本结合蛋白-1（Harpin binding protein-1，HrBP1），通过激活水杨酸（SA）信号通路，使植物产生系统获得性抗性（systemic acquired resistance，SAR），从而发挥抗病毒效应，通过茎叶喷施防治辣椒病毒病、南方水稻黑条矮缩病、玉米粗缩病、烟草花叶病、芋病毒病等病毒病害。极细链格孢激活蛋白诱导作物产生抗性物质，来抵抗病毒侵染，通过茎叶喷施防治烟草花叶病毒病。

② 地下部药剂处理　地下部药剂处理包括种子或其他繁殖体拌种包衣、浸种、灌根。地下部的处理往往结合杀菌剂、杀虫剂或者杀线虫剂的使用，在杀死媒介生物的同时，能够预防病毒，而且一般防治病毒药剂，尤其是诱导抗病型的药剂，都能增强植物活力，使种子或其他繁殖体发芽快、整齐，幼苗健壮。例如，氨基寡糖素作为一种生物农药，通过激发植物自身的免疫反应，使植物获得系统性抗性，可用于蝴蝶兰的兰花叶病毒（*Cymbidium mosaic virus*，CyMV）和齿兰环斑病毒（*Odontoglossum ringspot virus*，ORSV）的脱毒处理，蝴蝶兰组织培养时在芽增殖培养基中加入氨基寡糖素，能够有效脱除两种病毒。

（6）喷施植物生长激素　矮化是植物病毒病的症状之一，通过对矮化植株喷施植物生长激素例如赤霉素等，可以在一定程度上促进植株的生长，削弱病毒病症状。

（7）利用微生物菌肥与有机堆肥　从植物病害生态防治的观点讲，植物病害的发生是稳态的破坏，植物病害的防治是平衡的重建。如何从植物自身出发，增加植物本身的抗性，使植物、环境、病原菌之间的平衡不容易被破坏，并使之处于动态的平衡发展中，这就成为现代绿色农业发展的重要要求。在现代绿色农业生产过程中，需要重视微生物菌肥与有机堆肥的利用。利用微生物菌肥与有机堆肥，既能调节土壤的理化性质，有助于植物的生长，也能调节土壤微生态环境，增加土壤的抑菌活性，诱导植物的抗性，从而增加植物的抗病性。

植物病毒病的防治不但需要根据病毒、传播介体、寄主和环境等因素进行综合考虑，还应从经济、有效、安全的观点出发，确定不同的防治策略，为促进农业增产、农民增收提供坚强的技术保证。

# 7.3　杂草

杂草是除草剂的防除对象。对于杂草的化学防治，靶标可以是杂草种子，目的是防止种子萌发或在种子萌发时即杀死杂草；可以是根系、地下茎或其他地下组织；可以是叶片或者芽；在防治木本植物时则也可以是茎秆。因此，在选择施药技术或施药方式时，除了考虑杂草靶标之外，还需要考虑除草剂及其在靶标的渗透性能和在杂草体内的传导性能。

杂草本身的生育状况、叶龄和株高等对除草剂药效的影响很大。杂草在幼龄阶段根系很少，对除草剂最敏感，此时施药除草效果较好。当杂草植株较大时，其对除草剂的抗性增强，药效随之下降。茎叶处理剂的药效与杂草的叶龄和株高又有着密切的关系。杂草化学防除的理想结果是杂草不出苗，以避免对作物造成危害。采取的策略：一是在作物种植之前使用土壤处理除草剂，例如可以使用氟乐灵防治一年生杂草，在土壤表面进行喷雾处理或使用颗粒剂。但是要注意施用氟乐灵后需立即拌土，以免药剂挥发和光解。二是在播种时或播后苗前使用芽前处理除草剂，进行土壤封闭处理，也可以将土壤处理剂与百草枯等灭生性除草剂混用，因为百草枯既可以杀死已萌发的杂草，又不会对随后萌发的作物幼苗造成危害。土壤湿度较大时土壤处理剂的药效能得到理想发挥，且持效期长，通常在土壤不翻动的情况下，施药一次即可达到防治目的。在作物出苗后，可施用对作物安全的选择性茎叶处理剂除草，在某些情况下，也可以使用灭生性除草剂进行定向喷雾处理，但是需要选择合适的喷头，雾滴不宜太小，以免药液飘移到邻近作物上造成药害。

杂草根据其生活史可分为一年生杂草、二年生杂草和多年生杂草。了解植物的生活史，有利于确定除草剂使用的最佳时间——防治适期。

### 7.3.1　一年生杂草

一年生杂草从种子萌发、开花、结实到死亡在一年内完成。有些一年生杂草在秋天萌芽，早春开花，这些杂草称为冬季一年生杂草，如雀麦、繁缕等；有些则是在春天萌芽，夏天开花，称为夏季一年生杂草，如常见的灰菜、马唐、稗草、苋、苍耳等。了解一年生杂草的类型对于化学除草非常重要，冬季一年生杂草必须在结种前即在秋天或早春施药，夏季一年生杂草必须在晚春或夏天即秋天结实前施药，目的就是在杂草结实前将其消灭，减少来年杂草种群数量。在植株幼小时进行化学防除能够取得较高的防效。

### 7.3.2　二年生杂草

二年生杂草需要两年完成整个生活史。第一年杂草只长叶、根和储存能量，第二年开花、结种，然后死亡。二年生杂草只以种子进行繁殖。与一年生杂草相同，二年生杂草也必须在结出种子前进行化学防除，以防止长出新杂草，例如野胡萝卜、牛蒡属杂草、黄花蒿、益母草等属二年生杂草。

### 7.3.3　多年生杂草

多年生杂草能够生长多年，又有两种类型：一类是能始终见到茎秆的木本植物，包括乔木、灌木和藤本植物；另一类是草本植物，地上部分在秋冬季会被霜打死，包括常见的蓟、蒲公英、苦苣菜、茅、强生草等，植株可以从地下的营养器官如鳞茎、匍匐茎、块茎、根茎和水平根重新长出。许多多年生木本杂草只能以种子进行繁殖，但是有些木本多年生杂草和所有草本多年生杂草都能以营养器官进行繁殖。多年生杂草可以通过匍匐茎、根茎或水平根蔓延至 1m 外。与一年生和二年生杂草比，由于多年生杂草不总是以种子进行繁殖，所以这类杂草的化学防除方法也不同。有些杂草具有水平根或根茎，在地下蔓延传播，除草剂在杀死地上部分的同时，也要杀死地下的营养器官，才能达到除草的目的。由于生活史是多年，所以防治适期与一年生和二年生杂草也不同。例如一年生杂草在幼苗阶段很敏感，但是对于多年生杂草大蓟和小蓟来说，在开花结实阶段对除草剂最敏感。

禾本科杂草有一年生和多年生的；而阔叶杂草，三种生活史类型都有。根据杂草的生活史类型选择适宜的除草剂，并确定防治适期，以最低剂量获得最大的除草效果。这不仅可以节省防治成本，还有利于保护环境。

### 7.3.4 具体实例

#### 7.3.4.1 稗草

1975年国营黄海农场与北京植物所合作对主要稗草类型进行了调查，明确了江苏省稗及其变种稻稗以及两个生态型风稗和毛鞘稗。另外还有孔雀稗和光头稗。据试验，稗和风稗抗药性最强而孔雀稗、光头稗抗药性最弱。其中无芒稗由于落粒性好，易落入土中或混在稻秸中难以清除，所以发展的趋势，但芒稗的竞争力强，造成的损失大。研究发现稗草在有效积温为33.8～49.5℃（生物零度以10℃计）即可达到萌发高峰，根据这个温度指标可以对稗草的发生高峰进行预测；10℃以下低温、45℃以上高温、深水都不利于稗草萌发，表层稗草发芽良好，深层稗草发芽不良，说明采用深水灭稗和浅耕诱杀是控制稗草危害的有效办法。以同叶龄的稗草对除草剂的抗药性不同，1980年江苏省农科院植物保护研究所草害研究室所进行的试验研究结果表明，稗草对除草醚最敏感的时期是露白至芽期，而对杀草丹的敏感时期是芽期至二叶期。在敏感期内防效均可达80％以上。因此了解稗草萌发至三叶期的进程对于预测稗草发生、确定用药时间、检查分析药效具有重要的实践意义。对稗草的传播途径研究结果表明，稗草主要是通过稻种、土壤和灌水三个途径进入稻田的，如图7-1所示。可见，稻田稗草的防除首先应从秧田入手，这是稻田除稗的关键所在，而秧田稗草的防除首先要选择无稗草感染的秧田，精选种子，并且采用化学或人工措施把稗草消灭在秧田期内。

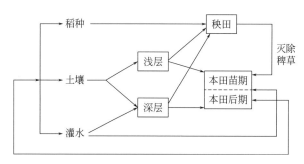

图 7-1　田间稗草的侵染循环

#### 7.3.4.2 扁秆藨草

1973年开始，有学者用2,4-D丁酯、2甲4氯、敌稗、除草醚、苯达松等进行混配试验，同时进行有关的生物学特性研究，结果表明扁秆藨草（*Scirpus planiculmis*）兼行有性繁殖和营养繁殖，而以营养繁殖为主，其球茎繁殖力极强而且难以根除，但也不能忽视其种子传播。因为这是扁秆藨草侵入新稻区的重要方式。扁秆藨草球茎发芽温度为10℃左右，种子发芽温度为16℃左右，球茎一般埋于土层5cm，而且1～5cm土层内发芽良好，这是采用莎扑隆防除扁秆藨草混土深度的依据。扁秆藨草抗药性试验结果表明，扁秆藨草营养体对苯氧乙酸除草剂和苯达松十分敏感，根据 1978 年在国营黄海农场所进行的内吸传导性除草剂镇草宁（N-磷酸基甘氨酸）对扁秆藨草幼苗期至穗茎形成期、穗茎形成期至开花期、开花期至成熟期双向传导性的试验，除草剂首先被输运到生长最旺盛的中心，在 3～4 叶的幼龄期抗药性差，这一时期内进行防除可以取得较好的防效，为确定防除适期提供了理论依据。试验结果表明，除草醚对扁秆藨草实生苗和 3 叶以下的再生苗，配合水层淹没，具有良好的防效，但对球茎的抑制历时 15d 左右。如果采用除草醚加 2 甲 4 氯效果更好。

### 7.3.4.3　牛毛草和球花碱草

江苏省建湖县植保站对牛毛草（*Eleocharis yokoscensis*）的发生条件进行了研究，指示种子的发芽起点温度是 12℃，在此温度下出苗天数为 20d，出草率为 62.5%。适宜发芽温度为 2～25℃，在此温度下出苗天数为 5～7d，出苗率为 87.5%～93.0%。水层对牛毛草的发生有明显影响，具体见表 7-1。由此可见，适当控制水层，避免频繁的干干湿湿能有效地抑制牛毛草发生危害。在盐城市马沟镇对各种秧田茬口进行的调查发现，球花碱草（*Cyperus difformis*）有一个明显出苗高峰，一般在水稻落谷后 2d 左右开始发生，3～4d 进入盛期，5～10d 达到高峰，本田出草规律和秧田基本一致。这些说明牛毛草、球花碱草繁殖的初期是防除适期，采用除草醚或除草醚加 2 甲 4 氯，或杀草丹进行土壤封闭处理可以取得良好的防效。根据牛毛草、球花碱草喜湿怕水又怕旱的特性采取水旱轮作，耕耖诱发实行杂交稻的大苗栽培，坚持深水活棵等农业措施也能有效地抑制牛毛草、球花碱草的发生和减轻危害。

**表 7-1　牛毛草种子在不同水层的发芽及成活情况观察**

| 水层处理 | 项目 | | | | | |
| --- | --- | --- | --- | --- | --- | --- |
| | 入钵日期（月/日） | 接种子数/粒 | 入钵至出苗/d | 出苗期/d | 出苗率/% | 成活率/% |
| 薄水 | 7/4 | 60 | 5 | 7 | 90.2 | 100 |
| 1 寸水 | 7/4 | 60 | 5 | 9 | 81.3 | 92.8 |
| 2 寸水 | 7/4 | 60 | 7 | 9 | 45.5 | 65.2 |
| 3 寸水 | 7/4 | 60 | 10 | 9 | 34.8 | 54.8 |

注：1 寸=3.33cm。

# 7.4　鼠害

啮齿目种类在我国约 170 种，其中常见的有 7 科，即鼠科、仓鼠科、跳鼠科、松鼠科、镭鼠科、竹鼠科和豪猪科，以鼠科和仓鼠科的种类较多，对我国农业生产影响最大。由于啮齿动物的食性、栖息地、活动规律、生活方式等不同，在自然演化过程中形成了各种形态差异，因此在进行鼠害化学防治时要采用不同施药方式。

## 7.4.1 农田害鼠的特性

### 7.4.1.1 害鼠的生活习性

各种鼠对环境的适应能力很不一致，有广泛适应的种类，也有只能在一定条件下存活的种类。栖息环境是指动物在分布区内的生存场所，害鼠对栖息环境是有选择的，如褐家鼠几乎能在各种建筑物和居民点附近的田野中正常生存，属于典型的广布种。狭布种的代表是板齿鼠，只在南方的甘蔗田或稻田栖息。在栖息地内有些地段具有适宜鼠类存活和繁殖的条件（如隐蔽、食物、土壤、气候等），被称为某种鼠的最适栖息地。最适栖息地中鼠密度很高。防治时要特别注意最适栖息地段。评估灭鼠效果时也应把最适栖息地作为重点检查地段。例如北方丘陵缓坡的坡麓是黄鼠的最适栖息地。

栖息地类型可随着气候、耕作、植物等因素而变化。春季比较低湿的地方植物萌发早，可成为鼠类的聚集地，而夏季这些地段被雨水淹没又变成不适栖息地。在某些环境稳定的地方，鼠类可长期保持高密度，称之为鼠类的发生地。即使大面积地段或严重的灾害性气候对鼠类生存不利，鼠的发生地也可能仍保持一定的数量。当条件转好时鼠类会从发生地向外扩散。永久性的高大田埂、梯田，长期不灭鼠的粮仓等都属于这类发生地。在防治鼠害时重点针对这些特点采取有效措施会收到事半功倍的效果。

### 7.4.1.2 害鼠的食物

鼠类是以植物为主要食物的动物，但也吃一些昆虫、蚯、蝎等小动物。由于鼠的个体小，相对散热面积大，为保持恒定的体温，呼吸频率增加，因此对热量和水的需求量较大，为维持生理发育就需不断取食。一般分为广食性和狭食性两类：广食性的鼠类如褐家鼠、黄胸鼠、小家鼠等喜食的种类很多，特别是人的食物均可被其盗食；狭食性鼠类如板齿鼠等只以甘蔗和水稻为食，银星竹鼠基本以竹子的地下茎、嫩茎等为食。由于鼠类栖息的环境食物差异很大，而且鼠类的食物在各季节也有所不同，采用何种食物作诱饵需要有针对性的调查，以确定所用的诱饵种类。在用毒饵灭鼠时，特别是大面积灭鼠时要依据当地当时鼠类的食性，选择毒饵。

### 7.4.1.3 害鼠的越冬习性

我国北方大多数地区的鼠类越冬的方式有 3 种：一是冬眠。在洞内休眠，休眠的鼠类体温下降，呼吸微弱，反应迟钝，处于昏睡状态。依靠秋季体内储存的脂肪越过漫长的冬季。鼠类进入休眠叫"入蛰"，停止休眠叫"出蛰"。这类鼠有黄鼠、跳鼠、旱獭等。二是储粮越冬。秋季鼠类将大量的食物储存在洞穴内，依靠这些存粮越冬。这类动物大多以"家族"方式共同栖居在一起。沙鼠、田鼠、仓鼠属于这个类型。三是迁移。褐家鼠、黑线姬鼠、黑线仓鼠等在冬季迁入附近的村镇、粮垛、防护林、杂草丛生的沟渠以及其他食物比较丰富、地温较高的地方。冬季我国南方的鼠类大多没有明显的越冬行为，但田间野鼠基本停止繁殖。

## 7.4.2 影响鼠害的因素

### 7.4.2.1 农业生产措施对鼠害的影响

在江浙平原，土地精耕细作，加之大部分为水田，鼠害就比较轻。而荒地和很多广种薄收的地方常使鼠类大量滋生，造成严重危害。鼠类喜栖息于不同环境的交界处，例如村边、河旁、林缘、田埂等。如果能经常清理并采取有效措施，鼠类的数量会得到有效的控制。耕作方式对鼠的数量也有很大影响。例如，华北平原有些地方采用套种后，鼠类的隐蔽场所增加，数量随之上升。使用喷灌浇地后，不再漫灌鼠洞，也会使鼠类数量增加。内蒙古后山地区以轮作方式利用耕地，结果弃耕地内长爪沙鼠得到了良好的栖息条件，往往对周围农田造成很大的威胁。反之，在农田林网化、渠道、田埂科学管理之后鼠类减少。及时收运成熟的作物也是减轻鼠害的有效措施。现在一些地区推广综合治理措施，加上合理投放毒饵，已取得良好的灭鼠效果。

### 7.4.2.2 气候因素和环境因素对鼠害的影响

气候是影响啮齿动物最为显著的因素之一，尤其是干旱、暴雨、大雪、大风等灾害性气候直接影响鼠类的生长发育甚至存活。异常的气候有时会造成鼠类大批死亡。春季阳坡的鼠类常比阴坡的活跃。黄鼠在阳坡出蛰期要提前半个月，而盛夏鼠类会因干旱停止繁殖，秋季低温也能使鼠类提早开始储粮。

暴雨、洪水灌入鼠洞能造成大批鼠死亡或迁移。华北民谚"大暑小暑，灌死黄鼠""洪淤一年地，三年没黄鼠"就是指大雨的作用。江淮一带干旱年代的湖地黑线姬鼠数量迅速增加，而湖地受淹，鼠的种群数量急剧下降。

雪和风不仅影响鼠类的活动，还影响鼠的存活。一般降雪对鼠类越冬有利，但若大雪提前或春季雪融后又出现冰冻，鼠类就会失去抗寒能力。

土壤和地形是鼠类选择栖息地的重要因素。土壤是植物生长的条件，也间接对鼠的数量产生影响。大多数鼠种的洞穴是在质地适中、通气良好的土壤上营造的。沙鼠、跳鼠都喜居于沙化严重的地方；鼢鼠、东方田鼠则喜欢低洼的地方；岩松鼠、花鼠多分布在土石山区。

光照是外界环境对鼠类生理调节的信号。鼠类对于光的季节性、昼夜性变化有规律。一些冬眠鼠种当气温未下降到下限和野外食物尚丰富时，就会感知光照的变化而开始休眠。

## 7.4.3 农田鼠害的化学防控

### 7.4.3.1 基本对策

调查当地受害作物受害程度、受害面积及需要防治的指标，了解当地主要鼠种、数量、分布，测算灭鼠后取得的经济效益，制定出可行的灭鼠规划，准确划分灭鼠区及重点消灭对象。

针对主要害鼠的繁殖特点、数量消长规律确定灭鼠时机。一般在繁殖高峰前为防治的有利时期。如：山东的大仓鼠防治的有利时期为 4 月和 7 月；山西的达乌尔黄鼠为 4 月中下旬及 9 月中下旬；南方黄毛鼠为春播前和 8 月比较适宜。

针对害鼠的习性和食性，确定适当的防治方法及适口性较好的毒饵。例如，褐家鼠是家、野两栖害鼠，春季由室内向农田迁移，秋季又向室内迁移；4～11 月多栖居在沟渠两侧、塘基和较高的田埂。黑线姬鼠在旱地、稻田、菜地、绿肥地、小田埂和沟渠两侧打洞栖居，很少进入室内。这两种鼠均喜食稻谷、谷芽，选择饵料时，要投其所好。

计算毒饵用量、投放毒饵用工量以及测算灭鼠后所取得的经济效益。

### 7.4.3.2　农田鼠害防治施药方式

防治鼠害的方法归纳起来可分为防鼠、灭鼠与综合治理三大类。防鼠又称为生态控制。灭鼠包括物理灭鼠、化学灭鼠、生物灭鼠。生态控制以"防"为主，物理、化学、生物灭鼠主要是灭杀。生态控制和防鼠是治本的方法，但在实际工作中往往只注重灭鼠，而忽视了防鼠，仅灭不防或仅防不灭都不可能收到很好的防治效果。所以必须防、灭兼施，综合治理。防鼠措施又称为生态控制法，包括断绝鼠粮、防鼠建筑、建立环境卫生制度，消除鼠类隐蔽住所，控制、改造、破坏有利于鼠类生存的环境条件。从表面上看，改变环境条件并不能直接或立即杀死鼠类，但可减少鼠类增殖，增加其死亡率，从而降低或控制鼠的密度。

用有毒的药物灭杀鼠类，通常是将有毒的药物与水、粮食、蔬菜（如黄瓜、马铃薯等）混合做成毒饵，让鼠食用后中毒死亡，也称胃毒法。也有的使用有挥发性的毒物投入鼠洞后堵上洞口，将鼠熏死于洞内，叫熏杀法。使用驱避剂、绝育剂等化学药物进行灭鼠称为化学灭鼠。使用化学药物灭鼠，投放简便，见效快，又经济，但缺点是容易被其他动物误食中毒死亡，而且可能造成环境污染。

目前国内外可供选择的灭鼠药物达数十种，使用前应根据灭鼠对象、环境、范围、时间，选择适当的药物，以提高灭效，降低投入成本。杀鼠剂采用黏附、浸泡、混合或湿润等方式与饵料混拌成毒饵方可被鼠取食，因为饵料是否对鼠类具有引诱力是能否达到灭效的关键。选择饵料应注意考虑鼠喜食的饵料、选择低成本饵料以及根据不同鼠种在不同地方选择其适当的饵料。例如，草食性的鼠类用草颗粒，仓鼠科鼠类用植物种子和粮食，褐家鼠喜食含水分多的诱饵，小家鼠喜吃比较干的种子并要颗粒比较小为好。

投放毒饵应投放到鼠类经常出没的活动范围内，一般农田害鼠喜栖息于田埂、地边，应重点投放。例如：灭杀洞口明显的鼠如黄鼠，最好将毒饵投放在洞口附近（一般离洞口20～30m）；灭杀仓鼠类采用封锁带式投饵（即沿地边四周向内 10m 范围内投饵），每堆 1g；防治南方害鼠，应采用等距投饵法，将毒饵撒开，增加鼠的觅食机会，提高效率又省工；稻区害鼠多栖居于稻田埂，特别是宽田埂、高田埂栖居数量大，投毒饵时以宽、高田埂为主，小田埂为辅；对鼢鼠采用挖洞投饵。灭杀地下生活的鼢鼠可挖开洞道，将毒饵投入洞道，再将挖开的洞口封严。如果鼠洞不明显，可采用等距离投放或条带投放。使用毒饵筒（或称毒饵盒）灭鼠时，各地可因地制宜，就地取材。

# 参 考 文 献

[1] 陈亮，刘君丽．植物病毒病害与化学防治．农药，2013，52（11）：787-789.

[2] 陈利锋，徐敬友．农业植物病理学（南方本）．第3版．北京：中国农业出版社，2007.

[3] 董金皋，周雪平．植物病理学．北京：科学出版社，2016.

[4] 顾中言．影响杀虫剂药效的因素与科学使用杀虫剂的原理和方法Ⅰ．害虫的生物学特性对杀虫剂药效的影响．江苏农业科学，2005，3：72-77.

[5] 黄玉珂．害虫为害作物特点与防治方法．新农业，1987，4：20-21.

[6] 黄阔．不同纳米材料及施用方式对烟草青枯病的影响．植物医生，2018（4）36：46-47.

[7] 李凡，吴建宇，陈海如．烟草丛顶病研究进展．植物病理学报，2005，35（5）：385-391.

[8] 刘晓舟，赵成德，王疏．浅析影响除草剂药效的因素．辽宁农业科学，2006（增刊）：5.

[9] 匿名．农田鼠害防治技术之一：农田害鼠的形态及习性．农民技术培训，2005，9：21-22.

[10] 施艳，王英志，汤清波，等．昆虫介体行为与植物病毒的传播．应用昆虫学报，2013，50（6）：1719-1725.

[11] 裘维蕃．植物病毒学．北京：科学出版社，1985.

[12] 屠豫钦，李秉礼．农药应用工艺学导论．北京：化学工业出版社，2006.

[13] 汪沛，汤琳菲，雷艳，等．辣椒病毒病研究进展．湖南农业科学，2015（7）：151-154.

[14] 王振中，刘大群．植物病理学．第3版．北京：中国农业出版社，2015.

[15] 吴剑，宋宝安．中国抗植物病毒药剂研究进展．中国科学：化学，2016，46（11）：1165-1179

[16] 谢联辉．普通植物病理学．北京：科学出版社，2003.

[17] 谢联辉．植物病原病毒学．北京：中国农业出版社，2007.

[18] 谢联辉，林奇英．植物病毒学．第2版．北京：中国农业出版社，2004.

[19] 徐汉虹．植物化学保护学．北京：中国农业出版社，2007.

[20] 许志刚．普通植物病理学．北京：高等教育出版社，2009.

[21] 姚景东．昆虫口器类型与化学防治的关系．现代农业，1997（9）：16-17.

[22] 杨洪一，张娜娜，郭世辉，等．植物病毒种传机制研究进展．黑龙江农业科学，2012（6）：150-152.

[23] 袁会珠．农药应用技术指南．北京：化学工业出版社，2011

[24] 张满良．农业植物病理学（北方本）．北京：世界图书出版公司，1997.

[25] 赵培保．保护地蔬菜适宜推广的几种施药方式．甘肃农业，2004，53（3）：18-19.

[26] 周彦．果树病毒载体研究进展．中国农业科学，2014，47（6）：1119-1127.

[27] Roger H. Matthews' Plant Virology. 范在丰，等译校．北京：科学出版社，2007.

# 第8章
# 农药混用的毒理学原理

农药在农业生产上起着重要作用，合理混用是发挥农药经济效益、保证农业高产稳产的重要手段之一。农药混用及其混剂在农药的加工和应用方法中占有十分重要的地位。现在人们对农药的合理混用及其混剂的发展愈来愈重视。农药混用及混剂的发展状况甚至已成为一个国家农药加工及用药水平高低的标志之一。发达国家在农药品种上均采取单剂与混剂并重的方针，有些国家在一种化合物成为商品农药的同时就推出了相应的混剂。农药混剂在中国、日本、美国、英国等国家得到了广泛的应用。

农药混用是指将两种或两种以上的农药混配在一起施用，其伴随着农药的发展而发展。为农药混用而制备出含两种或两种以上有效成分的农药制剂称为农药混剂。农药混剂有两类：最常见的一类是在工厂里将各种有效成分和各种助剂、添加剂等按一定比例混配在一起加工成某种剂型直接施用；另一类是在工厂里将各种有效成分分别加工成适宜的剂型，在施药现场根据标签说明按照一定比例混配在一起后立即施用，有时又称为桶混制剂，意思是在施药器的储药罐中混合的制剂，也称罐混制剂或现混现用制剂，该类制剂有明确的适用作物和防治对象。科学的农药混合制剂具有提高药效、扩大防治对象范围、降低毒性、降低成本等优点。

## 8.1 农药混用的目的和原则

### 8.1.1 农药混用的目的

我国农药混剂的迅速发展，究其原因，主要在以下方面：①进入 20 世纪 80 年代后害虫抗药性的出现已引起人们的高度重视，借助于北美、日本等国农药的混用及混剂研究的成功先例，为给老品种寻找出路，使新合成的农药延长寿命，混剂的研究开始着手进行；②农药混用是农药科学使用的原则之一，合理的混用可以扩大防治谱，提高防治效果，降低防治成本，延缓或减轻抗药性的产生和发展；③对于从事农药研究的人员来说，从混剂的配方筛选到田间试验，只需 1～2 年的时间，研发费用低而效益显著，可以很快取得成果；④开发新农药需要大量的资金而且时间很长，对于我国的农药生产企业而言，多是一些中小企业，不具备开发新农药的能力，但是，混剂的生产具有工艺简单、投资少、见效快的特点，可以很快取得经济效益，符合我国目前的实际情况；⑤使用混剂可以减少农药的使用次数，减少在田间的使用量，因而减少在作物和环境中的残留，有利于生态环境的保护。因此，农药混用或混剂研制的目的主要表现在以下几方面。

（1）延缓和治理有害生物的抗药性　降低某些抗药性风险大的农药品种的田间抗药性，以延缓和治理病虫草的抗药性，延长农药的经济使用寿命，是近几年研制混剂的重要的目的之一。不同类型药剂之间的混用形成多位点的作用机制使靶标不容易产生抗药性，这种现象主要是在不同作用机制的同一大类之间混用，如不同作用机制的杀虫剂之间、不同作用机制的杀菌剂之间等。魏岑等报道了拟除虫菊酯与有机磷农药混配后，能够延缓和治理害虫对前者抗药性的产生。如氰戊菊酯与马拉硫磷的混剂、溴氰菊酯与丙溴磷的混剂等，经过室内的抗药性汰选试验，证明具有延缓抗药性的显著作用。澳大利亚采用增效剂与拟除虫菊酯混用的策略，成功地在大田治理了具有抗药性的棉铃虫。

（2）拓宽农药使用范围　随着新农药问世，研制的混剂主要是为了拓宽该新农药的使用范围，同时这些混剂使用在那些抗性频率还较低的防治对象上，无疑是预防防治对象产生抗药性的好方法。

（3）提高防治效果，降低防治费用　两种或两种以上的农药混用可能会发生各种各样的变化。从对生物的影响方面看，可以分为以下三种：增效作用、拮抗作用和相加作用。对靶标害虫来讲，要求混合后具有增效作用，有时考虑到其他性能的组合可以是相加作用，但是不应该表现出拮抗作用。大多数杀菌剂和杀虫剂混用考虑的主要是扩大防治对象，如大多数的种衣剂主要考虑的是地下害虫和土传、种传病害以及苗期的病虫害；而作用机制不同的两个杀虫剂混配，主要是为了增效。在农药毒理学研究的基础上，经过严格的技术和操作规程研制成功的具有明显增效作用的农药混剂，提高了毒力和防治效果，降低了单位面积的农药使用剂量，从而降低了使用成本，同时防治对象的扩大减少了施药次数，既减低了劳动成本，又延缓了抗药性的产生，表现出显著的经济效益和社会效益。此外，为降低某些农药的价格和农业生产成本，对药效十分突出但因价格昂贵农民难以接受的农药，不乏是一种行之有效的办法。

（4）扩大防治对象　在一种作物上往往有多种病虫草害发生，使用单剂往往达不到理想的防治效果，而混剂中的单剂之间可以取长补短、优势互补，扩大农药的防治谱和使用范围，扩展混剂的使用。例如，克·多种子处理剂是由克百威和多菌灵按一定比例混合而成，目的是控制棉花苗期蚜虫和苗期病害；吡·杀单可湿性粉剂是由吡虫啉和杀虫单混合而成，用于水稻田同时防治稻飞虱和稻螟虫。另一种情况是为了控制同一种对象的不同阶段，例如，农螨丹由甲氰菊酯和噻螨酮组成，既可杀卵，又可杀成螨，对叶螨整个发育阶段的不同虫态都有防治效果。

（5）提高速效性 有些农药的速效性较差，例如昆虫生长调节剂。有些场合需要农药具有较强的击倒活性，特别是卫生害虫的防治。为了提高农药的速效性，常将速效性差的农药和速效性强的农药混用。例如，氟铃脲和辛硫磷混用，胺菊酯和氯氰菊酯混用，辛硫磷的速效性明显强于氟铃脲，胺菊酯则具有很强的击倒活性。

（6）老农药品种开发新用途 为拓宽某些特性较好，但单独使用药效已经不是很理想的老农药品种的使用范围，延长其使用寿命，配制混剂不失为一个好办法。例如，马拉硫磷的开发和利用就是一个很典型的例子。马拉硫磷是我国 20 世纪 60 年代的老农药品种，单独使用药效不理想，同时也因抗性和稳定性差等原因而出现了严重滞销的局面。20 世纪 60 年代初有 22 家工厂企业年生产量 2 万吨，而市场需求量仅有几百吨，所以许多生产企业纷纷下马，最后仅剩下 3 家生产企业。而马拉硫磷具有杀虫谱广，对人、畜毒性低，生产工艺简单和成本低廉等优点，在以其作为组分的农药混剂品种研制开发后，马拉硫磷的产量迅速回升。从 20 世纪 80 年代初至今，已在我国登记的含马拉硫磷的混剂产品已达 280 种左右。

## 8.1.2 农药混用的原则

对于农药是否可以混用或混配的问题，主要有两种截然相反的观点：一种观点认为根本不应混配，否则将造成防治对象多抗性的产生；另一种观点认为可以混用，而且列举事实说明混剂比其单剂效果好而且可延缓抗性的产生，因而主张推广混剂。总的观点是，农药的混用是使用农药的方法之一，完全禁止使用混剂是不现实的，也是不可能的。因此，应对农药的混配、作用机制及抗药性产生等问题进行深入的研究和严格的试验。农药的混用或混配必须遵守一定原则。

### 8.1.2.1 农药单剂的准确选择

（1）选择国家允许在作物上使用的农药产品 《中华人民共和国农药管理条例》规定国家实行农药登记制度。任何已登记的农药产品都在标签上标明了农药登记证号、产品质量标准号和生产批准证号，标明了防治对象和农药用量，严格按照标签上的要求使用农药。任何单位和个人不得生产、经营、进口或者使用未取得农药登记证的农药。例如，国家明令禁止六六六，滴滴涕，毒杀芬，二溴氯丙烷，杀虫脒，二溴乙烷，除草醚，艾氏剂，狄氏剂，汞制剂，砷、铅类，敌枯双，氟乙酰胺，甘氟，毒鼠强，氟乙酸钠，毒鼠硅，甲胺磷，甲基对硫磷，对硫磷，久效磷，磷胺等 23 种农药的使用。自 2011 年 10 月 31 日起撤销（撤回）苯线磷、地虫硫磷、甲基硫环磷、磷化钙、磷化镁、磷化锌、硫线磷、蝇毒磷、治螟磷、特丁硫磷 10 种农药的登记证、生产许可证，停止生产直至 2013 年 10 月 31 日起停止销售和使用；农业部第 194 号公告停止了甲拌磷、氧乐果、水胺硫磷、特丁硫磷、甲基硫环磷、治螟磷、甲基异柳磷、内吸磷、涕灭威、克百威、灭多威 11 种高、剧毒农药的登记；根据农药登记管理的相关规定，氟啶脲、氟铃脲、氟虫脲、杀铃脲和灭幼脲等因其对甲壳类水生生物如蟹、虾等的毒性极高，在稻田使用易对水系中的甲壳类生物造成严重影响，不再批准在水稻上登记；不批准五氯酚钠在水稻田防治福寿螺或防除杂草的登记；不批准菊酯类农药在水稻田的登记；不批准三苯基乙酸锡在水稻田使用；由于氟虫腈对甲壳类水生生物和蜜蜂具有高风险等环境问题，农业部第 1157 号公告规定，除卫生用、玉米等部分旱田种子包衣剂和专供出口外，撤销用于其他方面的氟虫腈产品的登记，从而停止了氟虫腈在水稻田的广泛使用。

（2）选择对防治对象毒力强的药剂 不同的农药品种对防治对象的毒力不同，或者说防治对象对不同药剂的敏感性不一样。不同毒力的农药品种，直接关系到农药用量。图 8-1 是反映 3 种农药对有害生物的剂量-死亡概率关系的示意图。从图 8-1 中可以看到：①药剂 C 的用量多于药剂 B，药剂 B 的用量多于药剂 A；②增加 1 个单位的农药剂量，药剂 A 提高的有害生物死亡率多于药剂 B。因此选择药剂 A 防治有害生物，农药用量最少。有害生物对药剂抗药性的发展过程为：敏感→敏感性下降→抗药性；最终增加农药用量，甚至防治失败。如稻飞虱对吡虫啉产生了抗药性，不仅降低了吡虫啉对稻飞虱的防治效果，并且大大增加了吡虫啉的用量，因此必须停止使用吡虫啉防治稻飞虱。

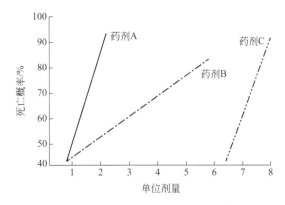

图 8-1 有害生物对农药的敏感性差异

（3）避免选择促进害虫种群增长的药剂 使用某种农药以后，一些害虫表现为最初虫口密度的降低，一段时间以后反弹，发生量大于没有用药防治的区域，并且使用药次数越多，发生量越大，即害虫是越用药越多。这种现象被称为害虫再增猖獗。1980 年国际水稻研究所报道，乙基谷硫磷、奎硫磷、稻丰散、丁硫克百威、灭多威、二嗪农、氯唑磷、克百威、杀虫威、甲基对硫磷、久效磷、打杀磷、苯腈磷、三唑磷、溴氰菊酯、氰戊菊酯 16 种农药能引起水稻褐飞虱的再增猖獗；顾中言等在 2005～2006 年的田间试验中发现，药后 20d，高效氯氟氰菊酯、高效氯氰菊酯、顺式氯氰菊酯、溴氰菊酯和三唑磷处理区的稻飞虱显著多于对照区，引起稻飞虱的再增猖獗；三唑磷是防治水稻螟虫的药剂，但对纵卷叶螟的防治效果较差，为了兼治纵卷叶螟，很多农户将三唑磷和菊酯农药混用来兼治纵卷叶螟，但促进了稻飞虱的更大发生，例如，在药前基数没有显著差异的情况下，高效氯氟氰菊酯用药后 5d，高效氯氰菊酯和顺式氯氰菊酯药后 15d，溴氰菊酯和三唑磷药后 20d，处理区稻飞虱的种群数量显著多于不使用农药的对照区，而高效氯氟氰菊酯与三唑磷混合使用，药后 15d，处理区稻飞虱的种群数量显著多于不使用农药的对照区。稻飞虱种群数量的快速增长，势必增加防治稻飞虱的用药次数或农药用量。

（4）注意药剂的理化性质和环境对药效的影响　近年来，阿维菌素、甲氨基阿维菌素用于防治水稻螟虫和水稻纵卷叶螟，但这两种农药对光不稳定，在防治水稻害虫时应避免在光照强烈的时间用药，最好选择在下午5点后至傍晚时使用，否则影响防治效果。吡蚜酮为内吸性药剂，是目前防治稻飞虱最主要的农药品种。顾中言等（2011）在室内采用不同的处理方式测定吡蚜酮对稻飞虱的防治效果，发现用药液浸渍稻茎30s后放入试管内，管底加相同浓度的药液对稻飞虱的毒力最好。盆栽试验结果也证实，使用吡蚜酮防治稻飞虱时，盆内有水层的防治效果好于无水层的防治效果。因此，使用吡蚜酮防治稻飞虱时田间要保持水层，否则影响防治效果。

### 8.1.2.2　农药的混用要一药多治、克服抗药性

一药多治、克服抗性是农药混用的特点，在明确了农药混用的主要目的后，要兼顾到混剂的这一特点。事实上，田间发生的有害生物是一个总体，它们相互制约，共存于一个统一体中，但它们对于外来的化合物农药的反应是不一样的：有的敏感，有的有抗性；有的抗性一般，有的较强，甚至很强；抗性强的可能是优势种，也可能不是。研制农药混用或混剂时，既要考虑扩大防治谱，也要注意到虽不是优势种但是抗药性较强的种群，否则在进行药剂对有害生物的种间筛选时会导致种群的演替；既要考虑到优势种群的抗药性，也要顾及同时发生的其他有害生物。这是一个事物的两个方面，侧重可以不同，但必须兼顾。

### 8.1.2.3　农药的混用不能降低药效

农药混用会表现出相加作用、增效作用和拮抗作用三种截然不同的结果。相加作用又分为相似联合作用和独立联合作用。相似联合作用为两种或两种以上作用机制相同的农药混用，有害生物对它们的抗性机制也是一样的，所以一种农药的量被适量的另一种农药取代后，仍可获得同样的效果。用这样的混用农药来防治有害生物，有害生物会对参与混用的农药同时产生抗药性，对其他同类药剂也会有交叉抗性，这样的混剂是不可取的。独立联合作用为两种或两种以上作用机制不同的农药混用，各自独立作用于不同的生理部位而不相互干扰，因为是各自独立作用于不同的生理部位，所以减少一种药剂的用量不能被另一种药剂所取代。然而长期单一地使用这种农药混剂来防治有害生物，有害生物会对参与混剂的各单剂均产生抗药性，其后果是产生多抗性。混剂农药中各单剂在有害生物体内相互影响，如产生的药效超越了各自单独使用时的药效总和为增效作用。但是如果相互影响的结果是混剂农药所产生的药效低于各单剂的总和，则为拮抗作用。农药混用不是想当然地将不同农药掺和在一起。不管以何种目的混合使用农药，如产生了拮抗作用，那都是不合格的。如是为了延缓或克服抗药性，混配农药必须有增效作用，对同时发生的其他有害生物也要有相加作用；如是为了扩大防治对象，或是各单剂独立作用于不同的防治对象，那么对最难防治的对象最好有增效作用，对其他防治对象有相加作用。要注意对各防治对象均衡的药效，以免发生某些有害生物甚至是处于劣

势的有害生物的再生猖獗。

### 8.1.2.4　农药的混用不能产生药害

使用农药的目的不仅仅是有效地杀死有害生物，更重要的是确保农作物丰产。农药混剂或混用具有良好的保产作用的同时，必须对作物绝对安全，不对当茬作物产生各种程度的药害，还必须对下茬作物不产生药害。

### 8.1.2.5　农药的混用既不能伤害天敌，也不能增加对人、畜的毒性

田间天敌能同时控制多种有害生物。农药混剂或混用如大量杀伤天敌且又不能有效地控制某种有害生物，既滋生了该有害生物同时也失去了天敌的控制作用，这样的农药混剂或混用是不可取的。要求必须注意，农药混剂对天敌的毒性尽可能不大于对有害生物的毒性。

凡是农药混用后毒性增加或是低毒农药与高毒或极毒农药混用而成为高毒或极毒农药的，都不应该认为是好的混配组合。应本着对混剂生产者和使用者负责的态度来研制农药混剂。另外，还应注意农药对家禽、有益昆虫（如家蚕、蜜蜂）等的毒性。

### 8.1.2.6　农药的混用不能增加成本

现在各行各业都讲经济效益，农作物生产也不例外。随着农业产业结构调整的不断深入，农作物种植面积在不断地增加，农作物生产逐渐成为当地老百姓获得经济收入的主要途径。当一种较好的农药混剂成本太高时，农户会选择虽然较差但便宜的其他药剂，或是放宽防治标准，使农作物造成不必要的损失。总之，要用科学的方法有目的地研制农药混剂，使其产生良好的社会效益、经济效益和生态效益，更好地为农业增产丰收服务。

## 8.1.3　农药混用的科学依据

农药在混用时有时会发生物理变化和化学变化。这些变化有的会提高防治效果，有的则会降低防治效果，甚至产生药害。这些物理变化或化学变化，有的可以从其理化性质上得到初步判断，有的不容易判断，加上对生物的生理作用又十分复杂，单纯从药剂的理化性质上很难断定农药混合后的生物活性。因此，两种或几种药剂是否适于混配使用，必须通过试验加以证实。

### 8.1.3.1　物理变化

农药混配首先应该注意到物理性能是否有变化。农药混合后的物理变化主要有三种情况：①农药混合后，物理性能基本不发生变化，保持原来制剂具有的物理性能，因而不会因物理性能影响其防治效果，也不会因物理性能对作物产生药害。这样的制剂是可以混配使用的。②农药混合后改善了制剂的物理性能，提高了药剂的防治效果。这方面有成功的实例，由敌稗和杀草丹复配的乳油不容易出现结晶，乳化性能好，从而提高了药效。③农药混合后产生了不良的物理变化。诸如乳油的破乳、各种制剂的分散性不良、可湿性粉剂悬浮率降低甚至絮结或产生大量沉淀等，从而使药剂失去原来良好的物

理性能。其结果常常是降低或失去药剂原有的防治效果，甚至还可能对作物产生药害。

### 8.1.3.2 化学变化

各种农药本身都具有一定的化学性质。这些化学性质与其生物活性紧密相关。因此，在农药混配时，如果其化学性质不变，就无须担心因此而产生的不良影响。但是化学性质不同的农药混配时，有的会发生化学变化。根据其对生物的作用，化学变化可分成有益和有害两种。提高药剂的防治效果、降低对温血动物的毒性、减轻药害或增加一些其他有益特性的化学变化就是有益的，这种情况是少数。多数是降低药效，有时还可能增加对温血动物的毒性和对作物的药害。农药混合后化学变化主要有四种情况：

（1）水解作用　一些碱性农药如波尔多液、石硫合剂等在和一些有机磷农药如杀螟松、倍硫磷、对硫磷等或氨基甲酸酯类农药如甲萘威、速灭威等现配现用时，容易使有机磷和氨基甲酸酯类农药水解。

（2）脱氯化氢作用　许多有机氯农药与碱性农药现配现用容易发生脱氯化氢化作用，如滴滴涕、敌百虫、敌敌畏、三氯杀螨醇等都容易在碱的作用下脱去氯化氢。

（3）金属转换反应　二硫代氨基甲酸盐类如代森锌、代森锰等杀菌剂中的金属与铜制剂或砷酸钙中的金属容易发生置换反应。前者生成难溶性的铜盐，降低药效，甚至于分解出的硫和铜发生作用，生成有药害的硫化铜。后者是锌、锰离子被钙离子所取代，增加其溶解度，容易对皮肤产生斑疹性危害。

（4）其他化学反应　石硫合剂与铜制剂如波尔多液混合，发生硫化反应，容易生成有药害的硫化铜。福美双、代森环和克菌丹等与碱性农药现配现用，则发生更为复杂的化学变化，从而使药效降低或者产生药害。

因化学变化提高药剂的防治效果的情况虽然不多，但在实际应用中也有成功的实例。有机磷杀虫剂敌百虫在碱性条件下不稳定，首先容易生成另一种杀虫剂敌敌畏，生成的敌敌畏能继续被碱性物质分解成对生物无活性的物质。根据敌百虫这一性质，将它与某些碱性药剂临时现配现用，使部分敌百虫转化为敌敌畏，这样一来不仅使药剂具有敌百虫的胃毒作用，而且还具有敌敌畏的触杀和熏蒸作用，从而提高了杀虫效果。含金属元素的农药如杀菌剂代森锌，也有促使敌百虫转化成敌敌畏而增强杀虫效果的作用。这种化学变化之所以能增效，是由于一种有效药剂转变成另一种更为有效的药剂。

在农药混配时应当极力避免不良的化学变化。不同的农药有不同的化学性质，因而了解各类农药可能发生的化学变化，对考虑农药的现配现用是很有必要的。

# 8.2　农药联合作用的机制

## 8.2.1　农药对昆虫的联合作用

农药混剂联合作用的产生主要是由于两种或两种以上药物在物理化学、生理生化、药效（或生物活性）等方面的相互影响，也包括生态环境的相互作用，最主要的是生理生化毒理学以及药效学（生物活性和种群生态）的联合作用。这些联合作用可分为增效作用、相加作用和拮抗作用，表现为竞争性和非竞争性两种类型。

### 8.2.1.1　穿透和运输的联合作用

由于昆虫表皮是由几丁质和蛋白质的共聚体组成的片层结构，特别是外表皮中几丁质经过硬化和骨化以后，水溶性和脂溶性物质都很难渗透，因此成为药剂进入虫体的重要屏障。研究表明，毒杀芬与 DDT 混用，能促进 DDT 穿透家蝇，增加 DDT 对家蝇的毒杀作用。据许雄山报道，久效磷能加速氰戊菊酯对棉铃虫表皮的穿透而起增效作用。

混剂进入虫体后大多数与皮细胞和体液中的蛋白质通过微弱非共价键形式结合，因与载体蛋白结合率不同和饱和现象的产生，两种杀虫剂对载体蛋白可产生竞争性结合，从而改变到达靶标的剂量，影响混剂中单剂的毒理学效应。结合物到达作用靶标时，药物即脱离转运载体（蛋白质）而与靶标受体结合。

### 8.2.1.2　代谢过程的联合作用

生物体的生理生化过程对杀虫药剂的转化与毒性作用密切相关，有时甚至起决定作用。因此，代谢互作是杀虫药剂联合作用的重要研究内容。昆虫对外源性毒物的代谢一般分成两级进行。初级代谢主要是杀虫药剂在各种酶系作用下被水解或氧化还原，其结果是使化合物带有—OH、—NH$_2$、—SH、—COOH 等基团。这些代谢产物易与虫体内的结合蛋白形成共轭物，这种共轭物是昆虫免疫的抗原或直接排泄到体外，即发生次级代谢。初级代谢涉及多功能氧化酶（mixed function oxidase，MFO）、酯酶（esterase，EST）及谷胱甘肽转移酶（glutathione-S-transferase，GST）三大代谢酶系统。杀虫药剂对这些酶系既有抑制作用，又有诱导作用，而诱导作用则可产生酶促反应，使杀虫剂增毒或代谢为低毒化合物，从而起到解毒作用。

MFO 是昆虫外源性毒物代谢酶系中最主要的一种，几乎参与所有杀虫剂的代谢过程。在 MFO 催化作用下，有时会发生增毒反应，如硫逐磷酸酯类杀虫剂对硫磷、马拉硫磷、乐果、杀螟硫磷、苯硫磷和水胺硫磷等能被 MFO 催化生成活性更高的磷酸酯类杀虫剂，硫醚或硫醇被氧化成亚砜或砜类化合物，艾氏剂催化环合为狄氏剂等。但是很多情况下 MFO 对杀虫剂仍是以解毒作用为主。利用这一特征，可以通过其中一种抑制MFO 活性，减少对其他农药的代谢解毒，从而提高对害虫的药效。例如，马拉硫磷可以通过抑制一些细胞色素 P450 酶的活性，使拟除虫菊酯和有机磷农药的代谢被抑制，故马拉硫磷能增强拟除虫菊酯和有机磷农药的毒性。一些研究业已证实，杀虫剂间交互抗性的主要机制是由于多功能氧化酶活性的提高。例如，抗残杀威家蝇品系对氨基甲酸酯、拟除虫菊酯和艾氏剂的氧化代谢加强。杀虫剂对 MFO 的作用不一，高剂量的有机磷、氨基甲酸酯类农药对 MFO 可能具一定的抑制作用，但低剂量下则具有诱导作用。不同杀虫剂的组合应用中，各种杀虫剂所表现的作用亦有所不同，用增效菊处理敏感家蝇品系后，对百治磷、内吸磷、乙拌磷和乙硫磷等有增效作用，而对对硫磷、苯硫磷、甲基对硫磷等则为减效，这是因为增效菊抑制 MFO，使得对硫磷、苯硫磷、甲基对硫磷不能被氧化成具有更高毒性的对氧磷、苯氧磷、甲基对氧磷等。因此，要想提高联合应用的毒性，则需综合研究分析，即使是专一性 MFO 抑制剂的利用亦是如此。

由于杀虫剂多数为酯类物质，如有机磷酸酯、氨基甲酸酯和拟除虫菊酯等，酯酶对杀虫剂的代谢作用是很明显的。现在已经明确，酯酶对杀虫剂的代谢主要为解毒作用。一方面催化杀虫剂水解，另一方面可以使杀虫剂结合到酯酶上，从而不能发挥毒效。同时酯酶和 MFO 一样也具有诱导性。许多有机磷酸酯、氨基甲酸酯类杀虫剂既是酯酶的抑制剂，又是诱导剂。但是目前的研究结果显示，酯酶的诱导明显较 MFO 慢。因此，利用酯酶抑制性较高的杀虫剂或杀菌剂和其他杀虫剂混用可以达到增效的结果。高希武等（1991）发现有机磷农药、氨基甲酸酯类杀虫剂与拟除虫菊酯的联合使用对桃蚜和棉蚜表现出明显的增效作用，其主要机制在于前两者能抑制羧酸酯酶的活性，而羧酸酯酶能水解拟除虫菊酯类农药。苯硫磷在活体内能被氧化成对羧酸酯酶有很高抑制活性的苯氧磷，当和马拉硫磷混用时，能抑制马拉硫磷的降解，从而表现出增毒作用。此外，N-甲基氨基甲酸酯类杀虫剂如仲丁威、残杀威、灭多威等对酯酶具一定的抑制作用。总之，酯酶在有机磷杀虫剂的代谢中具有重要的作用。日本学者 T. Saito 等（1995）报道了多种害虫对有机磷酸酯和氨基甲酸酯的抗性与酯酶有关。由于酯酶具有选择性特征，因此，科学地组配有机磷杀虫剂有可能寻找到对抗性害虫具有增效作用的药剂配方。这在理论上应是合理的，因为一般认为一个抗性基因不能对付多种化合物，这种混剂对抗性有效的原理与具有旋光异构物质的有机磷杀虫剂可经延缓抗性形成作用的原理是一致的。目前，使用有机磷农药与多种拟除虫菊酯或氨基甲酸酯混配来对付抗性害虫已得到了广泛的开发，并已取得一定成就。因此，酯酶代谢过程对农药互作毒理具有探索意义。

### 8.2.1.3 储存过程的联合作用

脂溶性很强的杀虫剂主要累积于脂肪体中，而脂肪体对杀虫剂的溶解能力是有限的，故产生杀虫剂间因溶解性的差异而重新分布。例如，DDT 与狄氏剂同时饲喂大鼠，发现脂肪体中狄氏剂含量较单用时低。对于水溶性的杀虫剂，在储存和转运过程中与载体蛋白结合后相互作用也与此类似。

### 8.2.1.4 对靶标的联合作用

杀虫剂的毒效基础取决于药剂与靶标结合的有效性。大多数杀虫剂的毒杀作用主要发生在中枢神经轴突、突触和脑等处或与有关受体结合。例如，有机磷类杀虫剂作用于乙酰胆碱酯酶（AChE），可产生突触传导中断效应。拟除虫菊酯类杀虫剂对神经系统靶标可产生多种影响：作用于 $Na^+$ 通道，改变轴突膜的通透性，影响膜的电位差，阻断轴突传导；抑制 $Ca^{2+}$-ATP 酶、$Ca^{2+}$-Mg-ATP 酶；干扰 $Ca^{2+}$ 的调节；作用于 GABA 受体-氯离子通道复合体，抑制氯离子的吸收等。可见，当两种神经毒剂混用时，其作用的相互影响是必然的。例如：肟类化合物有促进去磷酸化作用，是有机磷中毒的有效解毒剂；沙蚕毒素对六六六引起的神经兴奋有抑制作用，对 DDT 却无影响；丙虫磷与马拉硫磷、水氨硫磷与甲萘威混用对 AChE 的抑制增强显示增效作用；王心如等（2000）发现，辛硫磷与氰戊菊酯、丙溴磷与三氟氰菊酯、乐果与氰戊菊酯、对硫磷与溴氰菊酯、甲胺磷与溴氰菊酯等混用均显示出对昆虫的高度杀伤效率，同时也显示对人群和哺乳动物的增毒效应。

## 8.2.2 农药对哺乳动物的联合作用

### 8.2.2.1 对神经靶标的联合作用

王心如等（2000）选择辛硫磷＋氰戊菊酯（辛氰）、辛硫磷＋三氟氯氰菊酯（辛氟）、丙溴磷＋高效氯氰菊酯（丙氯）三类混配农药进行了急性联合毒性研究，其中毒表现为：大鼠经口灌服辛硫磷后 20min 左右出现萎靡、少动，随后出现毛松、出汗，个别动物出现震颤，4h 后动物普遍出现后肢瘫软、伏卧、流涎、呼吸减慢、眼眶出血、眼球突出，第 2 天出现动物死亡，直至第 4 天；氰戊菊酯染毒 10min 后左右大鼠出现兴奋、抓口鼻，1h 左右活动减少、易受惊，6h 左右出现颤抖，多伴有全身抽搐，尾、后肢强直，呻吟，10h 后大鼠侧倒并出现死亡，直到第 5 天；用辛硫磷与氰戊菊酯混剂染毒 10min 后，大鼠出现兴奋、抓口鼻、打斗，30min 后出汗，1h 出现流涎、抽搐，5h 后动物开始出现死亡，直至第 2 天。大鼠经口灌以三氟氯氰菊酯 20min 后，大鼠出现萎靡、流泪，1h 左右出汗，6h 出现抽搐、惊跳、大汗、流涎，并有动物死亡，直至第 3 天；而用辛硫磷与三氟氯氰菊混剂染毒 20min 后，大鼠出汗、流涎、兴奋，6h 后动物眼眶出血、四肢瘫痪、抽搐、大汗，并出现动物死亡，直至第 3 天。用丙溴磷灌胃大鼠 10min 后，大鼠出现萎靡、少动、流涎、眼球突出，30min 后大汗、尾强直、口眼有血性分泌物、震颤，6h 后动物伏倒，并开始死亡，直至第 2 天；灌服高效氯氰菊酯的大鼠于 20min 后出现兴奋，2h 后后肢瘫软、呻吟、尾强直，次日动物开始死亡，直至第 8 天；而用丙溴磷与高效氯氰菊酯混剂染毒 30min 后，大鼠开始出汗、流涎、眼眶出血、伏倒，次日大鼠出现惊跳、抽搐、小便失禁、后肢瘫痪、口出血，并有动物死亡，直至第 4 天。各单剂农药与农药经口染毒后的 $LD_{50}$ 及 95％置信限见表 8-1。经预期与实测 $LD_{50}$ 值对比法、等效应线图解法及 Loigistic 回归分析法评价，发现辛氰混配有增效作用，辛氟混配有相加或增效作用，丙溴磷和氯氰菊酯混配有增效作用。

表 8-1　三种有机磷与拟除虫菊酯混用对 SD 大鼠的 $LD_{50}$ 及其联合作用

| 农药 | 混配比例 | $LD_{50}/mg \cdot kg^{-1}$ | 95％置信限/$mg \cdot kg^{-1}$ |
|---|---|---|---|
| 辛硫磷 | | 1564.6 | 1377.9～1776.6 |
| 氰戊菊酯 | | 219.5 | 195.5～246.4 |
| 三氟氯氰菊酯 | | 24.0 | 20.6～27.9 |
| 丙溴磷 | | 357.9 | 309.3～414.1 |
| 高效氯氰菊酯 | | 209.5 | 182.4～240.7 |
| 辛硫磷-氰戊菊酯 | 8：1 | 327.7 | 293.5～365.8 |
| 辛硫磷-三氟氯氰菊酯 | 65：1 | 464.3 | 408.6～527.5 |
| 丙溴磷-高效氯氰菊酯 | 17：10 | 148.5 | 126.9～173.7 |

继续用免疫组织化学和显微图像分析技术观察了氰戊菊酯、辛硫磷、氰戊菊酯与辛硫磷混配农药中毒大鼠中枢神经谷氨酸（Glu）和 $\gamma$-氨基丁酸（GABA）免疫阳性细胞的变化，发现在对 Glu 和 GABA 的作用上拟除虫菊酯和有机磷之间无增效作用，但 Glu 和 GABA 递质功能紊乱在拟除虫菊酯神经毒性中具有重要意义。孙美秀等（2000）运用 Harris 法研究了 8 种有机磷、4 种拟除虫菊酯和 3 种氨基甲酸酯组成的 13 对等毒性配比的混配农药的急性联合作用，发现有机磷与有机磷、有机磷与氨基甲酸酯类混配出现相加作用的较多，有机磷与拟除虫菊酯混配出现增效或相加作用的多见。值得一提的是，这些结果仅是一个等毒剂量的结果，尚不能完全代表不同配比联合作用性质，在混配选择时应注意混配农药的选择毒性测定。为阐明混配农药神经毒作用机制，殷若元等（1996）采用荧光探针 Fura-2/Am 负载技术观察苯醚菊酯、胺菊酯和马拉硫磷混用对 Wistar 乳鼠脑细胞钙振荡的影响，但未见两药在同一剂量水平上有明显的联合增毒或拮抗作用。

### 8.2.2.2 毒物代谢的联合作用

殷若元等（1996）采用高效薄层色谱法（HPTLC）并结合 $^3$H 同位素示踪技术研究了拟除虫菊酯和马拉硫磷混用对 Wistar 乳鼠和新生鼠脑细胞中肌醇磷酸酯代谢的影响，结果发现马拉硫磷在体外培养的脑细胞中对肌醇磷酸酯代谢无明显影响，与氰戊菊酯联合使用也未见明显的增毒或拮抗作用。进一步研究发现有机磷与拟除虫菊酯类农药混用有明显增毒作用，溴氰菊酯与氧化乐果、溴氰菊酯与敌百虫等毒混配农药表现为相加作用；提前 4h 给药氧化乐果可使 $^{14}$C-溴氰菊酯在雌性大鼠的血液、脂肪细胞和肝脏中蓄积增加，排泄减少，但此作用较弱，同时给予这两种杀虫剂时，溴氰菊酯在体内代谢无明显改变，这支持了溴氰菊酯与氧化乐果等配比对哺乳动物联合毒性仅表现为相加作用的试验结果。汤晓勇等以灭多威和甲基对硫磷为代表探讨了混配以后灭多威在家兔体内对甲基对硫磷的代谢动力学改变，结果发现两药混配以后引起 AChE 抑制时间后延，脱烷基代谢物和对硝基酚的产生延后，这为甲基对硫磷和灭多威混用发生拮抗作用提供了毒代动力学数据。Marei 等（1982）发现经酯酶抑制剂 DEF 和苯基水杨醇环磷酯预处理后氯菊酯在小鼠脂肪和大脑中的残留量明显增加，毒性也相应增加。

### 8.2.2.3 对免疫和生殖系统的联合作用

关于农药混用对哺乳动物免疫和生殖系统的影响的研究较少。D. Flipo 等（1992）通过三类杀虫剂对 C57BI6/近交小鼠免疫毒性的研究发现狄氏剂和克百威具有免疫抑制功能，马拉硫磷能增强小鼠的免疫功能，同时给予狄氏剂和克百威，小鼠对绵羊红细胞抗原传递功能和腹腔巨噬细胞吞噬活性接近溶剂对照组，混配农药在免疫毒性方面无协同或相加作用。A. D. Kligerman 等（1993）模拟美国加州污染的地下水成分，雄性 Fisher344 大鼠和雌性 $B_6C_3F_1$ 小鼠饮用混配农药 71～91d 后，小鼠脾细胞姐妹染色单体互换试验和大鼠经细胞松弛素 B 诱导的双核细胞的染色体突变分析和微核试验结果显示，在 100 倍地下水浓度组姐妹染色体互换试验阳性显著高于对照组，且在大鼠体内存在剂量依赖关系，而污染的地下水并无其他细胞毒性效应。J. J. Heindel 等（1994）

模拟加州和艾奥瓦州两地区地下水成分，100 倍剂量组 Swiss CD-1 小鼠长期饮用和 1 倍、10 倍、100 倍剂量组怀孕 SD 大鼠饮用后评价其整体毒性和生殖发育毒性，试验结果是各剂量组均不存在生殖发育毒性。

#### 8.2.2.4　对致癌的联合作用

日本学者 N. Ito 等（1996）选用雄性 F344 大鼠，对含 19 种有机磷和 1 种有机氯农药的每日允许摄入量（ADI）的饮用水进行中期致癌试验，发现 8 周以后大鼠由二乙基亚硝胺诱导的肝脏癌前病变没有增加，但是 100 倍剂量组肝脏损害数目和面积明显，同时试验设计了 40 种农药混合物和 20 种农药（可疑致癌物）进行多器官 28 周致癌试验，也未发现每日可允许摄入量水平改变由 5 种潜在致癌物所致的致癌特性的情形。这些结果为选用 ADI 值来定量评价农药危险度时确定安全系数提供了直接证据。P. Dofara 等（1993）选用意大利中部普通食物中 100 种农药残留量基础数据和 15 种高浓度农药混合物进行 Ames 试验，结果并未发现有致突变作用；在 $1mg \cdot kg^{-1}$、$10mg \cdot kg^{-1}$、$100mg \cdot kg^{-1}$ 剂量灌胃染毒大鼠，24h 后骨髓多彩染色质和正常染色体比率下降，但微核试验呈现阴性结果，说明这些农药混合物不存在明显遗传毒性。

### 8.2.3　农药对人群健康的影响

#### 8.2.3.1　致瘤作用

C. Wesseling 等（1999）调查了广泛使用百草枯和砷酸铅的咖啡种植地区，发现男性工人的肺癌、女性工人与雌激素有关的肿瘤的发病率明显增加。L. E. Fleming 等（1999）采用标化发病率的方法对农药使用者的肿瘤发生情况进行了研究，发现男性工人前列腺癌、睾丸癌及女性工人宫颈癌的发病率明显增高，而且在男性工人中出现了与雌激素有关的肿瘤。J. Dich 等（1998）的研究亦证明了前列腺癌与农药暴露有关。J. F. Viel 等（1998）研究发现葡萄园工人的脑癌发病率明显高于一般人群的发病率，并且与工人的农药暴露指数有关。O. Nanni 等（1998）通过病例-对照研究发现农业工人多发性骨髓瘤的发生与农药的暴露有关。

#### 8.2.3.2　对生殖内分泌的作用

M. J. Graham 等（1999）调查了中国安徽省两个县女孩月经初潮年龄，发现女孩月经初潮年龄平均提前 2.8 年，经相关分析发现初潮年龄与农药使用等多种因素有关。K. M. Curtis 等（1999）通过回顾性研究方法调查了在准备怀孕期间仍接触农药的夫妇和未接触农药的夫妇，发现他们怀孕的比例并无明显差异。为了研究拟除虫菊酯类农药是否具有雌激素样作用，V. Go 等（1999）用拟除虫菊酯对人乳腺癌 MCF-7 细胞株用体外染毒观察 pS2 mRNA 的表达水平借以确定其是否具有雌激素样作用，结果在 $nmol \cdot L^{-1}$ 浓度水平时右旋苯醚菊酯和氰戊菊酯可使 pS2 表达水平轻微升高；在 $\mu mol \cdot L^{-1}$ 浓度水平时，这两种拟除虫菊酯可使 pS2 的表达水平达到 $10nmol \cdot L^{-1}$ 17$\beta$-雌二醇的诱导水平。苯醚菊酯的雌激素样活性可被抗雌激素药消除，而氰戊菊酯的雌激素样作用则不能被消除，而且这两种农药均可诱导 MCF-7 细胞增殖。氯菊酯和右旋丙烯菊酯（*d-trans allcntrin*）均不影响 pS2 的表达。氯菊酯在 100mmol·L$^{-1}$ 时可明显促进细胞增殖，而丙烯菊酯在 10mmol·L$^{-1}$ 时可轻微诱导细胞增殖，在更高的浓度水平上则表现为细胞毒性，暗示出拟除虫菊酯可能引起内分泌功能的异常。J. Garey 等（1998）用上述相同的 4 种农药对 Ishikawa var-1 人子宫内膜细胞 T47D 人乳腺癌细胞进行处理，结果 4 种农药均引起激素活性标志酶即碱性磷酸酶分泌的增加，其中苯醚菊酯和氰戊菊酯表现出明显的雌激素样作用，其在 10mmol·L$^{-1}$ 浓度时，雌激素活性最高，达到 17α-乙炔基雌二醇浓度为 10nmol·L$^{-1}$ 时在 Ishikawa var-1 细胞上的诱导水平，而氰戊菊酯和丙烯菊酯在 T47D 细胞中还表现出抗孕激素的活性。

### 8.2.3.3　对神经系统的作用

对江苏、山东、河北、北京、上海等地的调查资料表明，混配农药施药员的急性中毒以神经系统临床表现为主，混剂中毒的发生率是单剂农药施药员中毒发生率的 44 倍，使用混配农药是引起农药中毒的 14 个危险因素之一，急性中毒的发生率常常是多个因素联合作用的结果。农业工人多长期暴露于低浓度农药，一般没有明显的临床症状体征。J. Gomes 等（1998）调查了某沙漠国家农业工人的亚临床症状等，发现作业工人红细胞乙酰胆碱酯酶活性明显降低，角膜刺激症状、流泪、视物模糊、眩晕、头痛、肌肉疼痛和肌无力等发生比例明显高于对照组和农场新工人。L. London 等（1998）调查发现，长期暴露于有机磷农药的农业工人眩晕、嗜睡和头痛明显高于对照组，经 Logistic 回归分析证明上述症状与农药暴露明显相关。

### 8.2.3.4　与出生缺陷的关系

一些动物试验证明，隐睾和尿道下裂与胎儿期的过量雌激素暴露有关，而很多农药具有雌激素样功能或引起激素分泌功能异常。I. S. Weidner 等（1998）用病例-对照研究方法调查了 1983～1992 年间在丹麦出生的婴儿，结果发现夫妻双方中若母亲接触农药，则其所生的男婴中患隐睾的比例明显升高，但尿道下裂的比例未见明显升高，而父亲暴露于农药的男婴未见明显升高。但也有不同报道，G. M. Shaw 等（1999）也采用病例-对照研究方法调查了加利福尼亚 1987～1989 年婴儿的形态异常发生情况，分析发现农业职业暴露及家庭杀虫剂的使用等并未明显增加出生畸形的危险性。

### 8.2.3.5　对致突变的影响

J. Blasiak 等（1999）用单细胞凝胶电泳方法（彗星试验）检测了马拉硫磷对人外周血淋巴细胞 DNA 的损伤情况，发现马拉硫磷对 DNA 并无明显的损伤作用，但其代谢产物马拉硫氧磷及其异构体可以引起 DNA 损伤，产生彗星现象并呈剂量-反应关系，马拉氧磷对 DNA 损伤比其异构体更明显，若是低浓度损伤，则可在 60min 内修复，但是高浓度（200nmol·L$^{-1}$ 以上）引起的损伤则为不可逆性损伤。溴氰菊酯是一种高效、广谱、对人畜毒性较低的拟除虫菊酯类杀虫剂，M. Villarin 等（1998）研究发现不管是否经过体外活化，溴氰菊酯均可引起 DNA 的损伤，而微核试验和姐妹染色单体交换试验并未见明显异常。

### 8.2.3.6　对免疫系统的作用

为研究拟除虫菊酯类农药对人体免疫系统的影响，F. Diel 等 （1999） 观察了 $s$-生物丙烯菊酯和增效醚对一般个体和特异质个体外周血淋巴细胞的体外联合毒性，结果发现这两种单剂对细胞作用 72h 后均对细胞的生长有明显的抑制作用并呈现出明显的剂量-反应关系；二者的混合还可以有效抑制淋巴细胞分泌白介素-4（IL-4） 和 $\gamma$-干扰素 （$\gamma$-INF）；在 S-生物丙烯菊酯作用下，在一般体质和特异质之间，IL-4/$\gamma$-INF 的比值表现出有明显差异。而且这两种单剂或混合作用均可以明显诱导嗜碱性粒细胞分泌组胺，不同体质间亦有明显差异。用两种单剂做划痕试验发现，18 个特异质个体中有 4 个阳性，而对照组未见阳性。

# 8.3　农药的联合作用评价

随着工农业的迅猛发展，地球上化合物数量不断增加，人类及各种生物在生产条件或生活环境中同时接触或相继暴露两种及两种以上化学物已相当普遍。为了能取得较好的控制效果，多药联用或序贯用药又是现代植物保护和临床医学的主导趋势。农药各种混配产品涉及多种相同或不同作用机制的农药，势必对接触的生物体产生联合作用（joint action 或 combined action），亦称交互作用 （interaction）。尽管在药理学和毒理学中联合作用分别发生在不同的剂量水平，对联合作用特征的正确评价仍是当今学科工作者的当务之急。

在不同时期和不同学科领域，例如生物学、农药学、药理学和生物统计学等，其联合作用具有不同的含义，特征术语亟待统一和规范化，对其评价方法也不尽相同。Bliss（1939） 最早提出独立、相似和协同三种联合作用模型；P. D. Anderson 等（1975） 把 Bliss 模型应用于水生毒物联合作用研究，并引入了浓度相加和反应相加的概念；WHO（1981） 把联合作用明确分为相加、协同 （增效）、拮抗和独立作用四类，这种分类方法已为多数学者所接受。W. Rothman 等 （1988） 提出了统计学、生物学、公共卫生学和个体判别四种联合作用模型，然而没有被普遍应用。各学科各自对联合作用做出不完全相同的定义和诠释，甚至在评价混配药物的特征时，对同一组资料，分析评价方法不同，其得出的结论会不一样。因此，就某组特定的混合物而言，很可能用一种方法计算的结论是相互协同，用另一种方法计算的结果却是相互拮抗。关于联合作用特征的评价，混配农药的药效和安全性评价涉及生物学、药理学、生物统计学，遗憾的是国内外尚未形成统一的认识体系。但有的计算方法简单，结果又能解决实际问题，已在国内得到公认和接受。

### 8.3.1　等效线法

1870 年由 Fraser 倡导，1926 年 S. Loewe 加以发展的等效应曲线法，其方法是：先用加权直线回归法求出农药单独与混合后对有害生物或哺乳动物的 $LD_{50}$，再求其毒性比值（toxic ratio，TR），以 TR 值来评价联合作用的性质。在试验条件和接触途径相同的情况下，分别求出两个农药的 $LD_{50}$ 及其 95％置信限，用纵、横坐标分别代表两种农药的剂量并将取得的同一效应的剂量（$LD_{50}$）点相连即为等效线，然后再将两农药的 95％置信限的上、下限值分别连接。依据混合物实测 $LD_{50}$ 在两种农药置信限上、下连线之间的位置判定联合作用的特征。该法简单，结果直观，适用于粗略观察，但是只能评价二元农药混配的联合作用，与其严密的设计相比，信息利用度不够，也不适用于非概率型效应指标资料。等效应图解分析法在国外应用较多，思路和求法与 Loewe 法类同，只是将它转换成平行线分析，增加了统计学处理。

## 8.3.2　Finney 法

根据 Loewe 法的剂量比原则，D. J. Finney（1947）提出了以各有效成分 $LD_{50}$ 为基础，评价相似联合作用的调和平均数模型，来确定混合物的预期 $LD_{50}$。其具体方法是：先测定出各农药混剂中各有效成分对有害生物或哺乳动物的 $LD_{50}$ 值，以各农药的联合作用是相加作用的假设出发，按等毒效应剂量预测混合农药的 $LD_{50}$，然后以计算预期 $PLD_{50}$ 时相同配比的混合物进行动物试验，测定实际半数致死量 $OLD_{50}$，将混合物的 $PLD_{50}$ 与 $OLD_{50}$ 进行比较，其比值称为联合作用系数 $Q$。其计算公式如下：

$$1/PLD_{50} ＝ A\ 药剂的百分含量/A\ 药剂的\ LD_{50} ＋ B\ 药剂的百分含量/B\ 药剂的\ LD_{50} ＋ \cdots$$

$$Q ＝ PLD_{50}/OLD_{50}$$

$Q$ 值的判别标准如下：$Q=1$ 时，两值相等，表示为相加作用；$Q>1$ 时，实测值小于预测值，表示为增效作用；$Q<1$ 时，实测值大于预测值，表示为拮抗作用。严格说来，该方法只适用于两种药剂回归直线平行的情况，而两种药剂回归直线斜率不相同时结果就不够准确，对于这种情况下结论要慎重。

H. F. Smyth 等（1969）将 27 种农药按等毒性配比配成 350 种混合物，测定其对小鼠的联合毒性，按 Finney 数学模型计算出预测与实测的比值即共毒系数 $Q$ 值，并基于试验误差和试验动物的变异等原因提出了如下联合作用的具体判别指标：$Q=0.50\sim2.60$，属相加作用；$Q>2.6$，属协同作用；$Q<0.5$，属拮抗作用。该方法简便易行，经多数学者证实能较好地预测和评价联合毒性。

当前国内普遍采用的就是在此基础上发展起来的预期与实测 $LD_{50}$ 对比法，两者分别以 $E$、$O$ 表示，因此可以简称 $E/O$ 值法。M. L. Keplinger 等（1967）用有机磷、有机氯和氨基甲酸酯等 15 种农药按等毒性配比获得 100 多种混合物，分别求得 $PLD_{50}/OLD_{50}$，据此提出了 $0.57\sim1.75$ 为相加作用的标准；河合正计等（1972）曾用此法对 8 种杀虫剂和 4 种杀菌剂配成 28 个混合物进行测定，提出不同的 $Q$ 值评价标准。然而，采用 Finney 的 $Q$ 值评价联合作用特征，因其农药种类、试验条件和动物种属的差异，以及经验估计范围的不同而缺乏可比性。

C. Moshkovsky 等（1979）曾提出将传统分类法中的相加作用域定义为完全相加，而从拮抗域中划出部分相加和掩盖作用区。导致部分相加作用的原因，一般认为是农药在体内的代谢动力学不一致，以及一些用不同顺序染毒或时间间隔染毒。于鸣等（1985）按 C. Moshkovsky 分类理论发展了 Finney 模型，提出了一个新的 $Q$ 值评价系统，杜绝了 Keplinger、Smyth 等标准的主观性和拮抗作用的假阳性，其大致过程包括计算各组分及混合物 $LD_{50}$，并由 Finney 相加作用理论公式求出预期 $LD_{50}$ 值，求出 $Q$ 值及其标准误差和两倍误差的置信限范围。以此置信限与完全相加理论值 1、掩盖作用理论值 $1/P_m$ 作比较来判定联合作用。采用 $Q$ 值系统对乙醛和丁烯醛的联合毒性研究资料进行了分析，结论与采用 Finney 改良模型的处理结果相吻合。

### 8.3.3　Bliss 法

C. J. Bliss 等（1938）将杀虫混剂的联合作用分为相似联合作用、毒理联合作用、增效或拮抗作用三类，并提出根据剂量对数与死亡概率直线回归方程，结合化学物之间联合作用模式，确定基本模型表达式为：

$$Y_m = a + b \lg(Q_1 + kQ_2 + KkQ_1Q_2)X_m$$

式中，$Y_m$ 为混合物的死亡概率；$k$ 为两种化学物的毒性比值；$Q_1$、$Q_2$ 分别为两种化学物的百分比；$X_m$ 为混合物的剂量；$K$ 为增效系数；$a$、$b$ 分别为方程的截距和斜率。

以相加联合作用时的死亡概率为标准（理论值）与实测值比较计算增效系数 $K$：$K > 0$ 表示增效作用；$K < 0$ 表示拮抗作用；$K = 0$ 表示相加作用。该法考虑了混合物毒作用机制的差别，能较好地对外来化合物的联合作用进行定量评价，然而计算太复杂，不便推广。

### 8.3.4　Mansour 氏法

N. A. Mansour 等（1966）提出了协同毒力指数的概念，即按等毒法评价二元混合物的联合作用，其具体方法是：按各化学物预期死亡 25% 的剂量混合起来，施于虫体或染毒供试动物，预期死亡率应为 50%，由实测混合物死亡率和预期死亡率计算协同毒力指数（c. f.），评价混合物的联合毒性，其计算公式如下：

协同毒力指数(c. f.) ＝ [实测死亡率(%) － 预期死亡率(%)]/预期死亡率(%) × 100%

判别标准如下：c. f. ≥ 20% 表示增效作用；c. f. ≤ 20% 表示拮抗作用；c. f. 介于 －20% ～ +20% 时表示相加作用。这个 20% 的差值是根据试验误差和生物学兵役由理论预测值计算出来的。该方法比毒理指数法简单，不用测定混剂的对数剂量-死亡概率回归直线，只通过一个混剂浓度的测定就可粗略评价混剂的联合作用方式是增效、拮抗还是相加作用。但是只能用它评价二元混剂的联合作用。

F. A. Harris 等（1973）采用按 $LD_{50}$ 配制二元等毒混合物来评价联合毒性的方法：测定两种化合物的 $LD_{50}$ 及其置信限，按混合比例和各自的 $LD_{50}$ 值推算预测 $LD_{50}$ 及其置信限，预测 $LD_{50}$ 与实测 $LD_{50}$ 之比。同时根据实测值与预测值的置信限区间是否相覆盖进行分析，相覆盖者联合作用较弱，反之则强。

### 8.3.5 Sun 法

Y. P. Sun 和 E. R. Johnson（1960）提出用毒性指数计算共毒系数评价混合物的联合毒性作用。其方法是：先以常规方法测定混合物及各种化学物质对有害生物的 $LD_{50}$ 值，再以一种化学物质的 $LD_{50}$ 为标准与其他化学成分和混合物的 $LD_{50}$ 进行比较，称为毒性指数（TI），然后推算混合物的理论毒性指数（TTI）与实际毒性指数（ATI），据此计算共毒系数（CTC）并作出评价。

$$毒性指数（TI）＝标准药剂 LD_{50} 值/供试药剂 LD_{50} 值×100％$$
$$混剂实际毒性指数（ATI）＝A 药剂 LD_{50} 值/M 药剂 LD_{50}×100％$$
$$混剂理论毒性指数（TTI）＝A 药剂 TI×M 药剂中 A 含量（％）＋$$
$$B 药剂 TI×M 药剂中 B 含量（％）＋\cdots$$
$$共毒系数（CTC）＝ATI/TTI×100％$$

CTC＝100％时表示为相加作用；CTC＜100％时表示为拮抗作用；CTC＞100％时表示有增效作用，数值越大，增效作用越明显。该法计算简便，能求出毒性增加或减少的倍数，在杀虫剂联合毒性评价中其结果与 Finney 法相近，但此法未能提出评价相加、增效、拮抗等作用的确切标准。目前国内农药登记资料规定要求：CTC＜80％时表示拮抗作用；CTC＞120％时表示增效作用；CTC 介于 80％～120％时表示相加作用。

该方法计算简便，并能求出增效倍数，目前得到广大植保科研人员的采用。但是，该方法适用于各单剂的剂量-反应直线的斜率相等的情况，若其斜率不相同即直线不平行，只能给出不够准确的大概值。

此外，对于杀菌混剂和除草混剂的联合作用，由于其药剂-试验对象之间的剂量-反应关系与杀虫混剂相似，除了借用测定农药混剂联合作用的方法进行评价外，还有一些专门的方法，例如 Wadley 法、Gowing 法、Colby 法等。

① Wadley 法根据增效系数（synergistic ratio，SR）主要用于杀菌混剂的联合作用评价，其计算公式如下：

$$EC_{50(th)}＝(P_A＋P_B)/[P_A/EC_{50(A)}＋P_B/EC_{50(B)}]$$
$$SR＝EC_{50(th)}/EC_{50(ob)}$$

式中，$P_A$ 和 $P_B$ 是杀菌剂单剂 A 和 B 在混剂中的百分比，％；下标 ob 为实际测定值；下标 th 为混剂理论值。判别标准：SR＝0.5～1.5 时为相加作用；SR＞1.5 时为增效作用；SR＜0.5 时为拮抗作用。

② Gowing 法适于评价两种杀草谱互补型除草剂的联合作用类型及其配比合理性，除草剂混用的实际防效计算公式如下：

$$E＝X＋Y(100－X)/100$$

式中，$X$ 表示除草剂 A 用量为 $P$ 时的防效，％；$Y$ 表示除草剂 B 用量为 $Q$ 时的防效，％。$E_0$ 表示除草剂 A 用量为 $P$ 时的理论防效＋除草剂 B 用量为 $Q$ 时的理论防效，％；$E$ 表示除草剂 A 和除草剂 B 按上述比例混用后的实际防效，％。判别标准如下：

$E-E_0>10\%$ 时表示增效作用；$E-E_0<-10\%$ 时表示拮抗作用；$E-E_0$ 介于 $\pm 10\%$ 时表示相加作用。

③ Colby 法主要用于两种或以上杀草谱互补型除草混剂的联合作用评价，除草剂混用的实际防效计算公式如下：

$$E=(ABC\cdots N)/[100(N-1)]$$

式中，$A$、$B$、$C$、$\cdots$、$N$ 分别表示除草剂 1、2、3、$\cdots$、$n$ 的防治效果，%。$E_0$ 表示除草剂 1 的理论防效＋除草剂 2 的理论防效＋$\cdots$＋除草剂 $n$ 的理论防效，%；$E$ 表示除草剂混用后的实际防效，%。判别标准如下：

$E-E_0>10\%$ 时表示增效作用；$E-E_0<-10\%$ 时表示拮抗作用；$E-E_0$ 介于 $\pm 10\%$ 时表示相加作用。

## 8.3.6　等概率和曲线法

在应用基础理论研究中，研究某药作用于何种受体，其性质如何也依赖混合用药。然而以往因方法不当常导致对于农药混用或合并用药效果估计不足，从而可能造成低估混合用药时的副作用。因此，不论临床还是基础理论均迫切需要一种既有合理的理论基础又与实践结果相符、估计混合用药效果的方法。在广泛应用等效线法作为联合毒性作用评价方法的同时，金正均和张效文（1981）指出了等效线法的主要缺陷在于违反了不同性质的化学物不能相加的原理以及没有考虑两种药物的斜率和截距不同而将两化合物定比例取代，结果往往低估了两药的联合毒性。基于此，根据联合作用可利用独立事件概率相加理论，他们提出了按效应相加的等概率和曲线法（equi-probability sum curves）。

（1）概率和（probability sum）　将控制效果或副作用发生率用概率来表达。100% 的控制效果意即 $P=1.0$；50% 的效果，其 $P=0.5$。A 药之 $P$ 为 $P_A$，B 药之 $P$ 为 $P_B$。两药混用时其预期单纯相加效果可用下式表达：

$$P_{A+B}=P_A+P_B-P_A P_B$$

上式乃是独立事件部的相加式。所谓独立事件即是各药各自发挥作用，互不影响。

（2）等概率和曲线　根据混合物中各化学物的剂量-死亡概率回归曲线求出预期死亡概率，再对概率求和推算死亡率。

$$Q=实际合并效果/理论单纯相加预期效果$$

$Q=1$ 时表现出单纯相加作用；$Q<1$ 时表现出拮抗作用；$Q>1$ 时表现出增效作用。然而，该做法不太实际，$Q$ 为 1 的情况很少，因而得出结果不是拮抗就是增效。作者提出 $\pm 15\%$ 作为一个实用误差范围，将上述 1 改成 $1\pm 15\%$，也即上限为 1.15，下限为 0.85。$Q>1.15$ 时表示增效作用；$Q<0.85$ 时表示拮抗作用。

在实验室中多采用 $LD_{50}$ 或 $ED_{50}$ 作为指标，统计量 $Q_{50}$ 计算公式如下：

$$Q_{50}=0.5/(P_A+P_B-P_A P_B)$$

两个以上药物可先从两个主药着手，然后将混用效果作为单一效果，再与其他药物合并估算。这既适合基础理论研究，又适合联合用药临床疗效和副作用的估计。等概率和曲线法能给出合并用药的全貌，省却运算时间，有一定理论基础。以等概率和曲线法求得的 $LD_{50}$ 值一般比等效线法求得的 TR 值要大，即判断的联合毒性普遍要大于后者。朱心强等（1993）用该法与 Loewe 和 Finney 两法进行比较，认为以等概率和曲线法克服上述两法的缺点，评价联合作用更为合理，但未能被广泛接受。

## 8.3.7 方差分析法

近年来，许多科研人员在研究中采用析因设计（factorial design）的方差分析来判断药物联合作用特征，即将单因素的剂量-效应曲线和联合作用的剂量-效应曲线进行重复设计的方差分析，以确定各因素之间有无交互作用。但是，在统计分析中却采用了单因素完全随机设计的方差分析或两两比较的检验，使原始数据中的信息得不到充分提炼，从而丧失资料提供的宝贵信息。

孙平辉等（1996）结合一科研实例，利用 $2 \times 2$ 析因试验设计的统计方法加以分析，使科研人员了解如何正确使用析因试验设计及统计分析方法，结论更丰富、可靠。$2 \times 2$ 析因试验是用于两个因素（两种药物或两种处理方法），每个因素有两个水平（用与不用或剂量的不同）的情况。各因素每个水平之间逐个组合而成 4 种组合的试验，其模型为：

|  | | A 因素 | |
| --- | --- | --- | --- |
|  | | $A_1$ 水平 | $A_2$ 水平 |
|  | $B_1$ 水平 | $A_1B_1$ | $A_2B_1$ |
| B 因素 | | | |
|  | $B_2$ 水平 | $A_1B_2$ | $A_2B_2$ |

每种组合下重复观察或做数次试验。试验结果可用方差分析，把总变异分解为两个因素及因素间的交互作用和误差 4 种变异。所谓交互作用就是两种因素之间的联合使用（协同作用或拮抗作用），从而达到高效的设计与分析。对各种组合的交互作用具有独特的分析功能。两个因素之间若有交互作用，表示各因素不是各自独立的，而是一个因素的水平有改变时，另一个因素的效应相应有所改变。若错误地将此多因素设计资料做单因素完全随机设计的方差分析就不能分离出交互作用的变异，故无法对交互作用的影响以数量方式加以分析，从而丧失资料提供的信息，甚至得到相反且错误的结论。实际上，许多因素是相互联系、相互制约的。析因设计固然是解决这一问题的好方法，但要注意设计的模型，并采用正确的分析方法，真正提炼出有意义且科学的结论。

析因试验是一种多因素的交叉分组试验，不仅可检验各因素间的交互作用，而且还能检验 2 个或多个因素间的交互作用。一个因素的水平有改变，另一个或几个因素的效应也相应有所改变，即存在交互作用；反之，如不存在交互作用，表示各因素具有独立性，一个因素的水平有所改变时不影响其他因素的效应。若交互作用不显著，两条量效曲线互相平行，则说明两因素之间具有相加作用；若交互作用显著，两曲线随剂量增大而远离，两因素之间具有协同作用；反之，若两曲线随剂量增大而靠近或交叉，两因素之间具有拮抗作用。该方法是一种比较经典的统计方法，它可以直接利用连续的测定结果进行计算，从而充分利用试验数据中所含的信息。

## 8.3.8 Logistic 模型评价法

黄炳荣等（1995）提出的用 Logistic 模型评价和确定毒物联合作用的剂量-反应关系、$ED_{50}$ 集合及其置信区间等，具有客观和适用范围广的特点，为深入研究毒物联合作用提供了一种新的方法。其描述毒物联合作用的 Logistic 模型的基本形式为：

$$\ln[P/(1-P)]=\beta_0+\beta_1 x_1+\beta_2 x_2+\beta_3 x_1 x_2$$

式中，$P$ 为反应概率；$x_i$ 为各毒物的剂量；$\beta_i$ 为模型参数，$\beta_3$ 是交互作用参数。$\beta_3>0$ 表示协同作用，$\beta_3<0$ 表示拮抗作用，$\beta_3=0$（即 $\beta_3$ 无显著性）表示相加作用。$\beta_i$ 的极大似然估计值通常是用 Newton Raphson 迭代法求出，Logistic 模型 $ED_{50}$ 及其渐近置信区间可用 Carter 等的方法估计。根据 Hauck 的结论，$S_{50}(B)$ 的 $1-\alpha$ 保守置信区间可近似地由下式确定：

$$\xi\in R^2 \mid P_L(x)\leqslant[1+\exp(1-\xi B)]-1\leqslant P_U(x)x^*\in S_{50}(B)$$

黄炳荣等以硝酸铅与无水乙醇为例，在计算机上用 WLOGIT 软件解出各参数极大似然估计值，结果 $\beta_3>0$，模型的似然比检验说明整个模型有显著性。拟合适度检验 $P>0.50$，可认为模型对数据拟合情况良好。联合作用剂量-反应关系和 $LD_{50}$ 集合及其 $95\%$ 置信区间的结果最终可在二维、三维空间中拟合。

## 8.3.9 三阶多项式回归模型评价方法

评价联合作用常用的等效线法、联合作用系数法等，都是根据化学物各自与混合物的 $LD_{50}$ 或 $ED_{50}$ 来进行判断的。选用概率效应指标对联合作用评价在实际应用中有一定局限性，如对农药长期低剂量暴露，或是对在细胞、亚细胞水平观察的联合作用进行评价时，就不宜使用 $LD_{50}$ 或 $ED_{50}$ 指标。改用非概率指标以后，化学物单独作用的剂量-效应关系有可能需用非单调型曲线描述，同时效应指标观察值也无 $\leqslant1$ 的限制。基于此，张侠等（1996）提出了对联合作用剂量-反应关系采用广义三阶多项式回归模型评价方法：

$$R_{(x,y)}=R_0+\alpha_1 x+\alpha_2 x^2+\alpha_3 x^3+\beta_1 y+\beta_2 y^2+\beta_3 y^3+\gamma_1 xy+\gamma_2 x^2 y+\gamma_3 xy^2$$

式中，交互项之和 $\gamma_1 xy+\gamma_2 x^2 y+\gamma_3 xy^2$ 记为 $I_{(x,y)}$；$x$、$y$ 表示两种受试物各自的剂量；$R_{(x,y)}$ 表示效应指标观察值的模拟预测值；$R_0$、$\alpha_i$、$\beta_i$、$\gamma_i$（$i=1,2,3$）是回归方程的参数。交互项之和及其置信区间估计为：

$$R_{(x,y)}-R_0-[(R_{(x,0)}-R_0)+(R_{(0,y)}-R_0)]=I_{(x,y)}$$

从理论上讲，$I_{(x,y)}=0$ 表示两种化学物的联合作用是简单相加，$I_{(x,y)}>0$ 或 $I_{(x,y)}<0$ 分别表示协同或拮抗。$I_{(x,y)}$ 的符号是否具有统计学意义可由 $I_{(x,y)}$ 的 $1-\alpha$ 置信区间加以判定。

研究固定剂量或固定比例设计下的联合作用资料时，其单独或联合的剂量-效应曲线散点图是三次抛物线形，其资料符合三阶多项式模型的重要特征。已有文献报道不同效应水平（如 $ED_{50}$、$ED_{60}$ 等）所对应的联合作用特征可能有不一致，而该模型却能成功地解决这一问题。这是三阶以下模型所不具备的，使用该方法简单有效，客观而适用范围宽。

## 8.3.10 合并指标评价法

大多数药物往往不能用较大剂量防治有害生物或治疗疾病，但为了达到较好的治疗效果常需合并用药或混用。徐端正等（1992）提出多药物合并指标 $Q(x)$ 及 95% 置信限，在计算机上对所有反应水平（1%～99%）进行评价，其合并计算公式：

$$(p_1/D_1x + p_2/D_2x + \cdots + p_n/D_{nx})D_{cx} = Q(x)$$

$$d_1/D_1x + d_2/D_2x + \cdots + d_n/D_{nx} = 1$$

应用 Bliss 法可求出几个药物在合并前后的任何反应水平 $x$（%）的等效剂量 $D_1x$、$D_2x$、$\cdots$、$D_{nx}$ 及 $D_{cx}$，利用计算机可绘出 $Q(x)$ 曲线，$Q(x)$ 的标准误差公式可用函数方差原理导出，其中 $S_{cx}^2$ 为 $D_{cx}$ 的估计方差，$S_{ix}^2$ 为 $D_{ix}$ 的估计方差。利用 $Q(x)$ 的 95% 置信限公式 $Q(x) \pm 1.96 SE[Q(x)]$，绘出以 $Q(x)$ 曲线为中心的两条 95% 置信限曲线，在上、下限曲线范围内包含水平线 $Q(x) = 1$ 为相加作用。

## 8.3.11 Plummer 氏法

D. J. Finney 在 1962 年最先提出，J. L. Plummer 和 T. J. Short（1990）后又加以改进的多药物联用的计算机分析模型，区分相加作用中的协同和拮抗，适用于质反应或量反应（经概率单位或对数转换）资料，无须预先掌握精确的等效剂量信息，对数剂量-反应曲线不再拘泥于平行关系，对单药或具有相同效应的多药合用同样适用，具体表达式为：

$$Y = \beta_0 + \beta_1 \lg[A + PB + \beta_4(APB)^{1/2}]$$

式中，$Y$ 为反应；$A$、$B$ 为两药的剂量；$P$ 为相对效率，可由 $\lg(P) = \beta_2 + \beta_3 \lg(B')$ 求得，$B' - B - A/P = 0$，当两药曲线平行，$\beta_3 = 0$，$P$ 为常数。$\beta_4 > 0$ 判为增效作用，$\beta_4 < 0$ 为拮抗作用；对 $\beta_4$ 应做是否等于 0 的显著性检验。

## 8.3.12 参数法

郑青山和孙瑞元（1998）根据靶体动力学原理引入药物等效性检验法，建立了以下新的数学模型分析多药物联用效果。

$$Q = (E_0 - E_e)/(E_e W - S_x T)$$

式中，$E_0$ 为药物联用实测效应拟合值；$E_e$ 为联用药效期望值；$W$ 为专业等效标准，一般试验中为 0.1，体内试验为 0.05，生物利用度试验为 0.2；$S_x$ 为 $E_0$ 和 $E_e$ 共同标准误差；$T$ 是单侧 $t_{0.05}$ 值，分析用的一组 $Q$ 值来自各种水平的剂量-效应关系。该法适用于能用 Hill 方程进行拟合，且质反应 $E_{max}$ 固定为 1（100%）的数据。所得结论综合了专业标准和试验误差的因素，可有效分析多种类型联用数据，不受联用药物数目和是否作用于受体的限制。

### 8.3.13　联合作用定量分析法

戴体俊等（1998）建议采用如下三个公式评价联合用药的效果：

$$q_A = E_{A+B} V_s E_A \tag{8-1}$$

$$q_B = E_{A+B} V_s E_B \tag{8-2}$$

$$q_C = E_{A+B} V_s E_{A+AB}(E_{B+BA}) \tag{8-3}$$

式中，$V_s$ 表示用药前后的效应做显著性检验。式（8-1）中若 $E_{A+B} > (<) E_A$，且 $q_A$ 的 $P$ 值 $>0.05$，定义为 B 药对 A 药无关；$P<0.05$ 认为 A 药被 B 药协同（拮抗）。式（8-2）亦然。式（8-3）是针对 A、B 两药而定的。按等效剂量合并法将 A、B 合并为一药 A+AB(B+BA)，再将其与实测效应 $E_{A+AB}(E_{B+BA})$ 进行比较。

联合作用进行定性或定量评价的方法均有各自的使用范围和优缺点。联合作用特征又可随观察指标（如 $ED_{50}$、死亡率、麻醉以及生理、生化等指标）不同而有差别，实验结果不宜任意外延。具体应用时须严格根据条件选择合适方法。例如，研究杀虫剂的联合作用，既要评价其对昆虫的毒效，又要评价其毒性。多年来国内在杀虫剂的联合作用评价中普遍采用的是 $LD_{50}$ 的预期与实测值的比较法，研究毒性采用 $E/O$ 值表示，研究毒效多采用 CTC 表示。如果能采用同一个标准来代表混剂的增效和增毒的情况，这将十分有利于今后高效、低毒混剂的研究与应用。基于农业农村部农药登记时，要求表明混剂的共毒系数，因此在评估混剂毒性时不妨参考共毒系数法。

## 8.4　农药混剂的研发与应用

农药混用或混剂虽早已有之，但作为一类重要的农药制剂，则是最近 20 多年来才在研究和应用上有了很大的发展。据统计，截止到 2014 年 7 月，我国共登记农药混配制剂产品 8407 个（表 8-2），约占制剂产品总数（25048 个，截止到 2013 年年底）的 33.5%；其中杀虫剂和杀菌剂数量分别为 3487 个和 2391 个，分别占 33% 和 38% 左右；除草剂和植调剂中混剂产品所占比重略低，分别为 28% 和 22% 左右；卫生杀虫剂中混剂产品数量为 705 个，占总数的 33.8%；另外还登记有杀虫剂和杀菌剂混配制剂（主要是种衣剂产品）176 个。

**表 8-2　农药混配制剂产品登记数量统计**

| 项目类别 | 杀虫剂 | 杀菌剂 | 杀虫/杀菌剂 | 除草剂 | 植调剂 | 卫生 | 合计 |
|---|---|---|---|---|---|---|---|
| 登记产品数量/个 | 10570 | 6315 | — | 5555 | 522 | 2086 | 25048 |
| 混剂产品数量/个 | 3487 | 2391 | 176 | 1531 | 114 | 705 | 8404 |
| 混剂所占比例/% | 33.3 | 37.8 | — | 27.6 | 21.8 | 33.8 | 33.5 |

当科研人员发现某些农药混用确有长处之后，是以现混现用方式推广，还是加工成定型混剂应用，需要慎重选择。混剂的剂型和加工质量对混用效果和经济效益有直接影

响，因此必须合理选择加工剂型，保证产品质量。农药混剂的研究及加工方法与一般单剂基本相同，但是也有其自身的特点。

### 8.4.1 农药混剂的研发程序

#### 8.4.1.1 混剂配方的筛选

根据农林和卫生防疫等方面的需要，并结合农药原药的生物学特性、作用机理、理化性质等，初步拟定混剂有效成分的组成，制成不同配比的混剂，并将各有效成分制成统计量的单剂作对照，进行室内毒力测定，田间药效、药害、环境生物毒性和毒理试验等评价，选出综合效果好的混剂配比、用量和使用浓度。此外，还应注意发现和总结农民对农药混用的经验，再经过系统的科学试验，加工制成定型混剂，这也是发展农药混剂的一条重要途径。

农药混剂品种的研究与开发应针对重要农作物病虫草害及生长发育要求，对我国大吨位生产或即将大力发展的农药品种进行混用及混剂配制试验。与农药单剂相比，农药混剂具有增效作用和兼治作用，能有效防治对单剂已产生抗药性的病虫草害，降低成本，减轻药害，降低毒性或增加制剂稳定性等，只要综合效果优于单剂或有独特之处，就可以发展。那些不从农业生产等方面的实际需要出发配制的农药混剂是没有生命力的，盲目发展势必造成浪费。

#### 8.4.1.2 混用方式的确定

农药混剂的组成成分初步选定后，就要明确该农药混剂是制成现混现用制剂还是加工制备成定型混剂，或者两者齐备。一般来说，那些应用面积广、产量大、常年使用的农药混剂可以考虑加工成定型制剂产品。粉剂、粒剂、烟剂、气雾剂、超低容量剂等制剂不便于临时混合或难以混匀，制成定型混剂更方便、经济，而且成本也低，通常不建议现混现用。若农药有效成分之间能相互增加稳定性或增溶、改善物理化学性能，尽量加工成定型混剂。在局部地区、特定时间或其他特殊条件下有混用价值者，应制成可混用的单剂，即现混现用制剂。需要用水稀释后喷施的剂型如乳油、悬浮剂、微乳剂、可溶性粉剂、可湿性粉剂、分散性粒剂、微囊悬浮剂等，容易临时混配，不一定都要求加工制备成定型混剂。

#### 8.4.1.3 混剂加工剂型的确定

农药混剂的加工剂型与单剂相同，合理选择剂型对于充分发挥混剂中各有效成分的作用十分重要。一般而言，对于触杀性、保护性、胃毒性的农药品种，较好的剂型应是乳油、超低容量剂、油剂、气雾剂等，但是常因原药的物理和化学性能的局限而改成加工为可湿性粉剂、悬浮剂、粉剂、可溶性粉剂、分散性粒剂等；对于那些具有内吸作用和毛细管传导作用或熏蒸作用的农药，抑或在特殊条件下使用的非内吸传导性农药，都可以加工成粒剂。根据农药混剂中各有效成分的理化性质、生物学特性、作用机制、防治对象特点及环境状况等，采用常规的原料和方法制备出 10 个以内可供比较选择的系统性样品，经初步物性考查优选出 1～3 个样品进行田间小区药效、药害试验及毒理学试验，注意发现应用中的新问题。

关于农药混剂的加工技术，可以参考本丛书的《农药剂型加工》。

#### 8.4.1.4　混剂配方的改进和工业化

根据生物测定试验结果和田间发现的新问题，对选定的农药混剂剂型及配方加以改进，提出 10～50kg 样品进行大田示范和应用试验，并根据配方变更情况，决定是否进行环境生物毒性试验和急性毒理学试验。与此同时，对农药混剂配方的储存稳定性、制备方法、工艺条件、混剂含量、物性测定方法进行研究，提出混剂质量控制技术指标，并对产品的包装材料和形式、后处理等综合性生产问题根据农业农村部农药制剂登记资料归档要求做出选择。

关于农药混剂环境生物毒性与毒理学试验，具体可参阅本丛书的《农药毒理与环境风险》。

#### 8.4.1.5　混剂的示范推广和生产

对确定的农药混剂配方、工艺条件等方面做出综合性评价后，试产 1t 左右的样品，在广泛试验点上进行示范、推广和应用，肯定其实用化、商品化价值。同时按照农业农村部《农药登记资料要求》完成有关物性和应用技术等方面的数据后便可申请登记注册，进行工业化生产。一般而言，一种新混剂的商品化需要 2～3 年时间。

#### 8.4.1.6　混剂的企业标准和编制说明

标准是指相应的权力机构对农药质量规格和检验方法等所作出的技术规定，是评价农药产品质量好坏的依据。凡是生产的农药产品必须具有质量检验标准。为了保证农药的质量，必须知道质量标准，它是质量检验部门对该农药进行质量检验的重要依据。国际上有联合国粮农组织（FAO）和世界卫生组织（WHO）两种农药标准，我国目前实行的是国家、地方和企业三级标准。一般任何一种新农药首先由生产企业制定出企业标准，再根据该产品的推广应用范围，由某一地区组织多个单位对该产品的企业标准进行修订或完善，制定出地方或行业标准，最后在推广范围进一步扩大的情况下根据需要制定出国家标准。

农药混剂首先是由某一家或几家企业研制出来，虽然其包含的单剂中有的可能已有地方或国家标准，但是由于制成了混剂，它就属于一种新的农药制剂产品，其组分的检验方法因受到多种因素的影响，可能与其他地方或国家标准不同，所以首先要制定出其企业标准。

任何一个企业标准都应该包括以下几个方面：一是主要内容和适用范围，主要对本标准规定的内容和服务进行确定，以及明确混剂中的各个有效成分；二是列出所引用的标准，例如《农药水分测定方法》（GB/T 1600—2001）、《农药 pH 值的测定方法》（GB/T 1601—1993）、《农药乳液稳定性测定方法》（GB/T 1603—2001）、《商品农药验收规则》（GB/T 1604—1995）、《商品农药采样方法》（GB/T 1605—2001）、《农药包装通则》（GB 3796—2006）、《农药热贮存稳定性测定方法》（GB/T 19136—2003）、《农药低温稳定性测定方法》（GB/T 19137—2003）等；三是技术要求，主要对混剂产品的外观以及其他性能如各有效成分的含量要求、热贮存和低温稳定性等作出规定；四是检验方法，主要是对混剂中各有效成分的分析方法进行规定，还包括对混剂各种性能参数测定的标准；五是对产品的检验、包装、贮存、运输等进行规定。而企业标准的编制说明，则是指对所拟定的企业标准进行必要的说明，其主要包括两个方面的内容：一是对制定该标准的目的和意义进行说明；二是阐述标准中所规定各项指标的制定依据，即对制定的各项指标进行解释，阐述确定某一指标的原因，一般通过试验数据来加以说明，有时也可利用国际或国内通用的准则或前人的观点等来加以解释。

## 8.4.2　农药混剂在农业上的应用

### 8.4.2.1　杀虫剂混剂

农药的混合使用一直是伴随着农药的发展而发展的。科学的混合制剂具有提高药效、扩大防治对象范围、降低毒性、降低成本等优点。发达国家在品种上均采取单剂与混剂并重的方针，有些国家在一个化合物成为商品农药的同时就推出了相应的混剂。农药混剂在中国、日本、美国、英国等国家得到了广泛的应用。

杀虫剂混剂延缓害虫抗药性的理论依据在于多向进攻策略：一是因为混剂的作用是多位点的，如果有害生物对混剂中各成分的抗性基因相互独立且初始点很低，害虫对两种药剂的抗性遗传均为功能隐性的单基因控制，那么具有两种抗性基因的个体的频率将是极低的；二是混剂中各成分相互增效，相对减少了各成分的用量，降低了田间选择压；三是混剂对害虫的抗药性选择是两个或多个方向的，避免了单一方向选择，因而可大大延缓害虫抗药性的发展。美国一些学者例如 K. M. Curtis、O. Nanni 和 T. Roush 等通过理论模型研究提出了混剂延缓害虫抗药性的条件：①抗性基因的初始频率较低；②各成分的残效期一致；③混剂能杀死接近 95% 的敏感纯合子，足以使抗性基因表现为隐性；④害虫对各成分的抗药性是独立的，抗性基因间不存在紧密的连锁；⑤选择尽可能在交配后进行。然而，这些模型的假设条件与田间的实际情况仍相差甚远，在害虫的遗传背景尚不明确的情况下，这些结果只能提供一个宏观的参考。一种混剂能否延缓抗药性，还必须依靠室内和田间的试验结果。B. E. Tabashnik 等（1994）以数量遗传学为理论依据，建立了一种估算混剂延缓抗药性作用的方法，以此对常规汰选试验的死亡率、测定的抗药性倍数和斜率进行处理，估算害虫的现实抗性遗传力（$h^2$）。$h^2$ 与 $s$（预期选择差）乘积的倒数即该药剂的预期使用寿命。如果各单剂的预期使用寿命之和小于混剂的预期使用寿命，则表明该混剂具有延缓抗药性发展的作用。该判断指标在对混剂和单剂的汰选压相同的情况下，可简化为 $n$ 与 $\lg(x)$ 的比值（$n$ 为汰选次数，$x$ 为汰选 $n$ 次后的抗药性倍数）。迄今为止，这是估算混剂延缓抗药性作用唯一的可操作和数量化的方法。

目前，就有关杀虫剂混剂对抗药性发展速度的影响看，还找不出什么规律性。现有的室内外抗性汰选试验结果归纳如下。

① 多数相同类型的两种药剂组成的混剂没有明显的延缓抗药性的作用。甲基对硫磷和辛硫磷及其混剂对棉铃虫的抗药性汰选（慕立义等，1995）、HD-1 和 HD-133（生物杀虫剂 Bt 的两个菌株）及其混剂对印度谷螟的抗药性汰选（Tabashnik 等，1994），以及敌百虫和马拉硫磷及其混剂对淡色库蚊的抗药性汰选（刘润玺等，1995）研究结果表明，混剂的使用寿命是单剂的 0.93～1.58 倍，是组成其两种单剂的使用寿命之和的 0.47～0.71 倍。相同类型的两种单剂组成的混剂一般没有明显的延缓抗药性的作用，这一点与理论模型的结论是一致的。

② 作用机制相近而类型不同的两种药剂组成的混剂不一定都没有延缓抗药性的作用。二嗪磷和甲萘威及其混剂对黑尾叶蝉的抗药性汰选（坪井召正，1977）、氟氯氰菊酯和硫丹及其混剂对棉铃虫的抗药性汰选（刘润玺等，1995）的结果表明，氟氯氰菊酯和硫丹所组成的混剂的使用寿命分别是氟氯氰菊酯和硫丹的 1.57 倍和 1.35 倍，是两种单剂使用寿命之和的 0.73 倍，无明显延缓抗药性的作用。二嗪磷和甲萘威所组成的混剂的使用寿命分别是二嗪磷和甲萘威的 10 倍和 4 倍，是两种单剂使用寿命之和的 2.86 倍。该混剂具有明显延缓抗药性的作用。

③ 作用机制不同的两种药剂组成的混剂不一定都能延缓抗药性发展。有机磷的作用靶标是乙酰胆碱酯酶，而有机氯的作用靶标是轴突部位的钠通道，两者的作用机制有明显差别。然而，刘润玺等研究了喹硫磷、硫丹及其混剂对棉铃虫的抗药性汰选试验，结果表明喹硫磷和硫丹所组成的混剂的使用寿命分别是喹硫磷和硫丹的 1.39 倍和 1.33 倍，是两种单剂使用寿命之和的 0.68 倍，并无明显延缓抗药性的作用。

④ 多数拟除虫菊酯与有机磷组成的混剂具有较好的延缓抗药性的作用。魏岑等（1989）的研究表明有机磷和拟除虫菊酯组成的二元混剂大多数具有显著的增效作用，在筛选的 32 个混剂中，共毒系数超过 130 的占 84％，超过 200 的占 48％；氰戊菊酯和甲基对硫磷及其混剂对亚洲玉米螟，氰戊菊酯和氧化乐果及其混剂对棉蚜（慕立义等，1988），氰戊菊酯和杀螟松及其混剂对桃蚜，氰戊菊酯和马拉硫磷及其混剂对棉铃虫和菜缢管蚜，氰戊菊酯和辛硫磷及其混剂、氰戊菊酯和乐果及其混剂对桃蚜，溴氰菊酯和辛硫磷及其混剂对家蝇、三氟氯氰菊酯和辛硫磷及其混剂、三氟氯氰菊酯和甲基对硫磷及其混剂、氟氯氰菊酯和喹硫磷及其混剂对棉铃虫等抗药性汰选试验结果表明，混剂的使用寿命是菊酯单剂的 1.85～21.92 倍，是有机磷单剂的 1.64～38.14 倍，是两种单剂使用寿命之和的 1.10～13.93 倍，具有明显的延缓抗药性的作用。在另一些试验中，虽然混剂的使用寿命小于两种单剂的使用寿命之和，但仍为菊酯单剂使用寿命的 2.93～5.66 倍。这一类型混剂具有明显的延缓抗药性的作用，特别是对拟除虫菊酯类药剂延缓抗药性的作用更为明显。

⑤ 三元混剂对抗药性发展的影响。三氟氯氰菊酯、甲基对硫磷和辛硫磷及三者组成的混剂对棉铃虫的抗药性汰选试验表明，该混剂的使用寿命为单剂的 1.91～2.00 倍，为三种单剂使用寿命之和的 0.65 倍，延缓抗药性的作用不显著；三氟氯氰菊酯、甲基对硫磷和灭多威组成的混剂（魏岑等，1996）以及氟氯氰菊酯、硫丹和喹硫磷组成的混

剂（Tabashinik 等，1994）对棉铃虫的抗药性汰选试验表明，混剂的使用寿命分别是单剂的 2.78～7.38 倍，为三种单剂使用寿命之和的 1.22～1.40 倍，具有明显的延缓抗药性的作用。张文吉等（1995）用不同比例的溴氰菊酯和辛硫磷组成的混剂对家蝇进行的抗药性汰选研究表明，害虫对组成混剂各单剂的抗药性发展可能与它们在混剂中所占的比例有关。

⑥ 因农药混剂延缓抗药性的田间试验难度极大，该方面的研究很少。P. D. Asquith（1961）进行了三种药剂的单剂和混剂防治苹果红蜘蛛和二点叶螨的田间试验，结果发现：三氯杀螨砜在使用 5 次后，防治效果由 82% 下降到 29%；三氯杀螨醇在使用 5 次后，防治效果由 95% 下降到 65%；乐果在使用 3 次后，防治效果由 93% 下降到 80%。乐果＋三氯杀螨砜的混剂在使用 4 次后，防治效果由 91% 变为 92%；三氯杀螨醇＋三氯杀螨砜的混剂在使用 5 次后，防治效果由 93% 变为 95%；三氯杀螨醇＋乐果的混剂在使用 4 次后，防治效果由 96% 下降到 89%。从这些数据可以看出，使用 3 年后，3 种单剂的防治效果有不同程度的下降，其中三氯杀螨砜下降最快，1960 年的防治效果仅为 29%。与此相反，使用混剂防治的 3 个治理区的防治效果仍然良好，其中以三氯杀螨醇＋三氯杀螨砜的效果最佳，3 年的防治效果均在 90% 以上，无下降趋势。

从进化史看，昆虫适应环境的能力很强，开发绝对不产生抗性的杀虫剂几乎不可能。但是，深入了解抗性的本质，积极探索克服抗性的办法，防止抗性基因在群体中的扩散，可以延缓抗性的发展。混剂不仅能提高某些抗性害虫的防治效果，而且具有延缓抗性发展的作用，目前已成为防治抗性害虫的重要剂型之一。

### 8.4.2.2　杀菌剂混剂

过去 40 多年来，对防治农作物病害具较高活性同时对有益生物具较低毒性的药剂的探索导致了作用于真菌细胞生理中专一位点的现代杀菌剂的开发成功，这些杀菌剂与传统多位点抑制剂（例如无机杀菌剂）或对多种生物共有的必不可少的功能的位点抑制剂（如五氯酚）的非选择性杀菌剂不同。由于现代杀菌剂仅对有效范围的病害有效，且有效的施用时间也是有限的，所以将其与其他杀菌剂混用对同时防治两种或多种并存的病害、同时防治各侵染阶段的病害是不可避免的。因此，杀菌剂单剂的用量一直在减少，而杀菌剂混剂的用量却一直在逐渐增加。杀菌剂混用后常常伴随着其生物学作用的改变，合理的混用实际上就是选择其有益的生物学变化以期收到单一制剂难以收到的防治效果，达到更好的防治病害的目的。

（1）利用杀菌剂混剂防治农作物并发性病害　例如，防治稻瘟病和稻纹枯病所用的杀菌剂混剂有克瘟散＋戊菌隆、春雷霉素＋稻纹散、四氯苯酞＋氟酰胺等；在麦类种植上，用谷种定＋灭锈胺或谷种定＋甲基立枯磷，可对各种真菌如镰孢属、腐霉属、核盘菌属和核壶菌属引起的小麦、大麦、黑麦和燕麦的雪腐病和根腐病进行多重防治。国内研制的福美双与菱锈灵混用可有效地防治黑曲霉、立枯丝核菌、镰孢霉属的危害，以 $20g \cdot kg^{-1}$ 种子剂量拌种，可防治大麦条纹、散黑穗病和玉米黑穗病。在蔬菜和果树上也经常使用混剂，例如，苯并咪唑类杀菌剂与克菌丹、百菌清、代森锰或福美双混剂，以及苯胺类杀菌剂与代森锰锌和含铜类杀菌剂等混剂。此外，现代集约农业的发展引发了新的植物病害。一个典型的例子是稻苗绵腐病，它是由在苗床上生长的水稻秧苗上的各种致病菌如镰孢霉属、腐霉属、木霉属和丝核菌属等引起的症状或病害综合征。为了防治这一病害综合征，根据致病菌特性，将杀菌剂混用是必不可少，应用的混剂有噁霉灵＋甲霜灵、苯菌灵＋百菌清、春雷霉素＋磺菌威。

（2）利用混剂防治不同生育阶段的病害　由于现代选择性杀菌剂通常在靶标病害的特定侵染阶段起作用，所以只有在最适时间施用才有效。在水稻稻瘟病防治剂中，黑色素生物合成抑制剂如四氯苯酞、三环唑、咯喹酮等通过抑制附着于寄主植物表面上的附着胞细胞壁中的黑色素生物合成，从而降低附着胞的物理刚性，抑制病菌侵入寄主植物中去。因此，这些杀菌剂仅在病菌侵入前是有效的，即它们的作用是预防性的。而蛋白质生物合成抑制剂（如春雷霉素）和磷脂生物合成抑制剂（如克瘟散、异稻瘟净和稻瘟灵）抑制病菌侵入寄主后生长的最活跃阶段的病菌细胞必不可少的组成部分的产生。在水稻稻瘟病田间发病情况下，在同一田间同一时间经常会观察到病害发生的各阶段，此时采用黑色素生物合成抑制剂与蛋白质或磷脂生物合成抑制剂的混用，例如四氯苯酞＋春雷霉素、四氯苯酞＋克瘟散和咯喹酮＋稻瘟灵等，是十分有效的；繁殖抑制剂如苯并咪唑杀菌剂在真菌繁殖阶段的防效最高。晚期起作用的杀菌剂与预防杀菌剂混用，对拓宽施用最佳适期是有益的，并可通过作用方式的多样化增加防效。多菌灵＋代森锰＋硫黄组成的三元混剂是一种用于防治禾谷类和油菜病害的广谱杀菌剂；国内生产的 80％代森混剂（73.2％代森锰锌、0.5％代森锌、6.3％多菌灵）对蚕豆赤斑病、轮斑病均有较好的防病保叶效果。

（3）利用杀菌剂混剂延缓病菌对杀菌剂抗性的发展　苯并咪唑类杀菌剂是一类易产生抗性的杀菌剂。蔬菜、果树和其他作物上的许多真菌都对其产生了抗性。为了克服其对苯并咪唑类杀菌剂的抗性，可使用多菌灵与百菌清、代森锰锌或含铜类混剂。氯啶菌酯是沈阳化工研究院自主研发的甲氧基丙烯酸酯类杀菌剂，具有杀菌谱广、活性高、对非靶标及环境相容性好、持效期长、对作物安全以及兼具预防和治疗双重活性等特点，但因甲氧基丙烯酸酯类杀菌剂作用位点单一，杀菌剂抗性行动委员会将其抗性发展归类为"高风险"，基于此，向礼波等（2014）开展了其与其他杀菌剂复配的研究以扩大杀菌谱，延缓抗性和降低成本，结果发现氯啶菌酯和戊唑醇质量比为 8∶1 的混合物对抑制稻瘟菌菌丝的生长表现出明显增效作用。田间试验表明，这两种药剂混用在第 2 次施药后对稻瘟病的防治效果显著高于单剂和对照药剂——三环唑，防效达到 81.54％，且对水稻作物安全。

### 8.4.2.3　除草剂混剂

除草剂混剂的首要作用是扩大杀草范围，节省劳动力。利用除草剂混剂对杂草的增效作用，可提高杀草效果和对作物的拮抗作用，提高对作物的安全性，扩大施药适期，降低药剂残留，减少用药，节省药费。除草剂混剂在防治抗性杂草方面也起到重要作用。

（1）扩大杀草谱　各种除草剂之间的化学组成、结构及其理化性质都是有区别的，因此它们的杀草能力及范围也不一样。苯氧羧酸类除草剂杀双子叶杂草效果突出，氨基甲酸酯类和醚类除草剂对单子叶杂草毒力高。就同类药剂中，其杀草能力及范围也不完全一样，例如，2,4-滴和2,4,5-涕都是苯氧羧酸类除草剂，前者只能防除一年生阔叶草，而后者还能防除木本杂草。从目前现有的除草剂来说，只用一种除草剂还是不能防除田间所有杂草而不伤害作物的，如果利用除草剂间的复配混用，就可以做到扩大杀草谱、消灭所有杂草的目的而又保证作物的安全。还有的除草剂杀草谱很窄，但有独到之处，能根除其他除草剂难以防除的杂草，例如杀草隆对沙草科杂草尤其是多年生沙草科杂草防效优异，但对禾本科杂草活性不高，也不能防除阔叶杂草。在各类杂草丛生的稻田里，只施杀草隆显然不能收到理想的除草效果，但杀草隆和除草醚混合使用，在稻田里既能防除各种一年生杂草，又能防除多年生莎草科杂草。目前农业上推广的除草剂混剂几乎都有扩大杀草谱的作用，而且有许多混剂能防除某些作物田间几乎所有杂草且对作物安全，实现了只用一种除草剂难以达到的灭草增产效果。

（2）延长施药适期　某些除草剂复配混用与组成它们的单剂比，有延长施药适期的作用。例如：杀草丹-西草净混剂施药期可以延长至插秧后6～15d，除稗效果相当好；丁草胺和甲氧除草醚混用不但能增效，还能杀死2～3叶龄的稗草，和各自单用相比，延长了施药适期。

（3）降低在作物和土壤中的残留　有的除草剂在常用剂量下残效期太长，会影响下茬作物种植，这个问题可以通过除草剂之间的混用来解决。例如，阿特拉津是用于玉米的优良除草剂，对玉米十分安全，对萌芽过程中的大多数杂草杀灭效果很好，但它的残留活性很长，每公顷用12kg处理玉米地，下茬不能播种对阿特拉津十分敏感的作物。然而，甲草胺与阿特拉津混用的增效作用明显，在保证除草效果的前提下可大大降低阿特拉津的用量，从而缩短阿特拉津的残留时间。

（4）降低药害，提高对作物的安全性　有些除草剂在作物和杂草间选择性较差，稍不注意就可能产生药害；有的除草剂与其他除草剂混用可以提高它们在作物和杂草间的选择性，提高对作物的安全性。例如，嗪草酮是大豆苗前除草剂，水溶性较大，易被豆苗吸收，土壤pH值较高的砂性土壤易出现药害，而氟乐灵和嗪草酮混用，在增加除草效果的同时，对大豆表现出拮抗作用。两种或多种除草剂混配在一起之后，对杂草表现出增效作用的同时，对作物表现出拮抗作用；或对杂草表现出相加作用，对作物表现出拮抗作用；或对杂草的增效作用大于对作物的增毒作用，从而提高药剂在作物和杂草间的选择性，降低药害，提高对作物的安全性。

（5）增效作用　许多除草剂混用具有增效作用，其中大多数是由不同类型除草剂组成的，同一类型的除草剂混用也具有增效作用，这在降低成本、减少投入、提高选择性、增加对作物安全性方面很有意义。此外，除草剂混用在提高对气候条件的适应性、增进对不同类型土壤的适应性等方面亦具有作用。

由于除草剂类别众多，品种间性质和功能各异，如何混合才能增效，前人做了许多很有成效的研究并获得喜人的应用成果。例如：以均三氮苯类除草剂为核心的除草剂混剂或混用如均三氮苯类与苯氧羧酸类、脲类、醚类、氨基甲酸酯类、酰胺类、有机磷类、杂环类或苯甲酸类除草剂混配均具有增效作用；以苯氧羧酸类除草剂为核心的除草剂混剂或混用如苯氧羧酸类与脲类、苯甲酸类、氨基甲酸酯类、醚类、苯胺类、杂环类、腈类或有机磷类除草剂混配均具有增效作用；以氨基甲酸酯类除草剂为核心的除草剂与脲类、酰胺类、苯胺类、杂环类、醚类、有机磷类、苯甲酸类等除草剂混用均具有增效作用；以醚类为核心的除草剂与脲类、酰胺类、有机磷类、杂环类、苯胺类、苯基羧酸类等除草剂混配均具有增效作用；酰胺类与杂环类除草剂混用、苯胺类与醚类除草剂混用、酰胺类（异丙甲草胺、乙草胺等）与磺酰脲类（苄嘧磺隆、甲磺隆等）除草剂混配以及杂环类和腈类除草剂混配均具有增效作用。此外，均三氮苯类除草剂之间、脲类除草剂之间、氨基甲酸酯类除草剂之间、有机磷类除草剂之间、杂环类除草剂之间的同类除草剂按科学配比进行混配均具有不同程度的增效作用。

总之，从混剂延缓抗药性的研究概况来看，目前混剂的研制还存在不少问题。混剂的研制必须考虑对有害生物抗药性发展的影响。在混配药剂的选择上，除了考虑将不同作用机制的药剂混合使用这一基本原则外，还必须进行严格的试验研究，例如，在昆虫毒理学理论指导下的室内毒力筛选测试、理想的助剂选择试验、混剂的急性毒性测试、分析方法研究、整体配方研究、多种害虫的大田药效试验以及混剂与单剂相比能否延缓主要防治目标抗药性的室内生物汰选研究等。在这些研究基础上研制的混剂才能起到降低田间选择压、延缓抗药性发展的作用。根据有关模型得出的理论结果虽与实际情况有差距，但对实践仍有一定的参考价值。一种混剂能否延缓抗药性，最可靠的是室内和田间的试验结果，而不仅仅是模型的估计。不同作用机制的药剂混配不一定都能够延缓抗药性，而作用机制相似的药剂混配也未必都不能延缓抗药性。有机磷与拟除虫菊酯组成的增效混剂延缓抗药性的作用比较显著。增效混剂是如何延缓有害生物抗药性的？这个问题具有非常重要的理论和实践意义。就目前的研究状况分析，对增效机制的研究较多，但对延缓抗药性机理方面的研究薄弱，需要加强以便对混剂的研制和应用起到更好的指导作用。

### 8.4.2.4　植物生长调节剂混用

两种或两种以上植物生长调节剂进行混用，在农林园艺上已普遍运用。在生产上采用混用处理，除了具有室内生物测定所表现出来的增效、相加和拮抗作用外，还出现某些新的经济效益，例如提高某些作物的产品质量，克服各自单用的副作用，扩大老产品的应用范围，保持其应用的青春等。所以，植物生长调节剂的混用技术，不仅关系到其能否有效地发挥作用的问题，同时也关系到其科学合理使用的问题。

（1）增效作用的应用　植物生长调节剂混用增效作用的例子很多，总的来说主要表现在促进生根以及促进苗的生长和脱叶等。例如，萘乙酸与吲哚乙酸混用对植物插枝生根有明显的促进作用，乙烯利与8-羟基喹啉混用对豌豆、菜豆脱叶表现出增效作用等。

（2）相加作用的应用　从生产上大量使用的情况看，两种以上植物生长调节剂混用有相加作用的实例要比它们混用有增效作用的例子多，其作用表现在增加坐果、促进果实生长、促进生根和脱叶等。例如，赤霉素与矮壮素混用、赤霉素与比久混用可以增加葡萄的坐果。

（3）拮抗作用的应用　相对而言拮抗作用在生产上的应用是比较少的，有的还处于试验阶段，主要表现在控制某些果实成熟期和储藏时间，控制叶果脱落、种子萌发和生长等。可见，植物生长调节剂混用出现的拮抗作用在大多数情况下正好是农业生产上所迫切需要解决的问题，若能科学使用混用或混剂中所出现的拮抗作用，可以开创人类用化学手段来控制植物生长发育的新进程。

# 8.5　农药桶混技术及其应用

农作物一生中会受到多种有害生物的侵扰和危害，而农药是控制有害生物最有效的措施。但由于农药的固有特性，一种农药并不能对多种有害生物都有良好的防治效果，为兼治同时发生的多种有害生物，生产中常将不同的农药品种在田间进行"桶混"，达到一次施药兼治多种有害生物的目的。因此，农药的田间桶混使用是一种非常普遍的现象。

农药桶混（tank mix）是指在田间根据标签说明，把两种或两种以上不同农药分别按比例加入药箱中混合后使用。农药混剂虽然应用时方便，但它本身存在两个主要缺点：①农药有效成分可能在长期的储藏、运输过程中发生缓慢反应而失效；②混剂不能根据使用时的环境条件、病虫草害的组成和密度不同而灵活掌握混用的比例和用量，甚至可能因为病虫草害单一，造成一种有效成分的浪费。农药的桶混则可以克服混剂的这些缺点，但不合理的桶混会造成农药之间的不相容性而产生药效下降、毒性增加等一系列副作用，会给农业生产和生态环境带来危害。

农药不相容性包括化学不相容性和物理不相容性两种。化学不相容性是指两种或两种以上的农药混合后，农药的有效成分、惰性成分及稀释介质间发生水解、置换、中和等化学反应，使得农药药效降低。如大多数有机磷杀虫剂不能与碱性农药混用，就是因为化学不相容性。物理不相容性是指两种或两种以上的农药混合后，农药有效成分、惰性成分、稀释介质间发生物理作用，使混合药液产生结晶、絮结、漂浮、相分离等不良状况，不能形成稳定均一的混合液。即使进行适当搅拌也不能形成稳定均一的混合液。农药间产生物理不相容性大多是由多种农药成分或农药-液体肥料混合使用时，其溶解度、络合和离子电荷等因素造成的。一般地说，相同剂型的农药制剂混用时，很少发生物理不相容性。这是因为同类制剂的惰性成分是类似的。例如：大部分农药乳油都是用二甲苯作为主要溶剂，使用烷基芳基磺酸盐和非离子聚氧乙基化合物的复合物为乳化剂。不同剂型农药进行混用时往往会出现物理不相容性。例如：可湿性粉剂和乳油进行混用时，常形成油状絮凝或沉淀，产生这一现象的原因是存在的乳化剂优先被吸附到可湿性粉剂有效成分和陶土的微粒上，取代了可湿性粉剂中的分散剂；许多乳化剂组分中具有大量的湿润剂，对陶土有絮凝作用；悬浮剂和乳油混用时，相容性就更差，这是因为悬浮剂中专用成分增加，除了湿润剂和分散剂外，通常还有作为密度调节剂的无机盐、作为抗冻剂使用的醇类或乙二醇、消泡剂硅酮和用于控制黏度的天然或合成的增稠剂，加入乳油混合后，其中的有机溶剂微滴能使原有的悬浮平衡系统产生凝聚或乳脂化作用；农药与液体肥料混合使用时，则可能发生盐析作用而造成农药有效成分或制剂成分迅速分层甚至沉淀，盐析作用的程度取决于化肥中氮、磷、钾的组成，高氮化肥引起的盐析程度比高磷或高钾化肥低。

　　农药间的物理不相容性通常导致混合药液药效降低，对作物的药害加重，并且阻塞喷头等问题。为在生产中防止出现物理不相容性，叶贵标（1993）介绍了一种使用前测定农药物理相容性的简易方法，即广口瓶法（jar testing），具体步骤是：在 1000mL 的广口瓶中，先装 900mL 左右的载体物（一般为水，有时为化肥溶液），再逐个加入所要混用的农药制剂，边加边晃，所加农药按推荐的用药量折合成 900mL 水所需的药量。待所有混用农药加入后摇匀，以后隔 0.5h、1h、2h、24h 后，用肉眼观察广口瓶中混合药液的物理状况，若无结晶、漂浮物、絮结、油滴聚集、相分离等现象，则可认为所混用的农药是相容的，可以在田间应用；反之则是不相容的，不能用于田间。用此法测定农药间或农药与化肥间的相容性时应注意以下几点：①混用后，若广口瓶中观察到絮结、相分离等现象，但经轻微摇荡之后，随即能形成均匀一致的混合药液，同样可以认为是相容的，可在生产实际中应用。②由于混合液的物理稳定性有时随着时间长短的不同出现变化，所以混合后观察时间以 2h 较为理想，时间过短或过长所得结果不一致时，以混合后 2h 的结果为标准。③不同类型制剂之间进行混用时，加入混用农药品种的顺序不同，所得的药剂其相容性可能出现相反的结果，或混合液稳定性有差异。为获得稳定均一的混用药液，对不同加药顺序要进行分别测定，一般加入不同类型制剂的顺序是可湿性粉剂、悬浮剂、水剂和乳油，这样容易配成稳定均一的混用药液。④进行农药相容性测定时，随着混合时搅拌程度的不同，所得结果亦不一致。若搅拌过于激烈，有时反而不能得到稳定的混合药液，这是因为激烈搅拌会使药液中进入过量的空气，从而使得混合药液产生絮状结构、黏稠的液体，特别是与粉剂或悬浮剂混用时，这种现象较为明显。⑤农药桶混均为现用现混，不能储存。广口瓶法虽然能快速测出不同农药混用时的相容性，所用工具简便，结果也比较直观，易被广大农户和专业人员所掌握，所得结论也可靠实用，但本身也有一些缺点，如广口瓶内的液体动力学条件与田间实际用药情况不尽相同，造成用广口瓶法测定的结果与实际喷雾时的结果不完全吻合。最好是进行模拟田间条件的相容性测定，并测定混合药液的雾滴、喷量等变化情况，这样所得结果更可靠，更有实际应用价值。

　　为了探讨田间农药"桶混"的合理性并评价其对兼治对象的互作效应，国内外学者做了大量的研究工作。千坂英雄（1989）提出用等效线法判断除草剂混用的联合作用，利用除草剂不同剂量产生的生物效果作剂量-反应曲线，求出单剂和混剂的等效剂量并作等效线，从而确定混剂的联合作用方式，见图 8-2。从图 8-2 中可以看出，农药混用后对多个防治对象的综合互作效应是复杂多变的，在确定的混用比例下，离原点最远的实测剂量能够兼治多个防治对象。但是，农药混用后有增效作用、相加作用和拮抗作用三种完全不同的互作效应。混配农药对所有防治对象都有增效作用时农药剂量最少，拮

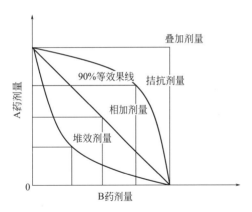

图 8-2　农药混用的联合作用方式示意图

（引自：千坂英雄，1989）

抗作用意味着增加农药用量，因此农药混用时对兼治对象中耐药性高的防治对象要有增效作用或相加作用；混配的两种农药各自只对一种防治对象有效，对另一种防治对象无效，并且两种农药混配后的互作效应为相加作用时，只有叠加混用两种农药的实测剂量才能兼治两种防治对象，在其他情况下，将防治单一对象的药剂用量简单地叠加混用是非常不合理的。

顾中言等（2011）结合直角坐标系和室内活性测定来探讨田间农药二元"桶混"的合理性并评价对兼治对象的互作效应，即在直角坐标内，用两种药剂对几种害虫的 $LC_{50}$ 值作等效线，分解二元混剂的 $LC_{50}$ 值作为单剂浓度，标注在坐标内，可以清楚地反映出农药混剂对水稻二化螟、褐飞虱和灰飞虱的毒力和互作效应，结果见图 8-3。图 8-3（a）显示出丙溴磷与甲氨基阿维菌素苯甲酸盐混用对灰飞虱、褐飞虱和二化螟 3 种害虫均有增效作用，对灰飞虱的理论等效线在最外侧，二化螟在最内侧，但对灰飞虱的实测剂量 $p_1$ 小于对褐飞虱的实测剂量 $p_2$，因此用 $p_2$ 的剂量可以使 3 种害虫均达到 50% 以上的死亡率；图 8-3（b）显示出毒死蜱与甲氨基阿维菌素苯甲酸盐混用对二化螟的毒力最高，并有增效作用，对灰飞虱有相加作用，对褐飞虱有拮抗作用，对褐飞虱的实测剂量 $q_2$ 可以兼治 3 种害虫，但用药量最大，对灰飞虱的实测剂量 $q_1$（小于 $q_2$）不能兼治褐飞虱。

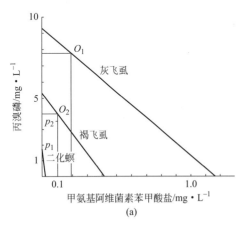

(a)

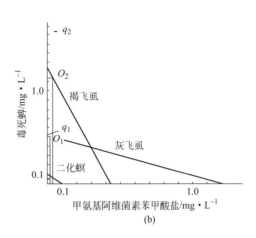

(b)

图 8-3　丙溴磷（a）和毒死蜱（b）与甲氨基阿维菌素苯甲酸盐混用对害虫的增效作用

（引自：顾中言等，2011）

为确保坐标系内不同防治对象之间的可比性，用浓度比较参与"桶混"的农药品种对处于防治适期的兼治对象的毒力，根据室内测定的 $LC_{50}$ 或 $LC_{90}$ 作等效线，也可以对通过田间试验确定达到 90% 或 95% 防治效果的药液浓度作等效线。可以根据田间防治经验确定农药的"桶混"比例，也可以根据等效线来确定农药用量较少的"桶混"比例，例如，在图 8-3 的配比中增加甲氨基阿维菌素苯甲酸盐的用量而减少丙溴磷或毒死蜱的用量，便能减少总的农药用量。从坐标图中找出两种农药"桶混"的理论剂量，通过再次试验确定两种农药"桶混"的合理性以及对兼治对象的综合毒力，田间试验则可以直接确定农药的田间用量。因此，直角坐标系可直观地反映"桶混"剂对各防治对象的毒力和互作效应以及相互关系，从而可以根据田间实际发生的有害生物种类，合理地选择剂量，而离坐标系原点最远的混配剂的实测剂量能使多个防治对象达到 50% 或 90% 以上的死亡率。

田间试验是用相同的施药方式处理处于防治适期的有害生物，并且可以一次施药兼治多种有害生物，统一用防治效果作为计量农药生物效果的反应类型，从而可以一次施药分别评估混用农药对不同防治对象的联合作用方式。因此，在选择药剂时，要先了解农药"桶混"后对各兼治对象的毒力、互作效应以及相互关系，并根据田间实际发生的有害生物种类合理选用。农药的联合作用是一项工作量巨大的基础性研究，在了解国家农药管理政策的同时还需要了解农药对有害生物的实际毒力、农药的性质和作用特点、田间病虫害发生种类和发生量，以及农药混用后对兼治对象的综合毒力和联合作用方式，以便在有害生物防治中做到科学合理使用农药，切忌盲目选药和随意混用，以免造成超量使用农药，从而减少农药的浪费，减轻农药对环境的污染和稻米中的农药残留量。

# 8.6　农药混剂的联合毒性风险评价

目前世界上许多国家对农药在内的化学物风险评价包括危害分析、危害特征描述、暴露评估、风险特征描述四项内容。风险评价的目的是建立人群接触的卫生标准，并进行危害控制和防治管理。风险评价的质量取决于评价时所依据的资料及其分析方法。一些国家的研究管理机构分别采用不同的方法，其中美国 EPA 于 1986 年对以往各种农药混合物的风险评价方法进行了分析和总结，提出农药混合物风险评价方法。下面对农药联合作用的风险评价与管理做一简单介绍。

## 8.6.1　实际测量法

将农药混剂或混用组合看作一个独立的单元，直接测试接触混剂对人体健康的影响，利用实测混合物暴露的效应数据对其进行直接评估。然而，目前采用该法对农药进行风险评价的报道还不多，因为一般情况下很难同时得到有关混合物的化学构成、人群暴露水平和详尽的毒理学资料，且农药混合物的毒性（包括动物毒性和环境生物毒性等）在环境中常受时间、污染源等因素的影响而变化，限制了实测数据的可用性。

## 8.6.2　相似化合物法

该法适用于结构和性质与被评估对象相似的混合物，即成分及组成比例与被测对象相似的混合物，采用模拟间接评估风险，主要有参考剂量法（reference dose，RfD）和比较强度法（comparative potency method，CPM）。参考剂量法是以敏感人群口服摄入污染物（非致突变物、非致癌物）的剂量估计无害效应量作为参考剂量的风险鉴定方法。参考剂量法原来用于单一污染物研究，用于混合物研究和风险评价中时将混合物整体看作单一的化合物。而比较强度法是对组分高度相似的混合物用 2 种或 2 种以上的测定方法对同一个毒性终点（如致癌性）进行测试，估算一个或几个表示混合物相对毒性强度的比较强度系数，根据这些系数通过已知相似混合物的剂量-效应数据外推出目标农药混合物的毒性。该方法的理论假定是不同混合物或混合物中的不同组分，其毒性作用性质（毒性终点、靶组织、效应机制）相似。对同一毒性终点，采用同一种试验方法进行测定，混合物或其组分的毒性强度之间应表现出良好的线性关系。若采用不同试验方法进行测定，所得结果之间也应具有相似的剂量-反应关系。

## 8.6.3 组分分析法

### 8.6.3.1 剂量加和法

剂量加和法（dose addition）主要用于组分毒性作用机制相似且无相互作用的混合物评估，其中毒性作用机制相似是指相似的毒性作用终点和毒理动力学性质。该方法认为，由于各组分毒性作用终点相似，其毒性强度可以参照某一毒性已知的组分而计算出每个组分的相对毒性值。剂量加和法有 3 种基本方法：

（1）相对强度系数法（relative potency factor，RPF） 适用于农药间无增效或无拮抗相互作用的有效成分，其具体步骤是：以在某一特定终点或暴露条件下混合物中毒性了解最清楚的组分作为指标组分，而其他组分则换算成不同剂量的指标组分，将这些相对剂量相加而得总剂量后，根据指标组分的剂量-反应关系估算混合物在该特定终点或暴露条件下的毒性效应。简言之，RPF 法就是通过剂量换算将此类混合物转化为单一物质来处理。

（2）毒性当量因子法（toxic equivalency factor，TEF） 该法是美国 EPA 推荐的方法，与 RPF 法相似，但比它更为严格，其要求所有组分的毒性效应都必须由同一毒性作用机制产生。多氯联苯、二噁英是已知可用 TEF 研究的最好例子。多氯联苯致毒机制与二噁英相同，都是与特定的芳烃受体（Ah receptor）结合，而二噁英的毒性最强，不同多氯联苯的毒性强度就可以二噁英为参照换算。但是，这类物质的毒性在不同物种间和不同反应类型间存在量的差异，使得 TEF 法的预测能力受限于试验终点和受试物种。

RPF 法和 TEF 法都是相当严格的方法，要求掌握相似与否以及相对毒性强度，不需要对每一组分的全面毒性进行研究。一旦某一特殊组分产生了其他影响，这两种方法就不能采用。

（3）危害指数法（hazard index，HI） 主要用于组分作用于同一器官、不存在相互作用、作用方式不明的混合物。此方法中混合物组分的毒性强度不能参照某一组分的毒性换算，但可以参照同一暴露终点换算，如无明显有害效应剂量（no-observed-adverse-effect level，NOAEL）或参考剂量（RfD）。某一组分对混合物总毒性的贡献可以通过其浓度与该终点的比值（如 $c$ /NOAEL）得出，将此值加和即求出混合物的危害指数 HI。用这种方法评价混合物的危害，需要通过全面的毒性试验来获得组分的 NOAEL 或 RfD，前两种方法适用于毒性机制已经相当清楚的化合物，对仅知道作用于相同器官、作用机制可能相同的混合物则使用 HI 法。

### 8.6.3.2　反应加和法

反应加和法（response addition）通常用于混合物致癌物风险的评价。如果混合物组分以不同的机制作用于同一器官，就不能通过组分间的剂量换算预测其总毒性值。反应加和法依赖每种组分单独暴露时引起的毒性反应，用每一组分的剂量与毒性强度计算其单独风险，再对单一组分的风险进行累加来预测混合物的风险。这就需要通过毒性试验确定每一组分的剂量-反应曲线关系，但是，该方法只有当剂量-反应关系曲线在低浓度下呈线性关系时才有效。由于假设每种组分都具有相同的毒性效应和毒性作用终点（如肝脏毒性），如果某一组分的毒性效应不同（如肾脏毒性），反应相加法就存在不确定性。R. Altenburger（1996）研究证实剂量相加法和反应相加法分别对组分作用方式相似和组分不相似的混合物具有较好的预测能力，但是这些方法是建立在混合物间不存在相互作用的假设的基础上，如何确认这种假设尚缺少足够的数据。如果组分间存在拮抗作用，就会使以上方法的估计值过高；如果组分间存在协同增效作用，又会使估计偏低。在 HI 法上发展出的相互作用危害指数法就是针对组分间存在相互作用的混合物，它假设二元相互作用为混合物中最可能的相互作用，先分析两组分，而后引入第 3 组分与前两者两两进行分析。该方法需要使用一种权重法（weight of evidence，WOE）以判断组分间相互作用的方向（如增效、拮抗）、概率、潜在健康风险等信息。通过 WOE 将这些信息量化后与相互作用级数（反映偏离加和作用效应的程度）一同引入评价。但是，此方法受到相互作用方面研究数据不足的限制。

### 8.6.4　农药混剂的风险评价

在生活和工作环境中，人类经常接触的是低浓度的混合物或混剂。最近有不少研究对接触复杂混合物的风险进行了评价，结果证实低剂量下可发生联合作用。接触低剂量非致癌性混合物的风险评价可分为三个步骤：首先，确定单一成分观察终点的阈剂量，一般是在无明显有害效应剂量（no-observed-adverse-effect level，NOAEL）和最低有害效应剂量（lowest-observed-adverse-effect level，LOAEL）之间，后两者可以从各成分的亚慢性或慢性毒性试验获得，也可以从化学物登记注册资料得到；其次，以相同毒性终点测得混合物的 NOAEL、LOAEL；最后，确定接触的有害作用与混合物各成分 NOAEL 和 LOAEL 之间的关系（美国 EPA，1986）。对混合物致癌风险的评价不能用上述方法，主要原因是绝大多数遗传毒性致癌物不存在阈剂量。因此，参照阈剂量确定

"低剂量"是不可能的。

农药混合物或混剂的风险评价有许多尚待解决的问题。由于环境中混合物的复杂程度、对各有效成分的作用机制了解程度、已有资料可用性等方面的差别，很难有一种能满足对所有农药混用或混剂进行风险评价的通用方法。绝大部分成功评价的例子是根据作用机制选择了相应的方法。在研究农药混合风险评价方法时，确定相加、增效和拮抗等联合作用的条件是十分重要的。许多研究证实，当低剂量混合物成分因相同机制引起同类毒性效应时，往往发生相加作用。"低剂量"或"低水平"的定义不很明确。荷兰营养与食品研究所就这一风险预测原则对具共同机制和不同机制的混合物进行了研究，结果表明：当剂量低于各成分的 NOAEL 时，既不能支持也不能否定相加作用的假设；当剂量达到或超过各成分的阈剂量时，便可出现可识别的有害作用；当混合物各成分的剂量水平都远低于各自阈剂量时，非致癌的有害作用是不会发生的；而当剂量刚好低于相应的阈剂量例如在 NOAEL 水平时，则有害作用是可能发生的；在等于或高于各成分的阈剂量时，相加、增效和拮抗作用均可发生。应该指出，上述风险评价的规律在多数情况下是适用的，但也有例外，尤其在外推到人体时更应慎重。因为人体敏感性差别很大，且人比实验动物接触更多的化学物质。这些化学物质此时可能增加或降低混合物对人体的毒性。

# 8.7　农药混剂联合毒性的风险管理

随着科学技术的发展和人们认识事物本质能力的提高，农药混用或混剂所产生的联合毒性及其对生态和人群的影响逐渐受到政府的关注，各国政府都开始加强包括农药混剂在内的化学物联合毒性的风险管理。其中，美国 EPA 于 20 世纪 80 年代开始研究混合污染物的毒理效应，在收集有关毒物联合毒性资料的基础上，经过 2 年多的讨论和整理，已经正式建立了一个较为完整的混合毒物资料库和联合毒性的化学混合物风险度评价大纲，可以对 2 个或多个环境污染物的潜在联合作用进行初步定性或定量评价，有利于对环境中化学混合物的风险评价与风险管理。

## 8.7.1　混合毒物资料库简介

所有的关于混合毒物的资料经过整理汇入计算机网络，可以从美国任何一个 EPA 分支机构的风险评估联络处（risk assessment contact）获取。存储的资料包括 13 个部分，分别为第一个化学物的 CAS 登录号、第一个化学物的名称、第二个化学物的 CAS 号、第二个化学物的名称、暴露途径、动物种属、处理顺序、暴露时间、有害作用部位、危害效应、联合作用类型、前 2 个作者、参考文献号，其中按照不同的暴露途径、种属、靶标部位、作用性质进一步分类。

## 8.7.2　混合毒物风险评价大纲

在所建立的资料库的基础上，EPA 组织毒理学、药理学、公共卫生学、统计学等学科领域的技术专家及环境保护组织、劳工组织、企业和政府部门的管理专家，经过广泛的讨论和征求意见，制定了该评价大纲的初稿，其包括了五个部分：一是引言，提出评价大纲的意义、目的和评价对象及内容。二是评价程序和所需资料，包括评价程序，评价所需要的资料——暴露情况、对健康危害效应和联合作用资料，按照资料的来源和性质，每个方面又各分为不同的等级。三是评价前提和限制因素，大多数化学物联合毒性的资料是 2 个化学物各自在一个剂量水平上对动物急性染毒的结果。从这种急性毒性资料评价慢性或亚慢性联合毒性，以 2 个化学物的联合毒性评价多个化学的联合毒性，以动物实验资料评价对人的危害性，都会造成相当大误差，这是在选用评价资料时必须考虑的。四是风险表征，即把前几步得到的信息综合起来生成一个对评价终点有害效应的可能性陈述，包括一个简单的定性判断或危险说明，可以做出包括描述浓度和时间变化对效应估计的影响在内的更加丰富的阐述，或是采用能生成风险预测的置信度的复杂模型。五是总结，即风险评价者和管理者就问题形成阶段确立的最初需要以及过程中可能出现的任何需要，对结果进行审阅。现有致力于信息存在最多的个体水平趋势，因而可以理解它们最经常指示的是种群的生存能力水平，见图 8-4。

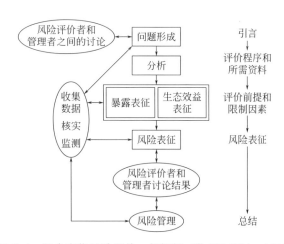

**图 8-4　混合毒物风险评价一般框架**（仿 US EPA，1994）

多种化学物的联合作用涉及受体部位、代谢过程等许多因素。剂量水平不同，联合作用的机理也可能不同。在慢性暴露或很低剂量情况下，联合毒作用的强度会很弱，甚至会消失。两种以上化学物的联合作用更为复杂。第三种化学物可能完全改变另外两种化学物联合作用模式。在评价多化学物的风险时，如果没有充足的评价资料或类似物的资料，一般建议采用相加模型。在有些情况下，会出现不符合相加性的前提；如果对产生增效或拮抗作用的毒性采用相加方法处理，可能会导致错误的风险评价。因此，在采用评价模型时应明确资料的性质和模型的前提条件。

### 8.7.3　评价大纲的管理应用

从管理应用的角度，EPA 采用剂量相加法评价非致癌物的联合毒性，对于致癌物则采用反应相加法。目前大多数学者认为，非致癌物的毒性作用具有阈值反应，致癌物则没有。这是采用不同处理方法时应考虑的主要问题之一。剂量相加法计算中的参考值，一般采用每日允许摄入量（ADI）或参考剂量（RfD）。因 ADI 和 RfD 都是由无明显有害效应剂量得来，所以在低剂量暴露时不可能得到反应相加。以美国纽约州对饮水中量中非致癌杀虫剂涕灭威（aldicarb）和克百威（carbofuran）的联合作用评价为例，两者都是胆碱酯酶抑制剂，前者在水中的 ADI 是 $7\mu g \cdot L^{-1}$，后者是 $15\mu g \cdot L^{-1}$。采用剂量相加法进行评价：$T=$ 实测涕灭威浓度$(7\mu g \cdot L^{-1})+$ 实测克百威浓度$(15\mu g \cdot L^{-1})$。当 $T \leqslant 1$，表明在允许标准范围内；当 $T > 1$，说明其超过允许标准，必须加以处理。

## 参 考 文 献

[1] 顾中言，徐德进，徐广春，等．农药二元混用对二化螟、褐飞虱和灰飞虱的综合毒力与互作效应．江苏农业学报，2011，27（6）：1227-1235.

[2] 顾中言，徐广春，徐德进，等．稻田农药科学使用 I．农药的选择原则和农药的田间桶混效应．江苏农业科学，2013，41（8）：112-115.

[3] 欧晓明，林雪梅，盛书强，等．评价杀虫剂混用联合作用的六种方法比较．农药科学与管理，1997，1：20-23.

[4] 王心如．拟除虫菊酯与有机磷农药的联合毒性与毒理学机制研究．南京：南京农业大学，2000.

[5] 魏岑．农药混剂研制及混剂品种．北京：化学工业出版社，1999.

[6] 文一．有机磷农药的联合毒性及其毒理学机理研究．北京：中国农业科学院，2008.

[7] 茹李军，魏岑．农药混剂对害虫抗药性发展影响的探讨．中国农业科学，1997，30（2）：65-69.

[8] 叶贯标．农药桶混相容性及其测定．农药科学与管理，1993（1）：44.

[9] 张瑞亭，等．农药的混用与混剂．北京：化学工业出版社，1987.

[10] 张文吉．农药混剂对害虫抗性发展的影响．世界农业，1987（1）：32-34.

[11] 朱春雨，季颖，姜辉，等．我国农药混配制剂登记现状分析．农药科学与管理，2015，36（7）：20-25.

[12] Orton F，Ermler S，Kugathas S，et al. Mixture effects at very low doses with combinations of anti-androgenic pesticides，antioxidants，industrial pollutant and chemicals used in personal care products. *Toxicology and Applied Pharmacology*，2014，278：201-208.

[13] Rizzati V，Briand O，Guillou H，et al. Effects of pesticide mixtures in human and animal models：An update of the recent literature. *Chemico-Biological Interactions*，2016，254：231-246.

[14] U S EPA. Guidelines for health risk assessment of chemical mixtures. *Federal Register*，1986，51（185）：34014-34025.

# 第 9 章
# 农药的合理使用方法

农药施药方法按农药的剂型和喷撒方式可分为喷雾法、喷粉法、种子/种苗处理、土壤处理、熏蒸处理、撒施及毒饵法等。由于耕作制度的演变，农药新剂型、新药械的不断出现，以及人们环境意识的不断提高，施药方法还在继续发展。

合理使用农药不仅可以减少其抗药性的产生，延长每种农药的使用寿命，还可减少药剂对环境的污染和在食品中的残留。但农药施药方法多种多样，并且又受到各种条件限制影响。内在影响条件包括药剂本身的性质、剂型的种类以及药械的性能等，外在影响条件更为复杂，而且往往具有可变性，诸如不同作物种类、不同发育阶段、不同土壤性质、施药前后的气候条件等。这些条件对施药质量和效果既可产生有利作用，也可能产生不利作用，甚至是副作用。因此对农药的科学使用并非易事。

农药科学使用必须熟知靶标生物和非靶标生物的生物学规律，发生、发展特点；了解农药诸多方面特性，如理化性质、生物活性、作用方式、有效防治对象等；掌握农药剂型及制剂特点，以确定施药方法；对施药机械工作原理应有所了解，以利于操作和提高施药质量；并需理解当农药喷洒出去后它的运动行为，达到靶标后的演变与自然环境条件的关系等。总之，农药的科学使用是建立在对农药特性、剂型特点、防治对象的生物学特性以及环境条件的全面了解和科学分析的基础上进行的。

## 9.1　喷雾法

农药最普遍的应用方式是喷雾法（图 9-1）。携带农药的雾滴覆盖于全部或部分的靶标（如昆虫，叶子或植物其他部分），喷施区域内雾滴会在非靶标区域流失，包括土壤或其他非靶标植物表面。风的存在会导致喷雾雾滴的飘移，喷雾雾滴的分布受植物结构和喷施农药设备的影响。因此要想发挥农药的最大价值，须综合考虑各方面的因素。对于一个实际的喷施目标而言，既要考虑用药时间，也要考虑用药部位，同时也要考虑喷出的药液达到施药目标上的比例，以及适用病虫害大发生时的剂型。对于一个施药目标，还应具备其病虫害的生态学知识，以便确定在哪一生长阶段施药最为有效。

图 9-1　常见喷雾方法——背负式

### 9.1.1　作物靶标对喷雾的影响

农药对靶标生物防治的效果受喷雾质量影响，雾滴大小是喷雾技术中最重要的参数之一。植保机械的作业质量、喷雾效果的好坏与雾滴尺寸大小、雾滴的飘移和沉降速度等因素有着密切关系，而这些因素都受作物靶标的影响。不同的作物其叶片面积有大小之分，叶片性状、吸水性有所不同，对喷雾的容量也有不同的需求。

目前国内外对植保喷雾技术的研究愈来愈细。喷雾技术受喷雾机具、作物种类和覆盖密度等因素的影响，喷雾时通常单位面积上用药液量差异甚大，按单位面积上药液用量的多少，一般划分为 5 个不同容量的喷雾等级，即高容量喷雾（high volume，HV）、中容量喷雾（medium volume，MV）、低容量喷雾（low volume，LV）、很低容量喷雾（very low volume，VLV）、超低容量喷雾（ultra low volume，ULV），但各国喷雾容量等级范围不尽相同。国际上把每公顷施药量为 $\geqslant$ 600kg、150～600kg、15～150kg、5～15kg 和 $\leqslant$ 5kg，分别称为 HV、MV、LV、VLV 和 ULV。根据我国国情及习惯，中国农科院植保所把每亩喷洒药液量为 $\geqslant$ 50kg、30～50kg、10～30kg、0.5～10kg 和 $\leqslant$ 0.5kg，分别称 HV、MV、LV、VLV 和 ULV。不同容量喷雾都必须喷出与之相适应的不同大小的雾滴，否则就达不到对生物靶标的有效覆盖。

药液雾滴在作物及有害生物靶标上的沉积和分布状况可用沉积量（单位面积内药液沉积的重量，$g \cdot cm^{-2}$）和覆盖密度（单位面积内药液沉积的数量，粒 $\cdot cm^{-2}$）来表达。如用氧化乐果防治麦蚜时，雾滴的沉积量和覆盖密度与蚜虫防治的相关性显著，沉积量和覆盖密度越大，防治效果越好。而雾滴的沉积量和覆盖密度也与靶标作物的性状息息相关。雾滴直径大，附着性能好，但作物叶面吸水性差，造成分布不均匀，大多的雾滴滚落到土壤中，喷雾效果不佳。雾滴直径小，作物叶面吸水性好，农药则可在作物表面得到很好的沉降和覆盖，并在作物丛中有较好的穿透性，防治效果好。

### 9.1.2　有害生物靶标对喷雾的影响

不同的有害生物靶标对不同类型雾滴的生物学效应当有所区别，雾滴的大小既能影响农药的使用效率，又能影响农药对环境造成的污染程度。喷洒雾滴的类型一般按其大小来分类（表 9-1）。气雾剂主要用于飘移喷雾防治飞迁害虫，使用很低容量（VLV）和超低容量（ULV）进行叶面喷洒时，气雾剂（30～50μm）和弥雾剂是两个理想的剂型。实际使用表明，防治农业害虫采用 VMD❶ 为 60～90μm 的雾滴为最佳，防治森林害虫则采用 VMD 为 20～60μm 的雾滴效果最好，防治爬地害虫则采用 VMD 为 70～120μm 的雾滴，防治蝗虫则采用 VMD 为 30～60μm 的雾滴。

表 9-1 雾滴类型按其大小的分类（马修斯 G A，1982）

| 雾滴的体积中径/μm | 雾滴大小分类 | 雾滴的体积中径/μm | 雾滴大小分类 |
| --- | --- | --- | --- |
| <50 | 气雾滴 | 201～400 | 中等雾滴 |
| 50～100 | 弥雾滴 | >400 | 粗雾滴 |
| 101～200 | 细雾滴 | | |

雾滴或粒子从喷头向施药目标的运动中，重力、气象和静电等都会产生影响。在过去，不常考虑单个雾滴的大小，由于大多数喷头产生的雾滴大小范围很大，而当使用高容量喷雾时，会使其在目标上结成一个连续的液膜。为了防治固着的害虫，在减少药液用量的趋势下，只有使用大量小雾滴才能实现有效的覆盖。

药液雾滴在有害生物靶标上的沉积直接影响该靶标的防治效果。沉积是雾滴撞击上靶标并被靶标持留的现象，受到目标的大小、形状、方向、表面性质和喷雾雾滴液体性质的影响。因此田间实际应用时应根据不同的作物及有害生物靶标选择适合的不同容量的喷雾等级以及相对应的雾滴大小，然后根据以上两个指标选择适合的喷雾方式以及喷雾器械。

### 9.1.3　田间小气候因素的影响

喷雾雾滴在空气中的运动受到大量的环境条件包括空气扰动、操作喷雾设备造成的气流改变、基本大气参数（温度，湿度，大气稳度，风速和风向）、作物冠层附近的微气象学和液滴蒸发的影响。

田间施药时必须考虑气象条件：当风速≤2m·s$^{-1}$ 时，适于低量喷雾；当风速≤3m·s$^{-1}$ 时，适于常量喷雾；当风速≥5m·s$^{-1}$ 时，不允许进行农药喷洒作业；降雨时或当气温超过 32℃时不宜进行农药喷洒。

# 9.2　喷粉法

喷粉施药即利用施药器械所产生的气流将农药粉剂吹散后沉积到作物表面的施药方

---

❶　VMD：全部雾滴的体积从小到大顺序累积，以累积值等于总体积的 50％时，所对应的雾滴直径，称为体积中值直径。

法，曾经在病虫害控制中发挥了极其重要的作用。粉剂是最早使用的几个剂型之一，并且也是第一个商品化的剂型。在日本，1950年粉剂的用量占76.1％之多。在我国喷粉法一度曾是最普遍的施药方法，20世纪80年代，粉剂的生产（包括混合粉剂）大约占农药制剂总量的2/3之多。近年来，在一些地区推广保护地粉尘法施药，取得的经济效益和社会效益也十分显著。

### 9.2.1　作物靶标对喷粉的影响

喷粉施药对作物靶标要求较高，生长稀疏的露地作物田是不宜采用喷粉法的，但在生长茂密特别是已经封垄的阔叶作物田则有可能取得成功。在这样的作物田里，小生境内的气流相对来说比较平静，因此粉粒的有效沉积率比较高。另外，在大面积连片大田中一定程度上也可以采用喷粉施药防治病虫害，但对气象条件及操作人员的经验和技术熟练程度要求较高。

相对于普通喷粉施药，静电喷粉对作物靶标要求相对较低，并且曾在美国、加拿大、日本等国已经取得很大的成绩。实验研究表明静电喷粉可以有效减少农药的飘散，降低农药对环境的污染。其最主要原因就是静电施药可以提高农药在作物上的沉积密度。沉积模拟实验表明其在目标物上的沉积量较常规喷粉提高80％～90％。

### 9.2.2　有害生物靶标对喷粉的影响

喷粉施药由于粉尘特有的飘浮效应使得粉剂能有较好的穿透性，使药剂能够在作物叶片背面以及常规喷雾施药不容易到达的隐蔽部位附着，在叶片、地表或虫体外形成药剂保护层，从而有效地防除病虫害。

静电喷粉药剂在叶片背面的沉积量要明显优于常规喷粉，对于多数叶部病害及在作物叶片背面取食的害虫会有更好的防治效果。另外，静电喷粉时，植物叶片的尖端及边缘，由于感应电荷密度大，吸附电场强度高，因而相应的附着的粉粒也就多。而植物叶片的边缘往往是最先感病或是被农业害虫取食的部位。这种农药分配方式，使得其有效利用率更显著。

### 9.2.3　田间小气候因素的影响

在露天喷粉施药，由于上升气流的影响，粉剂很容易随气流而向上空升腾运动，这种状况极易在白天出现，而在傍晚出现大地气温逆增现象时，粉粒的升腾现象才比较小。所以在傍晚进行喷粉施药可以一定程度上避免粉粒飘移所导致的环境污染问题。

在保护地喷粉施药时，由于保护地是一种独特的封闭环境，而且根据粉粒的运动行为特性，在喷粉法所规定的施药条件下，即便棚膜有较大面积的破损，粉尘也不会越出棚室，不会造成棚室外部空间的环境污染问题，同时粉尘的优点又得到了有效的发挥。在1978年日本还推广过一种专门在温室中使用的粉剂——微粉剂（FD粉剂）。所谓微粉剂就是比普通粉剂更细的制剂，其平均粒径在$5\mu m$以下。该制剂施用后微粒呈烟雾状飘移扩散于温室内。同时有研究表明作物上有露水，有利于提高粉剂附着，因此在保护地推荐在早晨或傍晚有露水的时候施药，药剂防治效果更佳。

# 9.3 种子、种苗处理

## 9.3.1 种子、种苗处理控害的原理

种子处理是指通过各种人工方法对种子进行加工的过程，是植物病虫害防治中有效且经济的方法。种子处理可以在土壤中形成保护区，将土壤中的病虫害阻挡在保护区外，使其无法到达它们通常侵害的根部而对植物造成危害。一些农药有效成分具有系统内吸性，即随着作物生长而吸收到植物体内，从而从种子种到地里开始就保护植株不受病虫的危害。种子处理目前最常用的方法分为非化学方法和化学方法两大类。非化学方法是使用热力、冷冻、微波和辐射的方式来达到杀菌的目的，而化学方法则利用各种化学有效成分通过浸种、拌种、闷种、包衣等方法实现杀菌防虫的效果。

## 9.3.2 水稻种子处理

水稻种子携带的水稻恶苗病菌、稻瘟病菌、纹枯病菌、稻曲病菌、白叶枯病菌、胡麻斑病菌和干尖线虫等会给水稻的产量和质量造成重大的影响。用杀菌剂、杀虫剂、植物生长调节剂等药剂对种子进行处理，可有效控制水稻种传病害，并使种子和幼苗免遭土传病害和地下害虫的危害。常用水稻种子处理化学法可分为以下三种：①药剂浸种。10%强氯精晶体 500 倍液浸种 12h，然后捞出用清水洗净催芽播种，可预防恶苗病和稻瘟病等；20%杀螟丹可湿性粉剂 1000 倍液浸种 12～24h，用清水冲洗干净，再催芽播种，可防治水稻干尖线虫病。②药剂拌种。6.25%精甲霜灵·咯菌腈悬浮种衣剂 10mL 加水 150～200mL 拌种，可防治恶苗病；50%福美双可湿性粉剂拌种，可防治稻苗立枯病、稻瘟病、胡麻叶斑病等；5%吡虫啉湿拌种剂拌种可防治稻飞虱、稻蓟马等。③种子包衣处理。50%福美双可湿性粉剂进行种子包衣，可防治稻苗立枯病、稻瘟病、胡麻叶斑病等；22%氟唑菌苯胺水悬剂进行种子包衣，可防治恶苗病、纹枯病等；35%呋虫胺悬浮种衣剂进行种子包衣，可防治稻飞虱、稻蓟马等。

## 9.3.3 小麦种子处理

在小麦生产过程中，利用种子处理技术防治小麦苗期病虫害得到了广泛推广，该技术对小麦早期病虫害的防控效果明显，也得到了一致认可。20%三唑酮乳油、12.5%烯唑醇悬浮剂、25%三唑酮可湿性粉剂、15%羟锈宁可湿性粉剂、36%多菌灵·三唑酮可湿性粉剂、3%戊唑醇湿拌剂、50%利克菌可湿性粉剂、3%苯醚甲环唑悬浮种衣剂对小麦种子进行拌种，拌种后及时播种，可有效防治小麦纹枯病。70%噻虫嗪种子处理可分散粉剂、70%吡虫啉种子处理可分散粉剂拌种对小麦蚜虫具有较好的防治效果。

### 9.3.4　玉米种子处理

用 25％粉锈宁可湿性粉剂按照玉米种子重量的 0.4％或者用 50％多菌灵可湿性粉剂按照玉米种子重量的 0.5％～0.7％拌种，可有效防治玉米丝黑穗病，用 2％立克秀湿拌种剂 30g 拌玉米种子 10kg，可防治玉米丝黑穗病。用 50％多菌灵 1000 倍液浸种 24h，可防治玉米干腐病。按照与玉米种子的药剂比 1∶30 使用种衣剂拌种，可有效防治地下害虫，同时也可有效防治玉米的茎腐病及缺素症。用 50％辛硫磷乳油 50g，兑水 20～40kg，拌玉米种 250～500kg，可防治苗期地下害虫。每 500g 生物钾肥兑水 250g，再与玉米种子一起均匀搅拌，最后阴干水分后播种，能够增强玉米抗病害能力。

### 9.3.5　棉花种子处理

棉苗出土前后，易发生棉立枯病、炭疽病、红腐病和猝倒病等，造成大面积烂种、烂根和弱苗，严重可致棉苗枯死，后期会造成棉花生长和发育迟缓，间接诱发中后期病害的发生，严重影响棉花的产量和品质等。目前，防治方法主要有选用高质量棉种适期播种、深耕冬灌、轮作、温汤浸种、药剂浸种、药剂拌种、苗期喷药等，其中药剂拌种是目前苗期防病虫保苗最经济有效的方法。常用拌种的药剂主要有 40％五氯硝基苯可湿性粉剂、95％敌克松可湿性粉剂、20％甲基立枯磷乳油、35％ 苗病宁可湿性粉剂、60％敌磺钠·五氯硝基苯可湿性粉剂、50％多菌灵可湿性粉剂、50％ 福美双可湿性粉剂、2.5％咯菌腈悬浮种衣剂、18.6％ 福美双·乙酰甲胺磷悬浮种衣剂、20％ 福美双·吡虫啉悬浮种衣剂等。

### 9.3.6　种薯、种块、种苗处理

生产中为获得高产高质马铃薯，一般选用二级或三级脱毒种薯，用 75％的乙醇或 0.5％～1.0％的高锰酸钾溶液浸泡切刀 5～8min 进行消毒，以防切芽块过程中传播病害。切种后，用药剂拌种可使切块伤口迅速愈合，杀死薯块表面的病菌，促进薯块发芽发根。马铃薯拌种方法可分为干拌法和湿拌法。

（1）干拌法　70％甲基硫菌灵可湿性粉剂 10kg＋6％春雷霉素可湿性粉剂 2.5kg 拌入 200kg 滑石粉，可拌 10000kg 薯块。

（2）湿拌法　50％甲基硫菌灵悬浮剂 70mL＋22％咯菌腈悬浮种衣剂 100mL＋2％春雷霉素水剂 30mL，加水 300mL，喷施处理 150kg 薯块，喷匀晾干即可。

# 9.4　土壤处理

### 9.4.1　土壤处理控害原理

将农药用喷雾、喷粉或撒施的方法施于地面，再翻入土层，主要用于防治地下害虫、线虫、土传性病害和土壤中的虫、蛹，也用于内吸剂施药，由根部吸收，传导到作物的地上部分，防治地面上的害虫和病菌。

### 9.4.2　土壤处理常用药剂

硫酸亚铁溶液：每平方米用 3％的水溶液 2L，于播种前 7d 均匀浇在土壤中。

福尔马林：每平方米用 35％～40％福尔马林 50mL，加水 6～12L，在播种前 7d 均匀浇在土壤中。

五氯硝基苯：每平方米用 2～4g，混拌适量细土，撒施于土壤中。

五氯硝基苯＋代森锰锌：每平方米用 3g，混匀搅拌适量细土，撒于土壤中。

硫酸锌：每平方米用 2g，混拌适量细土，撒于土壤中，表面覆土。

### 9.4.3　土壤处理设备

喷雾和喷粉法进行土壤处理直接用施药器械喷施于土壤表面，撒施法进行土壤处理时需拌适量细土后撒施。

### 9.4.4　土壤处理技术与应用

在我国，连作病害广泛存在于蔬菜作物、果树花卉和粮食作物的生产实践中。土壤处理技术的应用能很好地改善土传病害逐年严重等问题，从而实现土地连年丰产优产。

威百亩土壤熏蒸剂具有水溶性、低毒及灭生性，可抑制生物蛋白质、RNA 和 DNA 的合成以及细胞的分裂，并造成生物细胞的呼吸受阻，能有效地阻止土传病害的传播，杀死土壤中残留的线虫及其他害虫，同时可以在一定程度上抑制杂草的生长。使用威百亩消毒的具体做法：在种植下茬作物前 16～18d 进行消毒，药剂施用前先将田地整好，当温度达 15℃以上时开沟，沟深 14～25cm，沟距 23～33cm，每亩用药剂 4～5kg，加水 300～500kg，严重发生地块可用 8～10kg。将威百亩药剂均匀撒施在沟内，盖土踏实并覆盖地膜，14d 后揭开地膜，揭开地膜后进行土壤深翻透气，深翻 2～3d 后播种或移栽。

利用 2.5％敌百虫粉剂 2～2.5kg 拌细土 25kg，撒在青绿肥上，随撒随耕翻，对防治小地老虎很有效。每亩用 3％克百威颗粒剂 1.5～2kg，在玉米、大豆和甘蔗的根际开沟撒施，能有效防治上述作物上的多种害虫。

土壤处理要因地制宜，土壤性质对药剂影响较大，如砂质土壤容易引起药剂流失，而黏性重或有机质多的土壤对药剂吸附作用强而使有效成分不能被充分利用，土壤酸碱度和某些盐类、重金属往往能使药剂分解等。土壤施药的具体剂型和方法要根据环境因素、作物及害虫生活习性等而定。

# 9.5　熏蒸处理

### 9.5.1　熏蒸处理的控害原理

熏蒸技术是用熏蒸剂在能密闭的场合熏蒸杀死动植物害虫、病原微生物、病媒生物的技术措施。熏蒸剂是指在所要求的温度和压力下能产生使有害生物致死的气体浓度的一种化学物质。这种分子状态的气体，能穿透被熏蒸的物质。熏蒸后通风散气，能扩散出去。总之，熏蒸是熏蒸剂分子的物理和化学作用，不包含呈液态或固态的颗粒，如悬浮在空气中的烟、雾或霭等气雾剂。有些熏蒸剂本身并非是熏蒸剂，而是施用后经过反应而形成熏蒸剂。

### 9.5.2　熏蒸处理常用药剂

根据不同的熏蒸对象选择不同类型熏蒸药剂，有的作为杀虫剂，有的作为灭鼠剂，有的作为灭菌剂，有的既可杀虫又可灭菌、灭鼠。常用的熏蒸剂有溴甲烷、硫酰氟、环氧乙烷、磷化铝等。溴甲烷具杀虫、灭菌、灭鼠等多种功能；硫酰氟、磷化铝具杀虫、灭鼠功能；环氧乙烷具灭菌、杀虫功能。

### 9.5.3　熏蒸设备

密闭系统：熏蒸室内壁不能被熏蒸剂穿透。

循环与排气系统：排气设备应能以每分钟最低排气量相当于熏蒸容积的 1/3 的速率排气，鼓风机气流速度应使室内的气体几乎每分钟循环一遍。

熏蒸剂的气化系统：熏蒸剂必须以气态进入熏蒸室，溴甲烷进入熏蒸室前需气化，气化器是熏蒸剂气化的装置。

压力渗漏检测及药剂取样设备：常压熏蒸室在密闭期间内必须避免药剂漏出，因此，所有熏蒸室都必须检验，并要进行压力渗漏试验。

### 9.5.4　熏蒸技术与应用

熏蒸必须在能控制的场所如船舱、仓库、资料库、集装箱、帐幕以及能密闭的各种容器内进行，是杀虫、灭菌、灭鼠的一种方法。对害虫来说，潜伏在植物体内或建筑物的缝隙中，杀虫剂一般很难对它们发挥毒杀作用，但熏蒸却能杀死它们。例如，用溴甲烷熏蒸粮食、棉籽、蚕豆等，冬季每 $1000m^3$ 实仓用药量为 30kg，熏蒸 3d 时间。夏季熏蒸用药量可少些，时间也可以短些。此外在大田也可以采用熏蒸法，如用敌敌畏制成毒杀棒施放在棉株枝杈上，可以熏杀棉铃期的一些害虫。

熏蒸消毒省时，一次可处理大量物体，远比喷雾、喷粉、药剂浸渍等快得多。货物集中处理，药费和人工都较节省。熏蒸通风散气后，熏蒸剂的气体容易逸出，不像一般杀虫剂残留问题严重。因此，熏蒸技术不仅仅用于病虫害防治，也被广泛地应用于检疫中处理各种害虫与病媒生物，进口废旧物品消毒。同时也常被用于防治仓储害虫、原木上的蛀干害虫，商品保护，以及文史档案、工艺美术品的处理等重要场合。

# 9.6　行为控制剂

### 9.6.1　昆虫的外激素及其应用

昆虫外激素是昆虫分泌到体外的挥发性物质，是对同种其他个体发出的化学信号，能影响昆虫的行为或发育。目前已发现的昆虫外激素有性外激素、集结外激素、追踪外激素及报警外激素等。昆虫外激素具有高效、无毒、不伤害益虫、无污染等优点，可通过人工方法合成，已成为一种新的防治害虫方法。利用性信息素引诱成虫，根据成虫的高峰期及天气情况等可预测产卵高峰期和幼虫高峰期，进而确定防治时期。利用性信息素大量诱捕成虫，使雌雄之间的比例失衡，从而减少了雌雄交配的概率，造成产卵率剧减，降低下一代的虫口密度。将人工合成的性信息素制成不同的剂型，大量释放到田间，造成空间弥漫，从而干扰雌雄交配，造成产卵率锐减，下一代的虫口密度降低，可达到显著的防治效果。将蚜虫报警外激素加入常规农药中同时喷洒，报警外激素会刺激蚜虫逃逸，从而主动触及农药而被杀死，达到防治效果。

### 9.6.2　商业化行为控制剂及其应用

目前已商品化的行为控制剂有印楝素、川楝素、蓼二醛等。印楝素主要在于刺激抑食细胞从而导致昆虫拒食。川楝素可以抑制昆虫下颚瘤状体栓锥感受器，从而中断昆虫神经系统内取食刺激信息的传递，使幼虫失去味觉而表现出拒食作用。蓼二醛可激活大菜粉蝶幼虫下颚外颚叶上的中央栓锥感受器内的抑食细胞，将非食物信号传入中枢神经系统，进而产生拒食行为。

### 9.6.3　行为控制剂控制与释放原理

昆虫行为控制剂并非直接将害虫杀死，而是允许其存在，迫使害虫转移选择目标。拒食剂可抑制味觉感受器而影响昆虫取食喜好食物，或刺激昆虫对食物表现出厌食和拒食反应。忌避剂影响昆虫对寄主识别和定位，干扰昆虫在寄主上的定着、栖息和产卵。驱避剂使昆虫无法选择和定向，甚至远离其适宜的食物和环境。

### 9.6.4　昆虫行为控制技术与应用

利用人工合成的化合物来干扰昆虫的正常行为反应，使昆虫按人们的意愿活动，达到防治害虫的目的。根据昆虫的不同行为反应，可设计多种控制昆虫行为的化合物。大致归纳为两类：第一类是用人工合成的化学信号物质能促使昆虫在不适当的地方或时间产生行为反应，从而影响昆虫取食、交配和产卵。例如昆虫性信息素能引诱鳞翅目雄蛾，故可用装有人工合成的性信息素的诱捕器引诱雄蛾。此方法可监测害虫的危害范围，根据虫数确定害虫的发生期和发生量，以便决定防治适宜时期；诱杀大量雄虫，导致雌雄比例失调，从而降低害虫的交配机会。樱桃实蝇、苹果实蝇和胡桃实蝇的产卵行为研究也为信号化合物的应用提出了一个很好的设想。第二类是干扰昆虫嗅觉器官对天然信号化学物质的感知能力。使用高剂量的信号化合物麻痹昆虫的嗅觉器官或中枢神经系统，抑制昆虫嗅觉细胞的感觉能力，使昆虫失去对天然信号化合物产生行为反应的能力。

# 9.7 其他

## 9.7.1 撒施剂

这是一种功效高、防效好、无污染、目标性强的施药方法，将农药直接撒施于植物特定部位、水面或田间地头，药剂可以是颗粒剂、可湿性粉剂、粉剂或液体。撒施剂适合土壤处理、水田施药及一些作物的心叶施药。

一般药肥产品都进行撒施。药肥产品将田间施肥和施药两个步骤合二为一，实现了省工节本的目的。操作非常简便，并且减少了种植户打农药的环节，既节省了工作时间、劳动强度和成本，也降低了打药对人体的伤害，在施用安全上比喷雾器施药更加安全，而且农药集成在肥料中还可以通过缓释技术达到一定的稀释效果。

## 9.7.2 昆虫饵剂

用花生饼、豆饼等害虫喜食的食物为饵料，加适量水拌和，再加入有胃毒作用的农药拌匀而成。药剂用量一般为饵料量的 $1\%\sim3\%$，每公顷用毒饵 $22.5\sim30g$；一般在晚上施用，毒饵法对防治地下害虫和蜗牛效果好。毒饵分为药剂和引诱剂，药剂还分为两类，即化学药剂和昆虫生长调节剂。播种期施药可以将毒饵撒在播种沟里或随种子播下，幼苗期施药，可将毒饵撒在幼苗基部，最好用土覆盖。

好的饵剂剂型不仅可以提高昆虫取食量，而且可以适应多种环境施用、延长药效、克服昆虫对饵剂的驱避行为。

## 9.7.3 毒饵（鼠害）

毒饵法灭鼠是在鼠类活动的关键地点施放成堆毒饵，就是所谓毒饵点或毒饵站。毒饵投放时，必须遵守两个重要原则：①必须施放于每头鼠都能发现的地点；②施饵量要确保可能存在的每头鼠都能获得致死所需的剂量。这些原则看来很简单，没有强调的必要，但往往容易疏忽而造成灭鼠失败。

从原则上来讲，少量多点投毒的防效要比同样数量投毒点较少的效果好得多，少量多点投毒可避免同种鼠个体在毒饵点争食。这一点对各类鼠防治均十分重要，尤其是小家鼠，因为小家鼠活动范围很小。正确的毒饵投放量和合适的投放点必须随鼠种群数量、环境特点和杀鼠剂种类而变化，并需按当地实践经验最终确定最佳用量。具体投毒的方法基本上有两种：第一种方法是按事先确定的毒饵量和地点进行的所谓棋盘格式投毒，这是防治施药常用的方法。适用于鼠害范围大而分散的场合，也适用于鼠情不太清楚的地方。通常，每公顷 $30\sim150$ 个毒饵点，或者当鼠害仅限大田四周时，可在周围每隔 $3\sim10m$ 投放毒饵。有时以低密度投毒，每公顷 $12\sim24$ 个（或按 $20\sim30m$ 间隔）甚至更少投毒已足够了，这主要取决于环境特点和害鼠种类。大颗粒或丸状毒饵每平方米投毒 $1g$，较少采用，但在甘蔗田之类的受害环境是合适的。在种植园内，由于屋顶鼠

（黑家鼠）常侵害棕榈树和其他乔木，并常在高于地面的场所活动，因此通常在这些树木的基部定期撒施毒饵，或在树冠上撒施毒饵、或在树杈上放置内有毒饵的容器都十分有用。在大型粮库内，毒饵每隔 5～10m 投放，防治小家鼠可稍密一些，间隔 2m 左右。第二种方法是将毒饵投放于与鼠尽可能接近的场所，如鼠洞口、鼠道内以及鼠取食的主要场所，效果比棋盘格式投毒有效，因为能使鼠在最短时间内接触到毒饵。在鼠害集中、鼠迹明显的场所或农场建筑物内及周围投毒时，此法更为适用，但是需要较多的劳动力，并且在确定投放点和投饵量方面需要较纯熟的技巧和较强的判断能力。

　　提高杀鼠剂取食效率的关键途径是提高毒饵的效率。毒饵包括诱饵及杀鼠剂两部分，毒饵效率取决于诱饵与杀鼠剂适合配比之后毒饵对鼠类的适口性。诱饵一般包括基饵及引诱剂，基饵泛指鼠类喜欢取食的各类食物，引诱剂泛指添加在基饵中提高诱饵对鼠类引诱性的各类物质。

　　总体来讲，杀鼠剂是鼠害应急治理不可或缺的技术，应当根据不同生态系统下鼠害发生的特征选择适宜的杀鼠剂应用策略。

## 参 考 文 献

[1] 陈立涛，高军，王永芳，等.70％吡虫啉种子处理可分散粉剂拌种对麦蚜的防控效果.河北农业科学，2018（1）：42-45.

[2] 杜家纬.植物-昆虫间的化学通讯及其行为控制.植物生理学报，2001，27（3）：193-200.

[3] 韩熹莱.农药概论.北京：北京农业大学出版社，1995.

[4] 胡蓉.植物病虫害的防治方法.现代农业科技，2015，12：147.

[5] 贾卫东，李萍萍，邱白晶，等.农用荷电喷雾雾滴粒径与速度分布的试验研究.农业工程学报，2008，4（2）：17-21.

[6] 蒋忠锦，小林義明.农药新剂型 "DL" 粉制和 "FD" 粉剂.精细化工中间体，1983（4）：52-55.

[7] 李英，张晓辉，孔庆勇，等.雾滴分类及其测量方法研究现状.农业装备技术，2003，29（4）：39-40.

[8] 廖春燕，赵善欢.川楝素对粘虫幼虫拒食作用研究.华南农业大学学报（自然科学版），1986（1）：1-6.

[9] 林世海，蒋志坚.农药加工丛书——粉剂.北京：化学工业出版社，1997.

[10] 刘京华.种子处理——从起跑线上保护种子的高科技.农村科学实验，2016（3）：37-37.

[11] 刘为林，胡平华，康宏波.农药的科学施用方法.植物保护学，2016（7）：134-135.

[12] 刘晓辉.我国杀鼠剂应用现状及发展趋势.植物保护，2018，44（5）：85-90.

[13] 马修斯 D J.农药使用技术.北京：化学工业出版社，1982.

[14] 慕立义.植物化学保护研究方法.北京：中国农业出版社，1994.

[15] 牛献伟.浅析小麦种植中提高效益的途径.农业与技术，2017，37（20）：46-46.

[16] 戚积琏.农药的喷施方法和附着性.平松礼治植物防疫（日刊），1980，40（3）.

[17] 唐贤汉，郦一平.昆虫行为的化学控制.现代化工，1981（3）：56-58.

[18] 王泽，杨诗通，罗惕乾，等.静电喷粉植保机具两相流流场的分析计算.农业工程学报，1999，10（3）：101-105.

[19] 熊惠龙，舒朝然，陈国发，等.不同电压下静电喷粉沉积效果的比较试验.林业科学，2003，39（3）：94-97.

[20] 袁会珠.种子包衣优势分析及有效规避药害研究.种子科技，2016，34（11）：106-107.

[21] 张庆贺，初冬，朱丽虹，等.美国白蛾性信息素应用技术的研究.植物检疫，1998，12（2）：65-69.

[22] 张一兵，陈雄飞．农药新剂型及其物理性能检定．译自：铃木启介，日本农药学会志，1982，7（1）：71-81．

[23] 张钟宁，梅雪琴．蚜虫报警信息素与杀虫剂混用：一种蚜虫防治新方法的研究．动物学集刊，1993，10：1-5．

[24] 张钟宪，吉琳，游越．昆虫内外激素的应用前景．首都师范大学学报（自然科学版），2007，28（1）：37-39．

[25] 赵继艳．马铃薯种薯处理的关键技术．中国蔬菜，2018，8：96-98．

[26] 赵善欢．植物化学保护．第3版．北京：中国农业出版社，1999．

[27] 周浩生，罗惕乾，高良润．静电喷粉颗粒沉积过程数值模拟与实验研究．农业机械学报，1988，29（4）：61-65．

[28] 朱荷琴，冯自力，刘雪英，等．棉花苗病防治技术．中国棉花，2009，36（2）：23-23．

[29] 粉剤の物理的性狀に関すゐ試験方について法．農林水產省農業檢查所農業檢查所報告，1981，21：64-70．

[30] Brown C D，Holmes C，Williams R，et al. How does crop type influence risk from pesticides to the aquatic environment. *Environmental Toxicology and Chemistry*，2007，26（9）：1818-1826.

[31] Courshee R J. Some aspects of the application of insecticides. *Annual Review of Entomology*，1960，5：327-352.

[32] Radcliffe J C. Pesticide Use in Australia. Parkville：Australian Academy of Technological Sciences and Engineering，2002.

[33] Rice P J，Rice P J，Arthur E L，et al. Advances in pesticide environmental fate and exposure assessments. *Journal of Agricultural and Food Chemistry*，2007，55（14）：5367-5376.

[34] Smith R F. Pesticides：their use and limitations in pest management，in Concepts of Pest. Raleigh：North Carolina State University，1970.

# 第10章
# 有害生物抗药性

我国是世界上最早使用农药防治农作物有害生物的国家之一，也是农药生产和使用的大国。随着农药的广泛大量使用，有害生物对农药产生抗性的种类也越来越多，特别是对药效高、选择性强的农药品种产生抗性更快，这已成为有害生物防治中的一大难题，且其对农业生产造成的损失越来越严重，甚至危及某些重要经济作物在抗药性严重地区的种植和发展问题。而有害生物抗药性的发展对农药新品种研究、开发、引进乃至对农药工业发展的影响，虽然不及对农业生产影响那样直观，但是这种影响也是非常广泛而深刻的，在一定程度上甚至还决定着一个品种的命运。基于此，本章重点介绍农业有害生物抗药性的产生及治理策略，提出了农业有害生物抗药性监测的方法和治理建议。

## 10.1 杀虫剂抗药性机制及其治理

有害生物抗药性是农药使用后在种群中形成的可以遗传的现象，而人类活动在很大程度上影响和控制着有害生物抗药性的发展速度及其严重程度。抗药性是指在多次使用农药后，有害生物包括害虫、病原菌和杂草等对所使用药剂的抗药力较原来正常情况下有明显增加的现象，而且这种由使用农药而增大的抗药力是可以遗传的。有害生物对农药的抗性可以用抗性指数或抗性倍数来表示，以害虫抗药性为例，一般认为抗性指数大于 5 时，表示某种有害生物已对某种农药产生了轻度抗性；大于 10 时，表示产生了严重抗药性。

$$抗性指数 = \frac{抗性害虫的半数致死剂量（LD_{50}）}{敏感害虫的半数致死剂量（LD_{50}）}$$

相比之下，害虫对农药的抗药性较病原菌和杂草更突出，有关这方面的调查资料也更丰富。抗药性的产生减弱了有害生物种群对防治药剂的反应从而降低了药剂的效率。为了达到必需的防治效果，就要增加农药用药量或药液浓度、增加防治次数，这样又导致抗药性的进一步发展而形成恶性循环。自 1908 年首次发现美国梨园蚧对石硫合剂产生抗药性以来，已报道有 600 多种害虫和螨产生了抗药性，而且产生抗药性所需的时间越来越短。例如，我国蔬菜害虫小菜蛾对多类农药产生了抗药性，甚至有时陷入"无药可治"的状况。

害虫的抗药性特点是害虫几乎对所有合成化学农药都会产生抗药性。害虫抗药性是全球现象，抗性形成有地区性，主要取决于该地区的用药历史和用药水平，在药剂选择压力下，抗性最初呈镶嵌式分布，随着用药的广泛和昆虫扩散，抗性逐趋一致；随着交互抗性和多抗性现象日益严重，害虫对新的替代农药抗性产生有加快的趋势。同翅目、双翅目、鳞翅目昆虫产生抗药性的种类最多，农业害虫抗药性虫种数超过卫生害虫，重要农业害虫如蚜虫、棉铃虫、小菜蛾、菜青虫、马铃薯甲虫及螨类的抗药性尤为严重。

### 10.1.1 杀虫剂抗药性形成机制

关于昆虫抗药性形成从基因水平上有三种学说：第一种是选择学说，认为害虫各个体对杀虫剂的反应是有差异的，较强的个体存在抗性基因，当正常的昆虫种群受到农药筛选时，某些抵抗力强的个体便存活下来，并把这种抗性遗传给下一代而逐步形成新的抗性种群，最后使药剂失效。选择学说也称为前适应学说，被大多数学者所接受。第二种是诱导变异学说，认为昆虫种群中原来不存在抗性基因，而是由于杀虫剂的作用使昆虫种群内的某些个体发生突变，而产生了抗性基因，认为药剂不是选择者而是诱导者。第三种是基因扩增学说，这是近年来提出的一种新学说，它与一般的选择学说不同，虽然它承认本来就有抗性基因存在，但它认为某些因子（如杀虫剂等）引起了基因扩增，即一个抗性基因复制为多个抗性基因，这是抗性进化中的一种普遍现象。

### 10.1.2 害虫再猖獗

害虫再猖獗指一种杀虫剂或杀螨剂多次使用后目标节肢动物种群数量反而上升的现象。在 20 世纪 70~80 年代有关害虫再猖獗有多种定义，但其核心问题是由于农药的使用诱导了目标或非目标害虫种群数量异常增加，经过一定的时间种群数量超过了未施药区。美国昆虫学家 R. L. Metcalf（1986）将农药使用导致次要害虫猖獗称为 Ⅱ 型再猖獗。在生态学和害虫治理中，猖獗（outbreak）、再猖獗（resurgence）和抗药性（resistance）三个概念的边界是有所区别的。可以说再猖獗是猖獗的一个特例，或者说猖獗可以涵盖再猖獗；抗药性是再猖獗的原因之一，所以再猖獗可以涵盖抗药性。害虫再猖獗是害虫防治中的普遍现象，其涉及的害虫主要类群有螨类、同翅目、鞘翅目及鳞翅目昆虫。但主要集中在同翅目昆虫的飞虱、蚜虫和螨类。诱导害虫再猖獗的药剂种类很多，主要农药类型包括有机磷、氨基甲酸酯类、菊酯类、新烟碱类杀虫剂（吡虫啉）等。吴进才等（2004）认为诱导害虫再猖獗的药剂还包括杀菌剂（如井冈霉素）、除草剂（如丁草胺）。对典型的再猖獗型害虫褐飞虱而言，几乎所有的药剂在特定的浓度范围内均能刺激其生殖。

引起害虫再猖獗的原因多种多样，但总体来说，主要与农药（如农药的使用次数、方式、时间等）、作物（包含作物品种、种植时间等）、害虫自身（如迁飞等）等有关。此外，感虫作物品种的引入也可能成为再猖獗的原因。然而，研究认为农药是引起害虫再猖獗的主要原因。农药引起或诱导再猖獗的机制一般可分为生态再猖獗和生理再猖獗，见图 10-1。生态再猖獗机制主要是药剂杀伤天敌削弱了自然控制作用、破坏了生态平衡导致害虫发生再猖獗；在种间竞争相对平衡中，药剂杀伤竞争种也会导致另一竞争种发生再猖獗。生理再猖獗主要是药剂亚致死剂量刺激害虫生殖。

图 10-1　农药诱导害虫再猖獗示意图

### 10.1.2.1　生态再猖獗机制

农药引入稻田生态系统后，导致天敌的死亡，使害虫处于较低的天敌压力下，从而引发害虫的再猖獗。农药田间使用杀伤天敌引起害虫发生再猖獗的实例有很多，如褐飞虱、棉蚜、螨类等。H. J. Nemoto 等（1993）研究认为小菜蛾的再猖獗主要是由小菜蛾与天敌对灭多威的耐药力的差异造成的，当大量的天敌被杀死后，小菜蛾失去天敌控制而导致其再猖獗；A. Kondo 等（1999）在研究了桃园中桃银箔刺瘿螨（*Aculus cornutus*）后指出选择性农药使用后引起的种间竞争和天敌消失是再猖獗的原因；M. L. Boyd 等（1998）通过对天敌（捕食者）直接接触药剂和天敌捕食带药猎物的间接接触药剂来评价选择性杀虫剂对天敌的毒性，认为当半翅目捕食者刺兵蝽（*Podisus maculiventris*）、大眼长蝽（*Geocoris punctipes*）和窄姬蝽（*Nabis capsiformis*）停留于药物处理后的大豆叶面上时，甲基对硫磷和氯菊酯比新型杀虫剂有更大的毒性。也有人认为杀虫剂对天敌的负效应并非害虫再猖獗的根本原因，只有在天敌具有密度制约调节系统中使用杀虫剂才能导致害虫发生再猖獗。生态再猖獗机制主要是由于害虫和天敌差异化死亡率。一般来说天敌对农药更敏感。但田间害虫发生再猖獗是多种因子综合作用的结果，其中包括杀伤天敌、药剂刺激生殖及农药改变植物的营养而有利于害虫的取食和繁殖。因此田间害虫再猖獗发生的机制有必要从种群、群落动力学出发并结合现代生物技术手段进行深入研究。研究的突破取决于研究者的创新思路和创新方法。

### 10.1.2.2　生理再猖獗机制

生理再猖獗机制涉及以下几方面。

（1）毒物兴奋效应及补偿作用　许多药剂亚致死剂量刺激害虫生殖的机制是由于毒物兴奋效应（hormesis）。毒物低剂量具有刺激效应，高剂量具有抑制效应。毒物兴奋效应概念可追溯到 19 世纪微生物学家 H. Schulz 观察到的重金属和有机溶剂对酵母生长的促进作用，认为这种现象普遍存在于各种化合物和生命体中。后来 Luckey 等（1968）将希腊语的兴奋性（hormo）及瞬时数量（oligo）两个词合成为 hormoligosis，描述在亚最适条件下胁迫因子温和水平的刺激效应现象。在过去十多年间，毒物兴奋效应概念引起了普遍关注。毒物兴奋效应现象被认为是生命体内稳态（homeostasis）破坏后的一种补偿机制。这种机制可能是超补偿的。许多昆虫物种受到农药胁迫后均表现出毒物兴奋效应。E. Cohen 等（2006）提出了农药调节内稳态调制（pesticide-mediated homeostatic modulation，PIHM）概念。PIHM 是一个含义较宽的概念，包括农药对非目标害虫的毒物兴奋效应和刺激效应。

（2）农药刺激害虫生殖的生理机制　药剂刺激害虫生殖的调控与害虫的激素及卵黄蛋白的转录水平有关。吴进才等（2003）研究表明吡虫啉处理的三化螟、二化螟成虫体内激素水平变化显著，促进卵黄发生的保幼激素滴度显著上升。在盆栽水稻上用 $15g(a.i.) \cdot hm^{-2}$、$37.5g(a.i.) \cdot hm^{-2}$ 处理的三化螟 2 龄幼虫与用 $15g(a.i.) \cdot hm^{-2}$ 处理的 4 龄幼虫羽化的成虫保幼激素水平与对照（未处理）相比分别增加 90.5%、152.8%、114.2%，处理的三化螟雌成虫产卵量也显著增加。吡虫啉处理的二化螟也有类似的趋势。但药剂处理的方式（叶面喷雾、根区施药、点滴处理）对激素水平的影响差异显著，此外还与取食的水稻品种有关。感虫品种上药剂处理的螟虫激素水平和成虫产卵量显著高于抗虫品种。药剂亚致死剂量刺激褐飞虱生殖的物质基础是褐飞虱取食药剂处理的水稻体内可溶性糖和脂肪含量显著增加，尤其是羽化的成虫脂肪含量显著高于未处理的对照，表明药剂处理增加了褐飞虱能量积累。虫体能量的增加也显著增强了褐飞虱的飞行能力，吊飞试验表明药剂处理的褐飞虱飞行速度、飞行距离、飞行时间显著大于未处理的对照。

（3）药剂刺激害虫生殖的分子机制　戈峰等（2009）研究表明农药亚致死剂量处理的褐飞虱卵巢和脂肪体内 RNA 含量显著高于对照，RNA 含量与卵巢卵黄蛋白含量有显著的正相关关系。这些研究结果说明药剂刺激生殖是通过激活脂肪体合成卵黄原蛋白的 RNA 转录水平开始的。脂肪体合成更多的卵黄蛋白，进而使摄入卵巢的卵黄蛋白含量显著增加。它的调控机制是药剂抑制保幼激素酯酶基因的表达，保幼激素基因的表达量显著上调，致使成虫体内保幼激素水平显著提高，卵黄蛋白基因表达量显著上调。蛋白质组学研究显示，药剂处理的褐飞虱与生殖相关的蛋白质表达量显著上调。

（4）药剂改变寄主质量间接刺激害虫生殖　许多农药的施用对寄主植物的生理生化有显著的影响。吴进才等（2003）发现井冈霉素、扑虱灵、吡虫啉等喷雾显著降低了水稻草酸含量。草酸被认为与抗褐飞虱有关，草酸含量下降则有利于褐飞虱取食、生殖。此外，药剂还显著降低了水稻叶片光合速率和叶绿素含量。罗时石等（2002）用同位素活体标记研究发现井冈霉素、吡虫啉及三唑磷喷雾抑制了水稻叶片光合产物的输出。抗虫性理论指出寄主植物的抗性和害虫的致害存在一对一的关系，农药的使用影响了寄主植物的生理生化导致其抗性下降，使之有利于害虫的取食和生殖，这一现象被称为农药诱导感虫性（pesticide-induced susceptibility）。此外，氰戊菊酯和溴氰菊酯显著降低了棉花叶片总酚含量，由此导致粉虱发生再猖獗。总之，农药改变植物质量对害虫的影响表现为增加害虫的营养、促进植物生长、引诱害虫、降低植物防卫等方面，从而使害虫发生再猖獗。然而，在田间条件下由农药改变植物生理生化引起的害虫再猖獗与害虫直接接触农药刺激其生殖两种效应还难以区分，但可通过严密的辅助试验设计加以分离。如对每一种药剂不同浓度进行点滴或药剂直接接触处理与直接喷雾处理比较对害虫生殖的影响。农药诱导植株感虫性导致的害虫再猖獗发展了再猖獗理论。

（5）雄虫在害虫再猖獗中的作用 过去研究害虫再猖獗无一例外地局限于药剂对雌虫生殖的刺激效应，完全忽视了两性交配昆虫药剂对雄虫生殖的刺激效应及其交配传导效应。虽然在田间药剂使用时雌雄虫接触药剂的概率是随机的，但阐明药剂对雄虫生殖的刺激效应及其交配传导效应机制对认识害虫再猖獗这一自然规律及发展害虫再猖獗理论仍具有重要科学意义。在昆虫交配生物学中雄虫不仅把精子而且把附腺蛋白（accessory gland protein，ACP）传导给了雌虫。大量研究证明 ACP 影响雌虫行为、产卵量及寿命。戈峰等（2010）研究发现一些刺激褐飞虱生殖的药剂对雄虫生殖也有显著的刺激效应，使 ACP 分泌量显著高于对照，并且能通过与雌虫交配传导给雌虫，导致处理的雄虫与处理的雌虫交配雌虫产卵量显著高于对照雄虫与处理的雌虫交配雌虫的产卵量，说明药剂处理的雄虫经由交配是药剂刺激雌虫生殖的一个重要途径。后来进行的蛋白质组学研究也证明药剂处理的雄虫与精子发育相关的蛋白表达量显著上调。

### 10.1.2.3 害虫再猖獗与害虫抗药性之间的关系

M. R. Hardin 等（1995）认为再猖獗是一种生态现象而非进化过程。仅仅对杀虫剂有抗性不会导致再猖獗，除非与其他因素共同作用，才可能诱导抗性种群的再猖獗，但是无论如何抗性种群都会提高它们的再猖獗率。因此，不管怎样，我们不应忽视引起再猖獗的机制，它最终可能会改变害虫的进化过程，其中最可能的是害虫形成对农药的结构抗性。正确了解害虫抗药性与再猖獗之间的关系，必将有助于我们研究农药诱导再猖獗的机制。

在评价杀虫剂激发害虫产生再猖獗效应方面，许多学者做了大量研究。杜晓英等（1998）在研究其他人评价方案的基础上，提出了"害虫再猖獗指数"来评价害虫再猖獗效应。这种方法建立在生命表技术基础上，通过在环境中引入农药后，调查各虫期由不同因子造成的死亡率和死亡原因，以综合反映种群数量动态的生命指数，即以种群趋势指数为依据来评价再猖獗。这种方法确实能客观评价农药诱导的害虫再猖獗，但引起害虫再猖獗的原因很多，不仅是农药，还有其他因素。故在再猖獗评价体系上还有待学者们进一步研究。

目前的研究主要集中于引起害虫再猖獗的表象上，对于引发再猖獗的内在机理的研究并不多。虽然有人研究了农药对害虫天敌、植物以及竞争物种与该物种再猖獗的影响，但对再猖獗物种的内在变化并未深入研究。研究农药诱导再猖獗的机制，不仅是害虫可持续控制的必要前提，对于科学、合理和有效地用药具有重要的意义，而且对了解害虫种群数量动态具有科学价值。此外不同类型药剂、不同结构的农药诱导害虫再猖獗机制的比较研究对前瞻性地开发新农药品种亦具参考价值。

## 10.1.3 杀虫剂抗药性治理

### 10.1.3.1 抗药性监测方法

抗药性监测可用于评价和检验有害生物抗药性，成为预防抗药性发生与发展的重要前提，有助于有害生物抗性治理工作。关于有害生物抗药性的监测方法，可以详见一些专著，例如：唐振华编著的《昆虫抗药性及其治理》，1993；慕立义主编的《植物化学保护研究方法》，1994；唐振华和吴士雄著的《昆虫抗药性的遗传与进化》，2000。害虫抗药性监测方法主要有以下四种。

（1）生物检测法　是从未用或较少用药剂防治的地区采集自然种群，在室内选育出相对敏感品系，根据药剂性质、作用特点及害虫种类建立标准抗性检测方法。用该方法可测出害虫对药剂的敏感毒力（LD-P）基线和致死中剂量（$LD_{50}$）或致死中浓度（$LC_{50}$）值。再从测试地区采集同种害虫种群，采用与测定敏感品系相同的生测方法和控制条件，得出待测种群的 LD-P 基线和 $LD_{50}$ 或 $LC_{50}$ 值，以待测种群与敏感种品系的 $LD_{50}$ 或 $LC_{50}$ 值之间的比值（即抗性倍数）来表示抗性水平。该方法操作简单、结果直观，能测得抗性谱，因而长期被广泛采用。但该方法对所获得资料有严格的统计要求，必须严格控制试验条件，需反复多次试验，而且在实践中亦显示出较明显的局限性，传统的生物测定法比较烦琐，从虫源、饲养到测定难以做到真正的标准化，而且由 LD-P 基线求出的 $LD_{50}$ 或 $LC_{50}$ 值的重复性和精确性较低，当群体抗性较低和抗性种群多样时很难准确测定，因此测得的抗性水平往往具有滞后性，不适合早期抗性检测，不利于制定相应的防治对策。

（2）生物化学检测法　害虫抗药性的生化机制表明，害虫抗药性通常与解毒酶对杀虫剂的解毒能力增强或靶标酶对杀虫剂的敏感性下降有关，这是害虫抗药性生物化学检测的理论基础。与传统生物测定方法相比，生物化学检测法具有快速、准确、可对单头昆虫进行多种分析等优点。目前，害虫抗药性的生物化学检测主要是酯酶、谷胱甘肽转移酶和细胞色素氧化酶系及乙酰胆碱酯酶敏感性下降相关的抗药性检测。主要方法有滤纸斑点法、硝酸纤维素膜斑点法和微量滴定度酶标板法。

其中免疫测定法是指从高抗药性昆虫体内提取抗药性相关酶，以此为抗原免疫动物制备单克隆或多克隆抗体，采用酶联免疫法检测抗药性相关酶的活力。若无活力，说明昆虫为敏感个体；若有活力，说明昆虫为抗药性个体；若活力显著增加，说明昆虫与抗药性相关酶的基因突变数增多。免疫测定法的灵敏度优于生物化学检测法，但所需费用相当高，并对设备和操作人员有较高的要求，因此在应用方面受到了很大的限制。

（3）抗药性基因检测法　害虫抗药性分子检测技术是在对害虫抗药性机制了解的基础上建立起来的，即利用分子生物学技术检测杀虫剂作用靶标的抗性位点突变或解毒代谢酶基因的增强表达。基于可操作性、实用性和经济性等方面的原因，目前几乎所有的抗性检测研究都集中于靶标抗性方面，即检测靶标基因的突变。常用的基因突变检测技术主要包括聚合酶链式反应（PCR）-限制性内切酶法、微阵列法、等位基因特异性

PCR 技术和单链构型多态性分析技术。

### 10.1.3.2　杀虫剂抗药性治理措施

抗药性治理的目的在于寻求合适的途径以减缓或阻止有害生物抗药性的发生、发展，或使抗性有害生物恢复到敏感状态，其关键是要降低农药对有害生物的选择压力。与综合防治不同，抗性治理更注重抗药性监测和抗药性水平的变化，减少农药的用量，通过各种措施延缓抗药性的产生和发展。例如，通过科学合理使用杀虫剂，结合栽培防治、物理防治、生物防治等方式最终来减少杀虫剂的使用量，降低杀虫剂对害虫的选择压力，从而延缓抗药性的产生，恢复害虫对杀虫剂的敏感性。关于有害生物的抗药性问题，已有不少人提出了治理措施。例如，美国 P. Georghion 和 T. Saito 于 1983 年根据影响昆虫抗药性发展的众多因素，从化学防治的角度提出了一套抗性治理策略，即适度治理、饱和治理和多项进攻治理。P. Bielza 于 2008 年提出了仅在需要时使用杀虫剂、精确的施用杀虫剂及协调化学防治与其他防治方法等优化杀虫剂使用策略。

（1）适度治理　是通过减少杀虫剂的使用，使昆虫种群中敏感基因保留下来，从而延缓抗药性的发生。通常田间防治选用大剂量的化学药剂，在选择压力下，害虫抗性个体保留下来，产生了抗药性。生产上推荐的不完全覆盖施药的目的就是使敏感的个体在未处理区（庇护区）存活下来。

（2）饱和治理　是采用高水平的施药技术，使大剂量药剂施于靶标害虫，消灭害虫种群中抗性遗传上的杂合子，达到延缓抗性发生、发展的目的。一般认为杂合子抗性低于纯合子抗性，其基本原理就是"高剂量高杀死"策略，即用较高的剂量杀死杂合子，使杂合子在功能上表现出隐性。在实施饱和治理措施时，一般在每次施药以后，要使对杀虫剂敏感的个体迁入防治区，才能达到延缓抗性发生、发展的目的。目前生产上采用的低剂量的药剂与增效剂混用也属于饱和治理策略。

（3）多向进攻治理　主要是根据农药对有害生物的多位点作用，使靶标不易产生抗性。多位点作用实际上相当于抗药性基因出现的频率降低了，也就是说，如果是由于分子靶标变异产生抗药性，那么作用的几个位点都要产生变异才能产生抗药性。然而，要求一个杀虫剂具有多位点作用机制相当困难，但可通过将几个独立作用机制的农药混用或轮用来实现。

① 杀虫剂混用　混用就是利用几种不同组分具有不同作用机制的化合物，形成交叉作用机制，在杀虫剂使用过程中，由于几乎不可能存在对几种化合物同时有抗药性的个体，所以一种化合物不能杀死的个体将被另一种化合物杀死。一般要求混用在害虫种群形成抗性之前或初期使用，而且要求各组分的持效期应大体相等，以免持效期过长的组分在后期形成单一药剂的选择作用。

② 杀虫剂轮用　杀虫剂轮用治理抗性能否成功的关键则是轮用的间隔期，一般要求在害虫种群对该药剂的抗性消失以后启用，抗性消失需要的时间，即轮用的间隔期。杀虫剂轮用成功的例子很多。例如，西南大学何林等用哒螨灵与阿维菌素各轮换使用 18 代，朱砂叶螨对二者没有产生明显的抗药性。

③ 分区施药　又称镶嵌施药（mosaic application），是在一个防治区内分成不同的小区，各小区分别施用作用机制不同的药剂，这其实是杀虫剂混用或轮用概念的延伸。混用概念的延伸就是在一个治理区域的不同分区使用不同的杀虫剂，避免在同一区域形成抗性相同的种群。施药后，存活的个体在各区域间交换，原本在本区域存活下来的害虫扩散到另一区域被不同作用机制的杀虫剂杀死，这种分区施药的效果相当于杀虫剂的混用。例如，蚊虫的防治，我们可以在房间不同的墙面使用不同的杀虫剂，这样蚊虫种群在同一时间接触不同的杀虫剂。如果施药后存活个体没有扩散，而是在下一个世代扩散，则害虫与下一代接触的是不同作用机制的杀虫剂，这时分区施药的效果相当于杀虫剂的轮用。

# 10.2　杀菌剂抗药性机制及其治理

近100多年以来，杀菌剂在植物病害控制中起了非常大的作用。但是有时会发现，过去有效的杀菌剂在作物中失去了控制病害的作用。有许多可能的原因，例如错误的喷雾器刻度、雨水冲刷杀菌剂或操作者的错误操作，但是也有可能是引起病害的病原物对杀菌剂产生了抗性。杀菌剂的抗性归因于病原菌的变化，而不是杀菌剂的变化或寄主植物的变化。病原物从敏感到抗药的变化会遗传变异，这种遗传变异可在病原物连续后代中遗传。杀菌剂在20世纪60年代之前主要是作为保护剂应用，但是一旦病原物已经侵入植物，那么保护性杀菌剂就不能发挥作用，因为这种杀菌剂缺少进入寄主植物进而杀死病原物的能力。为了达到保护剂的最大功效，在病原物到来之前所有易受攻击的寄主植物必须喷洒保护剂。这些较早的杀菌剂通过抑制与能量产生有关的酶而起作用，并且归为多位点抑制剂。当只施用这些多位点的抑制剂时，抗药性的问题还不是很重要。

20世纪60年代后引入了许多新的杀菌剂，这些杀菌剂不同于较早使用的保护性杀菌剂：它们在较低浓度下有效，而且可以进入寄主植物，还可以在寄主植物体内运输；在病原物中它们的作用靶标通常是单一位点代谢反应靶标。这些杀菌剂已知是单一位点或位点特异的抑制子。现在这些杀菌剂可以分为几类，包括苯并咪唑类、苯酰胺类和嘧啶胺类。同一类杀菌剂具有相同的作用方式，也就是说它们抑制相同的代谢过程。这些新型杀菌剂的特点导致病原物更容易产生抗药性。

## 10.2.1　杀菌剂抗性的基本概念

### 10.2.1.1　杀菌剂抗性的定义

杀菌剂抗性（fungicide resistance）可定义为稳定的病原物对杀菌剂的遗传适应，导致病原物对杀菌剂的敏感性下降。这一名词通常用于发生变化的敏感物种的菌株，一般通过突变产生对某一杀菌剂的不敏感性。以抑制最初野生型群体浓度的杀菌剂处理抗性菌株，其生长和发育不受抑制或仅仅受轻微抑制。

#### 10.2.1.2　杀菌剂抗性与病害的控制有关

在实验室实验中报道有抗性菌株的杀菌剂，在田间使用时并不意味着其所有防效的丧失。为了避免这种报道对种植者、指导者和生产者造成不必要的麻烦，当仅仅在实验室得到抗药性的杀菌剂时，建议进行详细的描述。甚至在田间出现了对杀菌剂敏感性显著减小的抗性菌株时，并不总是导致病害控制的失败。当抗性水平相对中等时，杀菌剂应用仍可以达到满意的防效。病害控制的失败在遇到下列 2 种情况之前不应归因于抗性的发展：①在实际情况下虽然按标签正确使用产品，但是仍观察到防效显著降低；②病害防效的显著降低归因于对杀菌剂敏感性减小的病原菌菌株的存在。因此，关于田间抗药性发生的报道，重要的是要明确阐明是否由于杀菌剂的抗药性导致了对病害防效的下降。杀菌剂抗性行动委员会（Fungicide Resistance Action Committee，FRAC）建议，当遇到上述 2 种情况时使用"田间抗性"这一名词。但也有研究者认为使用这一名词值得商讨，因为有可能在田间存在抗性（敏感性降低），但是杀菌剂并没有丧失对病害的防治效果，这种田间抗药性依赖于该种杀菌剂的抗性水平及环境条件等。

#### 10.2.1.3　实验室抗药性

实验室抗药性（laboratory resistance）是指在室内通过药剂筛选、物理和化学诱变等技术获得的抗药性。实验室抗药性研究对于了解目标病原物发生抗药性变异的难易和抗药性菌株的适合度等具有非常重要的意义。但实验室抗药性研究的结果，有时会与实际情况不一致。如最初的实验室抗药性研究认为甲氧丙烯酸酯类杀菌剂属于低抗药性风险，但实践表明，黄瓜白粉病菌（*Sphaerotheca fuliginea*）等在田间对该类药剂具有较高的抗药性风险。

#### 10.2.1.4　田间抗药性

田间抗药性（field resistance）是指在田间用药后能检测到的初期抗药性。此时抗药性病原菌在群体中的比例还很低，化学防治仍然有效。对这些抗药性由单基因控制、表现出质量遗传性状和适合度较高以及繁殖力强的病原菌来说，这时候设计和实施抗药性治理策略为时已晚。如果抗药性是由多基因控制，此时立即采用合理的抗性治理策略，不但不会使药剂突然失去防效，还会延长药剂的使用寿命。田间抗药性和实际抗药性有时也统称为田间抗药性。

#### 10.2.1.5　实际抗药性

实际抗药性（actual resistance）是指生产上已可见的抗药性，即抗药性亚群体已成为优势群体，正常的化学防治明显无效。生产上一般所讲的抗药性实际上就是指实际抗药性。

#### 10.2.1.6　其他

（1）多重抗性（multiple resistance）　由不同遗传因子介导的对 2 种或 2 种以上杀菌剂的抗药性。

（2）正交互抗性（positive cross resistance）　由相同遗传因子介导的对 2 种或 2 种以上杀菌剂的抗药性。

（3）负交互抗性（negative cross resistance）　由特定遗传因子介导的对一种杀菌剂的抗性提高时对另一种杀菌剂的敏感性反而上升的现象。

（4）抗药性因子与抗药性水平　抗药性因子（resistance factor）（抗药性水平）可以通过 $EC_{50}$（抗性菌株）/$EC_{50}$（敏感菌株）来衡量。抗药性因子小于 2 的菌株可能不划分为抗性。

（5）抗性频率（resistance frequency）　抗性菌株在整个病原菌群体（含抗性与敏感菌株）中的相对频率，也就是抗药性群体（个体）在整个病原菌群体（个体）中所占的比例，通常以百分率表示。

（6）抗性风险（resistance risk）　目前还没有被普遍接受的抗性风险的定义，尽管一些杀菌剂较其他杀菌剂有较高可能性出现抗性问题。抗性风险是依赖于抗性因子的复合体，病害防治中抗性的风险与杀菌剂使用频率和环境因子有关。

## 10.2.2　杀菌剂抗药性的影响因素

是否会因抗药性而导致植物病害化学防治失败，取决于病原菌抗药性个体在群体中所占的比例和绝对数量以及抗药性水平。影响作物病原菌抗药群体形成和抗药水平提高的主要因素：一是杀菌剂自身的特性。一些类型杀菌剂的抗性比其他类型杀菌剂的抗性出现频率要高。同样，一些杀菌剂是较易产生抗性的。二是使用某种杀菌剂的一个地区的抗药性病原物传播到使用该产品的另一地区，该杀菌剂抗药性的形成与病原菌的传播因子，杀菌剂的使用频率，是否单一使用、混合使用或交替使用杀菌剂等有关。三是靶标病原物的遗传多样性、杀菌剂抗药性生物型的存活能力。四是作物轮作环境变化（例如本地和周围地区天气现象）影响病原物的气流传播接种和种子的自然传播。

## 10.2.3　杀菌剂的抗药性监测

病原菌对杀菌剂的抗药性监测在合理用药、及时调整抗药性治理策略的过程中起重要作用。抗药性监测可以通过传统的抗药性检测方法和现代的抗药性分子检测方法实现。

### 10.2.3.1　传统的抗药性检测

传统的抗药性检测方法（如菌丝生长法、孢子萌发法）需要分离大量纯培养的菌株放置到含药培养基或喷洒药剂的植物组织上，这个过程耗时、费力，尤其对难培养的病原菌和活体寄生菌的检测过程很难把握，且在抗药性个体频率低于 1% 以下时，难以用传统的方法检测到抗药性菌株的存在，而对于基因组中控制抗性的突变位点不明确的病原菌或不具备抗药性分子检测条件的单位，这种传统的抗药性检测必不可少。例如，二甲酰亚胺类杀菌剂和苯基酰胺类杀菌剂的抗药性检测目前主要以生物测定为主，因为病原菌对这两类杀菌剂的抗药性基因突变位点目前还不清楚。1998 年和 1999 年采自乌干达不同地区马铃薯和番茄上的 81 个疫霉菌株通过菌丝生长法确定了高抗菌株已达到了 44.4%，而中抗菌株占到 23.5%。辣椒疫霉菌（*Phytophthora capsici*）、菌核病菌（*Sclerotinia sclerotiorum*）、灰霉病菌（*Botrytis cinerea*）等对二甲酰亚胺类杀菌剂的抗性检测也多是采用菌丝生长法。

### 10.2.3.2　抗药性分子检测

由于传统的抗药性检测技术（如菌丝生长法、孢子萌发法等）耗费时间和人力，尤其对难培养的病原菌和活体寄生菌的检测过程很难把握，因此在抗药性个体频率低于 1% 以下时，难以用传统的方法检测到抗药性菌株的存在。但是由于病原物的繁殖、传播速度一般都很快，在自然界存在的数量又很大，因此，再经过几次药剂选择后，抗药性病原亚群体（sub-population）可能会成为致病病原群体中的主体，造成突发性的抗药性病害流行。为了尽早检测出田间是否已出现了抗药性和了解抗药性的发展动态，有必要针对抗药性机制建立相应的特异和灵敏的检测方法，而一种新产品的开发也必须评价其作用机理及抗药性的产生机制。随着分子生物学技术的发展，核酸水平的分子诊断技术能够快速、准确、灵敏地检测出田间早期出现的抗药性菌株和监测抗药性群体的发展动态，及时指导农民和农药企业调整防治策略，既可确保药剂的防治效果，又能延长杀菌剂的使用寿命。目前直接检测基因突变的方法有单链构象多态性（single strand conformation polymorphism，SSCP）、异源杂合双链技术（hetero duplex technology，HTX）、变性梯度凝胶电泳（denaturing gradient gel electrophoresis，DGGE）、化学裂解法（chemical cleavage of mismatch，CCM）、变性高效液相色谱分析（denaturing high-performance liquid chromatography，DHPLC）、毛细管电泳（capillary electrophoresis，CE）、碱基切割序列扫描（base excision sequence scanning，BESS）、等位基因特异性寡核苷酸杂交（allele specific oligonucleotide hybridization，ASOH）、直接测序法（direct sequencing，DS）、等位基因特异性扩增（allele-specific amplification，ASA）、限制性片段长度多态性（restriction fragment length polymorphism，PCR-RFLP）、实时定量 PCR（quantitative real-time PCR）及单核苷酸引物延伸（singlenucleotide primer extension，SNuPE）等。采用分子方法检测杀菌剂的抗药性适用于：①已知与抗药性相关的基因及其突变位点和突变类型。②抗药性菌株来自田间而非室内突变体，具有稳定的生物学特性，最好是单孢分离的菌株，能够代表田间抗性群体。③基因组上的碱基突变与表现型之间关系明显。运用此种方法的前提是病原菌对杀菌剂的抗药性已明确是由点突变引起的。

最常用的分子检测方法是用限制性内切酶的 PCR-RFLP，因为酶切过程和电泳检测是定性的，能直接检测出是否存在突变的等位基因。普通等位基因特异性寡核苷酸（allele specific oligonucleotide，ASO）PCR 法是半定量的，但是通过定量 PCR 仪用 SybrGreen 荧光染料或特异性探针 TaqMan 能检测出田间出现极低的抗性频率（$10^{-4}$～$10^{-5}$）。SSCP 和 DHPLC 方法在不知道该片段的准确序列时，也能检测出 1 个或几个不同等位基因的差异。但是，当在病原菌群体中存在已知抗药性基因以外的抗药性机制时，采用分子检测的方法会过低估计或评价抗药性病原群体的发展态势。

### 10.2.4 杀菌剂抗性的机制

#### 10.2.4.1 遗传机制

一般而言，1个或几个基因可以控制病原真菌对某一类杀菌剂产生抗药性。据现有的研究报道，植物病原真菌对杀菌剂的抗药性遗传机制较为复杂，不同病原菌对同一种杀菌剂或同种病原菌对不同杀菌剂都有着不同的抗性遗传机制，因此很难用某一种简单的模式来解释病原菌对该类杀菌剂的抗性遗传机制。

植物病原真菌对杀菌剂的抗药性遗传机制通常被认为受多基因控制，而这些基因属于微效基因，在田间表现为连续性数量遗传性状。室内抗药性突变体诱导研究发现，构巢曲霉（*Aspergillus nidulans*）对抑霉唑、红粒丛赤壳菌（*Nectria haematococca*）对氯苯嘧啶醇和戊唑醇、玉米黑粉菌（*Ustilago maydis*）对三唑酮、番茄叶霉病菌和苹果黑星病菌对氟硅唑等抗药性的遗传都受多基因控制，其抗性倍数相对较低，且具有累加效应。有些抗性突变体表现出多基因效应，其适合度（如菌落生长速率、孢子萌发率、产孢量等）和致病力都有明显下降的迹象。而红粒丛赤壳菌南瓜变种（*Nectria haematococca var. cucurbitae*）对三唑醇的抗性则表现为单基因遗传，其抗性倍数较高。红粒丛赤壳菌的紫外诱变体对特比萘芬（terbinafine）的抗性也表现为单基因遗传，抗性倍数超过 100 倍，但对丁苯吗啉的抗性则表现为多基因遗传，抗性倍数在 10～60 倍。黑曲霉菌（*Aspergillus niger*）对丁苯吗啉的抗性则由 2 个位于连锁群Ⅱ中的隐性基因决定。抗性遗传的复杂性不仅表现在室内诱变抗性突变体上，还存在于田间分离的抗性病原真菌中。例如：大麦白粉病菌对乙菌啶和三唑醇的抗性表现为主效基因遗传；苹果黑星病菌对氯苯嘧啶醇的抗性表现为单基因遗传，而对氟硅唑和腈菌唑的抗性则表现为多基因遗传；大麦网斑病菌对三唑醇的抗性表现为主效基因遗传，而对丙环唑的抗性则表现为多效基因遗传。

#### 10.2.4.2 生化机制

生产上常用的农药总有一些能干扰病原菌生物合成过程（例如核酸、蛋白质、麦角甾醇、几丁质等的合成）、呼吸作用、生物膜结构以及细胞核功能，都有专门的作用靶点。作物病原菌只要发生单基因或少数寡基因突变就可以导致病原菌靶点结构的改变，从而降低对转化性药剂的亲和性。虽然病原菌不可能同时发生多基因的变异而降低与多作用靶点化合物的亲和性，但是生理生化代谢可以发生某种变化，如修饰细胞壁或生物膜的结构，阻止药剂到达作用靶点，或者减少对药剂的吸收，或增加排泄，减少药剂在细胞内的积累等而表现出抗药性。

（1）降低药剂与作用位点酶的亲和力　由于病原菌自身可以改变杀菌剂作用位点的结构，杀菌剂对该作用位点的亲和力下降，从而无法发挥其杀菌作用。近年来，人们在柑橘青霉病菌上成功研究出一套分离细胞色素 P450 同工酶的方法，该方法有可能成为研究药剂与作用位点酶亲和力下降这一抗药性机制的有效手段。例如，白假丝酵母（*Candida albicans*）对 SBI 杀菌剂的抗药性机制即属于这一类。研究还表明，抗药性菌株中细胞色素 P450 同工酶之一即细胞色素 P450-14DM 可能有 1 个脱辅基蛋白分子发生了变异，从而使得该酶与 SBI 杀菌剂的亲和力下降，导致抗药性的产生。

（2）增加对药剂的排泄　有些病原菌虽然能吸收大量的药剂，但由于其能够很快将这些药剂再排出体外，因而不会中毒。构巢曲霉的敏感菌株和抗性菌株均能吸收氯嘧啶醇和抑霉唑，然而两种菌株体内药物的含量却不同，进一步研究发现，这是由两种菌株对上述药剂的排泄速率不同所致：抗性菌株可能由于体内运输体蛋白基因的过量表达而促进了其排泄作用，对药物的排泄速率快于敏感菌株，使得药物分子在与作用位点结合之前就被排出菌体外，从而表现出较高的抗药性。意大利青霉菌（*Penicillium italicum*）对 SBI 杀菌剂的抗性突变体也表现为对药剂的积累量减少，致使到达作用靶点的药量不足而使得杀菌活性下降。周明国等（1998）通过紫外诱变的方法获得了脉孢霉（*Neurospora crassa*）对三唑醇的抗性突变体，并研究发现其抗性突变体对药剂的吸收能力与敏感菌株相当，但排泄能力有所增强。总之，菌株可通过降低药剂在细胞内的积累，降低菌体内药剂的实际作用浓度，从而减轻对抗性突变菌株体内甾醇生物合成过程的抑制作用，最终表现出抗药性。

（3）去毒作用　主要为解毒代谢作用。有些病原真菌可通过一系列代谢途径将体内有毒药剂转化成无毒物质，使药剂失去作用而表现出抗药性。立枯丝核菌（*Rhizoctonia solani*）能够将抑霉唑代谢为无毒化合物，从而对其产生抗药性；将散黑穗病菌（*Ustilago avena*）对三唑醇的抗性菌株通过体内标记 4,4-二甲基甾醇后在非标记培养基中培养，结果发现存在未标记的甲基甾醇，说明对生命活动有毒害作用的甲基甾醇被快速更新（脱毒）可能是其抗药性机制之一。此外，还有些抗药性病原真菌则是由于丧失了将杀菌剂转化为较高活性化合物的能力，如三唑酮在敏感菌株中需代谢成三唑醇才能发挥杀菌作用，而在抗药性菌株中这种代谢作用被阻止，从而也表现出抗药性。

（4）对药剂的通透性下降　由于病原菌细胞膜通透性发生改变，导致药剂无法进入细胞内而不能到达其作用位点，从而使杀菌剂无法发挥作用。这种改变可以被看作是病原菌自我保护机制的增强，从而表现为其抗药能力的提高。抗戊唑醇的禾谷丝核菌菌株对戊唑醇的适应能力明显高于敏感菌株，其细胞膜受损伤的程度相对较小，通透性低于敏感菌株。H. Dahmen 等（1988）发现某些三唑类杀菌剂能够提高小麦秆锈病菌（*Puccinia graminis* f. sp. *tritici*）细胞膜的通透性，导致细胞内电解质外渗，使细胞内药剂积累浓度下降而表现出抗药性。叶滔等（2012）在研究禾谷镰孢菌对戊唑醇抗性菌株渗透压的变化时，也发现其抗性菌株细胞膜对药剂的通透性明显低于亲本菌株。

### 10.2.4.3　分子机制

关于病原菌对 SBI 杀菌剂的抗药性分子机制主要围绕 ABC 运输蛋白基因群和 CYP51 蛋白基因展开，其产生抗药性的分子机制主要包括菌体内 ABC 运输蛋白将外源物质排出体外、菌体内 CYP51 蛋白基因发生点突变以及 CYP51 蛋白基因超表达。早期有假说认为，ABC 运输蛋白是通过细胞质直接识别底物后将其排出膜外，或者在外源物质进入细胞膜之前被感知而将其排出，也有可能是由 ABC 运输蛋白的翻转酶将毒物从膜内层转移至外层，随后将其排出细胞外。但现在研究认为，ABC 运输蛋白的作用可能还与多药物抗性蛋白（multidrug resistance protein，MDRP）和多药抗性相关蛋白（multidrug resistance associated protein，MRP）有关。

（1）ABC 运输蛋白基因控制的抗 SBI 杀菌剂分子机制　ABC 运输蛋白（ATP-binding cassette transporter）是目前已知的最大的蛋白质家族之一，从细菌到人类已鉴定出共计 150 多个不同的 ABC 蛋白。ABC 运输蛋白是呈镶嵌状态存在于真菌细胞膜上的膜转运蛋白，是细胞膜上的外排机能泵，含有一个 ATP 结合区，通过结合并水解 ATP 而为膜转运提供能量，以运输质膜上的糖、氨基酸、磷脂和肽类物质，具有广泛的运输范围。现有的研究证明，ABC 运输蛋白表达量的高低可能是植物病原真菌对甾醇生物合成抑制剂（sterol biosynthesis inhibitor，SBI）杀菌剂具有抗药性或敏感的关键因素之一。H. J. Cools 等认为桃疮痂病菌（*Cladosporium carpophilum* Thun）对 SBI 杀菌剂的抗药性机制可能与其依赖 ABC 运输蛋白增强了对有毒物质的排泄有关。A. C. Andrade 等（2002）从构巢曲霉中分离出 2 个编码 ABC 运输蛋白的基因 atrC 和 atrD（ABC transpoters C and D），研究发现，atrC 与 atrD 不仅与病原菌的多药物抗性有关，还与菌体自身代谢产物抗生素的分泌有关，可认为这是病原真菌自身解毒作用的一种机制。一般认为，ABC 运输蛋白与原核和真核生物中的多药物抗性（MDR）机制有关。MDR 是指病原菌对 1 种药物具有抗药性的同时，对其他结构不同、作用靶点不同的药物也具有抗药性的现象。现有的研究认为，植物病原真菌对 SBI 杀菌剂的抗性机制可能与多药外排运输蛋白（multidrug efflux transporter，MET）有关，并且病原真菌对该类药剂的抗药性机制可能都是相同的。目前，有关植物病原真菌对杀菌剂的显著 MDR 机制尚不常见。

（2）MFS 运输蛋白基因控制的抗 SBI 杀菌剂分子机制　促扩散超家族运输蛋白（major facilitator superfamily，MFS）普遍存在于生物体细胞中，与 ABC 运输蛋白基因具有相似的排泄细胞中有毒物质的功能，不同的是，MFS 运输蛋白通过质子驱动力（跨膜电化学质子梯度）而不是水解 ATP 产能来实现对有毒物质的排泄。MFS 运输蛋白几乎都含有 12 个跨膜螺旋拓扑结构（transmembrane helices，TMs），这 12 个 TMs 结构被亲水环连接在一起，其氨基端和羧基端均位于细胞质内。有趣的是，氨基端 TMs1～TMs6 的同源性明显低于羧基端 TMs7～TMs12 的同源性；而含有 14 个 TMs 的 MFS 运输蛋白，其 TMs1～TMs12 与上述结构一致，TMs13 和 TMs14 则利用导入细胞质环的方式插入细胞膜中。K. Hayashi 等（2002）从灰葡萄孢中克隆了 MFS 基因家族中的 Bcmfs1 基因，并进一步研究发现该基因替代的抗药突变体对 SBI 杀菌剂敏感，但突变体超表达则会导致菌株对 SBI 杀菌剂的敏感性下降。

（3）与 CYP51 蛋白基因相关的抗 SBI 杀菌剂分子机制　甾醇 14α-去甲基化酶（CYP51，P450-14DM）属于细胞色素 P450 基因家族中的成员，广泛存在于各种生物体内，是生物甾醇合成途径中的关键酶，迄今已有 30 多年的研究历史。在真菌中，CYP51 催化 14$\alpha$-甾醇经 14$\alpha$-脱甲基化反应生成麦角甾醇。由于 SBI 杀菌剂的作用机制是其含氮杂环氮原子与 14$\alpha$-甾醇经 CYP51 蛋白基因的血红素绑定区（血红素-铁活性中心）以配位键结合，从而抑制 14$\alpha$-脱甲基酶的活性。因此，植物病原真菌对 SBI 杀菌剂的抗药性机制之一可能是 CYP51 蛋白基因发生点突变导致氨基酸的取代，从而引起酶与药剂亲和力的下降。

### 10.2.5　杀菌剂抗药性治理策略

抗药性治理策略的实质是以科学的方法最大限度地阻止或延缓抗药性群体的形成、发展。其基本原则是降低选择压力并及早治理。要点是完善用药技术，采用综合防治、多部门合作，根据抗性监测结果，在了解影响抗药性发展因子、抗性机理的基础上，根据各地的实际情况，制定合理的抗药性治理策略。抗药性治理策略的目的是使具有抗药性风险的杀菌剂对所防治病原菌具有最大防治效果，避免杀菌剂使用效果较差、持效时间较短。这样使敏感菌株重新在病原菌群体中处于优势地位，当下一个种植循环中再次使用具有抗药性风险的杀菌剂时这些杀菌剂仍然具有防治效果。

一是开展抗药性风险评估研究，建立各种重要病原菌的敏感性基线及有关技术资料数据库，并尽早研究还未发现抗药性的病原物-药剂组合产生抗药性的潜在风险，及早采用合理用药措施。

二是采用无交互抗药性或负交互抗药性杀菌剂交替或轮换使用，可以减轻具有抗药风险杀菌剂对自然抗药菌株的选择压力，延缓或克服抗药性的发生、发展。例如，甲霜灵与烯酰吗啉轮换施用可延缓甲霜灵抗性的产生。但不同作用机制的杀菌剂轮用要注意病原菌多重抗性的产生。对于已发生抗药性的病原菌，可根据不同的抗药性类型，采用不同的治理策略。对于数量遗传抗药性，在抗药性水平不高时，可采用适当提高药剂使用剂量或增加用药频率的措施；质量抗药性多是由单作用位点突变引起的，如甲氧基丙烯酸酯类和苯并咪唑类杀菌剂，这就意味着这类杀菌剂属高风险性杀菌剂，一旦病原菌产生抗药性，通过提高杀菌剂的使用频率或者增加用药次数已不能控制病害的危害，应及时更换不同类型的有效药剂加以防治。

三是加强田间抗药性监测，根据不同病害、杀菌剂种类及用药水平划分检测对象，定时定点检测病原群体抗药性水平、抗性菌株的比率及其消长情况，评估不同用药措施对抗药性的延缓作用，制定和完善科学的抗药性治理策略。

四是研究开发并推广应用具有多作用位点、低抗性风险、无交互抗性的新药剂，并在其进入市场前进行病原菌抗药性风险评估和预测，以便及早采取预防措施。在确保传统的保护性杀菌剂有一定量的生产和应用的同时，根据植物与病菌之间的生理生化差异开发和生产不同类型的安全、高效专化性杀菌剂，储备较多的有效品种。如几丁质是真菌细胞壁的主要结构成分，而不存在于植物组织中。真菌与植物体内组装纺锤体的微管蛋白结构、蛋白质合成机制及 RNA 合成酶系等也不同。此外，真菌与植物体生物膜结构组分的差异，也已成为人们开发研究新杀菌剂的热点。随着杀菌剂毒理学等方面研究的深入，还可能发现病原菌与其他生物之间更多的生化差异并用来开发新农药。

五是开发具有负交互抗药性的杀菌剂，这是治理抗药性的有效途径。如对苯并咪唑类杀菌剂有负交互抗药性的苯-N-氨基甲酸酯类的乙霉威已在我国生产应用。通过研究具有交互抗性的杀菌剂构效关系，为创制作用机制新颖的杀菌剂提供指导。

六是在了解杀菌剂的生物活性、作用机理和抗药性发生状况及其机理的基础上，创制不同作用机制的新杀菌剂或利用现有药剂混配，选用科学的混剂配方。例如三唑醇和十三吗啉都是抑制麦角甾醇生物合成，防治白粉病的特效药剂，但前者作用位点是碳十四位的去甲基反应，后者是阻止 $\Delta^8 \rightarrow \Delta^7$ 异构反应，两者混用既可防止抗药性发生，又可增加防效。

七是研制开发具有增效作用的杀菌剂混剂，采用不同作用位点的杀菌剂混用，可取得较好的延缓或克服抗药性的效果。目前已出现了一些抗生素（antibiotic）、钙调素抑制剂（calmodulin inhibitor）、阳离子抑制剂（cationic inhibitor）、呼吸抑制剂（respiration inhibitor）、生物膜 ATP 酶活性抑制剂（biofilm ATPase activity-inhibitor）、离子载体抗生素（ionophoric antibiotic）以及一些多作用位点抑制剂与 SBI 杀菌剂混合使用的研究报道，发现均能达到增效的目的。

# 10.3　除草剂抗药性机制及其治理

农田杂草是严重威胁作物生产的一大类生物灾害。为了克服杂草对作物的危害，在过去的 50 多年里，农田化学除草已成为全球现代农业生产的重要组成部分。然而，由于过度依赖和长期使用相对有限的化学除草剂，导致了抗药性杂草的发生和发展，且杂草抗药性问题越来越突出，备受全球关注。

## 10.3.1　杂草抗性的现状

自 20 世纪 50 年代在加拿大和美国分别发现抗 2,4-D 的野胡萝卜（*Daucus carota*）和铺散鸭趾草（*Commelina diffusa*）以来，全球已有 188 种（112 种双子叶，76 种单子叶）杂草的 324 个生物型在各类农田系统对 19 类化学除草剂产生了抗药性，尤其是20 世纪 80 年代中期后，全球抗药性杂草的发展几乎呈直线上升。在这些抗药性杂草中，抗乙酰乳酸合成酶（acetolactate synthase，ALS）抑制剂类除草剂杂草的发生速度十分惊人。磺酰脲类除草剂是 20 世纪 80 年代初期才商业化的高活性除草剂，1982 年澳大利亚就发现了抗磺酰脲类除草剂的瑞士黑麦草（*Lolium rigidum*），其后抗 ALS 抑制剂除草剂的杂草生物型数量迅速超过抗三氮苯类除草剂的杂草生物型，目前在 30 个国家已有 98 种抗 ALS 抑制剂类除草剂的杂草生物型。抗三氮苯类除草剂的杂草生物型发生较早，20 世纪 80 年代中后期以来一直呈上升趋势，现在 25 个国家已有 67 种抗三氮苯类除草剂的杂草生物型。自第一例抗乙酰辅酶 A 羧化酶（acetyl CoA carboxylase，ACCase）抑制剂类除草剂——禾草灵（diclofop）的瑞士黑麦草在澳大利亚出现后，智利、南非、西班牙、英国和美国也出现了多种抗乙酰辅酶 A 羧化酶抑制剂类除草剂的杂草，至今在 26 个国家已有 35 种抗此类除草剂的杂草生物型。1996 年在澳大利亚出现的抗草甘膦瑞士黑麦草，打破了杂草不会对有机磷类除草剂产生抗药性的神话，而且在马来西亚、美国、法国、南非、智利、巴西、阿根廷、哥伦比亚和西班牙等国相继发现牛筋草（*Eleusine indica*）、加拿大蓬（*Conyza canadensis*）、瑞士黑麦草、多花黑麦草（*Lolium multiflorum*）、野塘蒿（*Conyza bonariensis*）、长叶车前（*Plantago lanceolata*）、豚草（*Ambrosia artemisiifolia*）、三裂叶豚草（*Ambrosia trifida*）、具瘤苋（*Amaranthus rudis*）、长芒苋（*Amaranthus palmeri*）、假高粱（*Sorghum halepense*）、马唐（*Digitaria insularis*）、猩猩草（*Euphorbia heterophylla*）、芒稷（*Echinochloa colona*）和类黍尾稃草（*Urochloa panicoides*）等 15 种杂草对草甘膦产生了抗药性。

从除草剂种类和抗性发生频率看，不同除草剂种类的抗性风险不同。合成激素类除草剂和三氮苯类除草剂在使用了 10 余年后就产生了抗药性杂草，长期广泛大量使用的有机磷类除草剂草甘膦在使用了近 30 年后才出现了几种对它具有抗药性的杂草生物型。而乙酰乳酸合成酶（ALS）抑制剂类，在使用了短短 3～5 年后就出现了对其具有抗药性的杂草，而且抗性杂草生物型数量持续急剧攀升，成为抗性最为严重的一类除草剂。三氮苯类除草剂在生产上使用的年数少于激素类除草剂，然而，抗三氮苯类除草剂的杂草生物型数量却远多于抗激素类除草剂杂草生物型的数量。可见，由于除草剂作用机制、靶标位点、应用面积、年数和程度不同，杂草以不同的速率对除草剂形成抗药性。

从抗药性杂草在全球 59 个国家的分布看，绝大多数抗性杂草生物型都分布在除草剂应用水平较高的发达国家。如在美国分布的抗药性杂草生物型有 123 种，澳大利亚 53 种，加拿大 44 种，法国 32 种，西班牙 31 种，英国 24 种，以色列 23 种，巴西 20 种，德国、意大利各 19 种，比利时 18 种，捷克、日本和马来西亚各 16 种，南非和瑞典各 14 种，其他 43 个国家共有 137 种。可见，抗药性杂草的发生与除草剂使用技术水平和应用强度密切相关。

抗药性杂草并不是发达国家的"专利"，20 世纪 70 年代发展中国家就已有抗药性杂草的记载。自 1980 年在我国台湾地区发现第一例抗联吡啶类除草剂百草枯的苏门白酒草（*Conyza sumatrensis*）以来，中国已报道了抗杀草丹、丁草胺的稗草，抗氯磺隆的日本看麦娘（*Alopecurus japonicus*）和茵草（*Bachmannia syzigachne*）。近年来，我国农田化学除草面积迅猛扩大，目前已超过 7300 万公顷（次），其中水稻田化学除草面积占播种面积的 75%，小麦田占播种面积的 55%，玉米田占播种面积的 44%。随着化学除草的快速发展，杂草抗药性问题已开始凸现。一些水稻主产区农民使用苄嘧磺隆、吡嘧磺隆等除草剂时，单位面积用药量超过推荐剂量的 30 倍以上，才能收到较好的效果，部分稻区杂草对草达灭、苄嘧磺隆、吡嘧磺隆和二氯喹啉酸的抗药性明显增加；在连续 6 年使用氯磺隆的麦田，茵草、猪殃殃（*Galium aparine*）、麦家公（*Lithospermum arvense*）、播娘蒿（*Descurainia sophia*）等麦田主要阔叶杂草对 2,4-D、苯磺隆的抗药性也已出现；在长期使用阿特拉津的玉米田，马唐（*Digitaria sanguinalis*）的抗药性上升；豆田和油菜田的日本看麦娘对高效盖草能、精禾草克的敏感性也逐年降低；在长期使用百草枯的地块，通泉草（*Mazus japonicus*）表现出明显抗性现象。

### 10.3.2　除草剂抗性的形成和发展

抗药性杂草的形成既有其本身生物学方面的原因，也与外界因素诸如除草剂种类、使用方式、种植制度以及农业生产条件等有密切关系。

#### 10.3.2.1　杂草抗药性形成的因素

杂草种群内，个体的多实性、易变性、多型性及对环境的高度适应性和遗传多样性是产生抗药性的内在因素，而除草剂的长期和单一使用起了诱发抗性个体产生和筛选抗性的作用。总结导致杂草形成抗药性的因素，大致有 6 个方面：

① 抗性基因型在接触除草剂之前就可能是变异的；

② 除草剂的单一靶标位置和特殊的作用方式；

③ 连续重复使用某单一除草剂；

④ 使用除草活性强且具有长效期的除草剂；

⑤ 抗除草剂活性基因过分活跃；

⑥ 作物栽培模式。

#### 10.3.2.2　杂草抗性形成的途径

一般来说，在田间情况下，杂草抗药性群体的形成有两种途径：一种是在除草剂的选择压力下，自然群体中一些耐药性强的个体或具有抗药性的遗传变异类型被保留，并能繁殖而发展成一个较大的群体。在田间表现形式上来看，是由于一类或一种除草剂的大面积和长期连续使用，使原来敏感的杂草对除草剂的敏感性下降，以致用同一种药剂的常规剂量难以防除。而在正常情况下，不用除草剂，由于杂草群体效应及竞争作用，抗性的个体数量极少，难以发展起来。另一种可能是由于除草剂的诱导作用，杂草体内基因发生突变或基因表达发生改变，结果提高了对除草剂解毒能力或使除草剂与作用位点的亲和力下降，而产生抗药性的突变体，然后在除草剂的选择压力下，抗药性个体逐步增加，而发展成为抗药性生物型群体。

#### 10.3.2.3　影响抗药性杂草形成速度的因素

在长期、大量、单一的除草剂的使用情况下，杂草产生抗药性是必然的，但抗药性产生的速度则受到下述因素所支配。

（1）杂草基因库中抗性突变的起始频度　杂草种群中抗性基因型的最初频率因植物种类及抗性类型的不同而不同。均三氮苯抗性型的最初频率很低。据估算可能在 $1.0 \times 10^{-10} \sim 1.0 \times 10^{-20}$。但 C. Stannard 等（1987）报道乙酰乳酸合成酶（ALS）抗性型的最初频率，在实验室及田间均为 $1.0 \times 10^{-5} \sim 1.0 \times 10^{-8}$。因此，抗均三氮苯杂草种群出现需持续应用 10 年以上，而抗磺酰脲类种群在 3～4 年中就会迅速发生。抗性的频率依选择压而变化。

（2）除草剂的选择压力　除草剂的选择压是指一种除草剂杀死敏感的野生型而遗留抗性个体的相对能力，是控制杂草抗药性演化速度最重要的因素。一般情况下，除草剂的选择压与杂草的抗药性发展速度呈正相关。除草剂的残效期长短、使用时间频度、剂量与杀草效果均能影响选择压的大小。播后苗前应用能控制全季杂草的除草剂如绿黄隆（chlorsulfuron），敏感杂草不能结籽，因此，选择压最高，抗性产生快；而农田中使用残效期短的苗后除草剂如 2,4-D 和百草枯，施药前后出苗的杂草能结籽，选择压大大降低，抗性杂草甚少报道。

（3）杂草种子库寿命　杂草在种子库中的寿命越长，前几年的敏感杂草种子的缓冲作用越大，因而减缓杂草抗药性的发展速度。在少耕条件下，许多杂草种子不进入种子库，种子留在土表，平均寿命只有 1 年左右，抗性发展快，这是澳大利亚的瑞士黑麦草发展迅速的原因之一。

（4）杂草适合度　杂草的适合度是指选择因子除草剂不存在的情况下抗性与敏感性个体的相对繁殖能力。它决定杂草在自然选择下的行为，是控制杂草抗药性演化速度的一个主要调节因子。对持效期较短的除草剂或在长效除草剂停用一季或更长时，适合度差别大是延缓抗性的重要因素。如在轮作年份，对均三氮苯类除草剂具抗性的个体适合度为敏感个体的 10%～50%，因而较易防除，但对乙酰乳酸合酶抑制剂产生抗性的个体适合度为敏感个体的 90%，如仅靠停用来延缓抗性是无效的，而要靠降低选择压。

### 10.3.3　杂草的交互抗性和多抗性

杂草抗药性不仅表现在对一种除草剂的抗性，更为严重的是杂草还具有交互抗性和多抗性。杂草的交互抗性是指一种杂草在某种除草剂选择压力的作用下，以相同的抗性机制对两种或多种作用机理相同的除草剂表现抗药性。杂草的多抗性是指一种抗性杂草生物型同时具有两种或多种完全不同的抗性机制，对作用机理完全不同的除草剂表现出抗药性，同时对两种或两种以上的除草剂产生抗药性。

交互抗性和多抗性在杂草抗药性中普遍存在。由于交互抗性，一种杂草可同时对作用机制相同的多种除草剂产生抗药性。例如，杂草对乙酰乳酸合成酶抑制剂类除草剂的抗药性可分为 3 类：①对磺酰脲类和三唑并嘧啶磺酰胺类的交互抗药性；②对咪唑啉酮类和嘧啶基硫代苯甲酸酯类的交互抗药性；③对磺酰脲类、咪唑啉酮类、嘧啶基硫代苯甲酸酯类和三唑并嘧啶磺酰胺类的广交互抗药性。P. Neve 等（2004）首次证实了澳大利亚抗草甘膦的瑞士黑麦草具有多抗性，它对 ALS 抑制剂和 ACCase 抑制剂类除草剂也产生了抗药性。有些多抗性杂草甚至能同时对几大类除草剂产生抗药性，例如美国伊利诺伊州的抗性苋菜在对乙酰乳酸合成酶抑制剂类除草剂噻吩磺隆产生 18000 倍抗性的同时，对作用机制相同的甲氧咪草烟的抗药性为 17000 倍，对原卟啉原类抑制剂乳氟禾草灵的抗性达到 23 倍，对光合系统 II 抑制剂类除草剂莠去津的抗性达到 38 倍；美国一个抗八氢番茄红素（phytoene）去饱和酶类抑制剂吡氟草胺的野萝卜（*Raphanus raphanistrum*）种群对 2,4-D 和莠去津产生了抗药性，而另一个抗 ALS 抑制剂的野萝卜种群也抗 2,4-D 和吡氟草胺。

多抗性使同种杂草同时对作用机制不同的多种除草剂产生抗药性。如美国伊利诺伊州的一个抗性苋菜种群对乙酰乳酸合成酶抑制剂类除草剂噻吩磺隆、甲氧咪草烟，对原卟啉原类抑制剂乳氟禾草灵，对光合系统Ⅱ抑制剂类除草剂莠去津同时具有抗药性。野萝卜一个种群对八氢番茄红素去饱和酶类（酰胺）抑制剂吡氟草胺、2,4-D、莠去津同时具有抗药性，而另一个种群同时对 ALS 抑制剂、2,4-D 和吡氟草胺具有抗药性。

相对于交互抗性，杂草多抗性的抗药性机制更为复杂，往往在同一抗性个体和种群中存在完全不同的抗性机制。英国和欧洲抗噁唑禾草灵看麦娘的一些种群中同时存在靶标位点突变和解毒代谢能力增强两种抗药性机制。运用经典的孟德尔遗传试验方法，L. L. Van Eerd 等（2004）证实了抗二氯喹啉酸和噻吩磺隆的猪殃殃生物型体内同时存在由 2 个不同基因控制的截然不同的抗性机制。一个苋菜种群对莠去津和噻吩磺隆的抗药性是 264 位的丝氨酸和 574 位的色氨酸分别被甘氨酸或亮氨酸取代，即作用位点改变引起的。P. Neve 等（2004）首次证实了抗草甘膦的瑞士黑麦草种群以作用位点突变的抗性机制对 ALS 抑制剂类除草剂产生抗药性，而以代谢解毒能力增强对 ACCase 抑制剂类除草剂产生抗药性。

由于交互抗性和多抗性的存在，一些杂草对刚刚上市，甚至还未接触除草剂就已经具有抗药性。例如，丙苯磺隆（propoxycarbazone-sodium）是 1999 年才开发成功的磺酰胺羰基三唑啉酮类除草剂，2004 年 K. W. Park 等就报道了抗 ALS 抑制剂的旱雀麦对它同样具有抗药性。可见，杂草抗药性的普遍存在给农业生产造成了巨大影响，而交互抗性和多抗性的发生和普遍存在，更使业已困难重重的农田杂草治理雪上加霜。

## 10.3.4　除草剂抗性检测方法

随着抗药性杂草的发生、危害日益严重，作为抗药性杂草治理的重要环节，杂草抗药性诊断和检测技术不断发展并日渐重要。

### 10.3.4.1　生物测定技术

生物测定是目前应用最为广泛的抗药性杂草检测技术，不论是可疑杂草的整株材料（幼苗或成长植株），还是杂草的器官（种子、分蘖、花粉）均可用于抗药性检测。生物测定技术依据除草剂对杂草的"剂量-反应曲线"，即一系列除草剂浓度同时处理敏感和抗性种群，一定时间后测定除草剂剂量与杂草抑制率（重量或长度或发芽率）的对应关系，计算 $ED_{50}$（或 $GR_{50}$、$LD_{50}$、$I_{50}$ 值），进而求出抗性系数（RI）用以相对简单地描述抗性程度。

$$RI = \frac{抗性种群 I_{50}}{敏感种群 I_{50}}$$

目前，人们广泛运用 Seefeldt 等（1995）描述的双逻辑非线性回归模型进行杂草抗药性快速检测：

$$Y = C + \frac{D-C}{1+\left(\dfrac{x}{GR_{50}}\right)^b}$$

式中，$Y$ 为特定除草剂用量下所测杂草的相对重量或长度或发芽率；$C$ 为剂量-反应下限；$D$ 为剂量-反应上限；$x$ 为除草剂用量；$GR_{50}$ 为生长抑制中量；$b$ 为斜率。

由于"剂量-反应曲线"检测技术既费时，又要求有足够的试验空间，为了能准确、快速地检测杂草抗药性，并减少工作量，H. J. Beckie 等（2000）提出了甄别剂量（discriminating dose），即使用一个足以使 80% 敏感植株致死又能明显区分抗性和敏感种群的最低剂量检测抗药性杂草。由于测试对象（杂草和除草剂）不同，测试方法不一，因此所用的甄别剂量也各异。

### 10.3.4.2　生理生化测定技术

（1）荧光检测技术　叶绿素荧光测定法可用于对光合作用抑制剂类除草剂的抗性研究。在黑暗的条件下用闪光灯照射光合作用抑制剂类除草剂处理过的叶片，用多通道叶绿素荧光光谱仪检测离体叶片中叶绿素发出的短暂荧光强度。一般抗性植株叶片表面的荧光强度小，敏感性生物型叶片表面的荧光强度大。根据叶片表面的荧光强度，可区分抗药性生物型和敏感生物型。

（2）吸收和输导测定技术　任何一种除草剂要发挥其除草活性，必需条件是这种除草剂能被杂草吸收并将足以发挥作用的剂量运输到作用部位。因此除草剂在敏感杂草和抗药性杂草体内的吸收和输导差异能用于检测杂草抗药性。

（3）酶活与代谢检测技术　除草剂必须使对杂草具有毒杀作用的成分被输导到作用部位才可以发挥除草作用，因此杂草体内能代谢除草剂的酶类的活性和含量也被广泛地用于杂草抗药性研究。B. C. Gerwick 等（2003）描述了一种基于三羟基丁酮的积累差异，快速检测 ALS 抑制剂抗性杂草的方法。草甘膦对抗性杂草体内 EPSP 合成酶的影响下降，其体内莽草酸含量的积累明显低于敏感植株体。K. M. Cocker 等（1999）也检测到了抗药性和敏感看麦娘生物型体内 ACCase 合成酶活性的差异。J. P. H. Reade 和 A. H. Cobb 于 2002 年建立了田间酶联免疫测定看麦娘谷胱甘肽转移酶丰度检测看麦娘对绿麦隆、异丙隆和噁唑禾草灵抗药性的技术。增强的代谢解毒作用是杂草产生抗药性的一种重要机制，提取分离并分析除草剂在敏感性杂草和抗药性杂草体内的代谢产物、代谢速率是检测杂草抗药性的重要方法。

### 10.3.4.3　分子生物学技术

PCR、RFLP 和 RAPD 等分子生物学技术在杂草抗药性研究中已得到广泛和成功的应用。针对以特定基因突变而产生的抗性，运用 DNA 分析技术，仅需少量活体或死亡组织即可快速获得检测结果。C. Délye 等（2002）采用两个能够表达 1780 位异亮氨酸转变为亮氨酸的单核苷酸多态标记成功地区分了抗环己烯酮类除草剂的看麦娘种群和敏感种群。这种方法对隐性抗性基因的检测尤其重要。此后又采用 PCR 技术成功地检测到抗氟乐灵狗尾草（136 位苯基丙氨酸，239 位异亮氨酸）和敏感性生物型（136 位亮氨酸，239 位苏氨酸）的 $\alpha_2$-微管蛋白等位基因，并仅用 3d 就从 360 株看麦娘中检测到 12 株抗乙酰辅酶 A 羧化酶抑制剂的个体。

## 10.3.5　除草剂抗性的机制

尽管自然界中存在着田旋花（*Convolvulus arvensis*）这样对除草剂具有天然耐药性的杂草种类，但在使用除草剂之前绝大多数杂草对除草剂是敏感的，否则除草剂就不可能有今天的发展。然而，长时期频繁使用作用机制相同的除草剂，在其选择压的作用下，杂草抗药性产生了。大量研究证明，杂草抗药性机制有：

① 除草剂作用位点发生改变。许多杂草抗药性生物型的出现都是除草剂作用位点得到遗传修饰的结果，作用位点单一的除草剂，如乙酰乳酸合成酶抑制剂、5-烯醇式丙酮酰莽草酸-3-磷酸合酶（EPSPS）抑制剂和乙酰辅酶 A 羧化酶抑制剂，其作用靶标均为蛋白酶。由于选择压的长期作用，靶标酶的个别氨基酸发生取代，酶分子结构发生改变，导致靶标酶基因发生突变，于是抑制剂与靶标酶不亲和。这在大多数除草剂的抗药性研究中已得到证实。

② 对除草剂的解毒代谢能力增强。杂草对除草剂的解毒能力增强一般涉及芳基酰基酰胺酶、谷胱甘肽-S-转移酶、细胞色素 P450 单加氧酶（Cyt P-450）、过氧化物歧化酶等，这些酶在除草剂选择压的作用下，或是酶活性增强或是酶含量提高，使其将除草剂代谢为无毒化合物的能力增强。

③ 对除草剂的屏蔽作用或隔离作用位点的作用。杂草对除草剂的屏蔽作用或与作用位点的隔离作用使除草剂不能到达作用位点，从而阻止其发挥除草作用。

目前，杂草抗药性机制研究已从生理生化和分子水平上揭示了除草剂与作用位点结合的关系以及由于位点突变而产生抗药性的分子机制，许多杂草抗药性生物型的出现是由于除草剂作用位点被遗传修饰的结果。由除草剂解毒代谢作用增强而产生的抗药性涉及的两类主要酶是细胞色素 P450 单加氧酶和谷胱甘肽-S-转移酶。由靶标酶基因位点突变几乎涵盖各类除草剂靶标酶，而且还存在有多突变位点，导致杂草抗药性发展十分迅速。

### 10.3.5.1　乙酰乳酸合成酶抑制剂类除草剂

乙酰乳酸合成酶（ALS）抑制剂类除草剂有磺酰脲、咪唑啉酮、三唑并嘧啶磺酰胺和嘧啶基硫代苯甲酸酯 4 类。磺酰脲类除草剂是美国杜邦公司于 20 世纪 70 年代末开发成功的一类新型超高效除草剂，这类除草剂生物活性高、杀草谱广、选择性强、对作物安全、对哺乳动物和环境安全。这类除草剂的作用靶标是 ALS，主要通过抑制支链氨基酸亮氨酸、异亮氨酸和缬氨酸的生物合成而起除草作用。广泛大量连续使用这类除草剂使得抗这类除草剂的杂草快速且频繁发生。而 ALS 失活是杂草对这类除草剂产生抗药性的重要原因。

目前，由靶标位点改变产生的抗 ALS 抑制剂类除草剂的杂草生物型中，多数都由 5 个必需氨基酸中一个氨基酸被取代所致，即：122 位丙氨酸被缬氨酸所取代；197 位脯氨酸被组氨酸、苏氨酸、精氨酸、亮氨酸、异亮氨酸、丝氨酸、丙氨酸或谷氨酰胺所取代；205 位丙氨酸被缬氨酸所取代；574 位色氨酸被亮氨酸所取代；653 位丝氨酸被苏氨酸或天门冬酰胺所取代。这 5 个必需氨基酸中有 3 个氨基酸（122 位丙氨酸，197 位脯氨酸，205 位丙氨酸）位于乙酰乳酸合成酶的氨基端，另 2 个（574 位色氨酸和 653 位丝氨酸）位于酶的羧基端，这 5 个氨基酸在绝大多数已知植物的乙酰乳酸合成酶序列中的位置相当恒定，只是在苍耳（*Xanthium* sp.）和豚草中 653 位是丙氨酸，而不是丝氨酸。Whaley 等（2007）又发现了一个新突变位点，即抗氯嘧磺隆和咪草烟的绿穗苋（*Amaranthus hybridus*）ALS 酶 376 位天门冬氨酸被谷氨酸所取代。对不同抗磺酰脲类杂草生物型的 ALS 基因分析表明，其抗药性的特性多来自 ALS 基因保守区域单个或两个位点的突变，多数抗性突变发生在 197 位脯氨酸，导致除草剂与杂草体内 ALS 亲和力下降，ALS 对除草剂的敏感性降低，而抗药性程度则取决于 ALS 上氨基酸取代发生的位点及其位点处取代氨基酸的种类。通常，122 位丙氨酸或 653 位丝氨酸被取代仅造成对咪唑啉酮类除草剂的抗药性，而 197 位脯氨酸被取代则仅造成对磺酰脲类除草剂的抗药性。在抗 ALS 抑制剂类除草剂的杂草生物型中存在多位点突变。如在抗药性反枝苋（*Amaranthus retroflexus*）生物型中又有 122 位丙氨酸被苏氨酸取代，205 位丙氨酸被缬氨酸取代，574 位色氨酸被亮氨酸取代，而在抗药性长芒苋（*Amaranthus palmeri*）中，122 位丙氨酸、574 位色氨酸、653 位丝氨酸分别被苏氨酸、亮氨酸、苏氨酸所取代。

抗 ALS 抑制剂类除草剂的苦苣菜（*Sonchus oleraceus*）生物型与敏感型苦苣菜杂交，其 F1 代表现出均匀的中等抗性，F2 代有抗、中抗和敏感 3 种完全不同的表现型，遗传分离比为 1∶2∶1，由此得出抗性苦苣菜生物型是由靶标酶 ALS 的一个基因控制的。导致抗药性的乙酰乳酸合成酶突变至少是部分显性，而且基因是核酸遗传，因此基因能通过种子和花粉遗传。

杂草体内 ALS 抑制剂被快速代谢也是其抗药性的重要机制。通过研究 ALS 抑制剂双草醚（bispyribac）的抗药性机理，A. J. Fischer 等（2000）认为水稗（*Echinochloa phyllopogon*）抗该除草剂的机理不是由于靶标位点突变，而是由细胞色素 P-450 单加氧酶（CytP-450）引起的加速代谢所致。通过对采自不同生境、抗 ALS 抑制剂的旱雀麦（*Bromus tectorum*）不同生物型研究，K. W. Park 等（2004）指出不同生境同种杂草的不同生物型对同种除草剂的抗药性机理也不同。

L. L. Van Enrd 等（2004）运用经典的孟德尔遗传试验方法对抗乙酰乳酸合成酶抑制剂噻吩磺隆的猪殃殃研究，F2 代的抗性∶敏感性的遗传分离比为 3∶1，结果发现其抗药性具有单个显性基因特征。用除草剂处理 F1 代和 F1 代与敏感性亲本回交后代，F3 代分化为 3 种遗传分离比 1∶0、3∶1 和 0∶1（抗性∶敏感性），这种遗传分离类型显示 F2 代的亲本或为抗乙酰乳酸合成酶抑制剂的纯合体，或为杂合子。因此，在抗噻吩磺隆的猪殃殃生物型体内同时存在由 2 个并不相关的基因控制的两种完全不同的抗性机制。

### 10.3.5.2　光系统 Ⅱ 抑制剂类除草剂

三氮苯类、脲类及酰胺类除草剂是典型的光系统 Ⅱ 抑制剂，其作用部位在光系统 Ⅱ

（photosystem Ⅱ，PSⅡ）的光反应和质体醌（PQ）的还原之间，这类除草剂通过与 PSⅡ 复合体上的 D-1 蛋白结合，改变膜蛋白的空间构型，从而阻断光系统 Ⅱ 中的电子传递，并阻碍 $NADP^+$ 合成所需的 $CO_2$ 的固定，导致光系统 Ⅱ 反应中心破坏。 M. D. C. Barros 等（1988）首次报道了早熟禾对阿特拉津的抗药性是由除草剂与类囊体结合能力的下降和光系统 Ⅱ 控制 D-1 蛋白的基因在 264 位上的丝氨酸突变为丙氨酸所致。在抗三氮苯类除草剂苋菜生物型中，杂草体内除草剂结合位点 D-1 蛋白发生突变，导致除草剂对 D-1 蛋白的亲和力下降，从而降低除草剂的生物活性。D-1 蛋白的改变往往由叶绿体上的 D-1 蛋白的编码基因 psbA 的一个氨基酸的突变造成。J. Hirschberg 等（1983）经核酸序列分析发现，抗性和敏感性苋菜类囊体膜的 32kD 蛋白的不同仅仅是 228 位上的一个氨基酸发生了变化，即在 228 位上的丝氨酸被甘氨酸所取代，他们认为正是这个微小的变化导致了它与除草剂亲和力的下降。此后，其他研究人员又相继发现，杂草对光系统 Ⅱ 抑制剂类除草剂的抗药性还由在 268 位上的丝氨酸突变为脯氨酸，或在 219 位上的缬氨酸突变为异亮氨酸，在 264 位上的丝氨酸突变为甘氨酸所致。基于 D-1 蛋白的编码基因 psbA 的易突变性，M. Stankiewicz 等（2001）认为突变基因的存在增加了 D-1 蛋白质体醌 QB 结合体突变的可能性，因此对三氮苯类除草剂产生抗药性的杂草生物型对其他光合作用抑制剂也能很快产生抗性。

光系统 Ⅱ 抑制剂类除草剂的抗性则与叶绿素 psbA 基因位点突变有关。研究人员发现，psbA 基因编码除草剂结合位点光系统 Ⅱ 的 D-1 蛋白（32kD），而 D-1 蛋白第 264 位或 268 位或 219 位上氨基酸突变造成除草剂与该蛋白的亲和性下降，导致杂草对光系统 Ⅱ 抑制剂类除草剂产生抗药性。

杂草体内谷胱甘肽-S-转移酶活性和解毒能力增强是许多杂草对三氮苯类、脲类及酰胺类除草剂的一种重要解毒机制。J. W. Gronwald 等（1992）认为抗阿特拉津的苘麻（*Abutilon theophrasti*）生物型的抗药性机理是由于谷胱甘肽-S-转移酶与除草剂轭合作用的增强，提高了苘麻对除草剂的解毒能力，这一解毒过程与耐药性玉米的解毒过程相似。J. A. Gray 等（1996）的研究表明阿特拉津在抗性和敏感性苘麻生物型体内的吸收没有差异，阿特拉津在抗性苘麻生物型体内输导降低能一定程度地使杂草抗药性增强。抗性和敏感性苘麻生物型体内类囊体均被阿特拉津相同程度地抑制，证明其抗药性不是由于 D-1 蛋白敏感性降低，而抗阿特拉津苘麻生物型体内谷胱甘肽-S-转移酶与阿特拉津的轭合作用明显增强，导致苘麻对阿特拉津的解毒能力增强，才是苘麻对阿特拉津产生抗药性的主要原因。谷胱甘肽-S-转移酶（GST）活性测定以及薄层色谱和质谱分析表明 GST 酶代谢丁草胺解毒是其抗药或耐药性的机制之一。相对于光系统 Ⅱ 抑制剂类除草剂在抗性杂草体内的吸收、输导和靶标位点改变来讲，抗性杂草对该类除草剂的代谢能力增强被认为是其抗药性产生的主要原因。

同种抗性杂草的不同生物型中可存在两种完全不同的抗性机制。例如，抗西马津苦苣菜的不同生物型，或以 264 位上的丝氨酸突变为甘氨酸产生抗药性，或以增强的谷胱甘肽与除草剂轭合作用产生抗药性，而抗莠去津苋菜的不同生物型则或由核酸编码控制产生抗性，或由靶标位点基因突变产生抗性。

### 10.3.5.3　乙酰辅酶 A 羧化酶抑制剂类除草剂

芳氧苯氧丙酸类（aryloxy phenoxy propionate，APP）和环己烯酮类（cyclohexanedione，CHD）除草剂对禾本科杂草有特效，其作用靶标是乙酰辅酶 A 羧化酶。杂草体内乙酰辅酶 A 羧化酶的改变被修饰使杂草对多数芳氧苯氧丙酸类和环己烯酮类除草剂的敏感性降低，从而产生抗药性，而这种抗性多为一个基因所控制。这种抗药性机制已在澳大利亚的抗性早熟禾、羊茅属杂草和瑞士黑麦草，马来西亚的抗性牛筋草，美国、加拿大和澳大利亚的抗性野燕麦，美国的抗性瑞士黑麦草、狗尾草、马唐、假高粱中所证实。一些研究表明，抗禾草灵野燕麦生物型存在靶标位点改变和代谢能力增强两种抗性机制，而且两种抗性机制的同时存在使得抗性野燕麦生物型能够耐受高剂量的禾草灵。从对看麦娘抗性基因的分析发现，乙酰辅酶 A 羧化酶的异亮氨酸突变成亮氨酸导致看麦娘对环己烯酮类除草剂烯禾啶产生抗药性。看麦娘还以同样的机制对精噁唑禾草灵、禾草灵和吡氟禾草灵（稳杀得）产生抗药性。C. Délye 等（2002）认为乙酰辅酶 A 羧化酶在 1781 位将异亮氨酸编码成亮氨酸的突变等位基因是狗尾草抗烯禾啶、看麦娘抗芳氧苯氧丙酸类除草剂的主要基因。C. Délye 等（2003）对另一抗芳氧苯氧基丙酸类除草剂的看麦娘生物型分析却发现在 2041 位的异亮氨酸被天门冬氨酸所取代。序列系统发生学分析表明，抗性植株体内 2041 位天门冬氨酸乙酰辅酶 A 羧化酶等位基因源自数个完全不同的母本，而且 2041 位天门冬氨酸特定等位基因多聚酶链反应与植株对芳氧苯氧丙酸类除草剂的抗性相关联，但与对环己烯酮类除草剂的抗性不相关。运用系统发生学分析乙酰辅酶 A 羧化酶序列分析还发现 9 个抗性看麦娘生物型在 1781 位具亮氨酸的乙酰辅酶 A 羧化酶等位基因进化于 4 个完全不同的母本，而 2041 位具天门冬氨酸的乙酰辅酶 A 羧化酶等位基因源自 6 个完全不同的母本。R. DePrado 等（2004）研究了对 6 种芳氧苯氧丙酸类除草剂和 6 种环己烯酮类除草剂在抗性和敏感性狗尾草体内的吸收和输导，认为这些除草剂在二者体内的吸收和输导没有差异，而且二者都能同样程度地代谢禾草灵。通过对乙酰辅酶 A 羧化酶进行分离，并测定两种异构体 ACCase Ⅰ和 ACCase Ⅱ的活性，发现抗性绿色狗尾草体内的 ACCase Ⅰ对禾草灵的敏感程度比在敏感狗尾草的降低至 1/30.8，由此可以认为狗尾草对禾草灵的抗药性是由于 ACCase Ⅰ的改变所致。

解毒作用增强是多种抗芳氧苯氧丙酸类和环己烯酮类除草剂杂草生物型，尤其是抗性瑞士黑麦草和看麦娘生物型的抗药性机制，这种抗性机制常常是由细胞色素 P-450 的单加氧酶活性或表达增强引起的。有研究表明，抗稳杀得马唐生物型具有对该除草剂敏感的靶标酶，而且稳杀得在其体内的吸收和输导也没有差异。[14]C 标记显示，无论是对稳杀得敏感的马唐还是抗稳杀得的马唐都能快速将叶片中的稳杀得水解为稳杀得酸，但是抗性马唐体内的稳杀得酸能被快速代谢为其他无毒物质，显然，这种将代谢能力的增强在抗性马唐中起着重要作用。Western blot 分析表明抗噁唑禾草灵的看麦娘体内 GST 活性增强与 25kD 多肽和另两个异常的 27kD 和 28kD 免疫反应多肽的表达提高相关，因此 GST 的高活性和谷胱甘肽的有效性有助于通过谷胱甘肽与 ACCse 的轭合使除草剂解毒，从而使看麦娘对噁唑禾草灵产生抗药性。用精噁唑禾草灵处理抗性和敏感性看麦娘杂交后代，F1 代不表现母本对该除草剂的反应，其遗传是核酸遗传；部分 F1 代的抗性和敏感性遗传分离比为 3：1，其抗药性是由 2 个独立的显性基因控制的，F2 代的抗性和敏感性遗传分离比（15：1）对此予以了证实。运用氨基苯并三唑、增效醚、马拉硫磷和三联苯等除草剂解毒酶选择性抑制剂处理 F2 代，结果显示这两个独立的显性基因分别控制两个不同的抗精噁唑禾草灵机制，即乙酰辅酶 A 羧化酶突变体和由细胞色素单加氧酶（P 450）控制的增强的除草剂代谢作用。两个完全不同的抗药性机制共存于同一抗性植株。而大麦草对芳氧苯氧基丙酸类除草剂精稳杀得的抗药性是代谢能力增强所致，但对环己烯酮类除草剂烯禾啶的抗药性则是由于靶标位点的改变。这是多抗性的典型表现。G. Dinelli 等（2005）对意大利两种抗禾草灵黑麦草（*Lolium* spp.）的研究排除了其抗药性与作用位点突变、吸收减少或解毒增强有关，而认为其抗药性是由于杂草对除草剂的屏蔽作用或与作用位点的隔离作用使除草剂不能到达作用位点，从而不能发挥除草作用。

### 10.3.5.4 有机磷类除草剂

草甘膦是有机磷类除草剂的典型代表，是一种广谱、灭生性、输导型除草剂。植物体内的 5-烯醇式丙酮酰莽草酸-3-磷酸合成酶（5-enolpyruvyl shikimate-3-phosphate synthase，EPSPS）是草甘膦的靶标酶，其作用机理是以竞争磷酸烯醇丙酮酸（phosphoenolpyruvic acid，PEP）和非竞争磷酸莽草酸（S3P）的方式抑制植物体内 EPSPS 的活性，导致莽草酸大量积累，而蛋白质生物合成中必需的芳香氨基酸色氨酸、酪氨酸和苯丙氨酸衰竭，植物生长受到抑制，最终死亡。G. M. Dill 等（2000）的研究表明，抗草甘膦牛筋草体内 EPSPS 的活性比敏感牛筋草高 5 成，而草甘膦在两者体内的吸收和输导没有显著差异。根据观察到的遗传模式，抗草甘膦的瑞士黑麦草种群和敏感种群对草甘膦的抗性和敏感性很可能是纯合体。用草甘膦处理抗性和敏感种群的杂交 F1 代，与父本和母本种群比较，F1 代仅表现出中等抗性，说明对草甘膦的抗性是以不完全显性核编码特征遗传。F1 代与敏感种群回交的分离比证实了抗药性是由一个单基因控制的。S. R. Baerson 等（2002）进一步研究抗草甘膦牛筋草发现，抗草甘膦牛筋草的 EPSPS 在 106 位脯氨酸突变为丝氨酸，证实了基于靶标 EPSPS 的改变是植物抗草甘膦的重要机制。研究抗草甘膦牛筋草和敏感型牛筋草核酸序列除发现抗草甘膦牛筋草的 EPSPS 在 106 位脯氨酸突变为丝氨酸外，还发现了 106 位脯氨酸突变为苏氨酸，这些变化会影响草甘膦靶标酶 EPSPS 的结构和功能，致使草甘膦不能与磷酸烯醇丙酮酸（PEP）位点结合，从而导致抗药性，即数个不同点突变可造成牛筋草对草甘膦的抗药性。澳大利亚抗草甘膦的瑞士黑麦草 EPSPS 存在 2 个突变位点，即 106 位脯氨酸突变为苏氨酸，301 位脯氨酸突变为丝氨酸。

C. H. Ng 等（2004）还发现一个抗性生物型的 EPSPS 序列与敏感生物型完全相同，即其抗药性不是靶标位点突变所致，而可能与代谢作用增强有关。通过比较在抗草甘膦的瑞士黑麦草和敏感的瑞士黑麦草生物型体内草甘膦的吸收、输导、代谢和 EPSPS 活性发现，二者之间最明显的差异是草甘膦在体内的输导，敏感型体内的草甘膦汇聚在植物的根部，而抗性生物型体内的草甘膦则汇聚在叶尖，并认为草甘膦在植物体内随蒸腾流快速向上移动后被泵入木质部，不能泵入韧皮部汇聚到生长点，即输导方向的改变是产生抗药性的原因。小蓬草对草甘膦的抗药性则表现为向根部的输导和 EPSPS 活性同时受到抑制的共同作用，与草甘膦在植物体上的保留和吸收无关。

### 10.3.5.5 联吡啶类除草剂

联吡啶类除草剂属灭生性除草剂，其作用机理是与光系统Ⅰ的电子受体竞争，捕获电子传递链中的电子，抑制正常的电子传递，同时产生过氧化物和自由基基团破坏膜结构、蛋白质、核酸等而造成植物死亡。运用光合作用的氧气释放监测作用位点百草枯存在与否是百草枯抗性机理研究方法之一。用百草枯处理抗性大麦草生物型后，除草剂对光合作用氧气释放的抑制被明显延迟，而在敏感型大麦草体内光合作用氧气释放被抑制了 66％，而且百草枯在抗性大麦草生物型体内的输导降低了 57％。但是，南非金盏草（*Arctotheca calendula*）对敌草快和百草枯的抗性机制不是作用位点的变化，或吸收和输导降低，而是由于除草剂在作用位点的渗透受到影响的结果。百草枯在植物中输导受到限制，可能是表现抗药性的一个重要原因。与敏感生物型相比，百草枯对南非抗百草枯瑞士黑麦草生物型类囊体光系统Ⅰ的影响没有差异，二者体内过氧化物歧化酶和抗坏血酸过氧化物酶的含量一样，对百草枯的吸收和反应也相同，但是，百草枯在抗性生物型体内的输导非常有限。结果显示，抗性生物型将除草剂隔离，限制其向作用部位的输导可能是产生抗药性的机制之一。用敌草快处理抗敌草快的南非金盏草种群和其敏感种群的杂交 F1 代，用百草枯处理抗百草枯的大麦草种群和其敏感种群的杂交 F1 代，较父本和母本，F1 代均仅表现出中等抗性。其 F2 代的分离比与预测的分离比 1∶2∶1（抗∶中抗∶敏感）相吻合，抗敌草快的南非金盏草 F1 代与敏感种群回交的分离比为1∶1（中抗∶敏感），结果证明这两种杂草对敌草快和百草枯的抗性均由一个不完全显性基因控制。

无机阳离子能抑制百草枯在抗性和敏感野塘蒿生物型体内的活性，乙二醇二氨基乙醚四乙酸是一种不能穿过原生质膜的 $Ca^{2+}$ 螯合剂，它能增强百草枯在抗性野塘蒿生物型体内的活性，说明由于 $Ca^{2+}$ 与百草枯发生螯合作用，除草剂被隔离在原生质膜以外，腐胺抑制了百草枯在敏感生物型体内的活性，却增强了百草枯在抗性野塘蒿生物型体内的活性，证明腐胺遏制了抗性野塘蒿生物型对百草枯的隔离。C. J. Soar 等（2004）通过对腐胺、尸胺和亚精胺 3 种聚胺对百草枯在敏感南非金盏草体内输导的研究发现亚精胺和尸胺能有效降低百草枯在该杂草体内的输导，使敏感生物型表现得犹如抗性生物型，但它们并不影响除草剂在抗性生物型体内的输导。对抗性和敏感生物型体内聚胺的定量分析显示，腐胺和亚精胺在抗性生物型体内的含量比敏感生物型高，由此推断这些聚胺或一种聚胺在抗性杂草体内起着运输百草枯的作用，可见抗性生物型体内某种运输者的缺失可能正是该抗性生物型的抗药性机理。E. Lehoczki 等（1992）用相同浓度的百草枯处理抗性和敏感性小蓬草生物型后，二者均快速表现出典型的百草枯药害症状，$CO_2$ 固定和叶绿素荧光受到抑制、氧释放减少、己烷生成受到刺激，不同的是百草枯对敏感生物型的抑制不可逆转，而抗药性生物型植株在光照中得到恢复，而且光照强度的增加对叶绿素荧光的恢复作用非常明显。B. Ye 等（2000）用亚致死剂量百草枯处理抗百草枯野塘蒿生物型 6h 后，野塘蒿体内过氧化物歧化酶、抗坏血酸过氧化物酶、脱氢抗坏血酸还原酶、单脱氢抗坏血酸还原酶和谷胱甘肽过氧化物酶的活性明显提高并在 24h 达到最高值，这些变化使野塘蒿对百草枯的抗药性增强了 2.5～3 倍。

### 10.3.5.6　二硝基苯胺类除草剂

二硝基苯胺类除草剂抑制植物微管聚合，其作用位点是微管蛋白。除草剂通过与 $\alpha,\beta$-微管蛋白二聚物结合，阻止微管蛋白聚合，造成微管破碎，发挥除草作用。微管由 $\alpha,\beta$-微管蛋白杂二聚体组成，微管蛋白由一多拷贝基因编码。而微管是细胞有丝分裂、传导和运动性的重要细胞骨架聚合物。K. C. Vaughn 等（1987）通过对抗二硝基苯胺类除草剂牛筋草生物型与结构不同但作用机理相同的除草剂甲基胺草磷（amiprophos-methyl）具有交互抗药性的研究发现其抗药性不可能基于代谢、吸收、输导或隔离作用。抗氟乐灵的狗尾草生物型对二硝基苯胺类除草剂均有交互抗药性，并且对氟硫草定（Dithiopyr）也具有交互抗性。狗尾草体内稳定成膜体微管序列的细胞骨架蛋白发生变异可能与抗药性有关。然而，E. R. Waldin 等（1992）运用一维和二维聚丙烯酰胺凝胶电泳和免疫杂交技术对敏感性和抗性氟乐灵的牛筋草和狗尾草生物型进行研究，发现牛筋草幼苗展示了 4 种 $\beta$-微管蛋白同型抗原和 1 种 $\alpha$-微管蛋白同型抗原，狗尾草幼苗展示了 2 种 $\beta$-微管蛋白同型抗原和 2 种 $\alpha$-微管蛋白同型抗原，比较各自敏感性和抗性生物型，没有发现这些微管蛋白同型抗原的电泳特征差异。通过对抗性和敏感性生物型基因克隆测序，发现抗二硝基苯胺类除草剂氟乐灵和安磺灵牛筋草生物型的关键 $\alpha$-微管蛋白基因的编码序列内有 3 个碱基变化，由于甲基化胞嘧啶的脱氨基作用，发生胞嘧啶和胸腺嘧啶的交换，而其中的 1 个碱基变化又造成 $\alpha$-微管蛋白中 1 个氨基酸的改变，即抗性生物型 $\alpha$-微管蛋白 239 位的苏氨酸变为异亮氨酸。对抗二硝基苯胺类除草剂的牛筋草和狗尾草研究结果表明，其抗药性被隐性基因控制，而且目前所有已明确的抗性基因都是 $\alpha$-微管蛋白基因的等位基因突变体，或者两种抗性杂草生物型均由 239 位的苏氨酸变为异亮氨酸，或者抗性牛筋草体内 268 位蛋氨酸变为苏氨酸，或者抗性狗尾草体内 136 位的亮氨酸变为苯基丙氨酸。

### 10.3.5.7　合成激素类除草剂

合成激素类是使用历史最久、应用最广泛的一类具植物激素作用的重要除草剂，根据羧酸和芳香集团的位置，又分为苯氧羧酸类（如 2,4-D、MCPA、MCPP）、苯甲酸类（如麦草畏）、吡啶类（如氨氯吡啶酸）和喹啉羧酸类（如二氯喹啉酸和喹草酸）等。该类除草剂与吲哚乙酸的受体蛋白结合，快速诱导一系列植物遗传和生理反应，造成植物代谢紊乱、细胞激增、组织变型，最终导致敏感植株死亡。在一些敏感双子叶植物中，此类除草剂诱导氨基环丙烷羧酸合成酶活性，导致乙烯、脱落酸和过氧化氢的生物合成，与乙烯一起，脱落酸作为激素信号传导的第二个激素信息传递者，抑制敏感双子叶植物生长，甚至衰竭。

D. Coupland 等（1990）对苯氧羧酸类除草剂的抗药性机理的研究发现，与敏感生物型比较，抗 2 甲 4 氯丙酸（MCPP）的繁缕生物型将除草剂代谢为无除草活性轭合物的能力明显增强，认为这可能是繁缕（*Stellaria media*）对 2 甲 4 氯丙酸的一种抗药性机制。H. G. Zheng 等（2001）对合成激素类除草剂麦草畏、2 甲 4 氯丙酸、2 甲 4 氯和氨氯吡啶酸在抗性野芥菜生物型和敏感生物型的研究发现其抗药性与激素结合蛋白活性和不同除草剂的敏感性相关，这种相关性能解释抗性野芥菜生物型对激素类除草剂的抗药性机制，即野芥菜的抗药性与除草剂同激素结合蛋白的结合力降低有关。G. A. Goss 等（2003）通过麦草畏、2,4-D、萘乙酸、吲哚乙酸对抗麦草畏的地肤（*Kochia scoparia*）和既抗麦草畏又抗氟草烟的地肤生长影响比较研究认为抗性地肤体内激素的结合或信号传递受到影响。

用抗激素类除草剂野芥菜生物型与敏感性生物型模式系统，从生理生化和分子遗传方面深入研究野芥菜对激素类除草剂的抗性机制表明，激素类除草剂在抗性和敏感性生物型体内的吸收、输导和代谢均无差异，靶标位点的突变可能是导致抗药性的机制。对抗性和敏感性野芥菜生物型的杂交二代研究发现，抗麦草畏个体与敏感性个体的比例（3:1）完全符合孟德尔遗传定律，表明野芥菜对麦草畏的抗药性由一个显性等位基因控制。野芥菜对氨氯吡啶酸（picloram）的抗药性可能由除草剂与其主要靶标部位的激素结合蛋白的相互作用引起，由于杂草对激素类除草剂的抗药性发展相对较慢，杂草对此类除草剂的抗药性机制可能不仅由激素结合蛋白上单个突变体所致。R. P. Sabba 等（2003）指出黄矢车菊（*Centaurea solstitialis*）对氨氯吡啶酸的抗药性是由一个隐性基因控制的，而 L. L. Van Eerd 等（2004）运用经典的孟德尔遗传试验方法研究抗二氯喹啉酸的猪殃殃，F2 代的抗性：敏感性的遗传分离比为 1:3，结果表明其抗药性具有单隐性基因特征，并用 F1 代与敏感性母本回交证实了其遗传特征，F3 代的分离比为 1:0（抗性：敏感性），说明 F2 代的亲本为抗二氯喹啉酸的纯合体。

### 10.3.5.8　原卟啉原氧化酶抑制剂类除草剂

原卟啉原氧化酶（protoporphyrinogen oxidase，PPO）是四吡咯生物合成途径中催化生成血红素和叶绿素的关键酶，它受除草剂抑制后，导致原卟啉Ⅸ大量积累，产生单态氧，进而造成细胞膜破坏，叶绿素合成受阻，植株死亡。植物叶绿素在质体和线粒体中形成，而在质体和线粒体中各有一基因 PPX1 和 PPX2 编码原卟啉原氧化酶。原卟啉原氧化酶抑制剂类除草剂开发于 20 世纪 50 年代，60 年代开始应用。D. E. Shoup 等（2003）报道了第一例对原卟啉原氧化酶抑制剂类除草剂产生抗药性的苋菜（*Amaranthus tuberculatus*），同时采自 ACR 的抗性种群对二苯醚类除草剂三氟羧草醚、氟磺胺草醚和克阔乐，N-芳基苯邻二甲酰亚胺类除草剂氟胺草酯（flumiclorac）、丙炔氟草胺（flumioxazin），三唑酮类除草剂氟磺唑草胺（sulfentrazone）普遍具有抗药性。进一步研究表明其抗药性不是靶标酶的某氨基酸被取代，而是编码缺失所致，而且受单隐性基因控制这种独特的抗药性机制，以及原卟啉原氧化酶拥有双靶标位点的特性可能解释目前仅有 3 个生物型对此类除草剂产生了抗药性。

### 10.3.6　除草剂抗性的治理对策

抗药性杂草的形成是多因素的，作用机理也是多方面的，因此抗药性杂草的防治也应是多种方法的综合运用，主要包括对除草剂抗性生物型杂草的检疫、除草剂的合理使用、合理轮作、改进现有的耕作模式、采用生物除草技术、选育和种植除草剂耐药性的作物品种等多种策略方法。

#### 10.3.6.1　遏制、检疫

一旦确证某种杂草近期产生了抗药性，应尽最大努力把它控制在原发区，防止其种子产生和传播蔓延。同时立即组织农田检疫，检疫内容包括：所有农机具在离开该区域前必须清除所携带的杂草种子；必须保证杂草种子不会经过青储饲料、粪肥和作物种子传播；适时耕作，防止残存于土壤中的杂草种子通过其他途径如风、水等向外传播。

#### 10.3.6.2　合理使用除草剂

（1）除草剂的交替使用　交替使用除草剂尤其是适用具有负交互抗性的除草剂能使抗性杂草比敏感杂草容易控制。但是这种方法也有可能使杂草产生交互抗生，所以在选择轮用除草剂时必须注意这几点：轮换使用不同类型的除草剂，避免同一类型或结构相近的除草剂长期使用；轮换使用对杂草作用位点复杂的除草剂；轮换使作用机制不同的除草剂或同一除草剂品种的不同剂型。

（2）除草剂的混用　具有不同化学性质和不同作用机制的除草剂按一定的比例混配使用是避免、延缓和控制产生抗药性杂草最基本的防治方法。混配的除草剂混合剂可明显降低抗药性杂草的发生频率，同时还能扩大杀草谱、增强药效、减少用药量、降低成本等。例如：美国与澳大利亚连作稻田使用农得时四年，慈姑（*Sagittaria calvcne*）与异型沙草（*Cyperus difformis*）产生抗性；而日本稻田连年使用农得时，因采用混用未发现抗性杂草。

（3）除草剂安全剂和增效剂使用　一般除草剂是通过选择性来保护作物，而安全剂的应用可能使一些非选择性或选择性弱的除草剂得以使用，降低选择压力，扩大杀草谱。例如丁草胺（butachlor）加入安全剂 Mon-7400 后，可显著提高对水稻秧苗的安全性，同时还能提高对稗草的防除效果。增效剂的使用可增加除草剂的吸收、运转或减少除草剂降解、解毒。例如，增效剂甲草胺（alachlor）对莠去津防治某些杂草具有增效作用，用于防除藜和苋，可降低莠去津的用量。

（4）在阈值水平上使用除草剂　把经济观点和生态观点结合起来，从生态经济学角度科学管理杂草，降低除草剂用量，有意识地保留一些田间杂草和田边杂草，可以使敏感性杂草和抗药性杂草产生竞争，通过生态适应、种子繁殖、传粉等方式形成基因流动，以降低抗药性杂草种群的比例。据李永峰等（1999）报道，连续重复使用广谱性除草剂后，田旋花（*Convolvulus arvensis*）和打碗花（*Calystegia hederacea*）都产生了抗药性，而且已有传播和蔓延，但如果维持一定数量的波斯婆婆纳（*Veronica persica*）和野芝麻（*Lamium barbatum*）等一年生杂草，就能通过杂草种间的竞争压力限制或减少抗药性杂草的数量。

### 10.3.6.3　改变现行的种植体系

许多恶性杂草与特定的作物和特定的种植模式有着密切的联系，因此通过轮作更换作物种类、改变现行的栽培耕作制度、发展更具竞争力的种植体系可以打破杂草的生长周期，降低杂草对环境的适应性和竞争力，减少杂草的数量，减少除草剂的用量，延缓抗药性杂草的产生。一个成功的实例是，用冬季播种的谷类作物取代春季或夏季播种的谷物和大豆，取得明显效果。

### 10.3.6.4　抗性杂草的生物防除及天然除草剂的应用

（1）生物防除　杂草的生物防除是指利用杂草的天敌——昆虫、病原微生物、病毒和线虫等来防治杂草。在理论上，它主要依据生物地理学、种群生态学、群落生态学的原理，在明确了天敌-寄主-环境三者关系的基础上，对目标杂草进行调节控制。其特点是对环境和作物安全、控制效果持久、防治成本低廉等，是控制或延缓杂草抗药性的有效措施。1902 年，美国从墨西哥等地引进天敌昆虫防除恶性杂草马樱丹（*Lantana camara*），并取得了成功，开创了杂草生物防治的先例。随后澳大利亚利用锈菌（*Puccinia chondrillina*）防治麦田杂草灯心草（*Juncus*）、粉苞苣（*Chondrillina juncea*）成为国际上首个利用病原微生物防治杂草的成功例证。近年来，一些国家和地区对一些危害大而又难以用其他手段防除的恶性杂草都先后采取了生物防治措施，并取得了显著成效。

（2）天然除草剂的应用　天然除草剂是利用自然界中含有杀草活性的天然化合物开发而成，它和天然的杀虫剂和杀菌剂一样，不易使有害生物产生抗药性，而且对环境、作物安全，开发费用低，发展潜力大。近年来已发现的很多天然除草化合物，并研制出一些由天然除草化合物开发的天然或拟天然除草剂。例如：最早发现的具有杀草活性的醌类化合物核桃醌（juglone），其活性很高，在 $1\mu mol \cdot L^{-1}$ 浓度下即可明显抑制核桃园中多种杂草的生长；德国赫特司特公司人工合成了一种拟天然有机磷除草剂草铵膦；防治稻田稗草的天然除草剂去草酮（methoxyphencne）等。天然除草剂的使用可减少化学除草剂的用量，从而可减慢抗药性杂草的形成。

### 10.3.6.5　除草剂抗性作物的利用

由于生物技术的迅速发展，在抗药性杂草的管理中，除了采用上述措施外，近年来还应用育种、生物技术、遗传工程等方面的技术把除草剂抗性基因导入作物的研究，并已取得了一定的成就。目前已经育出耐草甘膦大豆、玉米、棉花、油菜等作物，几种抗百草枯、杀草强的观赏性作物和禾谷类作物品种已经登记，这些抗除草剂品种作物在生产中的应用，将改变传统的杂草防除观念，并对杂草科学产生深远的影响。

总之，抗药性杂草，尤其是以相同或不同的抗性机制对作用机制相同或作用机制完全不同的除草剂产生交互抗性和多抗性的杂草，向当今过分依赖化学除草剂的杂草治理方式提出了严峻挑战，给杂草的有效治理和现代农业生产造成了巨大威胁。从全球绝大多数抗药性杂草生物型分布在除草剂应用水平较高的发达国家的事实可以看出，虽然除草剂的抗性风险不同，但长期大量广泛使用化学除草剂，选择压的长期存在是杂草产生抗药性的关键。现阶段我国农田杂草治理仍以化学除草为主，且处于快速发展阶段。我国正式报道的抗药性杂草种类不多，可能是除草剂混剂应用占有较大比例，一定程度地延缓了杂草抗药性发展。但是我们不得不意识到，相对滞后的杂草科学研究也一定程度地掩盖了我国杂草抗药性的真实现况。因此，我们必须关注我国杂草抗药性的发展，加强抗药性杂草的快速检测和抗药性机制研究，尤其应关注多位点突变引起的杂草抗药性研究；必须汲取他人的经验教训，在杂草治理中充分发挥农艺措施、生态调控等措施的作用，科学合理地应用除草剂，延缓杂草抗药性的发生，延长除草剂的使用寿命，以保障杂草的有效治理和农业可持续发展。

# 10.4 杀鼠剂抗药性机制及其治理

由于急性杀鼠剂目前已基本禁止或限制使用，大面积和持续控制鼠害主要使用抗凝血杀鼠剂，且抗凝血杀鼠剂易产生抗性种群。因此仅就抗凝血杀鼠剂的抗性进行讨论。

第一代抗凝血杀鼠剂使用数年后，一些使用较多的地方发现有鼠类抗性产生。如1958 年英国苏格兰首先发现褐家鼠对杀鼠灵的抗性后，在西欧北美也相继发现抗药现象。为了解决抗性鼠的问题，开发出第二代抗凝血杀鼠剂。尽管如此，由于抗凝血杀鼠剂的作用机理具有共同特点，因此都有不同程度的交互抗性。即一旦对某种抗凝血杀鼠剂抗药，对其他抗凝血剂也会有抗药性，而且这种抗药性是遗传性的。

## 10.4.1 杀鼠剂抗药性机制

### 10.4.1.1 抗性的生化机理

从作用机理看，抗凝血杀鼠剂是维生素 $K_1$ 的拮抗物，主要抑制维生素 K 循环中维生素 $K_1$ 环氧化物还原为维生素 $K_1$，从而血液失去凝聚的能力，引起内脏出血而死。但是，抗凝血杀鼠剂多次使用后，害鼠的环氧化维生素 K 还原酶的活力增加，致使杀鼠剂不能抑制维生素 $K_1$ 的环氧化物还原成维生素 $K_1$，维生素 $K_1$ 循环仍能进行，而能正常活下来，即产生所谓的抗性鼠。据此，对抗性生理生化研究主要集中在维生素 K 环氧化物还原酶（VK oxide reductase，VKOR）、VKOR 酶复合体等。例如，对抗性褐家鼠研究发现肝内 VKOR 对杀鼠灵的阻碍作用的敏感度降低。丹麦抗性小家鼠的VKOR 对杀鼠灵的阻碍作用的敏感度也较低。T. M. Guenther 等（1998）通过生化试验发现，抗性鼠肝内的 VKOR 酶复合体——微粒体环氧化物水解酶（mEH）和谷氨酸-S-转化酶（GST）与抗凝血药物的亲和力不断降低。在杀鼠灵敏感鼠中还发现VKOR 复合物的组成蛋白 VKOR1，它能降解 VK-2,3-环氧化物，是杀鼠灵抗性控制影响基因之一。编码 VKOR1 的基因是啮齿动物对杀鼠灵抗性的控制基因之一。同时褐家鼠和小家鼠 VKOR1 基因的 128 位和 139 位密码子是突变的高发点，各自有 2 个和 3 个突变。所以，VKOR1 突变是抗凝血杀鼠剂抗性的基础。R. Wallin 等（2001）发现了褐家鼠体内存在的一种特殊的拮抗信号肽——钙控蛋白（calumenin）。钙控蛋白在体内用以维持凝血因子蛋白前体的羧基化过程，它既可与血糖淀粉酶的活性 P 成分相作用，又可阻断杀鼠灵与 VKOR 的结合。它对 VKOR 活性的作用具有明显的剂量效应，随浓度增加，在钙控蛋白的拮抗下 VKOR 受杀鼠灵抑制的作用越小。另外，S. Sugano 等（2001）发现抗性褐家鼠抑制了细胞色素氧化酶 P450 中 CYP3A2RNA 的表达，引起 P450 细胞色素氧化还原酶蛋白结构的改变，导致其解毒酶活性的降低，进而影响抗凝血杀鼠剂的解毒代谢，由此证实细胞色素 P450 同工酶与抗性机制有关。

### 10.4.1.2　抗性的遗传机理

抗性鼠是指种群中具有能够耐受敏感剂量并能够将其遗传给后代的个体。通常自然种群中存在 5％的抗性个体。连续使用抗凝血类杀鼠剂的区域，毒饵可杀死大部分敏感个体，而具有抗性的个体可能存活下来，并将抗性遗传到子代，这样很快就会扩散到整个种群。所以抗性不仅有生理生化基础，更有遗传基础支持。也就是说，由于鼠个体抗性基因的多态性和异质性，抗性种群内的抗性基因在药物的连续作用过程中抗性表型被自然筛选，并在种群中扩散。

### 10.4.1.3　抗性的食物机理

食物中维生素 K（VK）的增加有可能降低鼠类对杀鼠灵（warfarin）的敏感性。VK$_3$ 可以作为抗性褐家鼠杀鼠灵中毒的解毒剂，但无法对敏感鼠解毒。添加了 VK$_3$ 的饲料能提高使用抗凝血处理的抗性鼠的存活率。VK 摄食试验也证明纯合抗性褐家鼠对 VK 的需求量是增加的。D. K. Mette 等（1993）发现有 43％的溴敌隆抗性褐家鼠出现 VK 缺乏症，同时对照组中所有敏感鼠显示为正常状态，由此推测抗凝血剂抗性鼠对 VK 需求的增加是相关联的。

抗凝血杀鼠剂应用中，鼠类产生抗性可能还有其他因素。如某些情况下，毒饵的适口性不好而影响了鼠的取食，致使鼠摄入药量不够而未达到预期效果。广义讲，这属于鼠类的行为抗性，并非严格意义上的抗性。

## 10.4.2　杀鼠剂抗药性治理

为了控制鼠害，针对杀鼠剂抗药性，须有相应的治理措施，主要包括抗性监测、采用综合治理措施控制鼠害、药物轮换施用、药物的混配和混用。

### 10.4.2.1　杀鼠剂抗药性监测

掌握鼠类种群的抗性发展水平，是科学控制鼠害的基础，在抗性发展水平较高的区域，可采取必要措施，控制鼠害。目前鼠的抗性检测方法主要有：

（1）致死期食毒测试（LFP）　该法是在实验室内对试鼠进行无选择毒饵试验，毒饵浓度为正常药物施用浓度。试鼠单笼饲养，分组后给予不同天数毒饵处理。对各种鼠种都需要用敏感鼠测定其敏感基线，对测试得到的反应或剂量结果进行概率分析，得到致死剂量。以连续给饵不同天数获得敏感鼠种致死率。确定 98%（或 99%）食毒致死期（LFP98 或 LFP99），以此作为抗性检测标准。致死试鼠在敏感靶鼠食毒期（LFP98 或 LFP99）给药后仍存活的个体为抗性鼠。目前很多鼠类抗药性的检测与监测方法都是基于该法进行。

（2）血凝反应测试法（BCR 法）　该法较 LFP 法更快捷，且不受动物取食行为影响，检测不需动物死亡，试鼠可以再进行确认检测，增加了检测的可重复性和准确性。抗凝血剂是通过抑制 VK 依赖性凝血因子 Ⅱ、Ⅶ、Ⅸ、Ⅹ 等的谷氨酸残基 $\gamma$-羧化反应来抑制 VKOR，使凝血因子不能与血小板活动释放的钙结合，进而阻碍凝血酶原酶复合物的形成，血液不能凝固而导致动物常死于大出血。此法就是针对抗凝血抗凝原理与血液凝固原理所建立起来的一种检测方法。

（3）肝内维生素 K 氧化还原酶评估法（肝内 VKOR 评估法）该方法的原理是检测离体条件下有无抗凝血药物时 VKOR 的活性。在抗凝血药物存在时，敏感鼠的 VKOR 活性很低，而抗性鼠的 VKOR 活性仍保持无抗凝血药物时的 20% 以上。此方法只是针对抗性鼠肝内 VKOR 的生化机制发生改变，降低对毒物的亲和力或维生素 K 氧化物更容易替换毒物这一机理产生的检测手段。

（4）抗性基因检测方法　该方法是对抗性导致的突变体进行鉴别，是专一的，且限于鉴别已知抗性类型，而不能检测可能由抗性引起的新的突变体。

### 10.4.2.2　鼠害的综合治理措施

抗性的出现是长期使用抗凝血杀鼠剂不可避免的问题，因为抗凝血杀鼠剂的选择作用导致基因的随机突变或重组，种群中敏感鼠逐渐被抗凝血剂使用而被淘汰，而具有抗性的个体会被保留下来。因此，在抗性发生区域应及时停止使用抗凝血杀鼠剂，代之以其他控制手段来逐步消灭抗性鼠。而综合治理措施是根据当地鼠情和环境特点制定的有效控制鼠类数量的有效措施，特别是抗性鼠产生区域。

综合治理是目前推广使用的主要害鼠防治配套技术。要求综合利用化学、物理、农业、生物、生态等方法，有效地和经济地治理鼠害。而对环境和其他非有害生物的影响，要求降到最小限度。关键点是把治理目标定为"控制在不足危害水平"而不是灭绝。其中，生态调控是害鼠防治的理想防治手段。考虑到害鼠的发生多为生态平衡遭到破坏后所引起的，故提倡按照生态学的原理，使生态系统的平衡得到恢复，或重新建立，使鼠害自行消灭。生态调控就是破坏和改造适宜鼠类栖息的生境，改变鼠类食物资源的分布和质量，干扰其社群环境等，以减少其取食效益，增加被捕食的风险水平，从而有效地抑制害鼠的数量。单纯依靠化学药物等方法只能暂时降低害鼠的种群数量，在一定程度上减轻危害，而不能达到长期有效抑制种群数量的目的。只有把鼠害防治与治理生态环境相结合，优化环境，降低害鼠生存的适合度才有可能达到治本的目的。目前实施的主要有两方面：一是恶化鼠的适生环境，二是保护鼠类天敌。其方法依不同的生境条件和害鼠种类而不同。

### 10.4.2.3 新药开发

第二代抗凝血杀鼠剂的出现，就是针对第一代抗凝血杀鼠剂的抗性这个缺点，继续合成筛选新的杀鼠剂。20 世纪 70 年代筛选出鼠得克、溴敌隆和大隆，随后又筛选出杀它仗等。这些新的抗凝血杀鼠剂弥补了第一代凝血剂的缺点，能有效地毒杀抗性鼠种，称为第二代抗凝血杀鼠剂。第二代抗凝血杀鼠剂的强大急性毒力是一个很大的优点，使之兼具急性杀鼠剂和慢性杀鼠剂的优点，既有慢性杀鼠剂的高效，又有急性杀鼠剂节省毒饵和人力的优点。随着第二代抗凝血杀鼠剂大面积多次应用，同样出现了抗性问题。主要是由于它们作用机理相近，造成了不同程度交互抗性的出现。现在开发克服抗性鼠的杀鼠剂思路从同一类药物上上转移到其他类别药物的开发上，如改良急性杀鼠剂、开发新型安全急性杀鼠剂、开发不育剂等。如：在美国开发的有溴杀灵、维生素 $D_3$ 等；新西兰改善淘汰的急性杀鼠剂鼠特灵（Norbormide），通过在分子式上加上不同的成分，获得针对不同类型害鼠有作用的药物，而且比较安全。在绝育剂上，美国曾开发一个叫 $\alpha$-chlorohydrin（epibilos）的雄性绝育剂，我国目前也在开发一些绝育剂。

### 10.4.2.4 杀鼠剂的轮换施用

宜将不同作用机理的杀鼠剂轮换使用，也就是抗凝血杀鼠剂与其他类型杀鼠剂轮换使用。国外有将常规急性杀鼠剂与抗凝血杀鼠剂大规模轮换使用克服害鼠成功的例子，但我国现已全面禁止以往毒性很大的急性杀鼠剂，但也可在抗性鼠出现区域采用其他杀鼠剂轮换使用。如新开发的杀鼠剂、绝育剂等。

### 10.4.2.5 杀鼠剂的混配和混用

在现有的抗凝血杀鼠剂中加入另一杀鼠剂，或者其他药物，如增效剂，能杀灭针对单剂具有抗性的种群。

（1）杀鼠剂加杀鼠剂　两种杀鼠剂的联合使用，如能克服相互的某些缺点，这种混配使用是可取的。早期有一些将急性杀鼠剂和慢性杀鼠剂混合使用的事例，鉴于国内目前已全面禁止急性杀鼠剂的使用，不推荐使用。也有慢性杀鼠剂混合使用的报道，如 0.05％敌鼠钠盐与 0.005％氯鼠酮的混合毒饵在江苏的农村与上海市城区，以及 0.05％敌鼠钠盐与 0.005％溴敌隆的混配毒饵在上海市的应用，结果都优于任一单剂的使用，其混配毒饵的灭鼠效果明显高于单剂，显示了一定的增效作用；取食率与拖食率也比单剂对照组高，能提高害鼠的适口性。

（2）杀鼠剂加增效剂　以一种现有的杀鼠剂为主体，加以一定量的增效或增毒剂，可以增加杀鼠剂的毒杀效果，降低杀鼠剂的使用量，并改善杀鼠剂的有关性能指标。刘辉芬等（1993）应用增效剂与敌鼠钠盐匹配后，毒力增强，其对小白鼠 $LD_{50}$ 在 $16mg \cdot kg^{-1}$ 左右，比敌鼠钠盐强 3～4 倍，实验室试鼠死亡高峰在 48h 左右，与单剂敌鼠钠盐比，适口性提高、安全性更好。已在湘、鄂、川、桂、滇、赣、皖、苏、沪、豫等地推广使用，平均杀鼠剂均达 85％以上。冯志勇等（1995）开发的 9308 杀鼠剂，也是应用抗凝血杀鼠剂与增效剂混配而成的，对黄毛鼠、板齿鼠和小白鼠的毒杀效果均优于敌鼠钠盐，且死亡速度较快，对鸡的安全性好，是一种高效、对人畜毒性低的杀鼠剂。另外，用阿司匹林混配抗凝血杀鼠剂后除毒力增强外，安全性与适口性也都有提高。

（3）杀鼠剂加引诱剂　主要是针对害鼠的行为抗性。杀鼠剂加上引诱剂是改善杀鼠剂应用效果的理想的途径之一。目前尚没有比较成功的引诱剂的应用事例。但加入某些物质以改善害鼠对毒饵的适口性，提高防治效果的成功实践时有报道。例如，杀鼠剂"MR-100"就是由抗凝血杀鼠剂杀鼠灵加以改善害鼠适口性的"dexide"以及磺胺喹噁啉等成分配制而成的，试验证明害鼠对其毒饵的取食率不仅大大高于单剂杀鼠灵毒饵，而且与未加杀鼠剂的正常饵料相比，害鼠的取食率也明显增加。王谷生等（1998）在溴敌隆中加入引诱剂和致苦剂制成的复方溴敌隆母液，配制成 0.005％溴敌隆毒米。室内无选择和有选择性摄食试验表明：复方溴敌隆虽含苦味剂，仍对大白鼠、小白鼠、褐家鼠、黄胸鼠的适口性极佳，毒鼠率均为 100％。现场试验亦证明复方溴敌隆提高了对家栖鼠类的适口性和毒杀效果，灭效达 98％以上，明显优于一般溴敌隆。

## 参 考 文 献

[1] 卜小莉，施大钊，郭永旺，等.抗凝血杀鼠剂抗性机理及其检测方法//植物保护科技创新与发展.中国植物保护学会 2008 年学术年会论文集，2008：219-222.

[2] 陈凯.杀菌剂抗性阻止与治理概述.江苏农业科学，2009，5：145-147.

[3] 陈明丽.辽宁省稻瘟病菌对烯肟菌酯的抗药性及其分子机制研究.沈阳：沈阳农业大学，2008.

[4] 冯志勇，黄秀清，颜世祥.9308 灭鼠剂的毒力测定、灭鼠效果及安全性试验.广东农业科学.1995（3）：45-47.

[5] 高志祥.抗凝血类灭鼠剂抗性管理研究.北京：中国农业大学，2007.

[6] 高希武.害虫抗药性分子机制与治理策略.北京：科学出版社，2012.

[7] 龚坤元.抗凝血杀鼠剂的抗性问题.世界农业，1987（3）：33-35.

[8] 韩庆莉，沈嘉祥.杂草抗药性的形成、作用机理研究进展.云南农业大学学报，2004，19（5）：556-560.

[9] 黄建中.农田杂草抗药性.北京：中国农业出版社，1995.

[10] 冷欣夫，唐振华，王荫长.杀虫剂分子毒理学及昆虫抗药性.北京：农业出版社，1996.

[11] 林孔勋.杀菌剂毒理学.北京：中国农业出版社，1995.

[12] 李红霞，王建新，周明国.杀菌剂抗性分子检测技术的研究进展.农药学学报，2004，6（4）：1-6.

[13] 刘辉芬，陈安国，郭聪，等.复方灭鼠剂 88-1、88-9 的研试与应用.农业现代化研究，1993，14（3）：170-1775.

[14] 欧晓明，黄明智，王晓光，等.昆虫抗性靶标部位及其在杀虫剂创制中的作用.现代农药，2003，2（5）：12-15.

[15] 祁之秋，王建新，陈长军，等.现代杀菌剂抗性研究进展，2006，45（10）：655-659.

[16] 钱文祥，蔡菊生，王盎坤，等.两种灭鼠药物复配剂居民区现场效果观察.中国媒介生物学及控制杂志，1991，2（特 2）：48-49.

[17] 潘志萍，李郭松.昆虫抗药性监测与检测技术研究进展.应用生态学报，2006，17（8）：1539-1543.

[18] 沈兆昌，阮治安，尹兴琪.氯鼠酮、敌鼠钠盐混合毒饵灭鼠试验初报.中国媒介生物学及控制杂志，1993，4（6）：372-373.

[19] 苏少泉，滕春红.杂草对除草剂的抗性现状、发展与治理.世界农药，2013，35（6）：1-6.

[20]　孙毅，郭天宇，董天义．栖鼠抗药性研究进展．中国卫生杀虫药械，2004，10（3）：164-167.

[21]　唐振华，吴世雄．昆虫抗药性的遗传与进化．上海：上海科学技术文献出版社，2000.

[22]　唐振华．昆虫抗药性及其治理．北京：农业出版社，1993.

[23]　阎秀琴，等．我国植物病原菌抗药性的研究进展．农药，2001，20（12）：4-6.

[24]　叶滔，马志强，毕秋燕，等．植物病原真菌对甾醇生物合成抑制剂 SBIs 的抗药性研究进展．农药学学报，2012，14（1）：1-16.

[25]　叶萱．全球抗性杂草的现状．世界农药，2015，37（2）：11-18.

[26]　叶萱．除草剂抗性现状．世界农药，2017，39（2）：1-6.

[27]　袁善奎，周明国．植物病原菌抗药性遗传研究．植物病理学报，2004，34（4）：289-295.

[28]　岳木生，王谷生，余运来．阿斯匹林与抗凝血灭鼠剂混配增效作用的试验研究Ⅱ．混配毒饵对鼠类的适口性及现场灭效观察．中国媒介生物学及控制杂志，1990，1（6）：361-363.

[29]　姚建仁，唐建辉．杂草抗药性机制的研究．世界农业，1991（10）：32-34.

[30]　余月书，薛姗，王芳，等．农药诱导害虫再猖獗的研究．昆虫知识，2008，45（1）：15-20.

[31]　吴进才．农药诱导害虫再猖獗机制．应用昆虫学报，2011，48（4）：799-803.

[32]　王谷生，岳木生，石伟民，等．复方溴敌隆对家栖鼠实验室及现场适口性和灭效研究．中国媒介生物学及控制杂志，1998，9（5）：380-382.

[33]　王谷生，岳木生，余运来．阿斯匹林与抗凝血灭鼠剂混配增效作用的试验研究Ⅰ．混配毒饵的灭鼠效果试验．中国媒介生物学及控制杂志，1990，1（6）：357-360.

[34]　王勇，张美文，李波．鼠害防治实用技术手册．北京：金盾出版社，2002.

[35]　吴光华．消毒杀虫灭鼠手册·灭鼠．北京：人民卫生出版社，1980.

[36]　汪诚信，潘祖安．灭鼠概论．北京：人民卫生出版社，1981.

[37]　张丽阳，刘承兰．昆虫抗药性机制及抗性治理研究进展．环境昆虫学报，2016，38（3）：640-647.

[38]　张承来，欧晓明，盛书强，等．杀菌剂抗性发生状况及治理．浙江化工，2000（增刊）：114.

[39]　张朝贤，倪汉文，魏守辉，等．杂草抗药性研究进展．中国农业科学 2009，42（4）：1274-1289.

[40]　张文吉．有害生物抗药性的发展对农药品种发展的影响．农药，1993，32（2）：5-7.

[41]　赵桂芝．鼠药应用技术．北京：化学工业出版社，1999.

[42]　赵桂芝，施大钊．中国鼠害防治．北京：中国农业出版社，1994.

[43]　郑智民，姜志宽，陈安国．啮齿动物学．第 2 版．上海：上海交通大学出版社，2012.

[44]　周明国．浅谈杀菌剂抗性治理策略．南京农业大学学报，1996，19（增刊）：155-159.

[45]　周明国，叶钟音，刘经芬．杀菌剂抗药性研究进展．南京农业大学学报，1994，17（3）：33-41.

[46]　Denholm I，Devine G J，Williamson M S. Evolutionary genetics-Insecticide resistance on the move. *Science*，2002，297（5590）：2222-2223.

[47]　Hemingway J，Field L，Vontas J. An overview of insecticide resistance. *Science*，2002，298（5591）：96-97.

[48]　Russell P E. Fungicide Resistance：Occurrence and management. *J Agric Sci*，1995，124：317-324.

[49]　Schisla R M，Hinchen J D，Hammann W C. New rodenticide "MR-100" containing a taste enhancer. *Nature*，1970，228（5277）：1229-1230.

[50]　Sheehan D，Meade G，Foley V M，et al. Structure，function and evolution of glutathione transferases：Implications for classification of non-mammalian members of an ancient enzyme superfamily. *Biochem J*，2001，360（1）：1-16.

# 第11章
# 农药使用对生态系统的影响

20世纪60年代，人们认识到了DDT等有机氯农药不仅对害虫有杀伤作用，同时对害虫的天敌及传粉昆虫等益鸟益虫也有杀伤作用，因而打乱了生物界的互相制约和相互依赖的相对平衡，引起新害虫的猖獗。农药对生态系统的影响是多方面的，包括大气、水体、土壤和作物。进入环境的农药在环境各要素间迁移、转化并通过食物链富集，最后对生物和人体造成危害。本章介绍了农药使用后，其在环境介质中的归趋及其对农业生态系统的影响。

## 11.1 食物链与食物网

### 11.1.1 食物链

#### 11.1.1.1 定义和类型

食物链和食物网是物质循环、能量流动的重要通道。食物链（food chain）是指生态系统中生物组分通过吃与被吃的关系彼此连接起来的一个序列，组成一个整体，就像一条链索一样，这种链索关系就被称为食物链。食物链概念是1942年美国生态学家R. L. Lindeman在研究赛达伯格湖（Cedar Bog Lake）内生物种群能量流动规律时由中国谚语"大鱼吃小鱼，小鱼吃虾，虾吃浮游生物"得到启发而提出来的。在生态系统中，绿色植物固定太阳能形成有机物质，然后被食草动物取食，食肉动物又通过取食这些食草动物，形成一系列的食物链，沿着食物链，能量在生态系统中得以传递和转化，例如，农业生态系统中最基本的食物链有：谷物→人，饲草→牛→人，谷物→猪→人。

根据食物链能量流动的发端和生物成员取食方式的差异，食物链可划分为四种基本类型：

（1）捕食食物链（grazing food chain）　捕食食物链也称草牧食物链，其能量发端于植物，到草食动物，再到肉食动物，是直接消耗活有机体及其部分的食物链。在陆地上起始于绿色植物，在水体中起始于浮游植物，典型的有：草→蝗虫→青蛙→蛇→鹰；在生物防治中，植物→害虫→天敌；在草原上，青草→野兔→狐狸→狼；在湖泊中，藻类→甲壳类→小鱼→大鱼。在农业生态系统中，其捕食食物链较简单，引入捕食性昆虫或动物能够抑制以一级产品农作物为食的害虫发生，提高农业生态系统的稳定性，减少一级农作物损失，例如在水稻种植生产链条中加入鸭，鸭能够捕食破坏水稻的害虫，提高了农作物的产量，其构成形式为：水稻→害虫→鸭。

（2）碎食性食物链（detrital food chain）　以碎食为基础，继之以食草动物、食肉动物。所谓碎食是由高等植物叶子的碎屑经细菌和真菌的作用，再加入微小的藻类构成。这种食物链的构成形式是：碎食物→碎食物消费者→小食肉动物→大食肉动物。例如，在某些河流、湖泊或沿海，树叶碎片及小的藻类→虾（蟹）→鱼→食鱼的鸟类。在我国的喜马拉雅山也存在一种碎食性食物链，这种食物链的碎食是从山下随风飘来的花粉。花粉是社蛾和螨类的食物，社蛾和螨类又是蜘蛛的食物，其构成形式见图 11-1。

（3）腐生食物链（saprophytic food chain）　腐生食物链也称残渣食物链，是由多种微生物参与，以死亡的有机体为营养源，通过腐烂、分解将有机质还原为无机物质的食物链，是指低等动物和微生物分解农业生产的副产物和农业有机废弃物的过程，是农业生态系统中物质和能量的最终利用过程。具有残渣食物链的生态系统有较强的自

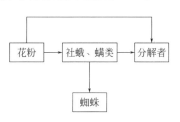

**图 11-1　碎食性食物链**

身调控和适应性能力，能保持较高的稳定性和物质能量的良性循环。在农业生产中用棉籽壳、稻草等生产蘑菇，用秸秆、粪便等有机物质产生沼气的过程都是腐生食物链的运用。这种方式可以提高农副产品的利用率，也能提高能量的利用率和转化率。以平菇等食用真菌生产为主的食物链加环利用方式迅速发展，如经济效益较高的"稻草→平菇→蚯蚓→黄鳝"残渣食物链模式：平菇可利用稻草中丰富的纤维素和半纤维素，对粗蛋白及木质素的利用率也达 50％；菇渣养蚯蚓对菇渣中的物质和能量利用率很高，但转化率较低；蚯蚓饲养黄鳝 8d 后增重 38.5％，物质和能量的转化率均在 15％以上。

（4）寄生食物链（parasite food chain）　以活的生物有机体为营养源，以寄生方式生存的食物链。一般都开始于较大的生物体，例如，"哺乳动物→跳蚤→原生动物→细菌→病毒"和"大豆→菟丝子"都是典型的寄生食物链。

在生态系统中，食物链往往不是单纯的捕食、寄生、腐生的关系，而是它们之间交错形成的一条链状结构，这种链状结构就称为混合食物链。如稻草喂牛→牛粪养蚯蚓→蚯蚓养鸡→鸡粪加工后喂猪→猪粪投塘养鱼，就构成一条既有捕食又有腐生的混合食物链。

### 11.1.1.2　食物链上的营养级

营养级（trophic level）是指生物在食物链上所处的位置，食物链上的每一个环节就称为一个营养级。营养级的排列，常以能流在食物链上的发端开始，因此在生态系统

中，由于绿色植物总处于食物链的始端，所以是第一营养级；草食动物是第二营养级；肉食动物是第三营养级。如"饲草→牛→人"这条食物链中，饲草是初级生产者，为第一营养级；牛为第二营养级；人是第三营养级。一般的自然生态系统中，超过第五营养级的极少。

低位营养级是高位营养级的营养及能量的供应者，但低位营养级的能量仅有10%左右能被上一营养级利用。第一营养级——初级生产者获得的能量，自身呼吸、代谢要消耗一部分，剩余的又不能全部被食草动物利用。因此，在数量上，第一营养级就必须大大超过第二营养级，并依次逐级递减。这样，就形成了个体数金字塔、生物量金字塔和能量金字塔等。

### 11.1.2 食物网

在生态系统中，各种生物之间取食与被取食的关系，在一个草原生态系统往往不是单一的，青草就有很多种，食草动物除野兔外，还有鼠、鹿等，狼既捕食野兔，也捕食鹿。同时，营养级常常是错综复杂的。一种消费者同时取食多种食物，而同一食物又可被多种消费者取食，于是形成食物链之间交错纵横，彼此相连，构成一种网状结构，这就是食物网（food web），图 11-2 就是一个简化的草原生态系统食物网。

图 11-2 一个简化的草原生态系统食物网

食物网使生态系统中的各种生物直接或间接地联系起来。生物种类越多，食性越复杂，形成的食物网就越复杂，因此增加了系统的稳定性。生态系统内部营养结构也不是固定不变的，如果食物网中的某一条食物链发生障碍，可以通过其他的食物链来进行必要的调整和补偿。如草原上的野鼠因流行病而大量死亡，原来以野鼠为生的猫头鹰并不会因此而数量减少，它可以把取食对象换为草原野兔。食物网本质上是生态系统中有机体之间一系列反复地吃与被吃的相互关系，这种现象在自然界中极为普遍，它不仅维持着生态系统的相对平衡，并推动着生物的进化，成为自然界发展演变的动力和源泉。

# 11.2　农药生物富集作用

## 11.2.1　生物富集的定义

在环境中经常出现这样的现象，通过食物链导致环境中有机物在生物体内积累，生物体中某一有机化合物的浓度高于其所在环境中该化合物的浓度，这样的现象被称为生物富集（bioconcentration）、生物放大（biomagni fication）或生物累积（bioaccumulation）。生物富集、生物放大和生物累积是农药对水生生物风险评估中 3 个重要的概念。

生物富集也称生物浓缩，目前文献中关于生物富集的概念比较明确，是指处于同一营养级的生物体通过非吞食方式，从周围环境（水、土壤、大气）蓄积某种元素或难降解的物质，使其在机体内的浓度超过周围环境中的浓度的现象。生物富集是难降解、正辛醇/水分配系数较高的有机污染物从水体向生物体内迁移的重要途径。有机物通过体表黏膜从周围水环境吸收进入体内，并难以转化排出体外，在体内蓄积，保持较高的浓度。污染物化学性质（降解性、脂溶性、水溶性）、生物学特征（生物种类、大小、性别、器官、发育阶段）、环境条件（温度、盐度、水硬度、氧含量和光照状况）都是影响生物富集的重要因素。

生物富集通常特指水环境和水生生物。生物富集中化学品进入水生生物的途径，只包括通过呼吸或皮肤表面进入的，而通过取食途径获取的化学品不包括其中。目前通常以生物富集因子（bioconcentration factor，BCF）表示化合物的生物富集水平，即静态条件下生物体中化合物浓度与水中化合物浓度的比值。该比值越高表示该化合物的生物富集风险越高。

生物放大是指化合物在生物有机体中的浓度超过食物中的浓度的热动力学过程，是同一食物链上的高营养级生物，通过吞食低营养级生物蓄积某种元素或难降解物质，使其在机体内的浓度随营养级数提高而增大的现象。生物放大的概念是以不同营养级和食物链为基础定义的，以生物放大因子（biomagnification factor，BMF）表示，即静态条件下有机体中化合物浓度与食物中化合物浓度的比值。

生物累积是指生物体从周围环境（水、土壤、大气）和食物链蓄积某种元素或难降解物质，使其在机体中的浓度超过周围环境中的浓度的现象。生物累积可以认为是生物富集和生物放大的结合，其重点在于同一生物个体在不同代谢活跃阶段内某种污染物的浓度相比，通常是指生物体通过取食食物以及沉积物的途径吸收化学物质的过程。生成生物体内积累的数据时，农药在孔隙水的暴露水平、泥沙颗粒的存在、每个被测试生物的碎屑及饮食习惯等都是需考虑的重要因素，以生物积累因子（bioaccumulation factor，BAF）表示，与 BCF 类似。但 BAF 常在沉积物的报道中出现。

比较而言，3 个概念主要体现在摄入农药的途径不同。生物富集通常被认为是农药从水中通过鳃上皮组织等进入水生生物体内。生物积累主要通过取食食物以及沉积物的途径进入水生生物体内，虽然也有文献认为生物积累是指生物有机体从周围环境以各种方式吸收化学物质的过程，吸收的过程包括取食和外环境吸收。而农药通过两个或更多的食物网营养水平的集中过程被称为生物放大。

研究生物富集的意义体现在以下几个方面：之所以污染物会产生一定生态效应（如毒性），正是因为污染物在生物体内经器官或组织中累积会达到一定浓度。而食用这些富集有污染物的生物（如鱼类），会导致人暴露于较高浓度的有毒物。污染物通过食物链或食物网传递可能导致高营养级的生物富集有更高浓度的污染物。此外，存在富集作用的生物体具有用作环境污染物的指示器的潜力。研究生物富集对于阐明污染物在生态系统中的迁移转化规律具有重要意义。

目前农药对鱼的风险评估中多采用早期生活阶段（early life stage，ELS）试验测试或者全生活史（full life cycle，FLC）测试。所采用的测试方法主要基于农药等化合物溶解于水环境中后对于鱼类的影响，而通过食物或沉积物摄入的研究较少。因此，农药环境风险主要是以生物富集因子（BCF）进行评估分析。生物富集因子 BCF 的计算公式如下：

$$BCF = c_b / c_e$$

式中，$c_b$ 为某种元素或难降解物质在机体中的浓度；$c_e$ 为某种元素或难降解物质在机体周围环境中的浓度。类似的公式也可以计算生物累积因子 BAF。

生物富集的研究已经在多种生物、多种污染物上广泛开展。最具代表性的具有生物富集作用的生物是鱼类。在国际上，经济合作与发展组织（OECD）制定的化学品测试准则中就包括鱼类生物富集的试验准则。我国在此基础上制定了《化学品生物富集半静态式鱼类试验》和《化学品生物富集流水式鱼类试验》。鱼类生物富集的研究对象非常广泛，包括重金属、持久性有机污染物（如多氯联苯、多环芳烃、二噁英等）、农药、医药和个人护肤品等，而试验方法不仅包括在室内模拟，也包括直接测定室外实际样品。

科研工作者对其他水生生物的生物富集也进行了大量的研究，例如浮游植物（藻类）、浮游动物（水溞）、贝类等，而在陆生生态系统中蚯蚓富集土壤中的各类污染物也有大量的研究。蚯蚓作为土壤中生物量最大的生物类群之一，在陆地生态系统食物链传递过程中具有重要作用。蚯蚓一般位于食物链的底层，在土壤中能通过摄食土壤颗粒和水分从土壤中富集农药，导致体内的污染物浓度比环境中的浓度更高，而且可能会随着食物链传递而逐渐放大，从而对食物链中更高营养级生物的安全造成威胁。谢文明等用添加有机氯农药的土壤培养蚯蚓，研究蚯蚓对土壤中有机氯农药的富集作用，利用索氏提取、佛罗里硅土柱净化、GC-MS 检测，发现蚯蚓对所添加的有机氯农药的生物富集因子为 1.4～3.8，说明蚯蚓对六六六和 DDE 的富集作用明显；Xu 等分别研究了不同浓度的苯霜灵、甲霜灵、醚菊酯和 α-氯氰菊酯对赤子爱胜蚓的急性毒性和生物富集的对映体选择性的影响，结果发现蚯蚓体内均能检测到上述农药，而且蚯蚓对上述农药的生物富集具有明显的对映体选择性。

影响农药在生物体中富集的因子很多。首先是农药水溶性，那些极性大、易水解、易溶于水的物质一般能较快地排出体外，很少在体内蓄积。一般认为水溶性>50mg·L$^{-1}$ 的农药不易在生物体内富集，水溶性在 0.5～50mg·L$^{-1}$ 的农药有被生物体富集的可能性，水溶性<0.5mg·L$^{-1}$ 的农药很容易被生物富集。其次是农药在环境中的数量和稳定性，其与元素的存在形态、溶解度、生物种类、生物器官组织、各生物生长阶段的生理特征和外界环境条件（如光照、pH 值等）有关。最后是生物的取食方式、取食量，一般对摄入农药代谢能力弱、脂肪含量高的生物易于富集农药。农药在生物体的富集，比污染中毒更为严重。

水生生物对农药的富集风险与农药本身的物理化学性质和水生生物自身状况有关。由于化学品要通过黏液或生物膜等扩散屏障才能到达生物体内，而生物膜主要是脂质双分子层，因此化合物的各种物化性质中，脂溶性是影响其在生物体内富集的重要因素。目前通常用正辛醇/水分配系数（lg$K_{ow}$），即化合物在正丁醇和水中的相对溶解度来衡量其在脂质中的分布。A. A. Mackay 等（1982）最早探讨 BCF 与 lg$K_{ow}$的相关性，目前很多数据表明化合物的 BCF 与 lg$K_{ow}$有较强的相关性。除了农药产品在脂质中的溶解度外，化合物的分子大小也是影响其进入生物体内的因素之一。对于水生生物来讲，引起生物富集的最重要因素是其脂质的含量。水生生物脂质含量在不同物种之间差别很大，通常脂质含量范围为生物鲜重的 1%～5%。除此之外，生物的不同发育阶段以及生物生活的环境条件也会对脂质的含量产生一定的影响。温度和水的化学性质如盐度、pH 值、溶解度或吸附颗粒有机质的含量也可能会影响生物富集。

欧盟关于农药的生物富集风险评估是以该化合物对鱼的生物富集风险来进行的。由于农药生物富集风险与 lg$K_{ow}$有很高的相关性，因此欧盟首先依据农药的 lg$K_{ow}$进行初步判断：若农药 lg$K_{ow}$<3，则认为该产品的生物富集风险较低；若 lg$K_{ow}$>3，且该化合物被认为是稳定的（即 24h 该化合物的水解损失<90%），则要求按照 OECD《化学品测试导则-305》来进行生物富集系数的测定试验。对于不容易被生物降解的化合物，其试验中得到 BCF>100L·kg$^{-1}$，或该化合物容易被生物降解，但试验中得到的 BCF>1000L·kg$^{-1}$，在这两种情况下通常认为农药对鱼具有潜在的浓缩风险。除非长期的研究确认没有生物富集危险存在，否则该农药产品是不能够批准授权使用的。

当农药符合以下两种情况，即 BCF 介于 100～1000L·kg$^{-1}$，BCF<1000L·kg$^{-1}$ 且 14d 内净化大于 95%或在水生生态系统中降解 90%的时间（DT$_{90}$）小于 100d，则需要进行鱼 ELS 试验测试。若农药没有满足上述两种情况，则需进一步进行 FLC 测试。因此，当早期生活阶段试验测试中法规许可浓度 RAC$_{ELS}$（regulatory acceptable concentration，RAC）或全生活史测试中 RAC$_{FLC}$比农药在环境中的预估浓度（predicted environmental concentration，PEC）高时，则不存在风险；否则存在生物富集的风险，需要进一步进行高级风险评估。农药在鱼体内富集的风险评估流程见图 11-3。

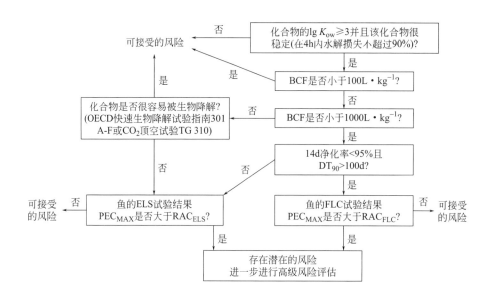

图 11-3 农药在鱼体内富集的风险评估流程 （引自：于彩虹等，2012）

中国在农药环境风险评估方面处于起步阶段。目前，对于农药生物富集仅在农药登记环境资料评审中环境行为角度有要求。农药新品种原药登记时对难降解或者脂溶性强的化学农药 $\lg K_{ow} \geqslant 3$ 时，需要开展生物富集试验。

## 11.2.2 生物富集的模型

### 11.2.2.1 定量结构-活性关系模型

农药生物富集的模型预测常用定量结构-活性关系（quantitative structure-activity relationship，QSAR）模型。QSAR 是分子性质和生物活性即生物可利用率、毒性或生物富集之间一种定量的，通常是统计性的关系。分子性质包括对亲脂性、空间构型、分子体积以及反应活动等的量度。与生物富集关系最密切的分子性质就是正辛醇/水分配系数 $K_{ow}$。简单的 $K_{ow}$ 方法是把生物体看成一个用生物膜封裹着的乳化脂库，由此建立生物富集因子 BCF 与 $K_{ow}$ 之间的一定定量关系。但是采用 QSAR 法预测 BCF 更多的是基于经验和统计学，是非常粗放的方法。并且 BCF 值只反映了生物富集达到稳态时的状态，具体的富集速率、富集达到稳态所需的时间都无法体现。因此，环境毒理学研究从对"静态端点"问题的关心转到对"动态过程"的重视。要研究"动态过程"就需要对动力学进行研究。

### 11.2.2.2 代谢动力学模型

目前用于研究生物富集的农药代谢动力学模型多种多样，但其基本原理相同，都可归结为质量平衡原理的一级动力学。其中最简单且基础的就是单室动力学模型，模型将生物体假设成一个单一的相或室（compartment）。模型的基本方程如下：

$$\frac{\mathrm{d}c_b}{\mathrm{d}t} = k_{in}c_w - k_{out}c_b$$

式中，$t$ 为距离富集开始的时间；$c_b$ 为生物体内的农药浓度；$c_w$ 为生物体外的农药浓度；$k_{in}$ 为农药从生物体外进入生物体内的过程的速率常数；$k_{out}$ 为农药从生物体内排出生物体外的过程的速率常数。对上式积分后得到 $t$ 时间生物体内农药累积的浓度，见下式：

$$c_b = \frac{k_{in}}{k_{out}} c_w (1 - e^{-k_{out}t})$$

达到稳定状态，即 $dc_b/dt = 0$ 时，生物体内农药浓度可由下式求出：

$$c_b = \frac{k_{in}}{k_{out}} c_w$$

因此，生物富集因子可以用下式求出：

$$BCF = \frac{k_{in}}{k_{out}}$$

在单室模型的基础上，模型进一步发展，考虑了生物体对农药的摄入和排出的多种途径及生长稀释效应。以鱼类为例，鱼不仅通过鱼鳃呼吸摄入水中的农药，也通过膳食摄入农药，不仅通过鱼鳃呼吸排出农药，也通过粪便排出农药。对于一些有机污染物，鱼自身也可能对其进行代谢。鱼还存在生长稀释效应，虽然农药并未排出，但是生长使鱼自身质量增加，使鱼体内农药浓度降低。另外，农药在生物体内可能会在不同的组织或器官中有着差异的分布，一些模型将生物划分成双室或多室，不同室之间存在农药交换的速率常数。在此基础上又发展出了更复杂的基于生理学的农药代谢动力学模型。

单室或多室模型在农药的生物富集研究中取得了良好的效果，但是如果用于复合污染的生物富集就存在局限性。如果某污染物的生物富集受到其他污染物的拮抗作用或促进作用，从单室模型上表现出来的就是速率常数 $k_{in}$ 和 $k_{out}$ 的升高或降低。但是从理论上分析，速率常数 $k_{in}$ 和 $k_{out}$ 是只随温度和压力变化的常数，不会受到竞争物的影响。这说明从理论上无法解释可能出现的复合效应，更无法对复合效应进行定性或定量的预测。另外，模型将污染物分子进出生物体的物理化学过程看作一级动力学的两相分配过程。然而，农药从环境中进出生物体内部需要通过各种复杂的膜结构，即便是最简单的单细胞生物，也需要通过一层细胞膜。因而以简单的一级动力学两相分配过程来解释这一生理过程，机理上显得过于简化。

# 11.3　农药对农业生态环境的污染

施用的农药直接释放于环境中，在对环境中的病虫草害和其他有害生物起作用的同时，将可能引起对大气、水体、土壤、农作物和食品以及环境生物的污染。

## 11.3.1　农药对大气的污染

农药对大气的污染主要来自为各种目的而喷洒农药时所产生的药剂飘浮物和来自农作物表面、土壤表面及水中残留农药的蒸发、挥发扩散。农药经喷洒形成的大量飘浮物，大部分将附着在作物与土壤表面，还有相当一部分则通过扩散分布于周围的大气环境中，这些飘浮物或被大气中的飘尘所吸附，或以气体或气溶胶的状态悬浮在空气中。例如，用飞机喷洒时，只有 25%～50% 的农药落在防治区域的农田中，其余都散布于防治区域外。Spencer 等于 1973 年指出，蒸腾作用是化学农药施用于作物、水分、土壤表面后损失的重要途径。另外，农药厂的"三废"排放也是造成农药大气污染的重要原因。大气中的农药微粒会随着大气的运动而扩散，从而使大气污染的范围不断扩大，有的甚至可以随风飘移到很远很远的地方。例如，南极、北极、喜马拉雅山以及终年冰冻的格陵兰等一些从未使用过农药的地区，在当地的环境介质与环境生物体中，甚至在爱斯基摩人的人体中，均曾检测到有微量的农药残留。国外曾有人报道在 487.68m 的高空发现有 DDT，也有人指出杀虫剂能吸附在灰尘上随着季风移动约 5997.86km。但目前的事实显示，化学农药在大气中的污染危险较其他主要空气污染物的危险还是小得多。

大气中农药的污染具有以下特点：首先是大气中农药的污染情况取决于农药的使用情况，例如普遍使用 DDT 农药时，大气污染就以 DDT 为主；其次是大气中农药的污染程度因地而异；最后是大气中农药的残留量随施药时间而有规律地增减。农药对大气污染的程度还与农药品种、农药剂型和气象条件等因素有关，例如易挥发性农药、气雾剂和粉剂污染相当严重，残留农药在大气中的持续时间长。在其他条件相同时，风速起着重大作用，高风速增加农药扩散带的距离和进入其中的农药量。因此，农药对大气的污染程度与范围，主要取决于施用农药的性质（蒸气压）、农药施用量、施药方法以及施药地区的气象条件（气温、风力等）。通常大气中的农药含量极微，一般都在 $ng \cdot kg^{-1}$（即 $10^{-12}$）数量级水平以下，但在农药生产厂区或在温室内施药，其周围大气中的农药含量以 $ng \cdot kg^{-1}$ 为单位可高达几十至数百，局部地区甚至更高。

### 11.3.2 农药对水体的污染

农药对水体的污染主要来自以下几个方面：水体直接施用农药；农药生产厂向水体排放生产废水；农药喷洒时农药微粒随风飘移降落至水体；环境介质中的残留农药随降水和径流进入水体。此外，农药容器和使用工具的洗涤亦会造成水体污染。农药从土壤表面的流失一般认为是进入水环境的主要途径。农药加工厂的工业废物排放是农药进入水体的第二个显著来源。农药的使用不仅能直接污染地表水，同时通过淋溶、渗透等途径也能污染地下水。一些地下水位高或土壤砂性重的地区，农药易渗入地下污染地下水，美国的农药检测机构在地下水中已检测出 70 多种农药。由于地下水中生物量较少、水温低又无光照，农药更难降解，治理受污染的地下水难度更大。因此，农药对水体的影响应引起人们的极大关注。

进入水体的农药因性质的差异，其存在状态也不相同。如对水溶解度很小的有机磷类农药将主要吸附于水体中的悬浮颗粒物或泥粒上，溶解于水中的农药浓度较少，通常在 $ng \cdot kg^{-1}$ 级；而对一些水溶解度较大的农药，如有机磷或氨基甲酸酯类农药，水体农药浓度则可能达到 $\mu g \cdot kg^{-1}$ 级甚至 $mg \cdot kg^{-1}$ 级。

农药对水体的污染程度和范围因农药品种和水体环境而异。一般以田沟水与浅层地下水污染最重，但污染范围较小；河水污染程度次之，但因农药在水体中的扩散与农药随水流运动而迁移，其污染范围较大；海水污染程度更次之；自来水与深层地下水因经过净化处理或土壤吸附过渗，污染程度最小。由于各种水体的理化性质不同，因此，被农药污染的程度也不同。根据日本对自然界不同水体中有机氯的农药检测结果，其污染顺序为：田沟水、雨水＞河水＞海水＞自来水＞地下水。

在有机农药大量使用期，世界一些著名河流如美国密西西比河、欧洲莱茵河等的河水中都检测到严重超标的六六六（HCH）和滴滴涕（DDT）。有时为防治蚊子幼虫施敌敌畏、敌百虫和其他杀虫剂于水面，为消灭渠道、水库和湖泊中的杂草而使用水生型除草剂等造成水中的农药浓度过高，大量的鱼和虾类等水生动物死亡。在一些农药药液配制点有不少药瓶和其他包装物，降雨后会产生径流污染；施药工具的随意清洁也会造成水体污染。

### 11.3.3　农药对土壤的污染

土壤既是农药在环境中的"储藏库"，又是农药在环境中的"集散地"。土壤中的农药主要来自以下三种方式，即：直接的施用；通过浸种、拌种等施药方式进入土壤；飘浮在大气中的农药随降雨和降尘落到地面进入土壤。田间施用后大部分农药将进入土壤环境中，另外大气中的残留农药与喷洒时附着在作物上的农药，经雨水淋洗也将落入土中，用已受农药污染的水体灌溉农田及地表径流等都是造成农药土壤污染的原因。一般农田均受到不同程度的污染，而农药直接施入土壤的地区造成的农药土壤污染最为严重。一些持久性农药对土壤中多种生物会产生毒害，抑制土壤中酶的活性，或杀死或影响其繁殖、代谢等行为活动，从而影响到土壤质量。例如：甲胺磷对土壤脱氢酶和 3 种磷酸酶的活性均有不同程度的抑制；三氯乙醛污染的土壤对小麦种子萌发有明显的抑制作用，当浓度为 $2mg \cdot L^{-1}$ 时，发芽抑制率达 $30\%$。

进入土壤环境中的农药，因施用农药种类的不同、施药地区土壤性质的差异以及农药用量和气象条件的差别，在土壤中的残留和迁移行为有很大差别。农药对土壤的残留和污染主要集中在农药使用地区的 $0 \sim 3cm$ 深度的土壤层中，土壤农药污染程度视农药量而异，以 $mg \cdot kg^{-1}$ 为单位，一般在几至几百，通常为几十。与农药对大气和水的污染不同，农药对土壤的污染主要在农药施用区，其随土层径流的迁移一般不大，随水的淋溶通常也较小，淋溶超过 $1.0m$ 深的农药一般占农药施用量的千分之几至百分之几。

农药对土壤的污染程度取决于农药的种类和性质，也与土壤类型、有机质含量、酸碱度、金属离子的种类和数量、水分含量、通气性、植被种类和覆盖率、微生物种类和数量等因素有关。通常栽培水平高或复种指数高的土壤，农药用量也大，土壤农药残留污染的程度也就高。果树生态系统中农药施用量一般较高，土壤中农药残留污染的程度也最为严重。另外，性质稳定、在土壤中降解缓慢及残留期长的农药品种对土壤的污染较易降解的农药品种要严重。农药在土壤中的消失机制一般与农药的氧化作用、地下渗透、氧化水解和土壤微生物的作用有关。

### 11.3.4 农药对农作物和食品的污染

土壤中农药的残留与农药直接对作物的喷洒是导致农药对作物和食品污染的重要原因。农作物的污染程度与土壤的污染程度、土壤性质、农药性质以及作物品种等多种因素有关。农作物通过根系吸收土壤中的残留农药，再经过植物体内的迁移、转化等过程，逐步将农药分配到整个作物体中，或者通过作物表皮吸收黏着在植物叶面上的农药进入作物内部，造成农药对农作物和食品的污染。农药对农作物和食品的污染一般在$mg \cdot kg^{-1}$（$10^{-6}$）级水平。研究发现，农药对食品的污染程度一般为：肉类（最大）＞蛋类＞食油＞家禽＞水产品＞粮食＞蔬菜＞水果＞牛奶（最小）。

### 11.3.5 农药对环境生物的污染

环境中的微量农药可通过食物链的转化过程逐级浓缩，从而导致对环境生物的农药富集与污染。研究表明，环境生物对农药的浓缩程度可从几十倍至数百万倍。居于食物链位置愈高的生物，其生物浓缩倍数也愈高，受农药污染的程度也愈严重。农药进入水体后，对各类水生生物都将产生一定的影响，从而可能破坏水体生态系统的平衡。例如，单甲脒对各水生生物群落均产生不同程度的影响。浮游生物比较敏感，药后头几天内，种类数量及多样性指数下降，浓度越大，影响越明显。1周后，浮游生物群落逐步恢复，甚至增多，但群落的结构已经发生变化，敏感种类减少或消失，耐污染种类增加，生物多样化降低；农药残存于土壤中，对土壤中的微生物、原生动物以及其他节肢动物、环节动物、软体动物等均产生不同程度的影响。Briiggle的试验证明，农药污染对土壤动物的新陈代谢以及卵的数量和孵化能力均有影响，特别是杀菌剂和某些除草剂对土壤微生物的影响较明显。

# 11.4 农药在农田生态系统中的归宿

农药在环境中的迁移、转化和归宿评价是一个相对复杂的过程。农药种类繁多、理化性质各异、施用方式多种多样以及环境本身相当复杂，农药进入环境中的途径因地区和时间而异。因此，研究农药在环境中的化学降解及其与环境健康之间的关系对于农药合理使用、环境污染预防与修复具有重要意义。关于农药等有机污染物在环境中的转运与归宿，已有不少专著，如张宗炳等（1989）著的《杀虫药剂的环境毒理学》、刘维屏（2006）著的《农药环境化学》和R. P. Schwarzenbach等（2003）编著的《环境有机化学》等。这里先对农药在环境中的转运与归宿做一概况性介绍，然后再具体讨论农药的吸附、水解、光化学降解和微生物降解。

### 11.4.1 农药在环境中的转运与归宿

#### 11.4.1.1 消解过程

一旦农产品、水体、土壤、野生动物等环境基质有意或偶然暴露于某种农药，消解过程（dissipation process）立即开始。农药初始残留量以挥发、冲洗、淋溶、水解和生物降解等各反应速率的总速率发生消解。暴露或处理结束后农药总残留量（母体农药与降解产物）随时间而降低。对于那些降解产物较母体更稳定的化学物质而言，降解产物的产生可以延缓农药的总消解过程。例如，暴露 DDT 多年的田间土壤中 DDT 和 DDE 的浓度极高，当低水平暴露导致农药残留量的积累随时间而增加，这与水生生物对水体中农药残留的生物浓缩现象一样，整个环境过程包括富集和消解。然而，对于简单的消解过程，例如农药施用后食品、水、空气等基质中的农药残留随暴露处理后时间的延长而下降。由于大多数农药的消解过程遵循表观一级动力学，因此整个消解或衰减也常常符合一级动力学。又因一级衰减过程呈对数函数，即相对于时间轴而言，农药残留浓度-时间图是非对称性的，残留量随时间推移而渐近于零，但永远不会完全消失等于零。从理论上而言，环境介质中存在的农药残留具有无限残留寿命，但 GC、HPLC、MS、免疫测定等技术对这些残留的检测灵敏度极其有限，其很难检测出完全低于不良生物效应的农药残留水平。因此，我们在继续重新评价农药残留的细微生物效应如环境内分泌干扰效应的同时，还需要不断发展更灵敏的分析方法以检测农药残留和各种代谢产物。

### 11.4.1.2　环境分室

农药施于环境中之后立即进入如空气、土壤、水和生物等一个或多个环境分室（environmental compartment）。农药接触的初始环境分室主要由使用或释放方式决定。例如，施于淹水稻田中的农药首先进入水环境分室，经过一段时间后农药残留往往重新分配，并偏向分配于一个或多个环境分室或介质中，这与农药物理性质、反应性、稳定性、利用度及其施用环境中各分室组成一致。农药性质决定了其在环境中的迁移和转化途径，因此农药在环境中的消解和归趋评价必须以化学和环境特异性为基础。

一些农药本身易溶于水，遇水时就会发生迁移转化。这主要是一些在水中溶解度高和稳定性强的农药（如苯氧羧酸类除草剂 2,4-D、4-氯-2-甲基苯氧乙酸和三氯乙酸等）。一些农药因易被土壤吸附和缺乏从土壤中消失的挥发性或水溶解度等特征而易进入土壤或沉积物分室。例如，除草剂百草枯强烈地被吸附在土壤黏土矿物上，DDT、毒杀酚和环戊二烯类农药则被吸附在土壤有机质上，并且吸附作用很稳定，不易造成解吸附现象。其他农药特别是脂溶性化合物常储存于动物脂肪组织中。挥发性农药如熏蒸剂溴甲烷和 1,3-二氯丙烯（telone）以及亨利常数大的农药易进入空气中。

### 11.4.1.3　农药的分子结构与手性

决定农药环境行为的关键因子在于农药本身的分子组成或结构。构效关系是农药环境化学研究的重要工具。通过 DDT 和三氯杀螨醇（dicofol）环境行为的比较，有力地证实了农药结构的细微变化在环境中的重要性（表 11-1）。可见，中心碳原子的 H 用 OH 取代后结构上发生的微妙变化对环境归趋和生物活性具有强烈的影响。DDT 本身不仅在环境中降解十分缓慢，而且其主要降解产物 DDE 和 DDD 也非常稳定，不易发生降解。而三氯杀螨醇在环境中降解相当快，且其主要降解产物二氯二苯甲酮（DCBP）随即进一步发生降解。DDT（和 DDE/DDD）属于高亲脂性化合物，在水生有机体中表现出强烈的生物浓缩趋势，并通过食物链在动物和人体内发生积累。三氯杀螨醇因羟基的存在而导致亲脂性降低，使之在环境中易发生降解，不会出现明显的生物浓缩和生物积累现象，且其主要降解产物也不会表现出 DDT 及其降解产物所产生的负面效应特征。尽管 DDT 和三氯杀螨醇的报道很多，但是有关母体农药及其降解产物环境行为与生态效应方面的论文每年仍有公开发表。由于农药毒性和环境行为的这些差异，DDT 已在 20 世纪 20 年代就禁止使用，而三氯杀螨醇迄今仍在登记使用。因此，对于结构相近的化合物（如 DDT 和三氯杀螨醇）以及结构不同的化合物而言，不能过分强调细微结构特征的重要性。甲氯（methylchlor）和甲硫氯（methiochlor）是两种优良的 DDT 类杀虫剂，但在环境中迅速发生生物降解。若当初开发的是这两种杀虫剂，而不是 DDT，或许现代农业生产中可能仍在使用这种 DDT 类杀虫剂。

表 11-1　结构对 DDT 和三氯杀螨醇生物活性、环境行为和管理现状的影响

| 生物活性 | 杀虫剂 | 杀螨剂 |
| --- | --- | --- |
| 环境反应 | 稳定，降解产物 DDE 和 DDD 稳定 | 易降解，主要降解产物 DCBP 不稳定 |
| 生物浓缩潜力 | 水生和陆生食物链中高 | 低 |
| 管理现状 | 已被禁用 | 仍登记使用 |

手性（chirality）是宇宙间的普遍特征，手性农药虽然原子组成相同，但立体结构上互为镜像。现已认识到两个手性异构体的差异关乎植物、动物和人的成长与生死问题。环境中存在的手性农药如有机磷类杀虫剂、拟除虫菊酯类杀虫剂、苯氧羧酸类和酰胺类除草剂等已受到人们的普遍关注，它们潜在的生物效应如毒性、致癌性、致突变性和致内分泌紊乱性等大多具有对映体选择性。手性农药进入环境被生物摄取后，其各个对映体在体内的活性、代谢和毒性存在着很大差异，它们在环境中的持久性通常也存在差异，如当手性农药外消旋体被一个生物体代谢后，其对映体浓度比值（ER）不再为 1，反映出其中一个对映体的生物活性有明显的不同。长期以来，在研究手性污染物的环境行为、生态效应及潜在毒性时都将外消旋体污染物视为单一化合物，几乎所有的环境法规也是把手性农药当成单一化合物，这种法规的科学性也将远远低于其期望值。因此，在对映体水平上研究和弄清手性农药的环境行为和潜在毒性具有十分重要的意义。

#### 11.4.1.4　农药的活化-钝化

钝化（deactivation）是指农药在环境中转化生成对生物和环境的威胁较母体更小的产物，即它们的降解产物毒性较母体更低、移动性更小、滞留期更短。这些降解产物可能仅是母体完全降解或矿化过程中的过渡中间体。例如，2,4-D 可发生降解生成草酸和 2,4-二氯苯酚，后者具有一定环境意义和毒理学意义，但是它表失了 2,4-D 的除草活性，且在环境中可进一步发生光解和微生物降解等。有机磷类农药在环境中可水解生成磷酸或硫代磷酸衍生物或取代酚或醇。大多数有机磷类农药的降解产物对人类和环境的威胁较母体低。而活化（activation）是指一些农药转化生成的产物对人类和环境的威

胁较母体大，究其原因，主要有以下方面：一是转化产物对靶标和非靶标有机体的毒性增加；二是降解产物的稳定性增强，使之在环境中更持久；三是移动性增加，导致对地下水或其他敏感环境介质的污染潜力增大；四是降解产物的亲脂性提高，引起生物浓缩和生物富集现象。例如：DDD 在土壤和水系中可以持续数年之久，而其活化产生的 DDE 可引起卵壳变薄；艾氏剂活化生成狄氏剂和光狄氏剂；硫醚型有机磷（$P\!=\!S$）氧化生成更毒的"氧"型（$P\!=\!O$）；涕灭威和一些其他 N-甲基氨基甲酸酯的 S—氧化生成水溶性高、滞留期更长的亚砜（$O\!=\!S$）和砜型（$O\!=\!S\!=\!O$）；威百亩转化生成挥发性的熏蒸剂甲基异硫氰酸酯（MITC）；亚乙基双二硫代氨基甲酸酯类杀菌剂生成亚乙基硫脲（ethylenethiorea），而亚乙基硫脲是一种致癌物质。

昆虫对有机磷类杀虫剂的活化方式因其结构而异。例如，异丙胺磷（isofenphos）有两种活化方式：一是硫代型（thion form）氧化成"氧代"型（oxon form），提高了其对昆虫乙酰胆碱酯酶的抑制作用；二是母体分子或"氧代"型分子的氧化 N-脱烷基作用生成比母体分子更毒的代谢产物（图 11-4）。从表 11-2 中可清楚地看出，在异丙胺磷及其 3 种代谢产物对蜚蠊 AChE 的离体和活体抑制作用中，均以脱烷基异丙胺氧磷最强。

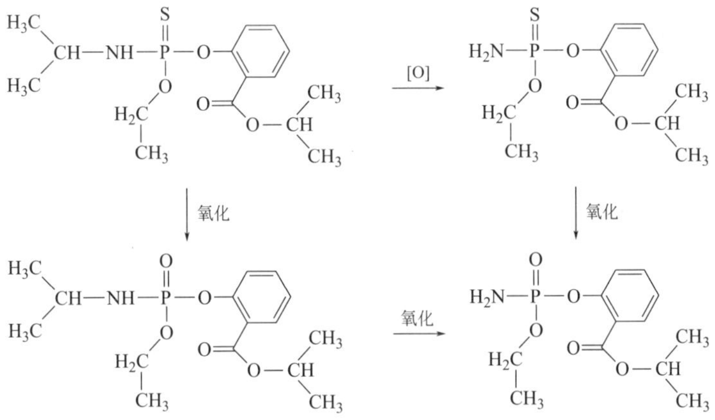

图 11-4　异丙胺磷的生物活化过程

表 11-2　异丙胺磷及其代谢产物的神经毒性效应

| 化合物 | 电生理 $EC^{15min}$ 值 /mol·$L^{-1}$ | 对蜚蠊 AChE 抑制 $I_{50}$ 值（离体） | 对蜚蠊 AChE 抑制 $I_{50}$ 值（活体） |
|---|---|---|---|
| 异丙胺磷 | $>10^{-4}$ | nd | $1.0\times10^{-2}$ |
| 异丙胺氧磷 | $7.9\times10^{-5}$ | nd | $2.3\times10^{-5}$ |
| 脱烷基异丙胺磷 | $1.4\times10^{-4}$ | nd | $3.3\times10^{-5}$ |
| 脱烷基异丙胺氧磷 | $3.1\times10^{-5}$ | $3.1\times10^{-6}$ | $3.6\times10^{-6}$ |

注：$EC^{15min}$ 表示 15min 内蜚蠊神经素产生高频反射活性的摩尔浓度；nd 表示未测定，抑制作用低于 50%。

由于对农药环境活化的关注，美国 EPA 规定要求对注册登记的候选农药必须提供其活化发生、毒性、转化产物归趋等方面的资料，包括室内和田间试验中水解、光解、氧化和微生物代谢的重要产物，该管理规定也适用于因农药不合理使用、着火、爆炸、溢出和消毒等产生的产物。遗憾的是，并非所有情况均可预测，作为农药产品服务和环境保护的一个重要部分，农药的活化作用时刻向注册登记者、农药使用者和管理部门敲响警钟。

### 11.4.2  农药在土壤中的吸附

土壤既是农药的汇，又是农药的源。农药在土壤中的吸附是影响其向大气、水、土壤或沉积物迁移及最终归宿的重要环境化学行为。当农药被土壤强烈地吸附时，它们就容易滞留在土壤的表面，而不会经淋溶作用进入土壤深层，乃至污染地下水和影响人体身体健康。通过研究农药在土壤中的吸附有助于了解其在环境中的存在状态，定量测定农药的土壤吸附系数可以获知吸附对农药在土壤中的迁移、转化的贡献，是认识和分析农药环境行为不可缺少的依据之一。

#### 11.4.2.1  农药在土壤中的吸附等温方程

土壤是重要的环境对象之一，农药或直接作用于土壤，或经叶面喷洒及大气飘移降落于土壤中，所以农药在土壤中的行为在很大程度上取决于其在土壤中的迁移与转化。土壤吸附（sorption）是农药分子被土壤颗粒束缚的物理化学过程，是分配与吸附的机制，是影响农药在土壤-水体系中归宿的主要支配因素。当农药被土壤强烈吸附以后，其生物活性和微生物对它的降解性能都会被减弱。吸附性强的农药，其移动性和扩散能力较弱，不易进一步造成对周围环境的污染。

由于吸附/解吸动力学方程与农药降解和迁移模型密切相关，若将二者结合起来就能预测农药的环境行为，可为农药安全性评价提供可靠依据。因此，近 20 年来人们对农药在土壤-水体系中的吸附脱附研究颇为重视，并取得了显著的进展，建立了许多试验研究方法，如振荡平衡法（也称间歇平衡法，batch equilibration）、土壤柱淋溶法（soil column leaching）、正辛醇/水分配系数法（$n$-octanol/water distribution coefficient）和 HPLC 法等。目前大多数采用平衡吸附法，描述平衡吸附的公式很多，但常用的主要有 Freundlich 等温式、Langmuir 等温式和 BET 等温式等。

#### 11.4.2.2  影响土壤对农药吸附行为的因素

（1）土壤有机质  土壤对农药吸附过程中，有机质的作用是不容置疑的。大量研究发现，由于无机矿物具有较强的极性，矿物与水分子之间强烈的极性作用使得极性较小的有机物分子很难与土壤矿物发生作用，其对农药的吸附几乎是微不足道的，土壤中的有机质是吸附农药的主要成分。欧晓明等（2006）发现黏土矿物与腐殖酸作用后，其复合体会降低对杀虫剂硫肟醚的吸附。有机质与黏土矿物缔合之后还会引起一些表面性质的改变（如比表面积和 pH 值等），从而影响对农药的吸附。

土壤有机质不仅对有机农药有增溶和溶解作用，而且因土壤有机质的腐殖酸结构中具有能够与有机农药结合的特殊位点，其对有机农药还具有表面吸附作用。李克斌等（2003）认为除草剂苯达松与土壤腐殖酸之间存在络合机制，苯达松与腐殖酸作用时因腐殖酸所含官能团种类和数量不同而形成不同的吸附机理。含有羧基较多的腐殖酸 HAs 易与苯达松形成离子键，而含有氨基和低羧基的腐殖酸 HA2 则易与苯达松以氢键相结合。此外，苯达松与腐殖酸作用时两者之间还可发生电荷转移而形成更大的共轭体系。

（2）黏土矿物　有机质含量较低的土壤中，黏土矿物对有机物的吸附-脱附起主要作用。黏土矿物对有机物的吸附-脱附会影响有机物在环境中的迁移、滞留、生物化学作用及光降解。在黏土矿物的各种成分中，蒙脱石在土壤中含量较多，且具有双层晶体结构、阳离子交换容量大等特点，所以对有机物或无机离子有很大的吸附能力。农药在黏土矿物中的吸附有利于降解的进行，这是由于黏土矿物层间的金属阳离子能与农药分子发生反应。农药在蒙脱石间域中的吸附模式可分为分子吸附模式、氢键吸附模式、不可逆交换吸附模式、质子化吸附模式、吸附分解模式以及层电荷吸附模式。此外，土壤中有机质或黏土含量对吸附影响的大小还取决于农药本身的结构。对于非离子农药的吸附，有机质含量起决定作用，矿物组分影响不大；而离子型农药则反之。总之，由于有机质和黏土矿物均是土壤的活性成分，因此必然存在两者的缔合问题。然而，有机质与黏土矿物的缔合对农药的吸附到底是增强还是减弱将有待于进一步的研究。

（3）pH 值　土壤 pH 值随土壤类型、组成的不同而有较大变化，也是影响农药在土壤上吸附的一个重要因素。通常 pH 值降低，农药的吸附量升高。尤其是对于离子型及有机酸农药的吸附，pH 值影响更大，当 pH 值趋近农药的 $pK_a$ 时吸附最强。而对于非离子型农药，其氢键吸附机理使其与 pH 值亦有联系。刘维屏等（1995）研究利谷隆在土壤中的吸附时发现，土壤 pH 值的降低有利于利谷隆的吸附，且 pH 4～6 的范围内变化较明显，说明当 pH 值降至 4 以下，利谷隆可能质子化而成为阳离子。这一方面可与土壤中部分可交换阳离子进行交换；另一方面亦有利于利谷隆与土壤有机质及黏土矿物形成分子间氢键，增强了吸附的可能。

（4）温/湿度　农药从溶液中被吸附到土壤上所引起的熵变要比从溶液中缩合所需要的热量大，所以吸附过程会通过放出大量的热量来补偿反应中熵的损失，因而与温度有很大的关系。温度可通过改变农药的水溶性和表面吸附活性影响农药的吸附特性。许多研究业已证实，农药在土壤中的吸附随温度的升高而减弱。然而也有一些例外。在土壤质地、有机质含量、土壤 pH 值、土壤微生物、土壤含水量等土壤因素中，土壤含水量密切关系到土壤微粒的空隙被除草剂溶液占据、吸附以及药剂分子能否下渗到杂草发生部位并直接影响除草剂的淋溶性。土壤含水量还间接影响土壤微生物的活动，从而影响土壤中除草剂的滞留与降解。土壤湿度成为影响大多数土壤处理剂药效的重要因素，也是有些种类如酰胺类、磺酰脲类除草剂药效好坏的主要决定因素。良好的土壤湿度条件有利于除草剂发挥最佳除草效果，对减少除草剂用量、提高作物安全性以及减少对环境的污染都具有重要意义。

（5）表面活性剂　在土壤-水的体系中，表面活性剂与农药的相互作用是一个很复杂的过程。表面活性剂不仅会影响土壤对农药的吸附，而且其本身的吸附也需要考虑。一些研究表明，表面活性剂不仅可通过提高疏水化合物的溶解度显著地降低疏水化合物在土壤中的吸附，而且其被吸附到土壤上而影响到土壤对农药的吸附。因此表面活性剂对农药移动性的影响需要全面地考虑。较低浓度的表面活性剂可以显著地改变土壤的物理和化学性质，如土壤水的表面张力、持水量、毛细管扩散、渗滤作用、pH 值、离子交换容量和氧化还原电位等，从而影响农药在土壤中的吸附行为。这种影响是非常复杂的，既可以是正向的，也可以是反向的，这主要取决于土壤和除草剂的性质。对于相同的农药和表面活性剂，土壤的有机碳含量不同，其影响也不一样。W. O. Werkheiser 等 (1996) 的研究表明，在有机碳含量低（<0.7%）的土壤中，表面活性剂三硝基甲苯 X-77 可以增加土壤对除草剂氟嘧磺隆的吸附；而当有机碳含量达到 1.7% 时，土壤对嘧氟磺隆的吸附则减少。

(6) 阳离子交换量　关于土壤阳离子交换量对农药吸附的影响，目前报道不多。杨克武等于 1995 年通过对单甲脒在土壤中的吸附研究发现，吸附系数 $K_d$ 与土壤阳离子交换容量之间呈现出较好的正相关关系，即 $K_d$ 值随 CEC 的增大而增大，表明土壤阳离子交换容量也是影响单甲脒在土壤中吸附的因素之一。

### 11.4.2.3　吸附机理

关于农药在土壤中的吸附，目前主要存在两种理论，即传统的吸附理论和分配理论 (partition theory)。传统的吸附理论认为颗粒物表面存在许多吸附位点，农药通过范德华力、色散力、诱导力和氢键等分子间作用力与吸附位点作用而吸着于土壤颗粒物表面。而分配理论则认为有机污染物（农药）是在水溶液和土壤有机质之间进行分配。但是，在目前的文献中，对二者的概念并没有明确区分，通常所说的"吸附"往往也包含了分配过程在内。近年来，对于表面活性剂改性的土壤吸附水中有机物的特征、机理及规律的研究表明，吸附作用是分配作用和表面吸附共同作用的结果。

农药在土壤中的吸附机理是非常复杂的。在吸附的形成过程中，存在着离子键、氢键、电荷转移、共价键、范德华力、配体交换、疏水吸附和分配、电荷-偶极和偶极-偶极等作用力。由于化合物和土壤的性质不同，其吸附机制亦不同。在溶液中呈阳离子态或可接受质子的农药，一般都可以通过离子键机制吸附。在土壤中许多非离子极性农药可以与土壤有机质形成氢键而被吸附。非离子非极性农药会在吸附剂的一定部位通过范德华力实现吸附，其作用力随着农药分子和离子吸附剂表面距离的减小而增大。对于某种特定化合物在土壤上的吸附过程，往往是多种作用力共同作用的综合结果，只不过是其中一种作用力起着支配地位而已。离子型农药可以通过静电相互作用、离子交换反应和表面络合作用与具有低有机碳含量的吸附剂表面位相互作用。这种类型的农药在无机矿物表面的吸附是重要的。在含有相当数量有机质的土壤中，由于存在各种官能团的腐殖质多孔性和大的比表面，农药的吸附将受有机碳含量的控制。这种吸附主要是靠非离子型有机化合物与土壤组分之间的各种键合作用进行，而这种键合主要依赖于土壤中有机碳的含量。

长期以来，研究者们在吸附-脱附方面已做了大量工作，建立了比较完整的研究方法和理论。在吸附方法研究方面，已经发展到量子化学水平，建立了定量结构-性质（quantitative structure-property relationship，QSPR）相关分析，发展了土壤淋溶柱色谱法以及超临界流体等研究方法。在吸附机理研究方面，已经采用了许多先进的分析测试技术如红外光谱、电子自旋共振波谱、X 射线衍射、荧光光谱、同步扫描荧光光谱、高分辨率核磁共振谱和穆斯堡尔谱以及放射性同位素标记化合物技术等，它们为人们对农药在土壤活性组分上的吸附机理的研究提供了手段。目前只有极少数农药在土壤中的吸附过程和机理已得到科学的解释，大部分农药在土壤中的吸附行为仍未解释清楚。因此，加强这方面的研究，其意义重大，不仅可以有效地指导农药使用，而且还可减少农药在土壤-水-生物圈等环境中的污染。

## 11.4.3　农药在环境中的水解

地球上水域面积占 70％左右，施于环境中的农药会通过各种途径进入水体，所以农药的水解是农药的一个主要环境化学行为，其实际上是包括农药在水环境中的微生物降解、化学降解与光降解，它是评价农药在水体中残留特性的重要指标，其降解速率受农药的性质与水环境条件等因子所制约，而水解只是影响农药在环境中含量的一个因素，其他因素如农药的施用量、稀释程度、光解、吸附、生物富集、挥发等也影响农药在水环境中的存在状况。基于此，目前农药的水解研究主要集中于实验室内，而对其自然环境中各因子的贡献及其水解机制的了解则相对较少。

### 11.4.3.1　农药水解机理

农药的水解（hydrolysis）是一个化学反应过程，是农药分子与水分子之间发生相互作用的过程。农药水解时，一个亲核基团（水或 $OH^-$）进攻亲电基团（C、P、S 等原子），并且取代离去基团（$Cl^-$、苯酚盐等）。早在 1933 年人们就已认识到动力学性质不同的两种亲核取代反应：一种是单分子亲核取代反应（$S_N1$），另一种是双分子亲核取代反应（$S_N2$）。对于大多数反应而言，很少有纯 $S_N1$ 反应或 $S_N2$ 反应，常常是 $S_N1$ 与 $S_N2$ 两种反应同时存在。在动力学上，$S_N1$ 取代过程的特征是反应速率与亲核试剂的浓度和性质无关，对于有光学活性的物质则形成外消旋产物，并且反应速率随中心原子给电子的能力增加而增加，其限速步骤是农药分子（RX）离解成 $R^+$，然后 $R^+$ 经历一个较快的亲核进攻。$S_N2$ 的反应速率依赖于亲核试剂的浓度与性质，并且对于一个具有光学活性的反应物，它的产物构型将发生镜像翻转，这是由亲核试剂从反应物离去基团的背面进攻其中心原子的双分子过程所致，即与中心原子（碳原子等）形成较弱的键，同时使离去基团与中心碳原子的键有一定程度的削弱，两者与中心碳原子形成一直线，碳原子与另外三个相连的键由伞形转变为平面形，这是 $S_N2$ 的控制步骤，需要消耗一定的活化能。Onyido 等于 2001 年研究了杀螟硫磷与三个含氮亲核试剂正丁胺、乙醇胺和氨基乙酸乙酯作用下的水解反应机理，反应中亲核试剂进攻杀螟硫磷的磷原子活性中心与芳基亲核取代（$S_NAr$）反应 P—OAr 键断裂是竞争进行的，如图 11-5 所示。

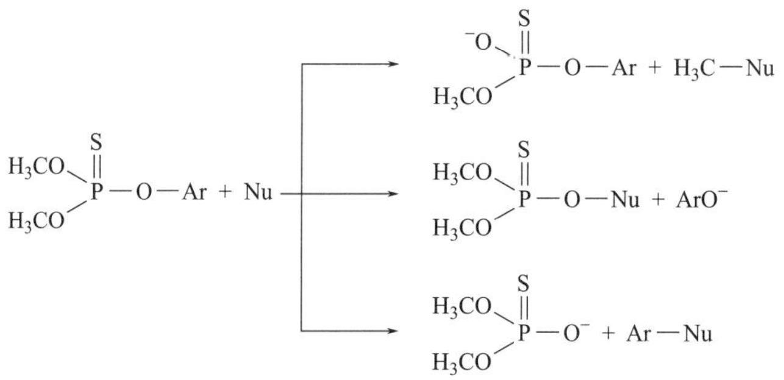

图 11-5　杀螟硫磷与亲核试剂（Nu）的水解反应机理

对杀螟硫磷水解产物分析后发现，芳基取代反应产物的含量随正丁胺和乙醇胺浓度的增加而增加，表现出很好的线性相关性，但与氨基乙酸乙酯的浓度无关，这说明正丁胺和乙醇胺的亲核进攻是碱催化的，氨基乙酸乙酯的取代反应不是碱催化的。杀螟硫磷的芳基取代水解反应总的机理见图 11-6，该反应的限速步骤是 Meisenheimer 型中间体（PH）的生成或其分解裂解。

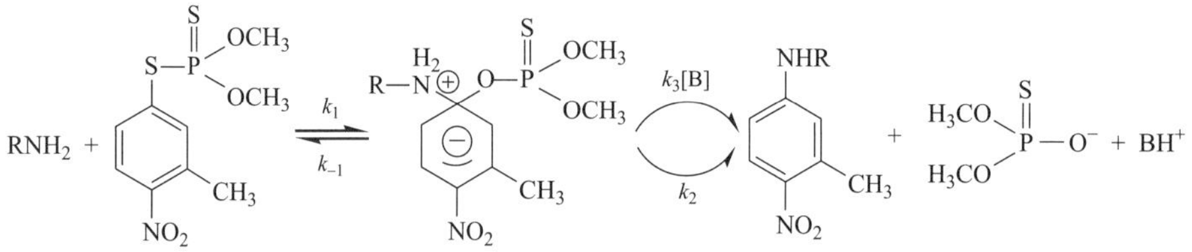

图 11-6　杀螟硫磷的芳基取代水解反应总的机理

相应地，该反应的二级速率常数 $k_A$ 应与链式反应中的每一步反应速率常数相关，于是，二级速率常数 $k_A$ 的计算公式如下：

$$k_A = \frac{k_1(k_2 + k_3[B])}{k_{-1} + k_2 + k_3[B]}$$

由于反应中这三个亲核试剂都是一级胺，在一定程度上它们的结构是相似的。然而，芳基取代物的增加说明了正丁胺和乙醇胺取代反应中 Meisenheimer 型中间体（PH）的分裂是限速步骤。同时中间体的生成是氨基乙酸乙酯取代反应的速控步骤。根据二级速率常数 $k_A$ 的计算公式，在正丁胺和乙醇胺的取代反应中动力学条件 $k_{-1} \geqslant k_2 + k_3$ 成立，然而，在氨基乙酸乙酯的取代反应中得到了 $k_{-1} \leqslant k_2 + k_3$ 的动力学条件。Horrobin 等早在 20 世纪 60 年代末就提出了关于莠去津的吸附催化水解模式，其根据是氢键可以有相似于氢离子催化氯化均三氮苯水解的机制来催化水解，环上与氯原子结合的碳原子被电负性的氯和氢原子包围着，因而易受 OH⁻ 的影响而水解，其主要有两种类型：一种是农药在土壤中由酸催化或碱催化的反应，另一种是由于黏土的吸附催化作用而发生的反应。

### 11.4.3.2　影响农药水解的环境因子

影响农药水解的因素很多，如：反应介质溶剂化能力的变化将影响农药、中间体或产物的水解反应；离子强度和有机溶剂量的改变将影响到溶剂化的能力，并且因此改变水解速率。此外还可能存在普通酸、碱和沉积物及痕量金属催化的特殊介质效应。一般说来，农药在水体中的水解动态中，杀虫剂较杀菌剂、除草剂和植物生长调节剂易于发生水解，有机磷酸酯类农药和氨基甲酸酯类农药的水解活性要高于有机氯类农药，一些拟除虫菊酯类农药也易发生水解反应。部分农药可以在 pH 值为 8～9 的溶液中水解。溶液的 pH 值每增加一个单位，水解反应速率将可能增加 10 倍左右。

### 11.4.4　农药在环境中的光化学降解

施用后的农药除了进行各种代谢降解外，还要受环境中各种因素的影响而分解，这就是所谓的非生物降解。在环境因素中太阳光能是最强大的分解因素。虽然这一事实很早就知道，但真正的光化学降解研究还是近些年来的事，这与有机光化学的惊人发展具有密切的关系。目前农药光化学降解研究已成为环境毒理学和农药环境安全性评价的重要组成部分。

#### 11.4.4.1　农药光化学降解的条件

光化学反应的发生是由于化合物分子吸收光能而具有了过剩的能量，变成所谓的"激发状态"才开始的。这种过剩的能量可通过多种途径如荧光、磷光或热等释放出来，使化合物回到原始状态，但也可以进行光化学反应。光分解是光化学反应的一种，分解能直接或间接由光给予。根据光学第二定律，光能按化合物分子吸收波长和光速具有如下关系：

$$E = Nh\gamma = \frac{Nhc}{\lambda}$$

式中，$E$ 为能量，J；$h$ 为 Planck 常数，$6.62 \times 10^{-34}$ J・s；$N$ 为 Avogadro 常数，$6.023 \times 10^{23}$ mol$^{-1}$；$\gamma$ 为光频率，s$^{-1}$；$c$ 为光速，在真空中为 $2.998 \times 10^{8}$ m・s$^{-1}$；$\lambda$ 为吸收波长，nm。

与光分解有关的光谱范围主要是紫外部分。太阳光到达地面之前，因大气中臭氧等的存在，短波长被吸收或散射，因而地面上可观测到的最短波长为 286nm。一般说来，地面上与光降解有关的紫外部分是 290nm 以上波长的光线，它所激发的能量约为 412.8kJ・mol$^{-1}$，这个能量可引起有机化合物许多共价键基团的解离而成为游离基。由于农药分子中一般均含有 C—C、C—H、C—O、C—N 等键，而这些键的离解正好在太阳光的波长范围内，因此农药在吸收光子之后就会变成激发态的分子，导致上述键的断裂发生光解反应。

#### 11.4.4.2　农药光反应类型

农药在环境中的光解过程分为直接光解（direct photodegradation）、光敏化降解（photosentised degradation）、光催化降解（photocatalyzed degradation）和羟基攻击降解（degradation by reaction with hydroxyl radical）四类。后三类光解会使那些对日光有很微弱甚至根本没有吸收能力的农药也能发生光化学反应。研究农药的光解过程实际上就是研究农药分子如何获得能量，或如何利用已获得的能量造成自身裂解的过程。

直接光解是指农药分子直接吸收了太阳能而进行的分解反应。大多数农药在相对较短的紫外线（UV）波长内均表现出吸收带。由于到达地面的太阳光小于 290 nm 波长的光强度是非常低的，因此太阳光对农药所造成的直接光降解作用是很有限的。目前大多数研究是采用稳态或激光脉冲紫外辐射进行。直接辐射可引起农药产生激发单重态，再进行系统内跃迁产生三重态，然后激发态发生均裂（homolysis）、异裂（heterolysis）和光致电离反应（photoionization）。环境中存在的一些天然物质（如腐殖酸等），它们被太阳能激发，激发态的能量又转移给农药而导致其产生光敏化降解反应，其涉及还原过程如光 Fenton 反应等。敏化光解最大的优点就是可以利用长于农药吸收光谱特征的光波来降解农药等有机污染物。因此，在太阳光下难以发生光解的农药，只要有光敏物质存在，就很容易引起分解。光敏化作用有两种类型：一种是由于能量转移而产生的敏化作用，敏化剂（S）首先吸收光而激发，然后把激发能转移到反应物质（PX）如农药，而使 PX 发生光化学反应；另一种是敏化剂吸收光能自身起光化学反应，生成自由基，自由基与 PX 作用，还原成敏化剂 S，其结果与 PX 直接光解反应相同。

与敏化光解相对的是光猝灭作用。光猝灭是敏化反应的逆反应。根据作用机理，猝灭作用也可分为两类：一类是光屏蔽型猝灭作用，即吸收入射光而屏蔽农药分子；另一类是耗氧型，即通过对氧的捕获和吸收而降低反应物分子的光化学反应能力。

目前有关农药光催化降解的研究很多，涉及氨基甲酸酯类、有机磷类、拟除虫菊酯类、三嗪类、酰胺类、磺酰脲类及其他农药等。光催化降解实际上属于敏化光解的特例，它是指天然物质（如半导体粉末 $TiO_2$）经太阳光辐射之后产生自由基、纯态氧等中间体（如 $H_2O_2$ 等），使农药与这些中间体反应。郑巍等（1999）的研究结果证实，在负载 $TiO_2$ 的体系中吡虫啉的光降解效果大大提高，光照 3h 后降解率可达 50% 以上，其光催化降解机理可能有两种：一是 $TiO_2$ 光照产生高活性物质（$OH^-$ 等），使农药发生氧化；二是吡虫啉先吸附在催化剂 $TiO_2$ 表面再进行光降解，或吸附后与高活性物质反应。

一些最常用的高级氧化过程（advanced oxidation process，AOP）涉及光解产生羟基自由基的化合物分子。羟基自由基可以通过以下方式得到：①过氧化氢光解时均裂产生的羟基自由基 $HO^-$ 与农药发生加成反应，即 $H_2O_2 + h\nu \longrightarrow 2HO^-$；②臭氧光解产生单线态氧，然后单线态氧与水反应生成羟基自由基 $HO^-$，抑或臭氧直接与水反应产生过氧化氢；③过氧化氢氧化 $Fe^{2+}$ 产生 $Fe^{3+}$，$Fe^{3+}$ 水溶液光解产生羟基自由基 $HO^-$；④水辐射降解产生羟基自由基 $HO^-$，即 $H_2O \longrightarrow H^+ + HO^- + e_{eq}^-$，羟基自由基可通过电子转移、夺氢反应或芳环加成反应等与农药分子发生作用。

关于农药的光解研究很多，涉及各种不同农药种类。农药的光化学降解反应非常复杂，归纳起来主要有分子重排、光异构化、光氧化、光水解和光还原等反应。纵观农药光解研究的进展过程，不难发现此类研究存在着一定局限性：其一是目前已报道的均是在水中进行，而实际上光解过程主要在作物体表、土壤表面和大气中，其所得结果与在真实自然环境条件下的降解存在差异；其二是不少学者只注重光解产物的分离与鉴定，而对其光解产物的毒理学意义缺乏研究；其三是目前所提出来的农药光解机理均是推测性的，没有进行系统的解释。

### 11.4.5　农药在土壤中的微生物降解

土壤中栖息着丰富的微生物，其对土壤肥力、土壤生态系统的物质循环和土壤团粒结构的形成等都具有重要意义。一方面，农药的施用会影响土壤微生物群落和土壤酶的活性，如土壤微生物数量、呼吸作用等；另一方面，土壤微生物和土壤酶也会通过各种方式降解代谢进入土壤中的农药，而生物降解（biodegradation）是决定土壤中农药行为和归宿的最终因子，也是农药环境安全性评价的重要指标。关于农药微生物降解的研究论文很多，涉及的微生物种类多样，如细菌、真菌、放线菌和藻等，而且也有人对此进行了评述。

#### 11.4.5.1　农药降解微生物种类

大量研究证明，自然环境中存在的多种微生物在农药降解方面起着重要作用，科研工作者通过富集培养和分离筛选等技术已发现了许多能降解农药的微生物。近年来，随着有机磷类农药的大量使用和拟除虫菊酯类以及高效除草剂类农药的兴起，围绕这类农药的降解微生物的筛选与研究工作取得了一定的进展。已发展降解有机磷类农药的微生物，细菌中有假单胞菌属如施氏假单胞菌（*Pseudomonas stutzeri*）、嗜中温假单胞菌（*P. mesophilica*）、铜绿假单胞菌（*P. aeruginosa*）和类产碱假单胞（*P. pseudoalcaliges*），芽孢杆菌属如地衣芽孢杆菌（*Bacillus licheniformis*）和蜡样芽孢杆菌（*B. ceceus*）；真菌中有华丽曲霉（*Aspergillus orantus*）和鲁氏酵母菌（*Saccharomyces rouxii*）。此外在不动杆菌属（*Acinetobacter*）、黄杆菌属（*Flavobacterium*）、邻单胞菌属（*Plesiomonas*）中也分离到能降解此类农药的微生物。拟除虫菊酯类降解菌主要有产碱菌属（*Alcaligenes*）。除草剂中阿特拉津在国内外使用最广泛，其降解菌的研究报道相对较多，有农杆菌属（*Agrobacterium*）、假单胞杆菌属、芽孢杆菌属、真菌中的某些属等。上述降解菌中的曲霉菌、酵母菌及不动杆菌微生物均是近几年新发现的农药降解微生物种类。此外，利用白腐菌降解农药的研究也已成为热点。

#### 11.4.5.2　农药微生物降解的基本过程

微生物对农药降解的整个过程可表示为：

农药（土壤）＋微生物（酶）——→微生物（酶）＋降解产物（中间产物，$CO_2$，$H_2O$）

该过程包括了农药在土壤中的吸附、固定与存在形态，微生物在土壤中的分布，酶在土壤中的存在形态，土壤酶（脱离活体的酶）对污染物的分解作用，污染物或初级分解产物透过活体细胞壁进入细胞内，以及活体细胞内酶对污染物的进一步分解作用等过程。但是，当微生物对农药的降解作用是由其胞内酶引起时，整个降解过程通过下列三个步骤：首先是农药在微生物细胞膜表面的吸附。这是一个动态过程，导致农药降解初期出现"迟缓期"，如产碱菌 YF11 对氰戊菊酯的降解，在最初 $0 \sim 2h$ 内的降解比中期要慢。其次是农药对微生物细胞膜的穿透。农药穿透细胞膜进入细胞内，在菌量一定时农药对细胞膜的穿透率决定了其穿透细胞膜的量，农药对细胞膜的穿透是农药降解的限速步骤。农药的这种穿透率与农药分子结构参数（主要是亲脂性参数和空间位阻参数）密切相关。农药亲脂性参数的不同会引起降解速率的差异，如甲基对硫磷、对硫磷、杀螟硫磷、氰戊菊酯、溴氰菊酯、氯氰菊酯、氯菊酯、甲氰菊酯、三氟氯氰菊酯等的疏水性参数不同引起降解速率的差异，且两者之间存在较好的相关性。但是并非疏水参数越小，降解速率越大，农药对细胞膜的穿透要具有合适的疏水参数。最后是细胞内酶促反应。农药在微生物细胞内，通过与降解酶结合发生酶促反应，这是一个快速过程，一般认为其不会成为限速步骤。

### 11.4.5.3　微生物对农药的作用方式

土壤中微生物能以多种方式代谢农药，而这种代谢受环境条件的影响，因为环境条件将影响微生物的生理状况。因此，就同一种微生物和同一种农药来讲，不同的环境条件下，可能会有不同的代谢方式。微生物代谢农药的方式归结起来有两类：

一类是微生物直接作用于农药，大多由酶促反应引起，也称微生物的农药代谢，也有的称酶促降解方式，一般所说的农药微生物降解多属此类。可分为不以农药为能源的代谢、分解代谢（catabolism）和解毒代谢。不以农药为能源的代谢包括：①通过广谱性酶（水解酶、氧化酶等）进行作用，以农药作为底物或农药作为电子受体或供体；②共代谢（cometabolism）。分解代谢是以农药为能源的代谢，多发生在农药浓度较高且农药的化学结构适合微生物降解及作为微生物的碳源被利用时。解毒代谢是微生物抵御外界不良环境的一种抗性机制。

另一类是微生物的活动改变了化学和物理的环境而间接作用于农药，又称为非酶方式，又分为：①以微生物的代谢物作为光敏物吸收光能并传递给农药分子和以微生物的代谢物作为电子受体或供体等方式促进农药光化学反应的进行；②通过改变pH值发生作用；③通过产生辅助因子促进其他反应进行。

但是，微生物对农药常见的作用方式主要有以下四种：

（1）矿化作用　矿化（mineralization）是有机化合物在环境中完全分解为无机产物，也就是有机化合物的彻底降解。要证明这一现象一般有两种方法：一种方法是以[14]C标记农药的主体结构如芳环。在封闭的试验体系中加标记农药作为微生物培养液。如果可以收集到[14]$CO_2$，说明标记农药完全分解，说明该种微生物可以利用这种农药为碳源而生长。另一种方法是以供试农药为唯一碳源来培养微生物时可以见到某种微生物群体的增长，而且这种增长与培养液中农药降解的加快有明显的相关性。由于矿化作用能使农药彻底分解，避免产生对环境具有潜在威胁的中间产物，因而是农药微生物降解最理想的方式，为降解微生物筛选的首要目标。

（2）共代谢作用　共代谢是微生物以某种基质为能源生长时，能同时代谢某种化学物质，但这种微生物不能以这种化学物质为能源，它对这类物质的代谢只是部分地改变了它们的结构，产生与母体相近似的中间体，结果是农药的转化，并没有完全降解。原因是在多步骤的酶促反应过程中，各种酶对底物的专一性不同。如果第一步反应的酶底物专一性程度低，而后来的酶专一性强，那么在生长底物被多步反应彻底分解时，某些化学物质的分子只是部分地被改变，而不是被后来转化性强的酶所降解。但是，在自然条件下，共代谢产生的中间产物往往可被其他微生物种群或物理化学因子所降解，而共代谢在农药的微生物代谢过程中十分常见，因而是微生物作用于农药的重要方式。共代谢作用可以存在于纯培养、混合培养和自然条件中，但是在纯培养时共代谢只是一种"截止式转化"（dead-end transformation），即农药等有机污染物不能被完全彻底降解，只能转成不完全的氧化物。然而，在混合培养和自然环境条件下，这种转化可以为其他生物降解铺平道路，以共代谢方式使难降解污染物经过一系列微生物的协同作用而得到彻底分解。

共代谢作用的存在已为不少研究所证明，尽管共代谢的机制还没有完全研究清楚，但它在实践中已作为一种生化技术在一些难降解化合物的生物降解研究中得到应用。经特定化合物驯化的活性污泥可共代谢多种结构近似的化合物，如经苯胺驯化的活性污泥可降解除苯胺外的苯酚及 10 多种含氮有机物。也有的研究者建议向土壤中添加与要去除的污染物结构相似的化学物质，以激发土著微生物的降解能力。

（3）生物浓缩或累积作用　生物浓缩是指微生物菌体细胞通过吸附和吸收的过程积聚环境中的残留农药，主要发生在水环境中。一般可用生物浓缩系数作为指标，它是微生物菌体内某农药的浓度与培养液中或生长的水环境中该农药的浓度之比。由于微生物种类、农药种类以及培养环境的差异，在已报道的微生物累积农药的实例中，浓缩系数的大小可由几百到几万不等。微生物菌体对农药的吸收最初是被动吸收，这一过程很快，因为很多农药是亲脂性的，很容易与细胞膜的类脂结合，而后被吸附的农药再被菌体细胞吸收。这一过程则与微生物代谢活动有关，而且农药在被吸收的同时往往也可能被转化。

在研究微生物对农药的直接作用时要注意实验室的结果可能代表不了自然条件下的代谢规律。例如，矿化作用的表现常常受农药浓度的影响。有的微生物只是在环境中的低浓度下才表现出矿化作用，而在实验室相对高的培养条件下可能只能发生共代谢的转化作用。

（4）微生物对农药的间接作用　微生物的作用改变了微环境中的 pH 值，降低了土壤的氧化还原电位，造成还原的环境，从而引起次生的化学降解。这在淹水的土壤环境中已有不少例证。然而，国内有关该方面的研究还不多。

### 11.4.5.4　微生物对农药的代谢途径

有关微生物降解农药途径的研究已有很多，涉及各种不同化学结构的农药类群，特别是有机氯、有机磷、氨基甲酸酯类杀虫剂及苯氧羧酸类除草剂等。由于农药的生物降解受到环境条件和微生物种类的影响，因而目前还难以预见每种农药的生物降解途径，而只能总结出一些大概的反应过程。归纳起来，有以下几种类型的反应。

（1）氧化　氧化是微生物降解农药的重要酶促反应，其中有多种形式，如羟基化、脱烷基、$\beta$-氧化、脱羧基、醚键开裂、环氧化、氧化偶联、芳环或杂环开裂等。以羟基化来说，微生物降解农药的第一步往往是引入羟基到农药分子中，结果是这种化合物极性加强，易溶于水，从而容易被生物作用。羟基化过程在芳烃类化合物的生物降解中尤为重要，苯环羟基化常常是苯环开裂和进一步分解的先决条件，也是在氧化反应中一种重要的解毒去毒过程。苯胺的 N-烷基和其他农药芳环上的烷基常常是微生物作用的第一个位点。氧化反应在加氧酶类的作用下进行。加氧酶可分为两类，一类是单加氧酶，又称双功能氧化酶，需要 $NAD^+$ 或 $NADP^+$ 为辅酶；另一类是双氧酶。加氧酶类的作用需要氧分子存在。

（2）还原　在氯代烃类农药如 DDT、六六六（BHC）的生物降解中常是还原去氯反应。在厌氧条件下 DDT 还原脱氯与细胞色素氧化酶和 FAD 有关。微生物的还原反应还常使带硝基的农药还原成氨基衍生物，如硝基苯还原成苯胺类，这在某些带芳环的有机磷农药代谢中常见。

（3）水解　在氨基甲酸酯、有机磷和苯酰胺一类具有醚、酯或酰胺键的农药类群中，水解是常见的解毒反应和自然净化过程，其有酯酶、酰胺酶或磷酸酶等水解酶类参与。由于许多非生物因子如 pH 值、温度等也可以引起这类农药水解，因此微生物的酶促水解作用一般只有在分离到这类酶后才能确认。水解酶多为广谱性酶，在不同的 pH 值和温度条件下都稳定，又不需辅助因子，水解产物的毒性大大降低，在环境中的稳定性也低于其母体。因此，水解酶是农药生物降解中最有实用前景的酶类。

（4）合成　生物降解中的合成反应可分为缩合和接合两类。农药在土壤中通过微生物活动而进行缩合反应是十分常见的，如苯酚和苯胺类农药及其转化产物在微生物的酚氧化酶和过氧化物酶作用下可与土壤腐殖化过程中产生的腐殖酸类物质缩合，从而使其结合到土壤腐殖质中，但这种现象对环境的后果还难以预料。微生物引起的接合反应常见的有甲基化和酰化反应，如苯酚类经甲基化反应生成甲氧基苯而失毒，苯胺类经酰化反应生成酰替苯胺等。

### 11.4.5.5　土壤酶及其在农药降解中的作用

土壤中的一切生物化学反应，实际上都是在酶的参与下进行的。土壤中的酶活性决定了土壤中进行的各种生物化学过程的强度和方向，它是土壤的本质属性之一。正因为如此，有的学者将土壤看作是由众多被结合的酶（固定化酶）系统构成的实体。土壤酶的重要性在于参与了土壤中的物质循环和能量代谢，并使作为陆地生态系统重要组成部分的土壤与该生态系统的其他组分有了功能上的联系，使该生态系统得以生存和发展。应用土壤酶学知识来解决现代农业问题和环境问题包括研究土壤酶降解累积在土壤中的化学物质（特别是在各种农药及工业废弃物）中的作用日益受到国内外学者的高度重视。

（1）与农药转化有关的重要土壤酶类　土壤中存在的酶类很多，但是与农药转化有关的主要有 3 类：在氧化还原酶类中，加氧酶系（多功能氧化酶系）对农药的转化起着重要的作用。在转移酶类中，对农药的解毒起着特别重要作用的是三组谷胱甘肽-S-转移酶，即谷胱甘肽-S-环氧化物转移酶、谷胱甘肽-S-芳基转移酶和谷胱甘肽-S-烷基转移酶。水解酶类能在一定程度上催化水解许多含有磷酸键、酯键或酰胺键的农药，例如有机磷酸酯、拟除虫菊酯和氨基甲酸酯类、二硝基苯酚及脲类同系物，它与氧化还原酶类及转移酶类的不同之处，是不需要任何辅酶，但有时也需要阳离子予以激活。

（2）土壤酶的来源　土壤酶来自微生物、植物和动物。有些学者认为，微生物是脱离活体的酶的唯一来源。许多微生物能产生胞外酶。研究表明，植物根确实能将一些酶分泌至根际土壤。但是，由于技术上的原因，目前还难以区别根际土壤中植物和微生物对于土壤酶活性的贡献。土壤动物对土壤中脱离活体的酶含量的贡献研究得较少，但有关研究也表明土壤动物确实在某种程度上增添了土壤酶含量。

（3）土壤酶与农药降解　除非施用了大量的或剧毒的农药，一般来说，在农药施入土壤中的最初时间里（几天至几周），土壤酶活性仅有稍许的降低，随着时间的延长，酶活性逐渐恢复到原有的水平，甚至略有提高。这说明土壤中存在着能降解不同农药的相应酶类。绝大多数的土壤酶类（特别是水解酶类）均可诱导生成。例如，改善高等植物和土壤生物的营养状况，有助于降解各种农药的相应酶类的新的生成和泌出。适宜的土壤耕作及其他农业技术措施，有助于改变土壤的微环境，从而增强土壤酶活性，这对于参与农药降解的土壤氧化还原酶类尤为重要。需要指出的是，残留农药在土壤中降解，并不一定意味着其毒性完全消除，相反，其降解产物的毒性有时比母体的更大，这就要求我们对农药降解的系列产物及参与降解的酶系进行深入的研究，以定向地调节农药的降解。

## 参 考 文 献

[1] 毕刚，冯子刚，田世忠，等. 拟除虫菊酯在不同猝灭体系中的光化学降解. 环境化学，1995，14（5）：425-430.

[2] 陈云峰，唐政，李慧，等. 基于土壤食物网的生态系统复杂性-稳定性关系研究进展. 生态学报，2014，34（9）：2173-2186.

[3] 丁中海，杨怡，金洪钧，等. 三种农药对斑马鱼的急性毒性和生物浓缩系数. 应用生态学报，2004，15（5）：888-890.

[4] 郜红建，蒋新. 有机氯农药在南京市郊蔬菜中的生物富集与质量安全. 环境科学学学报，2005，25（1）：90-93.

[5] 金沢纯，马以才. 农药的生物浓缩. 农药译丛，1981（1）：31-33.

[6] 李月珍. 食物链及其生物学富集机制. 环境研究，1983，3：58-60.

[7] 李克斌. 灭草松和莠去津复合污染体系在土壤中迁移转化行为研究. 杭州：浙江大学，2003.

[8] 刘维屏. 农药环境化学. 北京：化学工业出版社，2006.

[9] 刘维屏，Gessa C. 利谷隆在土壤中的吸附过程与机理. 环境科学，1995，16（1）：16-18.

[10] 林玉锁，龚瑞忠，朱忠林. 农药与生态环境保护. 北京：化学工业出版社，2000.

[11] 罗玲，欧晓明. 农药在土壤中的吸附机理及其影响因子研究概况. 化工技术与开发，2004，33（1）：12-16.

[12] 马云，刘维屏. 手性污染物环境行为的对映体差异性. 环境污染治理技术与设备，2002，3（11）：4-9.

[13] 欧晓明，樊德方. 农药结合残留的研究现状与存在问题. 农药，2006，45（10）：660-663.

[14] 欧晓明，罗玲，王晓光，等. 黏土矿物和腐殖酸对新农药硫肟醚的吸附及其机理. 农业环境科学学报，2006，25（1）：211-218.

[15] 欧晓明. 农药在环境中的水解机理及其影响因子研究进展. 生态环境，2006，15（6）.

[16] 欧晓明，王晓光，樊德方. 农药细菌降解研究进展. 世界农药，2003，25（6）：30-35，41.

[17] 张宗炳，樊德方，钱传范，等. 杀虫药剂的环境毒理学. 北京：中国农业出版社，1989.

[18] 郑巍，刘维屏，宣日成，等. 附载 $TiO_2$ 光催化降解咪蚜胺农药. 环境科学，1999，20（1）：73-76.

[19] 郑重. 农药的微生物降解. 环境科学, 1991, 11 (2): 68-71.

[20] 莫汉宏. 农药环境化学行为论文集. 北京: 中国科学出版社, 1994.

[21] 施国涵, 王进海, 王复生. 西藏高原有机氯农药的污染. 生态学报, 1988, 8 (4): 369-370.

[22] 王玉玉, 徐军, 雷光春. 食物链长度远因与近因研究进展综述. 生态学报, 2013, 33 (19): 5990-5996.

[23] 王晨. 几种农药生物富集和消解行为的动力学模型研究. 北京: 中国农业大学, 2014.

[24] 谢文明, 韩大永, 孟凡贵, 等. 蚯蚓对土壤中有机氯农药的生物富集作用研究. 吉林农业大学学报, 2005, 27 (4): 420-423.

[25] 于彩虹, 王然, 张纪海, 等. 欧盟针对农药对水生生物的初级风险评价——生物富集因子. 农药科学与管理, 2012, 33 (7): 57-60.

[26] 于彩虹, 胡琳娜, 胡东青, 等. 欧盟针对农药对水生生物的初级风险评价——标准物种不确定因子法. 生态毒理学报, 2011, 6 (5): 471-475.

[27] 虞云龙, 樊德方, 陈鹤鑫. 农药微生物降解的研究现状与发展策略. 环境科学进展, 1996, 4 (3): 29-36.

[28] 虞云龙. 农药的微生物降解性与酶促降解. 杭州: 浙江大学, 1995.

[29] 奥尔德韦尔. 水文地质学与可持续发展的农业. 地质科技动态, 1998 (11): 5-9.

[30] Burrows H D, Canle M, Santaballa J A, et al. Reaction pathways and mechanisms of photodegradation of pesticides. *J Photochem Photobiol B: Biology*, 2002, 67: 71-108.

[31] Coats J R. Environmental fate of organophosphorus insecticides//Progress and Prospects of Organphosphorus Agrochemicals, Chapter3. Kyushu: Kyushu University Press, 1995: 43-56.

[32] Katagi. Behavior of pesticides in water-sediment systems. *Rev Environ Contam Toxicol*, 2006, 187: 133-251.

[33] OECD Guideline for Testing of Chemicals. 210 Fish, Early-life Stage Toxicity Test. 1992, Paris, France.

[34] Sarmah A K, Sabadie J. Hydrolysis of sulfonylurea herbicides in soils and aqueous solutions. *J Agric Food Chem*, 2003, 50: 6263-6265.

[35] Schwarzenbach R P, Gschwend P W, Imboden D M. Environmental Organic Chemistry. London: John Wiley & Sons Inc, 2003.

[36] Singh R P. Comparison of organochlorine pesticide level in soil and groundwater of Agra, Indian. *Bull Environ Contam Toxicol*, 2001, 67 (1): 126-132.

[37] Theo C M B, Anne A, Colin D B, et al. Linking aquatic exposure and effects: Risk assessment of pesticides. New York: CRC Press, 2010.

[38] U S Environmental Protection Agency. Fish lifecycle toxicity tests: Hazard Evaluation Division Standard Procedure EPA 540/9-86-137: Office of Pesticide Programs: Washington, USA, 1986.

[39] Vulliet E, Emmelin C, Chovelon J M, et al. Photocatalytic degradation of the herbicide cinosulfuron in aqueous TiO$_2$ suspension. *Environ Chem Lett*, 2003, 1: 62-67.

[40] Werkheiser W O, Anderson S J. Effect of soil properties and surfactant on primisulfuron sorption. *J Environ Qual*, 1996, 25 (4): 809-814.

# 索 引

（按汉语拼音排序）

**P**

**Q**

**S**

**T**

**W**